CCNA（640-802）考试目标

目　　标	章　　号
描述网络的工作原理	
描述各种网络设备的用途和功能	1
挑选满足网络规范的组件	1
使用 OSI 和 TCP/IP 模型及相关协议诠释数据如何通过网络传输	1、2
描述常见的网络应用程序，包括 Web 应用程序	1
描述 OSI 和 TCP/IP 模型中各种协议的用途和基本原理	1、3、11
描述应用（IP 语音和 IP 视频）对网络的影响	
解读网络示意图	
确定通过网络在两台主机之间传输数据的路径	
描述进行网络和因特网通信所必需的组件	1
使用分层模型方法找出并解决第 1 层、第 2 层、第 3 层和第 7 层的网络故障	1、3
找出 LAN 和 WAN 在工作原理和特征方面的差别	1、16
配置和验证 VLAN 交换机和交换机间通信以及排除其故障	
选择合适的介质、电缆、端口和接头，将交换机与其他网络设备和主机相连	2、10
诠释以太网技术及其介质访问控制方法	2、10
诠释网络分段和基本的流量管理概念	1、2、10
诠释基本的交换概念和思科交换机的工作原理	10
执行初步的交换机配置任务（包括远程接入管理）并验证配置	10
使用基本实用工具（包括 ping、Traceroute、Telnet、SSH、ARP、ipconfig）以及	10、11

目标	章号
SHOW 和 DEBUG 命令查看网络状态和交换机运行情况	
找出常见的交换型网络介质问题、配置问题、自动协商故障和交换机硬件故障，再提供并实施解决方案	10、11
阐述高级交换技术，包括 VTP、RSTP、VLAN、PVSTP 和 802.1q	11
阐述 VLAN 如何创建独立的逻辑网络以及为何需要在这些网络之间进行路由选择	11
配置和验证 VLAN 以及排除其故障	11
在思科交换机上配置和验证中继以及排除其故障	11
配置和验证 VLAN 间路由选择以及排除其故障	11
配置和验证 VTP 以及排除其故障	11
配置和验证 RSTP 以及排除其故障	11
解读各种 SHOW 和 DEBUG 命令的输出，以了解思科交换型网络的运行状态	7、11
实现基本的交换机安全，包括端口安全、中继接入以及管理除 vlan 1 外的其他 vlan	10、11
根据中型企业分支机构的网络需求，实现 IP 编址方案和 IP 服务	
阐述私有 IP 编址和公共 IP 编址的工作原理以及它们的好处	3、4
诠释 DHCP 和 DNS 的工作原理以及它们的好处	1
在路由器上配置和验证 DHCP 和 DNS（包括使用 CLI 和 SDM）以及排除其故障	6
给 LAN 中的主机提供静态和动态编址服务	4、5
为网络确定并实施编址方案，包括 VLSM IP 编址方案	5
根据 LAN 和 WAN 的编址需求，确定使用 VLSM 和汇总的无类编址方案	5
阐述同时支持 IPv6 和 IPv4 的技术需求，包括协议、双栈、隧道技术等	15
描述 IPv6 地址	15
找出并解决与 IP 编址和主机配置相关的问题	5
路由器的工作原理，如何对其进行配置、验证和故障排除，如何在思科设备上配置和验证路由选择以及排除其故障	
阐述基本的路由选择概念，包括分组转发、路由器查找过程	8
阐述思科路由器的工作原理，包括启动过程、POST 和路由器组成部分	6

TURING 图灵程序设计丛书

CCNA®

Cisco Certified

Network Associate Study Guide

Seventh Edition

CCNA® 学习指南

（640-802）（第7版）

[美] Todd Lammle 著

袁国忠 徐宏 译

人民邮电出版社

北京

图书在版编目（CIP）数据

CCNA学习指南 : 640-802 : 第7版 / (美) 拉莫尔
(Lammle,T.) 著 ; 袁国忠, 徐宏译. -- 北京 : 人民邮
电出版社, 2012.3
(图灵程序设计丛书)
书名原文: CCNA: Cisco Certified Network
Associate Study Guide, Seventh Edition
ISBN 978-7-115-27544-8

Ⅰ. ①C… Ⅱ. ①拉… ②袁… ③徐… Ⅲ. ①计算机
网络－工程技术人员－资格考试－自学参考资料 Ⅳ.
①TP393

中国版本图书馆CIP数据核字(2012)第027837号

内容提要

本书是通过 CCNA 考试 640-802 的权威指南，由思科技术知名权威针对最新考试目标编写，旨在帮助考生全面掌握考试内容。本书通过大量示例、动手实验、书面试验、真实场景分析，全面介绍了联网和 TCP/IP 等的背景知识、子网划分、VLSM、思科 IOS、命令行界面、路由和交换、VLAN、安全和访问列表、网络地址转换、无线技术、IPv6 以及 WAN 等内容。本书光盘带有 SYBEX 测试引擎，包含各章的复习题、全面的模拟考试、电子抽认卡、CCNA 模拟考试指南（Todd Lammle 的全新视频、音频指导）及 PDF 电子书。

本书适合所有 CCNA 应试人员、网络管理人员及开发人员学习参考。

◆ 著 [美] Todd Lammle
译 袁国忠 徐 宏
责任编辑 毛倩倩
执行编辑 刘美英

◆ 人民邮电出版社出版发行 北京市丰台区成寿寺路 11 号
邮编 100164 电子邮件 315@ptpress.com.cn
网址 http://www.ptpress.com.cn
固安县铭成印刷有限公司印刷

◆ 开本：800×1000 1/16
印张：39.5 2012 年 3 月第 1 版
字数：1113千字 2024 年 12 月河北第 52 次印刷
著作权合同登记号 图字：01-2011-6041号

定价：99.00元（附光盘）

读者服务热线：(010)84084456-6009 印装质量热线：(010)81055316
反盗版热线：(010)81055315
广告经营许可证：京东市监广登字 20170147 号

版权声明

致 读 者

感谢你购买本书，它是 Sybex 推出的高品质系列图书之一。该丛书全部出自杰出作者之手，他们都无一例外地拥有丰富的实践经验和杰出的教学天赋。

Sybex 创建于 1976 年，30 多年来，我们坚持出版优秀图书的理念始终如一。每出版一部作品，我们都致力于为出版行业树立新标杆。无论是挑选印刷用纸还是作者，我们都以向读者提供最优秀的图书为目标。

但愿本书达到了上述标准。我很想听到你的评论和意见，所以如果你对本书或 Sybex 出版的其他图书有任何看法，请通过电子邮件告诉我，我的邮件地址为 nedde@wiley.com。读者的反馈对我们来说至关重要。

——Neil Edde

John Wiley & Sons 公司副总裁兼发行人

前　言

欢迎来到激动人心的思科认证世界。你阅读本书肯定是希望在某些方面改善现状，具体地说就是希望谋求更好的工作。你的决策无疑是正确的。思科认证有助于你获得第一份网络方面的工作，如果你已进入该领域，它将有助于你获得更高的薪水和职位。

思科认证还可加深你对网络互联的认识，这不仅仅针对思科产品，而是对网络技术以及如何结合使用各种网络拓扑来构建网络等方面的全面认识。这将惠及每个网络职位，也是思科设备不多的公司也亟需思科认证的原因所在。

思科是路由选择、交换和安全领域的王者，乃网络互联领域的微软。不同于 CompTIA 和微软认证等其他流行的认证，思科认证对理解当今网络、洞察思科网络互联领域来说不可或缺。如果你决定要获得思科认证，相当于发出了要（在路由选择和交换方面）做到最好的宣言，而本书将引领你沿这个方向前行。

要获悉有关 CCNA 认证考试更新和增补的最新信息以及其他的学习工具和复习题，请务必访问 Todd Lammle 论坛和网站 www.lammle.com。

思科网络认证

最初，要获得人人渴望的思科 CCIE 认证，首先要通过一门考试，然后面临难度极大的动手实验。这是一种要么大获成功、要么功败垂成的认证方式，成功通过认证的难度非常大。

鉴于通过率极低，思科制定了一系列新认证，旨在帮助考生获得梦寐以求的 CCIE 认证，并帮助雇主检测潜在雇员的技能水平。这些新认证让考生能够更好地为高难度动手实验做准备，使思科敞开了原本只有很少人才能通过的大门。

本书涵盖了与 CCNA 路由选择和交换相关的方方面面的知识，有关 CCENT、CCNA、CCNP 和 CCIE 认证的最新信息，请访问 www.lammle.com 和 www.globalnettc.com。

CCNA

CCNA（Cisco Certified Network Associate，思科认证网络工程师）认证是思科认证过程的第一步，是当今所有思科认证的前提。当前，要获得 CCNA 认证，只需购买本书，再参加一门考试（640-802，

250美元）或两门考试（640-816和640-822，每门125美元），然而CCNA考试非常难且涉及面极广，所以你必须精通这些内容！考生参加思科课程培训或花数月进行实践的情况很常见。

获得 CCNA 认证后，不必就此止步，你还可继续学习并获得更高级别的认证——CCNP（Cisco Certified Network Professional，思科认证的资深网络工程师）。获得CCNP认证的人通常具备参加CCIE实验考试所需的全部技能和知识，然而，仅获得CCNA认证就可帮助你找到曾经梦寐以求的工作。

为何要成为CCNA

不同于微软以及其他提供认证的厂商，思科制定的认证流程旨在帮助管理员掌握一系列技能，并给雇主提供一种衡量这些技能的方法和标准。成为CCNA是迈上成功的第一步，可让你获得高薪职位，踏上可持续发展的职业道路。

制订CCNA认证计划的主旨是在介绍思科IOS（Internetwork Operating System，互联网络操作系统）和思科设备的同时全面介绍网络互联技术，从而让你全面认识网络，而不局限于思科领域。从这种意义上说，即使是没有思科设备的网络公司也可能要求应聘者获得思科认证。

获得CCNA认证后，如果仍对思科和网络互联感兴趣，你就踏上了成功之路。

成为CCNA需要具备的技能

要达到CCNA认证要求的技能水平，必须能够理解或完成下述工作。

- 安装、配置并安全地操作LAN、WAN和无线接入服务；配置中小型网络（不超过500个节点），使其获得更好的性能并排除其中的故障。
- 使用IP、IPv6、EIGRP、RIP、RIPv2和OSPF等协议；理解串行连接、帧中继、VPN、有线电视连接、DSL、PPPoE、LAN交换、VLAN、VTP、STP、以太网、安全和访问列表。

如何成为CCNA

要成为CCNA，只需通过一个小型考试（CCNA综合考试640-802）。你难道不希望如此容易吗？虽然确实只需通过一门考试，但你必须掌握足够的知识才能读懂考题。

然而，思科还提供了分两步成为CCNA的途径，这可能比参加一次更长的考试容易。本书是针对参加一门考试（640-802）的情况编写的，但涵盖了这3门考试所需的知识。

分两步通过CCNA认证时，需要通过如下考试：

- 考试640-822：思科网络设备互联（ICND1）；
- 考试640-816：思科网络设备简介（ICND2）。

具备一些实际使用思科路由器的经验至关重要，这一点无论如何强调都不过分。为此，只需有一些基本路由器或思科Pocket Tracer软件，但如果没有也没有关系，本书所提供的数百个配置示例就可帮助网络管理员（或想成为网络管理员的人）掌握通过CCNA考试所需的知识。

鉴于640-802考试很难，思科想给分两步通过CCNA认证的考生以奖赏，至少看起来如此。通过ICND1考试后，你将获得CCENT（Cisco Certified Entry Networking Technician，思科认证的入门级网络技术员）认证，这是通过CCNA认证的第一步，要获得CCNA认证，还需通过ICND2考试。

这里需要再次声明的是，本书是为参加 CCNA 综合考试 640-802 的考生编写的，即只需通过一门考试，就可获得 CCNA 认证的人。

CCSI Todd Lammle 开设了思科授权的动手实验培训，参见 www.globalnetc.com。在该培训中，每名学生都将动手配置至少三台路由器和两台交换机，且每台设备都只供一名学生使用。

本书内容

本书涵盖了通过 CCNA 考试 640-802 需要知道的各种知识，但要成功通过这门考试，花时间研究并实际使用路由器或路由器模拟器是关键。

本书内容如下。

- 第 1 章“网络互联”，概述网络互联，你将以思科希望的方式学习 OSI（Open Systems Interconnection，开放系统互联）模型的基本知识。本章还有书面实验和大量复习题给你提供帮助，请勿跳过本章的基本书面实验。
- 第 2 章“以太网和数据封装”，深入探讨以太网技术和标准，并详细讨论数据封装，还有书面实验和大量复习题给你提供帮助。
- 第 3 章“TCP/IP 简介”，讨论 TCP/IP，为你通过 CCNA 考试和完成实际工作提供必要的背景知识。该章首先探讨因特网协议（IP）栈，然后详细介绍 IP 编址，以及网络地址和广播地址的差别，最后阐述网络故障排除。
- 第 4 章“轻松划分子网”，概述简单的子网划分，阅读该章后，你将能够通过（心算进行）子网划分。本章的书面实验和复习题对你有极大帮助。
- 第 5 章“变长子网掩码（VLSM）、汇总和 TCP/IP 故障排除”，介绍 VLSM（Variable Length Subnet Mask，变长子网掩码）、如何设计使用 VLSM 的网络以及路由汇总及其配置。与第 4 章一样，其中的书面实验和复习题对你有极大帮助。
- 第 6 章“思科互联网络操作系统（IOS）”，介绍思科 IOS 和 CLI（Command-Line Interface，命令行界面），你将学习如何开启路由器以及进行基本的 IOS 配置，包括设置密码、旗标等。本章的动手实验有助于读者牢固掌握本章介绍的概念，但进行这些动手实验前，请务必完成书面实验和复习题。
- 第 7 章“管理思科互联网络”，介绍运行思科 IOS 网络所需的管理技能，包括备份和恢复 IOS 以及路由器配置，并介绍了确保网络正常运行所需的故障排除工具。进行本章的动手实验前，请务必完成书面实验和复习题。
- 第 8 章“IP 路由”，介绍 IP 路由选择。这一章很有趣，因为我们将开始组建网络、添加 IP 地址并在路由器之间路由数据。你还将学习静态路由、默认路由以及如何使用 RIP 和 RIPv2 进行动态路由选择。本章的动手实验、书面实验和复习题将帮助你全面认识 IP 路由选择。
- 第 9 章“增强 IGRP（EIGRP）和开放最短路径优先（OSPF）”，深入探讨如何使用增强的 IGRP 和 OSPF 进行更复杂的动态路由选择，其中的动手实验、书面实验和复习题将帮助你掌握这些路由选择协议。

- ❑ 第 10 章“第 2 层交换和生成树协议（STP）”，介绍第 2 层交换的背景知识以及交换机如何获悉地址以及作出转发和过滤决策，还将讨论网络环路及如何使用 STP（Spanning Tree Protocol，生成树协议）避免网络环路，最后将讨论 RSTP 版 802.1w。请务必完成书面实验和复习题，确保你确实理解第 2 层交换。
- ❑ 第 11 章“虚拟局域网”，十分重要，将介绍虚拟 LAN 及如何在互联网络中使用它们，包括 VLAN 的本质、涉及的各种概念和协议以及 VLAN 故障排除；并且还将讨论语音 VLAN 和 QoS。书面实验和复习题将帮助巩固这些 VLAN 知识。
- ❑ 第 12 章“安全”，介绍安全和访问列表。访问列表是在路由器上创建的，用于过滤网络。本章将详细讨论 IP 标准访问列表、扩展访问列表和命名访问列表。本章的书面实验、动手实验和复习题将帮助你学习 CCNA 综合考试的安全和访问列表方面的知识。
- ❑ 第 13 章“网络地址转换（NAT）”，介绍 NAT（Network Address Translation，网络地址转换）。作为对我之前最新 CCNA 著作的修订，本章内容多年前就在 Sybex 网站发布了，但我对其进行了修订并放到了本书这一版中。新增的信息、命令、故障排除示例和动手实验将帮助你牢固掌握 CCNA 考试中与 NAT 相关的主题。
- ❑ 第 14 章“思科无线技术”，介绍无线技术。该章从思科的角度概述了无线技术，涵盖了一些关于思科最新设备的高级无线主题。当前，思科 CCNA 考试未涉及这些高级无线设备，但以后情况可能改变。务必要理解诸如接入点和客户端等基本无线技术以及 802.11a、802.11b 和 802.11g 之间的差别。
- ❑ 第 15 章“IPv6”，介绍 IPv6。这一章很有趣，包含一些重要信息。大多数人认为 IPv6 是个庞大而令人恐怖的怪物，但实际上并非如此。最新的 CCNA 考试涉及 IPv6，因此请务必仔细研究本章。另外，请注意 www.lammle.com 提供的最新更新。
- ❑ 第 16 章“广域网”，重点关注思科 WAN（Wide Area Network，广域网）协议，深入探讨了 HDLC、PPP 和帧中继，还介绍了 VPN 和 IPSec。要成功通过 CCNA 考试，必须熟练掌握这些协议。请务必完成这一章的书面实验、复习题和动手实验。

如何使用本书

如果你想严肃对待 CCNA 综合考试 640-802 并做好扎实的准备工作，请不要再观望了，本书恰能满足你的需求。我花了大量时间编写本书，唯一的目的就是帮助你通过 CCNA 考试并学会配置思科路由器和交换机。

本书涵盖了大量宝贵信息，知道本书的编写思路后，你将能最有效地利用学习时间。

为最有效地利用本书，建议采用如下学习方法。

(1) 阅读前言后立刻完成评估测试（后面提供了答案）。即使一道题都不会做也没有关系，不然你为何要购买本书呢！对于答错的题目，请仔细阅读答案解析，并记下介绍相关内容的章号。这些信息将有助于你制订学习计划。

(2) 仔细阅读每一章，确保完全掌握各章的内容和其开头指出的考试目标。要特别注意与答错的考题内容相关的各章。

(3) 完成每章末尾的书面实验。绝不要跳过这些书面实验，它们与 CCNA 考试关系紧密，并指出了相关各章中你必须了解的知识。再重申一遍，万不可跳过这些书面实验！请确保自己完全明白每一答案的来由。

(4) 完成每章的动手实验，并参考正文，以理解执行每个步骤的原因。尽可能在实际设备上完成这些实验，如果没有思科设备，可下载思科路由器模拟软件 Packet Tracer，并使用它完成所有的动手实验，以掌握思科认证知识。

(5) 回答每章的所有复习题（答案见每章末尾）。将搞不懂的复习题记录下来，并复习与之相关的主题。千万不要跳过这些复习题，并请确保自己完全明白每个答案的来由。别忘了，这些复习题并不会真正出现在考试中，而只能帮助你理解每章的内容。

(6) 尝试完成配套光盘[1]中的模拟试题，这些模拟试题只在配套光盘中有。要获得更多思科模拟试题，请访问 www.lammle.com。

(7) 笔者录制了 CCNA 视频系列，配套光盘包含前 3 个 CD 的第一个模块，CCNA 视频系列涵盖了网络互联、TCP/IP 和子网划分。配套光盘上的内容对通过 CCNA 考试至关重要。另外，我还在配套光盘中提供了自己的 CCNA 教学音频的部分内容。请务必观看这些音频和视频。

注意　这只是 www.lammlepress.com 提供的音频和视频的预览版，而不是完整版，但仍很有价值，包含丰富的内容。

(8) 使用配套光盘中的电子抽认卡进行自测。这些电子抽认卡经过了全面更新，旨在帮助你备考 CCNA，是很好的学习工具！

要全面学习本书的内容，必须专心致志、持之以恒。请尽可能每天都在固定的时段进行学习，并选择安静、舒适的学习地点。只要刻苦努力，你将惊讶于自己的学习进度。

只要按上述要求认真学习，每天完成动手实验，除此之外做复习题、模拟试题和书面实验，观看 Todd Lammle 的视频/音频，并充分利用电子抽认卡，就是想不通过 CCNA 考试都难！然而，备考 CCNA 犹如塑身——如果不坚持每天去健身房，就不可能成功。

配套光盘的内容

经过 Sybex 工作人员和笔者的艰苦努力，我们提供了一些很好的工具，希望帮助读者为认证考试做准备。在备考期间，读者应将下述所有工具都安装到计算机中。作为补充材料，配套光盘还包含笔者的 CCNA 视频和音频系列的预览版！虽然不是完整版，但作为免费提供的材料，它们还是很有价值的。

Sybex 备考软件

备考软件可帮助你为通过 CCNA 考试做好准备。这个考试引擎包含书中所有的评估题和复习题，还有两套模拟题，其中包含 140 道试题，这些试题只能在配套光盘中找到。

① 光盘勘误见图灵社区（www. ituring. com.cn）本书页面。——编者注

电子抽认卡

为准备考试，你可阅读本书、研究每章末尾的复习题并完成配套光盘中的模拟考题，还可使用配套光盘中的 200 张抽认卡进行自测。抽认卡中的题目较难，如果能正确回答这些问题并理解其所以然，就说明你为 CCNA 考试做好了充分准备。

配套光盘包含 200 张抽认卡，旨在挑战你的极限，确保你为考试做好了准备。如果能正确地完成复习题以及配套光盘中的模拟题和抽认卡，通过 CCNA 考试就根本不在话下。

补充材料

配套光盘中的补充材料包含丰富的信息，涉及 SDM 和 CC、安全威胁的识别和缓解、路由身份验证、第 3 层交换和交换类型以及 CCNA 考试模拟实验（它可能是最有用的学习工具）。在备考 CCNA 期间，请务必阅读这些补充材料。要获取最新的信息和新的补充材料，请访问 www.lammle.com。

Todd Lammle 视频

笔者录制了完整的 CCNA 视频系列，并以 DVD 和下载（www.lammlepress.com）方式销售。作为随本书附赠的礼物，配套光盘以预览版的形式提供了该视频系列的第一个模块。虽然不是完整版，但视频时长超过 1 小时，讲解了最基本的 CCNA 知识，值 149 美元！请务必观看该视频，它讲解了网络互联、TCP/IP 和子网划分，这些知识对通过 CCNA 考试至关重要。

Todd Lammle 音频

除免费视频外，配套光盘还提供了笔者录制的 CCNA 音频系列的预览版，该音频系列价值 199 美元！这是一个很好的学习工具，有助于你通过 CCNA 考试。

要获取Todd Lammle的更多视频和音频讲座以及其他思科学习资料，请访问 www.lammlepress.com。

去哪里考试

考生可前往 Pearson VUE 授权的任何一个考试中心参加 CCNA 综合考试，更详细的信息请访问 www.vue.com 或致电 877-404-3926。

要注册参加 CCNA 考试，请按如下步骤操作。

(1) 确定要参加的考试的编号（CCNA 考试的编号为 640-802）。

(2) 前往最近的 Pearson VUE 考试中心进行注册。在注册期间，你需要提前缴纳考试费。编写本书期间，考试费为 250 美元，缴费后一年内有效。最长可提前 6 周预约考试时间，并且考生可预约当天的考试，但如果未通过思科考试，至少要等待 5 天后才能重考。如果有事需要取消或重新预约考试，必须至少提前 24 小时与 Pearson VUE 联系。

(3) 预约考试后，你将获悉预约的时间及取消流程、需要携带的身份证明以及考试中心的位置。

CCNA 考试技巧

CCNA 综合考试包含 55～60 道考题，考生必须在 75～90 分钟内完成，考题数和考试时长可能随每次考试而异。正确率必须超过大约 85%考生才能通过考试，但这也可能随每次考试而异。

很多考题的答案乍一看都差不多，尤其是语法题！请务必仔细阅读每个答案，因为光差不多不管用。即使输入命令的顺序不对或遗漏了一个无关紧要的字母，你也会被判错。因此，请务必反复练习每章末尾的动手实验，直到得心应手为止。

另外，别忘了，哪个答案正确由思科说了算。在很多情况下，有多个合适的答案，但只有思科推荐的答案才是正确的。考题总是让你选择 1 个、2 个或 3 个正确的答案，而绝不会让你选择所有合适的答案。CCNA 综合考试包含的题型如下：

- 单选题；
- 多选题；
- 拖放题；
- 填空题；
- 路由器模拟题。

思科考试不会列出完成路由器接口配置所需的步骤，但允许使用简写命令，例如 `show config`、`sho config` 和 `sh conf` 都可以。另外，`Router#show ip protocol` 和 `router#show ip prot` 也都可以。

下面是一些成功通过考试的技巧。

- 提前到达考试中心，以便有时间放松自己、复习学习材料。
- 仔细阅读考题，不要急于作答。请确保自己准确地理解了考题，我总是跟学生讲：三思后作答。
- 对于没有把握的选择题，首先采用排除法将明显不对的答案排除。在需要做出有根据的猜测时，这种做法可极大地提高准确率。
- 在思科考试中，不能来回翻阅，所以在单击 Next 按钮前请务必核实答案，因为一旦单击 Next 按钮，就不能改变主意了。

考试结束后，考生将马上得到在线通知，获知自己是否通过了考试。考试管理人员还会给考生一张打印的成绩报告单，它会指出考生是否通过了考试，并列出各部分的得分情况。考试结束后的 5 个工作日内，考试成绩将自动发送给思科，而不需要考生自己发送。如果考生通过了考试，他将收到思科的确认，这通常在 2～4 周内，但有时更长些。

与作者联系

读者可通过作者 Todd Lammle 开设的论坛与其联系，该论坛的网址为 www.lammle.com。

致 谢

感谢本书的业务拓展编辑 Kathi Duggan。她很有耐心，而且和蔼可亲、易于相处（只要我按时交稿！）。我们合作得很愉快，她工作刻苦（几乎通宵回复邮件），努力确保所有工作都按时完成，从而使本书能以高品质著称。很高兴她再次担任本书的业务拓展编辑，这部高品质著作是我们协作的结晶。

接下来要感谢技术编辑 Dan Garfield。Dan Garfield 精通思科技术和网络技术，无人能出其右。他对本书进行了详细分析，使其成为我最近 13 年来最好的 CCNA 著作。虽然时间紧、任务重，Dan Garfield 对高品质的坚持却始终如一。

感谢组稿编辑 Jeff Kellum，我在思科认证领域的成功离不开他的帮助，感谢他的指导和持久耐心。期盼我们能够携手在思科领域继续前进。

另外，Christine O'Connor 是位优秀的制作编辑，她工作非常刻苦，致力于确保本书尽快完成，同时也不放过任何一个容易忽视的小错误。只要有她参与编辑工作，我总会感到非常高兴。版权编辑 Judy Flynn 极具耐心，为我提供了很大的帮助，很高兴能够与她再次合作。期待在下一个项目中还能与她们继续合作。

还要感谢撰稿人、技术编辑和研究员 Troy McMillian。无论时间有多紧，他总是能在最后期限前完成任务。我总是期待与之合作。

最后，感谢 Happenstance-Type-O-Rama 的 Craig Woods 和配套光盘制作小组。

评 估 测 试

(1) PPP 使用哪种协议来标识网络层协议？

A. NCP　B. ISDN　C. HDLC　D. LCP

(2) 在 IPv6 地址中，每个字段长多少位？

A. 4 位　B. 16 位　C. 32 位　D. 128 位

(3) RSTP 提供了哪种新的端口角色？

A. 禁用　B. 启用　C. 丢弃　D. 转发

(4) 命令 `routerA(config)#line cons 0` 允许你接下来做什么？

A. 设置 Telnet 密码　B. 关闭路由器

C. 设置控制台密码　D. 禁用控制台连接

(5) IPv6 地址多长？

A. 32 位　B. 128 B　C. 64 位　D. 128 位

(6) 哪种 PPP 协议提供了动态编址、身份验证和多链路功能？

A. NCP　B. HDLC　C. LCP　D. X.25

(7) 哪个命令会显示接口的线路状态、协议状态、DLCI 和 LMI 信息？

A. `sh pvc`　B. `show interface`

C. `show frame-relay pvc`　D. `sho runn`

(8) 下面哪项是 IP 地址 192.168.168.188 255.255.255.192 所属子网的有效主机地址范围？

A. 192.168.168.129-190　B. 192.168.168.129-191

C. 192.168.168.128-190　D. 192.168.168.128-192

(9) 命令 `passive` 给动态路由选择协议 RIP 提供了什么功能？

A. 禁止接口收发定期的动态更新

B. 禁止接口发送定期的动态更新，但不禁止它接收更新

C. 禁止路由器接收任何动态更新

D. 禁止路由器发送任何动态更新

(10) ping 使用下面哪种协议？

A. TCP　B. ARP　C. ICMP　D. BootP

(11) 使用包含 12 个端口的交换机对网络进行分段时，将形成多少个冲突域？

A. 1 个　B. 2 个　C. 5 个　D. 12 个

(12) 下面哪个命令让你能够在思科路由器上设置 Telnet 密码？

A. `line telnet 0 4`　B. `line aux 0 4`　C. `line vty 0 4`　D. `line con 0`

(13) 下面哪个路由器命令让你能够查看所有访问控制列表的完整内容？

A. show all access-lists　　B. show access-lists

C. show ip interface　　D. show interface

(14) VLAN 有何作用？

A. 充当前往所有服务器的最快端口　　B. 在一个交换机端口上提供多个广播域

C. 在第 2 层交换型互联网络中分割广播域　　D. 在一个冲突域中提供多个广播域

(15) 要删除存储在 NVRAM 中的配置，可使用哪个命令？

A. erase startup　　B. erase nvram

C. delete nvram　　D. erase running

(16) 下面哪种协议用于向源主机发送“目标网络未知”消息？

A. TCP　　B. ARP　　C. ICMP　　D. BootP

(17) 默认情况下，哪类 IP 网络包含的主机地址最多？

A. A 类　　B. B 类　　C. C 类　　D. A 类和 B 类

(18) 第 2 层设备每隔多长时间发送一次 BPDU？

A. 从不发送　　B. 每隔两秒　　C. 每隔 10 分钟　　D. 每隔 30 秒

(19) 下面哪种有关 VLAN 的说法是正确的？

A. 默认情况下，在所有思科交换机上都配置了两个 VLAN

B. 仅当交换型互联网络使用的全部是思科交换机时，VLAN 才管用，不允许使用杂牌交换机

C. 一个 VTP 域包含的交换机不应超过 10 台

D. VTP 用于将 VLAN 信息发送给当前 VTP 域内的交换机

(20) 下面哪种 WLAN IEEE 规范使用 2.4 GHz 频段且最高传输速度为 54 Mbit/s？

A. A　　B. B　　C. G　　D. N

(21) 使用包含 12 个端口的交换机对网络进行分段时，将形成多少个广播域？

A. 1 个　　B. 2 个　　C. 5 个　　D. 12 个

(22) 在只有一个公有 IP 地址的情况下，要让很多用户都能够连接到因特网，可使用哪种类型的网络地址转换？

A. NAT　　B. 静态　　C. 动态　　D. PAT

(23) 下面哪两种协议用于在交换机上配置中继？

A. VLAN 中继协议　　B. VLAN　　C. 802.1Q　　D. ISL

(24) 末节网络指的是什么？

A. 有多个出口的网络

B. 有多个入口和出口的网络

C. 只有一个入口且没有出口的网络

D. 只有一个入口和一个出口的网络

(25) 集线器运行在 OSI 模型的哪一层？

A. 会话层　　B. 物理层　　C. 数据链路层　　D. 应用层

(26) 访问控制列表分哪两大类？

A. 标准访问控制列表

B. IEEE 访问控制列表

C. 扩展访问控制列表

D. 专用访问控制列表

(27) 要备份 IOS，可使用哪个命令？

A. `backup IOS disk`　　B. `copy ios tftp`

C. `copy tftp flash`　　D. `copy flash tftp`

(28) 要备份配置，可使用哪个命令？

A. `copy running backup`　　B. `copy running-config startup-config`

C. `config mem`　　D. `wr mem`

(29) 开发 OSI 模型的主要目的是什么？

A. 开发一个比 DoD 模型大的分层模型

B. 让应用程序开发人员只可以每次修改一层的协议

C. 让不同的网络能够相互通信

D. 让思科能够使用该模型

(30) DHCP 在传输层使用哪种协议？

A. IP　　B. TCP　　C. UDP　　D. ARP

(31) 如果路由器有 CSU/DSU 协同工作，为将其串行链路的时钟频率设置为 64 000bit/s，需要使用哪个命令？

A. `RouterA(config)#bandwidth 64`

B. `RouterA(config-if)#bandwidth 64000`

C. `RouterA(config)#clockrate 64000`

D. `RouterA(config-if)#clock rate 64`

E. `RouterA(config-if)#clock rate 64000`

(32) 要确定在特定接口上是否应用了 IP 访问控制列表，可使用哪个命令？

A. `show access-lists`　　B. `show interface`

C. `show ip interface`　　D. `show interface access-lists`

(33) 要升级思科路由器的 IOS，可使用哪个命令？

A. `copy tftp run`　　B. `copy tftp start`

C. `config net`　　D. `copy tftp flash`

(34) 协议数据单元（PDU）是以什么顺序封装的？

A. 比特、帧、分组、数据段、数据　　B. 数据、比特、数据段、帧、分组

C. 数据、数据段、分组、帧、比特　　D. 分组、帧、比特、数据段、数据

评估测试答案

(1) A。网络控制协议用于帮助标识分组使用的网络层协议。更详细的信息请参阅第 16 章。

(2) B。在 IPv6 地址中，每个字段长 16 位。IPv6 地址总长 128 位。更详细的信息请参阅第 15 章。

(3) C。在 RSTP 中，使用的端口角色包括丢弃、学习和转发。802.1d 和 RSTP 之间的差别在于丢弃角色。更详细的信息请参阅第 10 章。

(4) C。命令 `line console 0` 切换到一种配置模式，让你能够设置控制台用户模式密码。更详细的信息请参阅第 6 章。

(5) D。IPv6 地址长 128 位，而 IPv4 地址只有 32 位。更详细的信息请参阅第 15 章。

(6) C。在 PPP 栈中，链路控制协议提供就动态编址、认证和多链路进行协商的功能。更详细的信息请参阅第 16 章。

(7) B。命令 `show interface` 显示线路状态、协议、DLCI 和 LMI 信息。更详细的信息请参阅第 16 章。

(8) A。256－192＝64，因此块大小为 64。要确定子网，只需计算 64 的整数倍：64＋64＝128，128＋64＝192。子网为 128，广播地址为 191，因此有效的主机地址范围为 129～190。更详细的信息请参阅第 4 章。

(9) B。命令 `passive` 是 `passive-interface` 的简写，它禁止从接口向外发送定期更新，但接口仍可接收更新。更详细的信息请参阅第 8 章。

(10) C。ICMP 是一种网络层协议，用于发送回应请求和应答。更详细的信息请参阅第 3 章。

(11) D。第 2 层交换在每个端口上分别创建一个冲突域。更详细的信息请参阅第 1 章。

(12) C。命令 `line vty 0 4` 切换到一种配置模式，让你能够设置或修改 Telnet 密码。更详细的信息请参阅第 6 章。

(13) B。要查看所有访问控制列表的内容，可使用命令 `show access-lists`。更详细的信息请参阅第 12 章。

(14) C。VLAN 在第 2 层分割广播域。更详细的信息请参阅第 11 章。

(15) A。命令 `erase startup-config` 删除存储在 NVRAM 中的配置。更详细的信息请参阅第 6 章。

(16) C。ICMP 是一种网络层协议，用于向始发路由器回发消息。更详细的信息请参阅第 3 章。

(17) A。A 类网络将地址中的 24 位用于主机编址。更详细的信息请参阅第 3 章。

(18) B。默认情况下，每隔 2 秒就从所有活动的网桥端口向外发送 BPDU。更详细的信息请参阅第 10 章。

(19) D。默认情况下，交换机不会传播 VLAN 信息，而要让它传播 VLAN 信息，你必须配置 VTP 域。VLAN 中继协议（VTP）用于通过中继链路传播 VLAN 信息。更详细的信息请参阅第 11 章。

(20) C。IEEE 802.11bg 使用频段 2.4 GHz，最高传输速度为 54 Mbit/s。更详细的信息请参阅第 14 章。

(21) A。默认情况下，每个交换机端口都是一个独立的冲突域，但所有端口都属于同一个广播域。更详细的信息请参阅第 1 章。

(22) D。端口地址转换（PAT）允许进行一对多的网络地址转换。更详细的信息请参阅第 13 章。

(23) C 和 D。VTP 不对，因为除非它通过中继链路发送 VLAN 信息，否则与中继毫无关系。802.1Q 和 ISL 封装用于在端口上配置中继。更详细的信息请参阅第 11 章。

(24) D。末节网络只有一条到互联网络的连接。在末节网络中应配置默认路由，否则可能出现网络环路，但这种规则也有例外。更详细的信息请参阅第 9 章。

(25) B。集线器重建电子信号，这是由物理层规范的。更详细的信息请参阅第 1 章。

(26) A 和 C。要在路由器上配置安全措施，可使用标准访问控制列表和扩展访问控制列表。更详细的信息请参阅第 12 章。

(27) D。命令 copy flash tftp 提示将闪存中现有的文件备份到 TFTP 主机。更详细的信息请参阅第 7 章。

(28) B。用于对路由器配置进行备份的命令为 copy running-config startup-config。更详细的信息请参阅第 7 章。

(29) C。开发 OSI 模型的主要目的是让不同网络能够互操作。更详细的信息请参阅第 1 章。

(30) C。用户数据报协议是传输层的一种无连接网络服务，DHCP 使用这种无连接服务。更详细的信息请参阅第 3 章。

(31) E。需要将 clock rate 分隔开，它们是两个单词，而线路速度是以 bit/s 为单位指定的。更详细的信息请参阅第 6 章。

(32) C。命令 show ip interface 指出是否在接口上应用了入站或出站访问控制列表。更详细的信息请参阅第 12 章。

(33) 命令 copy tftp flash 将文件复制到闪存中，而在思科路由器上，思科 IOS 默认存储在闪存中。更详细的信息请参阅第 7 章。

(34) PDU 封装方法定义了数据穿越 TCP/IP 模型的每层时如何对其进行编码。在传输层，对数据进行分段，生成数据段；在网络层，生成分组；在数据链路层，生成帧；最后，在物理层，将 1 和 0 编码成数字信号。更详细的信息请参阅第 2 章。

目 录

第 1 章

网络互联

本章涵盖如下 CCNA 考试要点。

✓ **描述网络的工作原理**

- ❑ 描述各种网络设备的用途和功能；
- ❑ 选择满足网络规范所需的组件；
- ❑ 使用 OSI 和 TCP/IP 模型及其相关的协议解释数据是如何在网络中传输的；
- ❑ 描述常见的联网应用程序，包括 Web 应用程序；
- ❑ 描述 OSI 和 TCP/IP 模型中各种协议的用途和基本工作原理；
- ❑ 描述应用程序（IP 语音和 IP 视频）对网络的影响；
- ❑ 解读网络示意图；
- ❑ 描述进行网络通信和因特网通信所需的组件；
- ❑ 使用分层模型方法找出并修复第 1 层、第 2 层、第 3 层和第 7 层的常见故障；
- ❑ 比较 LAN 和 WAN 的工作原理和特征。

✓ **配置和验证 VLAN 和交换机间以及不同交换机之间的通信，并排除其故障**

- ❑ 解释网络分段和基本的数据流管理概念。

✓ **实施 IP 编址方案和 IP 服务，以满足中型企业分支机构的网络需求**

- ❑ 解释 DHCP 和 DNS 的工作原理及其优点。

✓ **配置、验证思科设备的基本路由器运行方式和路由选择，并排除这些方面的故障**

欢迎来到激动人心的网络互联世界。本章重点介绍如何使用思科路由器和交换机连接多个网络，以帮助你正确地理解基本网络互联。编写本章时，我们假设读者获得了 CompTIA Network+认证或具备相应的知识，因此本章对网络互联知识的回顾，旨在让你全面掌握思科 CCENT 和 CCNA 的考试要点，以帮助你获得这些认证。

首先，你需要知道什么是互联网络。当你使用路由器将多个网络连接起来，并配置 IP 或 IPv6 逻辑网络编址方案时，便组建了互联网络。

本章将复习如下内容。

- ❑ 网络互联基础。
- ❑ 网络分段。
- ❑ 如何使用网桥、交换机和路由器对网络进行物理和逻辑分段？
- ❑ 如何使用路由器组建互联网络？

另外，本章还将剖析 OSI （Open Systems Interconnection，开放系统互联）模型，详细描述其每个组成部分，因为你必须很好地理解 OSI 模型，以便为学习思科网络知识打下坚实的基础。OSI 模型包含 7 层，这种分层方式可使各种网络中的不同设备可靠地通信。鉴于本书内容是以 CCNA 认证为核心展开的，你必须从思科的角度理解 OSI，这至关重要，因此本章也将从思科的角度阐述这 7 层。

本章末尾提供了 20 道复习题和 3 个书面实验，旨在让你牢固地掌握本章介绍的知识，请务必完成它们。

注意

有关本章内容的最新修订，请访问 www.lammle.com 或 www.sybex.com/go/ccna7e。

1.1 网络互联基础

探讨网络互联模型以及 OSI 参考模型规范之前，你必须了解全局并回答一个关键问题：学习思科网络互联为何如此重要？

过去的 20 年，网络和网络技术快速成长，这是可以理解的。它们必须高速发展，以便紧跟基本的关键任务用户需求（包括数据和打印机共享）以及更高级需求（如视频会议等）大量增长的步伐。除非需要共享网络资源的所有人都位于同一个办公区域（但这样的情况越来越少了），否则有时就需要将众多相关的网络连接起来，让所有用户都能共享这些网络资源。

请看图 1-1，这是一个使用集线器连接的基本 LAN 网络，它实际上只有一个冲突域和一个广播域。（如果你不明白这些概念，也不用担心，本章和第 2 章将大量讨论广播域和冲突域，你在梦中甚至都可能因此想起它们！）

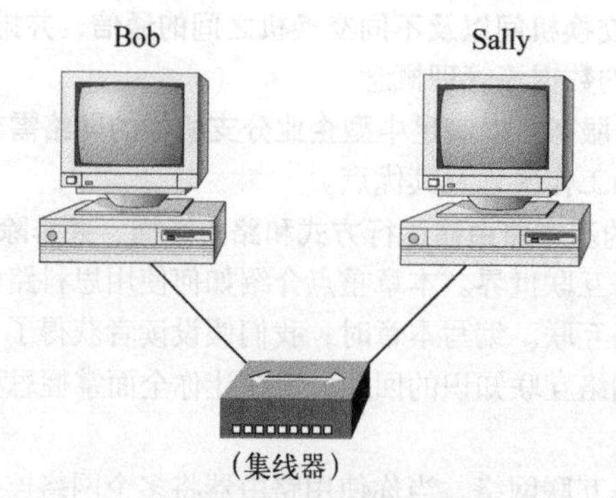
Bob
Sally
（集线器）
这个基本网络允许设备共享信息
术语计算机语言指的是二进制编码（由0或1组成）
这两台主机使用硬件地址（MAC地址）进行通信

图1-1　基本的网络

在图 1-1 中，你认为名为 Bob 的 PC 将如何与名为 Sally 的 PC 通信呢？它们位于同一个 LAN 中，通过多端口转发器（集线器）相连。因此，Bob 到底是发送数据报文“Sally，你在吗？”，还是使用 Sally 的 IP 地址并发送数据报文“192.168.0.3，你在吗？”呢？你的答案可能是后者，但遗憾的是，这两个答案都不对！为什么呢？因为Bob与Sally通信时，实际上将使用后者的MAC地址（称为硬件地址，刻录在Sally的PC网卡中）。

这很好，但既然Bob只知道Sally的名字，而且甚至不知道其IP地址，它如何获悉Sally的MAC地址呢？Bob首先进行名称解析（将主机名解析为IP地址），这通常是使用DNS（Domain Name Service，域名服务）完成的。请注意，鉴于这两台主机位于同一个LAN中，Bob只需发送广播询问Sally的IP地址，而不需要使用DNS。欢迎使用Microsoft Windows!

下面是网络分析器的输出，描述了Bob与Sally通信的起始过程：

```
Source      Destination   Protocol   Info
    192.168.0.2  192.168.0.255  NBNS  Name query NB SALLY<00>
```

正如前面指出的，鉴于这两台主机位于同一个本地LAN中，Windows（Bob）将通过广播来解析名称Sally（目标地址192.168.0.255是一个广播地址），而Sally将告诉Bob自己的地址为192.168.0.3（上述分析器输出中没有这项信息）。下面来看看其余的信息：

```
EthernetII,Src:192.168.0.2(00:14:22:be:18:3b),Dst:Broadcast(ff:ff:ff:ff:ff:ff)
```

上述输出表明，Bob知道自己的MAC地址和IP地址，但不知道Sally的IP地址和MAC地址，因此Bob发送一个数据链路层广播，其目标MAC地址全为f，并发送一个IP LAN广播，其目标地址为192.168.0.255。请不要担心，第3章将全面介绍广播。

现在，Bob必须在LAN上广播以获悉Sally的MAC地址，这样才能与Sally通信并发送数据：

```
Source      Destination Protocol Info
192.168.0.2 Broadcast   ARP Who has 192.168.0.3? Tell 192.168.0.2
```

下面来看看Sally的响应：

```
Source      Destination   Protocol   Info
192.168.0.3 192.168.0.2   ARP   192.168.0.3 is at 00:0b:db:99:d3:5e
192.168.0.3 192.168.0.2 NBNS Name query response NB 192.168.0.3
```

至此，Bob获悉了Sally的IP地址和MAC地址！在前面的输出中，这些地址都是作为源地址列出的，因为信息是由Sally发回给Bob的。Bob终于获得了与Sally进行通信的所有东西。需要指出的是，第8章将全面介绍ARP（Address Resolution Protocol，地址解析协议），并阐述Sally的IP地址是如何解析为MAC地址的。

雪上加霜的是，有时候必须将大网络划分成一系列小网络，因为随着网络的增大，用户响应将非常缓慢，而LAN数据流将发生严重拥塞。对于这种问题，解决之道是将大型网络划分成众多小网络，这称为**网络分段**（network segmentation）。为此，可使用**路由器**、**交换机**和**网桥**等设备。在图1-2中，我们使用交换机对网络进行了分段，让与交换机连接的每个网段都成为了一个独立的冲突域。但需要注意的是，这个网络仍只有一个广播域。

需要牢记的是，图1-2中的集线器只用于扩展交换机端口连接的冲突域。导致LAN拥塞的常见原因如下：

- 同一个广播域或冲突域中的主机太多；
- 广播风暴；

❑ 组播数据流太多；
❑ 带宽太低；
❑ 使用集线器扩展网络。

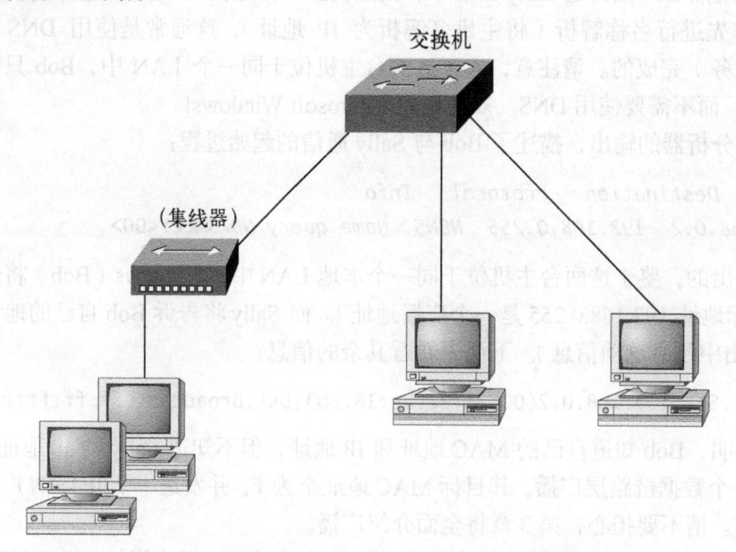

图 1-2　可使用交换机替换集线器，将网络划分成多个冲突域

请再次查看图 1-2，我用交换机替换了图 1-1 中的主集线器，你注意到了吗？我这样做的原因是，集线器不能将网络分段，而只将网段连接起来。基本上，使用集线器将多台 PC 连接起来是一种廉价的解决方案，非常适合用于家庭网络和排除故障，但仅此而已。

当前，路由器用于连接多个网络，并在网络之间路由数据分组。鉴于思科提供高品质路由器产品、广阔的选择范围和良好的服务，它成了路由器方面的事实标准。默认情况下，路由器将广播域划分成多个。广播域（broadcast domain）指的是同一个网段中所有设备组成的集合，这些设备侦听该网段中发送的所有广播。在图 1-3 中，我们使用了一台路由器，它组建互联网络并划分广播域。

图 1-3 所示的网络很不错，每台主机都位于一个独立的冲突域中，而路由器将网络划分成了两个广播域。另外，该路由器还提供了到 WAN 服务的连接。路由器使用串行接口来建立 WAN 连接，在思科路由器中为 V.35 物理接口。

对广播域进行分割很重要，因为一台主机或服务器发送网络广播时，网络中的所有设备都必须读取并处理这一广播，除非在网络中使用了路由器。路由器的接口收到广播后，可这样作出响应：将广播丢弃，而不将其转发给其他网络。虽然路由器默认对广播域进行分割，但请牢记它也对冲突域进行分割。

在网络中使用路由器的优点有两个：

❑ 默认情况下，路由器不转发广播；
❑ 路由器可根据第 3 层（网络层）信息（如 IP 地址）对网络进行过滤。

在网络中，路由器有如下 4 项功能：

❑ 分组交换；

- 分组过滤；
- 网络间通信；
- 路径选择。

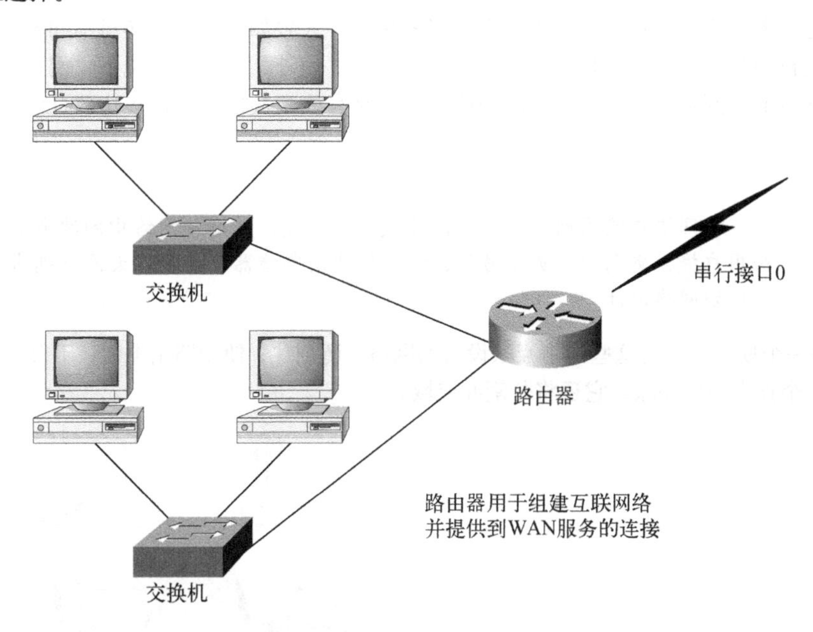

图 1-3 路由器用于组建互联网络

请记住，路由器实际上是交换机——第 3 层交换机（有关网络分层的内容将在本章后面讨论）。与第 2 层交换机转发或过滤帧不同，路由器（第 3 层交换机）使用逻辑地址，并提供分组交换功能。路由器还可使用访问列表进行分组过滤。当路由器连接多个网络并使用逻辑地址（IP 或 IPv6）时，便组建了互联网络。最后，路由器使用路由选择表（互联网络地图）来选择路径并将分组转发到远程网络。

相反，交换机不用于组建互联网络（默认情况下，交换机不对广播域进行分割），而用于提高 LAN 的功能。交换机的主要用途是让 LAN 更好地运行——优化其性能，向 LAN 用户提供更高的带宽。交换机不像路由器那样将分组转发到其他网络，而只在交换型网络内的端口之间交换帧。你可能会问，帧和分组是什么呢？这将在本章后面介绍。

默认情况下，交换机对冲突域（collision domain）进行分割。冲突域是一个以太网术语，指的是这样一种网络情形：某台设备在网络上发送分组时，当前网段中的其他所有设备都必须注意到这一点。如果同时有两台设备试图传输数据，将导致冲突，而这两台设备必须分别重传数据，因此效率不高！这种情形通常出现在使用集线器的网络环境中——与某个集线器相连的所有主机都属于同一个冲突域，且属于同一个广播域。与此相反，交换机的每个端口都是一个独立的冲突域。

交换机创建多个冲突域，但只创建一个广播域，而路由器为每个接口都提供不同的广播域。

术语桥接是在路由器和集线器面世前出现的，因此经常会听到有人将网桥和交换机混为一谈，这是因为网桥和交换机的基本功能相同，都将 LAN 划分成多个冲突域。实际上，当前已买不到网桥，而只能买到 LAN 交换机，但它们使用的是桥接技术，因此思科仍将它们称为多端口网桥。

这是否意味着交换机不过是更智能的多端口网桥呢？大致如此，但交换机不同于网桥。交换机确实提供了网桥的功能，但其管理功能得到了极大改善。另外，大多数情况下，网桥只有 2 或 4 个端口。虽然你可能遇到端口多达 16 个的网桥，但相比有些交换机的端口多达数百个的情况，这不值一提！

注意

在网络中使用网桥可减少广播域中的冲突，并增加网络中的冲突域。这样做将给用户提供更高的带宽。另外，请记住使用集线器可能使以太网更拥堵。请务必仔细规划网络设计。

图 1-4 是一个使用了所有这些网络互联设备的网络。请记住，使用路由器时，不仅可使每个 LAN 接口都属于一个独立的广播域，它还将分割冲突域。

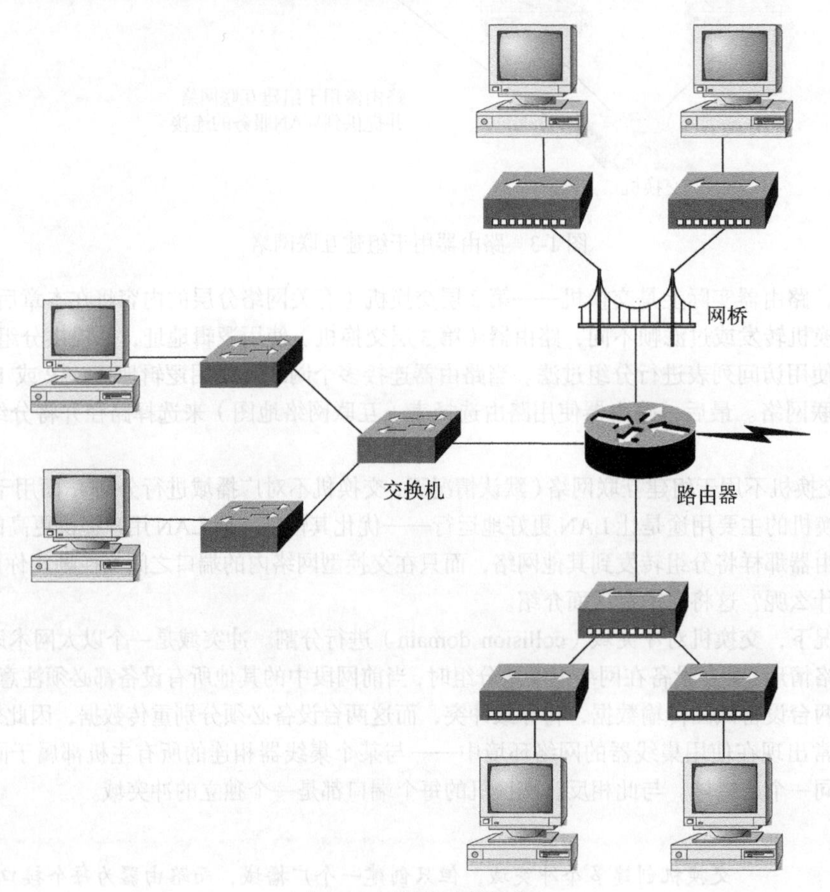

图 1-4　网络互联设备

在图 1-4 中，路由器位于中央，它将所有物理网络连接起来，你注意到这一点了吗？鉴于采用了较旧的技术——网桥和集线器，我们必须使用这种布局。

在图 1-4 所示互联网络的顶部，有一个网桥将集线器连接到交换机。网桥对冲突域进行分割，但同时连接到两台集线器的所有主机都属于同一个广播域。另外，该网桥只创建了两个冲突域，因此连接到同一个集线器的所有设备都属于同一个冲突域。实际上，这很糟糕，但胜过让所有主机都属于同一个冲突域。

另外，图 1-4 中底部 3 台彼此相连的集线器也连接到了路由器，它们组成了一个冲突域和一个广播域。这让这个桥接型网络看起来确实好很多！

注意

虽然网桥/交换机用于将网络分段，但它们不能隔离广播和组播分组。

在与该路由器相连的网络中，最好的是左边的交换型 LAN 网络。为什么呢？因为交换机的每个端口都属于一个独立的冲突域，但这还不是太好，因为该网络中的所有设备都属于同一个广播域。这实际上可能很糟糕，你还记得其原因吗？所有设备都必须侦听所有的广播，这就是其中的原因。广播域太大时，用户可用的带宽就很少，必须处理的广播就很多，而网络的响应速度将会慢到引起办公室骚乱的程度。

在该网络中仅有交换机时，情况将得到极大改善！图 1-5 显示了当今常见的网络。

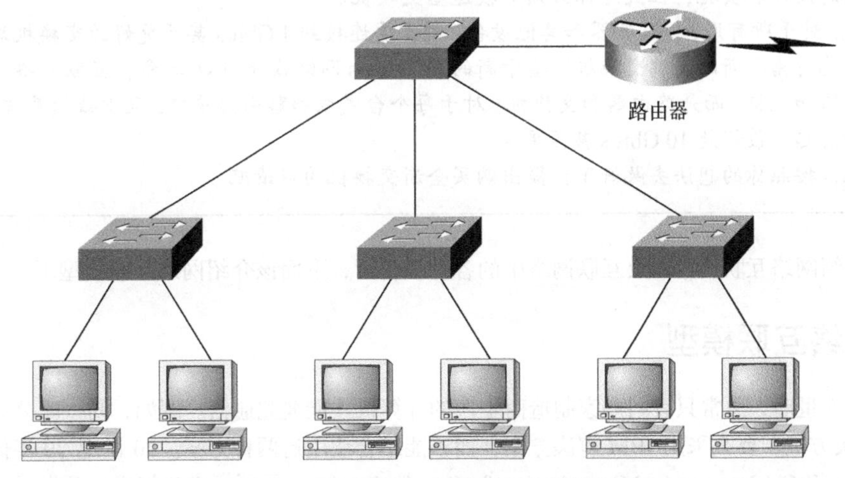

图 1-5　由交换型网络组成的互联网络

在这里，我以 LAN 交换机为核心建立了网络，因此路由器连接的只是逻辑网络。采用这种配置时，我们便创建了虚拟 LAN（VLAN）。VLAN 将在第 11 章介绍，请不要担心。然而，即使组建了交换型网络，仍需使用路由器（第 3 层交换机）进行 VLAN 间通信，理解这一点非常重要，可别忘了。

显然，最佳的网络是这样的：进行了正确配置，能够满足公司的业务需求。最佳的网络设计是，在网络中正确地结合使用 LAN 交换机和路由器。本书将帮助你理解路由器和交换机的基本知识，让你能够根据具体情况作出正确的决策。

请回过头来看图1-4。在该图所示的互联网络中，有多少个冲突域和广播域呢？冲突域9个，广播域3个，但愿你的答案与此相同。广播域最容易辨别，因为默认情况下，只有路由器对广播域进行分割。鉴于路由器连接有3条，因此有3个广播域。但你明白为什么冲突域有9个吗？如果不明白，请听我解释。只包含集线器的那个网络是一个冲突域，使用了网桥的网络有3个冲突域。加上交换型网络中的5个冲突域——每个交换机端口对应一个，总共是9个。

现在，再来看图1-5。每个交换机端口对应一个冲突域，而每个VLAN对应一个独立的广播域。然而，你仍需要一台路由器，以便在VLAN之间进行路由选择。在你看来，有多少个冲突域呢？答案是10个（请别忘了，交换机间的每个连接都对应一个冲突域！）。

真实案例

应替换现有的10/100 Mbit/s交换机吗？

假设你是一家位于圣何塞的大型公司的网络管理员，要求购买全新的交换机，但老板不确定是否批准这项开支。那么，确实需要这样做吗？

如果买得起，绝对应该这样做。最新的交换机可提供老式10/100 Mbit/s交换机没有的大量功能（当前看来，使用了5年的交换机就相当旧了），但大多数公司的预算都受到某种程度的限制，无法购买全新的吉比特交换机。使用10/100 Mbit/s交换机也可组建出不错的网络，当然条件是进行了正确的设计和实施，但最终你必须更换这些交换机。

那么，对于所有用户、服务器和其他设备，都需要连接到1 Gbit/s甚至更好的交换机端口吗？是的，你绝对需要新的高端交换机！鉴于新的Windows网络栈和IPv6革命，互联网络的瓶颈不再是服务器和主机，而是路由器和交换机！对于每个台式机和路由器接口，至少必须是吉比特的。如果负担得起，最好是10 Gbit/s甚至更高。

因此，按照你的想法去做好了！提出购买全新交换机的申请吧。

简要介绍网络互联技术以及互联网络中的各种设备后，下面该介绍网络互联模型了。

1.2　网络互联模型

网络刚面世时，通常只有同一家制造商生产的计算机才能彼此通信。例如，同一家公司要么采用DECnet解决方案，要么采用IBM解决方案，而不能结合使用这两种方案。20世纪70年代末，为打破这种藩篱，ISO（International Organization for Standardization，国际标准化组织）开发了OSI（Open Systems Interconnection，开放系统互联）参考模型。

OSI模型旨在以协议的形式帮助厂商生产可互操作的网络设备和软件，让不同厂商的网络能够协同工作。与世界和平一样，这不可能完全实现，但不失为一个伟大的目标。

OSI模型是主要的网络架构模型，描述了数据和网络信息如何通过网络介质从一台计算机的应用程序传输到另一台计算机的应用程序。OSI参考模型对这一网络通信工作进行了分层。

在接下来的一节中，我们将阐述这种分层方法以及如何用它帮助排除互联网络故障。

1.2.1 分层方法

参考模型是一个就如何完成通信创建的概念蓝图。它指出了进行高效通信所需的全部步骤，并将这些步骤划分成称为层的逻辑组。以这种方式设计通信系统时，便采用了分层架构。

让我们这样来思考，假设你和一些朋友打算组建一家公司。为此，首先需要做的事情之一是坐下来考虑下述问题：必须完成哪些任务、由谁完成、按什么样的顺序完成以及这些任务之间的相互关系。最终，你可能会将这些任务分派给不同的部门。假设你决定组建订单接受部、库存部和发货部。每个部门都有特定的任务，希望让员工都忙活起来并专注于自己的本职工作。

在这个案例中，部门相当于通信系统中的层。为确保业务的正常运行，每个部门的员工都必须信任并依靠其他部门的员工，这样才能完成工作并胜任其职责。在规划过程中，你可能会将整个流程记录下来，以方便讨论操作标准，而操作标准将成为业务蓝图（参考模型）。

企业开始运营后，各部门的领导都将拥有该蓝图中与其部门相关的部分，他们需要制定可行的方案，以完成分配给他们的任务。这些可行的方案（协议）需要编制成标准操作流程手册，并被严格遵守。每个流程出现在手册中的原因和重要性各异。与其他公司建立合作伙伴关系或并购其他公司时，该公司的业务协议（业务蓝图）必须与贵公司的相称，至少是相容。

同样，软件开发人员可使用参考模型来理解计算机通信过程，并了解在各层需要完成哪些类型的功能。如果他们要为某一层开发协议，则只需考虑这一层的功能，而无需考虑其他层的功能，其他的功能将由其他层及其协议处理。从技术上说，这种理念称为绑定：在特定层，彼此相关的通信步骤被绑定在一起。

1.2.2 参考模型的优点

OSI 模型是层次型的，具有分层模型的所有优点和好处。所有分层模型的主要目的都是让不同厂商的网络能够互操作，OSI 模型尤其如此。

使用 OSI 分层模型的主要优点在于：

- 将网络通信过程划分成更小、更简单的组件，这有助于组件的开发、设计和故障排除；
- 通过标准化网络组件，让多家厂商能够协作开发；
- 定义了模型每层执行的功能，从而鼓励了行业标准化；
- 让不同类型的网络硬件和软件能够彼此通信；
- 避免让对一层的修改影响其他层，从而避免妨碍开发工作。

1.3 OSI 参考模型

OSI 规范最大的作用之一是帮助在不同的主机之间传输数据，这意味着我们可在 Unix 主机和 PC（或 Mac）之间传输数据。

然而，OSI 并非具体的模型，而是一组指导原则，应用程序开发人员可使用它们创建可在网络中运行的应用程序。它还提供了一个框架，指导如何制定和实施网络标准、如何制造设备以及如何制定网络互联方案。

OSI 模型包含 7 层，它们分为两组：上 3 层指定了终端中的应用程序如何彼此通信以及如何与用

户交流；下 4 层指定了如何进行端到端的数据传输。图 1-6 显示了上 3 层及其功能，而图 1-7 显示了下 4 层及其功能。

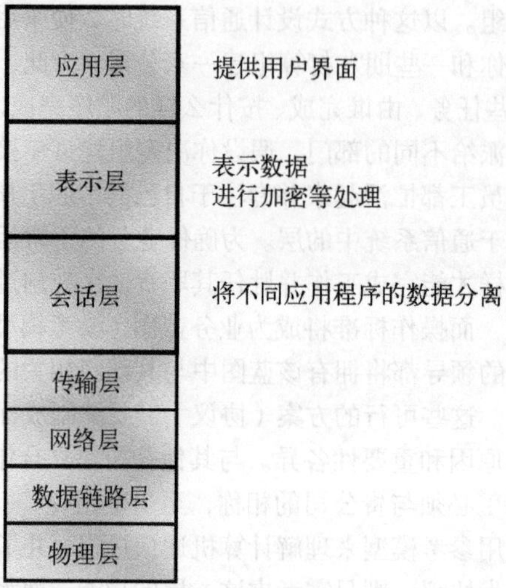

应用层	提供用户界面
表示层	表示数据 进行加密等处理
会话层	将不同应用程序的数据分离
传输层	
网络层	
数据链路层	
物理层	

图 1-6 上 3 层

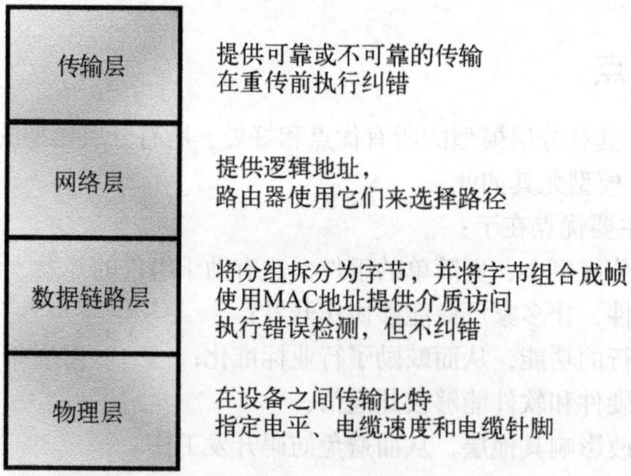

传输层	提供可靠或不可靠的传输 在重传前执行纠错
网络层	提供逻辑地址， 路由器使用它们来选择路径
数据链路层	将分组拆分为字节，并将字节组合成帧 使用MAC地址提供介质访问 执行错误检测，但不纠错
物理层	在设备之间传输比特 指定电平、电缆速度和电缆针脚

图 1-7 下 4 层

从图 1-6 可知，用户界面位于应用层。另外，上 3 层负责主机之间的应用程序通信。请记住，这 3 层都对联网和网络地址一无所知，那是下 4 层的职责。

从图 1-7 中可知，下 4 层定义了数据是如何通过物理电缆、交换机和路由器进行传输的，它们还定义了如何重建从发送方主机到目标主机的应用程序的数据流。

下述网络设备都运行在 OSI 模型的全部 7 层上：

- NMS（Network Management Station，网络管理工作站）；

- Web和应用程序服务器；
- 网关（非默认网关）；
- 网络主机。

ISO大致相当于网络协议领域的Emily Post。Emily Post编写有关社交礼仪（协议）的书籍，而OSI创先开发的OSI参考模型则是开放网络协议指南。OSI定义了通信模型的规范，当前仍是最常见的协议簇比较方法。

OSI参考模型包含如下7层：

- 应用层（第7层）；
- 表示层（第6层）；
- 会话层（第5层）；
- 传输层（第4层）；
- 网络层（第3层）；
- 数据链路层（第2层）；
- 物理层（第1层）。

图1-8总结了OSI模型各层的功能。

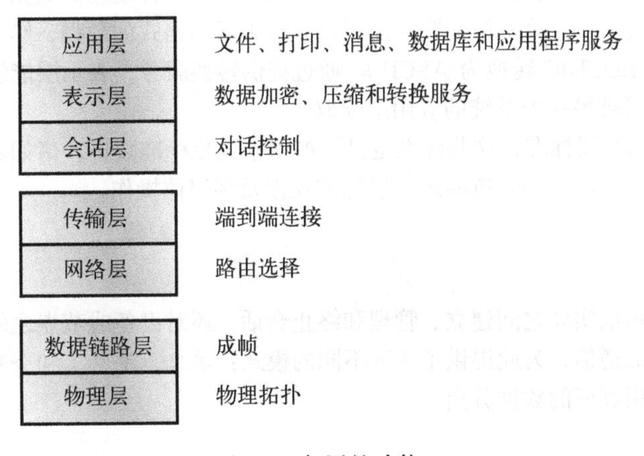

图1-8 各层的功能

有了这些知识后，我们便可以详细探索各层的功能了。

1.3.1 应用层

OSI模型的*应用层*是用户与计算机交流的场所。仅当马上需要访问网络时，这一层才会发挥作用。以IE为例，即使你将系统中所有的联网组件（如TCP/IP、网卡等）卸载掉，仍可使用IE浏览本地的HTML文档，这没有任何问题。但如果你试图浏览必须使用HTTP来获取的HTML文档，或使用FTP（TFTP）来下载文件，就绝对会遇到麻烦。这是因为响应这些请求时，IE将试图访问应用层。实际上，应用层让应用程序能够将信息沿协议栈向下传输，从而充当了应用程序（它们根本不是OSI分层结构的组成部分）和下一层之间的接口。换句话说，IE并不位于应用层中，而是在需要处理远程资源时与应用层协议交互。

应用层还负责确定目标通信方的可用性，并判断是否有足够的资源进行想要的通信。

这些任务很重要，因为计算机应用程序有时候需要的不仅仅是桌面资源。通常，它们将结合使用多个网络应用程序的通信组件，这样的典型示例包括文件传输、电子邮件、启用远程访问、网络管理活动、客户/服务器进程以及信息查找。很多网络应用程序提供了通过企业网络进行通信的服务，但就当前和未来的网络互联而言，这种需求发展得太快了，超过了现有物理网络的极限。

应用层是实际应用程序之间的接口，牢记这一点很重要。这意味着诸如Microsoft Word等应用程序并不位于应用层中，而是与应用层协议交互。第3章将介绍一些位于应用层中的程序，如FTP和TFTP。

1.3.2 表示层

*表示层*因其用途而得名，它向应用层提供数据，并负责数据转换和代码格式化。

从本质上说，该层是一个转换器，提供编码和转换功能。一种成功的数据传输方法是，将数据转换为标准格式再进行传输。计算机被配置成能够接受这种通用格式的数据，然后将其转换为本机格式以便读取（例如，从EDCDIC转换为ASCII）。通过提供转换服务，表示层能够确保从一个系统的应用层传输而来的数据可被另一个系统的应用层读取。

OSI制定了相关的协议标准，这些标准定义了如何格式化标准数据。诸如数据压缩、解压缩、加密和解密等任务都与表示层有关。有些表示层标准还涉及多媒体操作。

1.3.3 会话层

*会话层*负责在表示层实体之间建立、管理和终止会话，还对设备或节点之间的对话进行控制。它协调和组织系统之间的通信，为此提供了3种不同的模式：*单工、半双工和全双工*。总之，会话层的基本功能是将不同应用程序的数据分离。

1.3.4 传输层

*传输层*将数据进行分段并重组为数据流。位于传输层的服务将来自上层应用的数据进行分段和重组，并将它们合并到同一个数据流中。它们提供了端到端的数据传输服务，并可在互联网络上的发送主机和目标主机之间建立逻辑连接。

有些读者可能熟悉TCP和UDP，但如果你不熟悉，也不用担心，第3章将全面介绍它们。如果你熟悉TCP和UDP，就知道它们都运行在传输层，且TCP是一种可靠的服务，而UDP不是。这意味着应用程序开发人员有更多的选择，因为使用TCP/IP协议时，他们可在这两种协议之间作出选择。

传输层负责提供如下机制：对上层应用程序进行多路复用、建立会话以及拆除虚电路。它还提供透明的数据传输，从而对高层隐藏随网络而异的信息。

在传输层，可使用术语可靠的联网，这意味着将使用确认、排序和流量控制。

传输层可以是无连接的或面向连接的，但思科最为关心的是你是否理解了传输层的面向连接部分。接下来的几节将简要地介绍面向连接（可靠）的传输层协议。

1. 流量控制

数据完整性由传输层确保，这是通过流量控制以及允许应用程序请求在系统之间进行可靠的数据传输实现的。流量控制可避免作为发送方的主机让作为接收方的主机的缓冲区溢出（这可能导致数据丢失）。可靠的数据传输在系统之间使用面向连接的通信会话，而涉及的协议确保可实现如下目标：

- 收到数据段后，向发送方进行确认；
- 重传所有未得到确认的数据段；
- 数据段到达目的地后，按正确的顺序排列它们；
- 确保数据流量不超过处理能力，以避免拥塞、过载和数据丢失。

流量控制旨在提供一种机制，让接收方能够控制发送方发送的数据量。

2. 面向连接的通信

在可靠的传输操作中，要传输数据的设备建立一个到远程设备的面向连接的通信会话。传输设备首先与其对等系统建立面向连接的会话，这称为*呼叫建立或三方握手*，然后传输数据。传输完毕后，将进行呼叫终止，以拆除虚电路。

图1-9描述了发送系统和接收系统之间进行的典型可靠会话。从中可知，两台主机的应用程序都首先通知各自的操作系统说即将建立一条连接。两个操作系统通过网络发送消息，确认传输得到了批准且双方已准备就绪。这种必不可少的同步完成后，便完全建立了连接，可以开始传输数据了。（这种虚电路建立称为开销！）

传输信息期间，两台主机定期地检查对方，通过协议软件进行通信，确保一切进展顺利且正确地收到了数据。

对图1-9所示的面向连接的会话中的步骤（三方握手）总结如下。

- 第一个是"连接协定"数据段，用于请求同步。
- 接下来的数据段确认请求，并在主机之间确定连接参数（即规则）。这些数据段也请求同步接收方的排序，以建立双向连接。
- 最后一个数据段也是用来进行确认的，它通知目标主机连接协定已被接受且连接已建立。现在可以开始传输数据了。

听起来相当简单，但事情进展并非总是如此顺利。有时候，在传输期间，高速计算机生成的数据流远远超过网络的传输能力，进而导致拥塞。大量计算机同时向一个网关或目标主机发送数据报时，也很容易导致问题，在这种情况下，网关或目标主机可能发生拥塞，虽然这不能怪罪于任何一台源主机。这两种情况都类似于高速公路的瓶颈——流量太大，而容量太小。这种问题并非某辆车导致的，而只是高速公路上的车太多。

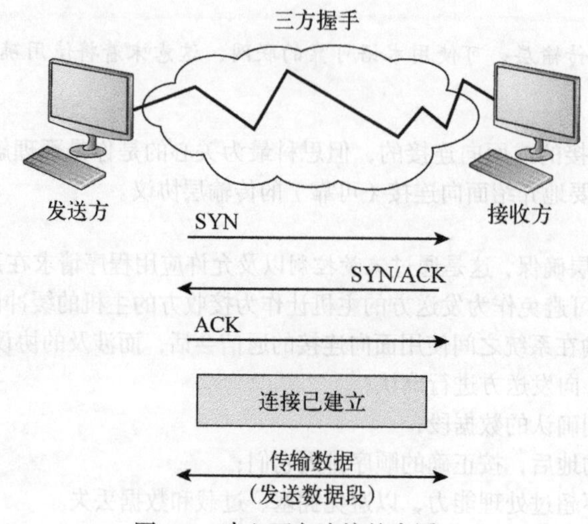

图 1-9　建立面向连接的会话

当主机收到大量的数据报，超出了其处理能力时，结果将如何呢？它会将这些数据报存储在称为缓冲区的内存区域中，但仅当突发数据报的数量较少时，这种缓冲方式才能解决问题。如果不是这样，数据报将纷至沓来，并最终耗尽设备的内存，超过其容量，使其最终不得不丢弃新到来的数据报。

但也不用太担心，因为传输层的流量控制系统确实很管用。传输层可向发送方（源）发出信号“未准备好”，从而避免数据泛滥和丢失数据，如图 1-10 所示。这种机制类似于刹车灯，用信号告诉发送设备不要再向不堪重负的接收方传输数据段。处理完毕其内存储水池（缓冲区）中的数据段后，接收方发送信号“准备就绪”。等待传输的计算机收到这个“前进”信号后，将继续传输。

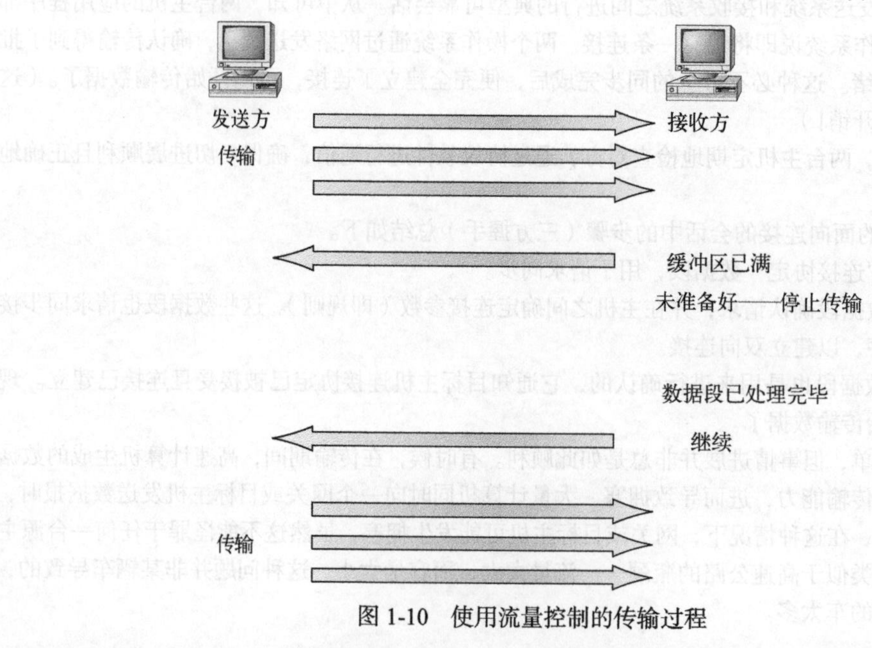

图 1-10　使用流量控制的传输过程

在面向连接的可靠数据传输中，数据报到达接收主机的顺序与发送顺序完全相同；如果顺序被打乱，传输将失败。如果在传输过程中，有任何数据段丢失、重复或受损，传输也将失败。为解决这个问题，可让接收主机确认它收到了每个数据段。

如果服务具有如下特征，它就是面向连接的：

- 建立虚电路（如三方握手）；
- 使用排序技术；
- 使用确认；
- 使用流量控制。

流量控制方式包含缓冲、窗口技术和拥塞避免。

3. 窗口技术

在理想情况下，数据传输快捷而高效。可以想见，如果传输方发送每个数据段后都必须等待确认，传输速度将变得缓慢。然而，从发送方传输数据段到处理完毕来自接收方的确认之间有一段时间，发送方可利用这段时间传输更多的数据。在收到确认前，传输方可发送的数据段数量（以字节为单位）称为窗口。

窗口用于控制未确认的数据段数量。

因此，窗口大小控制了一方传输给另一方的信息量。有些协议以分组数度量信息量，但 TCP/IP 以字节数度量信息量。

在图 1-11 中，双方使用的窗口大小不同：一方将其设置为 1，另一方将其设置为 3。

窗口大小为 1 时，发送方传输每个数据段后都等待确认，然后才能传输另一个：窗口大小为 3 时，发送方将传输 3 个数据段，再等待确认。

在这个简化的示例中，发送方和接收方都是工作站。在实际情况中，可发送的为字节数，而不是数据段数。

如果未收到所有应确认的字节，接收方将缩小窗口，以改善通信会话。

4. 确认

可靠的数据传输依靠功能完整的数据链路，从而确保机器之间发送的数据流的完整性。它确保数据不会重复或丢失，这是通过肯定确认和重传实现的，这种方法要求接收方在收到数据后向发送方发送一条确认消息。发送方记录每个以字节为单位度量的数据段，将其发送后等待确认，而暂不发送下一数据段。发送数据段后，发送方启动定时器，如果定时器到期后仍未收到接收方的确认，就重传该数据段。

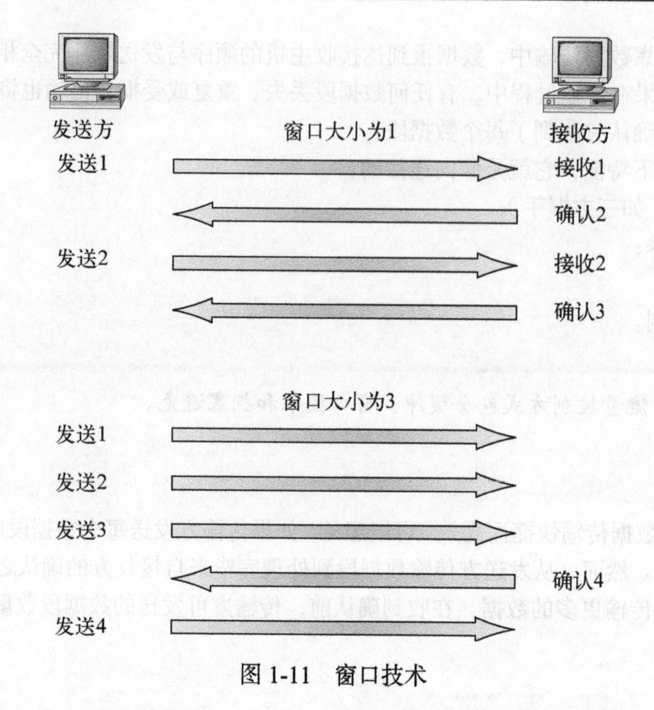

图 1-11　窗口技术

在图 1-12 中，发送方传输了数据段 1、2 和 3，接收节点请求发送数据段 4，以此确认它收到了前 3 个数据段。收到确认后，发送方传输数据段 4、5 和 6。如果数据段 5 未能到达目的地，接收方将请求重传该数据段，以指出这一点。接下来，发送方将重传该数据段并等待确认；仅当收到确认后，接收方才会传输数据段 7。

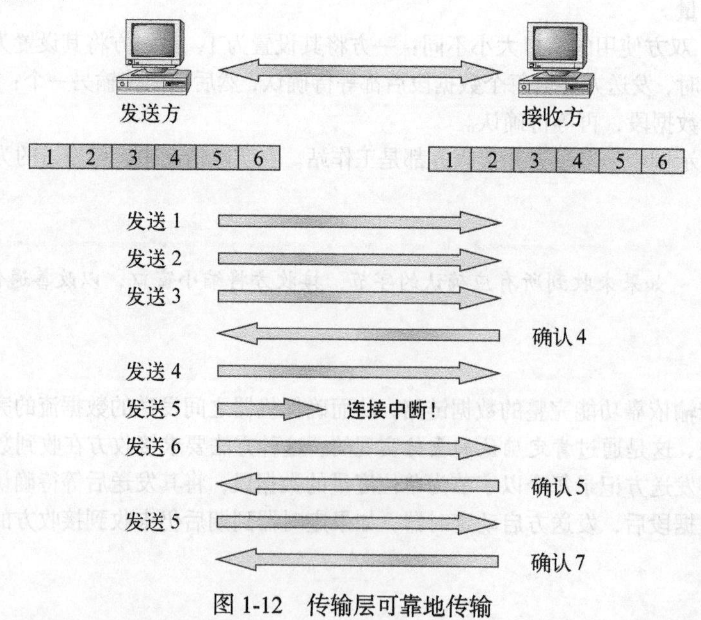

图 1-12　传输层可靠地传输

1.3.5 网络层

网络层（第 3 层）管理设备编址、跟踪设备在网络中的位置并确定最佳的数据传输路径，这意味着网络层必须在位于不同网络中的设备之间传输数据流。路由器（第 3 层设备）位于网络层，在互联网络中提供路由选择服务。

具体过程如下。在其接口上收到分组后，路由器首先检查分组的目标 IP 地址。如果分组的目的地不是当前路由器，路由器将在路由选择表中查找目标网络地址。选择出站接口后，路由器将分组发送到该接口，后者将分组封装成帧后在本地网络中传输。如果在路由选择表中找不到目标网络对应的条目，路由器将丢弃分组。

在网络层，使用的分组有两种：数据和路由更新。

- **数据分组** 用于在互联网络中传输用户数据。用于支持用户数据的协议称为*被路由协议*（routed protocol），这包括 IP 和 IPv6。IP 编址将在第 3 章和第 4 章介绍，而 IPv6 将在第 15 章介绍。
- **路由更新分组** 包含与有关互联网络中所有路由器连接的网络的更新信息，用于将这些信息告知邻接路由器。发送路由更新分组的协议称为*路由选择协议*，一些常见的路由选择协议包括 RIP、RIPv2、EIGRP 和 OSPF。路由更新分组用于帮助每台路由器建立和维护路由选择表。

图 1-13 是一个路由选择表。

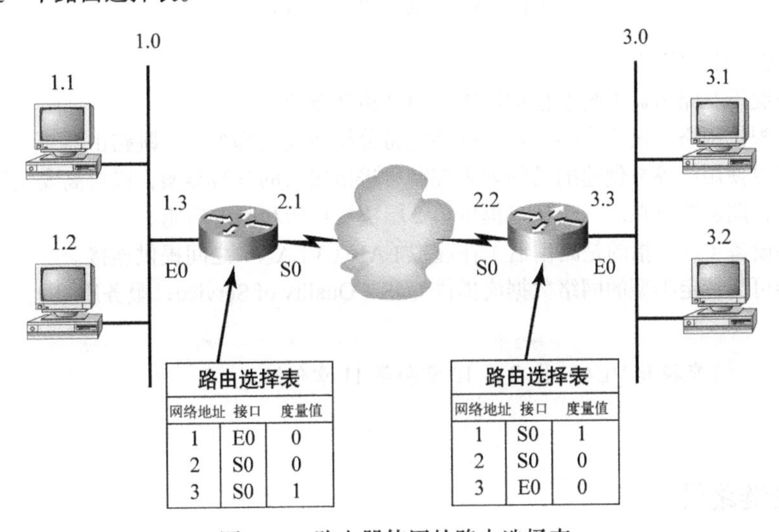

图 1-13 路由器使用的路由选择表

路由器使用的路由选择表包含如下信息。

- **网络地址** 随协议而异的网络地址。对于每种被路由协议，路由器都必须为其维护一个路由选择表，因为每种被路由协议都以不同的编址方案（如 IP、IPv6 和 IPX）跟踪网络。可将网络地址视为用不同语言书写的街道标识；如果 Cat 街居住着美国人、西班牙人和法国人，该街道将标识为 Cat/Gato/Chat。
- **接口** 前往特定网络时，将为分组选择的出站接口。
- **度量值** 到远程网络的距离。不同的路由选择协议使用不同的方式计算这种距离。路由选择协议将在第 8 章和第 9 章介绍，就目前而言，只需知道如下信息：有些路由选择协议（具体地说是 RIP）使用**跳数**（分组前往远程网络时穿越的路由器数量），而有些路由选择协议使用带宽、线路延迟甚至嘀嗒（1/18 秒）数。

正如前面指出的，路由器分割广播域，这意味着默认情况下，路由器不会转发广播。这是件好事，你还记得其原因吗？路由器还能分割冲突域，但我们也可使用第 2 层（数据链路层）交换机达成这种目的。因为路由器的每个接口都属于不同的网络，所以我们必须给每个接口分配不同的网络标识号，且与同一个接口相连的每台主机都必须使用相同的网络号。图 1-14 说明了路由器在互联网络中扮演的角色。

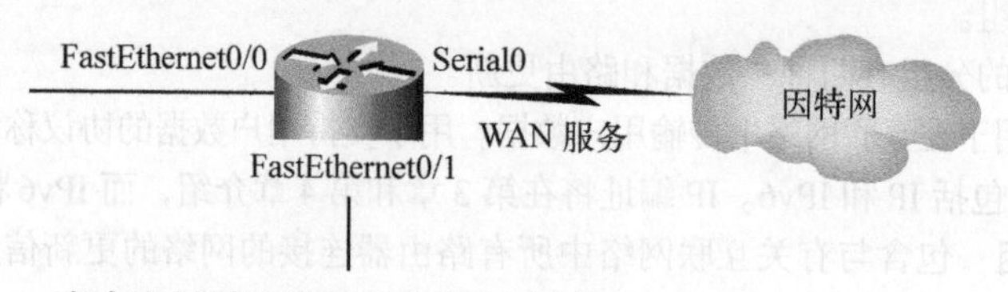

图 1-14　互联网络中的路由器

对于路由器，必须牢记如下要点：

- 默认情况下，路由器不转发任何广播分组和组播分组。
- 路由器根据网络层报头中的逻辑地址确定将分组转发到哪个下一跳路由器。
- 路由器可使用管理员创建的访问列表控制可进出接口的分组类型，以提高安全性。
- 必要时，路由器可在同一个接口提供第 2 层桥接功能和路由功能。
- 第 3 层设备（这里指的是路由器）在虚拟 LAN（VLAN）之间提供连接。
- 路由器可为特定类型的网络数据流提供 QoS（Quality of Service，服务质量）。

注意

交换和 VLAN 将在第 10 章和第 11 章介绍。

1.3.6　数据链路层

数据链路层提供数据的物理传输，并处理错误通知、网络拓扑和流量控制。这意味着数据链路层将使用硬件地址确保报文被传输到 LAN 中的正确设备，还将把来自网络层的报文转换为比特，供物理层传输。

数据链路层将报文封装成**数据帧**，并添加定制的报头，其中包含目标硬件地址和源硬件地址。这些添加的信息位于原始报文周围，形成“小容器”，就像阿波罗计划中的引擎、导航设备和其他工具被附加到登月舱上一样。这些设备仅在太空航行的特定阶段有用，这些阶段结束后将被剥离和丢弃，数据在网络中的传输过程与此类似。

图 1-15 显示了数据链路层以及以太网和 IEEE 规范。需要注意的是，IEEE 802.2 标准与其他 IEEE

标准配合使用，并为其添加了额外的功能。

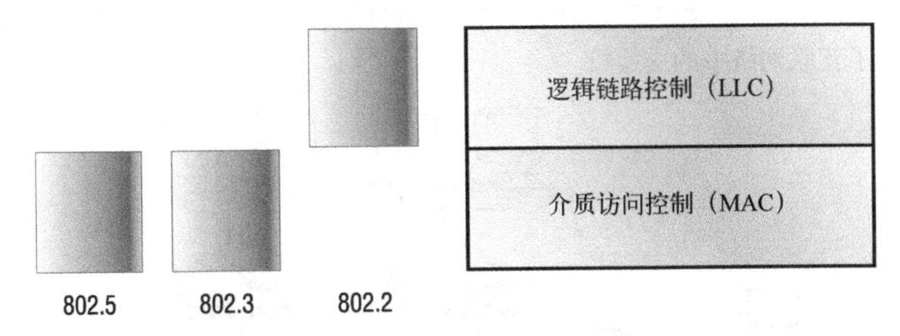

图 1-15 数据链路层

路由器运行在网络层，根本不关心主机位于什么地方，而只关心网络（包括远程网络）位于什么地方以及前往这些网络（包括远程网络）的最佳路径，明白这一点很重要。路由器只关心网络，这是好事！对本地网络中每台设备进行唯一标识的工作由数据链路层负责。

数据链路层使用硬件地址，让主机能够给本地网络中的其他主机发送分组以及穿越路由器发送分组。每当在路由器之间传输分组时，分组都将被使用数据链路层控制信息封装成帧，但接收路由器会将这些信息剥离，只保留完整的原始分组。在每一跳都将重复这种将分组封装成帧的过程，直到分组最终到达正确的接收主机。在整个传输过程中，分组本身从未被修改过，而只是被必要的控制信息封装，以便能够通过不同的介质进行传输，明白这一点至关重要。

IEEE以太网数据链路层包含两个子层，如下。

- **介质访问控制（MAC）子层（802.3）** 它定义了如何通过介质传输分组。它采用“先到先服务”的访问方式，带宽由大家共享，因此称为竞用介质访问（contention media access）。这个子层定义了物理地址和逻辑拓扑。什么是逻辑拓扑呢？它指的是信号在物理拓扑中的传输路径。在这个子层，还可使用线路控制、错误通知（不纠错）、顺序传递帧以及可选的流量控制。
- **逻辑链路控制（LLC）子层（802.2）** 负责识别网络层协议并对其进行封装。LLC报头告诉数据链路层收到帧后如何对分组进行处理。其工作原理类似于：收到帧后，主机查看LLC报头以确定要将分组交给谁——如网络层的IP协议。LLC还可提供流量控制以及控制比特排序。

本章开头谈到的交换机和网桥都工作在数据链路层，它们根据硬件（MAC）地址过滤网络。接下来我们将详细介绍这些内容。

工作在数据链路层的交换机和网桥

第2层交换被认为是基于硬件的桥接，因为它使用称为ASIC（Application-specific Integrated Circuit，专用集成电路）的特殊硬件。ASIC的速度可高达吉比特，且延迟非常低。

延迟指的是从帧进入端口到离开端口之间的时间。

网桥和交换机读取通过网络传输的每个帧，然后，这些第2层设备将源硬件地址加入过滤表中，以跟踪帧是从哪个端口收到的。这些记录在网桥或交换机过滤表中的信息将帮助确定特定发送设备的位置。图1-16显示了互联网络中的交换机。

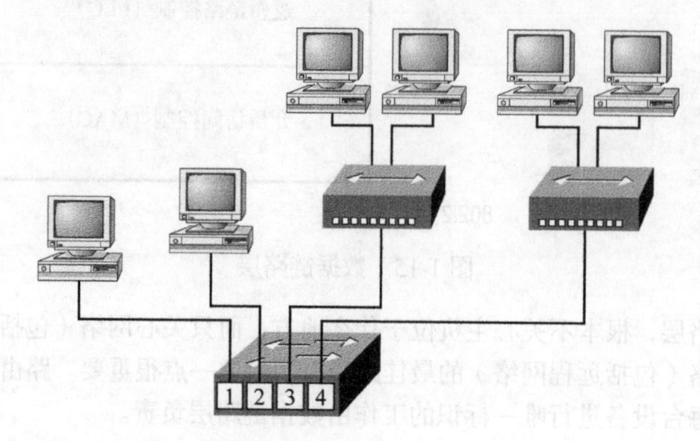

每个网段都属于不同的冲突域，
而所有网段都属于同一个广播域

图1-16 互联网络中的交换机

对房地产业来说，最重要的因素是位置，对第2层和第3层设备来说也如此。虽然第2层设备和第3层设备都需要了解网络，但它们关心的重点截然不同。第3层设备（如路由器）需要确定网络的位置，而第2层设备（交换机和网桥）需要确定设备的位置。因此，网络之于路由器犹如设备之于交换机和网桥，而提供了互联网络地图的路由选择表之于路由器犹如提供了设备地图的过滤表之于交换机和网桥。

建立过滤表后，第2层设备将只把帧转发到目标硬件地址所属的网段：如果目标设备与发送设备位于同一个网段，第2层设备将禁止帧进入其他网段；如果目标设备位于另一个网段，帧将只传输到该网段。这称为透明桥接。

交换机接口收到帧后，如果在过滤表中找不到其目标硬件地址，交换机将把帧转发到所有网段。如果有未知设备对这种转发操作作出应答，交换机将更新其过滤表中有关该设备位置的信息。然而，如果帧的目标地址为广播地址，交换机将默认把所有广播转发给与之相连的所有网段。

接收广播的所有设备都位于同一个广播域中，这是个问题：第2层设备传播第2层广播风暴，这会极大地降低网络性能。要阻止广播风暴在互联网络中传播，唯一的办法是使用第3层设备——路由器。

在互联网络中，使用交换机而不是集线器的最大好处是，每个交换机端口都属于不同的冲突域，而集线器形成一个大型冲突域。然而，即使使用了交换机，默认仍不能分割广播域。交换机和网桥都没有这样的功能，相反它们转发所有的广播。

相对于以集线器为中心的实现来说，LAN交换的另一个优点是，与交换机相连的每个网段中的每台设备都能同时传输（至少在每个交换机端口只连接一台主机，而没有连接集线器的情况下是这样的）。你可能猜到了，使用集线器时，每个网段不能有多台设备同时通信。

1.3.7 物理层

终于来到了最底层。*物理层有两项功能：发送和接收比特。*比特的取值只能为 0 或 1——使用数字值的摩尔斯码。物理层直接与各种通信介质交流。不同类型的介质以不同方式表示比特值，有些使用音调，有些使用*状态切换*——从高电平变成低电平以及从低电平变成高电平。对于每种类型的介质，都需要特定的协议，这些协议描述了正确的比特模式、如何将数据编码成介质信号以及物理介质连接头的各种特征。

物理层定义了要在终端系统之间激活、维护和断开物理链路，而需要满足的电气、机械、规程和功能需求，还让你能够确定 DTE（Data Terminal Equipment，数据终端设备）和 DCE（Data Communication Equipment，数据通信设备）之间的接口。（有些年老的电话公司雇员仍将 DCE 称为数据电路端接设备。）DCE 通常位于服务提供商处，而 DTE 是与之相连的设备。通常情况下，DTE 通过调制解调器或 CSU/DSU（Channel Service Unit/Data Service Unit，信道服务单元/数据服务单元）使用可用的服务。

OSI 以标准的形式定义了物理层接头和各种物理拓扑，让不同的系统能够彼此通信。CCNA 考试只涉及 IEEE 以太网标准。

工作在物理层的集线器

*集线器*实际上是一种多端口转发器。转发器接收数字信号，进行放大或重建，然后通过所有活动端口将其转发出去，而不查看信号表示的数据。有源集线器都如此：从任何集线器端口收到任何数字信号后，都进行放大或重建，然后通过其他所有集线器端口将其转发出去。这意味着与集线器相连的所有设备都属于同一个冲突域，也属于同一个广播域。图 1-17 显示了网络中的集线器。

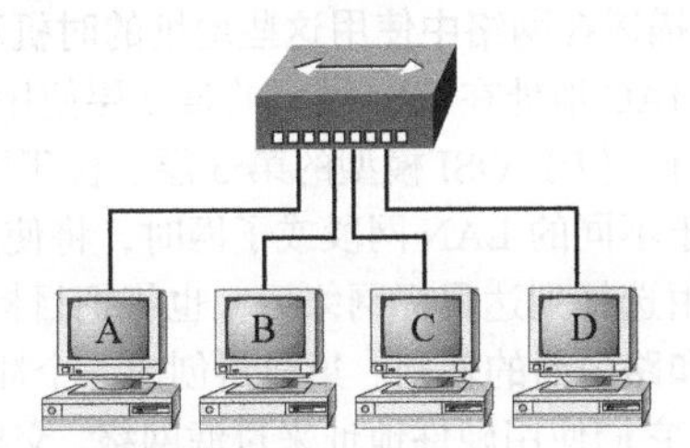
A
B
C
D
所有设备都属于同一个冲突域，也属于
同一个广播域
设备共享同一带宽

图 1-17 网络中的集线器

与转发器一样，集线器也不查看进入的数据流，而只是将其转发到物理介质的其他部分。与集线器相连的所有设备都必须侦听，看看是否有其他设备在传输数据。使用集线器组建的是星型物理网络，其中集线器位于网络中央，电缆从集线器发出向各个方向延伸。从视觉上说，这种设计确实是星型的，但这种以太网使用的是逻辑总线拓扑，这意味着信号必须从网络一端传输到另一端。

注意

集线器和转发器可用于增大单个 LAN 网段覆盖的区域，但不推荐这样做。几乎在任何情况下，人们都担负得起 LAN 交换机的费用。

1.4 小结

我知道，本章看起来没有结束的时候，但到这里确实结束了，你也阅读完了。你现在具备了大量基础知识，可以以此为基础，踏上认证之路。

本章首先讨论了简单的基本网络以及冲突域和广播域的差别。

我接着讨论了 OSI 模型，这是一个包含 7 层的模型，用于帮助应用程序开发人员设计可在任何类型的系统和网络中运行的应用程序。每层都有独特的任务和职责，确保稳定、高效地通信。本章中全面详细介绍了每层，并从思科的角度讨论了 OSI 模型的规范。

另外，OSI 模型的每层都指定了不同类型的设备，而我描述了各层使用的设备。

还记得吗，集线器属物理层设备，将信号转发给除信号源所属网段外的其他所有网段。交换机使用硬件地址将网络分段，并分割冲突域。路由器分割广播域（和冲突域），并使用逻辑地址在互联网络中传输分组。

1.5 考试要点

找出可能导致 LAN 拥塞的原因。广播域中的主机太多、广播风暴、组播以及带宽太低都是导致 LAN 拥塞的可能原因。

描述冲突域和广播域的差别。冲突域是一个以太网术语，指的是这样一组联网的设备，即网段中的一台设备发送分组时，该网段中的其他所有设备都必须侦听它。在广播域中，网段中的所有设备都侦听在该网段中发送的广播。

区分 MAC 地址和 IP 地址，描述在网络中使用这些地址的时机和方式。MAC 地址是一个十六进制数，标识了主机的物理连接。MAC 地址在 OSI 模型的第 2 层使用。IP 地址可表示为二进制，也可表示为十进制，是一种逻辑标识符，位于 OSI 模型的第 3 层。位于同一个物理网段的主机使用 MAC 地址彼此寻找对方，而当主机位于不同的 LAN 网段或子网时，将使用 IP 地址来寻找对方。即使主机位于不同的子网中，分组通过路由选择到达目标网络后，也将把目标 IP 地址解析为 MAC 地址。

理解集线器、网桥、交换机和路由器的差别。集线器创建一个冲突域和一个广播域。网桥分割冲突域，但只形成一个大型广播域，它们使用硬件地址来过滤网络。交换机不过是更智能的多端口网桥，它们分割冲突域，但默认创建一个大型广播域。交换机使用硬件地址过滤网络。路由器分割冲突域和广播域，并使用逻辑地址过滤网络。

了解路由器的功能和优点。路由器执行分组交换、过滤和路径选择，帮助完成互联网络通信。路由器的优点之一是，可减少广播流量。

区分面向连接的网络服务和无连接网络服务，描述网络通信期间如何处理这两种服务。面向连接的服务使用确认和流量控制来建立可靠的会话，与无连接网络服务相比，其开销更高。无连接服务用于发送无需进行确认和流量控制的数据，但不可靠。

定义 OSI 模型的各层，了解每层的功能，描述各种设备和网络协议所属的层。你必须牢记 OSI 模型的 7 层以及每层提供的功能。应用层、表示层和会话层属于上层，负责用户界面和应用程序之间的通信。传输层提供分段、排序和虚电路。网络层提供逻辑网络编址以及在互联网络中路由的功能。数据链路层提供了将数据封装成帧并将其放到网络介质上的功能。物理层负责将收到的 0 和 1 编码成数字信号，以便在网段中传输。

1.6 书面实验

在本节中，你将完成如下实验，确保完全明白了其中涉及的信息和概念。

实验 1.1：OSI 问题。

实验 1.2：定义 OSI 模型的各层及其使用的设备。

实验 1.3：识别冲突域和广播域。

（书面实验的答案见本章复习题答案的后面。）

1.6.1 书面实验 1.1：OSI 问题

请回答下述有关 OSI 模型的问题。

(1) 哪一层选择通信伙伴并判断其可用性、判断建立连接所需资源的可用性、协调参与通信的应用程序，并就控制数据完整性和错误恢复的流程达成一致？

(2) 哪一层负责将来自数据链路层的数据分组转换为电信号？

(3) 哪一层实现路由选择，在终端系统之间建立连接并选择路径？

(4) 哪一层定义了如何对数据进行格式化、表示、编码和转换，以便在网络中使用？

(5) 哪一层负责在应用程序之间建立、管理和终止会话？

(6) 哪一层确保通过物理链路可靠地传输数据，且主要与物理地址、线路管理、网络拓扑、错误通知、按顺序传输帧以及流量控制有关？

(7) 哪一层用于让终端节点能够通过网络进行可靠的通信，提供建立、维护、拆除虚电路的机制，提供传输错误检测和恢复的机制，并提供流量控制机制？

(8) 哪一层提供逻辑地址，供路由器用来决定传输路径？

(9) 哪一层指定了电平、线路速度和电缆针脚，并在设备之间传输比特？

(10) 哪一层将比特合并成字节，再将字节封装成帧，使用 MAC 地址，并提供错误检测功能？

(11) 哪一层负责在网络中将来自不同应用程序的数据分开。

(12) 哪一层的数据表示为帧？

(13) 哪一层的数据表示为数据段？

(14) 哪一层的数据表示为分组？

(15) 哪一层的数据表示为比特？

(16) 按封装顺序排列下列各项：

分组　帧　比特　数据段

(17) 哪一层对数据进行分段和重组？

(18) 哪一层实际传输数据，并处理错误通知、网络拓扑和流量控制？

(19) 哪一层管理设备编址、跟踪设备在网络中的位置并决定传输数据的最佳路径？

(20) MAC 地址长多少位？以什么方式表示？

1.6.2 书面实验 1.2：定义 OSI 模型的各层及其使用的设备

在下面的空白区域填上合适的 OSI 层或设备（集线器、交换机、路由器）。

描　　述	设备或OSI层
这种设备收发有关网络层的信息	
该层在两个终端之间传输数据前建立虚电路	
这种设备使用硬件地址过滤网络	
以太网是在这些层定义的	
该层支持流量控制、排序和确认	
这种设备可度量离远程网络的距离	
该层使用逻辑地址	
该层定义了硬件地址	
这种设备创建一个大型冲突域和一个大型广播域	
这种设备创建很多更小的冲突域，但网络仍属于一个大型广播域	
这种设备不能以全双工方式运行	
这种设备分割冲突域和广播域	

1.6.3　书面实验 1.3：识别冲突域和广播域

(1) 确定下图中每台设备连接的冲突域数量和广播域数量，其中每台设备都用一个字母表示。

A. 集线器　　B. 网桥　　C. 交换机　　D. 路由器

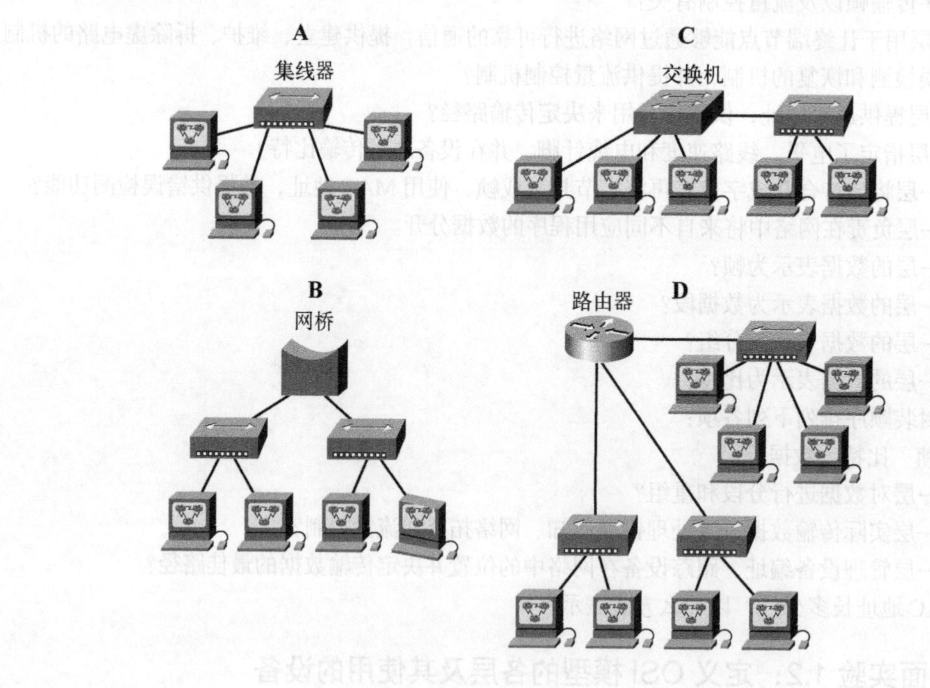

1.7 复习题

注意 下面的复习题旨在检验你对本章内容的理解程度。有关如何获取更多复习题的信息，请参阅本书的前言。

(1) 作为接收方的主机未全部收到它应确认的数据段。为改善当前通信会话的可靠性，该主机可如何做？

A. 发送不同的源端口号　　B. 重启虚电路
C. 减小序号　　D. 缩小窗口

(2) 主机将数据传输到 MAC 地址 ff:ff:ff:ff:ff:ff 时，这种通信属于哪种类型？

A. 单播　　B. 组播
C. 任意播　　D. 广播

(3) 下面哪两种第 1 层设备可用于增大单个 LAN 网段覆盖的区域？

A. 交换机　　B. 网卡　　C. 集线器
D. 转发器　　E. RJ45 收发器

(4) 对数据流进行分段发生在 OSI 模型的哪一层？

A. 物理层　　B. 数据链路层
C. 网络层　　D. 传输层

(5) 下面哪 4 项描述了路由器的主要功能？

A. 分组交换　　B. 冲突防范　　C. 分组过滤
D. 增大广播域　　E. 互联网络通信　　F. 广播转发
G. 路径选择

(6) 路由器运行在第____层；LAN 交换机运行在第____层；以太网集线器运行在第____层；字处理程序运行在第____层。

A. 3、3、1、7　　B. 3、2、1、无
C. 3、2、1、7　　D. 2、3、1、7
E. 3、3、2、无

(7) 封装数据时，下面哪种顺序是正确的？

A. 数据、帧、分组、数据段、比特　　B. 数据段、数据、分组、帧、比特
C. 数据、数据段、分组、帧、比特　　D. 数据、数据段、帧、分组、比特

(8) 数据通信行业为何使用分层的 OSI 参考模型（选择两项）？

A. 它将网络通信过程划分成更小、更简单的组件，从而有助于组件开发、设计和故障排除
B. 它让不同厂商的设备能够使用相同的电子元件，从而节省了研发资金
C. 它支持制定多个相互竞争的标准，从而为设备制造商提供了商业机会
D. 它定义了每个模型层的功能，从而鼓励行业标准化
E. 它提供了一个框架，对一层的功能进行修改后，根据该框架可知道必须对其他层做修改

(9) 使用网桥对网络进行分段可实现哪两个目的？

A. 增加广播域　　B. 增加冲突域
C. 向用户提供更高的带宽　　D. 让用户能够发送更多的广播

(10) 下面哪项不是导致LAN拥塞的原因？

A. 广播域内的主机太多
B. 为建立连接在网络中添加交换机
C. 广播风暴
D. 带宽太低

(11) 如果一台交换机连接了3台计算机，且没有配置VLAN，请问该交换机创建了多少个冲突域和广播域？

A. 3个广播域和1个冲突域
B. 3个广播域和3个冲突域
C. 1个广播域和3个冲突域
D. 1个广播域和1个冲突域

(12) 确认、排序和流量控制是哪个OSI模型层的功能？

A. 第2层　B. 第3层　C. 第4层　D. 第7层

(13) 下面哪些是流量控制方式（选择所有正确项）？

A. 缓冲
B. 直通转发技术（cut-through）
C. 窗口技术
D. 拥塞避免
E. VLAN

(14) 如果1台集线器与3台计算机相连，该集线器创建了多少个冲突域和广播域？

A. 3个广播域和1个冲突域
B. 3个广播域和3个冲突域
C. 1个广播域和3个冲突域
D. 1个广播域和1个冲突域

(15) 流量控制有何目的？

A. 确保没有收到确认时将重传数据
B. 在目标设备处按正确的顺序重组数据段
C. 提供了一种机制，让接收方能够控制发送方发送的数据量
D. 控制每个数据段的长度

(16) 下面哪3种有关全双工以太网运行方式的说法是正确的？

A. 在全双工模式下不会发生冲突
B. 每个全双工节点都必须有一个专用的交换机端口
C. 以太网集线器端口被预先配置为全双工模式
D. 在全双工环境中，在传输数据前，主机的网卡必须检查网络介质是否可用
E. 主机的网卡和交换机端口必须能够以全双工模式运行

(17) 下面哪一项不是诸如OSI模型等参考模型的优点？

A. 对一层的修改将影响其他所有各层
B. 网络通信过程被划分成更小、更简单的组件，从而有助于组件开发、设计和故障排除
C. 通过网络组件标准化支持多厂商联合开发
D. 让各种类型的网络硬件和软件能够相同通信

(18) 下面哪种设备不运行在OSI模型的所有层？

A. 网络管理工作站（NMS）
B. 路由器
C. Web和应用程序服务器
D. 网络主机

(19) 远程检索HTTP文档时，必须首先访问OSI模型的哪一层？

A. 表示层　B. 传输层　C. 应用层　D. 网络层

(20) OSI模型的哪一层提供了3种不同的通信模式：单工、半双工和全双工？

A. 表示层　B. 传输层　C. 应用层　D. 会话层

1.8 复习题答案

(1) D。作为接收方的主机可使用流量控制（默认情况下，TCP 使用窗口技术）控制发送方。通过缩小窗口，作为接收方的主机可降低发送方的传输速度，从而避免缓冲区溢出。

(2) D。发送给 MAC 地址 ff:ff:ff:ff:ff:ff 的数据是给所有工作站的广播。

(3) C、D。你并非真的想增大冲突域，但集线器（多端口转发器）可提供这种功能。

(4) D。传输层从上层接收大型数据，将其分割成较小的片段，这些片段称为数据段。

(5) A、C、E、G。路由器提供分组交换、分组过滤、互联网络通信以及路径选择功能。虽然路由器确实分割或终止冲突域，但这不是路由器的主要功能，因此选项 B 不正确。

(6) B。路由器运行在第 3 层，LAN 交换机运行在第 2 层，以太网集线器运行在第 1 层。字处理程序与应用层接口通信，但并非运行在第 7 层，因此答案为“无”。

(7) C。封装顺序为数据、数据段、分组、帧、比特。

(8) A、D。分层模型的主要优点是，让应用程序开发人员能够只在分层模型的某一层修改程序的部分功能。使用 OSI 分层模型的优点包括但不限于：将网络通信过程划分成更小、更简单的组件，这有助于组件的开发、设计和故障排除；通过标准化网络组件，让多家厂商能够协作开发；定义了模型每层执行的功能，从而鼓励了行业标准化；让不同类型的网络硬件和软件能够彼此通信；避免对一层的修改影响其他层，从而避免妨碍开发工作。

(9) B、C。分段的一个最重要原因就是可在工作组网段内增加有效网络带宽。网桥分割冲突域，但只形成一个大型广播域。

(10) B。在网络中为建立连接添加交换机可缓解 LAN 拥塞，而不会导致 LAN 拥塞。

(11) C。如果 1 台交换机连接了 3 台计算机，且没有配置 VLAN，它将创建 1 个广播域和 3 个冲突域。

(12) C。可靠的传输层连接使用确认来确保所有数据都被可靠地传输和接收。可靠的连接是由虚电路提供的，它使用确认、排序和流量控制——这些是传输层（第 4 层）的功能。

(13) A、C、D。常见的流量控制方式包括缓冲、窗口技术和拥塞避免。

(14) D。如果 1 台集线器与 3 台计算机相连，将创建 1 个冲突域和 1 个广播域。

(15) C。流量控制让接收设备能够控制发送方，从而避免接收设备的缓冲区溢出。

(16) A、B、E。全双工意味着可使用两对导线同时发送和接收数据。每个节点都必须有专用的交换机端口，这意味着不会发送冲突。主机的网卡和交换机端口都必须支持全双工模式，并设置为这种模式。

(17) A。参考模型可避免（而不是导致）对一层的修改影响其他层，从而避免妨碍开发。

(18) B。路由器的运行位置不超过 OSI 模型的第 3 层。

(19) C。必须远程检索 HTTP 文档时，必须首先访问应用层。

(20) D。OSI 模型的会话层提供了 3 种不同的通信模式：单工、半双工和全双工。

1.9 书面实验 1.1 答案

(1) 应用层负责寻找服务器提供的网络资源，并提供流量控制和错误控制功能（如果应用程序开发人员选择这样做）

(2) 物理层接收来自数据链路层的帧，将 0 和 1 编码成数字信号，以便在网络介质上传输

(3) 网络层提供了在互联网络中进行路由选择的功能，还提供了逻辑地址

(4) 表示层确保数据为应用层能够理解的格式

(5) 会话层在应用程序之间建立、维护并终止会话
(6) 数据链路层的 PDU 称为帧，该层还提供物理编址以及将分组放到网络介质上的其他选项
(7) 传输层使用虚电路在主机之间建立可靠的连接
(8) 网络层提供了逻辑地址（这通常是 IP 地址）和路由选择功能
(9) 物理层负责在设备之间建立电气和机械连接
(10) 数据链路层负责将数据分组封装成帧
(11) 会话层在不同主机的应用程序之间建立会话
(12) 数据链路层将从网络层收到的分组封装成帧
(13) 传输层将用户数据分段
(14) 网络层将来自传输层的数据段封装成分组
(15) 物理层负责以数字信号的形式传输 1 和 0（比特）
(16) 数据段、分组、帧、比特
(17) 传输层
(18) 数据链路层
(19) 网络层
(20) 长 48 位（6 B），表示为一个十六进制数

1.10 书面实验 1.2 答案

描　述	设备或OSI层
这种设备收发有关网络层的信息	路由器
该层在两个终端之间传输数据前建立虚电路	传输层
这种设备使用硬件地址过滤网络	网桥或交换机
以太网是在这些层定义的	数据链路层和物理层
该层支持流量控制、排序和确认	传输层
这种设备可度量离远程网络的距离	路由器
该层使用逻辑地址	网络层
该层定义了硬件地址	数据链路层（MAC子层）
这种设备创建一个大型冲突域和一个大型广播域	集线器
这种设备创建很多更小的冲突域，但网络仍属于一个大型广播域	交换机或网桥
这种设备不能以全双工方式运行	集线器
这种设备分割冲突域和广播域	路由器

1.11 书面实验 1.3 答案

(1) 集线器：1 个冲突域，1 个广播域
(2) 网桥：2 个冲突域，1 个广播域
(3) 交换机：4 个冲突域，1 个广播域
(4) 路由器：3 个冲突域，3 个广播域

第 2 章

以太网和数据封装

本章涵盖如下 CCNA 考试要点。

✓ **描述网络的工作原理**

✓ **配置和验证 VLAN 和交换机间通信，并排除其故障**

- 使用 OSI 和 TCP/IP 模型及其相关协议解释数据是如何在网络中传输的；
- 选择合适的介质、电缆、端口和接头，将交换机与其他网络设备和主机连接起来；
- 解释以太网技术及其介质访问控制方法；
- 解释网络分段和基本的数据流管理概念。

接下来的几章将探讨 TCP/IP 和 DoD 模型、IP 编址、子网划分以及路由选择，但在此之前，你必须对 LAN 有大致认识，并知道如下两个问题的答案：在当前的网络中，是如何使用以太网的；什么是 MAC（Media Access Control，介质访问控制）地址以及如何使用它们。

本章将回答这些问题并介绍其他内容。我不仅将论述以太网基本知识以及如何在以太网 LAN 中使用 MAC 地址，还将介绍在以太网中使用的数据链路层协议。你还将学习各种以太网规范。

正如第 1 章介绍的，在 OSI 模型的各层指定了大量不同类型的设备，另外，有很多类型的电缆和接头用于将这些设备连接到网络，明白这一点很重要。本章将复习用于连接思科设备的各种电缆，描述如何连接到路由器和交换机，其中包括使用控制台连接。

另外，本章还将简要地介绍封装。封装指的是沿 OSI 栈向下对数据进行编码的过程。

最后，本章将讨论思科开发的层次模型，该模型包含 3 层，旨在帮助你设计和实现互联网络以及排除其故障。

本章末尾提供了 20 道复习题和 4 个书面实验，旨在让你牢固地掌握本章介绍的知识，请务必完成它们。

有关本章内容的最新修订，请访问 www.lammle.com 或 www.sybex.com/go/ccna7e。

2.1 以太网回顾

*以太网*是一种基于竞用的介质访问方法，可让一个网络中的所有主机共享链路带宽。以太网很常见，因为它是可扩展的，这意味着在现有网络基础设施中引入新技术（如从快速以太网升级到吉比特

以太网）相对容易。另外，以太网实现起来也相对简单，这使得排除故障也比较容易。以太网使用了数据链路层规范和物理层规范，本章将介绍数据链路层和物理层知识，这些知识足以帮助你高效地实现和维护以太网以及排除其故障。

2.1.1　冲突域

正如第1章指出的，冲突域是一个以太网术语，指的是这样一种网络情形，即网段上的一台设备发送分组时，该物理网段上的其他所有设备都必须侦听它。这很糟糕，因为如果同一个物理网段中的两台设备同时传输数据，将发生冲突（即两台设备的数字信号将在线路上相互干扰），导致设备必须在以后重传数据。冲突对网络性能有严重的负面影响，因此绝对要避免冲突。

前面描述的情形通常出现在集线器环境中，在这种环境中，所有主机都连接到一个集线器，它们组成一个冲突域和一个广播域。这令人想到了第1章讨论过的问题：什么是广播域？

2.1.2　广播域

广播域的书面定义如下：广播域指的是网段中的一组设备，它们侦听在该网段上发送的所有广播。

广播域的边界通常为诸如交换机和路由器等物理介质，但广播域也可能是一个逻辑网段，其中每台主机都可通过数据链路层（硬件地址）广播访问其他所有主机。

介绍广播域的基本概念后，下面来看看半双工以太网使用的一种冲突检测机制。

2.1.3　CSMA/CD

以太网使用CSMA/CD（Carrier Sense Multiple Access with Collision Detection，载波侦听多路访问/冲突检测），这是一种帮助设备均衡地共享带宽的协议，可避免两台设备同时在网络介质上传输数据。多个节点同时传输分组时，将发生冲突，而开发 CSMA/CD 就旨在避免这种问题。请相信我，妥善的冲突管理至关重要，因为在 CSMA/CD 网络中，一个节点传输数据时，其他所有节点都将接收并查看这些数据。只有交换机和路由器才能避免数据传遍整个网络。

那么，CSMA/CD协议是如何工作的呢？先来看看图2-1。

主机想通过网络传输数据时，它首先检查线路上是否有数字信号。如果没有其他主机传输数据，该主机将开始传输数据。但到这里并非万事大吉，传输主机将持续地监视线路，确保没有其他主机开始传输。如果该主机在线路上检测到其他信号，它将发送一个扩展的拥堵信号（jam signal），使网段上的所有节点都不再发送数据（想想电话忙音吧）。检测到拥堵信号后，其他节点将等待一段时间再尝试传输。后退算法决定了发生冲突的工作站多长时间后可重新传输，如果连续 15 次尝试都导致冲突，尝试传输的节点将超时。

在以太网LAN中发生冲突后，将出现如下情况：

- 拥堵信号告诉所有设备发生了冲突；
- 冲突激活随机后退算法；
- 以太网网段中的每台设备都暂停传输，直到其后退定时器到期。

定时器到期后，所有主机的传输优先级都相同。

CSMA/CD网络持续发生严重冲突时，将导致如下结果：

- ❑ 延迟；
- ❑ 低吞吐量；
- ❑ 拥塞。

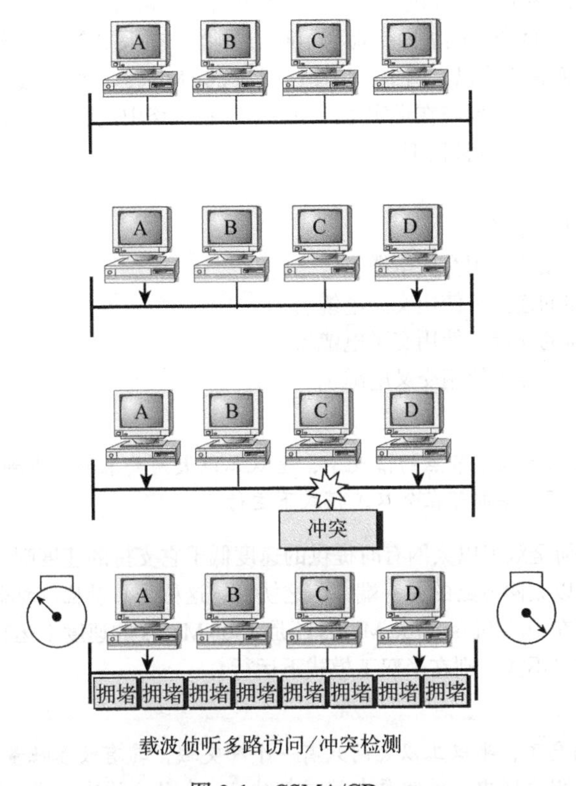

载波侦听多路访问/冲突检测

图 2-1 CSMA/CD

注意 在以太网中，后退指的是冲突导致的重传延迟。发生冲突后，主机将在指定的延迟时间后重新传输。后退延迟时间过后，所有工作站的数据传输优先级都相同。

接下来的几节将详细介绍以太网的数据链路层（第 2 层）和物理层（第 1 层）。

2.1.4 半双工和全双工以太网

半双工以太网是在最初的以太网规范 IEEE 802.3 中定义的。思科认为，半双工只使用一对导线，数字信号在导线中双向传输。IEEE 规范对半双工的描述稍有不同，但思科的说法大致描述了以太网中发生的情况。

半双工以太网也使用 CSMA/CD 协议，以帮助防范冲突，并在发生冲突时支持重传。如果集线器与交换机相连，它必须运行在半双工模式下，因为终端必须能够检测冲突。半双工以太网的效率只有 30%～40%，因为在大型 100BaseT 网络中，通常最大传输速度只有 30～40 Mbit/s。

与半双工以太网只使用一对导线不同，全双工以太网同时使用两对导线。在传输设备的发射器和接收设备的接收器之间，全双工使用一条点到点连接，这意味着使用全双工时，数据传输速度比半双工时快。另外，由于使用不同的线对传输数据和接收数据，因此不会发生冲突。

你无需担心冲突，因为全双工提供了一条“多车道高速公路”，而不像半双工那样提供一条“单车道公路”。全双工以太网在两个方向的效率都为100%，例如，在采用全双工模式的10 Mbit/s以太网中，传输速率为20 Mbit/s，而在快速以太网中，传输速率为200 Mbit/s。然而，这种速率称为总速率，换句话说，效率为100%才能达到，但与在现实生活中一样，在网络中这也是没有保证的。

全双工以太网可用于下面6种情形：

- ❑ 交换机到主机的连接；
- ❑ 交换机到交换机的连接；
- ❑ 主机到主机的连接（使用交叉电缆）；
- ❑ 交换机到路由器的连接（使用交叉电缆）；
- ❑ 路由器到路由器的连接（使用交叉电缆）；
- ❑ 路由器到主机的连接（使用交叉电缆）。

注意

在只有两个节点的情况下，全双工以太网要求使用点到点连接。除集线器外，其他所有设备都可在全双工模式下运行。

现在的问题是，为何全双工以太网有时提供的速度低于它支持的速度呢？全双工以太网端口通电后，它首先连接到快速以太网链路的另一端并与之协商，这称为自动检测机制。这种机制首先确定交换能力，即检查它能够在10 Mbit/s、100 Mbit/s还是1000 Mbit/s的速度下运行。然后，它检查能否在全双工模式下运行，如果不能，则在半双工模式下运行。

注意

别忘了，半双工以太网只有一个冲突域，其有效吞吐量比全双工以太网低。在全双工以太网中，通常每个端口都对应一个独立的冲突域，且有效吞吐量更高。

最后，请牢记如下要点：

- ❑ 在全双工模式下，不会发生冲突；
- ❑ 每个全双工节点都必须有一个专用的交换机端口；
- ❑ 主机的网卡和交换机端口必须能够在全双工模式下运行。

下面来看看以太网在数据链路层的工作原理。

2.1.5 以太网的数据链路层

在数据链路层，以太网负责以太网编址，这通常称为硬件编址或MAC编址。以太网还负责将来自网络层的分组封装成帧，为使用基于竞用的以太网介质访问方法在本地网络中传输数据做好准备。

1. 以太网编址

下面介绍以太网如何编址。它使用固化在每个以太网网卡（NIC）中的MAC（Media Access Control，介质访问控制）地址。MAC（硬件）地址长48位（6 B），采用十六进制格式。

图 2-2 说明了 48 位的 MAC 地址及其组成部分。

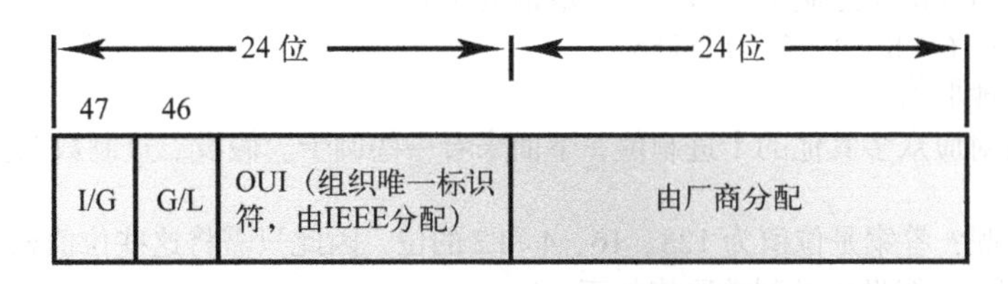

图 2-2　以太网使用 MAC 地址

OUI（Organizationally Unique Identifier，组织唯一标识符）是由 IEEE 分配给组织的，它包含 24 位（3 B），而组织给其生产的每个网卡都分配一个唯一的（据说如此，但不保证）全局管理地址，该地址长 24 位（3 B）。如果仔细查看图 2-2，你将发现最高位为 I/G（Individual/Group）位：如果它的值为 0，我们就可认为相应的地址为某台设备的 MAC 地址，很可能出现在 MAC 报头的源地址部分；如果它的值为 1，我们就可认为相应的地址要么是以太网中的广播地址或组播地址，要么是令牌环和 FDDI 中的广播地址或功能地址。

接下来是 G/L 位（全局/本地位，也称为 U/L 位，其中 U 表示 universal）：如果这一位为 0，则表示相应的地址为全局管理地址，由 IEEE 分配；如果为 1，则表示相应的地址为本地管理地址。在以太网地址中，右边 24 位为本地管理（制造商分配）的编码，特定制造商生产第一个网卡时，通常将这部分设置为 24 个 0，然后依次递增，直到将其生产的第 1 677 216 个网卡设置为 24 个 1。实际上，很多制造商都将这部分地址对应的十六进制值作为网卡序列号的最后 6 个字符。

2. 从二进制转换为十进制和十六进制

介绍 TCP/IP 协议和 IP 地址（见第 3 章）前，你需要真正明白二进制、十进制和十六进制数之间的差别以及如何在这些格式之间转换，这很重要。

下面首先介绍二进制，它非常简单。二进制只使用数字 0 和 1，其中每个数字对应于一位（二进制位）。通常，我们将每 4 位或 8 位作为一组，分别称它们为半字节（nibble）和字节。

我们感兴趣的是二进制值对应的十进制值——十进制以 10 为基数，我们从幼儿园起就开始使用它了。二进制位按从右向左的顺序排列，每向左移动一位，位值就翻一倍。

表 2-1 列出了半字节和字节中各位代表的十进制值。别忘了，半字节包含 4 位，字节包含 8 位。

表2-1　二进制值

半字节中各位的位值	字节中各位的位值
8 4 2 1	128 64 32 16 8 4 2 1

这意味着如果某一位的取值为 1，则计算半字节或字节对应的十进制值时，应将其位值与其他所有取值为 1 的位值相加。如果为 0，则不考虑。

下面更详细地阐述这一点。如果半字节的每一位都为 1，则将 8、4、2 和 1 相加，结果为 15——半字节的最大取值。假设半字节的取值是 1010，即位值为 8 和 2 对应的位为 1，则对应的十进制值为 10。如果半字节的取值为 0110，则对应的十进制值为 6，因为位值 4 和 2 对应的位为 1。

然而，字节的最大取值比 15 要大得多，因为如果字节中每位都为 1，则其取值如下（别忘了，字节包含 8 位）：

11111111

此时若要计算字节对应的十进制值，可将所有取值为1的位的位值相加，如下所示：

128 + 64 + 32 + 16 + 8 + 4 + 2 + 1 = 255

这是字节的最大可能取值。

二进制数还可对应众多其他的十进制值，下面来看一些例子。假设二进制数取值如下：

10010110

哪些位的取值为1呢？答案是位值为128、16、4和2的位，因此只需将这些位值相加：128 + 16 + 4 + 2 = 150。再举个例子，假设二进制数取值如下：

01101100

哪些位的取值为1呢？答案是位值为64、32、8和4的位，因此只需将这些位值相加：64 + 32 + 8 + 4 = 108。再者，如果二进制数取值如下：

11101000

哪些位的取值为1呢？答案是位值为128、64、32和8的位，因此只需将这些位值相加：128 + 64 + 32 + 8 = 232。

阅读第3章和第4章与IP相关的内容前，你应牢记表2-2的内容。

表2-2 二进制到十进制转换表

二进制值	十进制值
10000000	128
11000000	192
11100000	224
11110000	240
11111000	248
11111100	252
11111110	254
11111111	255

十六进制地址与二进制和十进制完全不同，我们通过读取半字节将二进制转换为十六进制。通过半字节，我们可轻松地将二进制转换成十六进制。首先需要明白的是，十六进制只能使用数字0~9，而不能使用10、11、12等（因为它们是二位数），因此使用*A*、*B*、*C*、*D*、*E*和*F*分别表示10、11、12、13、14和15。

注意

十进制使用10个数字，十六进制又使用了字母表的前6个字母，即*A*~*F*。

表2-3列出了每个十六进制数字对应的二进制值和十进制值。

表2-3 十六进制到二进制和十进制的转换表

十六进制值	二进制值	十进制值
0	0000	0
1	0001	1
2	0010	2

（续）

十六进制值	二进制值	十进制值
3	0011	3
4	0100	4
5	0101	5
6	0110	6
7	0111	7
8	1000	8
9	1001	9
A	1010	10
B	1011	11
C	1100	12
D	1101	13
E	1110	14
F	1111	15

前10个十六进制数字（0~9）与相应的十进制值相同，你注意到了吗？因此，这些值转换起来非常容易。

假设有十六进制数 0x6A（有时候，思科喜欢在字符前添加 0*x*，让你知道它们是十六进制值。0*x* 并没有其他特殊含义），它对应的二进制值和十进制值是多少呢？你只需记住，每个十六进制字符相当于半字节，而两个十六进制字符相当于一字节。要计算该十六进制数对应的二进制值，可将这两个字符分别转换为半字节，然后将它们合并为一个字节：6＝0110，而 A＝1010，因此整个字节为 01101010。

要从二进制转换为十六进制，只需将字节划分为半字节，下面具体解释这一点。

假设有二进制数 01010101。首先将其划分为半字节 0101 和 0101，这些半字节的值都是 5，因为取值为 1 的位对应的位值分别是 1 和 4。因此，其十六进制表示为 0x55。要将二进制数 01010101 转换为十进制数，方法为 64＋16＋4＋1＝85。

下面是另一个二进制数：

11001100

其中 1100＝12，1100＝12，因此它对应的十六进制数为 CC。将其转换为十进制时，答案为 128＋64＋8＋4＝204。

下面再介绍一个例子，假设有如下二进制数：

10110101

它对应的十六进制数为 0xB5，因为 1011 对应的十六进制值为 B，0101 对应的十六进制值为 5。将其转换为十进制时，结果为 128＋32＋16＋4＋1＝181。

要进行更多二进制/十六进制/十进制转换，请参阅书面实验 2.1。

3. 以太网帧

数据链路层负责将比特合并成字节，再将字节封装成帧。在数据链路层，我们使用帧封装来自网络层的分组，以便通过特定类型的介质进行传输。

以太网工作站的职责是，使用 MAC 帧格式彼此传递数据帧。这利用 CRC（Cyclic Redundancy Check，循环冗余校验）提供了错误检测功能，但别忘了，这是错误检测，而不是纠错。图 2-3 说明了 802.3 帧和以太网帧的格式。

Ethernet_II

前导码 8 B	DA 6 B	SA 6 B	类型 2 B	数据	FCS 4 B

802.3_Ethernet

前导码 8 B	DA 6 B	SA 6 B	长度 2 B	数据	FCS

图 2-3　802.3 帧和以太网帧的格式

注意　使用一种帧封装另一种帧称为隧道技术。

下面详细介绍 802.3 帧和以太网帧的各个字段。

- **前导码**　交替的 0 和 1，在每个分组的开头提供 5 MHz 的时钟信号，让接收设备能够跟踪到来的比特流。
- **帧起始位置分隔符（SFD）/同步**　前导码为 7 B，而 SFD（同步）为 1 B。SFD 的值为 10101011，其中最后两个 1 让接收方能够识别中间的 0 和 1 交替模式，进而同步并检测到数据开头。
- **目标地址（DA）**　包含一个 48 位的值，且 LSB（Least Significant Bit，最低有效位）优先。接收方根据 DA 判断到来的分组是否是发送给特定节点的。目标地址可以是单播地址、广播地址或组播 MAC 地址。别忘了，广播地址全为 1（在十六进制格式下全为 *F*），广播发送给所有设备，而组播只发送给网络中一组类似的节点。
- **源地址（SA）**　SA 是一个 48 位的 MAC 地址，用于标识传输设备，也使用 LSB 优先格式。在 SA 字段中，不能包含广播地址或组播地址。
- **长度或类型**　802.3 帧使用长度字段，而 Ethernet_II 帧使用类型字段标识网络层协议。802.3 不能标识上层协议，只能用于专用 LAN，如 IPX。
- **数据**　这是网络层传递给数据链路层的帧，其长度为 46～1500 B。
- **帧校验序列（FCS）**　FCS 字段位于，用于存储 CRC（Cyclic Redundancy Check，循环冗余校验）结果的帧的帧尾。CRC 是一种数学算法，创建每个帧时都将运行它。作为接收方的主机收到帧并运行 CRC 时，其结果必须相同，否则，接收方将认为发生了错误，进而将帧丢弃。

下面花点时间看看我们信任的网络分析器捕获的一些帧。正如你看到的，这里只显示了 3 个帧字段：目标地址、源地址和类型（这里表示为 Protocol Type）：

```
Destination:   00:60:f5:00:1f:27
Source:        00:60:f5:00:1f:2c
Protocol Type: 08-00 IP
```

这是一个 Ethernet_II 帧。注意，类型（Type）字段为 IP，其十六进制表示为 08-00（在大多数情况下表示为 0x800）。

下一个帧包含的字段与前一个帧相同，也是 Ethernet_II 帧：

```
Destination:   ff:ff:ff:ff:ff:ff Ethernet Broadcast
Source:        02:07:01:22:de:a4
Protocol Type: 08-00 IP
```

这个帧是广播，你注意到了吗？这是因为其目标硬件地址的二进制表示全为 1，而十六进制表示全为 *F*。

下面再来看一个 Ethernet_II 帧。第 15 章介绍 IPv6 时，我们将再次介绍这个示例，但正如你看到的，该以太网帧与被路由协议为 IPv4 的 Ethernet_II 帧相同。帧包含的是 IPv6 数据时，类型字段的值为 0x86dd，而包含的是 IPv4 数据时，类型字段的值为 0x0800。

```
Destination: IPv6-Neighbor-Discovery_00:01:00:03 (33:33:00:01:00:03)
Source: Aopen_3e:7f:dd (00:01:80:3e:7f:dd)
Type: IPv6 (0x86dd)
```

这就是 Ethernet_II 帧的优点。由于包含类型字段，无论使用哪种被路由的网络层协议，Ethernet_II 帧都可包含相应的数据，因为它能标识网络层协议。

2.1.6 以太网物理层

以太网最初是由 DIX 集团（数字设备公司、Intel 公司和施乐公司）实现的。它们制定并实现了第一个以太网 LAN 规范，而 IEEE 在该规范的基础上制定了 IEEE 802.3。这是一种 10 Mbit/s 的网络，其物理介质可以是同轴电缆、双绞线或光纤。

IEEE 对 802.3 进行了扩展，制定了两个新标准：802.3u（快速以太网）和 802.3ab（使用 5 类电缆的吉比特以太网），然后又制定了标准 802.3ae（使用光纤和同轴电缆，速度为 10 Gbit/s）。

图 2-4 说明了 IEEE 802.3 以及最初的以太网物理层规范。

<table>
<tr><td>数据链路层
(MAC 层)</td><td rowspan="2">以太网</td><td colspan="7">802.3</td></tr>
<tr><td>物理层</td><td>10Base2</td><td>10Base5</td><td>10BaseT</td><td>10BaseF</td><td>100BaseTX</td><td>100BaseFX</td><td>100BaseT4</td></tr>
</table>

图 2-4 以太网物理层规范

设计 LAN 时，知道可供使用的各种以太网介质至关重要。诚然，使用吉比特以太网连接到每个桌面，并在交换机之间使用 10 Gbit/s 以太网当然很好，但你必须为付出这样的成本提供充分理由。然而，如果结合使用当前可用的各种以太网介质，我们便可提供一个性价比相当高的网络解决方案，且效果非常不错。

EIA/TIA（表示电子行业协会和较近组建的电信行业联盟）是制定以太网物理层规范的标准化组织，它规定以太网使用*非屏蔽双绞线*（UTP）和一种*标准插座*（RJ45）。

EIA/TIA 指定的每种以太网电缆都有固有衰减，这指的是信号沿电缆传输时的强度减弱，度量单位为分贝（dB）。我们对公司和家庭使用的电缆进行了分类，电缆的品质越高，其类别越高，衰减越低。例如，5 类电缆优于 3 类电缆，因为 5 类电缆每英尺的绞数更多，串扰更小。串扰是电缆中相邻线对的信号干扰，越小越好。

下面是最初的 IEEE 802.3 标准。

- **10Base2**　速度为 10 Mbit/s，采用基带技术，最大传输距离 185 米，称为*细缆网*（thinnet），每个网段最多可包含 30 台工作站。采用物理总线拓扑和逻辑总线拓扑，并使用 BNC 接头和细同轴电缆。其中的 10 表示 10 Mbit/s，Base 表示基带技术（这是一种在网络中通信的数字信令方法），而 2 表示传输距离大约 200 米。10Base2 以太网网卡使用 BNC（British Naval Connector、Bayonet Neill Concelman 或 Bayonet Nut Connector）、T 型接头和端接器连接到网络。
- **10Base5**　速度为 10 Mbit/s，采用基带技术，使用粗同轴电缆时最大传输距离 500 米，称为*粗缆网*（thicknet）。采用物理总线拓扑和逻辑总线拓扑，并使用 AUI 接头。在使用转发器的情况下，最大传输距离为 2500 米，所有网段最多可支持 1024 名用户。
- **10BaseT**　速度为 10 Mbit/s，使用 3 类非屏蔽双绞线（UTP），最大传输距离为 100 米。不同于 10Base2 和 10Base5 网络的是，其中每台设备都必须连接到集线器或交换机，且每个网段或电缆上只能有一台主机。使用 RJ45 接头（8 针模块式接头），采用物理星型拓扑和逻辑总线拓扑。

每种 802.3 标准都定义了一个 AUI，让数据链路层介质访问方法能够以每次 1 比特的方式将数据传递给物理层。这让 MAC 地址可保持不变，而物理层可支持现有技术和新技术。最重要的是，最初的 AUI 接口为 15 针接头，这让收发器能够提供 15 针到双绞线转换。

然而，存在一个问题：AUI 接口不支持 100 Mbit/s 以太网，因为其频率太高了 因此，100BaseT 需要一种新接口，而 802.3u 规范指定了这样的接口 MII（Media Independent Interface，介质无关接口）。这种接口提供的吞吐量为 100 Mbit/s。MII 每次传输半字节，你肯定还记得，这指的是 4 位。吉比特以太网使用 GMII（Gigabit Media Independent Interface，吉比特介质无关接口），每次传输 8 位。802.3u（快速以太网）与 802.3 以太网兼容，因为它们的物理特征相同。快速以太网和以太网使用相同的 MTU（Maximum Transmission Unit，最大传输单元）和 MAC 机制，它们都保留了 10BaseT 以太网使用的帧格式。基本上，快速以太网基于对 IEEE 802.3 规范的一个扩展，因此其速度为 10BaseT 的 10 倍。

下面从快速以太网开始介绍扩展的 IEEE 802.3 标准。

- **100Base-TX（IEEE 802.3u）**　常称为快速以太网，使用两对 EIA/TIA 5、5E 或 6 类 UTP，每个网段一名用户，最大传输距离为 100 米。它使用 RJ45 接头，并采用物理星型拓扑和逻辑总线拓扑。
- **100Base-FX（IEEE 802.3u）**　使用 62.5/125 微米的多模光纤，采用点到点拓扑，最大传输距离为 412 米。它使用 ST 和 SC 接头，这些接头都属于介质接口接头。

- **1000Base-CX（IEEE 802.3z）** 使用名为 twinax 的铜质双绞线（一种平衡同轴线对），最大传输距离只有 25 米，并使用称为 HSSDC（High Speed Serial Data Connector，高速串行数据接头）的 9 针接头。
- **1000Base-T（IEEE 802.3ab）** 使用 5 类电缆，其中包含 4 对 UTP，最大传输距离 100 米，最高传输速率 1 Gbit/s。
- **1000Base-SX（IEEE 802.3z）** 使用多模光纤（而不是铜质双绞线）和短波激光的 1 吉比特以太网实现，其中多模光纤（MMF）的芯线为 62.5 微米或 50 微米。它使用 850 纳米（nm）的激光，使用 62.5 微米多模光纤时最大传输距离为 220 米，而使用 50 微米多模光纤时最大传输距离为 550 米。
- **1000Base-LX（IEEE 802.3z）** 使用 9 微米的单模光纤和 1300 纳米的激光，最大传输距离为 3～10 千米。
- **1000BASE-ZX（Cisco 标准）** 1000BaseZX（1000Base-ZX）是思科制定的一种吉比特以太网通信标准，它使用普通单模光纤，最大传输距离为 43.5 英里（70 千米）。
- **10GBase-T** 10GBase-T 是 IEEE 802.3an 委员会提议的一种标准，旨在使用传统的 UTP 电缆（5e、6 或 7 类电缆）提供 10 Gbit/s 连接。10GBase-T 允许我们在以太网 LAN 中使用传统的 RJ45 接头，它支持在 100 米的范围内传输信号。

注意

下面各项都是 IEEE 802.3ae 标准的一部分。

- **10GBase-Short Range（SR）** 一种 10 吉比特以太网实现，使用 850 纳米的短波激光和多模光纤，最大传输距离为 2～300 米，具体取决于光纤的大小和质量。
- **10GBase-Long Range（LR）** 一种 10 吉比特以太网实现，使用 1310 纳米的长波激光和单模光纤，最大传输距离为 2 米～10 千米，具体取决于光纤的大小和质量。
- **10GBase-Extended Range（ER）** 一种使用单模光纤的 10 吉比特以太网实现，使用 1550 纳米的超长波激光。最大传输距离是所有 10 吉比特以太网技术中最远的，为 2 米～40 千米，具体取决于光纤的大小和质量。
- **10GBase-Short Wavelength（SW）** 10Gbase-SW 是在 IEEE 802.3ae 中定义的，它是一种 10GBase-S 模式，使用多模光纤、850 纳米的激光收发器，带宽为 10 Gbit/s。它支持的最大电缆长度为 300 米，人们设计这种介质旨在将其用于连接 SONET 设备。
- **10GBase-Long Wavelength（LW）** 10Gbase-LW 是一种 10GBase-L 模式，使用标准单模光纤（SMF，G.652），最大链路长度可达 10 千米。人们设计这种介质旨在将其用于连接 SONET 设备。
- **10GBase-Extra Long Wavelength（EW）** 10Gbase-EW 是一种 10GBase-E 模式，使用 SMF（G.652）和 1550 纳米的激光，最大链路长度可达 40 千米。人们设计这种介质旨在将其用于连接 SONET 设备。

注意

如果要实现不受电子干扰（EMI）影响的网络，光纤可提供更安全的长距离电缆，其速度高，且不受 EMI 影响。

表2-4总结了电缆类型。

表2-4　常见的以太网电缆

以太网名称	电缆类型	最高速度	最大传输距离	批　注
10Base5	同轴电缆	10 Mbit/s	每个网段500米	也叫粗缆网，这种电缆使用插入式分接头（vampire tap）连接到设备
10Base2	同轴电缆	10 Mbit/s	每个网段185米	也叫细缆网，是一种非常流行的使用同轴电缆的以太网实现
10BaseT	UTP	10 Mbit/s	每个网段100米	最流行的网络布线方案之一
100Base-TX	UTP、STP	100 Mbit/s	每个网段100米	两对5类UTP
10Base-FL	光纤	10 Mbit/s	500～2000米	使用光纤连接到桌面的以太网
100Base-FX	MMF	100 Mbit/s	2000米	使用光纤的100 Mbit/s以太网
1000Base-T	UTP	1000 Mbit/s	100米	4对5e类或更高质量的UTP
1000Base-SX	MMF	1000 Mbit/s	550米	使用SC光纤接头，最大长度随光纤大小而异
1000Base-CX	平衡屏蔽铜质电缆	1000 Mbit/s	25米	使用特殊的接头——HSSDC
1000Base-LX	MMF和SMF	1000 Mbit/s	使用多模光纤时为500米，使用单模光纤时为2000米	与1000Base-SX相比，使用的激光波长更长；使用SC和LC接头
10GBase-T	UTP	10 Gbit/s	100米	像快速以太网链路一样使用UTP连接网络
10GBase-SR	MMF	10 Gbit/s	300米	使用850纳米的激光，最大长度随光纤大小和质量而异
10GBase-LR	SMF	10 Gbit/s	10千米	使用1310纳米的激光，最大长度随光纤大小和质量而异
10GBase-ER	SMF	10 Gbit/s	40千米	使用1550纳米的激光，最大长度随光纤大小和质量而异
10GBase-SW	MMF	10 Gbit/s	300米	使用850纳米激光收发器
10GBase-LW	SMF	10 Gbit/s	10千米	通常与SONET一起使用
10GBase-EW	SMF	10 Gbit/s	40千米	使用1550纳米的激光

掌握本章前面介绍的基本知识后，你便能够使用各种电缆组建以太网了。

2.2　以太网布线

以太网布线是一个重要主题，对于打算参考思科考试的你尤其如此。你必须真正了解下面3种电缆：

- 直通电缆；
- 交叉电缆；

- 反转电缆。

接下来的几节将分别介绍这些电缆。

2.2.1 直通电缆

直通电缆用于连接如下设备：

- 主机到交换机或集线器；
- 路由器到交换机或集线器。

在直通电缆中，我们使用 4 根导线连接以太网设备。制作这种类型的电缆相对简单。图 2-5 展示了以太网直通电缆中使用的 4 根导线。

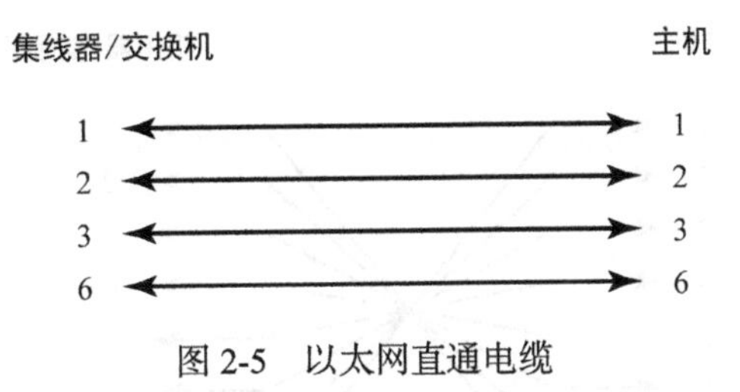

图 2-5 以太网直通电缆

注意，我们只使用了 1、2、3 和 6 号针脚。只需将两个 1 号针脚、两个 2 号针脚、两个 3 号针脚和两个 6 号针脚分别连接起来，电缆就制作好了，可用来组网。然而，需要记住的是，这种电缆只能用于以太网，而不能用于语音网络、其他 LAN 和 WAN。

2.2.2 交叉电缆

交叉电缆可用于连接如下设备：

- 交换机到交换机；
- 集线器到集线器；
- 主机到主机；
- 集线器到交换机；
- 路由器到主机；
- 路由器到路由器（使用快速以太网端口）。

这种电缆也使用 4 根导线，且这 4 根导线与直通电缆使用的相同。我们只需将不同的针脚连接起来即可，图 2-6 说明了以太网交叉电缆是如何使用这 4 根导线的。

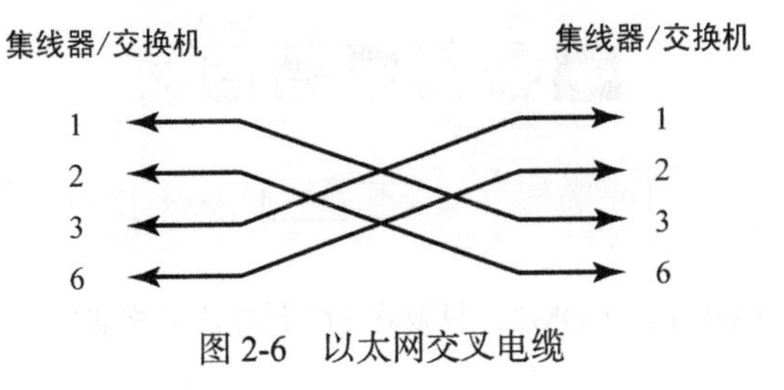

图 2-6 以太网交叉电缆

注意，这里不是将两个1号、两个2号、两个3号、两个6号针脚分别相连，而是将1号针脚与3号针脚相连，将2号针脚与6号针脚相连。

2.2.3 反转电缆

虽然反转电缆不用于组建以太网，但可用于将主机的EIA-TIA 232接口连接到路由器的串行通信（COM）端口。

如果你有思科路由器或交换机，可使用反转电缆将运行HyperTerminal（超级终端）的PC与这些思科设备相连。这种电缆使用了全部8根导线来连接串行设备，虽然并非这8根导线都被用于发送信息。图2-7显示了反转电缆使用的8根导线。

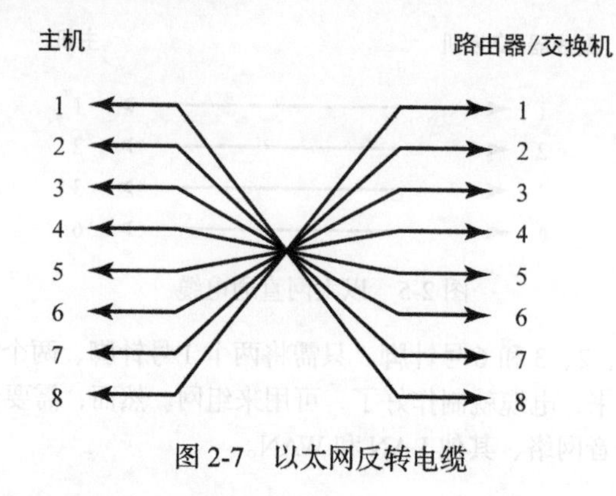

图2-7　以太网反转电缆

这种电缆可能是最容易制作的，你只需将直通电缆的一端切断，将其反转过来，并连接到一个新接头。

使用正确的电缆将PC连接到思科路由器或交换机的控制台端口后，你便可启动HyperTerminal创建一条连接并配置思科设备。配置过程如下。

(1) 启动HyperTerminal，并给连接指定名称。如何命名无关紧要，但我总是将其命名为思科。然后，单击OK按钮。

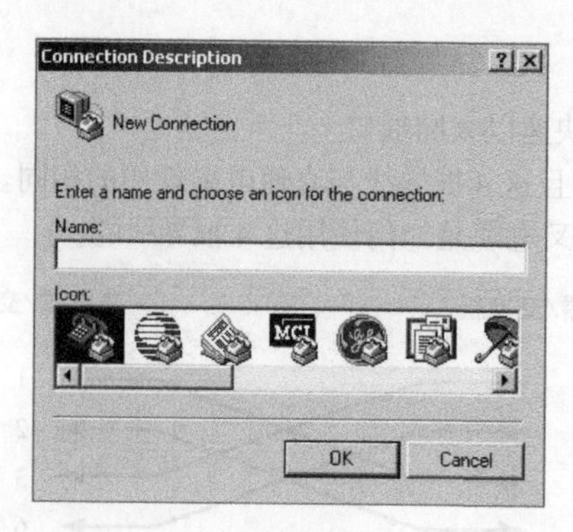

(2) 选择通信端口——COM1或COM2，只要在PC上打开了该端口。

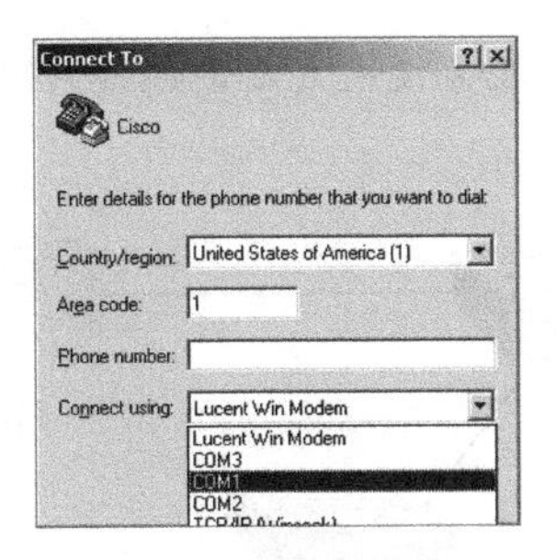

(3) 现在指定端口设置。默认设置（2400 bit/s 和流量控制为“硬件”）不可行，你必须如图 2-8 所示指定端口设置。

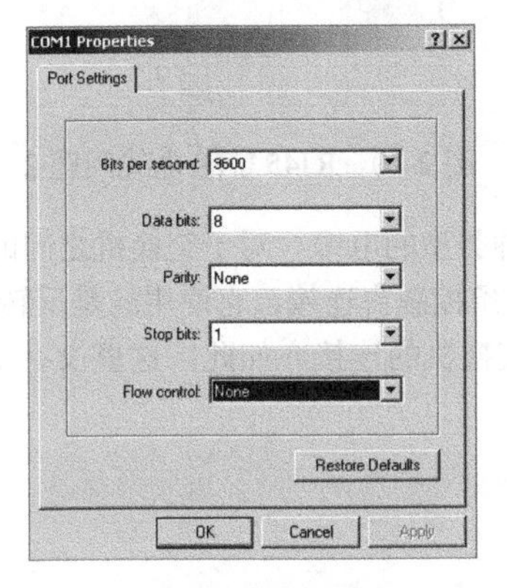

图 2-8 反转电缆连接的端口设置

注意，现在比特率为 9600，而流量控制为“无”。现在单击 OK 按钮并按回车键，你将连接到思科设备的控制台端口。

前面介绍了各种 RJ45 非屏蔽双绞线（UTP），请问在图 2-9 所示的交换机之间，我们应使用哪种电缆呢？

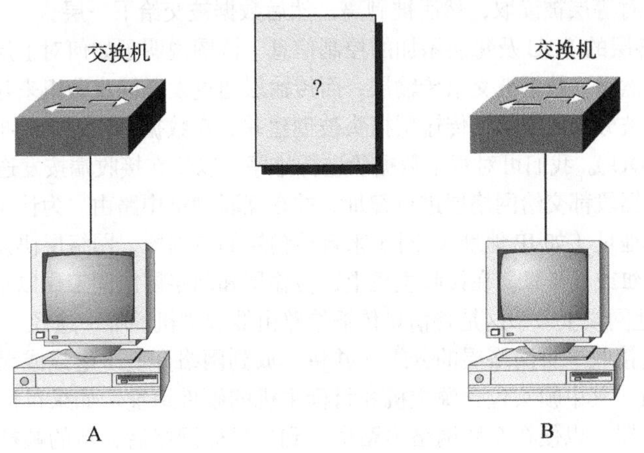

图 2-9 RJ45 UTP 电缆问题 1

要让主机A能够ping主机B，你必须使用交叉电缆将两台交换机连接起来。在图2-10所示的网络中，我们又应使用哪种电缆呢?

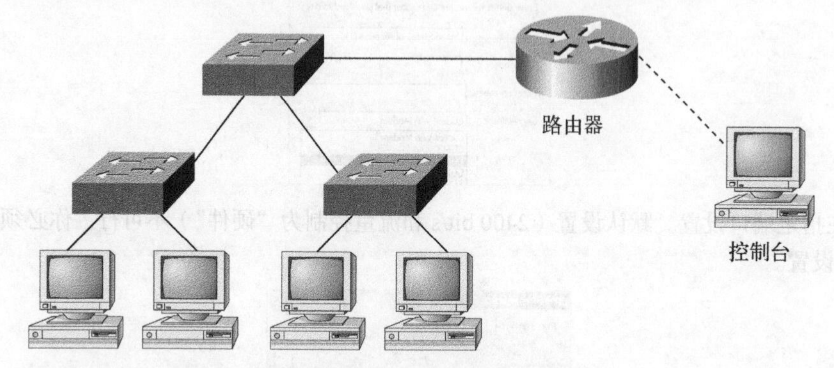

图2-10　RJ45 UTP电缆问题2

在图2-10中，我们使用了多种类型的电缆。对于交换机之间的连接，我们显然需要使用如图2-6所示的交叉电缆。但是，我们有一条控制台连接，它使用的是反转电缆。另外，交换机和路由器之间的连接使用了直通电缆，主机到交换机的连接亦如此。这里没有串行连接，如果有，它将使用V.35电缆连接到WAN。

2.3　数据封装

主机通过网络将数据传输给另一台设备时，数据将经历封装：OSI模型的每一层都使用协议信息将数据包装起来。每层都只与其在接收设备上的对等层通信。

为通信和交换信息，每层都使用PDU（Protocol Data Unit，协议数据单元）。PDU包含在模型每一层给数据添加的控制信息。这些控制信息通常被添加在数据字段前面的报头中，但也可能被添加在报尾中。

OSI模型每一层都对数据进行封装来形成PDU，PDU的名称随报头提供的信息而异。这些PDU信息仅在接收设备的对等层被读取，然后被剥离，然后数据被交给下一层。

图2-11显示了各层的PDU及每层添加的控制信息。该图说明了如何对上层用户数据进行转换，以便通过网络传输。然后，数据被交给传输层，而传输层通过发送同步分组来建立到接收设备的虚电路。接下来，数据流被分割成小块，传输层报头被创建并放在数据字段前面的报头中，此时的数据块称为*数据段*（一种PDU）。我们可对每个数据段进行排序，以便在接收端按发送顺序重组数据流。

接下来，每个数据段都交给网络层进行编址，并在互联网络中路由。为让每个数据段前往正确的网络，这里使用逻辑地址（如IP地址）。对于来自传输层的数据段，网络层协议给它添加一个控制报头，这样就生成了*分组*或*数据报*。在接收主机上，传输层和网络层协同工作以重建数据流，但它们不负责将PDU放到本地网段上——这是将信息传输给路由器或主机的唯一途径。

数据链路层负责接收来自网络层的分组，并将其放到网络介质（电缆或无线）上。数据链路层将每个分组封装成*帧*，其中帧头包含源主机和目标主机的硬件地址。如果目标设备在远程网络中，则帧将被发送给路由器，以便在互联网络中路由。到达目标网络后，新的帧被用来将分组传输到目标主机。

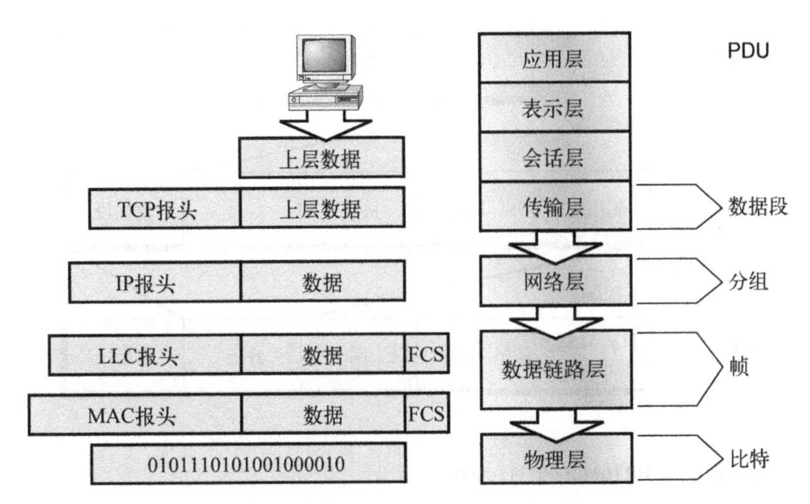

图 2-11 数据封装

要将帧放到网络上，首先必须将其转换为数字信号。帧是由 1 和 0 组成的逻辑编组，物理层负责将这些 0 和 1 编码成数字信号，供本地网络中的设备读取。接收设备将同步数字信号，并从中提取 1 和 0（解码）。接下来，设备将重组帧，运行 CRC，并将结果与帧中 FCS 字段的值进行比较。如果它们相同，设备从帧中提取分组，并将其他部分丢弃，这个过程称为拆封。分组被交给网络层，而网络层将检查分组的地址。如果地址匹配，数据段被从分组中提取出，而其他部分将被丢弃。数据段将在传输层处理，而后者负责重建数据流，然后向发送方确认，指出接收方收到了所有信息。然后传输层将数据流交给上层应用程序。

在发送端，数据封装过程大致如下。

(1) 用户信息被转换为数据，以便通过网络进行传输。

(2) 数据被转换为数据段，发送主机和接收主机之间建立一条可靠的连接。

(3) 数据段被转换为分组或数据报，逻辑地址被添加在报头中，以便能够在互联网络中路由分组。

(4) 分组或数据报被转换为帧，以便在本地网络中传输。硬件（以太网）地址被用于唯一标识本地网段中的主机。

(5) 帧被转换为比特，并使用数字编码方法和时钟同步方案。

我将使用图 2-12 进一步解释这个过程。

还记得吗，事实上由上层将数据流交给传输层。作为技术人员，我们并不关心数据流来自何方，因为这是程序员的事。我们的职责是，在接收设备处可靠地重建数据流，并将其交给上层。

详细讨论图 2-12 前，我们先来讨论端口号，以确保你理解它们。传输层使用端口号标识虚电路和上层进程，如图 2-13 所示。

使用面向连接的协议（即 TCP）时，传输层将数据流转换为数据段，并创建一条虚电路以建立可靠的会话。接下来，它对每个数据段进行编号，并使用确认和流量控制。如果你使用的是 TCP，虚电路将由源端口号和目标端口号以及源 IP 地址和目标 IP 地址（称为套接字）标识。别忘了，主机只能使用不小于 1024 的端口号（0～1023 为知名端口号）。目标端口号标识了上层进程（应用程序），在接收主机可靠地重建数据流后，数据流将被交给该进程（应用程序）。

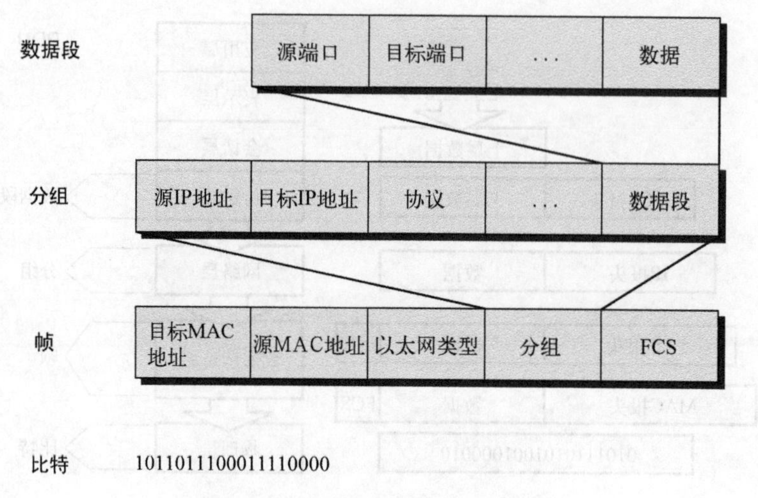

图 2-12　PDU 和各层添加的地址

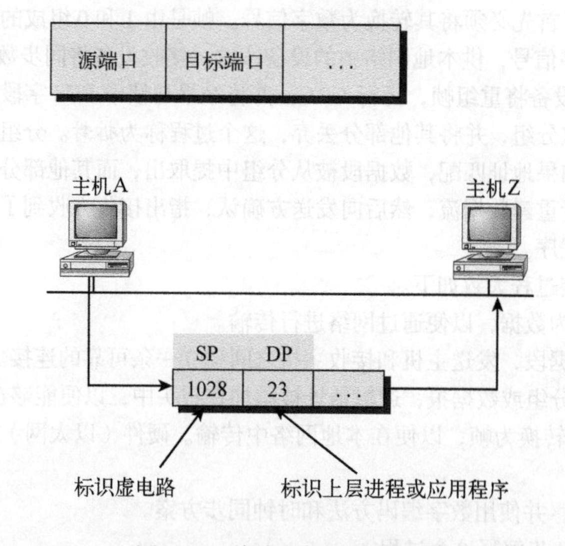

图 2-13　传输层使用的端口号

至此，你明白了端口号以及传输层如何使用它们，下面返回到图 2-12。给数据块添加传输层报头信息后，便形成了数据段；随后，数据段和目标 IP 地址一起被交给网络层。（目标 IP 地址是随数据流一起由上层交给传输层的，它是由上层使用名称解析方法（可能是 DNS）发现的。）

网络层在每个数据段的前面添加报头和逻辑地址（IP 地址）。给数据段添加报头后，形成的 PDU 为分组。分组包含一个协议字段，该字段指出了数据段来自何方（UDP 或 TCP），这样当分组到达接收主机后，传输层便能够将数据段交给正确的协议。

网络层负责获悉目标硬件地址（这种地址指出了分组应发送到本地网络的什么地方），为此，它使用 ARP（Address Resolution Protocol，地址解析协议）——详见第 3 章。网络层的 IP 查看目标 IP 地址，并将其与自己的IP地址和子网掩码进行比较。如果比较表明分组是前往本地主机的，则ARP请求被用于请求该主机的硬件地址；如果分组是前往远程主机的，IP将获悉默认网关（路由器）的IP地址。

接下来，网络层将分组向下传递给数据链路层，一同传递的还有本地主机或默认网关的硬件地址。数据链路层在分组前面添加一个报头，这样数据块将变成帧（之所以称其为帧，是因为同时给分组添加了报头和报尾，使其类似于书挡），如图2-12所示。帧包含一个以太网类型（Ether-Type）字段，它指出了分组来自哪种网络层协议。现在，将对帧运行CRC（Cyclic Redundancy Check，循环冗余校验），并将结果放在帧尾的FCS（Frame Check Sequence，帧校验序列）字段中。

至此，可以用每次1比特的方式将帧向下传递给物理层了，而物理层将使用比特定时规则（bit timing rule）将数据编码成数字信号。网段中的每台设备都将同步时钟，从数字信号中提取1和0，并重建帧。重建帧后，设备将运行CRC，以确保帧是正确的。如果一切顺利，主机将检查目标MAC地址和目标IP地址，以检查帧是否是发送给它的。

如果这一切让你眼花缭乱、头昏脑胀，请不要担心，第8章将详细介绍在互联网络中数据是如何被封装和路由的。

2.4 包含3层的Cisco层次模型

大多数人在童年就接触过层次结构，有哥哥或姐姐的人都知道位于层次结构底层的滋味。无论你是在什么地方首次遇到层次结构，当今的大多数人都在生活中感受过它。正是层次结构帮助我们明白事物的归属和相互关系以及各部门的职责，它让那些原本复杂的模型变得有序且易于理解。例如，如果你想加薪，层次结构将告诉你应询问老板而不是下属，这个人将批准或拒绝你的要求。因此，理解层次结构有助于你明白到哪里去获取想要的东西。

在网络设计中，层次结构的优点与生活中相同。在使用得当的情况下，层次结构将使网络的行为更容易被预测。它帮助你指定各部分的职责。同样，你可在层次型网络的某些层使用诸如访问列表等工具，并避免在其他层使用它们。

大型网络可能非常复杂，可能使用了多种协议，包含复杂的配置，采用了各种各样的技术。层次结构可帮助你将大量复杂的细节归纳成易于理解的模型，这样，进行具体的配置时，模型将指出应用这些配置的正确方式。

设计、实现和维护可扩展、可靠、性价比高的层次型互联网络时，Cisco层次模型可提供帮助。Cisco层次模型包含3层，如图2-14所示，其中每层都有特定的功能。

这3层及其典型功能如下。

- 核心层：主干。
- 集散层：路由选择。
- 接入层：交换。

每层都有特定的职责。然而，这3层是逻辑性的，而不一定是物理设备。想想另一个逻辑层次结构——OSI模型，其中的7层描述的是功能，而不是协议。有时一种协议对应于OSI模型的多层，而有时多种协议对应于一层。通常，实现层次型网络时，可能一层有很多设备，也可能一台设备同时执行两层的功能。这些层的定义是逻辑性的，而不是物理性的。

下面来详细介绍其中的每一层。

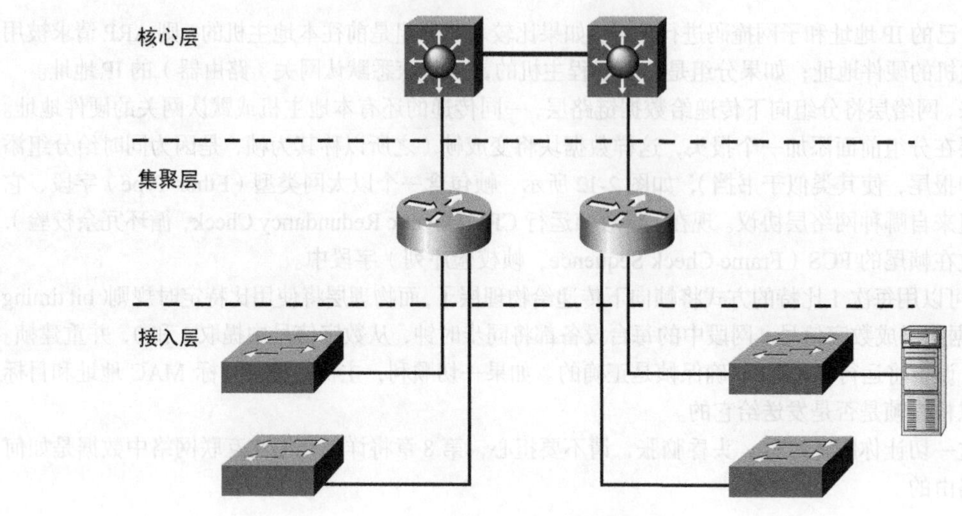

图 2-14　Cisco 层次模型

2.4.1　核心层

顾名思义，*核心层*是网络的核心。核心层位于层次结构顶端，负责快速而可靠地传输大量的数据流。网络核心层的唯一目标是尽可能快地交换数据流。在核心层传输的数据流是大多数用户共享的；然而，用户数据是在集散层处理的，该层在必要时将请求转发到核心层。

如果核心层出现故障，*所有用户*都将受影响，因此核心层容错是个大问题。穿越核心层的数据流可能很大，因此速度和延迟是重要的考虑因素。知道核心层的功能后，我们就可以考虑一些具体的设计需求了。先来看看不应该做的事情。

- 不要做任何降低速度的事情，这包括使用访问列表、在虚拟局域网（VLAN）之间路由以及实现分组过滤。
- 不要在核心层支持工作组接入。
- 避免核心层随着网络的增大而增大（即添加路由器）。如果核心层的性能是个问题，应进行升级，而不是增大。

下面是设计核心层时应该做的一些事情。

- 设计核心层时，应确保其高可靠性。考虑使用对速度、冗余有帮助的数据链路技术，如包含冗余链路的吉比特以太网，甚至是10吉比特以太网。
- 设计时要考虑速度，核心层的延迟必须非常短。
- 选择会聚时间短的路由选择协议。如果路由选择表不行，快速且冗余的数据链路也帮不上忙。

2.4.2　集散层

*集散层*有时也称为*工作组层*，它是接入层和核心层之间的通信点。集散层的主要功能是提供路由选择、过滤和 WAN 接入，以及在必要时确定如何让分组进入核心层。集散层必须确定处理网络服务

请求的最快方式，例如如何将文件请求转发给服务器。确定最佳路径后，集散层将在必要时将请求转发给核心层，然后核心层将请求快速转发给正确的服务。

集散层是实现网络策略的地方，在这里，你可相当灵活地指定网络的运行方式。下面几项操作通常应该在集散层执行。

- 路由选择。
- 实现工具（如访问列表）、分组过滤和排队。
- 实现安全性和网络策略，包括地址转换和防火墙。
- 在路由选择协议之间重分发，包括静态路由。
- 在 VLAN 之间路由以及其他支持工作组的功能。
- 定义广播域和组播域。

在集散层应避免做的事情仅限于其他层的专属功能。

2.4.3 接入层

*接入层*控制用户和工作组对互联网络资源的访问，有时也称为*桌面层*。大多数用户需要的网络资源位于本地，而所有远程服务数据流都由集散层处理。下面是接入层的一些功能。

- 延续集散层的访问控制和策略。
- 建立独立的冲突域（网络分段）。
- 提供到集散层的工作组连接。

接入层经常采用吉比特以太网和快速以太网交换等技术。

正如前面指出的，3 个独立的层并不意味着 3 台独立的设备，设备可能更多，也可能更少。别忘了，这是一种*分层方法*。

2.5 小结

在本章中，你学习了以太网基本知识、网络中的主机如何通信以及半双工以太网中 CSMA/CD 的工作原理。

我还介绍了半双工和全双工模式之间的差别，讨论了冲突检测机制 CSMA/CD。

另外，本章还介绍了当今网络中常用的以太网电缆。顺便说一句，你最好仔细研究相应的内容。

本章还简要地介绍了封装，这很重要，不容忽视。封装指的是沿 OSI 栈向下对数据进行编码的过程。

最后，本章介绍了包含 3 层的 Cisco 层次模型。我详细介绍了这 3 层以及如何使用它们来帮助设计和实现 Cisco 互联网络。下一章将介绍 IP 地址。

2.6 考试要点

描述载波侦听多路访问/冲突检测（CSMA/CD）的工作原理。CSMA/CD 是一种帮助设备均衡共享带宽的协议，可避免两台设备同时在网络介质上传输数据。虽然它不能消除冲突，但有助于极大地减少冲突，进而减少重传，从而提高所有设备的数据传输效率。

区分半双工和全双工通信，并指出这两种方法的需求。与半双工以太网使用一对导线不同，全双工以太网使用两对导线。全双工使用不同的导线来消除冲突，从而允许同时发送和接收数据，而半双工可发送或接收数据，但不能同时发送和接收数据，且仍会出现冲突。要使用全双工，电缆两端的设备都必须支持全双工，并配置成以全双工模式运行。

描述MAC地址的组成部分以及各部分包含的信息。MAC（硬件）地址是一种使用十六进制表示的地址，长48位（6 B）。其中前24位（3 B）称为OUI（Organizationally Unique Identifier，组织唯一标识符），由IEEE分配给NIC制造商；余下的部分唯一地标识了NIC。

识别十进制数对应的二进制值和十六进制值。用这3种格式之一表示的任何数字都可转换为其他两种格式，能够执行这种转换对理解IP地址和子网划分至关重要。请务必完成本章后面将二进制转换为十进制和十六进制的书面实验。

识别以太网帧中与数据链路层相关的字段。在以太网帧中，与数据链路层相关的字段包括前导码、帧起始位置分隔符、目标MAC地址、源MAC地址、长度或类型以及帧校验序列。

识别与以太网布线相关的IEEE标准。这些标准描述了各种电缆类型的功能和物理特征，包括（但不限于）10Base2、10Base5和10BaseT。

区分以太网电缆类型及其用途。以太网电缆分3种：直通电缆，用于将PC或路由器的以太网接口连接到集线器或交换机；交叉电缆，用于将集线器连接到集线器、集线器连接到交换机、交换机连接到交换机以及PC连接到PC；反转电缆，用于在PC和路由器或交换机之间建立控制台连接。

描述数据封装过程及其在分组创建中的作用。 数据封装指的是在OSI模型各层给数据添加信息的过程，也称为分组创建。每层都只与其在接收设备上的对等层通信。

了解如何在PC和路由器之间建立控制台连接并启动HyperTerminal。 使用反转电缆将主机的COM端口连接到路由器的控制台端口。启动HyperTerminal，并将比特率设置为9600，流量控制设置为“无”。

指出Cisco三层模型中的各层，并描述每层最适合完成的功能。Cisco层次模型包含如下3层：核心层，负责快速而可靠地传输大量的数据流；集散层，提供路由选择、过滤和WAN接入；接入层，将工作组连接到集散层。

2.7 书面实验

在本节中，你将完成如下实验，确保明白了其中涉及的信息和概念。

- 实验2.1：二进制/十进制/十六进制转换。
- 实验2.2：CSMA/CD的工作原理。
- 实验2.3：布线。
- 实验2.4：封装。

（书面实验的答案见本章复习题答案的后面。）

2.7.1 书面实验2.1：二进制/十进制/十六进制转换

(1) 将用十进制表示的IP地址转换为二进制格式。

完成下表，将192.168.10.15转换为二进制格式。

128	64	32	16	8	4	2	1	二进制

完成下表，将 172.16.20.55 转换为二进制格式。

128	64	32	16	8	4	2	1	二进制

完成下表，将 10.11.12.99 转换为二进制格式。

128	64	32	16	8	4	2	1	二进制

(2) 将用二进制表示的 IP 地址转换为十进制格式。

完成下表，将 IP 地址 11001100.00110011.10101010.01010101 转换为十进制格式。

128	64	32	16	8	4	2	1	十进制

完成下表，将 IP 地址 11000110.11010011.00111001.11010001 转换为十进制格式。

128	64	32	16	8	4	2	1	十进制

完成下表，将 IP 地址 10000100.11010010.10111000.10100110 转换为十进制格式。

128	64	32	16	8	4	2	1	十进制

(3) 将二进制值转换为十六进制。

完成下表，用十六进制表示 11011000.00011011.00111101.01110110。

128	64	32	16	8	4	2	1	十六进制

完成下表，用十六进制表示 11001010.11110101.10000011.11101011。

128	64	32	16	8	4	2	1	十六进制

完成下表，用十六进制表示 10000100.11010010.01000011.10110011。

128	64	32	16	8	4	2	1	十六进制

2.7.2 书面实验 2.2：CSMA/CD 的工作原理

CSMA/CD（Carrier Sense Multiple Access with Collision Detection，载波侦听多路访问/冲突检测）帮助最大限度地减少冲突，从而提高数据传输效率。请按正确的顺序排列下述步骤。

- ❑ 定时器到期后，所有主机的传输优先级都相同。
- ❑ 以太网网段中的每台设备暂停传输一段时间，直到定时器到期。
- ❑ 冲突导致执行随机后退算法。
- ❑ 拥堵信号告诉所有的设备发生了冲突。

2.7.3 书面实验 2.3：布线

在下述各种情形下，请判断应使用直通电缆、交叉电缆还是反转电缆。

(1) 主机到主机。

(2) 主机到交换机或集线器。

(3) 路由器到主机。

(4) 交换机到交换机。

(5) 路由器到交换机或集线器。

(6) 集线器到集线器。

(7) 集线器到交换机。

(8) 主机到路由器的控制台串行通信（COM）端口。

2.7.4 书面实验 2.4：封装

按正确的顺序排列下述封装过程。

- 分组或数据报被转换为帧，以便在本地网络中传输。使用硬件（以太网）地址来唯一地标识本地网络中的主机。
- 数据段被转换为分组或数据报，并在报头中加入逻辑地址，使得能够在互联网络中路由分组。
- 用户信息被转换为数据，以便通过网络传输。
- 帧被转换为比特，并使用数字编码和时钟同步方案。
- 数据被转换为数据段，并在发送主机和接收主机之间建立一条可靠的连接。

2.8 复习题

注意　下面的复习题旨在检验你对本章内容的理解程度。有关如何获取更多复习题的信息，请参阅本书的前言。

(1) IEEE 以太网帧包含哪些字段（选择两项）？

A. 源 MAC 地址和目标 MAC 地址

B. 源网络地址和目标网络地址

C. 源 MAC 地址和目标 MAC 地址以及源网络地址和目标网络地址

D. FCS 字段

(2) 下面哪两项是半双工以太网相对于全双工以太网的特征？

A. 半双工以太网运行在一个共享的冲突域中

B. 半双工以太网运行在一个专用的冲突域中

C. 半双工以太网的有效吞吐量更高

D. 半双工以太网的有效吞吐量更低

E. 半双工以太网运行在一个专用的广播域中

(3) 你想实现不易受 EMI 影响的网络，应使用哪种电缆？

A. 粗同轴电缆　　B. 细同轴电缆　　C. 5 类 UTP 电缆　　D. 光纤

(4) 下面哪 3 种连接可使用全双工模式？

A. 集线器到集线器　　B. 交换机到交换机　　C. 主机到主机

D. 交换机到集线器　　E. 交换机到主机

(5) 在交换机之间使用哪种 RJ45 UTP 电缆？

A. 直通电缆　　B. 交叉电缆　　C. 带 CSU/DSU 的交叉电缆

D. 在这两台交换机中添加一台路由器，并使用交叉电缆分别连接到路由器

(6) 冲突发生后，以太网 LAN 中的主机如何知道何时开始传输（选择两项）？

A. 在 CSMA/CD 冲突域中，多台工作站可同时传输数据

B. 在 CSMA/CD 冲突域中，工作站必须等到介质未被占用时才传输

C. 可通过添加集线器来改善 CSMA/CD 网络

D. 冲突发生后，检测到冲突的工作站有优先权重传丢失的数据

E. 冲突发生后，所有工作站都运行随机后退算法。后退延迟阶段过后，所有工作站的数据传输优先级都相同

F. 冲突发生后，涉及的所有工作站都运行相同的后退算法，然后在传输数据前彼此同步

(7) 将PC的COM端口连接到路由器或交换机的控制台端口时，应使用哪种类型的RJ45 UTP电缆？

A. 直通电缆 B. 交叉电缆

C. 带CSU/DSU的交叉电缆 D. 反转电缆

(8) 二进制值10110111对应的十进制值和十六进制值分别是多少？

A. 69/0x2102 B. 183/B7 C. 173/A6 D. 83/0xC5

(9) 以太网使用下面哪种竞用机制？

A. 令牌传递 B. CSMA/CD C. CSMA/CA D. 主机轮询

(10) 在CSMA/CD中，后退算法计算得到的延迟过后，哪些主机有优先权？

A. 所有主机的优先级都相同 B. 导致冲突的两台主机的优先级相同

C. 发生冲突后发送拥堵信号的主机有优先权 D. MAC地址最大的主机有优先权

(11) 下面哪种说法是正确的？

A. 全双工以太网使用一对导线 B. 全双工以太网使用两对导线

C. 半双工以太网使用两对导线 D. 全双工以太网使用三对导线

(12) 下面哪种有关全双工的说法是错误的？

A. 在全双工模式下不会发生冲突

B. 每个全双工节点都必须有一个专用的交换机端口

C. 在全双工模式下冲突很少

D. 主机的网卡和交换机端口都必须能够在全双工模式下运行

(13) 下面哪种有关MAC地址的说法是正确的？

A. MAC地址也称逻辑地址，长48位（6 B），用十六进制格式表示

B. MAC地址也称硬件地址，长64位（8 B），用十六进制格式表示

C. MAC地址也称硬件地址，长48位（6 B），用二进制格式表示

D. MAC地址也称硬件地址，长48位（6 B），用十六进制格式表示

(14) MAC地址的哪部分称为组织唯一标识符（OUI）？

A. 前24位（3 B） B. 前12位（3 B）

C. 前24位（6 B） D. 前32位（3 B）

(15) OSI模型的哪一层负责将比特合并成字节，并将字节合并成帧？

A. 表示层 B. 数据链路层 C. 应用层 D. 传输层

(16) 下面哪个术语表示不希望发生的相邻线对之间的信号干扰？

A. EMI B. RFI C. 串扰 D. 衰减

(17) 下面哪项是IEEE 802.3u标准的一部分？

A. 100Base2 B. 10Base5 C. 100Base-TX D. 1000Base-T

(18) 10GBase-Long Wavelength称为哪种IEEE标准？

A. 802.3F B. 802.3z C. 802.3ab D. 802.3ae

(19) 1000Base-T是下面哪种IEEE标准？

A. 802.3F B. 802.3z C. 802.3ab D. 802.3ae

(20) 建立HyperTerminal连接时，必须将比特率设置为什么值？

A. 2400 bit/s B. 1200 bit/s C. 9600 bit/s D. 6400 bit/s

2.9 复习题答案

(1) A、D。以太网帧包含如下字段：源 MAC 地址、目标 MAC 地址、标识网络层协议的以太类型（Ether-Type）、数据以及存储 CRC 结果的 FCS。

(2) A、D。半双工以太网运行在一个共享介质（冲突域）中，其有效吞吐量比全双工以太网低。

(3) D。光纤更安全、传输距离长、速度高且不易受 EMI 的影响。

(4) B、C、E。集线器不能在全双工模式下运行。在两台支持全双工的设备之间，必须使用点到点连接来运行全双工。在交换机和主机之间可运行全双工，但集线器不能以全双工模式运行。

(5) B。要连接两台交换机，可使用 RJ45 UTP 交叉电缆。

(6) B、E。以太网网段中正在传输的工作站侦听到冲突后，它将发送一个扩展拥堵信号，以确保所有工作站都知道发生了冲突。收到拥堵信号后，每个发送方都等待预先确定的时间和一段随机时间。这两个定时器都到期后，工作站便可传输了，但在传输前必须确保介质是空闲的，且所有工作站的优先级都相同。

(7) D。要连接到路由器或交换机的控制台端口，可使用 RJ45 UTP 反转电缆。

(8) B。你必须有能力将二进制数转换为十进制和十六进制。要转换为十进制，只需将所有取值为 1 的位的位值相加。对于二进制数 10110111，结果为 128 + 32 + 16 + 4 + 2 + 1 = 183。要转换为十六进制，需要将这 8 位划分成半字节（4 位）1011 和 0111。这些半字节对应的十进制值分别是 11 和 7，而 11 对应的十六进制数为 B，因此结果为 0xB7。

(9) B。以太网使用载波侦听多路访问/冲突检测（CSMA/CD），这是一种帮助设备平等地共享带宽的协议，可避免两台设备同时在网络介质上传输数据。

(10) A。后退算法计算得到的时间过后，所有主机的数据传输优先级都相同。

(11) B。全双工以太网使用两对导线。

(12) C。全双工模式下不会发生冲突。

(13) D。MAC 地址也叫硬件地址，长 48 位（6 B），用十六进制格式表示。

(14) A。MAC 地址的前 24 位（3 B）称为组织唯一标识符（OUI）。

(15) B。OSI 模型的数据链路层负责将比特合并成字节，并将字节合并成帧。

(16) C。不希望发生的相邻线对之间的信号干扰称为串扰。

(17) C。IEEE 802.3u 是速度为 100 Mbit/s 的快速以太网，包括 100Base-TX、100BaseT4 和 100Base-FX。

(18) D。标准 IEEE 802.3ae 定义了 10Gbase-SR、10Gbase-LR、10Gbase-ER、10Gbase-SW、10Gbase-LW 和 10Gbase-E。

(19) C。IEEE 802.3ab 标准定义了使用双绞线的 1 Gbit/s 以太网。

(20) C。建立 HyperTerminal 连接时，必须将比特率设置为 9600 bit/s。

2.10 书面实验 2.1 答案

(1) 将用十进制表示的 IP 地址转换为二进制格式。

完成下表，将 192.168.10.15 转换为二进制格式。

十进制	128	64	32	16	8	4	2	1	二进制
192	1	1	0	0	0	0	0	0	11000000
168	1	0	1	0	1	0	0	0	10101000
10	0	0	0	0	1	0	1	0	00001010
15	0	0	0	0	1	1	1	1	00001111

完成下表，将 172.16.20.55 转换为二进制格式。

十进制	128	64	32	16	8	4	2	1	二进制
172	1	0	1	0	1	1	0	0	10101100
16	0	0	0	1	0	0	0	0	00010000
20	0	0	0	1	0	1	0	0	00010100
55	0	0	1	1	0	1	1	1	00110111

完成下表，将 10.11.12.99 转换为二进制格式。

十进制	128	64	32	16	8	4	2	1	二进制
10	0	0	0	0	1	0	1	0	00001010
11	0	0	0	0	1	0	1	1	00001011
12	0	0	0	0	1	1	0	0	00001100
99	0	1	1	0	0	0	1	1	01100011

(2) 将用二进制表示的 IP 地址转换为十进制格式。

完成下表，将 IP 地址 11001100.00110011.10101010.01010101 转换为十进制格式。

二进制	128	64	32	16	8	4	2	1	十进制
11001100	1	1	0	0	1	1	0	0	204
00110011	0	0	1	1	0	0	1	1	51
10101010	1	0	1	0	1	0	1	0	170
01010101	0	1	0	1	0	1	0	1	85

完成下表，将 IP 地址 11000110.11010011.00111001.11010001 转换为十进制格式。

二进制	128	64	32	16	8	4	2	1	十进制
11000110	1	1	0	0	0	1	1	0	198
11010011	1	1	0	1	0	0	1	1	211
00111001	0	0	1	1	1	0	0	1	57
11010001	1	1	0	1	0	0	0	1	209

完成下表，将 IP 地址 10000100.11010010.10111000.10100110 转换为十进制格式。

二进制	128	64	32	16	8	4	2	1	十进制
10000100	1	0	0	0	0	1	0	0	132
11010010	1	1	0	1	0	0	1	0	210
10111000	1	0	1	1	1	0	0	0	184
10100110	1	0	1	0	0	1	1	0	166

(3) 将二进制值转换为十六进制。

完成下表，用十六进制表示 11011000.00011011.00111101.01110110。

二进制	128	64	32	16	8	4	2	1	十六进制
11011000	1	1	0	1	1	0	0	0	D8
00011011	0	0	0	1	1	0	1	1	1B
00111101	0	0	1	1	1	1	0	1	3D
01110110	0	1	1	1	0	1	1	0	76

完成下表，用十六进制表示 11001010.11110101.10000011.11101011。

二进制	128	64	32	16	8	4	2	1	十六进制
11001010	1	1	0	0	1	0	1	0	CA
11110101	1	1	1	1	0	1	0	1	F5
10000011	1	0	0	0	0	0	1	1	83
11101011	1	1	1	0	1	0	1	1	EB

完成下表，用十六进制表示 10000100.11010010.01000011.10110011。

二进制	128	64	32	16	8	4	2	1	十六进制
10000100	1	0	0	0	0	1	0	0	84
11010010	1	1	0	1	0	0	1	0	D2
01000011	0	1	0	0	0	0	1	1	43
10110011	1	0	1	1	0	0	1	1	B3

2.11 书面实验 2.2 答案

以太网 LAN 中发生冲突后，将出现如下情况：

(1) 拥堵信号告诉所有的设备发生了冲突

(2) 冲突导致执行随机后退算法

(3) 以太网网段中的每台设备暂停传输一段时间，直到定时器到期

(4) 定时器到期后，所有主机的传输优先级都相同

2.12 书面实验 2.3 答案

(1) 交叉电缆

(2) 直通电缆

(3) 交叉电缆

(4) 交叉电缆

(5) 直通电缆

(6) 交叉电缆

(7) 交叉电缆

(8) 反转电缆

2.13 书面实验 2.4 答案

在发送端，数据封装的步骤如下：

(1) 用户信息被转换为数据，以便通过网络传输

(2) 数据被转换为数据段，并在发送主机和接收主机之间建立一条可靠的连接

(3) 数据段被转换为分组或数据报，并在报头中加入逻辑地址，使得能够在互联网络中路由分组

(4) 分组或数据报被转换为帧，以便在本地网络中传输。使用硬件（以太网）地址来唯一地标识本地网络中的主机

(5) 帧被转换为比特，并使用数字编码和时钟同步方案

第 3 章

TCP/IP 简介

本章涵盖如下 CCNA 考试要点。

✓ **描述网络的工作原理**

- 描述 OSI 和 TCP 模型中各协议的用途和基本工作原理。
- 使用分层模型方法找出并修复第 1 层、第 2 层、第 3 层和第 7 层的常见网络故障。

✓ **实现 IP 编址方案和 IP 服务，以满足中型企业分支机构网络的网络需求**

- 描述私有和公有 IP 地址的工作原理以及使用它们的好处。

传输控制协议/因特网协议（TCP/IP）是美国国防部（DoD）开发的，旨在确保数据的完整性并在发生毁灭性战争时保持通信。因此，在设计和实现正确的情况下，TCP/IP 网络非常可靠且富有弹性。本章将介绍 TCP/IP 协议，而贯穿本书都将介绍如何创建神奇的 TCP/IP 网络——当然是使用思科路由器。

我们将首先介绍 DoD 版本的 TCP/IP，然后将该版本及其协议与第 1 章讨论的 OSI 参考模型进行比较。

等你明白 DoD 模型各层使用的协议后，我将介绍 IP 编址以及当今网络使用的各种 IP 地址。

注意

子网划分将在第 4 章介绍。

最后，鉴于 IPv4 地址类型对理解 IP 编址、子网划分和 VLSM（Variable Length Subnet Mask，变长子网掩码）如此重要，因此理解各种 IPv4 地址至关重要。本章最后将介绍你必须知道的各种 IPv4 地址。

本章不讨论 IPv6，而只介绍 IPv4。IPv6 将在第 15 章介绍。另外，介绍因特网协议第 4 版时，我们将其简称为 IP，而不是 IPv4。

注意

有关本章内容的最新修订，请访问 www.lammle.com 或 www.sybex.com/go/ccna7e。

3.1 TCP/IP 简介

鉴于 TCP/IP 对使用因特网和内联网来说如此重要，你必须对它有详细了解。我将首先介绍一些

TCP/IP 背景知识及其来历，然后讨论最初的设计者定义的重要技术目标。在此之后，我们将比较 TCP/IP 与理论模型（OSI 模型）。

TCP/IP 简史

TCP/IP 于 1973 年面世，并于 1978 年被划分成两个协议：TCP 和 IP。1983 年，TCP/IP 取代了 NCP（Network Control Protocol，网络控制协议），并被批准成为官方数据传输方式，用于任何连接到 ARPnet 的网络。ARPnet 是因特网的前身，由 ARPA（美国国防部高级研究计划署）开发，而 ARPA 是为应对前苏联的人造地球卫星计划于 1957 年成立的。不久后，ARPA 改名为 DARPA 并被划分为 ARPAnet 和 MILNET（同样发生在 1983 年），这两个部门都于 1990 年解散。

但出乎你想象的是，大部分 TCP/IP 开发工作都是由位于加州北部的加州大学伯克利分校完成的。在加州大学伯克利分校，当时还有一个科学家小组在开发伯克利分校的 UNIX 版本，这一系列 UNIX 版本称为 BSD（Berkeley Software Distribution）。当然，鉴于 TCP/IP 很好，它被集成到了后续的 BSD UNIX 中，并提供给其他购买了该软件的大学和机构。因此，BSD UNIX 和 TCP/IP 最初基本上是学术界的一个共享软件，这使其成了当前取得巨大成功并呈几何级数增长的因特网的基础，也是小型私有企业内联网的基础。

就这样，虽然最初的 TCP/IP 狂热者不多，但随着它的发展，美国政府制定了测试计划，对新发布的标准进行测试，确保它们符合特定的标准。这旨在保护 TCP/IP 的完整性，避免开发人员对其做剧烈的修改或添加专用功能。正是这种特质（TCP/IP 系列协议采用的开放系统方法）让 TCP/IP 得以流行，因为它确保各种硬件和软件平台能够彼此无条件互联。

3.2 TCP/IP 和 DoD 模型

DoD 模型是 OSI 模型的精简版，它包含 4 层（而不是 7 层）：

- 进程/应用层；
- 主机到主机层；
- 因特网层；
- 网络接入层。

图 3-1 对 DoD 模型和 OSI 参考模型进行了比较。正如你看到的，这两个模型在概念上是相似的，但它们包含的层数不同，各层的名称也不同。

讨论 IP 栈中的各种协议时，OSI 和 DoD 模型的层可互换。换句话说，因特网层和网络层是一回事，而主机到主机层和传输层是一回事。

DoD 模型的进程/应用层包含大量的协议，以集成分布在 OSI 上三层（应用层、表示层和会话层）的各种活动和职责，本章后面将深入介绍这些协议。进程/应用层定义了用于节点间应用程序通信的协议，还定义了用户界面规范。

主机到主机层的功能与 OSI 模型的传输层相同，定义了用于为应用程序提供传输服务的协议，它负责解决的问题包括进行可靠的端到端通信和确保正确地传输数据，还对分组进行排序，并确保数据的完整性。

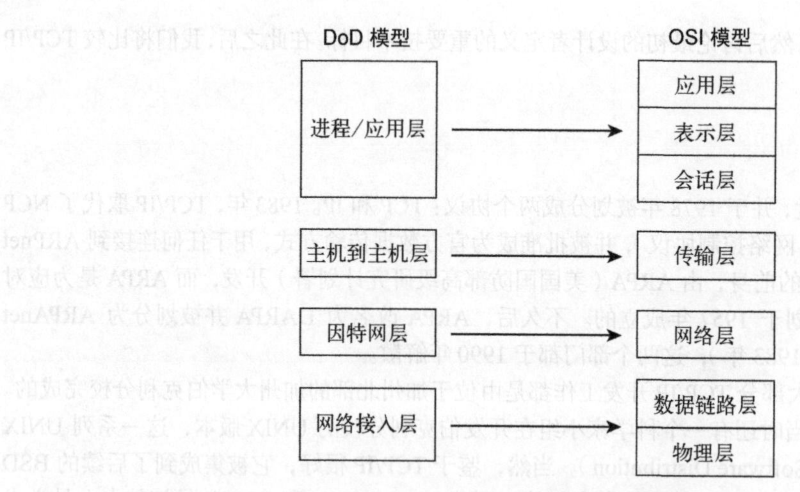

图 3-1　DoD 模型和 OSI 模型

因特网层对应 OSI 模型的网络层，指定了与通过整个网络对分组进行逻辑传输相关的协议。它负责对主机进行编址——给它们分配 IP（因特网协议）地址，还在多个网络之间路由分组。

DoD 模型的最底端是网络接入层，它在主机和网络之间交换数据。网络接入层对应 OSI 模型的数据链路层和物理层，它负责硬件编址，并定义了用于实际传输数据的协议。

DoD 模型和 OSI 模型在设计和概念上相似，且对应层的功能也类似。图 3-2 显示了 TCP/IP 协议簇以及其中协议对应的 DoD 模型层。

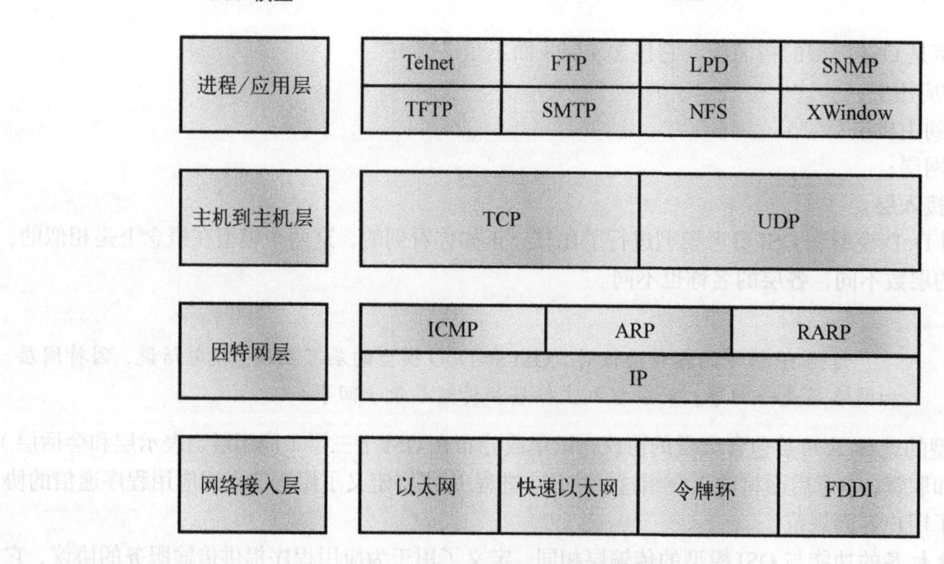

图 3-2　TCP/IP 协议簇

接下来的几节将更详细地介绍各种协议，从介绍进程/应用层协议开始。

3.2.1 进程/应用层协议

本节介绍 IP 网络中使用的各种应用程序和服务，包括如下协议和应用程序。

- Telnet
- FTP
- TFTP
- NFS
- SMTP
- POP
- IMAP4
- TLS
- SIP (VoIP)
- RTP (VoIP)
- LPD
- X Window
- SNMP
- SSH
- HTTP
- HTTPS
- NTP
- NNTP
- SCP
- LDAP
- IGMP
- LPR
- DNS
- DHCP/BootP

1. Telnet

Telnet 是这些协议中的变色龙，专司终端模拟。它让远程客户端机器（Telnet 客户端）的用户能够访问另一台机器（Telnet 服务器）的资源。为此，Telnet 在 Telnet 服务器上要花招，让客户端机器看起来像是与本地网络直接相连的终端。这实际上是使用软件营造的假象——可与选定的远程主机交互的虚拟终端。

这些模拟终端使用文本模式，可执行指定的操作，如显示菜单，让用户能够选择选项以及访问服务器的应用程序。要建立 Telnet 会话，用户首先运行 Telnet 客户端软件，然后登录 Telnet 服务器。

2. FTP

FIP（File Transfer Protocol，文件传输协议）让你能够传输文件，这可在任何两台使用它的机器之间进行。然而，FTP 不仅仅是协议，还是程序。作为协议，FTP 供应用程序使用；作为程序，FTP 供用户手工执行与文件相关的任务。FTP 让你能够访问目录和文件以及执行某些类型的目录操作，如将其移到其他目录中。

通过 FTP 访问主机只是第一步，随后用户必须通过身份验证登录，因为系统管理员可能使用密码和用户名来限制访问。要避开这种身份验证，可使用用户名 *anonymous*，但这样获得的访问权将受到限制。

即使被用户用作程序，FTP 的功能也仅限于列出和操作目录、输入文件内容以及在主机之间复制文件，而不能远程执行程序。

3. TFTP

TFTP（Trivial File Transfer Protocol，简单文件传输协议）是 FTP 的简化版，但如果你知道自己要什么以及到哪里去寻找，也可使用它。另外，它使用起来非常简单，速度也很快。然而，它提供的功能没有 FTP 丰富。TFTP 没有提供目录浏览功能，除发送和接收文件外什么也不能做。这个紧凑的小协议的开销很小，它发送的数据块比 FTP 发送的小得多，也不像 FTP 那样需要进行身份验证，因此更不安全。鉴于这种固有的安全风险，支持它的网站很少。

4. NFS

NFS（Network File System，网络文件系统）是一种致力于文件共享的协议，让两种不同的文件系统能够互操作。其工作原理大致如下：假设 NFS 服务器端软件运行在 Windows 服务器上，而 NFS 客户端软件运行在Unix主机上，NFS让Windows服务器的部分RAM看起来像存储的是Unix文件，可被Unix用户使用。虽然Windows文件系统和Unix文件系统不同——它们在是否区分大小写、文件名长度、安全性等方面不同，但Unix用户和Windows用户可像通常那样访问相同的文件，就像文件位于他们通常使用的文件系统中一样。

真实案例

什么情况下应使用FTP？

旧金山办事处的同事要求你立刻将一个50 GB的文件发送给他，你该如何办呢？大多数电子邮件服务器都会拒绝这样的邮件，因为它们对邮件大小有限制。即使对邮件大小没有限制，将这样大的文件发送到旧金山也需要一段时间。此时，FTP可提供帮助。

如果你需要将大型文件给他人或需要从他人那里获取大型文件，FTP是不错的选择。如果你安装了DSL或有线电视调制解调器，对于较小的文件（小于5 MB），只需通过电子邮件发送。然而，大多数ISP都不允许电子邮件附件超过5 MB或10 MB，因此需要收发大型文件时（这年头谁不需要呢），FTP是你应该考虑的一种选择。要使用FTP，你需要在因特网上搭建服务器，以便能够共享文件。

另外，FTP的速度比电子邮件快，这是使用FTP收发大型文件的另一个原因。还有，它使用TCP，是面向连接的，所以如果会话中断，FTP可从中断的地方续传。电子邮件客户端不支持续传！

5. SMTP

SMTP（Simple Mail Transfer Protocol，简单邮件传输协议）解决了无处不在的邮件收发需求，它使用假脱机（排队）的方式传递邮件。邮件到达目的地后，将被存储到设备（通常是磁盘）中。目标端的服务器软件定期检查队列，看其中是否有邮件。发现邮件后，它将把它们投递给收件人。SMTP用于发送电子邮件，而POP3或IMAP用于接收邮件。

6. POP

POP（Post Office Protocol，邮局协议）提供了一种对到来邮件进行存储的机制，其最新版本为POP3。这种协议的工作原理如下：客户端设备连接到POP3服务器后，可下载发送给它的邮件。它不允许选择性地下载邮件，但邮件下载后，客户端/服务器交互就结束了，用户可在本地随意删除和操作邮件。接下来将介绍一种更新的标准——IMAP，它正逐渐取代POP3，这是什么原因呢？

7. IMAP4

由于IMAP4（Internet Message Access Protocol，因特网消息访问协议）让你能够控制邮件的下载方式，因此使用它可获得亟需的安全性。它让你能够查看邮件头或下载邮件的一部分——你可以咬住鱼饵，而不是将其整个吞下，进而被藏在鱼饵中的鱼钩钩住。

使用IMAP时，你可选择将邮件以层次方式存储在电子邮件服务器中，并链接到文档和用户组。IMAP甚至提供了搜索命令，让你能够根据主题、邮件头或内容搜索邮件。可以想见，它提供了一些身份验证功能——实际上它支持MIT开发的Kerberos身份验证方案。IMAP4是最新的版本。

8. TLS

TLS（Transport Layer Security，传输层安全）及其前身SSL（Secure Sockets Layer，安全套接字层）都是加密协议，非常适合用于确保在线数据传输的安全，如Web浏览、即时通信、因特网传真等。

它们极其相似，本书不详细介绍它们之间的差别。

9. SIP（VoIP）

SIP（Session Initiation Protocol，会话发起协议）是一种非常流行的信令协议，用于建立和拆除多媒体通信会话，其应用非常广泛，可用于因特网上的语音和视频呼叫、视频会议、流媒体分发、即时通信、状态信息（presence information）、在线游戏等。

10. RTP（VoIP）

RTP（Real-time Transport Protocol，实时传输协议）是一种分组格式标准，用于通过因特网传输语音和视频。虽然它最初被设计为一种组播协议，但现在也被用于单播应用程序中。它常被用于流式媒体、视频会议和一键通（push to talk）系统，这使其成了VoIP（Voice over IP，IP语音）行业的事实标准。

11. LPD

LPD（Line Printer Daemon，行式打印机守护进程）协议设计用于共享打印机。LPD和LPR（Line Printer，行式打印机）程序相互协作，使得能够将打印作业排队并使用TCP/IP将其发送给网络打印机。

12. X Window

X Window是为客户端/服务器操作设计的，是一种编写基于GUI（Graphical User Interface，图形用户界面）的客户端/服务器应用程序的协议。其基本思想是，让运行在一台计算机上的客户端程序能够通过窗口服务器显示另一台计算机的内容。

13. SNMP

SNMP（Simple Network Management Protocol，简单网络管理协议）收集并操作有价值的网络信息。它运行在管理工作站上，定期或随机地轮询网络中的设备，要求它们暴露特定的信息，以收集数据。在一切正常的情况下，SNMP将收到基线（baseline）信息，即描述健康网络运行特征的报告。该协议还可充当网络的看门狗，将任何突发事件迅速告知管理员。这些网络看门狗称为代理，出现异常情况时，代理将向管理工作站发送称为trap的警告。

SNMP版本1、版本2和版本3

SNMP第1版和第2版相当陈旧了，然而你仍会在网络中遇到它们，但v1很旧，已经过时了。SNMPv2做了改进，尤其在性能方面，它添加的最佳功能之一是GET-BULK，让主机能够一次获取大量数据。然而，在网络领域，v2从未流行过。SNMPv3是最新的标准，它使用TCP和UDP，而v1只使用UDP。v3进一步提高了安全性和消息完整性、身份验证和加密。

14. SSH

安全外壳（SSH）协议通过标准TCP/IP连接建立安全的Telnet会话，用于执行如下操作：登录系统、在远程系统中运行程序以及在系统间传输文件等。它在执行这些操作时都使用健壮的加密连接。你可将其视为用于替代`rsh`、`rlogin`甚至`Telnet`的新一代协议。

15. HTTP

所有出色的网站都会包含图像、文本、链接等，这一切都是拜HTTP（Hypertext Transfer Protocol，超文本传输协议）所赐。它用于管理Web浏览器和Web服务器之间的通信，在你单击链接时打开相应的资源，而不管该资源实际位于何地。

16. HTTPS

HTTPS（Hypertext Transfer Protocol Secure，安全超文本传输协议）使用SSL（Secure Socket Layer，安全套接字层），有时也称为SHTTP或S-HTTP（这是一个HTTP扩展，不使用SSL），但这无关紧要。顾名思义，它是安全版HTTP，提供了一系列安全工具，可确保Web浏览器和Web服务器之间的通信安全。当你在网上预订或购物时，浏览器需要使用它来填写表格、签名、验证和加密HTTP消息。

17. NTP

NTP（Network Time Protocol，网络时间协议）用于将计算机时钟与标准时间源（通常是原子钟）同步，由特拉华大学的David Mills教授开发。NTP将设备同步，确保给定网络中所有计算机的时间一致。这虽然听起来非常简单，但却非常重要，因为当今的很多交易都需要指出时间和日期。想想你的数据库吧，如果服务器不与相连的计算机同步，哪怕只相差几秒，也会带来严重的混乱（甚至崩溃）。如果某台机器在凌晨1:50发起交易，而服务器将交易时间记录为1:45，交易将无法完成。因此，NTP可避免因“没有Delorean[①]就回到未来”而导致网络崩溃，这点确实非常重要。

18. NNTP

NNTP（Network News Transfer Protocol，网络新闻传输协议）用于访问Usenet新闻服务器，这种服务器存储了大量称为新闻组的留言板。你可能知道，这些新闻组可以是任何有特定兴趣的人群。例如，如果你是某款经典车型的发烧友或WWII飞机爱好者，很可能有大量基于这些兴趣爱好的新闻组供你加入。NNTP是在RFC 977中定义的。鉴于新闻阅读器程序的配置非常复杂，我们通常依靠很多网站（甚至搜索引擎）来访问各种资源。

19. SCP

FTP很好，它易于使用，是一种用户友好型文件传输方式——前提是你不需要安全地传输这些文件。这是因为使用FTP传输数据时，将随文件请求以明文方式发送用户名和密码，根本没有加密，任何人都能看到。这就像绝境中的孤注一掷，你只是将信息发送出去，并祈祷信息不要被坏人拦截。

在这样的场合，SCP（Secure Copy Protocol，安全复制协议）可提供帮助，它通过SSH保护你金贵的文件。它首先在发送主机和接收主机之间建立一条安全的加密连接，并一直保持这种状态，直到文件传输完毕。有了SCP，你孤注一掷抛出的球将只能被目标接收方获得！然而，在当今的网络中，更健壮的SFTP比SCP更常用。

20. LDAP

如果管理的网络规模适当，你很可能会在某个地方存储目录，记录所有的网络资源，如设备和用户。但如何访问这些目录呢？通过LDAP（Lightweight Directory Access Protocol，轻量级目录访问协议）。该协议对如何访问目录进行了标准化，其第1版和第2版分别是在RFC 1487和RFC 1777中定义的。这两个版本存在一些缺陷，为解决这些问题，人们开发了第3版LDAP（当前最常用的版本），这是在RFC 3377中定义的。

注意　从1969年开始，请求评论（RFC）形成了一系列因特网（最初为ARPAnet）注释。这些注释讨论了计算机通信的很多方面，它们的重点是协议、规程、程序和概念，但也包含会议记录、观点和幽默故事。要寻找RFC，可访问www.iana.org。

① 指《回到未来》中那辆能够穿梭时空的靓车DMC-12，没有这种时间机器，马蒂和布朗博士怎能回到未来？
——编者注

21. IGMP

IGMP（Internet Group Management Protocol，因特网组管理协议）是一种用于管理 IP 组播会话的 TCP/IP 协议，它这样完成其职责：通过网络发送唯一的 IGMP 消息，以揭示组播组信息，并找出主机所属的组播组。IP 网络中的主机也使用 IGMP 消息来加入和退出组播组。IGMP 消息非常方便用于跟踪组成员关系以及激活组播流。

22. LPR

在纯粹的 TCP/IP 环境中打印时，人们通常结合使用 LPR（行式打印机）和 LPD（Line Printer Daemon，行式打印机守护进程）来完成打印作业。LPD 安装在所有打印设备上，负责处理打印机和打印作业。LPR 运行于客户端（发送主机），用于将数据从主机发送到网络打印资源，让你能够得到打印输出。

23. DNS

DNS（Domain Name Service，域名服务）解析主机名，具体地说是因特网名称，如 www.routersim.com。你并非一定要使用 DNS，可只输入要与之通信的设备的 IP 地址。IP 地址表示网络和因特网中的主机，然而，DNS 旨在让我们的生活更便捷。想想下面这种情形：如果要将网页移到另一家服务提供商，结果将如何呢？IP 地址将改变，但没有人知道新的 IP 地址。DNS 让你能够使用域名指定 IP 地址，你可以随时修改 IP 地址，而不会有人感觉到有何不同。

DNS 用于解析 FQDN（Fully Qualified Domain Name，全限定域名），如 www.lammle.com 或 todd.lammle.com。FQDN 是一种层次结构，可根据域名标识符查找系统。

如果要解析名称 todd，则要么输入 FQDN todd.lammle.com，要么让设备（如 PC 或路由器）帮助你添加后缀。例如，在思科路由器中，你可使用命令 `ip domain-name lammle.com` 给每个请求加上域名 lammle.com。如果不这样做，则你必须输入 FQDN，这样 DNS 才能对名称进行解析。

有关 DNS 需要牢记的一个重点是，如果能够使用 IP 地址 ping 某台设备，但使用其 FQDN 不管用，则可能是 DNS 配置有问题。

24. DHCP/BootP

DHCP（Dynamic Host Configuration Protocol，动态主机配置协议）给主机分配 IP 地址，让管理工作更轻松，非常适合用于各种规模的网络。各种类型的硬件都可用作 DHCP 服务器，包括思科路由器。

DHCP 与 BootP（Bootstrap Protocol，自举协议）的差别在于，BootP 给主机分配 IP 地址，但必须手工将主机的硬件地址输入到 BootP 表中。你可将 DHCP 视为动态的 BootP。但别忘了，BootP 也可用于发送操作系统，让主机使用它启动，而 DHCP 没有这样的功能。

主机向 DHCP 服务器请求 IP 地址时，DHCP 服务器可将大量信息提供给主机。下面是 DHCP 服务器可提供的信息列表：

- IP 地址；
- 子网掩码；
- 域名；
- 默认网关（路由器）；
- DNS 服务器的地址；
- WINS 服务器的地址。

DHCP 服务器还可提供其他信息，但上面列出的信息是最常见的。

为获得 IP 地址而发送 DHCP 发现消息的主机在第 2 层和第 3 层都发送广播：

- 第 2 层广播的地址在十六进制表示下全为 F，即 FF:FF:FF:FF:FF:FF；
- 第 3 层广播的地址为 255.255.255.255，这表示所有网络和所有主机。

DHCP 是无连接的，这意味着它在传输层使用 UDP（User Datagram Protocol，用户数据报协议），这层也叫主机到主机层，稍后将介绍它。

为防止你不相信我，下面是我信任的分析器的输出示例：

```
Ethernet II, Src: 0.0.0.0 (00:0b:db:99:d3:5e),Dst: Broadcast(ff:ff:ff:ff:ff:ff)
Internet Protocol, Src: 0.0.0.0 (0.0.0.0),Dst: 255.255.255.255(255.255.255.255)
```

数据链路层和网络层都给“全体成员”发送广播，指出“帮帮我，我不知道自己的 IP 地址”。

本章末尾将更详细地讨论广播地址。

图 3-3 说明了 DHCP 服务器和客户端之间的交互。

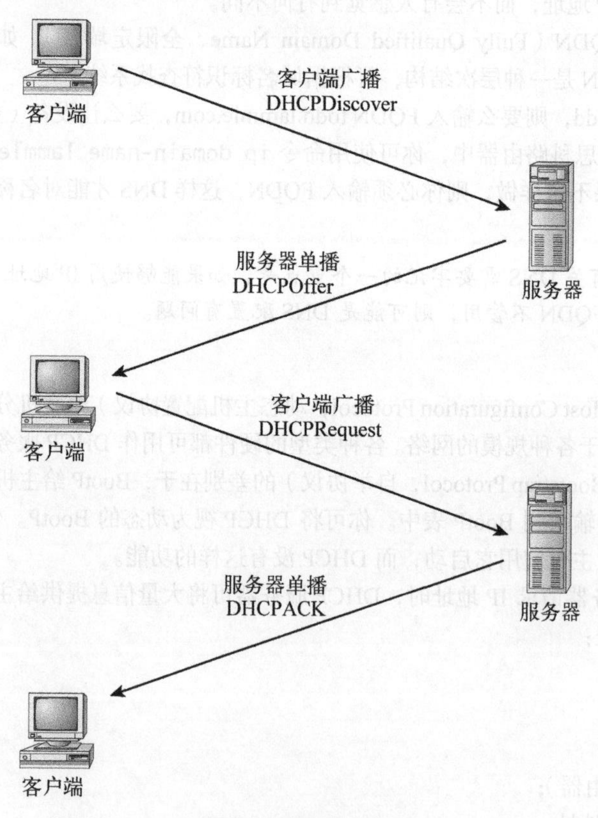

图 3-3　DHCP 服务器和客户端之间的 4 次交互

客户端向 DHCP 服务器请求 IP 地址的 4 个步骤如下：

(1) DHCP 客户端广播一条 DHCP 发现消息，旨在寻找 DHCP 服务器（端口 67）；

(2) 收到 DHCP 发现消息的 DHCP 服务器向主机发回一条单播 DHCP 提议消息；

(3) 客户端向服务器广播一条 DHCP 请求消息，请求提议的 IP 地址和其他信息；

(4) 服务器以单播方式发回一条 DHCP 确认消息，完成交互。

● DHCP 冲突

两台主机使用相同的 IP 地址时，就发生了 DHCP 地址冲突。这听起来很糟糕，不是吗？当然糟糕！在介绍 IPv6 的那章，根本不需要讨论这个问题。

在分配 IP 地址的过程中，DHCP 服务器在分配地址池中的地址前，将使用 ping 程序来测试其可用性。如果没有主机应答，DHCP 服务器将认为该 IP 地址未分配出去。这有助于服务器知道它要分配的地址未被占用，但主机呢？为进一步避免如此糟糕的 IP 地址冲突问题，主机可广播自己的地址。

主机使用免费 ARP（gratuitous ARP）来帮助避免地址重复。为此，DHCP 客户端在本地 LAN 或 VLAN 中发送 ARP 广播，并要求解析分配新给它的地址，从而将冲突消灭在萌芽状态。

如果检测到 IP 地址冲突，相应的 IP 地址将从 DHCP 地址池中删除；且在管理员手工解决冲突前，该地址不会被分配给任何主机，牢记这一点很重要。

有关在 Cisco 路由器中如何配置 DHCP，以及 DHCP 客户端和 DHCP 服务器分别位于路由器两边（不同网络中）的结果将如何，请参阅第 6 章。

25. APIPA

如果一台交换机或集线器连接了多台主机，且没有 DHCP 服务器，该如何办呢？你可手工添加 IP 信息（称为静态 IP 编址），但 Windows 提供了 APIPA（Automatic Private IP Addressing，自动私有 IP 编址），这种功能只有较新的 Windows 操作系统才有。有了 APIPA，客户端可在 DHCP 服务器不可用时自动给自己配置 IP 地址和子网掩码（主机用来通信的基本 IP 信息）。APIPA 使用的 IP 地址范围为 169.254.0.1～169.254.255.254，客户端还会给自己配置默认的 B 类子网掩码——255.255.0.0。

然而，如果在有 DHCP 服务器的公司网络中，主机使用了该范围内的 IP 地址，则表明要么主机的 DHCP 客户端不正常，要么服务器停止运行了或因网络问题而不可达。在我认识的人当中，还没有谁在看到主机使用该范围内的 IP 地址后还感到高兴的。

下面来看看传输层，即 DoD 模型中的主机到主机层。

3.2.2 主机到主机层协议

主机到主机层的主要功能是对上层应用程序隐藏网络的复杂性，它告诉上层：“只需将你的数据和说明给我，我将对你的信息进行处理，为发送做好准备。”

接下来的几节将介绍该层的两种协议：

- ❑ 传输控制协议（TCP）；
- ❑ 用户数据报协议（UDP）。

另外，我们还将介绍一些重要的主机到主机协议概念，还有端口号。

别忘了，这仍被视为第 4 层，第 4 层可使用确认、排序和流量控制，思科喜欢这一点。

1. TCP

TCP（Transmission Control Protocol，传输控制协议）接收来自应用程序的大型数据块，并将其划分成数据段。它给每个数据段编号，让接收主机的 TCP 栈能够按应用程序希望的顺序排列数据段。发送数据段后，发送主机的 TCP 等待来自接收端 TCP 的确认，并重传未得到确认的数据段。

发送主机开始沿分层模型向下发送数据段之前，发送方的 TCP 栈与目标主机的 TCP 栈联系，以建立连接。它们创建的是*虚电路*，这种通信被认为是*面向连接*的。在这次初始握手期间，两个 TCP 栈还将就如下方面达成一致：在接收方的 TCP 发回确认前，将发送的信息量。预先就各方面达成一致后，就为可靠通信铺平了道路。

TCP 是一种可靠的精确协议，它采用全双工模式，且面向连接，但需要就所有条款和条件达成一致，还需进行错误检查，这些任务都不简单。TCP 很复杂，且网络开销很大，这没有什么可奇怪的。鉴于当今的网络比以往的网络可靠得多，这些额外的可靠性通常是不必要的。大多数程序员都使用 TCP，因为它消除了大量的编程工作，但实时视频和 VoIP 使用 UDP，因为它们无法承受额外的开销。

- TCP 数据段的格式

鉴于上层只将数据流发送给传输层的协议，下面将说明 TCP 如何将数据流分段，为因特网层准备好数据。因特网层收到数据段后，将其作为分组在互联网络中路由。随后，数据段被交给接收主机的主机到主机层协议，而该协议重建数据流，并将其交给上层应用程序或协议。

图 3-4 说明了 TCP 数据段的格式，其中列出了 TCP 报头中的各种字段。

<table>
<tr><td colspan="2">16位源端口</td><td colspan="2">16位目标端口</td></tr>
<tr><td colspan="4">32位序列号</td></tr>
<tr><td colspan="4">32位确认号</td></tr>
<tr><td>4位报头长度</td><td>保留</td><td>标志</td><td>16位窗口大小</td></tr>
<tr><td colspan="2">16位TCP校验和</td><td colspan="2">16位紧急指针</td></tr>
<tr><td colspan="4">选项</td></tr>
<tr><td colspan="4">数据</td></tr>
</table>

图 3-4　TCP 数据段的格式

TCP 报头长 20 B（在包含选项时为 24 B），你必须理解 TCP 数据段中的每个字段。

- **源端口**　发送主机的应用程序的端口号（端口号将在本节后面解释）。
- **目标端口**　目标主机的应用程序的端口号。
- **序列号**　一个编号，TCP 用来将数据按正确的顺序重新排列（称为排序）、重传丢失或受损的数据。

- **确认号** TCP 期待接下来收到的数据段。
- **报头长度** TCP 报头的长度，以 32 位字为单位。它指出了数据的开始位置，TCP 报头的长度为 32 位的整数倍，即使包含选项时亦如此。
- **保留** 总是设置为零。
- **编码位/标志** 用于建立和终止会话的控制功能。
- **窗口大小** 发送方愿意接受的窗口大小，单位为字节。
- **校验和** CRC（Cyclic Redundancy Check，循环冗余校验），由于 TCP 不信任低层，因此检查所有数据。CRC 检查报头和数据字段。
- **紧急** 仅当设置了编码位中的紧急指针字段时，该字段才有效。如果设置了紧急指针，该字段表示非紧急数据的开头位置相对于当前序列号的偏移量，单位为字节。
- **选项** 长度为 0 或 32 位的整数倍。也就是说，没有选项时，长度为 0。然而，如果包含选项时导致该字段的长度不是 32 位的整数倍，必须填充零，以确保该字段的长度为 32 位的整数倍。
- **数据** 传递给传输层的 TCP 协议的信息，包括上层报头。

下面来看一个从网络分析器中复制的 TCP 数据段：

```
TCP - Transport Control Protocol
 Source Port:       5973
 Destination Port:  23
 Sequence Number:   1456389907
 Ack Number:        1242056456
 Offset:            5
 Reserved:          %000000
 Code:              %011000
      Ack is valid
      Push Request
 Window:            61320
 Checksum:          0x61a6
 Urgent Pointer:    0
 No TCP Options
 TCP Data Area:
 vL.5.+.5.+.5.+.5   76 4c 19 35 11 2b 19 35 11 2b 19 35 11
  2b 19 35 +. 11 2b 19
Frame Check Sequence: 0x0d00000f
```

你注意到前面讨论的数据段中的各项内容了吗？从报头包含的字段数量可知，TCP 的开销很大。为节省开销，应用程序开发人员可能优先考虑效率而不是可靠性，因此作为一种替代品，在传输层还定义了 UDP。

2. UDP

如果将 UDP 与 TCP 进行比较，你将发现前者基本上是一个简化版，有时称为瘦协议。与公园长凳上的瘦子一样，瘦协议占用的空间不大——在网络中占用的带宽不多。

UDP 未提供 TCP 的全部功能，但对于不需要可靠传输的信息，它在传输信息方面做得相当好，且占用的网络资源更少。（RFC 768 详细介绍了 UDP。）

在有些情况下，开发人员选择 UDP 而不是 TCP 是绝对明智的，例如当进程/应用层已确保了可靠性时。NFS（Network File System，网络文件系统）处理了自己的可靠性问题，这使得使用 TCP 既不现实也多余。但归根结底，使用 UDP 还是 TCP 取决于应用程序开发人员，而不是想更快地传输数据的用户。

UDP 不对数据段排序，也不关心数据段到达目的地的顺序。相反，UDP 将数据段发送出去后就不再管它们了。它不检查数据段，也不支持表示安全到达的确认，而是完全放手。有鉴于此，UDP 被称为不可靠的协议。这并不意味着 UDP 效率低下，而只意味着它根本不会处理可靠性问题。

另外，UDP 不建立虚电路，也不在发送信息前与接收方联系。因此，它也被称为*无连接*的协议。因为假定应用程序会使用自己的可靠性方法，所以 UDP 不使用。这给应用程序开发人员在开发因特网协议栈时提供了选择机会：使用 TCP 确保可靠性，还是使用 UDP 提高传输速度。

因此，牢记 UDP 的工作原理至关重要，因为如果数据段未按顺序到达（这在 IP 网络中很常见），它们将被按收到的顺序传递给 OSI（DoD）模型的下一层，这可能使数据极其混乱。另一方面，TCP 给数据段排序，以便能够按正确的顺序重组它们，而 UDP 根本没有这样的功能。

● UDP 数据段的格式

图 3-5 清楚地表明，UDP 的开销明显比 TCP 低。请仔细查看该图，你会注意到 UDP 在其格式中既没有使用窗口技术，也没有在 UDP 头中提供确认应答。

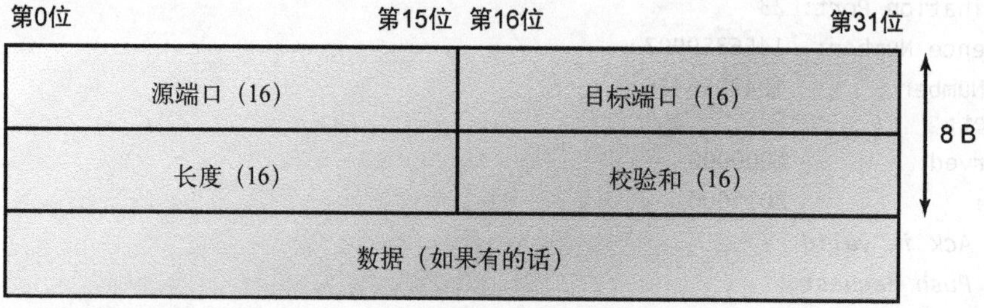

第0位 … 第15位	第16位 … 第31位	
源端口（16）	目标端口（16）	8 B
长度（16）	校验和（16）	
数据（如果有的话）		

图 3-5　UDP 数据段

了解 UDP 数据段中的每个字段至关重要，如下。

- **源端口号**　发送主机的应用程序的端口号。
- **目标端口号**　目标主机上被请求的应用程序的端口号。
- **长度**　UDP 报头和 UDP 数据的总长度。
- **校验和**　UDP 报头和 UDP 数据的校验和。
- **数据**　上层数据。

与 TCP 一样，UDP 也不信任低层操作并运行自己的 CRC。还记得吗，CRC 结果存储在 FCS（Frame Check Sequence，帧校验序列）字段中，这就是你能够看到 FCS 信息的原因。

下面是网络分析器捕获的一个 UDP 数据段：

```
UDP - User Datagram Protocol
 Source Port:        1085
 Destination Port: 5136
 Length:             41
```

```
    Checksum:           0x7a3c
    UDP Data Area:
    ..Z......00 01 5a 96 00 01 00 00 00 00 00 11 0000 00
   ...C..2._C._C  2e 03 00 43 02 1e 32 0a 00 0a 00 80 43 00 80
   Frame Check Sequence: 0x00000000
```

注意，开销很低！请尝试在 UDP 数据段中寻找序列号、确认号和窗口大小。你找不到，因为它们根本就不存在！

3. 有关主机到主机层协议的重要概念

介绍面向连接的协议（TCP）和无连接协议（UDP）后，有必要对它们做一下总结。表 3-1 列出了一些有关这两种协议的重要概念，你应牢记在心。

表3-1 TCP和UDP的重要特征

TCP	UDP
排序	不排序
可靠	不可靠
面向连接	无连接
虚电路	低开销
确认	不确认
使用窗口技术控制流量	不使用窗口技术或其他流量控制方式

让我们用打电话的例子帮助你理解 TCP 的工作原理。大多数人都知道，用电话与人通话前，必须首先建立到对方的连接——不管对方在什么地方。这类似于 TCP 协议使用的虚电路。如果你在通话期间给对方提供了重要信息，你可能会问“你知道了吗？”或“你明白了吗？”这相当于 TCP 确认——设计它旨在让你核实。打电话（尤其使用手机）时，人们经常会问“你在听吗？”并说“再见”等词句以结束通话。TCP 也执行这些工作。

相反，使用 UDP 类似于邮寄明信片。此时，你无需先与对方联系，而只需写下要说的话并给明信片写上地址，然后邮寄出去。这类似于 UDP 的无连接模式。由于明信片上的话并非生死攸关，你不需要接收方进行确认。同样，UDP 也不涉及确认。

来看另一张图，它包含 TCP、UDP 及其应用，如图 3-6 所示。

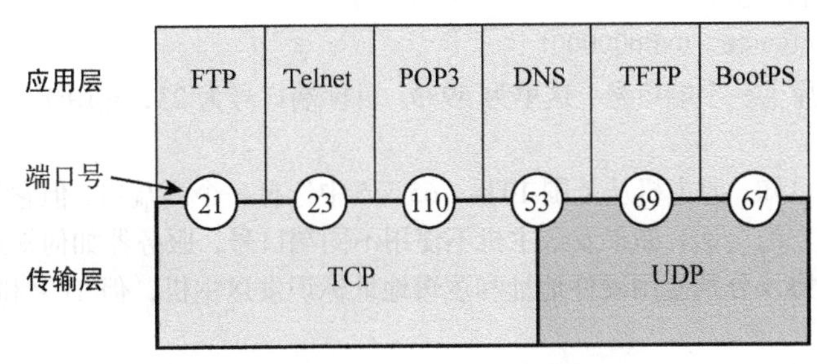

图 3-6 TCP 和 UDP 使用的端口号

4. 端口号

TCP 和 UDP 必须使用端口号与上层通信，因为端口号跟踪通过网络同时进行的不同会话。源端口号是源主机动态分配的，其值不小于 1024。1023 及更小的端口号是在 RFC 3232（请参阅 www.iana.org）中定义的，该 RFC 讨论了知名端口号。

对于使用的应用程序没有知名端口号的虚电路，其端口号将依据指定范围随机分配。在 TCP 数据段中，这些端口号标识了源应用程序（进程）和目标应用程序（进程）。

图 3-6 说明了 TCP 和 UDP 如何使用端口号。

对可使用的各种端口号解释如下：

- 小于 1024 的端口号为知名端口号，是在 RFC 3232 中定义的；
- 上层使用 1024 和更大的端口号建立与其他主机的会话，而在数据段中，TCP 和 UDP 将它们用作源端口和目标端口。

接下来的几节，我们将查看显示 TCP 会话的分析器输出。

- TCP 会话：源端口

下面是我的分析器软件捕获的一个 TCP 会话：

```
TCP - Transport Control Protocol
 Source Port:       5973
 Destination Port: 23
 Sequence Number:   1456389907
 Ack Number:        1242056456
 Offset:            5
 Reserved:          %000000
 Code:              %011000
      Ack is valid
      Push Request
 Window:            61320
 Checksum:          0x61a6
 Urgent Pointer:    0
 No TCP Options
 TCP Data Area:
 vL.5.+.5.+.5.+.5  76 4c 19 35 11 2b 19 35 11 2b 19 35 11
  2b 19 35 +. 11 2b 19
Frame Check Sequence: 0x0d00000f
```

注意，源主机选择了一个端口号，这里为 5973。目标端口号为 23，它用于将连接的目的（Telnet）告知接收主机。

通过查看该会话可知，源主机从范围 1024～65 535 中选择一个源端口，但它为何要这样做呢？旨在区分与不同主机建立的会话。如果发送主机不使用不同端口号，服务器如何知道信息来自何方呢？数据链路层和网络层协议分别使用硬件地址和逻辑地址标识发送主机，但 TCP 和上层协议不这样做，它们使用端口号。

- TCP 会话：目标端口

查看分析器的输出时，你有时会发现只有源端口号大于 1024，而目标端口号为知名端口号，如下所示：

```
TCP - Transport Control Protocol
 Source Port:        1144
 Destination Port: 80 World Wide Web HTTP
 Sequence Number:  9356570
 Ack Number:       0
 Offset:           7
 Reserved:         %000000
 Code:             %000010
      Synch Sequence
 Window:           8192
 Checksum:         0x57E7
 Urgent Pointer:   0
 TCP Options:
  Option Type: 2 Maximum Segment Size
    Length:    4
    MSS:       536
  Option Type: 1 No Operation
  Option Type: 1 No Operation
  Option Type: 4
    Length:    2
    Opt Value:
  No More HTTP Data
Frame Check Sequence: 0x43697363
```

毫无疑问，源端口号大于1024，但目标端口号为80（HTTP服务）。必要时，服务器（接收主机）将修改目标端口号。

在上述输出中，一个syn（同步）分组被发送给了目标设备，这告诉远程目标设备，它想建立一个会话。

- TCP会话：对同步分组的确认

下面的输出是对同步分组的确认：

```
TCP - Transport Control Protocol
 Source Port:      80 World Wide Web HTTP
 Destination Port: 1144
 Sequence Number:  2873580788
 Ack Number:       9356571
 Offset:           6
 Reserved:         %000000
 Code:             %010010
      Ack is valid
      Synch Sequence
 Window:           8576
```

```
  Checksum:          0x5F85
  Urgent Pointer:    0
  TCP Options:
   Option Type: 2 Maximum Segment Size
     Length:     4
     MSS:        1460
   No More HTTP Data
 Frame Check Sequence: 0x6E203132
```

注意，其中包含 Ack is valid，这表明目标设备接受了源端口，并同意建立一条到源主机的虚电路。

同样，服务器的响应表明源端口号为80，而目标端口号为源主机发送的1144。

表3-2列出了TCP/IP协议簇常用的应用程序、它们的知名端口号以及它们使用的传输层协议。请务必研究并牢记该表，这很重要。

表3-2　使用TCP和UDP的重要协议

TCP	UDP
Telnet 23	SNMP 161
SMTP 25	TFTP 69
HTTP 80	DNS 53
FTP 20、21	BooTPS/DHCP 67
DNS 53	
HTTPS 443	
SSH 22	
POP3 110	
NTP 123	
IMAP4 143	

注意，DNS可使用TCP和UDP，具体使用哪个取决于要做什么。虽然它并非使用这两种协议的唯一一种应用程序，但你必须记住它。

让TCP可靠的是排序、确认和流量控制（窗口技术）；UDP不可靠。

3.2.3　因特网层协议

在DoD模型中，因特网层的作用有两个：路由选择以及提供单个到上层的网络接口。

其他层的协议都没有提供与路由选择相关的功能，这个复杂而重要的任务完全由因特网层完成。因特网层的第二项职责是提供单个到上层协议的网络接口。如果没有这一层，应用程序开发人员将需要在每个应用程序中编写到各种网络接入协议的“钩子”。这不仅麻烦，还将使应用程序需要有多个版本——以太网版本、无线版本等。为避免这个问题，IP提供了单个到上层协议的网络接口。这样，IP将和各种网络接入协议协同工作。

在网络中，并非条条道路通罗马，而是条条道路通IP，因特网层以及上层的所有协议都使用IP，千万不要忘记这一点。在 DoD 模型中，所有路径都穿越 IP。接下来的几节将介绍因特网层协议：

- 因特网协议（IP）；
- 因特网控制消息协议（ICMP）；
- 地址解析协议（ARP）；
- 逆向地址解析协议（RARP）；
- 代理 ARP；
- 免费 ARP。

1. IP

IP（Internet Protocol，因特网协议）就相当于因特网层，该层的其他协议都只是为它提供支持。IP 掌控全局，可以说“一切尽收它眼底”，从这种意义上说，它了解所有互联的网络。它之所以能够这样，是因为网络中的所有机器都有一个软件（逻辑）地址，这种地址称为 IP 地址，本章后面将更详细地介绍它。

IP 查看每个分组的地址，然后使用路由选择表判断接下来应将分组发送到哪里，从而选择最佳路径。在 DoD 模型底部的网络接入层协议不像 IP 那样胸怀整个网络，它们只处理物理链路（本地网络）。

要标识网络中的设备，需要回答两个问题：设备位于哪个网络中？它在该网络中的 ID 是多少？对于第一个问题，答案是*软件（逻辑）地址*（正确的街道）；对于第二个问题，答案是*硬件地址*（正确的邮箱）。网络中的所有主机都有一个逻辑 ID，称为 IP 地址，它属于软件（逻辑）地址，包含宝贵的编码信息，极大地简化了路由选择这种复杂的任务。（RFC 791 讨论了 IP。）

IP 接收来自主机到主机层的数据段，并在必要时将其划分成数据报（分组）。在接收端，IP 将数据报重组成数据段。每个数据报都包含发送方和接收方的 IP 地址，路由器（第 3 层设备）收到数据报后，将根据分组的目标 IP 地址做出路由选择决策。

图 3-7 显示了 IP 报头，这可让你对如下方面有大概认识：每当上层发送用户数据时，IP 协议都将如何做，为将数据发送到远程网络做好准备。

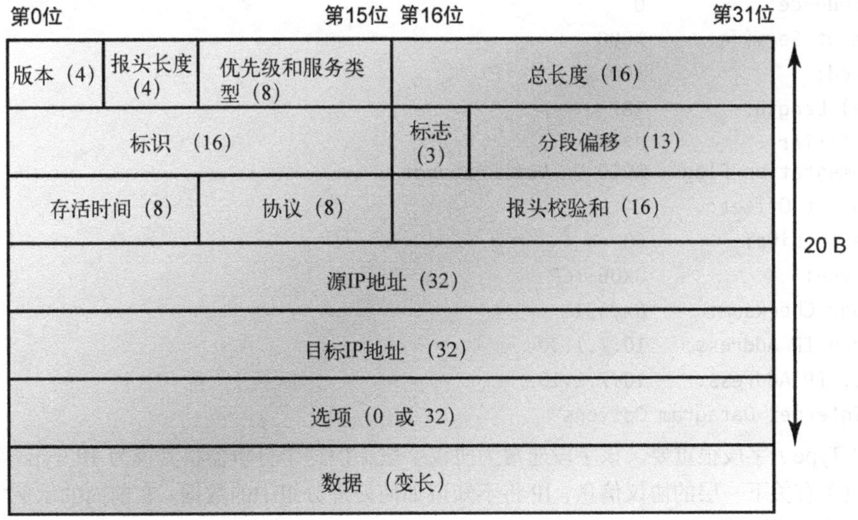

第0位　　第15位　第16位　　第31位

版本（4）	报头长度（4）	优先级和服务类型（8）	总长度（16）	
标识（16）			标志（3）	分段偏移（13）
存活时间（8）		协议（8）	报头校验和（16）	
源IP地址（32）				
目标IP地址（32）				
选项（0 或 32）				
数据（变长）				

20 B

图 3-7　IP 报头

IP报头包含如下字段。

- 版本　IP版本号。
- 报头长度　报头的长度，单位为32位字。
- 优先级和服务类型　服务类型指出应如何处理数据报。前3位为优先级位，当前称为区分服务位。
- 总长度　整个分组的长度，包括报头和数据。
- 标识　唯一的IP分组值，用于区分不同的数据报。
- 标志　指出是否进行了分段。
- 分段偏移　在分组太大，无法放入一个帧中时，提供了分段和重组功能。它还使得因特网上可有不同的MTU（Maximum Transmission Unit，最大传输单元）。
- 存活时间　生成分组时给它指定的存活时间。如果分组到达目的地之前TTL就已到期，分组将被丢弃。这可避免IP分组因寻找目的地不断在网络中传输。
- 协议　上层协议的端口（TCP为端口6，UDP为端口17）。还支持网络层协议，如ARP和ICMP（在有些分析器中，该字段称为类型字段）。稍后我们将更详细地讨论该字段。
- 报头校验和　对报头执行CRC的结果。
- 源IP地址　发送方的32位IP地址。
- 目标IP地址　接收方的32位IP地址。
- 选项　用于网络测试、调试、安全等。
- 数据　位于选项字段后，为上层数据。

下面是网络分析器捕获的一个IP分组。注意，其中包含前面讨论的所有报头信息。

```
IP Header - Internet Protocol Datagram
Version:               4
 Header Length:        5
 Precedence:           0
 Type of Service:      %000
 Unused:               %00
 Total Length:         187
 Identifier:           22486
 Fragmentation Flags: %010 Do Not Fragment
 Fragment Offset:      0
 Time To Live:         60
 IP Type:              0x06 TCP
 Header Checksum:      0xd031
 Source IP Address:    10.7.1.30
 Dest. IP Address:     10.7.1.10
 No Internet Datagram Options
```

类型（Type）字段很重要，该字段通常为协议字段，但这个分析器将其视为IP Type字段。如果报头没有包含有关下一层的协议信息，IP将不知道如何处理分组中的数据。在前面的示例中，类型字段告诉IP将数据段交给TCP。

图 3-8 说明了在网络层需要将分组交给上层协议时，它如何获悉传输层使用的协议。

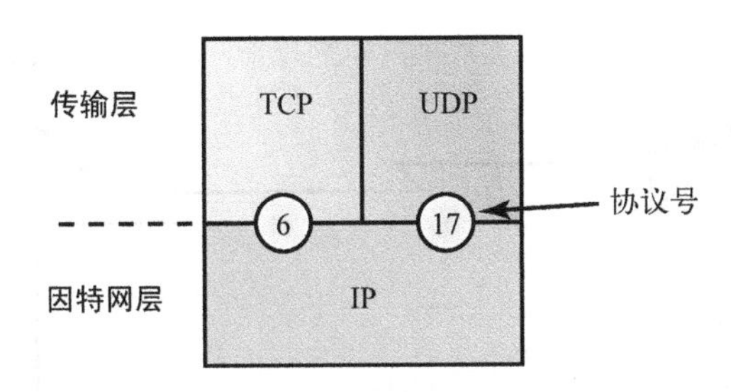

图 3-8 IP 报头中的协议字段

在这个示例中，协议字段告诉 IP 将数据发送到 TCP 端口 6 或 UDP 端口 17。然而，如果数据是发送给上层服务或应用程序的，将要么是 UDP，要么是 TCP。数据也可能是发送给因特网控制消息协议（ICMP）、地址解析协议（ARP）或其他类型的网络层协议的。

表 3-3 列出了其他一些可能在协议字段中指定的常见协议。

表3-3 可能在IP报头的协议字段中指定的协议

协议	协议号
ICMP	1
IP in IP（隧道技术）	4
TCP	6
IGRP	9
UDP	17
EIGRP	88
OSPF	89
IPv6	41
GRE	47
第2层隧道（L2TP）	115

注意 有关协议字段可包含的协议号完整列表，请参阅 www.iana.org/assignments/protocol-numbers。

2. ICMP

ICMP（Internet Control Message Protocol，因特网控制消息协议）运行在网络层，IP 使用它来获得众多服务。ICMP 是一种管理协议，为 IP 提供消息收发服务，其消息是以 IP 数据报的形式传输的。RFC 1256 是一个 ICMP 附件，给主机提供了发现前往网关的路由的功能。

ICMP 分组具有如下特征：

- 可向主机提供有关网络故障的信息；
- 封装在 IP 数据报中。

下面是一些与 ICMP 相关的常见事件和消息。

- **目标不可达** 如果路由器不能再向前转发 IP 数据报，它将使用 ICMP 向发送方发送一条消息，以通告这种情况。例如，如图 3-9 所示，其中路由器 Lab_B 的接口 E0 出现了故障。

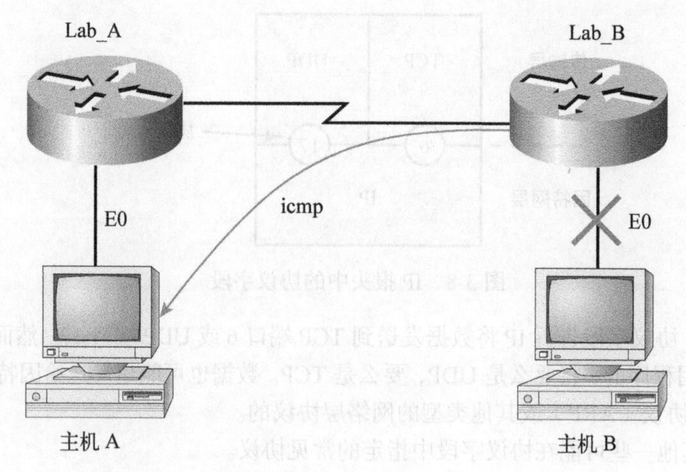

图 3-9 远程路由器向发送主机发送ICMP错误消息

主机A将分组发送给主机B时，Lab_B路由器将向主机A发回一条ICMP目标不可达消息。

- **缓冲区已满** 如果用于接收数据报的路由器内存缓冲区已满，路由器将使用ICMP发送这种消息，直到拥塞解除。
- **超过跳数/时间** 对于每个IP数据报，都指定了它可穿越的最大路由器数量（跳数）。如果数据报还未达到目的地就达到了该上限，最后一台收到该数据报的路由器将把它删除。然后，该路由器将使用ICMP发送一条讣告，让发送方知道其数据报已被删除。
- **Ping** Packet Internet Groper（Ping）使用ICMP回应请求和应答消息，以检查互联网络中机器的物理连接性和逻辑连接性。
- **Traceroute** Traceroute使用ICMP超时来发现分组在互联网络中传输时经过的路径。

注意

Ping和Traceroute（也叫Trace，Microsoft Windows称之为tracert）都让你能够验证互联网络的地址配置。

下面是网络分析器捕获的一个ICMP回应请求：

```
Flags:          0x00
 Status:        0x00
 Packet Length: 78
 Timestamp:     14:04:25.967000 12/20/03
Ethernet Header
 Destination: 00:a0:24:6e:0f:a8
 Source:      00:80:c7:a8:f0:3d
 Ether-Type:  08-00 IP
IP Header - Internet Protocol Datagram
 Version:       4
```

```
    Header Length:        5
    Precedence:           0
    Type of Service:      %000
    Unused:               %00
    Total Length:         60
    Identifier:           56325
    Fragmentation Flags: %000
    Fragment Offset:      0
    Time To Live:         32
    IP Type:              0x01 ICMP
    Header Checksum:      0x2df0
    Source IP Address:    100.100.100.2
    Dest. IP Address:     100.100.100.1
    No Internet Datagram Options
  ICMP - Internet Control Messages Protocol
    ICMP Type:        8 Echo Request
    Code:             0
    Checksum:         0x395c
    Identifier:       0x0300
    Sequence Number: 4352
    ICMP Data Area:
    abcdefghijklmnop  61 62 63 64 65 66 67 68 69 6a 6b 6c 6d 6e 6f 70
    qrstuvwabcdefghi  71 72 73 74 75 76 77 61 62 63 64 65 66 67 68 69
  Frame Check Sequence: 0x00000000
```

注意，其中有什么异常的地方了吗？虽然ICMP运行在因特网（网络）层，它仍使用IP来发出Ping请求，你注意到这一点了吗？在IP报头中，类型字段的值为0x01，这表明数据报中的数据属于ICMP协议。别忘了，条条道路通罗马，同样，所有数据段或数据都必须通过IP传送。

在分组的数据部分，程序Ping将字母用作有效负载，且有效负载通常默认为约100 B。当然，如果从Windows主机执行Ping操作，它将认为字母表在W处结束，而不使用X、Y和Z，因此到达这种字母表末尾后，将从A重新开始。你可以验证这一点。

如果你阅读了第2章有关数据链路层和各种帧的内容，将能通过前面的输出获悉使用的是哪种以太网帧。其中只显示了字段目标硬件地址、源硬件地址和以太类型（Ether-Type），而只有Ethernet_II帧使用以太网类型字段。

在深入介绍ARP协议前，我们来看看ICMP的另一种用途。图3-10显示了一个互联网络（它包含一台路由器，因此是互联网络）。

Server1（10.1.2.2）在DOS提示符模式下远程登录到10.1.1.5，你认为Server1将收到什么样的响应呢？由于Server1将把Telnet数据发送到默认网关（这是一台路由器），后者将丢弃该分组，因为其路由选择表中没有网络 10.1.1.0。因此，Server1 将收到 ICMP 目标不可达消息。

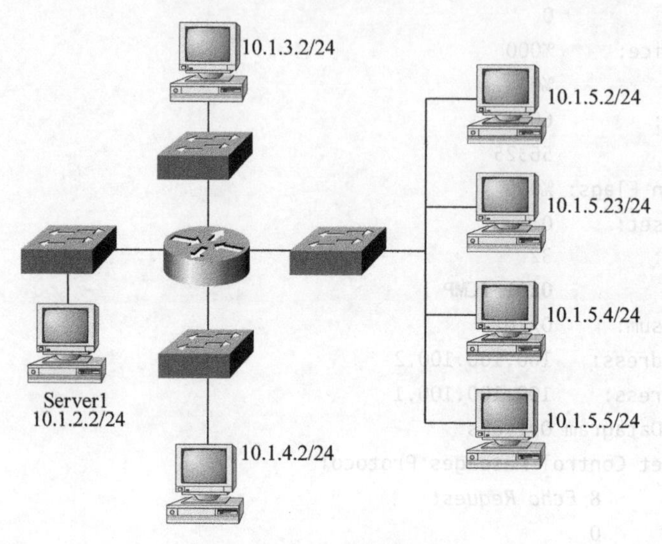

图 3-10　ICMP

3. ARP

ARP（Address Resolution Protocol，地址解析协议）根据已知的 IP 地址查找主机的硬件地址，其工作原理如下：IP 需要发送数据报时，它必须将目标端的硬件地址告知网络接入层协议，如以太网或无线。（上层协议已经将目标端的 IP 地址告诉它。）如果 IP 在 ARP 缓存中没有找到目标主机的硬件地址，它将使用 ARP 获悉这种信息。

作为 IP 的侦探，ARP 这样询问本地网络：发送广播，要求有特定 IP 地址的机器使用其硬件地址进行应答。因此，ARP 基本上是将软件（IP）地址转换为硬件地址，如目标主机的以太网网卡地址，然后通过广播获悉该地址在 LAN 中的位置。图 3-11 显示了本地网络中的 ARP。

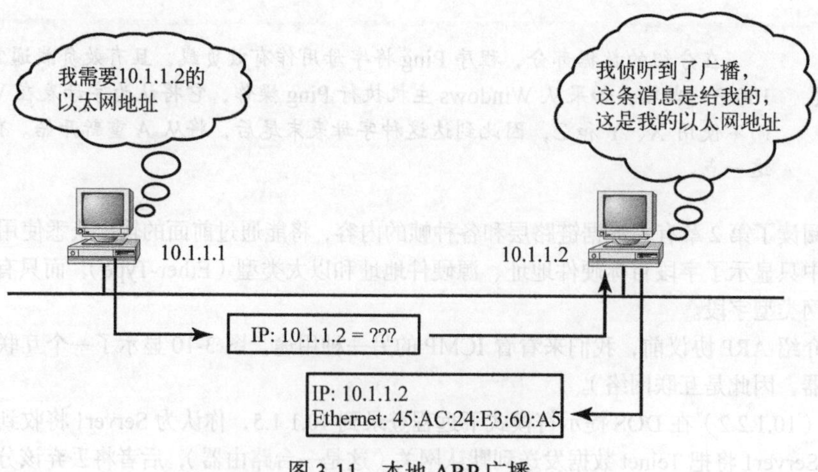

图 3-11　本地 ARP 广播

ARP将IP地址解析为以太网（MAC）地址。

下面的输出表示一个 ARP 广播。注意，由于不知道目标硬件地址，因此将其十六进制表示设置为全 *F*（二进制表示全为 1），这是一个硬件地址广播：

```
Flags:          0x00
Status:         0x00
Packet Length: 64
Timestamp:      09:17:29.574000 12/06/03
Ethernet Header
 Destination:    FF:FF:FF:FF:FF:FF Ethernet Broadcast
 Source:         00:A0:24:48:60:A5
 Protocol Type: 0x0806 IP ARP
ARP - Address Resolution Protocol
 Hardware:                  1 Ethernet (10Mb)
 Protocol:                  0x0800 IP
 Hardware Address Length: 6
 Protocol Address Length: 4
 Operation:                 1 ARP Request
 Sender Hardware Address: 00:A0:24:48:60:A5
 Sender Internet Address: 172.16.10.3
 Target Hardware Address: 00:00:00:00:00:00 (ignored)
 Target Internet Address: 172.16.10.10
Extra bytes (Padding):
 ................ 0A 0A 0A 0A 0A 0A 0A 0A 0A 0A 0A 0A 0A
  0A 0A 0A 0A 0A
Frame Check Sequence: 0x00000000
```

4. RARP

如果 IP 主机为无盘计算机，一开始它不知道自己的 IP 地址，但知道自己的 MAC 地址。无盘机器可使用如图 3-12 所示的 RARP（Reverse Address Resolution Protocol，逆向地址解析协议）来获悉其 IP 地址，这是通过发送一个分组实现的，该分组包含无盘计算机的 MAC 地址和一个请求（请求提供分配给该 MAC 地址的 IP 地址）。名叫 RARP 服务器的专用机器将对此作出响应，从而解决身份危机。RARP 使用它知道的信息（即机器的 MAC 地址）来获悉机器的 IP 地址，从而完成身份标识。

RARP将以太网（MAC）地址解析为IP地址。

5. 代理 ARP

在网络中，我们不能给主机配置多个默认网关。请想一想，如果默认网关（路由器）发生故障，结果将如何呢？主机不能自动将数据发送给另一台路由器，而你必须重新配置主机。但代理 ARP 可帮助主机前往远程子网，而无需配置路由选择甚至默认网关。

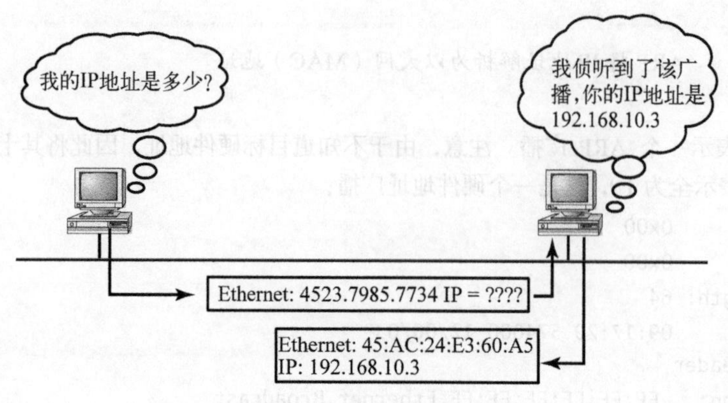

图 3-12　RARP广播示例

使用代理 ARP 的优点之一是，我们可在网络中的一台路由器上启用它，而不影响网络中其他路由器的路由选择表。然而，使用代理 ARP 也存在一个严重的缺陷：使用代理 ARP 将增加网段中的流量，而为处理所有的 IP 地址到 MAC 地址的映射，主机的 ARP 表比通常情况下大。默认情况下，所有思科路由器都配置了代理 ARP，如果你认为自己不会使用它，应将其禁用。

有关代理 ARP 的最后一点是，代理 ARP 并非一种独立的协议，而是路由器代表其他设备（通常是 PC）运行的一种服务，路由器禁止这些设备查询远程设备，虽然在这些设备看来，它们与远程设备位于同一个子网中。

这让路由器能够在响应ARP查询时提供自己的MAC地址，从而将远程IP地址解析为有效的MAC地址。

提示　如果预算允许，你应使用思科的 HSRP（Hot Standby Router Protocol，热备份路由器协议）。这意味着你必须购买多台思科设备，但很值得这样做。有关 HSRP 的更详细信息，请参阅思科网站。

3.3 IP编址

讨论 TCP/IP 时，IP 编址是最重要的主题之一。IP 地址是分配给 IP 网络中每台机器的数字标识符，它指出了设备在网络中的具体位置。

IP 地址是软件地址，而不是硬件地址。硬件地址被硬编码到网络接口卡（NIC）中，用于在本地网络中寻找主机。IP 地址让一个网络中的主机能够与另一个网络中的主机通信，而不管这些主机所属的 LAN 是什么类型的。

介绍 IP 编址的更复杂内容前，读者需要了解一些基础知识。为此，我将首先介绍一些 IP 编址基本知识和相关的术语，然后阐述层次型 IP 编址方案和私有 IP 地址。

3.3.1 IP术语

在本章中，你将学习多个术语，它们对理解因特网协议至关重要。下面列出其中的几个。

- **比特** 一个比特相当于一位，其取值为 1 或 0。
- **字节** 1 B 为 7 或 8 位，这取决于是否使用奇偶校验。在本章余下的篇幅中，我们都假定 1 B 为 8 位。
- **八位组（Octet）** 由 8 位组成，是普通的 8 位二进制数。在本章中，术语字节和八位组可互换使用。
- **网络地址** 在路由选择中，使用它将分组发送到远程网络，如 10.0.0.0、172.16.0.0 和 192.168.0.0。
- **广播地址** 应用程序和主机用于将信息发送给网络中所有节点的地址，这样的例子包括：255.255.255.255，表示所有网络中的所有节点；172.16.255.255，表示网络 172.16.0.0 中的所有子网和主机；10.255.255.255，表示网络 10.0.0.0 中的所有子网和主机。

3

3.3.2 层次型 IP 编址方案

IP 地址长 32 位，这些位被划分成 4 组（称为字节或八位组），每组 8 位。我们可使用下面 3 种方法描述 IP 地址：

- 点分十进制表示，如 172.16.30.56。
- 二进制，如 10101100.00010000.00011110.00111000。
- 十六进制，如 AC.10.1E.38。

上述示例表示的是同一个 IP 地址。讨论 IP 编址时，十六进制表示没有点分十进制和二进制那样常用，但某些程序确实以十六进制形式存储 IP 地址，Windows 注册表就将机器的 IP 地址存储为十六进制。

32 位的 IP 地址是一种结构化（层次型）地址，而不是平面或非层次型地址。虽然这两种编址方案都可使用，但对于选择*层次型编址方案*我们有充分的理由。这种方案的优点在于，它可处理大量的地址，具体地说是 43 亿（在 32 位的地址空间中，每位都有 0 或 1 这两种可能的取值，因此支持 2^{32} 个地址，即 4 294 967 296 个）。平面编址方案的缺点与路由选择相关，这也是没有将其用于 IP 编址的原因。如果每个地址都是唯一的，因特网上的路由器将需要存储所有机器的地址，这使得几乎无法进行高效的路由选择，即使只使用部分可能的地址亦如此。

对于这种问题，解决方案是使用包含 2 层或 3 层的层次型编址方案，即地址由网络部分和主机部分组成，或者由网络部分、子网部分和主机部分组成。

使用 2 层或 3 层的编址方案时，IP 地址类似于电话号码：第一部分是区号，指定了一个非常大的区域；第二部分是前缀，将范围缩小到本地呼叫区域；最后一部分是用户号码，将范围缩小到具体的连接。IP 地址使用类似的分层结构：与平面编址将全部 32 位视为一个唯一的标识符不同，它将其一部分作为网络地址，另一部分作为子网和主机部分或节点地址。

接下来的几节将讨论 IP 网络编址以及各种可用于给网络编址的地址类型。

1. 网络地址

网络地址（也叫网络号）唯一地标识网络。在同一个网络中，所有机器的 IP 地址都包含相同的网络地址。例如，在 IP 地址 172.16.30.56 中，172.16 为网络地址。

网络中的每台机器都有*节点地址*，节点地址唯一地标识了机器。这部分 IP 地址必须是唯一的，因为它标识特定的机器（个体）而不是网络（群体）。这一编号也称*主机地址*。在 IP 地址 172.16.30.56 中，30.56 为节点地址。

设计因特网的人决定根据网络规模创建网络类型。对于少量包含大量节点的网络，他们创建了A类网络；对于另一种极端情况的网络，他们创建了C类网络，用来指示大量只包含少量节点的网络；介于超大型和超小型网络之间的是B类网络。

网络的类型决定了IP地址将如何划分成网络部分和节点部分。图3-13总结了这3类网络，本章余下的篇幅将非常详细地讨论这个主题。

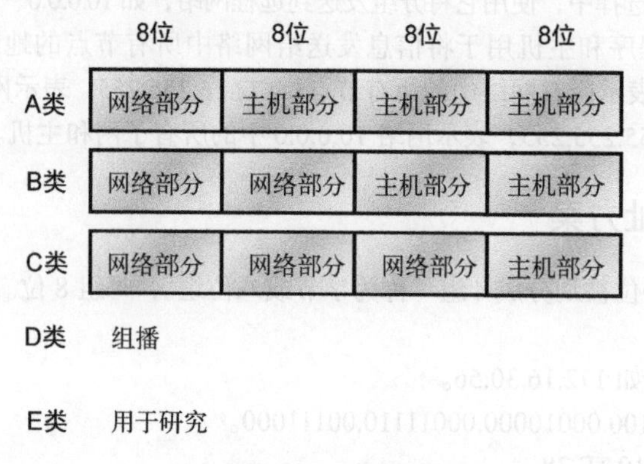

图3-13　3类网络

为确保高效的路由选择，设计因特网的人对每种网络地址的前几位做了限制。例如，由于路由器知道A类网络地址总是以0打头，因此只需阅读地址的第一位，从而提高转发分组的速度。编址方案在此指出了A类、B类和C类地址的差别。在接下来的几节中，我将首先讲述这种差别，然后介绍D类和E类地址。（只有A类、B类和C类地址可用于给网络中的主机编址。）

- A类网络地址范围

IP编址方案设计师指出，A类网络地址的第一个字节的第一位必须为0，这意味着A类地址第一个字节的取值为0～127。

请看下面的网络地址：

0xxxxxxx

如果将余下的7位都设置为0，然后将它们都设置为1，我们便可获得A类网络地址的范围：

00000000 = 0
01111111 = 127

因此，A类网络地址第一个字节的取值范围为0～127（但0和127不是有效的A类网络地址号。稍后我将介绍保留地址）。

- B类网络地址范围

RFC规定，B类网络地址的第一个字节的第一位必须为1，且第二位必须为0。如果将余下的6位全部设置为0，再将它们全部设置为1，便可获得B类网络地址的范围：

10000000 = 128
10111111 = 191

正如你看到的，B类网络地址第一个字节的取值为128～191。

● C 类网络地址范围

RFC 规定，C 类网络地址的第一个字节的前两位必须为 1，而第三位必须为 0。我们可按前面的方法将二进制转换为十进制，以找出 C 类网络地址的范围：

```
11000000 = 192
11011111 = 223
```

因此，如果 IP 地址以 192～223 打头，我们就可判定它是 C 类 IP 地址。

● D 类和 E 类网络地址范围

第一个字节为 224～255 的地址被保留用于 D 类和 E 类网络。D 类（224～239）用作组播地址，而 E 类（240～255）用于科学用途，但本书不会深入介绍这些地址类型，你也不需要了解它们。

● 具有特殊用途的地址

有些 IP 地址被保留用于特殊目的，网络管理员不能将它们分配给节点。表 3-4 列出了一些特殊地址以及将其用于特殊目的的原因。

表3-4 保留的IP地址

地　址	功　能
网络地址全为0	表示当前网络或网段
网络地址全为1	表示所有网络
地址127.0.0.1	保留用于环回测试。表示当前节点，让节点能够给自己发送测试分组，而不会生成网络流量
节点地址全为0	表示网络地址或指定网络中的任何主机
节点地址全为1	表示指定网络中的所有节点。例如，128.2.255.255表示网络128.2（B类地址）中的所有节点
整个IP地址全为0	思科路由器用它来指定默认路由，也可能表示任何网络
整个IP地址全为1（即255.255.255.255）	到当前网络中所有节点的广播，有时称为"全1广播"或限定广播

2. A 类地址

在 A 类地址中，第一个字节为网络地址，余下的 3 B 为节点地址。A 类地址的格式如下：

network.node.node.node

例如，在 IP 地址 49.22.102.70 中，49 为网络地址，22.102.70 为节点地址。在该网络中，每台机器的网络地址都为 49。

A 类网络地址长 1 B，其中第一位被保留，余下的 7 位可用于编址。因此，最多可以有 128 个 A 类网络。为什么呢？因为在这 7 位中，每位的可能取值都为 0 或 1，因此可表示 2^7（128）个网络。

让问题更复杂的是，全 0 网络地址（0000 0000）被保留用于指定默认路由（参阅表 3-4）。另外，地址 127 被保留用于诊断，你也不能使用，这意味着你只能使用编号 1～126 指定 A 类网络地址。也就是说，实际可以使用的 A 类网络地址数为 128 − 2 = 126。

注意

IP 地址 127.0.0.1 用于测试一个节点上的 IP 栈，不能用作主机地址。然而，该环回地址为运行在同一台设备上的 TCP/IP 应用程序和服务之间的通信提供了一种快捷方法。

每个A类地址都有3 B（24位）用于表示机器的节点地址。这意味着有2^{24}（16 777 216种组合），因此每个A类网络可使用的节点地址数为16 777 216。由于全0和全1的节点地址被保留，A类网络实际可包含的最大节点数为$2^{24}-2=16\,777\,214$。无论如何，这在一个网段都是一个很大的主机数目。

- A类网络的合法主机ID

下面的示例演示了如何确定A类网络的合法主机ID。

- 所有主机位都为0时，得到的是网络地址：10.0.0.0。
- 所有主机位都为1时，得到的是广播地址：10.255.255.255。

合法的主机ID为网络地址和广播地址之间的地址：10.0.0.1～10.255.255.254。注意，0和255不是合法的主机ID。确定合法的主机地址时，只需记住一点：主机位不能都为零，也不能都为1。

3. B类地址

在B类地址中，前2 B为网络地址，余下的2 B为节点地址，其格式如下：

```
network.network.node.node
```

例如，在IP地址172.16.30.56中，网络地址为172.16，节点地址为30.56。

在网络地址为2 B（每字节8位）的情况下，有2^{16}种不同的组合，但设计因特网的人规定，所有B类网络地址都必须以二进制数10开头，只留下14位供我们使用，因此有16 384（2^{14}）个不同的B类网络地址。

B类地址用2 B表示节点地址，因此每个B类网络有$2^{16}-2$（两个保留的地址，即全为1和全为0的地址），即65 534个节点地址。

- B类网络的合法主机ID

下面的示例演示了如何确定B类网络的合法主机ID。

- 所有主机位都为0时，得到的是网络地址：172.16.0.0。
- 所有主机位都为1时，得到的是广播地址：172.16.255.255。

合法的主机ID为网络地址和广播地址之间的地址：172.16.0.1～172.16.255.254。

4. C类地址

C类地址的前3个字节为网络部分，余下的一个字节表示节点地址，其格式如下：

```
network.network.network.node
```

在IP地址192.168.100.102中，网络地址为192.168.100，节点地址为102。

在C类网络地址中，前3位总是为二进制110。计算C类网络数的方法如下：3 B为24位，减去3个保留位后为21位，因此有2^{21}（2 097 152）个C类网络。

每个C类网络都1 B用作节点地址，因此每个C类网络有$2^{8}-2$（两个保留的地址，即全为1和全为0的地址），即254个节点地址。

- C类网络的合法主机ID

下面的示例演示了如何确定C类网络的合法主机ID。

- 所有主机位都为零时，得到的是网络地址：192.168.100.0。
- 所有主机位都为1时，得到的是广播地址：192.168.100.255。

合法的主机ID为网络地址和广播地址之间的地址：192.168.100.1～192.168.100.254。

3.3.3 私有 IP 地址

制定 IP 编址方案的人还提供了私有 IP 地址。这些地址可用于私有网络，但在因特网中不可路由。设计私有地址旨在提供一种亟需的安全措施，但也可帮助节省宝贵的 IP 地址空间。

如果每个网络中的每台主机都必须有可路由的 IP 地址，IP 地址在多年前就耗尽了。通过使用私有 IP 地址，ISP、公司和家庭用户只需少量公有 IP 地址就可将其网络连接到因特网。这是一种经济的解决方案，因为只需在内部网络中使用私有 IP 地址。

为此，ISP 和公司（也就是最终用户，不管它们是谁）需要使用 NAT（Network Address Translation，网络地址转换），NAT 将私有 IP 地址进行转换，以便在因特网中使用。（NAT 将在第 13 章介绍。）同一个公有 IP 地址可供很多人使用，以便将数据发送到因特网。这节省了大量的地址空间，对所有人都有益。

表 3-5 列出了保留的私有地址。

表3-5 保留的IP地址空间

地址类型	保留的地址空间
A类	10.0.0.0～10.255.255.255
B类	172.16.0.0～172.31.255.255
C类	192.168.0.0～192.168.255.255

要通过思科认证，读者必须熟悉私有地址空间。

我应使用哪种私有 IP 地址呢？

这个问题问得很好：组建网络时，应使用 A 类、B 类还是 C 类私有地址呢？下面以旧金山的 Acme Corporation 为例回答这个问题。该公司搬到了新的办公大楼，需要组建全新的网络（这是一项重大的任务）。该公司有 14 个部门，每个部门大约 70 名网络用户。你可以使用一两个 C 类网络地址，也可使用 B 类甚至 A 类网络地址。

咨询业界的一个经验法则是，组建公司网络时，不管其规模多小，我们都应使用 A 类网络地址，因为它提供了最大的灵活性和扩容空间。例如，如果使用网络地址 10.0.0.0 和子网掩码/24，你将得到 65 536 个网络，每个网络最多可包含 254 台主机。这为网络提供了极大的扩容空间。

然而，组建家庭网络时，我们应选择 C 类网络地址，因为这最容易理解和配置。通过使用默认的 C 类网络子网掩码，一个网络最多可包含 254 台主机，这对家庭网络来说足够了。

就 Acme Corporation 而言，我们可使用 10.1.*x*.0 和子网掩码/24（其中 *x* 为每个部门的子网），它容易设计、安装和排除故障。

3.4　IPv4 地址类型

大多数人都将广播作为通用术语使用，且大多数时候我们都能明白其含义，但并非总是如此。例如，你可能这样说：“主机通过路由器广播到 DHCP 服务器”，但这种情况根本不可能发生。你要表达的意思可能如下（使用正确的技术术语）：DHCP 客户端通过广播来获取 IP 地址，路由器使用单播分组将该广播转发给 DHCP 服务器。在 IPv4 中，广播非常重要，而在 IPv6 中，根本就不会发送广播——当你阅读第 15 章时，这将是让你激动的因素。

在第 1 章和第 2 章，我不断地提到广播地址，并提供了一些示例。然而，我并没有详细介绍与之相关的术语及用法，现在该介绍了。下面是我要定义的 4 种 IPv4 地址。

- **第 2 层广播地址**　表示 LAN 中的所有节点。
- **广播（第 3 层）地址**　表示网络中的所有节点。
- **单播地址**　这是特定接口的地址，用于将分组发送给单个目标主机。
- **组播地址**　用于将分组传输到不同网络中的众多设备，常用一对多来形容。

3.4.1　第 2 层广播

第 2 层广播也叫硬件广播，它们只在当前 LAN 内传输，而不会穿越 LAN 边界（路由器）。

典型的硬件地址长 6 B（48 位），如 45:AC:24:E3:60:A5。使用二进制表示时，该广播地址全为 1，而使用十六进制表示时全为 F，即 FF:FF:FF:FF:FF:FF。

3.4.2　第 3 层广播

第 3 层也有广播地址。广播消息是发送给广播域中所有主机的，其目标地址的主机位都为 1。

下面是一个你熟悉的例子：对于网络地址 172.16.0.0 255.255.0.0，其广播地址为 172.16.255.255——所有主机位都为 1。广播也可以是发送给所有网络中的所有主机的，例如 255.255.255.255。

一种典型的广播消息是地址解析协议（ARP）请求。假设有台主机要发送分组，且知道目的地的逻辑地址（IP）。为让分组到达目的地，主机需要将其转发给默认网关——如果目的地位于另一个 IP 网络中。如果目的地位于当前网络中，源主机将把分组直接转发到目的地。由于源主机没有转发帧所需的 MAC 地址，它发送广播，当前广播域中的每台设备都将侦听该广播。该广播相当于在说：如果你拥有 IP 地址 192.168.2.3，请将 MAC 地址告诉我。

3.4.3　单播地址

单播地址是分配给网络接口卡的 IP 地址，在分组中用作目标地址，换句话说，它将分组传输到特定主机。DHCP 客户端请求很好地说明了单播的工作原理。

下面是一个例子：LAN 中的主机发送广播（其第 2 层目标地址为 FF:FF:FF:FF:FF:FF，而第 3 层目标地址为 255.255.255.255），在 LAN 中寻找 DHCP 服务器。路由器知道这是发送给 DHCP 服务器的广播，因为其目标端口号为 67（BootP 服务器），因此会将该请求转发到另一个 LAN 中的 DHCP 服务器。因此，如果 DHCP 服务器的 IP 地址为 172.16.10.1，主机只需以广播方式发送 DHCP 请求（其目标地址为 255.255.255.255），路由器将修改该广播，将其目标地址改为 172.16.10.1。为让路由器提供这种服务，你需要使用命令 `ip helper-address` 配置接口——这不是默认启用的服务。

3.4.4 组播地址

组播与其他通信类型完全不同。乍一看，它好像是单播和广播的混合体，但不是这样。组播确实支持点到多点通信，这类似于广播，但工作原理不同。组播的关键点在于，它让多个接收方能够接收消息，却不会将消息传递给广播域中的所有主机。然而，这并非默认行为，而是在配置正确的情况下，使用组播达到的。

组播这样工作：将消息或数据发送给 IP 组播组地址，路由器将分组的副本从每个这样的接口转发出去（这不同于广播，路由器不转发广播），给订阅了该组播的主机。这就是组播不同于广播的地方：从理论上说，组播通信只会将分组副本发送给订阅主机。从理论上说，指的是主机将收到发送给224.0.0.10 的组播分组（EIGRP 分组，只有运行 EIGRP 协议的路由器才会读取它）。广播型 LAN（以太网是一种广播型多路访问 LAN 技术）中的所有主机都将接收这种帧，读取其目标地址，然后马上丢弃——除非它是组播组的成员。这节省了 PC 的处理周期，但没有节省 LAN 带宽。如果不小心实现，组播有时会导致严重的 LAN 拥塞。

用户和应用程序可加入多个组播组。组播地址的范围为 224.0.0.0～239.255.255.255，正如你看到的，这个地址范围位于 D 类 IP 地址空间内。

3.5 小结

如果你坚持读到了这里，并一次就明白了所有的内容，应感到自豪。本章介绍了大量内容，理解这些知识对你阅读本书的其他内容至关重要。

即使你第一次阅读本章时未能完全理解，也不要担心，多读几次好了。需要介绍的内容还有很多，请务必透彻理解本章内容，为阅读后续内容做好准备。你现在是在打基础，你希望打下坚实的基础，不是吗？

学习 DoD 模型及其包含的层和相关协议后，你学习了非常重要的 IP 编址。我详细介绍了各类地址之间的区别，以及如何确定网络地址、广播地址和合法的主机地址范围，这些知识非常重要，阅读第 4 章前必须明白它们。

鉴于你已经走了这么远，没有理由就此停止脚步，将所做的努力都付诸东流。不要就此止步，继续完成本章末尾的书面实验和复习题，并确保你理解了每个问题的答案。最美的风光在前方！

3.6 考试要点

区分 DoD 和 OSI 网络模型。DoD 模型是 OSI 模型的简化版，包含 4 层而不是 7 层，但与 OSI 模型的相似之处在于，它也可用于描述分组的创建以及设备和协议对应的层。

识别进程/应用层协议。Telnet 是一个终端模拟程序，让你能够登录到远程主机并运行程序。文件传输协议（FTP）是一种面向连接的服务，让你能够传输文件。简单 FTP（TFTP）是一种无连接的文件传输程序。简单邮件传输协议（SMTP）是一个发送电子邮件的程序。

识别主机到主机层协议。传输控制协议（TCP）是一种面向连接的协议，通过使用确认和流量控制提供可靠的网络服务。用户数据报协议（UDP）是一种无连接协议，其开销低，被视为不可靠协议。

识别因特网层协议。因特网协议（IP）是一种无连接的协议，提供网络地址以及在互联网络中进行路由选择的功能。地址解析协议（ARP）根据IP地址获悉硬件地址。逆向ARP（RARP）根据硬件地址获悉IP地址。因特网控制消息协议（ICMP）提供诊断消息和目标不可达消息。

描述DNS和DHCP在网络中的功能。动态主机配置协议（DHCP）给主机提供网络配置信息（包括IP地址），可避免管理员进行手工配置。域名服务（DNS）将解析主机名（包括诸如www.routersim.com等因特网名称以及诸如Workstation 2等设备名），让你无需知道设备的IP地址就能连接到它。

指出面向连接通信中TCP报头的内容。TCP报头中的字段包括源端口、目标端口、序列号、确认号、报头长度、保留字段（保留供以后使用）、编码位窗口大小、校验和、紧急指针、选项和数据字段。

指出无连接通信中UDP报头的内容。UDP报头只包含字段源端口、目标端口、长度、校验和和数据。相对于TCP报头，其字段更少了，但代价是不提供TCP的高级功能。

指出IP报头的内容。IP报头中的字段包括版本、报头长度、优先级和服务类型、总长度、标识、标志、分段偏移、存活时间、协议、报头校验和、源IP地址、目标IP地址、选项和数据。

比较UDP和TCP的特征。TCP是面向连接的，进行确认和排序，支持流量和错误控制，而UDP是无连接的，不进行确认和排序，不提供错误和流量控制功能。

理解端口号的作用。端口号用于标识在传输中使用的协议或服务。

描述ICMP的作用。因特网控制消息协议（ICMP）运行在网络层，被IP用于获得众多不同的服务。ICMP是一种管理协议，向IP提供消息收发服务。

描述A类IP地址的范围。A类网络地址范围为1～126。默认情况下，A类地址的前8位为网络地址，余下的24位为主机地址。

描述B类IP地址的范围。B类网络地址范围为128～191。默认情况下，B类地址的前16位为网络地址，余下的16位为主机地址。

描述C类IP地址的范围。C类网络地址范围为192～223。默认情况下，C类地址的前24位为网络地址，余下的8位为主机地址。

描述私有IP地址的范围。A类私有地址范围为10.0.0.0～10.255.255.255。

B类私有地址范围为172.16.0.0～172.31.255.255。

C类私有地址范围为192.168.0.0～192.168.255.255。

区分广播地址、单播地址和组播地址。广播地址表示子网中的所有设备，单播地址表示单台设备，而组播地址表示部分设备。

3.7 书面实验

在本节中，你将完成如下实验，确保明白了其中涉及的信息和概念。

- 实验3.1：TCP/IP。
- 实验3.2：协议对应的DoD模型层。

（书面实验的答案见本章复习题答案的后面。）

3.7.1 书面实验 3.1：TCP/IP

请回答如下有关 TCP/IP 的问题。

(1) 指出 C 类地址的范围，分别用二进制和十进制表示。

(2) DoD 模型的哪一层对应 OSI 模型的传输层？

(3) A 类网络地址在什么范围内？

(4) 地址 127.0.0.1 用于做什么？

(5) 如何根据 IP 地址找出网络地址？

(6) 如何根据 IP 地址找出广播地址？

(7) 请指出 A 类私有 IP 地址空间。

(8) 请指出 B 类私有 IP 地址空间。

(9) 请指出 C 类私有 IP 地址空间。

(10) 在十六进制地址中，可使用哪些字符？

3.7.2 书面实验 3.2：协议对应的 DoD 模型层

DoD 模型包含 4 层，它们是进程/应用层、主机到主机层、因特网层和网络接入层。请指出下述各种协议运行在 DoD 模型的哪一层。

(1) 因特网协议（IP）。

(2) Telnet。

(3) FTP。

(4) SNMP。

(5) DNS。

(6) 地址解析协议（ARP）。

(7) DHCP/BootP。

(8) 传输控制协议（TCP）。

(9) X Window。

(10) 用户数据报协议（UDP）。

(11) NFS。

(12) 因特网控制消息协议（ICMP）。

(13) 逆向地址解析协议（RARP）。

(14) 代理 ARP。

(15) TFTP。

(16) SMTP。

(17) LPD。

3.8 复习题

注意 下面的复习题旨在检验你对本章内容的理解程度。有关如何获取更多复习题的信息，请参阅本书的前言。

(1) 发生 DHCP IP 地址冲突时，结果将如何？

A. 代理 ARP 将修复这种问题

B. 客户端使用免费 ARP 修复这种问题

C. 管理员必须在 DHCP 服务器中手工消除冲突

D. DHCP 服务器将给发生冲突的两台计算机分配新的 IP 地址

(2) 下面哪项让路由器对发送给远程主机的ARP请求作出响应?

A. 网关DP　B. 逆向ARP（RARP）　C. 代理ARP
D. 反向ARP（IARP）　E. 地址解析协议（ARP）

(3) 你想实现一种自动配置IP（包括IP地址、子网掩码、默认网关和DNS信息）的机制，为此应使用哪种协议?

A. SMTP　B. SNMP　C. DHCP　D. ARP

(4) 哪种协议用于查找本地设备的硬件地址?

A. RARP　B. ARP　C. IP
D. ICMP　E. BootP

(5) 下面哪3项是TCP/IP模型包含的层?

A. 应用层　B. 会话层　C. 传输层
D. 因特网层　E. 数据链路层　F. 物理层

(6) 哪类网络最多只能包含254台主机?

A. A类　B. B类　C. C类
D. D类　E. E类

(7) 下面哪两项描述了DHCP发现消息?

A. 它将FF:FF:FF:FF:FF:FF用作第2层广播地址
B. 它将UDP用作传输层协议
C. 它将TCP用作传输层协议
D. 它不使用第2层目标地址

(8) Telnet使用哪种第4层协议?

A. IP　B. TCP　C. TCP/IP
D. UDP　E. ICMP

(9) DHCP客户端如何确保没有其他计算机使用分配给它的IP地址?

A. 确认收到了TCP数据段
B. Ping自己的地址，看能不能检测到响应
C. 广播代理ARP请求
D. 广播免费ARP请求
E. 远程登录自己的IP地址

(10) 下面哪3项服务使用TCP?

A. DHCP　B. SMTP　C. SNMP
D. FTP　E. HTTP　F. TFTP

(11) 下面哪3种服务使用UDP?

A. DHCP　B. SMTP　C. SNMP
D. FTP　E. HTTP　F. TFTP

(12) 下面哪3种TCP/IP协议用于OSI模型的应用层?

A. IP　B. TCP　C. Telnet
D. FTP　E. TFTP

(13) 下图描述的是哪种协议的报头?

A. IP　B. ICMP　C. TCP
D. UDP　E. ARP　F. RARP

(14) 使用Telnet或FTP时，你将使用哪层生成数据?

A. 应用层　B. 表示层　C. 会话层　D. 传输层

16位源端口		16位目标端口	
32位序列号			
32位确认号			
4位报头长度	保留	标志	16位窗口大小
16位TCP校验和		16位紧急指针	
选项			
数据			

(15) DoD 模型也叫 TCP/IP 栈，它包含 4 层。请问 DoD 模型的哪层对应 OSI 模型的网络层？

A. 应用层　　B. 主机到主机层　　C. 因特网层　　D. 网络接入层

(16) 下面哪两个是私有 IP 地址？

A. 12.0.0.1　　B. 168.172.19.39　　C. 172.20.14.36　　D. 172.33.194.30
E. 192.168.24.43

(17) TCP/IP 栈的哪层对应 OSI 模型的传输层？

A. 应用层　　B. 主机到主机层　　C. 因特网层　　D. 网络接入层

(18) 下面哪两种有关 ICMP 的说法是正确的？

A. ICMP 保证数据报的传递

B. ICMP 可向主机提供有关网络故障的信息

C. ICMP 分组被封装在 IP 数据报中

D. ICMP 分组被封装在 UDP 数据报中

(19) 下面哪项是 B 类网络地址范围的二进制表示？

A. 01xxxxxx　　B. 0xxxxxxx　　C. 10xxxxxx　　D. 110xxxxx

(20) 下面哪种协议使用 TCP 和 UDP？

A. FTP　　B. SMTP　　C. Telnet　　D. DNS

3.9 复习题答案

(1) C。如果检测到 DHCP 冲突（检测方法有两种：服务器发送 ping 并检测响应；主机使用免费 ARP 解析自己的 IP 地址，看是否有主机响应），服务器将保留该地址，而不再次使用它，直到管理员修复了问题。

(2) C。代理 ARP 可帮助主机到达远程子网，而不需要配置路由选择或默认网关。

(3) C。动态主机配置协议（DHCP）用于向网络中的主机提供 IP 信息。DHCP 可提供大量信息，但最常见的是 IP 地址、子网掩码、默认网关和 DNS 信息。

(4) B。地址解析协议（ARP）用于根据 IP 地址获悉硬件地址。

(5) A、C、D。乍一看，这个问题很难，因为它不合理。答案来自 OSI 模型层，而问题是关于 TCP/IP 协议栈（DoD 模型）的。然而，来看看哪些答案是错误的。首先，会话层不在 TCP/IP 模型中，数据链路层和物理层亦如此，因此只剩下了传输层（DoD 模型中为主机到主机层）、因特网层（OSI 模型中为网络层）和应用层（DoD 模型中为进程/应用层）。

(6) C。在 C 类地址中，只有 8 位用于定义主机：$2^8 - 2 = 254$。

(7) A、B。为获悉 IP 地址，客户端需要发送 DHCP 发现消息，为此它在第 2 层和第 3 层发送广播。第 2 层广播的目标地址全为 F，即 FF:FF:FF:FF:FF:FF。第 3 层广播的目标地址为 255.255.255.255，这表示任何网络和任何主机。DHCP 是无连接的，这意味着它在传输层（也叫主机到主机层）使用用户数据报协议（UDP）。

(8) B。虽然 Telnet 使用 TCP 和 IP（TCP/IP），但问的是第 4 层，而 IP 运行在第 3 层。Telnet 在第 4 层使用 TCP。

(9) D。为避免可能发生的地址冲突，DHCP 客户端使用免费 ARP（广播 ARP 请求，以获悉自己的 IP 地址对应的硬件地址），看是否有其他主机响应。

(10) B、D、E。SMTP、FTP 和 HTTP 使用 TCP。

(11) A、C、F。DHCP、SNMP 和 TFTP 使用 UDP，而 SMTP、FTP 和 HTTP 使用 TCP。

(12) C、D、E。Telnet、文件传输协议（FTP）和简单 FTP（TFTP）都是应用层协议，IP 是网络层协议，传输控制协议（TCP）是传输层协议。

(13) C。首先，你应该知道只有 TCP 和 UDP 运行在传输层，这样答对的概率变成了 50%。然而，由于该报头包含字段序列号、确认号和窗口大小，答案只能是 TCP。

(14) A。FTP 和 Telnet 都在传输层使用 TCP，但它们都是应用层协议，因此这个问题的最佳答案是应用层。

(15) C。DoD 模型包含的 4 层为进程/应用层、主机到主机层、因特网层和网络接入层。因特网层对应 OSI 模型的网络层。

(16) C、E。A 类私有地址范围为 10.0.0.0～10.255.255.255，B 类私有地址范围为 172.16.0.0～172.31.255.255，C 类私有地址范围为 192.168.0.0～192.168.255.255。

(17) B。TCP/IP 栈（也叫 DoD 模型）包含的 4 层为进程/应用层、主机到主机层、因特网层和网络接入层。主机到主机层对应 OSI 模型的传输层。

(18) B、C。ICMP 用于提供诊断和目标不可达消息。ICMP 分组被封装在 IP 数据报中；由于 ICMP 用于诊断，它将向主机提供有关网络故障的信息。

(19) C。B 类网络地址范围为 128～191，对应的二进制表示为 10xxxxxx。

(20) D。DNS 使用 TCP 在服务器之间进行区域交换（zone exchange），而当客户端试图将主机名解析为 IP 地址时，DNS 使用 UDP。

3.10　书面实验 3.1 答案

(1) 192～223（110xxxxx）

(2) 主机到主机层

(3) 1～126

(4) 环回或诊断

(5) 将所有主机位都设置为 0

(6) 将所有主机位都设置为 1

(7) 10.0.0.0～10.255.255.255

(8) 172.16.0.0～172.31.255.255

(9) 192.168.0.0～192.168.255.255

(10) 0～9 以及 A、B、C、D、E 和 F

3.11　书面实验 3.2 答案

(1) 因特网层

(2) 进程/应用层

(3) 进程/应用层

(4) 进程/应用层

(5) 进程/应用层

(6) 因特网层

(7) 进程/应用层

(8) 主机到主机层

(9) 进程/应用层

(10) 主机到主机层

(11) 进程/应用层

(12) 因特网层

(13) 因特网层

(14) 因特网层

(15) 进程/应用层

(16) 进程/应用层

(17) 进程/应用层

第4章 轻松划分子网

本章涵盖如下 CCNA 考试要点。

描述网络的工作原理

- 解读网络示意图。

实现 IP 编址方案和 IP 服务，以满足中型企业分支机构网络的网络需求

- 描述私有和公有 IP 地址的工作原理以及好处；
- 在 LAN 环境中实现静态和动态编址服务。

本章从前一章结束的地方开始，继续讨论 IP 编址。

我们将首先讨论 IP 网络的子网划分。你必须专心致志，因为要掌握子网划分，需要时间和练习。因此，要有耐心，并想尽一切办法掌握这项内容。本章确实很重要，而且可能是全书最重要的，你必须理解。

本章将详细介绍 IP 子网划分。对你来说，子网划分可能很神秘，但如果你能将之前学到的子网划分知识统统忘掉（尤其是在 Microsoft 课程中学到的），感觉将好得多。

请准备好，阅读之旅马上就要开始了。本章将切实帮助你理解 IP 编址和组网，因此不要气馁，不要放弃。只要坚持，总有一天当你回过头来看时，会为当初选择坚持感到高兴的。一旦你理解了子网划分，就会奇怪当初怎么会认为它很难。准备好了吗？我们开始吧。

有关本章内容的最新修订，请访问 www.lammle.com 或 www.sybex.com/go/ccna7e。

4.1 子网划分基础

在第 3 章，你学习了如何定义和找出 A 类、B 类和 C 类网络的合法主机 ID 范围，其方法是先将所有主机位都设置为 0，再将它们都设置为 1。非常好，但这里有一个问题：你只是在定义一个网络。如果要使用一个网络地址创建 6 个网络，该如何办呢？必须进行子网划分，它让你能够将大型网络划分成一系列小网络。

进行子网划分的原因很多，其中包括如下好处。

- **减少网络流量** 无论什么样的流量，我们都希望它少些，网络流量亦如此。如果没有可信赖的路由器，网络流量可能导致整个网络停顿，但有了路由器后，大部分流量都将呆在本地网络内，只有前往其他网络的分组将穿越路由器。路由器增加广播域，广播域越多，每个广播域就越小，而每个网段的网络流量也越少。

- **优化网络性能**　这是减少网络流量的结果。
- **简化管理**　与庞大的网络相比，在一系列相连的小网络中找出并隔离网络问题更容易。
- **有助于覆盖大型地理区域**　WAN 链路比 LAN 链路的速度慢得多，且更昂贵；单个大跨度的大型网络在前面说的各个方面都可能出现问题，而将多个小网络连接起来可提高系统的效率。

接下来的几节将介绍子网划分。这些内容很重要，你准备好了吗？

4.1.1　ip subnet-zero

`ip subnet-zero` 并非新命令。在以前，思科课件和思科考试目标都未涉及它，但现在已将其包含在其中。这个命令让你能够在网络设计中使用第一个子网和最后一个子网。例如，C 类子网掩码 255.255.255.192 提供了子网 64 和 128（这将在本章后面详细讨论），但配置命令 `ip subnet-zero` 后，将可使用子网 0、64、128 和 192。也就是说，这让每个子网掩码提供的子网多了两个。

虽然第 6 章才会讨论 CLI（Command Line Interface，命令行界面），但你现在必须熟悉这个命令：

```
P1R1#sh running-config
Building configuration...
Current configuration : 827 bytes
!
hostname Pod1R1
!
ip subnet-zero
!
```

注意　上述路由器输出表明，路由器上启用了命令 `ip subnet-zero`。从 CiscoIOS 12.*x* 版起，该命令便被默认启用了。

为思科考试做准备时，请务必了解 Cisco 是否要求你摒弃 `ip subnet-zero`。有时候可能出现这样的情况。

4.1.2　如何创建子网

要创建子网，我们可借用 IP 地址中的主机位，将其用于定义子网地址。这意味着主机位更少了，因此子网越多，可用于定义主机的位越少。

在本章后面，你将学习如何创建子网——从 C 类地址开始。但在实际进行子网划分前，需要确定当前的需求并规划未来。

注意　设计并创建子网掩码前，你需要知道的是，在本节将讨论的分类路由选择中，网络中所有的主机（节点）都使用相同的子网掩码。介绍 VLSM（Variable Length Subnet Mask，变长子网掩码）时，我们将讨论无类路由选择，这意味着每个网段可使用不同的子网掩码。

要创建子网，我们可采取如下步骤：

(1) 确定需要的网络 ID 数：

- 每个 LAN 子网一个；
- 每条广域网连接一个。

(2) 确定每个子网所需的主机 ID 数：

- 每个 TCP/IP 主机一个；
- 每个路由器接口一个。

(3) 根据上述需求，确定如下内容：

- 一个用于整个网络的子网掩码；
- 每个物理网段的唯一子网 ID；
- 每个子网的主机 ID 范围。

4.1.3 子网掩码

要让子网划分方案管用，网络中的每台机器都必须知道主机地址的哪部分为子网地址，这是通过给每台机器分配子网掩码实现的。子网掩码是一个长 32 位的值，让 IP 分组的接收方能够将 IP 地址的网络 ID 部分和主机 ID 部分区分开来。

网络管理员创建由 1 和 0 组成的 32 位子网掩码，其中的 1 表示 IP 地址的相应部分为网络地址或子网地址。

并非所有网络都需要子网，这意味着网络可使用默认子网掩码。这相当于说 IP 地址不包含子网地址。表 4-1 列出了 A 类、B 类和 C 类网络的默认子网掩码。这些默认子网掩码不能修改，换句话说，你不能将 B 类网络的子网掩码设置为 255.0.0.0。如果试图这样做，主机将认为这是非法的，根本不让你输入。对于 A 类网络，你不能修改其子网掩码的第一个字节，即其第一个字节必须是 255。同样，你不能将子网掩码设置为 255.255.255.255，因为它全为 1，是一个广播地址。B 类网络的子网掩码必须以 255.255 打头，而 C 类网络的子网掩码必须以 255.255.255 打头。

表4-1 默认子网掩码

网　　络	格　　式	默认子网掩码
A类	*network.node.node.node*	255.0.0.0
B类	*network.network.node.node*	255.255.0.0
C类	*network.network.network.node*	255.255.255.0

理解 2 的幂

进行 IP 子网划分时，你必须理解并记住 2 的幂，这很重要。为理解 2 的幂，请记住，当你看到一个数字的右上方有另一个数字时（称为指数），表示应将该数字自乘右上方数字指定的次数。例如，2^3 表示 2×2×2，结果为 8。下面是 2 的幂列表，你应将其记住：

$2^1 = 2$　　$2^3 = 8$

$2^2 = 4$　　$2^4 = 16$

$2^5 = 32$	$2^{10} = 1024$
$2^6 = 64$	$2^{11} = 2048$
$2^7 = 128$	$2^{12} = 4096$
$2^8 = 256$	$2^{13} = 8192$
$2^9 = 512$	$2^{14} = 16\,384$

注意，知道这些 2 的幂值会有所帮助，但并不是必需的，你不必为记住这些值而苦恼。下面是一个小技巧：由于是 2 的幂，因此后一个幂是前一个的两倍。

例如，要获悉 2^9 的值，你只需知道 $2^8 = 256$。为什么呢？因为只需将 2^8（256）乘以 2，你就可得到 2^9 的值（512）。要获悉 2^{10} 的值，我们只需将 2^8（256）翻两番。

相反，如果要知道 2^6 的值，你只需将 256 除以 2 两次：第一次结果为 2^7 的值，而第二次结果为 2^6 的值。

4.1.4　CIDR

你需要熟悉的另一个术语是 CIDR（Classless Inter-Domain Routing，无类域间路由选择），它是 ISP（Internet Service Provider，因特网服务提供商）用来将大量地址分配给客户的一种方法。ISP 以特定大小的块提供地址，本章后面将对此做详细介绍。

从 ISP 那里获得的地址块类似于 192.168.10.32/28，这指出了子网掩码。这种斜杠表示法（/）指出了子网掩码中有多少位为 1，显然最大为/32，因为一个字节为 8 位，而 IP 地址长 4 B（$4 \times 8 = 32$）。注意，最大的子网掩码为/30（不管是哪类地址），因为至少需要将两位用作主机位。

在 A 类网络的默认子网掩码 255.0.0.0 中，第一个字节全为 1，即 11111111。使用斜杠表示法时，你需要计算为 1 的位有多少个。255.0.0.0 的斜杠表示法为/8，因为有 8 个取值为 1 的位。

B 类网络的默认子网掩码为 255.255.0.0，其斜杠表示法为/16，因为有 16 个取值为 1 的位：11111111.11111111.00000000.00000000。

表 4-2 列出了所有可能的子网掩码及其 CIDR 斜杠表示法。

表4-2　CIDR值

子网掩码	CIDR值
255.0.0.0	/8
255.128.0.0	/9
255.192.0.0	/10
255.224.0.0	/11
255.240.0.0	/12
255.248.0.0	/13
255.252.0.0	/14
255.254.0.0	/15
255.255.0.0	/16
255.255.128.0	/17
255.255.192.0	/18
255.255.224.0	/19
255.255.240.0	/20

（续）

子网掩码	CIDR值
255.255.248.0	/21
255.255.252.0	/22
255.255.254.0	/23
255.255.255.0	/24
255.255.255.128	/25
255.255.255.192	/26
255.255.255.224	/27
255.255.255.240	/28
255.255.255.248	/29
255.255.255.252	/30

其中/8～/15只能用于A类网络，/16～/23可用于A类和B类网络，而/24～/30可用于A类、B类和C类网络。这就是大多数公司都使用A类网络地址的一大原因，因为它们可使用所有的子网掩码，进行网络设计时的灵活性最大。

注意　配置思科路由器时，你不能使用斜杆表示法。难道这样不好吗？尽管如此，你仍需知道子网掩码的斜杠（CIDR）表示法，这非常重要。

4.1.5 C类网络的子网划分

进行子网划分的方法有很多，最适合你的方式就是正确的方式。在C类地址中，只有8位用于定义主机。注意，子网位从左向右延伸，中间不能留空，这意味着只能有如下C类子网掩码：

```
二进制      十进制      CIDR
---------------------------------------------------------
00000000 = 0          /24
10000000 = 128        /25
11000000 = 192        /26
11100000 = 224        /27
11110000 = 240        /28
11111000 = 248        /29
11111100 = 252        /30
```

你不能使用/31和/32，因为至少需要2个主机位，这样才有可供分配给主机的IP地址。对于C类网络中，以前我从不讨论/25，因为思科以前一直要求至少有两个子网位，但现在思科在其课程和考试目标中包含了命令`ip subnet-zero`，因此子网位可以只有1位。

在接下来的几节中，我将介绍一种子网划分方法，让你能够快速而轻松地划分子网。请相信我，你需要快速划分子网。

1. C类网络的快速子网划分

给网络选择子网掩码后，需要计算该子网掩码提供的子网数以及每个子网的合法主机地址和广播地址。为此，你只需回答下面5个简单的问题。

- ❑ 选定的子网掩码将创建多少个子网？
- ❑ 每个子网可包含多少台主机？
- ❑ 有哪些合法的子网？
- ❑ 每个子网的广播地址是什么？
- ❑ 每个子网可包含哪些主机地址？

在这里，理解并牢记2的幂很重要。如果你需要帮助，请参阅本章前面的补充内容“理解2的幂”。下面来看如何解答上面的五大问题。

- ❑ 多少个子网？2^x个，其中x为被遮盖（取值为1）的位数。例如，在11000000中，取值为1的位数为2，因此子网数为2^2（4个）。
- ❑ 每个子网可包含多少台主机？2^y-2个，其中y为未遮盖（取值为0）的位数。例如，在11000000中，取值为0的位数为6，因此每个子网可包含的主机数为2^6-2（62）个。减去的两个为子网地址和广播地址，它们不是合法的主机地址。
- ❑ 有哪些合法的子网？块大小（增量）为256－子网掩码。一个例子是256－192＝64，即子网掩码为192时，块大小为64。从0开始不断增加64，直到到达子网掩码值，中间的结果就是子网，即0、64、128和192，是不是很容易？
- ❑ 每个子网的广播地址是什么？这很容易确定。前面确定了子网为0、64、128和192，而广播地址总是下一个子网前面的数。例如，子网0的广播地址为63，因为下一个子网为64；子网64的广播地址为127，因为下一个子网为128，以此类推。请记住，最后一个子网的广播地址总是255。
- ❑ 合法的主机地址有哪些？合法的主机地址位于两个子网之间，但全为0和全为1的地址除外。例如，如果子网号为64，而广播地址为127，则合法的主机地址范围为65～126，即子网地址和广播地址之间的数字。

我知道，这看起来令人迷惑，但绝对不像乍一看时那么难。为何不尝试做些练习，亲自检验一下呢？

2. C类网络子网划分示例

下面轮到你使用前面介绍的方法练习C类网络的子网划分了。是不是有些激动？我们将从第一个可用的C类子网掩码开始，依次尝试每个可用的C类子网掩码。然后，我将通过演示告诉你对A类和B类网络进行子网划分也很容易。

- 示例#1C：255.255.255.128（/25）

128的二进制表示为10000000，只有1位用于定义子网，余下7位用于定义主机。这里将对C类网络192.168.10.0进行子网划分。

网络地址＝192.168.10.0
子网掩码＝255.255.255.128

下面来回答前面的五大问题。

- ❑ 多少个子网？在128（10000000）中，取值为1的位数为1，因此答案为$2^1=2$。
- ❑ 每个子网多少台主机？有7个主机位取值为0（10000000），因此答案是$2^7-2=126$台主机。
- ❑ 有哪些合法的子网？256－128＝128。还记得吗，我们需要从0开始不断增加块大小，因此子网为0和128。

- 每个子网的广播地址是什么？在下一个子网之前的数字中，所有主机位的取值都为 1，是当前子网的广播地址。对于子网 0，下一个子网为 128，因此其广播地址为 127。
- 每个子网包含哪些合法的主机地址？合法的主机地址为子网地址和广播地址之间的数字。要确定主机地址，最简单的方法是写出子网地址和广播地址，这样合法的主机地址就显而易见了。下面列出了子网 0 和 128 以及它们的合法主机地址范围和广播地址。

子　网	0	128
第一个主机地址	1	129
最后一个主机地址	126	254
广播地址	127	255

介绍下一个示例前，我们先来看看图 4-1。显然，其中使用子网掩码/25 的 C 类网络有两个子网，那又怎样？为何这很重要？实际上，不重要，这不是重点所在。你真正想知道的是，将如何使用这种信息！从图 4-1 可知，两个子网都与路由器接口相连，路由器创建了广播域和子网。我们可使用命令 `show ip route` 查看路由器的路由选择表，这将在本书后面详细介绍。

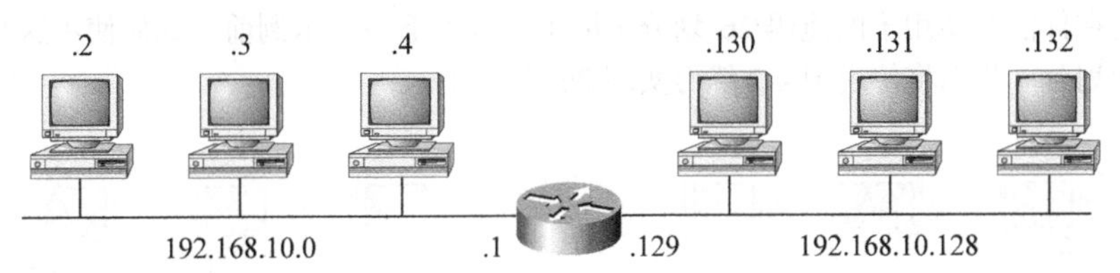


```
Router#show ip route
[output cut]
C 192.168.10.0 is directly connected to Ethernet 0
C 192.168.10.128 is directly connected to Ethernet 1
```

图 4-1　实现使用子网掩码/25 的 C 类网络

我知道，并非每位读者都想此时休息一会儿，但下面的内容确实很重要，请在这里暂停一会儿，然后再继续学习子网划分。你需要知道的是，要理解子网划分，关键在于明白这样做的每个原因。我将通过组建一个物理网络演示这一点。添加路由器后，我们就有了一个互联网络，但愿你知道这一点。添加路由器后，为让互联网络中的主机能够相互通信，我们必须使用一种逻辑网络编址方案。为此，可使用 IPv6，但 IPv4 仍是最流行的，且我们当前讨论的也是 IPv4，因此将使用它。现在回过头来看看图 4-1，其中有两个物理网络，因此我们将实现一种支持两个逻辑网络的逻辑编址方案。展望未来并考虑可能的扩容（包括短期和长期）总是一个不错的主意，就这里而言，使用子网掩码/25 就可以了。

- 示例#2C：255.255.255.192（/26）

在第二个示例中，我们将使用子网掩码 255.255.255.192 对网络 192.168.10.0 进行子网划分。

网络地址 = 192.168.10.0

子网掩码 = 255.255.255.192

下面来回答五大问题。

- 多少个子网？在 192（11000000）中，取值为 1 的位数为 2，因此答案为 $2^2 = 4$ 个子网。
- 每个子网多少台主机？有 6 个主机位的取值为 0（11000000），因此答案是 $2^6 - 2 = 62$ 台主机。
- 有哪些合法的子网？256 – 192 = 64。还记得吗，我们需要从 0 开始不断增加块大小，因此子网为 0、64、128 和 192。
- 每个子网的广播地址是什么？在下一个子网之前的数字中，所有主机位的取值都为 1，是当前子网的广播地址。对于子网 0，下一个子网为 64，因此其广播地址为 63。
- 合法的主机地址有哪些？合法的主机地址为子网地址和广播地址之间的数字。要确定主机地址，最简单的方法是写出子网地址和广播地址，这样合法的主机地址就显而易见了。下面列出了子网 0、64、128 和 192 以及它们的合法主机地址范围和广播地址：

子网（第1步）	0	64	128	192
第一个主机地址（最后一步）	1	65	129	193
最后一个主机地址	62	126	190	254
广播地址（第2步）	63	127	191	255

同样，现在你能够使用子网掩码/26 划分子网了。进入下一个示例前，如何使用这些信息呢？答案是实现子网划分。我们将使用图 4-2 练习实现/26 子网划分。

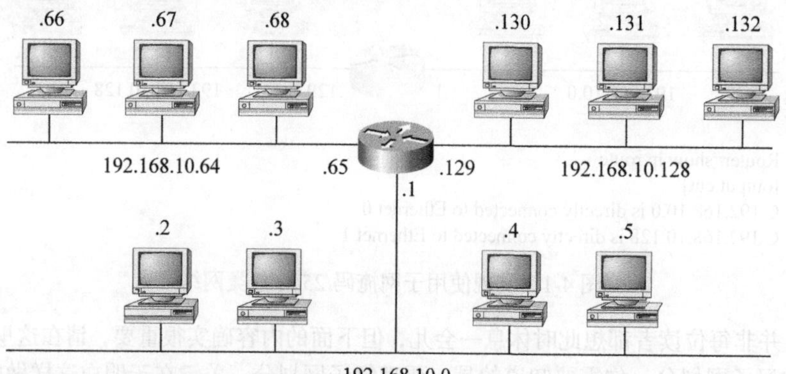

图 4-2　实现 C 类/26 逻辑网络

子网掩码/26 提供了 4 个子网，每个路由器接口都需要一个子网。使用这种子网掩码时，这个示例还有添加另一个路由器接口的空间。

- 示例#3C：255.255.255.224（/27）

这次我们将使用子网掩码 255.255.255.224 对网络 192.168.10.0 进行子网划分。

网络地址 = 192.168.10.0

子网掩码 = 255.255.255.224

- 多少个子网？224的二进制表示为11100000，因此答案为$2^3 = 8$个子网。
- 每个子网多少台主机？$2^5 - 2 = 30$。
- 有哪些合法的子网？256 – 224 = 32。我们需要从0开始不断增加块大小32，直到到达子网掩码值，因此子网为0、32、64、96、128、160、192和224。
- 每个子网的广播地址是什么（总是下一个子网之前的数字）？
- 每个子网包含哪些合法的主机地址（合法的主机地址为子网地址和广播地址之间的数字）？

要回答最后两个问题，首先写出子网，再写出广播地址——下一个子网之前的数字，最后填写主机地址范围。下面列出了在C类网络中使用子网掩码255.255.255.224得到的所有子网。

子网	0	32	64	96	128	160	192	224
第一个主机地址	1	33	65	97	129	161	193	225
最后一个主机地址	30	62	94	126	158	190	222	254
广播地址	31	63	95	127	159	191	223	255

- 示例#4C：255.255.255.240（/28）

再来看一个示例：

网络地址 = 192.168.10.0

子网掩码 = 255.255.255.240

- 多少个子网？240的二进制表示为11110000，答案为$2^4 = 16$个子网。
- 每个子网多少台主机？主机位为4位，答案为$2^4 - 2 = 14$。
- 有哪些合法的子网？256 – 240 = 16。从0开始数，每次增加16：0 + 16 = 16、16 + 16 = 32、32 + 16 = 48、48 + 16 = 64、64 + 16 = 80、80 + 16 = 96、96 + 16 = 112、112 + 16 = 128、128 + 16 = 144、144 + 16 = 160、160 + 16 = 176、176 + 16 = 192、192 + 16 = 208、208 + 16 = 224、224 + 16 = 240。
- 每个子网的广播地址是什么？
- 合法的主机地址是什么？

下表回答了最后两个问题，它列出了所有子网以及每个子网的合法主机地址和广播地址。首先，使用块大小（增量）确定每个子网的地址；然后，确定每个子网的广播地址（它总是下一个子网之前的数字）；最后，填充主机地址范围。下表列出了在C类网络中使用子网掩码255.255.255.240得到的子网、主机地址和广播地址。

子网	0	16	32	48	64	80	96	112	128	144	160	176	192	208	224	240
第一个主机地址	1	17	33	49	65	81	97	113	129	145	161	177	193	209	225	241
最后一个主机地址	14	30	46	62	78	94	110	126	142	158	174	190	206	222	238	254
广播地址	15	31	47	63	79	95	111	127	143	159	175	191	207	223	239	255

提示　思科发现，大多数人都不会计算16的倍数，因此难以确定使用子网掩码255.255.255.240时C类网络包含的子网、主机地址和广播地址。你最好仔细研究该子网掩码。

- 示例#5C：255.255.255.248（/29）

继续练习：

网络地址 = 192.168.10.0

子网掩码 = 255.255.255.248

- ❑ 多少个子网？248的二进制表示为11111000，答案为 $2^5 = 32$ 个子网。
- ❑ 每个子网多少台主机？$2^3 - 2 = 6$。
- ❑ 有哪些合法的子网？256 − 248 = 8，因此合法的子网为0、8、16、24、32、40、48、56、64、72、80、88、96、104、112、120、128、136、144、152、160、168、176、184、192、200、208、216、224、232、240和248。
- ❑ 每个子网的广播地址是什么？
- ❑ 合法的主机地址是什么？

下面列出了使用子网掩码255.255.255.248时，该C类网络包含的部分子网（前4个和最后4个）以及它们的主机地址范围和广播地址。

子网	0	8	16	24	…	224	232	240	248
第一个主机地址	1	9	17	25	…	225	33	241	249
最后一个主机地址	6	14	22	30	…	230	238	246	254
广播地址	7	15	23	31	…	231	239	247	255

提示　如果你给路由器接口配置地址192.168.10.6 255.255.255.248，并出现如下错误消息：

```
Bad mask /29 for address 192.168.10.6
```

这表明没有启用命令ip subnet-zero。要知道这里使用的地址属于子网0，你必须能够划分子网。

- 示例#6C：255.255.255.252（/30）

再看一个示例：

网络地址 = 192.168.10.0

子网掩码 = 255.255.255.252

- ❑ 多少个子网？64。
- ❑ 每个子网多少台主机？2。
- ❑ 有哪些合法的子网？0、4、8、12、……、252。
- ❑ 每个子网的广播地址是什么（总是下一个子网之前的数字）？
- ❑ 合法的主机地址是什么（子网号和广播地址之间的数字）？

下面列出了使用子网掩码 255.255.255.252 时，该 C 类网络包含的部分子网（前 4 个和最后 4 个）以及它们的主机地址范围和广播地址。

子网	0	4	8	12	…	240	244	248	252
第一个主机地址	1	5	9	13	…	241	245	249	253
最后一个主机地址	2	6	10	14	…	242	246	250	254
广播地址	3	7	11	15	…	243	247	251	255

3. 在脑海中对 C 类网络进行子网划分

你完全可以在脑海中进行子网划分。如果你不相信，我将证明这一点。这并没有你想象中那么难，请看下例：

节点地址 = 192.168.10.33

子网掩码 = 255.255.255.224

首先，确定该 IP 地址所属的子网以及该子网的广播地址。为此，请回答五大问题中的第三个。256 – 224 = 32，因此子网为 0、32、64 等。地址 33 位于子网 32 和 64 之间，因此属于子网 192.168.10.32。下一个子网为 64，因此子网 32 的广播地址为 63（别忘了，广播地址总是下一个子网之前的数字）。合法的主机地址范围为 33～62（子网和广播地址之间的数字）。这太简单了。

真实案例

应使用每个子网只支持两台主机的子网掩码吗？

你是位于旧金山的 Acme Coporation 的一名网络管理员，该公司有数十条 WAN 链路连接到你所属的分支机构。当前，该公司的网络为分类网络，这意味着每台主机和路由器接口使用的子网掩码都相同。你通过学习获知，使用无类路由选择时，可使用不同的子网掩码，但不知道在点到点 WAN 链路上使用什么样的子网掩码。在这种情形下，使用子网掩码 255.255.255.252（/30）可行吗？

是的，这是一个非常适合用于广域网的子网掩码。

如果你使用子网掩码 255.255.255.0，每个子网将包含 254 个主机地址，但一条 WAN 链路只占用其中的两个，这将浪费 252 个主机地址。如果使用子网掩码 255.255.255.252，每个子网将只有两个主机地址，因此不会浪费宝贵的地址。这是一个很重要的主题，下一章中有关 VLSM 网络设计的一节将更详细地介绍它。

下面是另一个示例，它使用了另一个子网掩码：

节点地址 = 192.168.10.33

子网掩码 = 255.255.255.240

该 IP 地址属于哪个子网？该子网的广播地址是什么？256 – 240= 16，因此子网为0、16、32、48等。主机地址33位于子网32和48之间，因此属于子网192.168.10.32。下一个子网为48，因此该子网的广播地址为47。合法的主机地址范围为33～46（子网和广播地址之间的数字）。

为掌握这种技巧，你需要做更多的练习。

假设节点地址为192.168.10.174，子网掩码为255.255.255.240。合法的主机地址范围是多少呢？

子网掩码为240，因此将256减去240，结果为16，这是块大小。要确定所属的子网，只需从零开始不断增加16，并在超过主机地址174后停止：0、16、32、48、64、80、96、112、128、144、160、176等。主机地址174位于160和176之间，因此所属的子网为160。广播地址为175，合法的主机地址范围为161～174。这个比较难。

再来看一个示例，这是所有C类子网划分中最容易的：

节点地址 = 192.168.10.17

子网掩码 = 255.255.255.252

该IP地址属于哪个子网？该子网的广播地址是什么？256 － 252= 4，因此子网为0、4、8、12、16、20等（除非专门指出，否则总是从0开始）。主机地址17位于子网16和20之间，因此属于子网192.168.10.16，而该子网的广播地址为19。合法的主机地址范围为17～18。

有关C类网络的子网划分就介绍到这里，下面将介绍B类网络的子网划分，但在此之前，让我们简单地复习一下。

4. 学到的东西

这里将应用所学的知识并帮助大家记忆。这些内容确实很好，我在每年的课堂上都介绍它们，它们确实有助于你牢固掌握子网划分。

看到子网掩码或其斜杠表示（CIDR）时，你应知道如下内容。

对于/25，你应知道：

- 子网掩码为128；
- 1位的取值为1，其他7位的取值为0（10000000）；
- 块大小为128；
- 2个子网，每个子网最多可包含126台主机。

对于/26，你应知道：

- 子网掩码为192；
- 2位的取值为1，其他6位的取值为0（11000000）；
- 块大小为64；
- 4个子网，每个子网最多可包含62台主机。

对于/27，你应知道：

- 子网掩码为224；
- 3位的取值为1，其他5位的取值为0（11100000）；
- 块大小为32；
- 8个子网，每个子网最多可包含30台主机。

对于/28，你应知道：

- 子网掩码为240；
- 4位的取值为1，其他4位的取值为0（11110000）；
- 块大小为16；
- 16个子网，每个子网最多可包含14台主机。

对于/29，你应知道：

- 子网掩码为 248；
- 5 位的取值为 1，其他 3 位的取值为 0（11111000）；
- 块大小为 8；
- 32 个子网，每个子网最多可包含 6 台主机。

对于/30，你应知道：

- 子网掩码为 252；
- 6 位的取值为 1，其他 2 位的取值为 0（11111100）；
- 块大小为 4；
- 64 个子网，每个子网最多可包含 2 台主机。

无论是 A 类、B 类还是 C 类网络，使用子网掩码/30 时，每个子网都只包含 2 个主机地址。这种子网掩码只适合用于点到点链路，思科也是这样建议的。

本节内容对日常工作和学习大有帮助。请尝试大声地读出来，这有助于记忆。如果你在网络领域工作，这可能帮助同事，在他们以为你忘记了这些内容的同时，他们却记下来了。如果你还未进入网络领域，并为进入该领域而学习，不如现在就让人觉得你是个怪人，因为他们迟早会这样认为的。

将这些内容写在记忆卡上，并让他人帮助检查你的记忆程度也很有帮助。如果能记住块大小以及本节的内容，你将惊奇于自己完成子网划分的速度。

4.1.6 B 类网络的子网划分

深入介绍这个主题前，先来看看 B 类网络可使用的全部子网掩码。注意，与 C 类网络相比，B 类网络可使用的子网掩码多得多：

```
255.255.0.0    (/16)
255.255.128.0  (/17)      255.255.255.0    (/24)
255.255.192.0  (/18)      255.255.255.128  (/25)
255.255.224.0  (/19)      255.255.255.192  (/26)
255.255.240.0  (/20)      255.255.255.224  (/27)
255.255.248.0  (/21)      255.255.255.240  (/28)
255.255.252.0  (/22)      255.255.255.248  (/29)
255.255.254.0  (/23)      255.255.255.252  (/30)
```

你知道，在 B 类地址中，有 16 位可用于主机地址。这意味着最多可将其中的 14 位用于子网划分，因为至少需要保留 2 位用于主机编址。使用/16 意味着不对 B 类网络进行子网划分，但它是一个可使用的子网掩码。

顺便说一句，在上述子网掩码列表中，你注意到了什么有趣的地方吗？如某种规律？这就是我在本章前面要求你记住二进制到十进制转换表的原因。子网掩码位总是从左向右延伸，且必须是连续的。因此，不管是哪类网络，总有部分子网掩码是相同的。请记住这种规律。

B 类网络的子网划分过程与 C 类网络极其相似，只是可供使用的主机位更多——从第三个字节开始。

在 B 类网络中，子网号和广播地址都用 2 B 表示，其中第三个字节分别与 C 类网络的子网号和广播地址相同，而第四个字节分别为 0 和 255。下面列出了一个 B 类网络中两个子网的子网地址和广播地址，该网络使用子网掩码 240.0（/20）：

子网地址	16.0	32.0
广播地址	31.255	47.255

只需在上述数字之间添加有效的主机地址，我们就大功告成了！

注意　上述说法仅当子网掩码小于/24 时才正确，子网掩码不小于/24 时，B 类网络的子网地址和广播地址与 C 类网络完全相同。

1. B 类网络子网划分示例

在接下来的几节中，你将有机会练习 B 类网络的子网划分。需要重申的是，这与 C 类网络的子网划分相同，只是从第三个字节开始，但数字是完全相同的。

● 示例#1B：255.255.128.0（/17）

网络地址 = 172.16.0.0

子网掩码 = 255.255.128.0

- ❑ 多少个子网？$2^1 = 2$（与 C 类网络相同）。
- ❑ 每个子网多少台主机？$2^{15} - 2 = 32766$（第三个字节 7 位，第四个字节 8 位）。
- ❑ 有哪些合法的子网？256 – 128 = 128，因此子网为 0 和 128。鉴于子网划分是在第三个字节中进行的，因此子网号实际上为 0.0 和 128.0，如下面所示。这些数字与 C 类网络相同，我们将其用于第三个字节，并将第四个字节设置为零。
- ❑ 每个子网的广播地址是什么？
- ❑ 合法的主机地址是什么？

下面列出了这两个子网及其合法主机地址范围和广播地址。

子网	0.0	128.0
第一个主机地址	0.1	128.1
最后一个主机地址	127.254	255.254
广播地址	127.255	255.255

注意，只需添加第四个字节的最小值和最大值，我们就得到了答案。同样，这里的子网划分与 C 类网络相同：在第三个字节使用了相同的数字，但在第四个字节添加了 0 和 255，是否非常简单？这一点儿也不难，这一点怎么强调都不过分。数字没有变，只是将它们用于不同的字节！

● 示例#2B：255.255.192.0（/18）

网络地址 = 172.16.0.0

子网掩码 = 255.255.192.0

- 多少个子网？$2^2=4$。
- 每个子网多少台主机？$2^{14}-2=16\,382$（第三个字节6位，第四个字节8位）。
- 有哪些合法的子网？256－192＝64，因此子网为0、64、128和192。鉴于子网划分是在第三个字节中进行的，因此子网号实际上为0.0、64.0、128.0和192.0，如下面所示。
- 每个子网的广播地址是什么？
- 合法的主机地址是什么？

下面列出了这4个子网及其合法主机地址范围和广播地址。

子网	0.0	64.0	128.0	192.0
第一个主机地址	0.1	64.1	128.1	192.1
最后一个主机地址	63.254	127.254	191.254	255.254
广播地址	63.255	127.255	191.255	255.255

同样，这与C类网络子网划分完全相同，只是在每个子网的第四个字节分别添加了0和255。

- 示例#3B：255.255.240.0（/20）

网络地址＝172.16.0.0

子网掩码＝255.255.240.0

- 多少个子网？$2^4=16$。
- 每个子网多少台主机？$2^{12}-2=4094$。
- 有哪些合法的子网？256－240＝16，因此子网为0、16、32、48等，直到240。注意，这些数字与使用子网掩码240的C类子网完全相同，只是将它们用于第三个字节，并在第四个字节分别添加了0和255。
- 每个子网的广播地址是什么？
- 合法的主机地址是什么？

下面列出了使用子网掩码255.255.240.0时，该B类网络包含的前4个子网以及这些子网的合法主机地址范围和广播地址。

子网	0.0	16.0	32.0	48.0
第一个主机地址	0.1	16.1	32.1	48.1
最后一个主机地址	15.254	31.254	47.254	63.254
广播地址	15.255	31.255	47.255	63.255

- 示例#4B：255.255.254.0（/23）

网络地址＝172.16.0.0

子网掩码＝255.255.254.0

- 多少个子网？$2^7=128$。
- 每个子网多少台主机？$2^9-2=510$。
- 有哪些合法的子网？256－254＝2，因此子网为0、2、4、6、8、……、254。
- 每个子网的广播地址是什么？
- 合法的主机地址是什么？

下面列出了使用子网掩码 255.255.254.0 时，该 B 类网络包含的前 5 个子网以及这些子网的合法主机地址范围和广播地址。

子网	0.0	2.0	4.0	6.0	8.0
第一个主机地址	0.1	2.1	4.1	6.1	8.1
最后一个主机地址	1.254	3.254	5.254	7.254	9.254
广播地址	1.255	3.255	5.255	7.255	9.255

● 示例#5B：255.255.255.0（/24）

与大家通常认为的相反，将子网掩码 255.255.255.0 用于 B 类网络时，我们并不将其称为 C 类子网掩码。看到该子网掩码用于 B 类网络时，很多人都认为它是一个 C 类子网掩码，这太奇怪了。这是一个将 8 位用于子网划分的 B 类子网掩码，从逻辑上说，它不同于 C 类子网掩码。下面的子网划分非常简单：

网络地址 = 172.16.0.0

子网掩码 = 255.255.255.0

- 多少个子网？$2^8 = 256$。
- 每个子网多少台主机？$2^8 - 2 = 254$。
- 有哪些合法的子网？256 − 255 = 1，因此子网为 0、1、2、3、……、255。
- 每个子网的广播地址是什么？
- 合法的主机地址是什么？

下面列出了使用子网掩码 255.255.255.0 时，该 B 类网络包含的前 4 个和后 2 个子网以及这些子网的合法主机地址范围和广播地址。

子网	0.0	1.0	2.0	3.0	...	254.0	255.0
第一个主机地址	0.1	1.1	2.1	3.1	...	254.1	255.1
最后一个主机地址	0.254	1.254	2.254	3.254	...	254.254	255.254
广播地址	0.255	1.255	2.255	3.255	...	254.255	255.255

● 示例#6B：255.255.255.128（/25）

这是最难处理的子网掩码之一，更糟糕的是，它是一个非常适合生产环境的子网掩码，因为它可创建 500 多个子网，而每个子网可包含 126 台主机——一种不错的组合。因此，请千万不要跳过这个示例！

网络地址 = 172.16.0.0

子网掩码 = 255.255.255.128

- 多少个子网？$2^9 = 512$。
- 每个子网多少台主机？$2^7 - 2 = 126$。
- 有哪些合法的子网？这是比较棘手的部分。256 − 255 = 1，因此第三个字节的可能取值为 0、1、2、3 等；但别忘了，第四个字节还有一个子网位。还记得前面如何在 C 类网络中处理只有一个子网位的情况吗？这里的处理方式相同。（现在你知道前面讨论 C 类网络的子网划分时，为何介绍只有一个子网位的情形了——让这部分更容易理解。）第三字节的每个可能取值对应于两个子网，因此总共有 512 个子网。例如，如果第三个字节的取值为 3，则对应的两个子网为 3.0 和 3.128。

- ❑ 每个子网的广播地址是什么？
- ❑ 合法的主机地址是什么？

下面列出了使用子网掩码 255.255.255.128 时，该 B 类网络包含的前 8 个和后 2 个子网以及这些子网的合法主机地址范围和广播地址。

子网	0.0	0.128	1.0	1.128	2.0	2.128	3.0	3.128	...	255.0	255.128
第一个主机地址	0.1	0.129	1.1	1.129	2.1	2.129	3.1	3.129	...	255.1	255.129
最后一个主机地址	0.126	0.254	1.126	1.254	2.126	2.254	3.126	3.254	...	255.126	255.254
广播地址	0.127	0.255	1.127	1.255	2.127	2.255	3.127	3.255	...	255.127	255.255

- 示例#7B：255.255.255.192（/26）

现在，B 类网络的子网划分变得容易了。在该子网掩码中，第三个字节为 255，因此确定子网时，第三个字节的可能取值为 0、1、2、3 等。然而，第四个字节也用于指定子网，但我们可像 C 类网络的子网划分那样确定该字节的可能取值。下面就来试试：

网络地址 = 172.16.0.0

子网掩码 = 255.255.255.192

- ❑ 多少个子网？$2^{10} = 1024$。
- ❑ 每个子网多少台主机？$2^6 - 2 = 62$。
- ❑ 有哪些合法的子网？256 – 192 = 64，合法的子网如下面所示。你对这些数字是否有似曾相识之感？
- ❑ 每个子网的广播地址是什么？
- ❑ 合法的主机地址是什么？

下面列出了前 8 个子网以及这些子网的合法主机地址范围和广播地址。

子网	0.0	0.64	0.128	0.192	1.0	1.64	1.128	1.192
第一个主机地址	0.1	0.65	0.129	0.193	1.1	1.65	1.129	1.193
最后一个主机地址	0.62	0.126	0.190	0.254	1.62	1.126	1.190	1.254
广播地址	0.63	0.127	0.191	0.255	1.63	1.127	1.191	1.255

注意，确定子网时，对于第三个字节的每个可能取值，第四个字节都有 4 个可能取值：0、64、128 和 192。

- 示例#8B：255.255.255.224（/27）

这与前一个子网掩码的处理方式相同，只是子网更多，而每个子网可包含的主机更少。

网络地址 = 172.16.0.0

子网掩码 = 255.255.255.224

- ❑ 多少个子网？$2^{11} = 2048$。
- ❑ 每个子网多少台主机？$2^5 - 2 = 30$。

- 有哪些合法的子网？256－224＝32，第四个字节的可能取值为0、32、64、96、128、160、192和224。
- 每个子网的广播地址是什么？
- 合法的主机地址是什么？

下面列出了前8个子网以及这些子网的合法主机地址范围和广播地址。

子网	0.0	0.32	0.64	0.96	0.128	0.160	0.192	0.224
第一个主机地址	0.1	0.33	0.65	0.97	0.129	0.161	0.193	0.225
最后一个主机地址	0.30	0.62	0.94	0.126	0.158	0.190	0.222	0.254
广播地址	0.31	0.63	0.95	0.127	0.159	0.191	0.223	0.255

下面列出了最后8个子网。

子网	255.0	255.32	255.64	255.96	255.128	255.160	255.192	255.224
第一个主机地址	255.1	255.33	255.65	255.97	255.129	255.161	255.193	255.225
最后一个主机地址	255.30	255.62	255.94	255.126	255.158	255.190	255.222	255.254
广播地址	255.31	255.63	255.95	255.127	255.159	255.191	255.223	255.255

2. 在脑海中对B类网络进行子网划分

你疯了吗？还能在脑海中对B类网络进行子网划分？这实际上比写出来更容易——我不是在开玩笑，下面就来演示。

问题：172.16.10.33/27属于哪个子网？该子网的广播地址是多少？

答案：这里只需考虑第四个字节。256－224＝32，而32＋32＝64。33位于32和64之间，但子网号还有一部分位于第三个字节，因此答案是该地址位于子网10.32中。由于下一个子网为10.64，该子网的广播地址为10.63。这个问题非常简单。

问题：IP地址172.16.66.10 255.255.192.0（/18）属于哪个子网？该子网的广播地址是多少？

答案：这里需要考虑的是第三个字节，而不是第四个字节。256－192＝64，因此子网为0.0、64.0、128.0等。所属的子网为172.16.64.0。由于下一个子网为128.0，该子网的广播地址为172.16.127.255。

问题：IP地址172.16.50.10 255.255.224.0（/19）属于哪个子网？该子网的广播地址是多少？

答案：256－224＝32，因此子网为0.0、32.0、64.0等（别忘了，总是从0开始往上数）。所属的子网为172.16.32.0，而其广播地址为172.16.63.255，因为下一个子网为64.0。

问题：IP地址172.16.46.255 255.255.240.0（/20）属于哪个子网？该子网的广播地址是多少？

答案：这里只需考虑第三个字节，256－240＝16，因此子网为0.0、16.0、32.0、48.0等。该地址肯定属于子网172.16.32.0，而该子网的广播地址为172.16.47.255，因为下一个子网为48.0。是的，172.16.46.225确实是合法的主机地址。

问题：IP地址172.16.45.14 255.255.255.252（/30）属于哪个子网？该子网的广播地址是多少？

答案：这里需要考虑哪个字节呢？第四个。256－252＝4，因此子网为0、4、8、12、16等。所属的子网为172.16.45.12，而该子网的广播地址为172.16.45.15，因为下一个子网为172.16.45.16。

问题：IP地址172.16.88.255/20属于哪个子网？该子网的广播地址是多少？

答案：/20对应的子网掩码是什么呢？如果你无法回答，就回答不了这个问题。/20对应的子网掩码为255.255.240.0，在第三个字节，该子网掩码提供的块大小为16。由于第四个字节没有子网位，因此子网地址的第四个字节总是0，而广播地址的第四个字节总是255。/20提供的子网为0.0、16.0、32.0、48.0、64.0、80.0、96.0等，而88位于80和96之间，因此所属子网为80.0，而该子网的广播地址为95.255。

问题：路由器在其接口上收到了一个分组，其目标地址为172.16.46.191/26，请问路由器将如何处理该分组？

答案：将其丢弃。你知道为什么吗？在172.16.46.191/26中，子网掩码为255.255.255.192，这种子网掩码创建的块大小为64，因此子网为0、64、128、192等。172.16.46.191是子网172.16.46.128的广播地址，而默认情况下，路由器会丢弃所有的广播分组。

4.1.7 A类网络的子网划分

A类网络的子网划分与B类和C类网络没有什么不同，但需要处理的是24位，而B类和C类网络中需处理的分别是16位和8位。

首先，我将列出可用于A类网络的所有子网掩码：

```
255.0.0.0     (/8)
255.128.0.0   (/9)            255.255.240.0  (/20)
255.192.0.0   (/10)           255.255.248.0  (/21)
255.224.0.0   (/11)           255.255.252.0  (/22)
255.240.0.0   (/12)           255.255.254.0  (/23)
255.248.0.0   (/13)           255.255.255.0  (/24)
255.252.0.0   (/14)           255.255.255.128  (/25)
255.254.0.0   (/15)           255.255.255.192  (/26)
255.255.0.0   (/16)           255.255.255.224  (/27)
255.255.128.0   (/17)         255.255.255.240  (/28)
255.255.192.0   (/18)         255.255.255.248  (/29)
255.255.224.0   (/19)         255.255.255.252  (/30)
```

仅此而已，因为至少需要留下两位来定义主机。但愿你现在能看出其中的规律。请记住，A类网络的子网划分与B和C类网络相同，只是主机位更多些。A类网络的子网络划分使用的子网号与B类和C类网络中相同，但从第二个字节开始使用这些编号。

1. A类网络子网划分示例

看到IP地址和子网掩码后，你必须能够区分用于子网的位和用于主机的位。这是必须的。如果你还没有明白这个概念，请复习3.3节，它介绍了如何区分子网位和主机位，有助于你明白这一点。

- 示例#1A：255.255.0.0（/16）

A类网络默认使用子网掩码255.0.0.0，这使得有22位可用于子网划分，因为至少需要留下两位用于主机编址。在A类网络中，子网掩码255.255.0.0使用8个子网位。

- ❑ 多少个子网？$2^8 = 256$。
- ❑ 每个子网的主机数？$2^{16} - 2 = 65\,534$。

- ❑ 有哪些合法的子网？需要考虑哪些字节？只有第二个字节。256 − 255 = 1，因此子网为 10.0.0.0、10.1.0.0、10.2.0.0、10.3.0.0、……、10.255.0.0。
- ❑ 每个子网的广播地址是什么？
- ❑ 合法的主机地址是什么？

下面列出了使用子网掩码/16 时，A 类私有网络 10.0.0.0 的前两个和后两个子网以及这些子网的合法主机地址范围和广播地址。

子网	10.0.0.0	10.1.0.0	…	10.254.0.0	10.255.0.0
第一个主机地址	10.0.0.1	10.1.0.1	…	10.254.0.1	10.255.0.1
最后一个主机地址	10.0.255.254	10.1.255.254	…	10.254.255.254	10.255.255.254
广播地址	10.0.255.255	10.1.255.255	…	10.254.255.255	10.255.255.255

● 示例#2A：255.255.240.0（/20）

子网掩码为 255.255.240.0 时，12 位用于子网划分，余下 12 位用于主机编址。

- ❑ 多少个子网？$2^{12} = 4096$。
- ❑ 每个子网的主机数？$2^{12} - 2 = 4094$。
- ❑ 有哪些合法的子网？需要考虑哪些字节？第二和第三个字节。在第二个字节中，子网号的间隔为 1；在第三个字节中，子网号为 0、16、32 等，因为 256 − 240 = 16。
- ❑ 每个子网的广播地址是什么？
- ❑ 合法的主机地址是什么？

下面列出了前 3 个和最后一个子网的主机地址范围。

子网	10.0.0.0	10.0.16.0	10.0.32.0	…	10.255.240.0
第一个主机地址	10.0.0.1	10.0.16.1	10.0.32.1	…	10.255.240.1
最后一个主机地址	10.0.15.254	10.0.31.254	10.0.47.254	…	10.255.255.254
广播地址	10.0.15.255	10.0.31.255	10.0.47.255	…	10.255.255.255

● 示例#3A：255.255.255.192（/26）

这个例子将第二个、第三个和第四个字节用于划分子网。

- ❑ 多少个子网？$2^{18} = 262\,144$。
- ❑ 每个子网的主机数？$2^{6} - 2 = 62$。
- ❑ 有哪些合法的子网？在第二个和第三个字节中，子网号间隔为 1，而在第四个字节中，子网号间隔为 64。
- ❑ 每个子网的广播地址是什么？
- ❑ 合法的主机地址是什么？

下面列出了使用子网掩码 255.255.255.192 时，A 类网络 10.0.0.0 的前 4 个子网以及这些子网的合法主机地址范围和广播地址。

子网	10.0.0.0	10.0.0.64	10.0.0.128	10.0.0.192
第一个主机地址	10.0.0.1	10.0.0.65	10.0.0.129	10.0.0.193

最后一个主机地址	10.0.0.62	10.0.0.126	10.0.0.190	10.0.0.254
广播地址	10.0.0.63	10.0.0.127	10.0.0.191	10.0.0.255

下面列出了最后4个子网以及这些子网的合法主机地址范围和广播地址。

子网	10.255.255.0	10.255.255.64	10.255.255.128	10.255.255.192
第一个主机地址	10.255.255.1	10.255.255.65	10.255.255.129	10.255.255.193
最后一个主机地址	10.255.255.62	10.255.255.126	10.255.255.190	10.255.255.254
广播地址	10.255.255.63	10.255.255.127	10.255.255.191	10.255.255.255

2. 在脑海中对A类网络进行子网划分

这听起来很难，但使用的数字与B类和C类网络相同，只是从第二个字节开始。为什么容易呢？你只需考虑块大小最大的那个字节（通常称为感兴趣的字节，其取值是0或255以外的值）。例如，在A类网络中使用子网掩码255.255.240.0（/20）时，第二个字节的块大小为1，在确定子网时，该字节可以为任何取值。在该子网掩码中，第三个字节为240，这意味着第三个字节的块大小为16。如果主机ID为10.20.80.30，它属于哪个子网呢？该子网的合法主机地址范围和广播地址分别是什么？

第二个字节的块大小为1，因此所属子网的第二个字节为20，但第三个字节的块大小为16，因此子网号的第三个字节的可能取值为0、16、32、48、64、80、96等（顺便说一句，你现在知道怎样计算16的倍数了吧？），因此所属子网为10.20.80.0。该子网的广播地址为10.20.95.255，因为下一个子网为10.20.96.0。合法的主机地址范围为10.20.80.1～10.20.95.254。确定块大小后，我们便能在脑海中完成子网划分工作，这可不是骗你！

再来做个练习。

主机IP地址：10.1.3.65/23

首先，如果不知道/23对应的子网掩码，你就回答不了这个问题。它对应的子网掩码为255.255.254.0。这里感兴趣的字节为第三个。256 − 254 = 2，因此第三个字节的子网号为0、2、4、6等。在这个问题中，主机位于子网2.0中，而下一个子网为4.0，因此该子网的广播地址为3.255。10.1.2.1～10.1.3.254中的任何地址都是该子网中合法的主机地址。

4.2 小结

阅读第3章和第4章时，第一遍就就明白了其中介绍的所有内容吗？如果是这样，那太好了，祝贺你！通常情况下，你可能阅读两三遍后还有不明白的地方，而正如前面指出的，这很正常，不用担心。如果你必须阅读多遍（甚至多达10遍）才真正明白这两章的内容，也不用难过。

本章将加深你对IP子网划分的认识，阅读完后，你应该能够在脑海中完成IP子网划分。

本章对思科认证至关重要，如果你只是浏览了一遍，请回过头去仔细阅读，并完成后面所有的书面实验。

4.3 考试要点

指出子网划分的优点。对物理网络进行子网划分的好处包括减少网络流量、优化网络性能、简化管理以及有助于覆盖大型地理区域。

描述命令 ip subnet-zero 的影响。这个命令让你能够在网络设计中使用第一个和最后一个子网。

指出对分类网络进行子网划分的步骤。首先，将 256 减去子网掩码值，计算出块大小；然后，列出子网并确定每个子网的广播地址（总是下一个子网之前的数字）。子网地址和广播地址之间的数字就是合法的主机地址。

指出可能的块大小。这对于理解 IP 编址和子网划分非常重要。可能的块大小为 2、4、8、16、32、64、128 等。要计算块大小，我们可将 256 减去子网掩码值。

描述子网掩码在 IP 编址中扮演的角色。子网掩码是一个 32 位的值，让 IP 分组的接收方能够将 IP 地址的网络 ID 部分和主机 ID 部分区分开来。

理解并使用公式 2^n-2。根据要求的子网大小，可使用这个公式确定在分类网络中使用什么样的子网掩码。

解释无类域间路由选择（CIDR）的影响。CIDR 让你能够使用 3 个分类子网掩码外的其他子网掩码，从而创建分类子网划分不支持的子网规模。

4.4　书面实验

在本节中，你将完成如下实验，确保明白了其中涉及的信息和概念。

- 实验 4.1：书面子网划分实践 1。
- 实验 4.2：书面子网划分实践 2。
- 实验 4.3：书面子网划分实践 3。

（书面实验的答案见本章复习题答案的后面）

4.4.1　书面实验 4.1：书面子网划分实践 1

对于问题 1~6，请确定相应 IP 地址所属的子网以及该子网的广播地址和合法主机地址范围。

(1) 192.168.100.25/30。

(2) 192.168.100.37/28。

(3) 192.168.100.66/27。

(4) 192.168.100.17/29。

(5) 192.168.100.99/26。

(6) 192.168.100.99/25。

(7) 假设你有一个 B 类网络，并需要 29 个子网，应使用什么样的子网掩码？

(8) 192.168.192.10/29 所属子网的广播地址是什么？

(9) 在 C 类网络中使用子网掩码/29 时，每个子网最多可包含多少台主机？

(10) 主机 ID 10.16.3.65/23 属于哪个子网？

4.4.2　书面实验 4.2：书面子网划分实践 2

给定 B 类网络和网络位数（CIDR），请完成下表，指出对应的子网掩码以及每个子网包含的主机地址数。

分类地址	子网掩码	每个子网的主机数（2^x-2）
/16		
/17		
/18		
/19		
/20		
/21		
/22		
/23		
/24		
/25		
/26		
/27		
/28		
/29		
/30		

4.4.3 书面实验 4.3：书面子网划分实践 3

根据给出的十进制 IP 地址完成下表。

十进制IP地址	地址类	子网位数和主机位数	子网数（2^x）	主机数（2^x-2）
10.25.66.154/23				
172.31.254.12/24				
192.168.20.123/28				
63.24.89.21/18				
128.1.1.254/20				
208.100.54.209/30				

4.5 复习题

注意　下面的复习题旨在检验你对本章内容的理解程度。有关如何获取更多复习题的信息，请参阅本书的前言。

(1) 在使用子网掩码 255.255.255.224 的网络中，每个子网最多有多少个 IP 地址可供分配给主机？

A. 14　　B. 15　　C. 16　　D. 30　　E. 31　　F. 62

(2) 你的网络需要 29 个子网，同时要确保每个子网可用的主机地址数最多。为提供正确的子网掩码，必须从主机字段借用多少位？

A. 2　　B. 3　　C. 4　　D. 5　　E. 6　　F. 7

(3) IP 地址为 200.10.5.68/28 的主机位于哪个子网中？

A. 200.10.5.56　　B. 200.10.5.32　　C. 200.10.5.64　　D. 200.10.5.0

(4) 网络地址 172.16.0.0/19 提供多少个子网和主机？

A. 7 个子网，每个子网 30 台主机　　B. 7 个子网，每个子网 2046 台主机

C. 7 个子网，每个子网 8190 台主机　　D. 8 个子网，每个子网 30 台主机

E. 8 个子网，每个子网 2046 台主机　　F. 8 个子网，每个子网 8190 台主机

(5) 下面哪两种有关 IP 地址 10.16.3.65/23 的说法是正确的？

A. 其所属子网的地址为 10.16.3.0 255.255.254.0

B. 在其所属子网中，第一个主机地址为 10.16.2.1 255.255.254.0

C. 在其所属的子网中，最后一个合法的主机地址为 10.16.2.254 255.255.254.0

D. 其所属子网的广播地址为 10.16.3.255 255.255.254.0

E. 这个网络没有进行子网划分

(6) 如果网络中一台主机的地址为 172.16.45.14/30，该主机属于哪个子网？

A. 172.16.45.0　　B. 172.16.45.4　　C. 172.16.45.8

D. 172.16.45.12　　E. 172.16.45.16

(7) 为减少对 IP 地址的浪费，在点到点 WAN 链路上应使用哪个子网掩码？

A. /27　　B. /28　　C. /29　　D. /30　　E. /31

(8) IP 地址为 172.16.66.0/21 的主机属于哪个子网？

A. 172.16.36.0　　B. 172.16.48.0　　C. 172.16.64.0　　D. 172.16.0.0

(9) 假设一个路由器接口的 IP 地址为 192.168.192.10/29，请问在该路由器接口连接的 LAN 中，有多少台主机可以有 IP 地址（包括该路由器接口在内）？

A. 6 台　　B. 8 台　　C. 30 台　　D. 62 台　　E. 126 台

(10) 你需要配置子网 192.168.19.24/29 中的一台路由器，让其使用第一个可用的主机地址，应将哪个地址分配给它？

A. 192.168.19.0 255.255.255.0　　B. 192.168.19.33 255.255.255.240

C. 192.168.19.26 255.255.255.248　　D. 192.168.19.31 255.255.255.248

E. 192.168.19.34 255.255.255.240

(11) 一个路由器接口的 IP 地址为 192.168.192.10/29，在该接口连接的 LAN 中，主机将使用哪个广播地址？

A. 192.168.192.15　　B. 192.168.192.31　　C. 192.168.192.63

D. 192.168.192.127　　E. 192.168.192.255

(12) 你需要对一个网络进行子网划分，使其包含 5 个子网，每个子网至少可包含 16 台主机。你将使用哪个有类子网掩码？

A. 255.255.255.192　　B. 255.255.255.224　　C. 255.255.255.240　　D. 255.255.255.248

(13) 你给路由器接口配置 IP 地址 192.168.10.62 255.255.255.192 时出现了如下错误：

```
Bad mask /26 for address 192.168.10.62
```

请问为何会出现这种错误？

A. 给接口连接的是 WAN 链路，不能使用这样的 IP 地址

B. 这不是合法的主机地址和子网掩码组合

C. 没有在该路由器上启用命令 `ip subnet-zero`

D. 该路由器不支持 IP

(14) 如果给路由器的一个以太网端口分配了 IP 地址 172.16.112.1/25，该接口将属于哪个子网？

A. 172.16.112.0　　B. 172.16.0.0　　C. 172.16.96.0

D. 172.16.255.0　　E. 172.16.128.0

(15) 在下图中，如果使用第 8 个子网，接口 E0 的 IP 地址将是什么？网络 ID 为 192.168.10.0/28，而你需要使用子网中最后一个 IP 地址。这里将子网 0 视为非法。

A. 192.168.10.142　　B. 192.168.10.66　　C. 192.168.100.254
D. 192.168.10.143　　E. 192.168.10.126

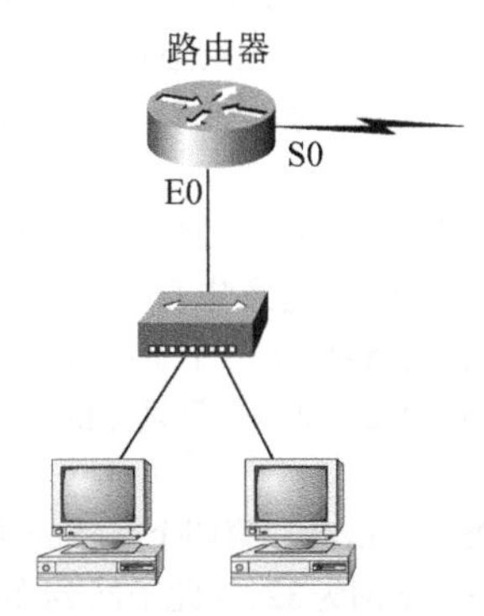

(16) 在前面的示意图中，如果你使用第一个子网，接口 S0 的 IP 地址将是什么？网络 ID 为 192.168.10.0/28，而你需要使用子网中最后一个 IP 地址。同样，这里将子网 0 视为非法。

A. 192.168.10.24　　B. 192.168.10.62　　C. 192.168.10.30　　D. 192.168.10.127

(17) 在一个使用子网掩码 255.255.255.224 的 C 类网络中，要使用 8 个子网，必须启用下面哪个配置命令？

A. Router(config)#**ip classless**　　B. Router(config)#**ip version 6**
C. Router(config)#**no ip classful**　　D. Router(config)#**ip unnumbered**
E. Router(config)#**ip subnet-zero**　　F. Router(config)#**ip all-nets**

(18) 在包含子网 172.16.17.0/22 的网络中，哪个主机地址是合法的？

A. 172.16.17.1 255.255.255.252　　B. 172.16.0.1 255.255.240.0
C. 172.16.20.1 255.255.254.0　　D. 172.16.16.1 255.255.255.240
E. 172.16.18.255 255.255.252.0　　F. 172.16.0.1 255.255.255.0

(19) 你的路由器有一个 Ethernet0，其 IP 地址为 172.16.2.1/23。在该接口连接的 LAN 中，下面哪两个主机 ID 是合法的？

A. 172.16.0.5　　B. 172.16.1.100　　C. 172.16.1.198
D. 172.16.2.255　　E. 172.16.3.0　　F. 172.16.3.255

(20) 要测试本地主机的 IP 栈，你将 ping 哪个 IP 地址？

A. 127.0.0.0　　B. 1.0.0.127　　C. 127.0.0.1
D. 127.0.0.255　　E. 255.255.255.255

4.6 复习题答案

(1) D。在/27 对应的子网掩码 255.255.255.224 中，最后一个字节有 3 位为 1，其余 5 位为 0。这提供了 8 个子网，每个子网可包含 30 台主机。在 A 类、B 类还是 C 类网络中使用这个子网掩码对结果有影响吗？根本没有影响，因为主机位数不变。

(2) D。使用子网掩码 255.255.255.240 时，有 4 个子网位，可提供 16 个子网，每个子网可包含 14 台主机。我们需要更多的子网，因此需要增加子网位。增加一个子网位时，子网掩码将为 255.255.255.248。这将提供 5 个子网位（32 个子网）和 3 个主机位（每个子网 6 台主机）。这是最佳答案。

(3) C。这个问题非常简单。/28 对应的子网掩码为 255.255.255.240，这意味着第四个字节的块大小为 16，因此子网为 0、16、32、48、64、80 等。该主机属于子网 64。

(4) F。CIDR值/19对应的子网掩码为255.255.224.0。这是一个B类地址，因此只有3个子网位，但有13个主机位，因此提供8个子网，每个子网可包含8190台主机。

(5) B、D。在A类网络中使用子网掩码255.255.254.0（/23）时，意味着有15个子网位和9个主机位。第三个字节的块大小为2（256−254）。因此，在第三个字节中，子网号为0、2、4、6、……、254。主机10.16.3.65位于子网2.0中，下一个子网为4.0，因此子网2.0的广播地址为3.255。合法主机地址范围为2.1～3.254。

(6) D。无论地址类型如何，/32的第四个字节都是252。这意味着块大小为4，子网为0、4、8、12、16等。地址14显然位于子网12中。

(7) D。点到点链路只使用两个主机地址。/30（255.255.255.252）在每个子网中提供两个主机地址。

(8) C。/21对应的子网掩码为255.255.248.0，这意味着第三个字节的块大小为8，因此我们只需从0往上数，每次递增8，直到超过66。所属的子网为64.0，下一个子网为72.0，因此子网64.0的广播地址为71.255。

(9) A。无论在哪类网络中，/29（255.255.255.248）都只提供3个主机位。因此，该LAN最多可包含6台主机（包括路由器接口在内）。

(10) C。/29对应的子网掩码为255.255.255.248，第四个字节的块大小为8，因此子网为0、8、16、24、32、40等。192.168.19.24为子网24，而下一个子网为32，因此子网24的广播地址为31。只有答案192.168.19.26是正确的。

(11) A。/29对应的子网掩码为255.255.255.248，第四个字节的块大小为8，这意味着子网为0、8、16、24等。10位于子网8中，下一个子网为16，因此广播地址为15。

(12) B。你需要5个子网，每个子网至少16台主机。子网掩码255.255.255.240提供16个子网，每个子网最多14台主机，这不可行。子网掩码255.255.255.224提供8个子网，每个子网最多30台主机，这是最佳答案。

(13) C。如果你不能划分子网，就回答不了这个问题。子网掩码为255.255.255.192时，第四个字节的块大小为64，主机位于子网0中，因此导致这种错误的原因是没有在路由器上启用命令`ip subnet-zero`。

(14) A。/25对应的子网掩码为255.255.255.128。将该子网掩码用于B类网络时，第三个和第四个字节用于子网划分，总共有9个子网位，其中8位位于第三个字节，1位位于第四个字节。由于第四个字节只有1位用于子网划分，该位的取值要么为0，要么为1，即第四个字节的子网号要么为0，要么为128。该主机位于子网0中，该子网的广播地址为127，因为下一个子网为112.128。

(15) A。/28对应的子网掩码为255.255.255.240。由于需要确定第8个子网的广播地址，因此需要数到第9个子网。为此，从16开始（这个问题指出将不使用子网0，因此从16而不是0开始数）：16、32、48、64、80、96、112、128、144。第8个子网为128，而下一个子网为144，因此子网128的广播地址为143。所以，主机地址范围为129～142，最后一个合法的主机地址为142。

(16) C。/28对应的子网掩码为255.255.255.240。第一个子网为16（这个问题指出，不使用子网0），下一个子网为32，因此广播地址为31。所以，主机地址范围为17～30，最后一个合法的主机地址为30。

(17) E。在子网掩码255.255.255.224（11100000）中，3位的值为1，其他5位的值为0，这提供了8个子网，每个子网可包含30台主机。然而，如果没有启用命令`ip subnet-zero`，则只有6个子网可供使用。

(18) E。在B类网络使用子网掩码/22（255.255.252.0）时，第三个字节的块大小为4，因此子网172.16.16.0的广播地址为172.16.19.255。只有答案E的子网掩码是正确的，且主机地址172.16.18.255是合法的。

(19) D、E。路由器的E0接口的IP地址为172.16.2.1/23，对应的子网掩码为255.255.254.0，这使得第三个字节的块大小为2。该路由器接口位于子网2.0中，而该子网的广播地址为3.255，因为下一个子网为4.0。合法的主机地址范围为2.1～3.254。该路由器接口使用了第一个合法的主机地址。

(20) C。要测试主机的本地栈，你可ping环回接口127.0.0.1。

4.7 书面实验 4.1 答案

(1) /30 对应的子网掩码为 255.255.255.252，因此该地址属于子网 192.168.100.24，该子网的广播地址为 192.168.100.27，而合法的主机地址为 192.168.100.25 和 192.168.100.26

(2) /28 对应的子网掩码为 255.255.255.240，因此第四个字节的块大小为 16。计算 16 的倍数，直到超过 37：0、16、32、48。该主机位于子网 32 中，该子网的广播地址为 47，而合法的主机地址范围为 33～46

(3) /27 对应的子网掩码为 255.255.255.224，因此第四个字节的块大小为 32。计算 32 的倍数，直到超过主机地址 66：0、32、64、96。该主机位于子网 64 中，该子网的广播地址为 95，而合法的主机地址范围为 65～94

(4) /29 对应的子网掩码为 255.255.255.248，因此第四个字节的块大小为 8，子网为 0、8、16、24 等。该主机位于子网 16 中，该子网的广播地址为 23，而合法的主机地址范围为 17～22

(5) /26 对应的子网掩码为 255.255.255.192，因此第四个字节的块大小为 64，子网为 0、64、128 等。该主机位于子网 64 中，该子网的广播地址为 127，而合法的主机地址范围为 65～126

(6) /25 对应的子网掩码为 255.255.255.128，因此第四个字节的块大小为 128，子网为 0、128 等。该主机位于子网 0 中，该子网的广播地址为 127，而合法的主机地址范围为 1～126

(7) B 类网络的默认子网掩码为 255.255.0.0。在 B 类网络中，使用子网掩码 255.255.255.0 可提供 256 个子网，每个子网可包含 254 台主机。我们不需要这么多子网。如果使用子网掩码 255.255.240.0，我们将拥有 16 个子网。让我们再添加一个子网位，使用子网掩码 255.255.248.0，这将有 5 位用于子网划分，可提供 32 个子网。这是最佳答案，其斜杆表示法为/21

(8) /29 对应的子网掩码为 255.255.255.248，因此第四个字节的块大小为 8，子网为 0、8、16 等。该主机位于子网 8 中，该子网的广播地址为 15

(9) /29 对应的子网掩码为 255.255.255.248，这提供 5 个子网位和 3 个主机位，每个子网只有 6 台主机

(10) /23 对应的子网掩码为 255.255.254.0，因此第三个字节的块大小为 2，子网为 0、2、4 等。该主机 ID 所属的子网为 16.2.0，而该子网的广播地址为 16.3.255

4.8 书面实验 4.2 答案

分类地址	子网掩码	每个子网的主机数（2^n-2）
/16	255.255.0.0	65 534
/17	255.255.128.0	32 766
/18	255.255.192.0	16 382
/19	255.255.224.0	8190
/20	255.255.240.0	4094
/21	255.255.248.0	2046
/22	255.255.252.0	1022
/23	255.255.254.0	510
/24	255.255.255.0	254
/25	255.255.255.128	126
/26	255.255.255.192	62
/27	255.255.255.224	30
/28	255.255.255.240	14
/29	255.255.255.248	6
/30	255.255.255.252	2

4.9　书面实验 4.3 答案

十进制 IP 地址	地址类	子网位数和主机位数	子网数（2^x）	主机数（2^x-2）
10.25.66.154/23	A	15/9	32 768	510
172.31.254.12/24	B	8/8	256	254
192.168.20.123/28	C	4/4	16	14
63.24.89.21/18	A	10/14	1 024	16 382
128.1.1.254/20	B	4/12	16	4094
208.100.54.209/30	C	6/2	64	2

第5章

变长子网掩码（VLSM）、汇总和TCP/IP故障排除

本章涵盖如下CCNA考试要点。

✓ **实现IP编址方案和IP服务，以满足中型企业分支机构网络的网络需求**

- 在LAN环境中实现静态和动态编址服务。
- 确定并实现编址方案，包括VLSM IP编址设计。
- 确定使用VLSM和汇总的无类编址方案，以满足LAN/WAN环境的编址需求。
- 找出并修复常见的IP编址和主机配置问题。

前两章讨论了IP子网划分，本章将详细讨论VLSM（Variable Length Subnet Mask，变长子网掩码），并演示如何设计和实现使用VLSM的网络。

读者掌握VLSM的设计和实现后，我将介绍如何在分类网络边界汇总，而第9章将更详细地讨论这个主题，演示如何使用路由选择协议EIGRP和OSPF进行汇总。

最后，本章将介绍IP地址故障排除，引导你使用思科推荐的步骤排除IP网络故障。

请做好心理准备，阅读之旅就要开始了。本章将切实帮助你理解IP编址和组网，因此不要气馁，不要放弃。只要坚持，总有一天当你回过头来看时，会为当初选择坚持感到高兴的。一旦你理解了子网划分，就会奇怪当初怎么会认为它很难。准备好了吗？我们开始吧。

有关本章内容的最新修订，请访问www.lammle.com或www.sybex.com/go/ccna7e。

5.1 变长子网掩码（VLSM）

本章将介绍一种简单的子网划分方法，它使用长度不同的子网掩码将网络划分成众多子网，适用于不同类型的网络设计。这称为VLSM组网，它带来了第4章说过的一个主题：分类组网和无类组网。

路由选择协议RIPv1和IGRP都没有提供包含子网信息的字段，因此将丢弃子网信息。这意味着如果运行RIP的路由器使用特定的子网掩码，它将假定当前分类地址空间内的所有接口都使用该子网掩码。这称为分类路由选择，而RIP和IGRP都被视为分类路由选择协议。（第8章将详细介绍

RIP 和 IGRP。）在运行 RIP 或 IGRP 的网络中，你如果使用长度不同的子网掩码，该网络将不能正常运行。

然而，无类路由选择协议通告子网信息，因此在运行诸如 RIPv2、EIGRP 和 OSPF 等路由选择协议的网络中，你可使用 VLSM。（EIGRP 和 OSPF 将在第 9 章讨论。）这种网络的优点在于，让你能够节省大量的 IP 地址空间。

顾名思义，使用 VLSM 时，我们可给不同的路由器接口配置长度不同的子网掩码。图 5-1 说明了分类网络设计低效的原因。

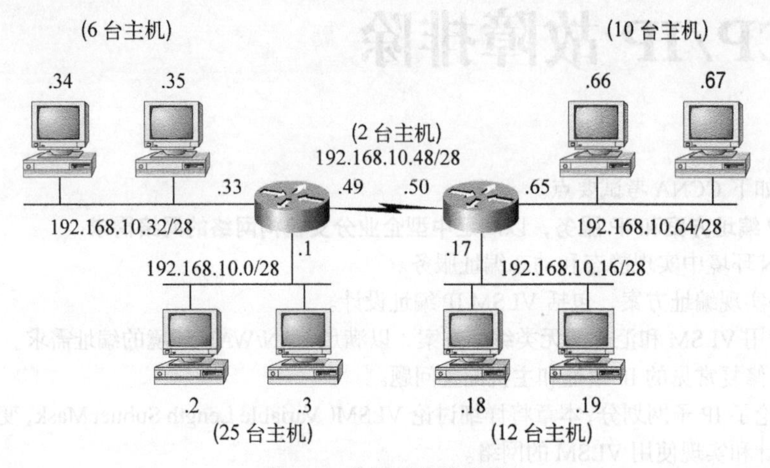

图 5-1　典型的分类网络

图 5-1 中有两台路由器，每台路由器都连接了两个 LAN，而两台路由器通过 WAN 串行链路相连。在典型的分类网络设计中（使用路由选择协议 RIP 或 IGRP），我们可像下面这样进行子网划分：

网络地址 = 192.168.10.0

子网掩码 = 255.255.255.240（/28）

这样，子网将为 0、16、32、48、64、80 等。这使得该互联网络最多可包含 16 个子网，但每个子网可包含多少台主机呢？现在你可能知道了，每个子网最多只能包含 14 台主机。这意味着每个 LAN 有 14 个合法的主机地址，这使得其中一个 LAN 没有足够的地址分配给所有主机。点到点 WAN 链路也有 14 个合法的主机地址，但我们却不能将这些地址挪给 LAN 使用，这太糟糕了。

所有主机和路由器接口都使用相同的子网掩码，这称为分类路由选择。如果要提高该网络的地址使用效率，我们必须给每个路由器接口分配不同的子网掩码。

但还有另一个问题，那就是两台路由器之间的链路使用的主机地址不会超过两个！这浪费了宝贵的 IP 地址空间，这也是接下来将介绍 VLSM 网络设计的一大原因。

5.1.1　VLSM 设计

对于图 5-1 所示的网络，如果使用无类设计，它将变成如图 5-2 所示的新网络。在前一个示例中，由于所有路由器接口和主机都使用相同的子网掩码，使得我们在浪费了地址空间的同时，一个 LAN 却没有足够的地址。这很糟糕。如果对于每个路由器接口连接的 LAN，都能够只提供所需的主机地址数就好了。为此，我们可使用 VLSM。

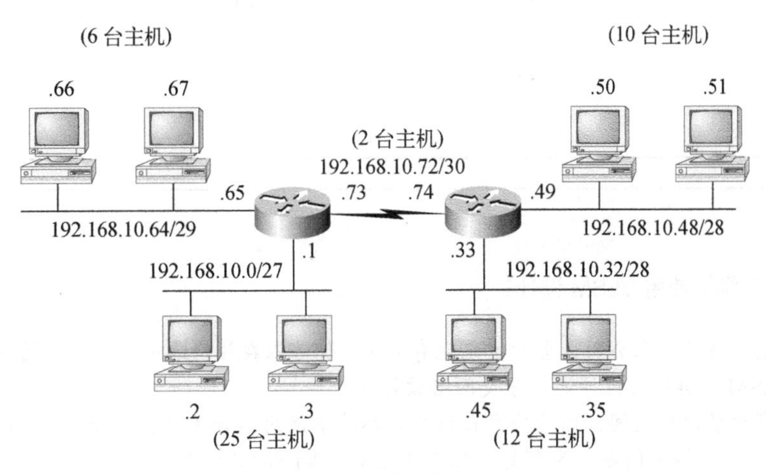

图 5-2 无类网络设计

请记住，每个路由器接口上可使用长度不同的子网掩码。如果在 WAN 链路上使用/30，并在各个 LAN 上分别使用/27、/28 和/29，则 WAN 链路将有两个主机地址，而各个 LAN 分别有 30、14 和 6 个主机地址，这太好了！情形得到了极大改观，不仅每个 LAN 包含正确数量的主机地址，我们还可在该网络中添加 WAN 和 LAN。

要在网络中实现 VLSM 设计，我们需要使用在路由更新中发送子网掩码信息的路由选择协议，这包括 RIPv2、EIGRP 和 OSPF。RIPv1 和 IGRP 不能用于无类网络，它们是分类路由选择协议。

5.1.2 实现 VLSM 网络

要快捷而高效地制定 VLSM 设计方案，你需要知道如何根据块大小来确定 VLSM。表 5-1 列出了在 C 类网络中使用 VLSM 时可使用的块大小。例如，如果需要支持 25 台主机，你需要使用的块大小为 32；如果需要支持 11 台主机，你需要使用的块大小为 16。如果需要支持 40 台主机呢？你需要使用的块大小为 64。块大小不是随意的，你只能使用表 5-1 所示的块大小。因此，请记住该表列出的块大小，这很容易，它们与我们用于子网划分的数字相同！

表5-1　块大小

前　缀	子网掩码	主　机　数	块　大　小
/25	128	126	128
/26	192	62	64
/27	224	30	32
/28	240	14	16
/29	248	6	8
/30	252	2	4

真实案例

为何要如此麻烦地使用VLSM设计？

假设你刚受雇于一家公司，负责扩充现有网络。你可以在该网络中采用全新的IP地址方案，你该采用VLSM无类网络设计还是分类网络设计呢？

假设你有大量地址空间，因为决定在该公司环境中使用A类私有网络地址10.0.0.0，根本就不会出现IP地址耗尽的问题。为何要如此麻烦地使用VLSM设计呢？

这个问题问得好，我们必须作出合理的回答！

因为通过在网络特定的区域使用连续的地址块，你可轻松地对网络进行汇总，从而最大限度地减少路由选择协议通告的路由更新。若只需在大楼之间通告一条汇总路由就能达到相同效果，谁又愿意在大楼之间通告数百条路由呢？

如果你不知道汇总路由是什么，让我来解释给你听。汇总也叫超网化（supernetting），它以最高效的方式提供路由更新，这是通过在一个通告中通告众多路由，而不是分别通告它们来实现的。这节省了大量带宽，并最大限度地降低了路由器的处理负担。通过使用成块的地址（别忘了，前面列出的块大小适用于各种网络），我们可配置汇总路由，让网络的性能得到极大改善。

然而，需要知道的是，只有仔细设计网络，汇总才能发挥作用。如果不小心从事，而是在网络中随意地布置IP子网，你很快就将发现没有任何汇总边界。没有了汇总边界，在创建汇总路由的路上你就走不远，因此请务必小心。

下一步是创建一个VLSM表，图5-3显示了组建VLSM网络时使用的表。我们使用这个表，旨在避免因不小心导致子网相互重叠。

图5-3所示的表很有用，因为它列出了在网络中可使用的每个块大小。注意，图5-3中列出的块大小为4～128。如果块大小为128，则你只可以有两个这样的子网；如果块大小为64，则你可以有4个这样的子网；以此类推；如果块大小为4，则你可以有64个这样的子网。注意，这些是在网络设计中使用了命令`ip subnet-zero`的情形。

现在，只需填写左下角的表格，将子网加入到工作表中就可以了。

下面使用有关块大小的知识在C类网络192.168.10.0中实现VLSM，结果如图5-4所示。然后，我们填写VLSM表，如图5-5所示。

变长子网掩码工作表

前缀	掩码	子网数	主机数	块大小
/26	192	4	62	64
/27	224	8	30	32
/28	240	16	14	16
/29	248	32	6	8
/30	252	64	2	4

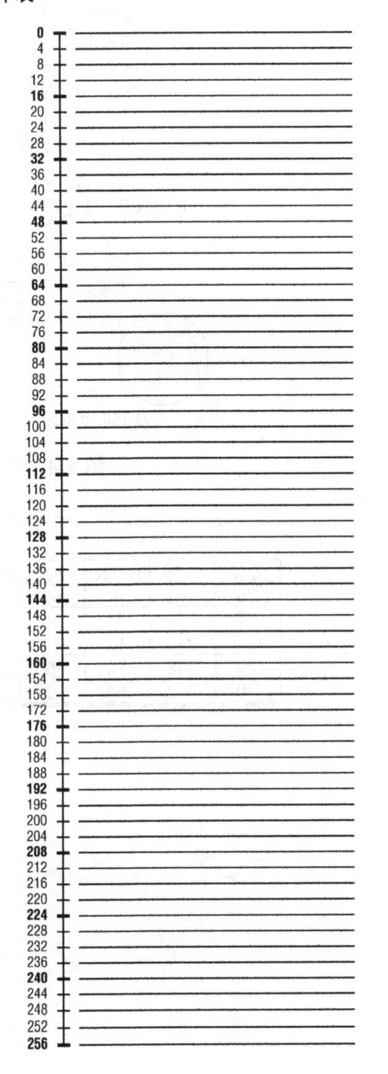

C类网络 192.168.10.0

子网	主机数	块大小	前缀	掩码
A				
B				
C				
D				
E				
F				
G				
H				
I				
J				
K				
L				

图 5-3 VLSM 表

在图 5-4 中，我们使用 4 条 WAN 链路将 4 个 LAN 连接了起来。我们需要制定一个 VLSM 设计方案，以节省地址空间。图 5-4 中有两个子网要求的块大小为 32，一个为 16，一个为 8，而每条 WAN 链路要求的块大小都为 4。请看图 5-5，看看我是如何填写 VLSM 表的。

这种 VLSM 网络设计方案提供了很大的扩容空间。

如果使用分类路由选择，我们将只能使用一个子网掩码，根本无法达到这样的目的。再来看一个示例，如图 5-6 所示，它有 11 个子网，其中两个要求的块大小为 64，一个为 32，5 个为 16，还有 3 个为 4。

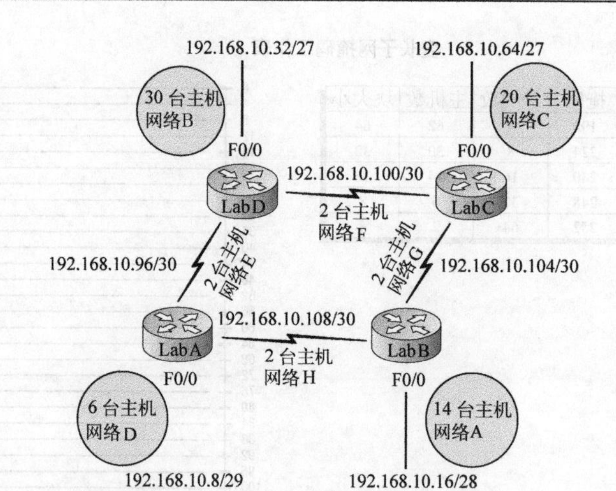

图 5-4　VSLM 网络示例 1

变长子网掩码工作表

前缀	掩码	子网数	主机数	块大小
/26	192	4	62	64
/27	224	8	30	32
/28	240	16	14	16
/29	248	32	6	8
/30	252	64	2	4

0
4
8
12
D - 192.168.10.8/29
16
20
24
A - 192.168.10.16/28
28
32
36
40
44
48
B - 192.168.10.32/27
52
56
60
64
68
72
76
80
C - 192.168.10.64/27
84
88
92
96
100
E - 192.168.10.96/30
104
F - 192.168.10.100/30
108
G - 192.168.10.104/30
H - 192.168.10.108/30
112
116
120
124
128
132
136
140
144
148
152
156
160
154
158
172
176
180
184
188
192
196
200
204
208
212
216
220
224
228
232
236
240
244
248
252
256

C 类网络　192.168.10.0

子网	主机数	块大小	前缀	掩码
A	14	16	/28	240
B	30	32	/27	224
C	20	32	/27	224
D	6	8	/29	248
E	2	4	/30	252
F	2	4	/30	252
G	2	4	/30	252
H	2	4	/30	252

图 5-5　VLSM 表示例 1

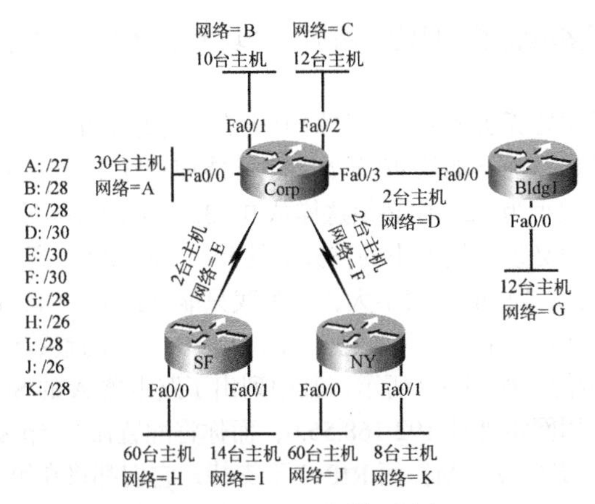

图 5-6　VLSM 网络示例 2

首先，创建 VLSM 表，并根据块大小确定所需的子网。图 5-7 提供了一种可能的解决方案。

变长子网掩码工作表

前缀	掩码	子网数	主机数	块大小
/26	192	4	62	64
/27	224	8	30	32
/28	240	16	14	16
/29	248	32	6	8
/30	252	64	2	4

B - 192.168.10.0/28
C - 192.168.10.16/28
A - 192.168.10.32/27
H - 192.168.10.64/26
J - 192.168.10.128/26
I - 192.168.10.192/28
G - 192.168.10.208/28
K - 192.168.10.224/28
D - 192.168.10.224/30
E - 192.168.10.248/30
F - 192.168.10.252/30

C类网络　192.168.10.0

子网	主机数	块大小	前缀	掩码
A	30	32	/27	224
B	10	16	/28	240
C	12	16	/28	240
D	2	4	/30	252
E	2	4	/30	252
F	2	4	/30	252
G	12	16	/28	240
H	60	64	/26	192
I	14	16	/28	240
J	60	64	/26	192
K	8	16	/28	240

图 5-7　VLSM 表示例 2

注意，整个图表都差不多填满了，只能再添加一个块大小为4的子网。只有使用VLSM才能如此节省地址空间。

请记住，块大小的开始位置无关紧要，只要始于其整数倍处即可。例如，如果块大小为16，你必须从0、16、32、48等处开始，而不能从40开始，也不能使用除16外的其他增量。

再举一个例子。如果块大小为32，你必须这样从0、32、64、96等处开始。请记住，我们不能想从哪里开始就从哪里开始，而必须从块大小的整数倍处开始。在图5-7所示的示例中，我从64和128开始，因为块大小为64。可供选择的空间不大，因为我只能选择0、64、128或192。然而，我在想要的地方添加了块大小32、16、8和4，只要它们始于相应块大小的整数倍处。

来看一个VLSM设计示例，如图5-8所示，其中列出了路由器A的S0/0接口的IP地址。你需要给3个子网编址，该网络使用网络地址192.168.55.0，而你将配置命令`ip subnet-zero`，并将RIPv2用作路由选择协议。（RIPv2支持VLSM，而RIPv1不支持，它们都将在第8章介绍。）

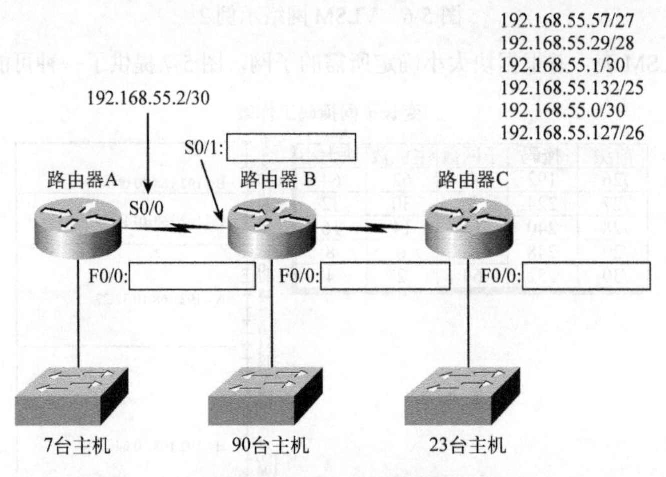

图5-8　VLSM设计示例1

从该图右上角的IP地址列表可知，我们将给每台路由器的F0/0接口以及路由器B的S0/1接口分配什么样的IP地址呢？

为回答这个问题，我们首先在图5-8中寻找线索。第一条线索是，设计者给路由器A的接口S0/0分配了IP地址192.168.55.2/30，因此这个问题很容易回答。你知道，/30对应的子网掩码为255.255.255.252，它提供的块大小为4，因此子网为0、4、8等。鉴于已知的IP地址为2，该子网（子网0）中唯一可用的另一个合法主机地址为1，它必然是路由器B的接口S0/1的地址。

接下来的线索是图中列出的每个LAN包含的主机数。路由器A需要7个主机地址，它要求的块大小为16（/28）；路由器B需要90个主机地址，要求的块大小为128（/25）；路由器C需要23个主机地址，要求的块大小为32（/27）。

图5-9指出了这个问题的答案。

确定每个LAN要求的块大小后，这个问题就非常简单了——你只需查找正确的线索。

讨论汇总前，再介绍一个VLSM设计示例。在图5-10中有3台路由器，它们都运行RIPv2。为满足该网络的需求，同时尽可能节省地址空间，你该使用什么样的C类编址方案呢？

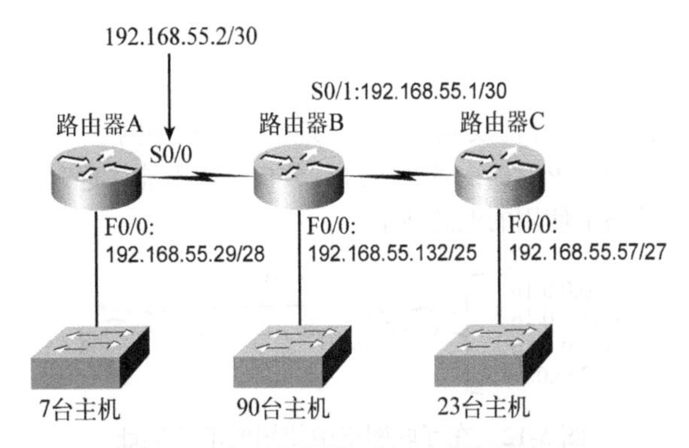

图 5-9 VLSM 设计示例 1 的解决方案

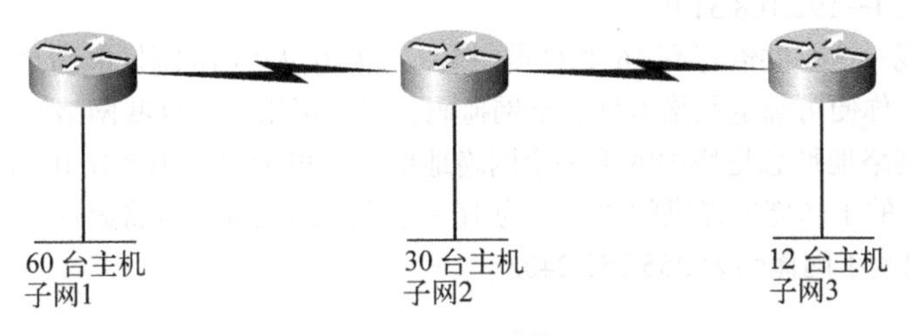

图 5-10 VLSM 设计示例 2

这很简单，你只需填写图表即可。3 个 LAN 要求的块大小分别为 64、32 和 16，而两条串行连接要求的块大小为 4。你需要做的就是临门一脚，请看我的答案，如图 5-11 所示。

我是这样做的：从子网 0 开始，将其块大小设置为 64。（并非一定要这样做，我们也可将子网 0 的块大小设置为 4，但我通常喜欢从最大块大小开始，依次向下处理到最小的块大小。）接下来，我添加了块大小为 32 和 16 的子网，再添加两个块大小为 4 的子网。在这个网络中，还有很大的空间可供添加子网——真棒！

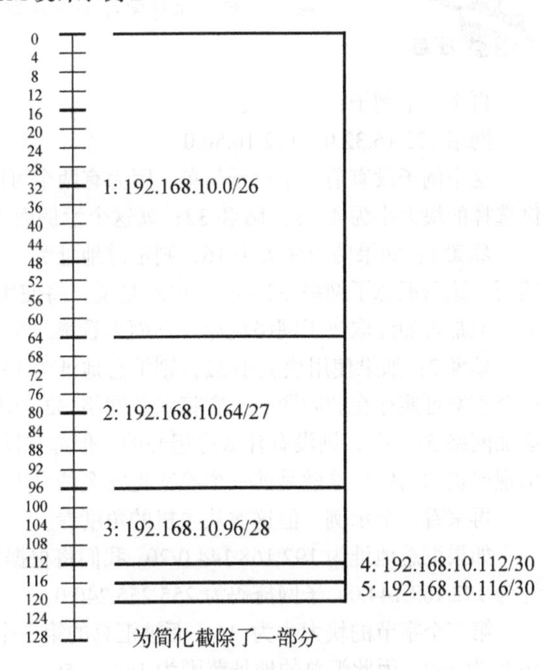

图 5-11 VLSM 设计示例 2 的解决方案

5.2 汇总

汇总也叫路由聚合，让路由选择协议能够用一个地址通告众多网络，旨在缩小路由器中路由选择表的规模，以节省内存，并缩短IP对路由选择表进行分析以找出前往远程网络的路径所需的时间。

图5-12说明了在互联网络中使用的汇总地址。

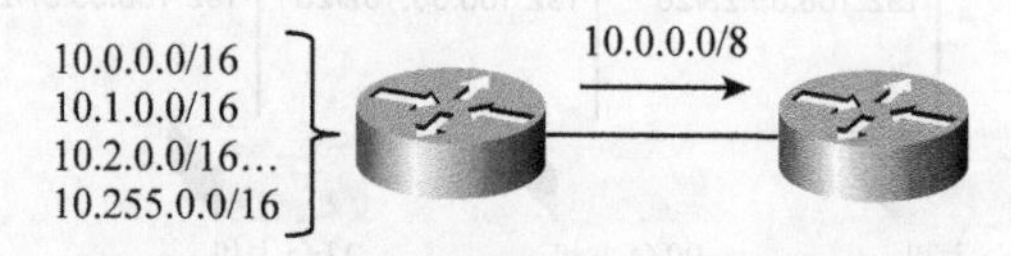

图5-12　在互联网络中使用的汇总地址

汇总实际上比较简单，因为你只需确定块大小，而这些块大小我们在学习子网划分和VLSM设计时都使用过。例如，如果要将如下网络汇总到一个网络通告中，只需确定块大小，你就能轻松地找出答案：

网络192.168.16.0～192.168.31.0

块大小是多少呢？这总共恰好有16个C类网络，使用块大小16刚好能满足需求。

知道块大小后，你便可确定网络地址和子网掩码，它们可用于将这些网络汇总到一个通告中。用于通告汇总地址的网络地址总是块中的第一个网络地址，这里为192.168.16.0。在这个例子中，为确定子网掩码，什么样的子网掩码提供的块大小为16呢？答案是240，应将第三个字节（进行汇总的字节）设置为240，因此子网掩码为255.255.240.0。

在第9章，你将学习如何在路由器上汇总这些地址。

再举一个例子：

网络172.16.32.0～172.16.50.0

这个例子没有前一个例子简单，因为有两个可能的答案，其原因如下：由于第一个网络为32，可供选择的块大小为4、8、16和32；就这个示例而言，块大小16和32都可行。

答案1：如果使用块大小16，则汇总地址为172.16.32.0 255.255.240.0（240提供的块大小为16）。然而，这只汇总了网络32～47，也就是说，将使用另一个地址通告网络48～50。这可能是最佳的答案，但是否如此取决于网络设计。下面来看第二个答案。

答案2：如果使用块大小32，则汇总地址为172.16.32.0 255.255.224.0（224提供的块大小为32）。这个答案可能存在的问题是，它将汇总网络32～63，但这里只使用了网络32～50。如果你打算以后添加网络51～63，则没有什么可担心的，但如果网络51～63出现在其他地方并被通告，互联网络将出现严重的问题！这就是前一个答案更安全的原因所在。

再来看一个示例，但这次从主机的角度看。

如果汇总地址为192.168.144.0/20，我们将根据它转发前往哪些主机地址的分组？在这里，汇总地址为192.168.144.0，子网掩码为255.255.240.0。

第三个字节的块大小为16，而被汇总的第一个地址为192.168.144.0，在第三个字节加上块大小16后为160，因此汇总的地址范围为144～159。

在路由选择表中包含该汇总地址的路由器将转发目标 IP 地址为 192.168.144.1～192.168.159.254 的任何分组。

下面再举两个例子，然后介绍 IP 编址故障排除。

在图 5-13 中，路由器 R1 连接的以太网被汇总为 192.168.144.0/20，再通告给 R2。R1 会根据该汇总地址将前往哪些 IP 地址的分组转发给 R2 呢？

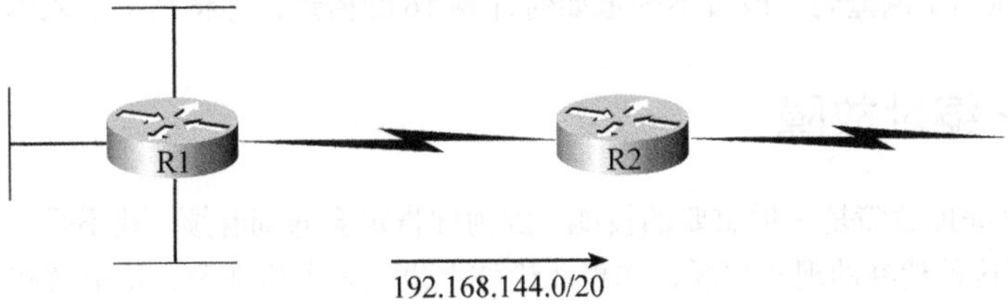

路由器R1连接的以太网被汇总为192.168.144.0/20，
再通告给R2
R2将根据该汇总地址将前往哪些IP
地址的分组转发给R1呢？

R1　R2

192.168.144.0/20

图 5-13　汇总示例 1

路由器 R1 连接的以太网被汇总为 192.168.144.0/20，再通告给 R2。R2 将根据该汇总地址将前往哪些 IP 地址的分组转发给 R1 呢？

不用担心，这个问题没有看起来那么难。在这个问题中，我们实际上列出了汇总地址 192.168.144.0/20。你知道，/20 对应的子网掩码为 255.255.240.0，这意味着第三个字节的块大小为 16。被汇总的第一个网络为 144（这也在问题中指出了），下一个块的起始位置为 160，因此第三个字节不能超过 159。因此，R1 会根据该汇总地址将前往 IP 地址 192.168.144.1～192.168.159.254 的分组转发给 R2。

来看最后一个示例。在图 5-14 中，路由器 R1 连接了 5 个网络，请问将什么样的汇总地址通告给 R2 最合适？

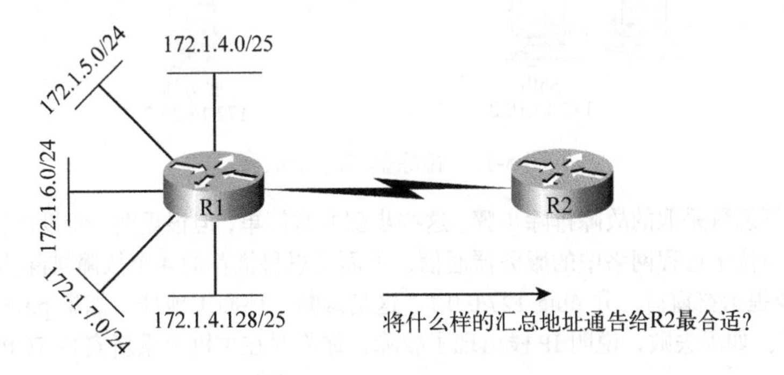

图 5-14　汇总示例 2

坦率地说，这个问题比图 5-13 所示的问题难得多。你需费很大精力才能找出其答案。首先，你需将所有这些网络写下来，看它们有什么相同的地方。

- ❑ 172.1.4.128/25
- ❑ 172.1.7.0/24
- ❑ 172.1.6.0/24
- ❑ 172.1.5.0/24
- ❑ 172.1.4.0/25

你发现感兴趣的字节了吗？我发现了，那就是第三个字节，分别是4、5、6、7，这意味着块大小为4。因此，你可使用汇总地址172.1.4.0和子网掩码255.255.252.0，这意味着第三个字节的块大小为4。R1将根据该汇总转发前往IP地址172.1.4.1～172.1.7.255的分组。

现对本节总结如下：基本上，确定块大小后，确定并应用汇总地址和子网掩码将非常容易。然而，如果不知道/20对应的子网掩码，或者不知道如何计算16的倍数，你将马上陷入困境。

5.3 排除IP编址故障

显然，排除IP编址故障是一项重要的技能，因为你肯定会遇到麻烦。我不是悲观主义者，而只是告诉你实情。鉴于这种糟糕的现实情况，如果无论你上班还是下班在家，都能够找出（诊断）并修复问题，从而力挽狂澜，那该多好哇!

因此，这里将介绍思科排除IP编址故障的方式。下面以图5-15所示的基本IP故障为例：可怜的Sally登录不了Windows服务器。面对这种情形，你会致电微软开发小组，指责他们的服务器是一堆垃圾，所有的问题都因它而起吗？这可能不是什么好主意，还是先复查网络吧。

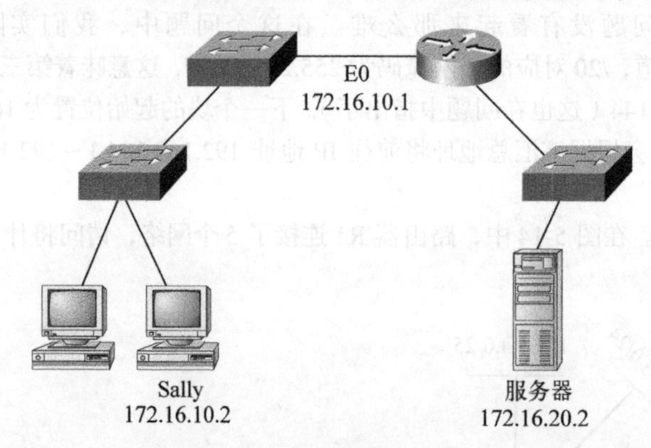

图5-15　排除基本的IP故障

先来介绍一下思科采取的故障排除步骤。这些步骤非常简单，但很重要。假设你正在客户的旁边，他抱怨自己无法与位于远程网络中的服务器通信，下面是思科推荐的4个故障排除步骤。

(1) 打开命令提示符窗口，并ping 127.0.0.1。这是诊断（环回）地址，如果ping操作成功，则说明IP栈初始化了。如果失败，说明IP栈出现了故障，你需要在主机上重新安装TCP/IP。

```
C:\>ping 127.0.0.1
Pinging 127.0.0.1 with 32 bytes of data:
Reply from 127.0.0.1: bytes=32 time<1ms TTL=128

Reply from 127.0.0.1: bytes=32 time<1ms TTL=128
```

```
Reply from 127.0.0.1: bytes=32 time<1ms TTL=128
Reply from 127.0.0.1: bytes=32 time<1ms TTL=128
Ping statistics for 127.0.0.1:
    Packets: Sent = 4, Received = 4, Lost = 0 (0% loss),
Approximate round trip times in milli-seconds:
    Minimum = 0ms, Maximum = 0ms, Average = 0ms
```

(2) 在命令提示符窗口中，ping当前主机的IP地址。如果成功，则说明网络接口卡（NIC）正常；如果失败，则说明NIC出现了故障。这一步成功并不意味着电缆被插入了NIC，而只意味着主机的IP协议栈能够与NIC通信（通过LAN驱动程序）。

```
C:\>ping 172.16.10.2
Pinging 172.16.10.2 with 32 bytes of data:
Reply from 172.16.10.2: bytes=32 time<1ms TTL=128
Reply from 172.16.10.2: bytes=32 time<1ms TTL=128
Reply from 172.16.10.2: bytes=32 time<1ms TTL=128
Reply from 172.16.10.2: bytes=32 time<1ms TTL=128
Ping statistics for 172.16.10.2:
    Packets: Sent = 4, Received = 4, Lost = 0 (0% loss),
Approximate round trip times in milli-seconds:
    Minimum = 0ms, Maximum = 0ms, Average = 0ms
```

(3) 在命令提示符窗口中，ping默认网关（路由器）。如果成功，说明NIC连接到了网络，能够与本地网络通信。如果失败，则说明本地物理网络出现了故障，该故障可能位于NIC到路由器之间的任何地方。

```
C:\>ping 172.16.10.1
Pinging 172.16.10.1 with 32 bytes of data:
Reply from 172.16.10.1: bytes=32 time<1ms TTL=128
Reply from 172.16.10.1: bytes=32 time<1ms TTL=128
Reply from 172.16.10.1: bytes=32 time<1ms TTL=128
Reply from 172.16.10.1: bytes=32 time<1ms TTL=128
Ping statistics for 172.16.10.1:
    Packets: Sent = 4, Received = 4, Lost = 0 (0% loss),
Approximate round trip times in milli-seconds:
    Minimum = 0ms, Maximum = 0ms, Average = 0ms
```

(4) 如果第(1)步至第(3)步都成功了，请尝试ping远程服务器。如果成功，你便可确定本地主机和远程服务器能够进行IP通信，且远程物理网络运行正常。

```
C:\>ping 172.16.20.2
Pinging 172.16.20.2 with 32 bytes of data:
Reply from 172.16.20.2: bytes=32 time<1ms TTL=128
Reply from 172.16.20.2: bytes=32 time<1ms TTL=128
Reply from 172.16.20.2: bytes=32 time<1ms TTL=128
Reply from 172.16.20.2: bytes=32 time<1ms TTL=128
```

```
Ping statistics for 172.16.20.2:
    Packets: Sent = 4, Received = 4, Lost = 0 (0% loss),
Approximate round trip times in milli-seconds:
    Minimum = 0ms, Maximum = 0ms, Average = 0ms
```

如果第(1)步至第(4)步成功了，但用户仍不能与服务器通信，则可能存在某种名称解析问题，需要检查域名系统（DNS）设置。如果ping远程服务器时失败，你便可确定存在某种远程物理网络问题，需要对服务器执行第(1)步～第(3)步操作，直到找出罪魁祸首。

介绍如何找出并修复IP地址问题前，我们必须介绍一些基本命令，它们有助于排除PC和思科路由器中的网络故障。（在PC和思科路由器中，这些命令的功能可能相同，但实现方式可能不同。）

- ping（Packet InterNet Groper）　使用ICMP回应请求和应答进行测试，检查网络中节点的IP栈是否已被初始化并处于活动状态。
- **traceroute**　使用TTL超时和ICMP错误消息，显示前往某个网络目的地时经历的路径上的所有路由器。该命令不能在命令提示符窗口中使用。
- **tracert**　功能与traceroute相同，是一个Microsoft Windows命令，在思科路由器上不管用。
- **arp -a**　在Windows PC中显示IP地址到MAC地址的映射。
- **show ip arp**　功能与arp -a相同，但用于在思科路由器中显示ARP表。与命令traceroute和tracert一样，命令arp -a和show ip arp也只能分别用于DOS和思科路由器中。
- **ipconfig /all**　只能在命令提示符窗口中使用，显示PC的网络配置。

采取前面介绍的步骤并在必要情况下使用了合适的DOS命令，如果找出了问题所在，你该如何办呢？如何修复IP地址配置错误？下面介绍如何找出并修复IP地址问题。

找出IP地址问题

我们很可能会给主机、路由器和其他网络设备配置错误的IP地址、子网掩码或默认网关。鉴于这样的情况经常发生，下面介绍如何找出并修复IP地址配置错误。

执行4个基本的故障排除步骤并确定存在问题后，你需要找出并修复它。为此，绘制出网络示意图和IP编址方案很有帮助。如果你已经这样做了，说明你运气好，可以去买彩票了，因为虽然应该如此，但却很少有人如此做。如果已经绘制了网络示意图，它通常是过时或不那么准确的。通常情况是网络示意图还未绘制，在这种情况下，你必须咬紧牙关，从头开始绘制。

注意　第7章将介绍如何使用CDP（Cisco Discovery Protocol，斯科发现协议）绘制网络示意图。

准确绘制网络示意图（包括IP编址方案）后，你需要核实每台主机的IP地址、子网掩码和默认网关地址，以找出问题。（这里假设没有物理层问题，或者即使存在这样的问题，你也已经将其解决了。）

来看图5-16中的示例。销售部的一位用户给你打电话，说她无法访问市场营销部的服务器A。你问她能否访问市场营销部的服务器B，她说不知道，因为她没有登录该服务器的权限。你该如何办呢？

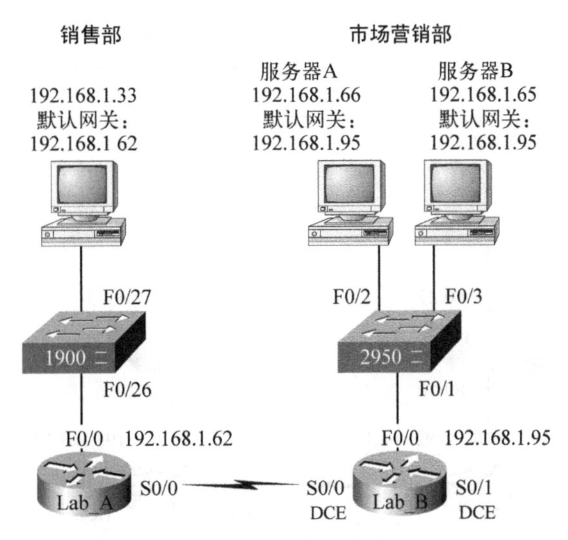

图 5-16 IP 地址问题 1

你让她执行前面介绍的 4 个故障排除步骤。第(1)步至第(3)步成功了，但第(4)步失败了。查看图 5-16，你能判断出问题所在吗？请在网络示意图中寻找线索。首先，路由器 Lab_A 和 Lab_B 之间的 WAN 链路使用的子网掩码为/27。你知道，它对应 255.255.255.224，然后确定所有网络都使用该子网掩码。网络地址为 192.168.1.0，合法的子网和主机地址是什么呢？256－224＝32，因此子网为 32、64、96、128 等。由图 5-16 可知，销售部使用的是子网 32，WAN 链路使用的是子网 96，而市场营销部使用的是子网 64。

现在，你需要确定每个子网的合法主机地址范围。使用本章开头讲述的知识，你很容易确定子网地址、广播地址和合法的主机地址范围。销售部 LAN 的合法主机地址为 33～62，而广播地址为 63，因为下一个子网为 64。对于市场营销部 LAN，合法的主机地址为 65～94，广播地址为 95；对于 WAN 链路，合法的主机地址为 97～126，广播地址为 127。查看图 5-16，你可判断路由器 Lab_B 的地址（默认网关地址）不正确。这个地址是子网 64 的广播地址，不是合法的主机地址。

你全明白了吗？也许我们应该再看一个示例。图 5-17 存在一个网络问题：销售部 LAN 的一位用户无法访问服务器 B。你让这位用户执行前面的 4 个基本故障排除步骤，发现该主机能够与本地网络通信，但不能与远程网络通信。请找出并描述存在的 IP 编址问题。

如果与解决前一个问题时使用相同的步骤，你将发现图中也指出了 WAN 链路使用的子网掩码/29，即 255.255.255.248。假设采用的是分类编址，为找出问题所在，你需要确定子网、广播地址和合法的主机地址范围。

子网掩码 248 提供的块大小为 8（256－248＝8，这在第 4 章讨论过），因此子网为 8 的倍数。由图 5-17 可知，销售部 LAN 使用的是子网 24，WAN 链路使用的是子网 40，而市场营销部使用的是子网 80。你还没有看出问题所在吗？销售部 LAN 的合法主机地址范围为 25～30，其配置看起来正确；WAN 链路的合法主机地址范围为 41～46，其配置看起来也正确；子网 80 的合法主机地址范围为 81～86，而其广播地址为 87，因为下一个子网为 88。这里给服务器 B 配置的是该子网的广播地址。

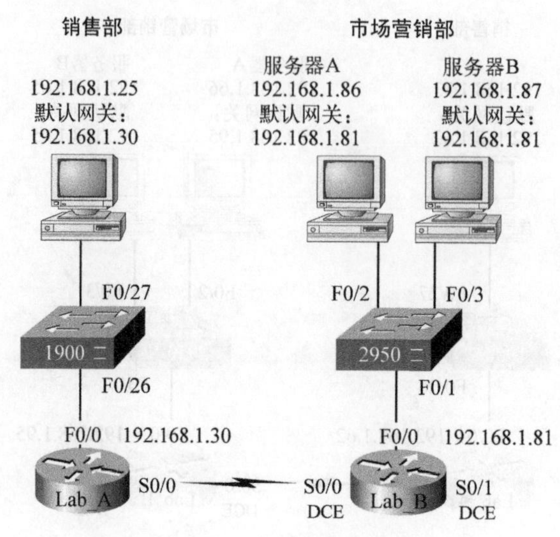

图5-17　IP地址问题2

至此，你能够发现给主机配置的IP地址不正确的问题，但如果主机没有IP地址，需要给它分配一个，该如何办呢？你需要做的是，查看该LAN中的其他主机，以确定网络地址、子网掩码和默认网关。下面通过几个例子介绍如何确定合法的IP地址并将其分配给主机。

假设需要给LAN中的服务器和路由器分配IP地址，而分配给该网段的子网为192.168.20.24/29，且需要将第一个可用的IP地址分配给路由器，并将最后一个合法的主机ID分配给服务器。请问分配给服务器的IP地址、子网掩码和默认网关分别是什么？

要回答这个问题，你必须知道/29对应的子网掩码为255.255.255.248，它提供的块大小为8。已知所属的子网为24，因此下一个子网为32，而子网24的广播地址为31，所以合法的主机地址范围为25～30。

服务器的IP地址：192.168.20.30

服务器的子网掩码：255.255.255.248

默认网关：192.168.20.25（路由器的IP地址）

再来看一个例子。请看图5-18，并解决下面的问题：

根据路由器接口E0的IP地址，确定可分配给主机的IP地址范围和子网掩码。

路由器接口E0的IP地址为192.168.10.33/27。你知道，/27对应的子网掩码为224，它提供的块大小为32。该路由器的接口位于子网32中，而下一个子网为64，因此子网32的广播地址为63，合法的主机地址范围为33～62。

主机IP地址：192.168.10.34～192.168.10.62（该范围内的任何地址，但已分配给路由器的33除外）。

子网掩码：255.255.255.224

默认网关：192.168.10.33

图5-19中有两台路由器，且给它们的E0接口分配了IP地址。请问可将什么样的主机地址和子网掩码分配给主机A和主机B？

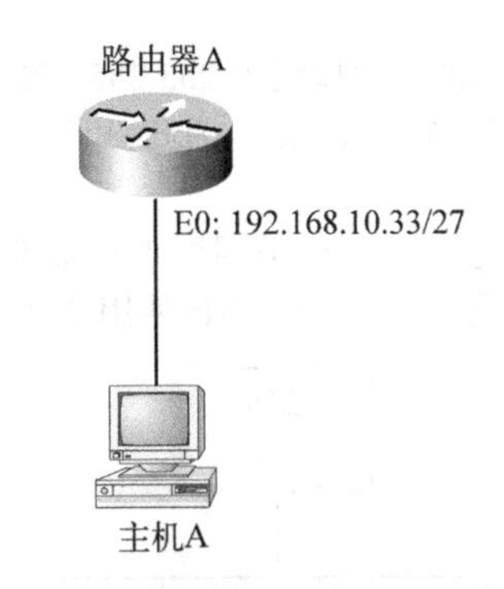

图 5-18 确定合法的主机地址范围 1

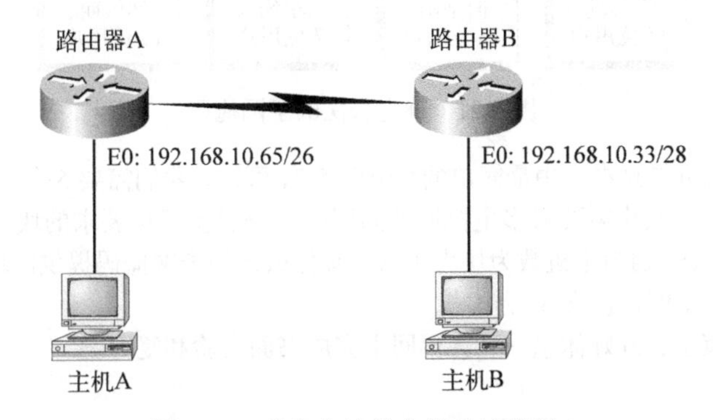

图 5-19 确定合法的主机地址范围 2

路由器 A 的 IP 地址为 192.168.10.65/26，而路由器 B 的 IP 地址为 192.168.10.33/28。可如何配置主机呢？路由器 A 的接口 E0 位于子网 192.168.10.64 中，而路由器 B 的接口 E0 位于子网 192.168.10.32 中。

主机 A 的 IP 地址：192.168.10.66～192.168.10.126

主机 A 的子网掩码：255.255.255.192

主机 A 的默认网关：192.168.10.65

主机 B 的 IP 地址：192.168.10.34～192.168.10.46

主机 B 的子网掩码：255.255.255.240

主机 B 的默认网关：192.168.10.33

在结束本章前，再介绍几个例子。

图 5-20 中有两台路由器，你需要配置路由器 B 的接口 S0/0。分配给路由器 A 接口 S0/0 的 IP 地址为 172.16.17.0/22，请问可给路由器 B 的接口 S0/0 分配什么 IP 地址？

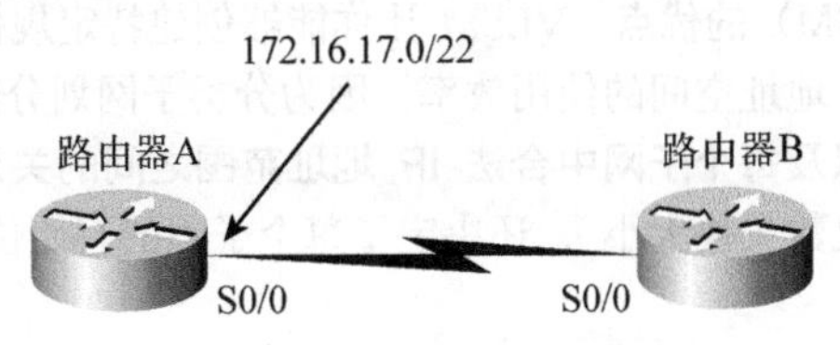

图 5-20 确定合法的主机地址范围 3

首先，你必须知道CIDR值/22对应的子网掩码为255.255.252.0，这使得第三个字节的块大小为4。根据17.0可知，合法的主机地址范围为16.1～19.254。因此，可给接口S0/0分配IP地址172.16.18.255，因为它位于上述范围内。

来看最后一个示例。假设给你分配了一个C类网络ID，而你需要给每个城市提供一个子网，且每个子网包含足够多的主机地址，如图5-21所示。你该使用什么样的子网掩码？

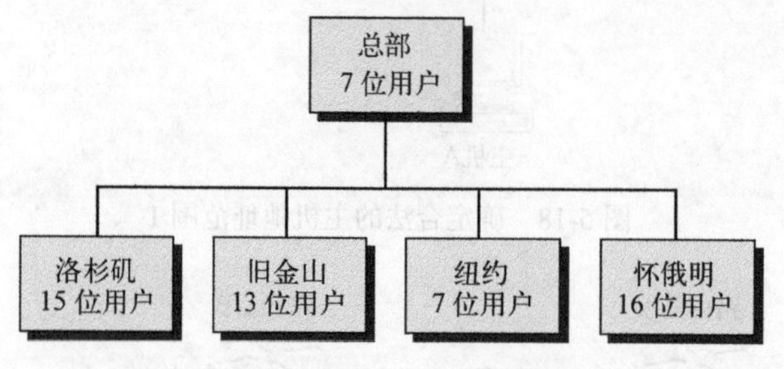

图5-21 确定合法的子网掩码

实际上，这个问题可能是本章中最简单的！由图5-21可知，我们需要5个子网，而怀俄明州的分支机构有16位用户（总是找出需要最多主机地址的网络）。该分支机构要求的块大小是多少呢？32（别忘了，不能使用块大小16，因为主机数为块大小减2）。什么样的子网掩码提供的块大小为32呢？224。它提供8个子网，每个子网可包含30台主机。

本章到这里就结束了，好好休息一下，再回来完成书面实验和复习题。

5.4 小结

阅读第3章、第4章和第5章时，第一遍就明白了其中介绍的所有内容吗？如果是这样，那太好了，祝贺你！通常情况下，你可能阅读两三遍后还有不明白的地方；正如前面指出的，这很正常，不用担心。如果你必须阅读多遍（甚至多达10遍）才真正明白这3章的内容，也不用难过。

本章让你能够对变长子网掩码有深入认识，阅读完后，你应该知道如何设计和实现简单的VLSM网络和汇总。

你还应该明白思科故障排除方法。思科推荐你使用4个步骤缩小网络/IP编址问题的存在范围，你必须记住这些步骤，以便采用系统性方法修复问题。另外，你还应该能够根据网络示意图找出合法的IP地址和子网掩码。

5.5 考试要点

描述变长子网掩码（VLSM）的优点。 VLSM让你能够创建特定规模的子网以及将无类网络划分成大小不同的子网。这提高了地址空间的使用效率，因为分类子网划分经常会浪费IP地址。

理解子网掩码、块大小以及每个子网中合法IP地址范围之间的关系。 要划分的分类网络以及使用的子网掩码一起决定了主机数（块大小），还决定了每个子网的起始位置以及哪些IP地址不能分配给子网中的主机。

描述汇总（路由聚合）过程及其与子网划分的关系。 汇总指的是将分类网络中的子网合并，以便将一条路由（而不是多条路由）通告给邻接路由器，从而缩小路由选择表的规模，提高路由选择的速度。

计算汇总地址的子网掩码。用于通告汇总地址的网络地址总是子网块中的第一个网络地址，而子网掩码是这样的，即它提供的块大小与要汇总的子网数相同。

牢记4个故障排除步骤。思科推荐的4个简单的故障排除步骤为ping环回地址、ping NIC、ping默认网关以及ping远程设备。

找出并修复IP编址问题。执行思科推荐的4个故障排除步骤后，你必然能够绘制出网络示意图并找出网络中合法和非法的主机地址，从而确定IP编址问题。

理解可在主机和思科路由器上使用的故障排除工具。命令`ping 127.0.0.1`检查本地IP栈，而`tracert`是一个Windows DOS命令，跟踪分组穿越互联网络前往目的地时经过的路径。思科路由器使用命令`traceroute`（简写为`trace`）。不要将Windows命令和思科命令混为一谈。虽然它们生成的输出相同，但在不同的提示符下执行。命令`ipconfig /all`在DOS提示符下执行，显示PC的网络配置，而`arp -a`（也在DOS提示符下执行）显示Windows PC中的IP地址到MAC地址映射。

5.6 书面实验5

对于下面的每组网络，确定用于将它们进行汇总的汇总地址和子网掩码。

(1) 192.168.1.0/24～192.168.12.0/24。
(2) 172.144.0.0～172.159.0.0。
(3) 192.168.32.0～192.168.63.0。
(4) 192.168.96.0～192.168.111.0。
(5) 66.66.0.0～66.66.15.0。
(6) 192.168.1.0～192.168.120.0。
(7) 172.16.1.0～172.16.7.0。
(8)192.168.128.0～192.168.190.0。
(9) 53.60.96.0～53.60.127.0。
(10) 172.16.10.0～172.16.63.0。

（答案见本章复习题答案的后面。）

5.7 复习题

注意 下面的复习题旨在检验你对本章内容的理解程度。有关如何获取更多复习题的信息，请参阅本书的前言。

(1) 在VLSM网络中，为减少对IP地址的浪费，应在点到点WAN链路上使用哪个子网掩码？

A. /27　B. /28　C. /29　D. /30　E. /31

(2) 要测试本地主机的IP栈，可ping哪个IP地址？

A. 127.0.0.0　B. 1.0.0.127　C. 127.0.0.1
D. 127.0.0.255　E. 255.255.255.255

(3) 只有哪种连接支持使用子网掩码/30？

A. 点到多点连接　B. 点到点连接
C. 多点到多点连接　D. 主机到交换机连接

(4) 要使用VLSM，使用的路由选择协议必须具备哪种功能？

A. 支持组播　B. 支持多种协议
C. 传输子网掩码信息　D. 支持非等价负载均衡

(5) 路由聚合又称为什么？

A. VLSM　　B. 负载均衡

C. 子网划分　　D. 汇总

(6) 下面哪项是路由聚合的结果？

A. 路由选择表更小　　B. 路由选择表更完整

C. 占用的内存更多　　D. 占用的CPU周期更多

(7) 用于通告汇总地址的网络地址通常是什么？

A. 块中的最后一个网络地址　　B. 块中倒数第二个网络地址

C. 块中的第二个网络地址　　D. 块中的第一个网络地址

(8) 如果ping环回地址失败，可作出哪种结论？

A. 本地主机的IP地址不正确　　B. 远程主机的IP地址不正确

C. NIC不正常　　D. IP栈未成功初始化

(9) 如果ping本地主机的IP地址失败，可作出哪种结论？

A. 本地主机的IP地址不正确　　B. 远程主机的IP地址不正确

C. NIC不正常　　D. IP栈未成功初始化

(10) 如果ping本地主机的IP地址成功，但ping默认网关的IP地址失败，可排除下面哪些情况？

A. 本地主机的IP地址不正确　　B. 网关的IP地址不正确

C. NIC不正常　　D. IP栈未成功初始化

(11) 如果ping远程主机成功，可排除下面哪些问题？

A. 本地主机的IP地址不正确　　B. 网关的IP地址不正确

C. NIC不正常　　D. IP栈未成功初始化

E. 上述问题都可排除

(12) 如果使用IP地址ping某台计算机时成功了，但使用名称ping它时失败了，很可能是哪种网络服务有问题？

A. DNS　　B. DHCP　　C. ARP　　D. ICMP

(13) 执行`ping`命令时，使用的是哪种协议？

A. DNS　　B. DHCP　　C. ARP　　D. ICMP

(14) 下面哪个命令显示在前往目的地的路径上经过的路由器？

A. `ping`　　B. `traceroute`　　C. `pingroute`　　D. `pathroute`

(15) 下面哪个命令使用ICMP回应请求和应答？

A. `ping`　　B. `traceroute`　　C. `arp`　　D. `tracert`

(16) 下面哪个命令是Cisco命令的Windows版本，并显示在前往目的地的路径上经过的路由器？

A. `ping`　　B. `traceroute`　　C. `arp`　　D. `tracert`

(17) 在Windows PC上，下面哪个命令显示IP地址到MAC地址的映射？

A. `ping`　　B. `traceroute`　　C. `arp -a`　　D. `tracert`

(18) 在思科路由器上，下面哪个命令显示ARP表？

A. `show ip arp`　　B. `traceroute`　　C. `arp -a`　　D. `tracert`

(19) 要在PC上查看DNS配置，必须给命令`ipconfig`添加哪个开关？

A. `/dns`　　B. `-dns`　　C. `/all`　　D. `-all`

(20) 汇总网络192.168.128.0～192.168.159.0时，下面哪项是最佳的选择？

A. 192.168.0.0/24　　B. 192.168.128.0/16　　C. 192.168.128.0/19　　D. 192.168.128.0/20

5.8 复习题答案

(1) D。点到点链路只使用两个主机地址，而子网掩码/30（255.255.255.252）给每个子网提供了两个主机地址。

(2) C。要测试主机的本地栈，可 ping 环回接口 127.0.0.1。

(3) B。唯一一种支持子网掩码/30 的连接是点到点连接。

(4) C。要使用 VLSM，使用的路由选择协议必须能够传输子网掩码信息。

(5) D。路由聚合的另一种说法是汇总。

(6) A。路由聚合导致路由选择表的规模更小。

(7) D。用于通告汇总地址的网络地址总是块中的第一个网络地址。

(8) D。如果 ping 环回地址失败，你可认为 IP 栈没有成功初始化。

(9) C。如果 ping 本地主机的 IP 地址失败，你可认为 NIC 不正常。

(10) C、D。如果 ping 本地主机成功，你可排除 IP 栈故障和 NIC 故障。

(11) E。如果 ping 远程主机成功，说明本地一切正常。

(12) A。如果使用 IP 地址 ping 某台计算机时成功了，但使用名称 ping 它时失败了，很可能是 DNS 有问题。

(13) D。执行 `ping` 命令时，你使用的是 ICMP 协议。

(14) B。命令 `traceroute` 显示在前往目的地的路径上经过的路由器。

(15) A。命令 `ping` 使用 ICMP 回应请求和应答。

(16) D。命令 `tracert` 是显示在前往目的地的路径上经过的路由器的思科命令的 Windows 版。

(17) C。在 Windows PC 上，命令 `arp -a` 显示 IP 地址到 MAC 地址的映射。

(18) A。在思科路由器上，命令 `show ip arp` 显示 ARP 表。

(19) C。要在 PC 上查看 DNS 配置，我们必须给命令 `ipconfig` 添加开关`/all`。

(20) C。如果从 192.168.128.0 数到 192.168.159.0，你将发现总共包含 32 个网络。由于汇总地址总是指定范围内的第一个网络地址，汇总地址为 192.168.128.0。哪个子网掩码在第三个字节提供的块大小为 32 呢？

答案是 255.255.224.0（/19）。

5.9 书面实验 5 答案

(1) 192.168.0.0/20

(2) 172.144.0.0 255.240.0.0

(3) 192.168.32.0 255.255.224.0

(4) 192.168.96.0 255.255.240.0

(5) 66.66.0.0 255.255.240.0

(6) 192.168.0.0/17

(7) 172.16.0.0/21

(8) 192.168.128.0 255.255.192.0

(9) 53.60.96.0 255.255.224.0

(10) 172.16.0.0 255.255.192.0

第6章 思科互联网络操作系统（IOS）

本章涵盖如下CCNA考试要点。

✓ **实现IP编址方案和IP服务，以满足中型企业分支机构网络的网络需求**

- ❑ 在路由器上配置和验证DHCP和DNS以及排除其故障（包括CLI/SDM）。
- ❑ 配置和验证思科设备的基本运行方式和路由选择以及排除这些方面的故障。
- ❑ 描述思科路由器的工作原理，包括路由器的启动过程、POST和路由器组件。
- ❑ 访问路由器并设置基本参数（包括CLI/SDM）。
- ❑ 连接和配置设备接口以及查看其运行情况。
- ❑ 使用`ping`、`traceroute`、Telnet、SSH或其他实用工具验证设备的配置和网络连接性。
- ❑ 使用`ping`、`traceroute`以及Telnet或SSH验证网络连接性。
- ❑ 排除路由选择故障。
- ❑ 使用`show`命令和`debug`命令验证路由器硬件和软件的运行情况。

现在该介绍思科IOS（Internetwork Operating System，互联网络操作系统）了。IOS运行在思科路由器和思科交换机上，让你能够对设备进行配置。

在本章中，你将学习IOS。我将演示如何使用思科IOS命令行界面（CLI）配置运行思科IOS的路由器。熟悉该界面后，你将能够使用思科IOS配置主机名、旗标（banner）、密码等，还能够用它排除故障。

本章内容还将帮助你快速掌握路由器配置和验证命令的重要基本知识，下面是本章将讨论的主题：

- ❑ 理解并配置思科IOS；
- ❑ 连接路由器；
- ❑ 启动路由器；
- ❑ 登录路由器；
- ❑ 理解路由器提示符；
- ❑ 理解CLI提示符；
- ❑ 使用编辑和帮助功能；
- ❑ 收集基本的路由选择信息；
- ❑ 设置管理功能；
- ❑ 设置主机名；
- ❑ 设置旗标；
- ❑ 设置密码；
- ❑ 设置接口描述；

- 配置接口；
- 查看、保存和删除配置；
- 验证路由选择配置。

与前几章一样，本章介绍的基本知识至关重要，阅读本书的后续内容前必须掌握。

注意

有关本章内容的最新修订，请访问 www.lammle.com 或 www.sybex.com/go/ccna7e。

6.1 IOS 用户界面

思科 IOS（Internetwork Operating System，互联网络操作系统）是思科路由器和大部分交换机的内核。注意，内核是操作系统不可或缺的基本部分，它分配资源，管理诸如低级硬件接口和安全等方面。

接下来的几节将介绍思科 IOS 以及如何使用命令行界面（CLI）配置思科路由器。

注意

第 10 章将介绍思科交换机的配置。

6.1.1 思科路由器 IOS

思科 IOS 是一个专用内核，提供路由选择、交换、网络互联和远程通信功能。最初的 IOS 是由 William Yeager 于 1986 年编写的，用于支持网络应用程序。大多数思科路由器都运行 IOS，越来越多的思科 Catalyst 交换机也运行它，其中包括 Catalyst 2960 和 Catalyst 3560 系列交换机。

下面是思科路由器 IOS 软件负责的一些重要方面：

- 运行网络协议并提供功能；
- 在设备之间高速传输数据；
- 控制访问和禁止未经授权的网络使用，从而提高安全性；
- 提供可扩展性（以方便网络扩容）和冗余性；
- 提供连接网络资源的可靠性。

我们可通过路由器控制台端口、通过调制解调器连接辅助（Aux）端口或通过 Telnet 访问思科 IOS。访问 IOS 命令行称为 EXEC 会话。

6.1.2 连接思科路由器

我们可以连接 Cisco 路由器以对其进行配置并验证其配置和查看统计数据。这有多种不同的方式，但通常我们将连接控制台端口。控制台端口通常是一个 RJ-45（8 针的模块化）接头，位于路由器背面，可能设置了密码，也可能没有设置。新式 ISR 路由器默认将 cisco 用作用户名和密码。

注意

有关如何配置 PC 以连接路由器控制台端口的内容，请参阅第 2 章。

我们也可通过辅助端口（auxiliary port）连接思科路由器。辅助端口实际上与控制台端口一样，我们可像使用控制台端口一样使用它，但辅助端口还让你能够配置调制解调器命令，以便将调制解调器连接到路由器。这是一项很好的功能——如果远程路由器出现了故障，而你需要对其进行带外配置out-of-band，在网络外进行配置），这项功能让你能够通过拨号连接其辅助端口。

连接思科路由器的第三种方式是使用Telnet程序，这是一种带内方式，即通过网络配置路由器，与带外方式相反。Telnet是一种终端模拟程序，就像哑终端一样。你可使用Telnet连接路由器上的任何活动接口，如以太网接口和串行端口。通过网络以带内方式连接路由器时，使用本章后面将讨论的安全外壳（SSH）是一种更安全的方式。

图6-1显示了一台思科2600系列模块化路由器，它比2500系列路由器更出色，并取代了2500系列路由器，因为其处理器的速度更快，提供的接口更多。2500和2600系列路由器都已EOL（End Of Life，停产），你只能买到二手的。然而，在生产环境中，我们仍可看到众多2600系列路由器的身影，因此你必须了解它们。请特别注意这种路由器上各种类型的接口和连接。

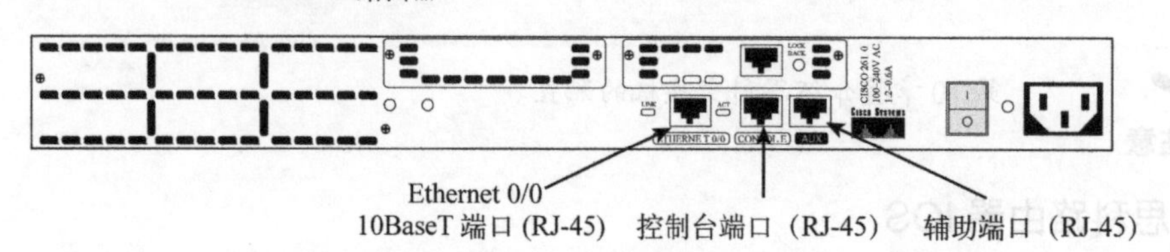

图6-1　Cisco 2600路由器

2600系列路由器可能有多个串行端口，我们可使用串行V.35 WAN接头将这些端口连接到T1。根据型号的不同，路由器上可能有多个以太网端口或快速以太网端口。这种路由器还有一个控制台端口和一个辅助端口，可使用RJ-45接头来连接。

这里要介绍的另一种路由器是2800系列，如图6-2所示。它取代了2600系列路由器，称为ISR（Integrated Services Router，集成服务路由器），但自本书前一版出版后，它也被升级到了2900。ISR系列路由器因其内置了众多服务（如安全）而得名，与2600系列一样，它也是模块化的，但速度快得多，也完美得多——优雅的设计使其支持更多的连接方式。

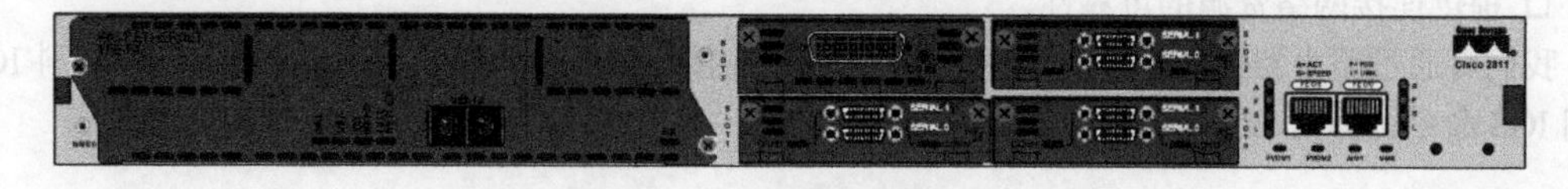

图6-2　Cisco 2800路由器

在大多数情况下，2800/2900系列路由器都物超所值，除非你要添加大量接口。你需要为添加的每个接口付费，而这些费用会很快累积成大数目！

另外两个系列的路由器比2800系列便宜，这就是1800/1900和800/900系列。如果你要寻找便宜的2800/2900替代品，又想运行同样的IOS版本，可考虑这两个系列的路由器。

图6-3是一台1841路由器，它配置了2800路由器的大部分接口，但体积更小，价格更低廉。选择2800/2900而不是1800/1900系列路由器的真正原因在于，前者支持更高级的接口，如无线控制器和交换模块。

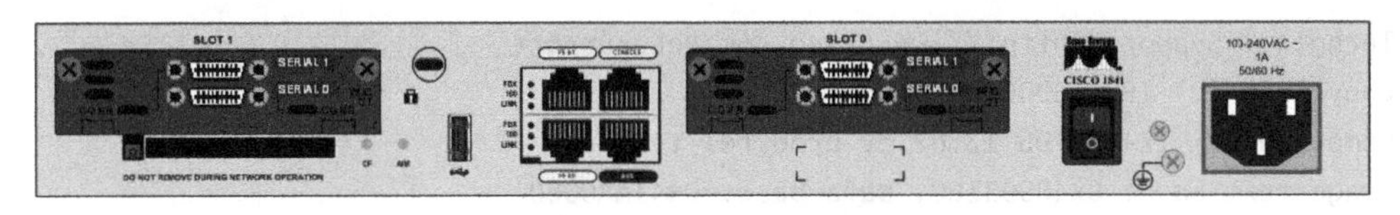

图 6-3 思科 1841 路由器

需要指出的是，本书的大部分路由器配置示例针对的大都是 2800、1800 和 800 系列路由器，但在学习路由选择原理时，你也可以使用 2600 甚至更老的 2500 系列路由器。

注意 有关所有思科路由器的更详细信息，请参阅 www.cisco.com/en/US/products/hw/routers/index.html。

6.1.3 启动路由器

启动思科路由器时，它将执行加电自检（POST）。通过加电自检后，它将在闪存中查找思科 IOS，如果找到 IOS 文件，将把它加载到内存（RAM）中。（注意，闪存是电可擦除可编程只读存储器，即 EEPROM）。IOS 加载后，它将寻找有效配置（启动配置），这种配置存储在非易失 RAM（NVRAM）中。

下面是引导或重启路由器时出现的消息（这里使用的是 2811 路由器）：

```
System Bootstrap, Version 12.4(13r)T, RELEASE SOFTWARE (fc1)
Technical Support: http://www.cisco.com/techsupport
Copyright (c) 2006 by cisco Systems, Inc.
Initializing memory for ECC
c2811 platform with 262144 Kbytes of main memory
Main memory is configured to 64 bit mode with ECC enabled
Upgrade ROMMON initialized
program load complete, entry point: 0x8000f000, size: 0xcb80
program load complete, entry point: 0x8000f000, size: 0xcb80
```

这是路由器引导过程中的第一部分输出，是有关引导程序运行 POST 时的信息。接下来，它将告诉路由器如何加载 IOS（默认在闪存中查找 IOS，）并且还将指出路由器的内存（RAM）量。

下面的信息指出当前正将 IOS 解压缩到 RAM：

```
program load complete, entry point: 0x8000f000, size: 0x14b45f8
Self decompressing the image :
   ####################################################################
   ############################################# [OK]
```

#字号表明正在将 IOS 解压缩到 RAM。解压缩到 RAM 后，IOS 将被加载并开始运行路由器，如下所示。注意，这里显示的 IOS 版本为 12.4（12）高级安全版。

```
[some output cut]
Cisco IOS Software, 2800 Software (C2800NM-ADVSECURITYK9-M), Version
   12.4(12), RELEASE SOFTWARE (fc1)
```

```
Technical Support: http://www.cisco.com/techsupport
Copyright (c) 1986-2006 by Cisco Systems, Inc.
Compiled Fri 17-Nov-06 12:02 by prod_rel_team
Image text-base: 0x40093160, data-base: 0x41AA0000
```

新型ISR路由器一个新特征是，显示的IOS名称不再神秘。文件名实际上指出了IOS的功能，如高级安全（Advanced Security）。IOS加载后，将显示从POST获悉的信息，如下所示：

```
[some output cut]
Cisco 2811 (revision 49.46) with 249856K/12288K bytes of memory.
Processor board ID FTX1049A1AB
2 FastEthernet interfaces
4 Serial(sync/async) interfaces
1 Virtual Private Network (VPN) Module
DRAM configuration is 64 bits wide with parity enabled.
239K bytes of non-volatile configuration memory.
62720K bytes of ATA CompactFlash (Read/Write)
```

从这些输出可知，这里有两个快速以太网接口、4个串行接口和一个VPN模块。此处信息还显示了内存（RAM）量、NVRAM量和闪存量，并表明有256 MB内存（RAM）、239 KB NVRAM和64 MB闪存。

IOS加载并正常运行后，NVRAM中的预配置（也叫启动配置）将被复制到内存（RAM）中。该文件的副本将被复制到内存（RAM）中，并被称为运行配置。

注意 我的1841和871W路由器的引导过程与2811路由器完全相同。1841和871W路由器显示的内存更少，接口也不同，但除此之外，引导过程和预先配置的启动配置文件完全相同。

启动非ISR路由器（如2600）

正如你将看到的，非ISR路由器的引导过程与ISR路由器基本相同。下面是引导或重启2600路由器时显示的消息：

```
System Bootstrap, Version 11.3(2)XA4, RELEASE SOFTWARE (fc1)
Copyright (c) 1999 by cisco Systems, Inc.
TAC:Home:SW:IOS:Specials for info
C2600 platform with 65536 Kbytes of main memory
```

下一部分输出表明IOS正被解压缩进RAM：

```
program load complete, entry point:0x80008000, size:0x43b7fc
Self decompressing the image :
#######################################################
#######################################################
#######################################################
#######################################################
```

```
###########################################################
###########################################################
############################################################################ [OK]
```

目前为止，几乎完全相同。注意，下面的输出表明IOS版本为12.3（20）。

```
Cisco Internetwork Operating System Software
IOS (tm) C2600 Software (C2600-IK9O3S3-M), Version 12.3(20), RELEASE
   SOFTWARE (fc2)
Technical Support: http://www.cisco.com/techsupport
Copyright (c) 1986-2006 by cisco Systems, Inc.
Compiled Tue 08-Aug-06 20:50 by kesnyder
Image text-base: 0x80008098, data-base: 0x81A0E7A8
```

如同使用2800系列时，一旦加载了IOS，从POST获悉的信息将显示如下：

```
cisco 2610 (MPC860) processor (revision 0x202) with 61440K/4096K bytes
   of memory.
Processor board ID JAD03348593 (1529298102)
M860 processor: part number 0, mask 49
Bridging software.
X.25 software, Version 3.0.0.
1 Ethernet/IEEE 802.3 interface(s)
1 Serial network interface(s)
2 Serial(sync/async) network interface(s)
32K bytes of non-volatile configuration memory.
16384K bytes of processor board System flash (Read/Write)
```

上述输出表明有一个以太网接口和3个串行接口，并显示了内存（RAM）量和闪存量，即64 MB内存和（RAM）16 MB闪存。

正如前面指出的，IOS加载并正常运行后，NVRAM中的一种有效配置（称为启动配置）将被加载。但这与ISR路由器的默认引导过程不同：如果NVRAM中没有配置，路由器将发送广播，向TFTP主机请求有效配置。这要求路由器在接口上执行载波检测（CD）。如果请求失败，你将进入设置模式——一个循序渐进的过程，用于配置路由器。因此，你必须记住，如果将路由器连接到网络并启动它，路由器可能用几分钟时间搜索配置。

你还可随时从命令行进入设置模式，为此可在特权模式下输入**setup**，特权模式将稍后介绍。在设置模式下我们只可执行部分命令，它们通常用处不大，如下所示：

```
Would you like to enter the initial configuration dialog? [yes/no]: y

At any point you may enter a question mark '?' for help.
Use ctrl-c to abort configuration dialog at any prompt.
Default settings are in square brackets '[]'.

Basic management setup configures only enough connectivity
for management of the system, extended setup will ask you
```

```
to configure each interface on the system

Would you like to enter basic management setup? [yes/no]: y
Configuring global parameters:

  Enter host name [Router]: Ctrl+C
Configuration aborted, no changes made.
```

注意　我们可随时按 Ctrl + C 退出设置模式。

强烈推荐你使用一次设置模式，以后就不要再使用了。你总是应该使用 CLI。

6.2　命令行界面（CLI）

我有时将 CLI 称为 Cash Line Interface，因为如果你能使用 CLI 进行复杂的思科路由器和交换机配置，就能得到钱。

6.2.1　进入 CLI

接口状态消息出现后，如果按回车键，你将看到提示符 Router>。这称为用户 EXEC 模式（用户模式），主要用于查看统计信息，也是进入特权模式的跳板。

只有在特权 EXEC 模式（特权模式）下，你才能查看并修改 Cisco 路由器的配置。要进入这种模式，请执行命令 enable，如下所示：

```
Router>enable
Router#
```

现在提示符变为 Router#，它表明当前处于特权模式。在这种模式下，你可查看并修改路由器的配置。要从特权模式返回到用户模式，请使用命令 disable，如下所示：

```
Router#disable
Router>
```

现在，要退出控制台，请执行命令 logout：

```
Router>logout

Router con0 is now available
Press RETURN to get started.
```

接下来的几节将演示如何执行一些基本的管理配置。

6.2.2　路由器模式概述

在 CLI 中，我们可对路由器做全局修改。为此，我们可输入 configure terminal（或其简写 config t），此时将进入全局配置模式，以修改运行配置。全局命令（在全局模式下执行的命令）只需设置一次，它们影响整台路由器。

在特权模式提示符下，我们可执行命令 config，然后按回车接受默认选项 terminal，如下所示：

```
Router#config
Configuring from terminal, memory, or network [terminal]? [press enter]
Enter configuration commands, one per line.  End with CNTL/Z.
Router(config)#
```

在这种模式下，我们所做的修改将影响整台路由器，因此称为*全局配置模式*。要修改运行配置（在动态 RAM（DRAM）中运行的当前配置），你可使用命令 configure terminal，前面演示了这一点。

下面是命令 configure 的其他一些选项：

```
Router(config)#exit or press cntl-z
Router#config ?
  memory             Configure from NV memory
  network            Configure from a TFTP network host
  overwrite-network  Overwrite NV memory from TFTP network host
  terminal           Configure from the terminal
  <cr>
```

这些命令将在第 7 章介绍。

6.2.3 CLI 提示符

了解配置路由器时可能见到的各种提示符非常重要，这有助于导航并识别当前所处的配置模式。接下来的几节将展示思科路由器使用的提示符，并讨论使用的各种术语。（对路由器配置做任何修改前，请务必查看提示符！）

这里不会探究每个命令提示符（因为这超出了本书的讲述范围），而只描述你将在本书中看到的各种提示符。这些命令提示符是日常工作中用得最多的，也是通过考试必须知道的。

如果现在不知道所有这些命令提示符的作用，也不要害怕，后面很快就将全面介绍它们。就目前而言，你只需放松心情，熟悉各种提示符，这样就万事大吉了！

1. 接口

要修改接口的配置，我们可在全局配置模式下执行命令 interface：

```
Router(config)#interface ?
  Async              Async interface
  BVI                Bridge-Group Virtual Interface
  CDMA-Ix            CDMA Ix interface
  CTunnel            CTunnel interface
  Dialer             Dialer interface
  FastEthernet       FastEthernet IEEE 802.3
  Group-Async        Async Group interface
```

```
  Lex                   Lex interface
  Loopback              Loopback interface
  MFR                   Multilink Frame Relay bundle interface
  Multilink             Multilink-group interface
  Null                  Null interface
  Port-channel          Ethernet Channel of interfaces
  Serial                Serial
  Tunnel                Tunnel interface
  Vif                   PGM Multicast Host interface
  Virtual-PPP           Virtual PPP interface
  Virtual-Template      Virtual Template interface
  Virtual-TokenRing     Virtual TokenRing
  range                 interface range command
Router(config)#interface FastEthernet 0/0
Router(config-if)#
```

提示符变成了 Router(config-if)#，你注意到了吗？这表明当前处于**接口配置模式**。如果提示符也指出当前配置的是哪个接口，那该多好！然而至少就目前而言，我们必须在没有这种提示信息的情况下工作，因为提示符没有提供这种信息。有一点是肯定的，那就是配置路由器时你必须集中注意力！

2. 子接口

子接口允许你在路由器中创建逻辑接口，进入子接口配置模式后，提示符将变成 Router(config-subif)#：

```
Router(config-if)#interface f0/0.1
Router(config-subif)#
```

注意

有关子接口的详细信息，请参阅第11章和第16章，但现在不要这样做。

3. line 命令

要配置用户模式密码，请使用命令 line。执行该命令后，提示符将变成 Router(config-line)#：

```
Router#config t
Enter configuration commands, one per line.  End with CNTL/Z.
Router(config)#line ?
  <0-337>   First Line number
  aux       Auxiliary line
  console   Primary terminal line
  tty       Terminal controller
  vty       Virtual terminal
```

命令 line console 0 称为主命令（也叫全局命令），而在提示符 Router(config-line)#下执行的命令都称为子命令。

4. 配置路由选择协议

要配置路由选择协议（如 RIP 和 EIGRP），我们需要让提示符变成 Router(config-router)#：

```
Router#config t
Enter configuration commands, one per line.  End with CNTL/Z.
Router(config)#router rip
Router(config-router)#version 2
Router(config-router)#
```

5. 定义路由器术语

表 6-1 定义了前面使用的一些术语。

表6-1 路由器术语

模　式	定　义
用户EXEC模式	只能执行基本的监视命令
特权EXEC模式	让你能够访问其他所有的路由器命令
全局配置模式	可执行影响整个系统的命令
具体的配置模式	可执行只影响接口/进程的命令
设置模式	交互式配置对话

6.2.4 编辑和帮助功能

我们可使用思科高级编辑功能来帮助配置路由器。无论在哪种提示符下，如果你输入问号（?），都将看到在该提示符下可执行的命令列表：

```
Router#?
Exec commands:
  access-enable    Create a temporary Access-List entry
  access-profile   Apply user-profile to interface
  access-template  Create a temporary Access-List entry
  archive          manage archive files
  auto             Exec level Automation
  bfe              For manual emergency modes setting
  calendar         Manage the hardware calendar
  cd               Change current directory
  clear            Reset functions
  clock            Manage the system clock
  cns              CNS agents
  configure        Enter configuration mode
  connect          Open a terminal connection
  copy             Copy from one file to another
  crypto           Encryption related commands.
  ct-isdn          Run an ISDN component test command
```

```
  debug            Debugging functions (see also 'undebug')
  delete           Delete a file
  dir              List files on a filesystem
  disable          Turn off privileged commands
  disconnect       Disconnect an existing network connection
 --More--
```

另外，此时我们可按空格显示下一页信息，也可按回车键每次显示一个命令。另外，我们还可按Q（或其他任何键）返回到提示符。

下面是一种快捷方式：要查看以某个字母打头的命令，可输入该字母和问号且不要在它们之间留空格：

```
Router#c?
calendar  cd         clear    clock
cns       configure  connect  copy
crypto    ct-isdn

Router#c
```

通过输入 c?，我们看到了所有以字母 c 打头的命令。另外，注意在显示命令列表后，再次出现了提示符 Router#c，这在命令很长，且你想知道其下一部分时很有用。如果每次使用问号时，都需重新输入整个命令，那就太糟糕了！

要获悉命令的下一部分，可输入命令的第一部分和问号：

```
Router#clock ?
  read-calendar    Read the hardware calendar into the clock
  set              Set the time and date
  update-calendar  Update the hardware calendar from the clock
Router#clock set ?
  hh:mm:ss  Current Time
Router#clock set 11:15:11 ?
  <1-31>  Day of the month
  MONTH   Month of the year
Router#clock set 11:15:11 25 april ?
  <1993-2035>  Year
Router#clock set 11:15:11 25 april 2011 ?
  <cr>
Router#clock set 11:15:11 25 april 2011
*April 25 11:15:11.000: %SYS-6-CLOCKUPDATE: System clock has been
updated from 18:52:53 UTC Wed Feb 28 2011 to 11:15:11 UTC Sat April 25 2011,
configured from console by cisco on console.
```

通过输入 **clock ?**，我们可看到该命令下一个可能的参数以及这些参数的用途。注意，我们可不断输入命令，直到输入空格和问号后，你唯一的选择就是按回车。

如果输入命令时出现如下消息：

```
Router#clock set 11:15:11
% Incomplete command.
```

你便应意识到命令不完整。此时只需按上箭头键重新显示前一次输入的命令，然后使用问号了解完整的命令是什么样的。

如果出现如下错误消息：

```
Router(config)#access-list 110 permit host 1.1.1.1
                                        ^
% Invalid input detected at '^' marker.
```

则说明输入的命令不正确。看到那个小脱字符（∧）了吗？这是一个很有用的工具，准确地指出了命令中不对的地方。下面是另一个显示脱字符的例子：

```
Router#sh serial 0/0/0
           ^
% Invalid input detected at '^' marker.
```

这个命令看似正确，但请务必小心！完整的命令为 show interface serial 0/0/0。

如果出现下面的错误消息：

```
Router#sh ru
% Ambiguous command:  "sh ru"
```

则表明有多个命令以你输入的内容打头，因此其含义不明确。要获悉你需要的命令，请使用问号：

```
Router#sh ru?
rudpv1  running-config
```

正如你看到的，其中有两个命令以 **show ru** 打头。

表 6-2 列出了思科路由器上可用的高级编辑命令。

表6-2 高级编辑命令

命　令	含　义
Ctrl + A	将光标移到行首
Ctrl + E	将光标移到行尾
Esc + B	将光标左移一个字
Ctrl + B	将光标左移一个字符
Ctrl + F	将光标右移一个字符
Esc + F	将光标右移一个字
Ctrl + D	删除一个字符
Backspace	删除一个字符
Ctrl + R	重新显示一行
Ctrl + U	删除一行
Ctrl + W	删除一个字
Ctrl + Z	退出配置模式，返回到EXEC模式
Tab	帮你完成命令的输入

我要介绍的另一项优秀的编辑功能是，在命令行太长的情况下自动向左滚动。在下面的示例中，我们输入的命令到达了右边界，因此自动向左移动了11个字符的位置（美元符号$表示向左移动了）：

```
Router#config t
Enter configuration commands, one per line. End with CNTL/Z.
Router(config)#$110 permit host 171.10.10.10 0.0.0.0 eq 23
```

使用表6-3所示的命令，我们可查看路由器命令历史记录。

表6-3　查看路由器命令历史记录

命　令	含　义
Ctrl + P或上箭头	显示最后一次输入的命令
Ctrl + N或下箭头	显示以前输入的命令
show history	默认显示最近输入的20个命令
show terminal	显示终端配置和历史记录缓冲区的大小
terminal history size	修改缓冲区的大小（最大为256）

下面的示例演示了命令 show history 以及如何修改历史记录缓冲区的大小，并使用命令 show terminal 验证了修改效果。首先，我们使用命令 show history 查看在路由器中输入的最后20个命令，但在这里的输出只显示了10个命令：

```
Router#show history
 en
 sh history
 show terminal
 sh cdp neig
 sh ver
 sh flash
 sh int fa0
 sh history
 sh int s0/0
 sh int s0/1
```

现在使用命令 show terminal 验证历史记录缓冲区的大小：

```
Router#show terminal
Line 0, Location: "", Type: ""
[output cut]
Modem type is unknown.
Session limit is not set.
Time since activation: 00:21:41
Editing is enabled.
History is enabled, history size is 20.
DNS resolution in show commands is enabled
Full user help is disabled
```

```
Allowed input transports are none.
Allowed output transports are pad telnet rlogin lapb-ta mop v120 ssh.
Preferred transport is telnet.
No output characters are padded
No special data dispatching characters
```

接下来，在特权模式下使用命令 terminal history size 修改历史记录缓冲区的大小：

```
Router#terminal history size ?
 <0-256> Size of history buffer
Router#terminal history size 25
```

最后，我们使用命令 show terminal 验证修改效果：

```
Router#show terminal
Line 0, Location: "", Type: ""
[output cut]
Editing is enabled.
History is enabled, history size is 25.
Full user help is disabled
Allowed transports are lat pad v120 telnet mop rlogin
  nasi. Preferred is lat.
No output characters are padded
No special data dispatching characters
Group codes:  0
```

什么时候使用 Cisco 编辑功能？

有几项编辑功能的使用频率非常高，而有些编辑功能的使用频率不那么高，甚至根本不会被用到。这些命令并非思科凭空捏造的，而是来自 Unix。然而，要撤销命令时，Ctrl＋A 很有用。

例如，如果你刚配置了一个很长的命令，随后又不想在配置中使用它，或者它不可用，则可以按上箭头键重新显示该命令，再按 Ctrl＋A，输入 no 和空格并按回车键，这样该命令就撤销了。这种方法并非适用于每个命令，但适用于很多命令。

6.2.5 收集基本的路由选择信息

命令 show version 显示系统硬件的基本配置以及软件版本和启动映像，如下例所示：

```
Router#show version
Cisco IOS Software, 2800 Software (C2800NM-ADVSECURITYK9-M), Version
  12.4(12), RELEASE SOFTWARE (fc1)
Technical Support: http://www.cisco.com/techsupport
Copyright (c) 1986-2006 by Cisco Systems, Inc.
Compiled Fri 17-Nov-06 12:02 by prod_rel_team
```

上述输出描述了路由器运行的思科 IOS。下面的输出描述了使用的 ROM（Read-Only Memory，只读存储器），ROM 用于启动路由器和存储 POST：

```
ROM: System Bootstrap, Version 12.4(13r)T, RELEASE SOFTWARE (fc1)
```

接下来的输出指出了路由器运行了多长时间、路由器是如何重启的（如果你看到错误 system restarted by bus，将是一件非常糟糕的事情）、思科 IOS 是从那里被加载的（默认为闪存）以及 IOS 的名称：

```
Router uptime is 2 hours, 30 minutes
System returned to ROM by power-on
System restarted at 09:04:07 UTC Sat Aug 25 2007
System image file is "flash:c2800nm-advsecurityk9-mz.124-12.bin"
```

接下来的输出描述了处理器、DRAM 量和闪存量以及 POST 在路由器上找到的接口：

```
[some output cut]
Cisco 2811 (revision 53.50) with 249856K/12288K bytes of memory.
Processor board ID FTX1049A1AB
2 FastEthernet interfaces
4 Serial(sync/async) interfaces
1 Virtual Private Network (VPN) Module
DRAM configuration is 64 bits wide with parity enabled.
239K bytes of non-volatile configuration memory.
62720K bytes of ATA CompactFlash (Read/Write)
Configuration register is 0x2102
```

最后一项是配置寄存器值，这将在第 7 章介绍。

另外，验证路由器配置以及排除路由器和网络故障时，命令 show interfaces 和 show ip interface brief 很有用。这些命令将在本章后面介绍，请一定掌握相关内容！

6.3　路由器和交换机的管理配置

虽然对于让路由器或交换机在网络中正常运行来说，本节的内容并非生死攸关，但确实很重要。本节将介绍可帮助管理网络的配置命令。

在路由器和交换机上，可配置的管理功能如下：

- 主机名；
- 旗标；
- 密码；
- 接口描述。

别忘了，这些配置都不能让路由器和交换机表现得更好或运行得更快，但请相信我，只要花时间在每台网络设备上设置这些配置，你的工作将更轻松。因为如果这样做，排除网络故障和维护网络的工作将容易很多。本节将在思科路由器上演示这些命令，但这些命令也完全适用于思科交换机。

6.3.1 主机名

要设置路由器的身份，我们可使用命令 hostname。这只对本地有影响，即不会影响路由器如何执行名称查找，也不会影响路由器在互联网络中的运行方式。然而，在第 16 章讨论 WAN 协议 PPP 时，我将把主机名用于身份验证。

下面是一个例子：

```
Router#config t
Enter configuration commands, one per line. End with
  CNTL/Z.
Router(config)#hostname Todd
Todd(config)#hostname Atlanta
Atlanta(config)#hostname Todd
Todd(config)#
```

虽然根据你的姓名配置主机名很有诱惑力，但根据路由器的位置来给它命名绝对是个更好的主意。这是因为根据设备实际所处的位置指定主机名时，查找它将容易得多。另外，这也有助于核实你当前是在正确的设备上进行配置。本章，我将暂时保留主机名 Todd，因为这很有趣。

6.3.2 旗标

配置旗标不仅仅是为了耍酷；配置旗标的一个充分理由是，可以给任何试图通过远程登录或拨号连接你的互联网络的人发出安全警告。您可以创建一个旗标，向任何登录到路由器的人显示你想告诉他的信息。

有 4 种类型的旗标：EXEC 进程创建旗标（exec process creation banner）、入站终端线路旗标 incoming terminal line banner）、登录旗标和每日消息旗标，请务必熟悉它们。下面的代码说明了所有这些旗标：

```
Todd(config)#banner ?
  LINE            c banner-text c, where 'c' is a delimiting character
  exec            Set EXEC process creation banner
  incoming        Set incoming terminal line banner
  login           Set login banner
  motd            Set Message of the Day banner
  prompt-timeout  Set Message for login authentication timeout
  slip-ppp        Set Message for SLIP/PPP
```

MOTD（Message Of The Day，每日消息）是最常用的旗标。它向任何拨号或通过 Telnet、辅助端口甚至控制台端口连接路由器的人显示一条消息，如下所示：

```
Todd(config)#banner motd ?
LINE c banner-text c, where 'c' is a delimiting character
Todd(config)#banner motd #
Enter TEXT message. End with the character '#'.
$ Acme.com network, then you must disconnect immediately.
#
```

```
Todd(config)#^Z
Todd#
00:25:12: %SYS-5-CONFIG_I: Configured from console by
  console
Todd#exit

Router con0 is now available


Press RETURN to get started.


If you are not authorized to be in Acme.com network, then you
must disconnect immediately.
Todd#
```

上述 MOTD 旗标告诉连接路由器的人，如果他是不请自来的，就请离开。其中需要说明的是分隔字符，它用于告诉路由器消息到什么地方结束。我们可使用任何分隔字符，但很明显在消息中不能使用该字符。另外，输入完整的消息后按回车，然后输入分隔字符并按回车。不这样做也可以，但如果有多个旗标，它们将合并成一条消息，并占据一行。

例如，你可在一行中设置旗标，如下所示：

```
Todd(config)#banner motd x Unauthorized access prohibited! x
```

这完全可行，但如果再添加一条 MOTD 旗标消息，它们将合并到一行中。

下面介绍前面提到的其他旗标。

- **EXEC 旗标**　可配置线路激活（EXEC）旗标，这种旗标在创建 EXEC 进程（如线路激活或有到来的 VTY 线路连接）时显示。通过控制台端口建立用户 EXEC 会话时，我们将激活 EXEC 旗标。
- **入站旗标**　可配置一个这样的旗标，即在连接到反向 Telnet 线路的终端上显示。这种旗标可用于给使用反向 Telnet 的用户提供操作说明。
- **登录旗标**　可配置在所有连接的终端上显示的登录旗标。这种旗标在 MOTD 旗标之后显示，并在登录提示出现前显示。我们不能基于线路禁用登录旗标，而必须全局禁用它，为此必须使用命令 `no banner login` 将其删除。

下面是一个登录旗标的例子：

```
!
banner login ^C
-----------------------------------------------------------------------
Cisco Router and Security Device Manager (SDM) is installed on this device.
This feature requires the one-time use of the username "cisco"
with the password "cisco". The default username and password
have a privilege level of 15.
Please change these publicly known initial credentials using
SDM or the IOS CLI.
```

```
Here are the Cisco IOS commands.
username <myuser>  privilege 15 secret 0 <mypassword>
no username cisco
Replace <myuser> and <mypassword> with the username and
password you want to use.
For more information about SDM please follow the instructions
in the QUICK START GUIDE for your router or go to http://www.cisco.com/go/sdm
-----------------------------------------------------------------
^C
!
```

任何曾登录过 ISR 路由器的人，都相当熟悉上述登录旗标，这是思科在其 ISR 路由器上默认配置的旗标。

登录旗标在登录提示出现前显示，并在 MOTD 旗标后显示。

6.3.3 设置密码

用于确保思科路由器安全的密码有 5 种：控制台密码、辅助端口密码、远程登录（VTY）密码、启用密码（enable）和启用加密密码（enable secret）。启用密码和启用加密密码控制用户进入特权模式，在用户执行 `enable` 命令时要求他提供密码。其他 3 种密码用于控制用户通过控制台端口、辅助端口和 Telnet 进入用户模式。

下面详细介绍每一种密码。

1. 启用密码

在全局配置模式下设置启用密码，如下所示：

```
Todd(config)#enable ?
  last-resort Define enable action if no TACACS servers
              respond
  password    Assign the privileged level password
  secret      Assign the privileged level secret
  use-tacacs  Use TACACS to check enable passwords
```

命令 `enable` 的参数如下。

- **`last-resort`** 在使用 TACACS 服务器进行身份验证，但该服务器不可用时，让你仍能进入路由器；如果 TACACS 服务器可用，则这种密码将不管用。
- **`password`** 在 10.3 之前的老系统上设置启用密码，如果设置了启用加密密码，该密码将不管用。
- **`secret`** 较新的加密密码，如果设置了，将优先于启用密码。
- **`use-tacacs`** 让路由器使用 TACACS 服务器进行身份验证。如果有数十台甚至更多的路由器，这将很方便，毕竟谁会希望在所有这些路由器上修改密码？而使用 TACACS 服务器时，你只需修改一次密码。

下面是一个设置启用密码的例子：

```
Todd(config)#enable secret todd
Todd(config)#enable password todd
The enable password you have chosen is the same as your
  enable secret. This is not recommended. Re-enter the
  enable password.
```

如果你将启用加密密码和启用密码设置成相同的，路由器将提醒你修改第二个密码。如果你未使用老式路由器，根本就不需要使用启用密码。

进入用户模式的密码是使用命令 line 设置的：

```
Todd(config)#line ?
  <0-337>  First Line number
  aux      Auxiliary line
  console  Primary terminal line
  tty      Terminal controller
  vty      Virtual terminal
```

下面是 CCNA 考试涉及的参数。

- **aux** 设置辅助端口的用户模式密码。辅助端口通常用于将调制解调器连接到路由器，但也可用作控制台端口。
- **console** 设置控制台端口的用户模式密码。
- **vty** 设置通过 Telnet 进入用户模式的密码。如果没有设置这种密码，默认将不能通过 Telnet 连接到路由器。

要配置用户模式密码，可配置相应的线路，并使用命令 login 让路由器进行身份验证。接下来的几节将逐行演示每条线路的配置。

2. 辅助端口密码

要配置辅助端口密码，请进入全局配置模式并输入 line aux ?。从下面的输出可知，你只有一种选择，那就是 0，这是因为只有一个辅助端口：

```
Todd#config t
Enter configuration commands, one per line.  End with CNTL/Z.
Todd(config)#line aux ?
  <0-0>  First Line number
Todd(config)#line aux 0
Todd(config-line)#login
% Login disabled on line 1, until 'password' is set
Todd(config-line)#password aux
Todd(config-line)#login
```

请别忘了执行命令 login，否则辅助端口将不进行身份验证。

给线路设置密码前，思科不允许执行命令 login，因为如果执行命令 login 后没有设置密码，该线路将不可用——它将提示用户输入根本不存在的密码。因此，这是一件好事，给你带来的是帮助，而不是麻烦。

注意

虽然思科在较新的IOS版本（12.2和更高）中提供了这种“确保设置密码”的功能，但并非所有IOS都有这种功能。请务必牢记这一点。

3. 控制台端口密码

要设置控制台端口密码，我们可使用命令 `line console 0`。如果试图在提示符(config-line)#下输入命令 `line console ?`，结果将如何呢？将出现一条错误消息。在该提示符下，我们可输入命令 `line console 0`，且该命令也会被系统接受，但在该提示符下帮助屏幕不管用。输入 `exit` 后退一级，我们将发现帮助屏幕管用了。这也是一种特色。

下面是一个示例：

```
Todd(config-line)#line console ?
% Unrecognized command
Todd(config-line)#exit
Todd(config)#line console ?
  <0-0>  First Line number
Todd(config-line)#password console
Todd(config-line)#login
```

由于只有一个控制台端口，因此我们只能选择编号0。我们可将所有线路的密码都设置成相同的，但出于安全方面的考虑，建议你将它们设置成不同的。

还有其他几个与控制台端口相关的命令，你必须知道。

例如，命令 `exec-timeout 0 0` 将控制台EXEC会话的超时时间设置为0，这意味着永远不超时。默认的超时时间为10分钟。（如果你喜欢恶作剧，可尝试将其设置为0 1，这将把控制台端口的超时时间设置为1秒。要修复这种问题，你必须不断按向下箭头，并用另一只手修改超时时间！）

`logging synchronous` 是个很不错的命令，应默认启用，但并未如此。它可避免因不断出现控制台消息影响你的输入。配置该命令后，这些消息仍会出现，但会等到返回到路由器提示符后再出现，不会中断你的输入。这样，输入信息将更容易阅读。

下面的示例演示了如何配置这两个命令：

```
Todd(config-line)#line con 0
Todd(config-line)#exec-timeout ?
  <0-35791>  Timeout in minutes
Todd(config-line)#exec-timeout 0 ?
  <0-2147483>  Timeout in seconds
  <cr>
Todd(config-line)#exec-timeout 0 0
Todd(config-line)#logging synchronous
```

注意

我们可将控制台超时时间设置为0 0（永远不超时）到35 791分钟2 147 483秒的任何值。默认为10分钟。

4. Telnet密码

要设置使用Telnet访问路由器时进入用户模式的密码，我们可使用命令 `line vty`。如果路由器运行的不是思科IOS企业版，它将默认有5条VTY线路：0~4。但如果运行的是企业版，线路将多得多。要获悉有多少条线路，最佳的方法是使用问号：

```
Todd(config-line)#line vty 0 ?
% Unrecognized command
Todd(config-line)#exit
Todd(config)#line vty 0 ?
  <1-1180>  Last Line number
  <cr>
Todd(config)#line vty 0 1180
Todd(config-line)#password telnet
Todd(config-line)#login
```

别忘了，在提示符(config-line)#下你无法获取帮助。要使用问号（?），你必须返回全局配置模式。

如果你试图远程登录没有设置VTY密码的路由器，结果将如何呢？你将看到一条错误消息，它指出连接请求遭到拒绝，因为没有设置密码。因此，如果在试图远程登录路由器时出现如下消息：

```
Todd#telnet SFRouter
Trying SFRouter (10.0.0.1)…Open

Password required, but none set
[Connection to SFRouter closed by foreign host]
Todd#
```

则说明远程路由器（这里为SFRouter）没有设置VTY（Telnet）密码。要绕开这种障碍，让路由器在没有设置Telnet密码时也允许建立Telnet连接，我们可使用 `no login` 命令：

```
SFRouter(config-line)#line vty 0 4
SFRouter(config-line)#no login
```

警告　除非在测试或课堂环境中，否则不建议使用 `no login` 命令让没有设置密码的路由器接受Telnet连接。在生产环境中，请一定设置VTY密码。

给路由器配置IP地址后，我们便可使用Telnet程序配置和检查路由器，而不必使用控制台电缆。在任何命令提示符（DOS或Cisco）下，我们都可输入 **telnet** 来运行Telnet程序。第7章将详细介绍Telnet。

5. 设置安全外壳（SSH）

我们可以使用安全外壳替代Telnet。与使用非加密数据流的Telnet相比，SSH创建的会话更安全。SSH使用加密密钥发送数据，以免以明文方式发送用户名和密码。

设置SSH的步骤如下。

(1) 设置主机名：

```
Router(config)#hostname Todd
```

(2) 设置域名（为生成加密密钥，必须有用户名和域名）：

```
Todd(config)#ip domain-name Lammle.com
```

(3) 将用户名设置成支持 SSH 客户端接入：

```
Todd(config)#username Todd password Lammle
```

(4) 生成用于保护会话的加密密钥：

```
Todd(config)#crypto key generate rsa general-keys modulus ?
  <360-2048>  size of the key modulus [360-2048]
Todd(config)#crypto key generate rsa general-keys modulus 1024
The name for the keys will be: Todd.Lammle.com
% The key modulus size is 1024 bits
% Generating 1024 bit RSA keys, keys will be non-exportable...[OK]
*June 24 19:25:30.035: %SSH-5-ENABLED: SSH 1.99 has been enabled
```

(5) 在路由器上启用 SSH 第 2 版。并非必须这样做，但强烈推荐这样做：

```
Todd(config)#ssh version 2
```

(6) 进入路由器 VTY 线路配置模式：

```
Todd(config)#line vty 0 1180
```

(7) 最后，指定依次将 SSH 和 Telnet 作为接入协议：

```
Todd(config-line)#transport input ssh telnet
```

如果没有在最后一个命令的末尾指定关键字 telnet，路由器将只支持 SSH。这里并不是要建议你使用哪种方式，而只是想说明 SSH 比 Telnet 更安全。

6.3.4 对密码进行加密

默认情况下，只有启用加密密码是加密的，要对用户模式密码和启用密码进行加密，必须手工进行配置。

在路由器上执行命令 show running-config 时，你将看到除启用加密密码外的其他所有密码：

```
Todd#sh running-config
Building configuration...
[output cut]
!
enable secret 5 $1$2R.r$DcRaVoOyBnUJBf7dbG9XEO
enable password todd
!
[output cut]
!
line con 0
 exec-timeout 0 0
```

```
 password console
 logging synchronous
 login
line aux 0
 password aux
 login
line vty 0 4

 password telnet
 login
 transport input telnet ssh
line vty 5 15
password telnet
 login
 transport input telnet ssh
line vty 16 1180
 password telnet
 login
!
end
```

要手工配置密码加密，我们可使用命令 service password-encryption，如下例所示：

```
Todd#config t
Enter configuration commands, one per line.  End with CNTL/Z.
Todd(config)#service password-encryption
Todd(config)#exit
Todd#sh run
Building configuration...
[output cut]
!
enable secret 5 $1$2R.r$DcRaVo0yBnUJBf7dbG9XE0
enable password 7 131118160F
!
[output cut]
!
line con 0
 exec-timeout 0 0
 password 7 0605002F5F41051C
 logging synchronous
 login
line aux 0
 password 7 03054E13
```

```
 login
line vty 0 4
 access-class 23 in
password 7 01070308550E12
 login
 transport input telnet ssh
line vty 5 15
password 7 01070308550E12
 login
 transport input telnet ssh
line vty 16 1180
 password 7 120D001B1C0E18
 login
!
end

Todd#config t
Todd(config)#no service password-encryption
Todd(config)#^Z
Todd#
```

这样，密码就将被加密。在前面的示例中，我们对密码进行了加密，然后执行命令 show run，最后取消了密码加密。正如你看到的，启用密码和线路密码都被加密了。

全面介绍如何在路由器上设置描述前，我们先来详细探讨密码加密。前面说过，如果你设置密码并启用命令 service password-encryption，必须在禁用加密服务前执行命令 show running-config，否则密码将不会被加密。并非一定要禁用加密服务，仅当路由器的 CPU 使用率很高时，你才需禁用加密服务。如果在设置密码前就启用了加密服务，则即使不查看密码，它们也会被加密。

6.3.5 描述

设置接口描述对管理员很有帮助，与主机名一样，描述也只在本地有意义。命令 description 很有用，因为可用来标识电路号。

下面是一个示例：

```
Todd#config t
Todd(config)#int s0/0/0
Todd(config-if)#description Wan to SF circuit number 6fdda12345678
Todd(config-if)#int fa0/0
Todd(config-if)#description Sales VLAN
Todd(config-if)#^Z
Todd#
```

要查看接口的描述，我们可使用命令 show running-config 或 show interface：

```
Todd#sh run
[output cut]
!
interface FastEthernet0/0
 description Sales VLAN
 ip address 10.10.10.1 255.255.255.248
 duplex auto
 speed auto
!
interface Serial0/0/0
 description Wan to SF circuit number 6fdda 12345678
 no ip address
 shutdown
!
[output cut]

Todd#sh int f0/0
FastEthernet0/0 is up, line protocol is down
  Hardware is MV96340 Ethernet, address is 001a.2f55.c9e8 (bia 001a.2f55.c9e8)
  Description: Sales VLAN
 [output cut]

Todd#sh int s0/0/0
Serial0/0/0 is administratively down, line protocol is down
  Hardware is GT96K Serial
  Description: Wan to SF circuit number 6fdda12345678
```

真实案例

description——一个很有用的命令

Bob 是 Acme Corporation 的一名资深网络管理员，该公司位于旧金山，有 50 多条 WAN 链路连接到遍布美国和加拿大的分支机构。每当有接口出现故障时，为确定它连接的电路，并找到该 WAN 链路提供商的电话号码，Bob 都需要花费大量时间。

对 Bob 来说，接口命令 description 很有帮助，因为他可使用这个命令确定每个路由器接口连接的链路。通过给每个 WAN 接口添加电路号以及提供商的电话号码，Bob 受益匪浅。

因此，若花几小时给每个路由器接口添加这些信息，当 WAN 链路出现故障时（这样的情况肯定会发生），Bob 将节省大量宝贵的时间。

使用 do 命令

从 IOS 12.3 版起，思科终于在 IOS 中添加了一个这样的命令，即让你能够在配置模式下查看配置和统计信息。（在前一节的示例中，所有 show 命令都是在特权模式下运行的。）

事实上，在任何 IOS 中，若我们试图在全局配置模式下查看配置，都将看到如下错误消息：

```
Router(config)#sh run
                ^
% Invalid input detected at '^' marker.
```

下面是在运行 IOS 12.4 版的路由器上使用 do 语法执行该命令得到的输出，请将上面的输出与该输出进行比较。

```
Enter configuration commands, one per line.  End with CNTL/Z.
Todd(config)#do show run
Building configuration...

Current configuration : 3276 bytes
!
[output cut]

Todd(config)#do sh int f0/0
FastEthernet0/0 is up, line protocol is down
  Hardware is MV96340 Ethernet, address is 001a.2f55.c9e8 (bia
    001a.2f55.c9e8)
  Description: Sales VLAN
[output cut]
```

基本上，现在我们可在任何配置提示符下运行任何命令，这是不是很酷？对于前面的密码加密示例，使用 do 命令绝对可以加快任务的完成速度，这确实是个非常好的命令！

6.4 路由器接口

接口配置是最重要的路由器配置之一，因为若没有接口，路由器几乎就毫无用处。另外，要与其他设备通信，接口配置必须绝对精确。配置接口时，我们需要指定网络层地址、介质类型和带宽，还需使用其他管理命令。

不同路由器在选择要配置的接口时有不同的方法。例如，下面的命令表明，路由器有 10 个串行接口，编号为 0～9：

```
Router(config)#int serial ?
 <0-9> Serial interface number
```

现在该选择要配置的接口了。选择要配置的接口后，你就进入了接口配置模式。例如，下面的命令指定对 5 号串行接口进行配置：

```
Router(config)#int serial 5
Router(config)-if)#
```

在这里，我使用的是老式 2522 路由器，它有一个以太网 10BaseT 端口，因此可使用命令 interface ethernet 0 来选择该接口，如下所示：

```
Router(config)#int ethernet ?
 <0-0> Ethernet interface number
Router(config)#int ethernet 0
Router(config-if)#
```

正如前面指出的，2500 是一种固定配置的路由器。这意味着购买这种型号的路由器后，不能改变其物理配置，这是我不太使用它们的重要原因。在生产环境中，我肯定不会使用这种路由器，但它们价格低廉，非常适合用于备考。

要选择接口，我们总是使用命令 interface type *number*，但 2600 和 2800 系列路由器（实际上是任何 ISR 路由器）有一个物理插槽，而插入该插槽的模块有端口号，因此在模块化路由器上，需使用命令 interface *type slot/port*，如下所示：

```
Router(config)#int fastethernet ?
 <0-1> FastEthernet interface number
Router(config)#int fastethernet 0
% Incomplete command.
Router(config)#int fastethernet 0?
/
Router(config)#int fastethernet 0/?
 <0-1> FastEthernet interface number
```

注意，我们不能只使用命令 int fastethernet 0，而必须指定类型和插槽号/端口号，即使用命令 ***type slot/port*** 或 **int fastethernet 0/0**（或 **int fa 0/0**）。

ISR 系列路由器的情况基本与此相同，只是选项更多。例如，要选择内置的快速以太网接口，我们使用的命令与使 2600 系列路由器时相同：

```
Todd(config)#int fastEthernet 0/?
  <0-1>  FastEthernet interface number
Todd(config)#int fastEthernet 0/0
Todd(config-if)#
```

但其他模块不同，它们需要使用 3 个编号，而不是两个。第一个 0 表示路由器本身，第二个编号为插槽号，第三个为端口号。下面是在 2811 路由器上选择一个串行接口的命令：

```
Todd(config)#interface serial ?
  <0-2>  Serial interface number
Todd(config)#interface serial 0/0/?
  <0-1>  Serial interface number
Todd(config)#interface serial 0/0/0
Todd(config-if)#
```

这看起来有点麻烦，但实际上并不难。我们建议总是先查看运行配置输出，以获悉要配置哪些接口。下面是我在 2801 路由器上得到的输出：

```
Todd(config-if)#do show run
Building configuration...
[output cut]
!
interface FastEthernet0/0
 no ip address
 shutdown
 duplex auto
 speed auto
!
interface FastEthernet0/1
 no ip address
 shutdown
 duplex auto
 speed auto
!
interface Serial0/0/0
 no ip address
 shutdown
 no fair-queue
!
interface Serial0/0/1
 no ip address
 shutdown
!
interface Serial0/1/0
 no ip address
 shutdown
!
interface Serial0/2/0
 no ip address
 shutdown
 clock rate 2000000
!
 [output cut]
```

出于简化的目的，这里没有列出完整的运行配置，但提供了你需要知道的所有信息。从上述输出可知，有两个内置的快速以太网接口、两个位于插槽 0 中的串行接口（0/0/0 和 0/0/1）、一个位于插槽 1 中的串行接口（0/1/0）和一个位于插槽 2 中的串行接口（0/2/0）。看到这样的接口后，你就更容易明白模块是如何插入路由器的。

需要指出的是，在 2500 路由器上输入 **interface e0**、在 2600 路由器上输入 **interface fastethernet 0/0** 或在 2800 路由器上输入 **interface serial 0/1/0** 时，实际上是选择了要配置

的接口。随后，这些接口的配置方式完全相同。

接下来的几节将继续讨论路由器接口，包括如何启用接口以及如何给接口分配IP地址。

启用接口

要禁用接口，我们可使用接口配置命令 shutdown；要启用接口，我们可使用命令 no shutdown。

如果接口被禁用，则在命令 show interfaces（简写为 sh int）的输出中，该接口显示为管理性关闭（down）：

```
Todd#sh int f0/1
FastEthernet0/1 is administratively down, line protocol is down
[output cut]
```

另一种检查接口状态的方式是使用命令 show running-config。默认情况下，所有接口都被禁用。要启用接口，我们可使用命令 no shutdown（简写为 no shut）：

```
Todd#config t
Todd(config)#int f0/1
Todd(config-if)#no shutdown
Todd(config-if)#
*Feb 28 22:45:08.455: %LINK-3-UPDOWN: Interface FastEthernet0/1,
    changed state to up
Todd(config-if)#do show int f0/1
FastEthernet0/1 is up, line protocol is up
[output cut]
```

1.给接口配置IP地址

虽然并非一定要给路由器配置IP地址，但人们通常都会这样做。要给接口配置IP地址，我们可在接口配置模式下使用命令 ip address：

```
Todd(config)#int f0/1
Todd(config-if)#ip address 172.16.10.2 255.255.255.0
```

别忘了使用命令 no shutdown 启用接口。别忘了查看命令 show interface *int* 的输出，看接口是否被管理性关闭。命令 show running-config 也提供这种信息。

注意　命令 ip address *address mask* 在接口上启用IP处理功能。

如果要给接口配置第二个地址，我们必须使用参数 secondary。如果配置另一个 IP 地址并按回车键，它将取代原来的主IP地址和子网掩码。这无疑是思科IOS最优秀的功能之一。

下面就来试一试。要添加辅助IP地址，只需使用参数 secondary：

```
Todd(config-if)#ip address 172.16.20.2 255.255.255.0 ?
  secondary  Make this IP address a secondary address
  <cr>
```

```
Todd(config-if)#ip address 172.16.20.2 255.255.255.0 secondary
Todd(config-if)#^Z
Todd(config-if)#do sh run
Building configuration...
[output cut]

interface FastEthernet0/1
 ip address 172.16.20.2 255.255.255.0 secondary
 ip address 172.16.10.2 255.255.255.0
 duplex auto
 speed auto
!
```

不建议给接口配置多个 IP 地址，因为这种做法糟糕而低效。这里之所以介绍这个主题，是怕你遇到喜欢糟糕网络设计的 MIS 经理，而他可能会要求你管理这样的网络。也许有一天，有人会向你问起辅助 IP 地址，如果你知道，就显得很聪明。

2. 使用管道

这里说的管道不是通常意义上的管道，而是输出限定符。（虽然我见过大量的路由器配置，但有时也会迷失方向。）管道（|）让你能够在配置或其他冗长输出中迅速找到目标，如下例所示：

```
Todd#sh run | ?
  append    Append redirected output to URL (URLs supporting append operation
            only)
  begin     Begin with the line that matches
  exclude   Exclude lines that match
  include   Include lines that match
  redirect  Redirect output to URL
  section   Filter a section of output
  tee       Copy output to URL

Todd#sh run | begin interface
interface FastEthernet0/0
 description Sales VLAN
 ip address 10.10.10.1 255.255.255.248
 duplex auto
 speed auto
!
interface FastEthernet0/1
 ip address 172.16.20.2 255.255.255.0 secondary
 ip address 172.16.10.2 255.255.255.0
 duplex auto
 speed auto
!
```

```
interface Serial0/0/0
 description Wan to SF circuit number 6fdda 12345678
 no ip address
!
```

基本上，管道符号（输出限定符）可帮助你快速找到目标，比在路由器的全部配置中寻找快得多。

在确定大型路由选择表是否包含特定路由时，我经常使用它，例如：

```
Todd#sh ip route | include 192.168.3.32
R       192.168.3.32 [120/2] via 10.10.10.8, 00:00:25, FastEthernet0/0
Todd#
```

首先需要指出的是，该路由选择表包含 100 多项，如果不使用管道，我可能需要在输出中查找很长时间！这是一个功能强大的高效率工具，可帮你在配置中快速找到一行或在路由选择表中快速找到特定路由（如上例所示），从而节省大量的时间和精力。

花点时间尝试使用该管道符号吧。熟悉其用法后，你将热衷于使用新学的技能快速分析路由器输出。

3. 配置串行接口的命令

配置串行接口前，你需要了解一些重要的信息。例如，我们通常使用串行接口连接 CSU/DSU 设备，这种设备为路由器线路提供时钟频率，如图 6-4 所示。

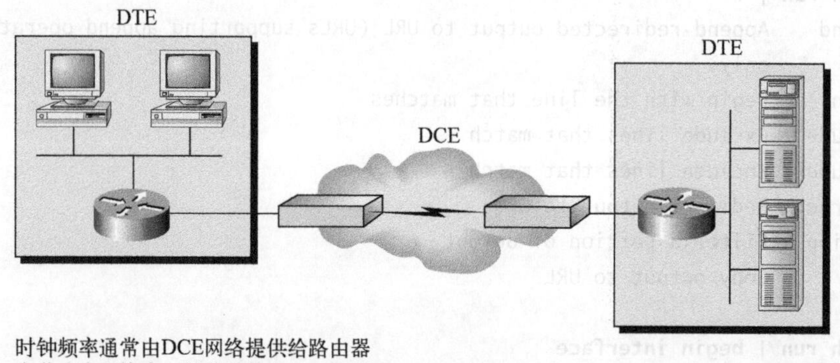
DTE
DTE
DCE
时钟频率通常由DCE网络提供给路由器
在非生产环境中，并非总是有DCE网络

图 6-4　典型的 WAN 连接

在该图中，我们使用串行接口通过 CSU/DSU 连接到一个 DCE 网络，该网络向路由器接口提供时钟频率。然而，如果采用的是背对背配置（例如，如图 6-5 所示的实验环境配置），电缆的一端，即 DCE（Data Communication Equipment，数据通信设备）端必须提供时钟频率。

默认情况下，思科路由器的串行接口都是 DTE（Data Terminal Equipment，数据终端设备），这意味着如果你想让接口充当 DCE 设备，必须对其进行配置，使其提供时钟频率。然而，在生产环境的 T1 连接上，我们不需要提供时钟频率，因为串行接口与 CSU/DSU 相连，如图 6-4 所示。

我们可使用命令 `clock rate` 配置 DCE 串行接口：

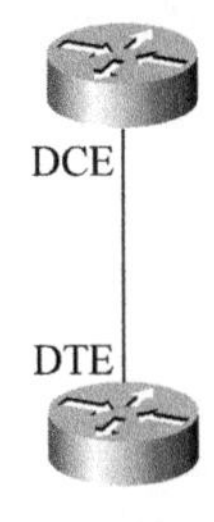
必要时设置时钟频率
Todd#config t
Todd(config)#interface serial 0
Todd(config-if)#clock rate 64000
DCE
DTE
DCE端由电缆决定
只在DCE端设置时钟频率
show controllers 将显示电缆连接类型

图 6-5 在非生产网络中提供时钟频率

```
Todd#config t
Enter configuration commands, one per line.  End with CNTL/Z.
Todd(config)#int s0/0/0
Todd(config-if)#clock rate ?
        Speed (bits per second)
  1200
  2400
  4800
  9600
  14400
  19200
  28800
  32000
  38400
  48000
  56000
  57600
  64000
  72000
  115200
  125000
  128000
  148000
  192000
  250000
  256000
  384000
  500000
  512000
  768000
```

6

```
  800000
  1000000
  2000000
  4000000
  5300000
  8000000

  <300-8000000>    Choose clockrate from list above

Todd(config-if)#clock rate 1000000
```

命令 clock rate 以比特每秒为单位。要确定路由器串行接口连接的是否是 DCE 电缆，我们可查看电缆两端的标签（DCE 或 DTE），还可使用命令 show controllers *int*：

```
Todd#sh controllers s0/0/0
Interface Serial0/0/0
Hardware is GT96K
DTE V.35idb at 0x4342FCB0, driver data structure at 0x434373D4
```

下面是关于 DCE 连接的输出：

```
Todd#sh controllers s0/2/0
Interface Serial0/2/0
Hardware is GT96K
DCE V.35, clock rate 1000000
```

你需要熟悉的下一个命令是 bandwidth。在所有思科路由器上，串行链路的默认带宽都是 T1（1.544 Mbit/s），但这与数据如何在链路上传输毫无关系。诸如 EIGRP 和 OSPF 等路由选择协议使用串行链路的带宽计算前往远程网络的最佳路径，如果你使用的是 RIP，串行链路的带宽设置将无关紧要，因为 RIP 只使用跳数确定最佳路径。如果你正重读这一部分并想知道路由选择协议和度量值是什么，请不用担心，第 8 章将介绍它们。

下面的示例演示了如何使用命令 bandwidth：

```
Todd#config t
Todd(config)#int s0/0/0
Todd(config-if)#bandwidth ?
  <1-10000000>  Bandwidth in kilobits
  inherit       Specify that bandwidth is inherited
  receive       Specify receive-side bandwidth
Todd(config-if)#bandwidth 1000
```

不同于命令 clock rate，命令 bandwidth 使用的单位是千比特每秒，你注意到这一点了吗？

注意　学习这些与命令 clock rate 相关的配置示例后，你需要知道的是，ISR 路由器自动检测 DCE 连接并将时钟频率设置为 2 000 000。然而，为通过 CCNA 考试，你必须明白命令 clock rate，虽然新型路由器自动设置时钟频率。

6.5 查看、保存和删除配置

如果运行设置模式，你将被询问是否要使用刚创建的配置。如果回答 Yes，运行模式将把 DRAM 中运行的配置（称为运行配置）复制到 NVRAM，并将该文件命名为 startup-config。希望你总是使用 CLI 而不是设置模式。

我们可手工将 DRAM（通常简称为 RAM）中的配置文件复制并保存到 NVRAM，为此可使用命令 `copy running-config startup-config`（简写为 `copy run start`）：

```
Todd#copy running-config startup-config
Destination filename [startup-config]? [press enter]
Building configuration...
[OK]
Todd#
Building configuration...
```

看到其答案位于[]内的问题后，如果按回车键，则表示选择该默认答案。

另外，该命令询问目标文件名时，默认答案为 startup-config。它这样询问的原因是，我们可将配置复制到几乎任何地方，如下所示：

```
Todd#copy running-config ?
  archive:        Copy to archive: file system
flash:          Copy to flash: file system
ftp:            Copy to ftp: file system
http:           Copy to http: file system
https:          Copy to https: file system
ips-sdf         Update (merge with) IPS signature configuration
null:           Copy to null: file system
nvram:          Copy to nvram: file system
rcp:            Copy to rcp: file system
running-config  Update (merge with) current system configuration
scp:            Copy to scp: file system
startup-config  Copy to startup configuration
syslog:         Copy to syslog: file system
system:         Copy to system: file system
tftp:           Copy to tftp: file system
xmodem:         Copy to xmodem: file system
ymodem:         Copy to ymodem: file system
```

第 7 章将详细介绍如何复制文件以及将它们复制到什么地方。

要查看这些文件的内容，我们可在特权模式下执行命令 **`show running-config`** 或 **`show startup-config`**。命令 `show running-config` 的简写为 `sh run`，用于查看当前配置：

```
Todd#show running-config
Building configuration...
```

```
Current configuration : 3343 bytes
!
version 12.4
[output cut]
```

命令 show startup-config（其简写之一是 sh start）用于查看路由器下次重启时将使用的配置，它还指出启动配置文件占用了多少 NVRAM，如下所示：

```
Todd#show startup-config
Using 1978 out of 245752 bytes
!
version 12.4
[output cut]
```

6.5.1　删除配置及重启路由器

要删除启动配置，我们可使用命令 erase startup-config：

```
Todd#erase startup-config
Erasing the nvram filesystem will remove all configuration files!
    Continue? [confirm][enter]
[OK]
Erase of nvram: complete
Todd#
*Feb 28 23:51:21.179: %SYS-7-NV_BLOCK_INIT: Initialized the geometry of nvram
Todd#sh startup-config
startup-config is not present
Todd#reload
Proceed with reload? [confirm]System configuration has been modified.
    Save? [yes/no]: n
```

执行命令 erase startup-config 后，如果重启路由器（或断电后再通电），我们将进入设置模式，因为 NVRAM 中没有保存任何配置。我们可随时按 Ctrl + C 退出设置模式（命令 reload 只能在特权模式下执行）。

现在，你不应使用设置模式配置路由器。请对设置模式说 no，因为它旨在帮助不知道如何使用 CLI 的人，而你不再是这样的人。坚强起来，你能做到！

6.5.2　验证配置

显然，要验证当前配置，最佳方式是使用命令 show running-config；要验证路由器下次重启时将使用的配置，最佳方式是使用 show startup-config。

查看运行配置后，如果它看起来没有任何问题，我们可使用 Ping 和 Telnet 等实用程序对其进行验证。Ping 是一个使用 ICMP（在第 3 章讨论过）回应请求和应答的程序，它向远程主机发送分组，如果该主机作出了响应，你便知道它在运行，但无法知道它是否运行正常，正如仅仅能够 Ping Microsoft 服务器并不意味着你能够登录该服务器。尽管如此，Ping 还是为排除互联网络故障提供了不错的起点。

你知道吗，Ping可用于多种协议。要验证这一点，我们可在路由器用户模式或特权模式提示符下输入 ping ?：

```
Router#ping ?
  WORD        Ping destination address or hostname
  appletalk   Appletalk echo
  clns        CLNS echo
decnet      DECnet echo
ip          IP echo
ipv6        IPv6 echo
ipx         Novell/IPX echo
srb         srb echo
tag         Tag encapsulated IP echo
<cr>
```

如果你要获悉邻居的网络层地址，以便将其用于执行Ping操作，可进入该路由器或交换机，也可使用命令 **show cdp entry * protocol**。

你还可使用扩展Ping，以修改默认参数，如下所示：

```
Router#ping
Protocol [ip]: [enter]
Target IP address: 1.1.1.1
Repeat count [5]: 100
Datagram size [100]: 1500
Timeout in seconds [2]:
Extended commands [n]: y
Source address or interface: Fastethernet0/0
Type of service [0]:
Set DF bit in IP header? [no]:
Validate reply data? [no]:
Data pattern [0xABCD]:
Loose, Strict, Record, Timestamp, Verbose[none]: verbose
Loose, Strict, Record, Timestamp, Verbose[V]:
Sweep range of sizes [n]:
Type escape sequence to abort.
Sending 100, 1500-byte ICMP Echos to 1.1.1.1, timeout is 2 seconds:
Packet sent with a source address of 10.10.10.1
```

注意，扩展Ping让您能够：将重复次数设置成比默认值5大；将数据报长度设置得更大，这将增大MTU，从而便于更好地测试吞吐量；指定源接口——可指定Ping分组来自哪个接口，这在诊断故障时很有帮助。

CDP（Cisco Discovery Protocol，思科发现协议）将在第7章介绍。

不同于Ping（它只确定主机是否有响应），traceroute使用ICMP和IP存活时间（TTL）跟踪分组穿越互联网络的路径。traceroute也可用于多种协议。

```
Router#traceroute ?
  WORD        Trace route to destination address or hostname
  appletalk   AppleTalk Trace
  clns        ISO CLNS Trace
  ip          IP Trace
  ipv6        IPv6 Trace
  ipx         IPX Trace
  <cr>
```

Telnet、FTP和HTTP是最佳的工具，因为它们在网络层和传输层分别使用IP和TCP来创建到远程主机的会话。如果可使用Telnet、FTP或HTTP连接到设备，则说明IP连接性没有任何问题。

```
Router#telnet ?
 WORD IP address or hostname of a remote system
 <cr>
```

在提示符Router#下，如果只输入主机名或IP地址，你将被认为要使用Telnet——无需输入命令telnet。

在接下来的几节中，我将演示如何查看接口统计信息。

1. 使用命令show interface进行验证

验证配置的另一种方式是使用命令show interface。首先介绍show interface ?，它显示可供验证和配置的所有接口。

注意　命令show interfaces显示路由器上所有接口的可配置参数和统计信息。

验证路由器和网络并排除其故障时，这个命令很有用。下面是我在2811路由器上，删除配置并重启后执行命令show interface ?得到的输出：

```
Router#sh int ?
  Async          Async interface
  BVI            Bridge-Group Virtual Interface
  CDMA-Ix        CDMA Ix interface
  CTunnel        CTunnel interface
  Dialer         Dialer interface
  FastEthernet   FastEthernet IEEE 802.3
  Loopback       Loopback interface
  MFR            Multilink Frame Relay bundle interface
  Multilink      Multilink-group interface
  Null           Null interface
  Port-channel   Ethernet Channel of interfaces
  Serial         Serial
```

```
Tunnel              Tunnel interface
Vif                 PGM Multicast Host interface
Virtual-PPP         Virtual PPP interface
Virtual-Template    Virtual Template interface
Virtual-TokenRing   Virtual TokenRing
accounting          Show interface accounting
counters            Show interface counters
crb                 Show interface routing/bridging info
dampening           Show interface dampening info
description         Show interface description
etherchannel        Show interface etherchannel information
irb                 Show interface routing/bridging info
mac-accounting      Show interface MAC accounting info
mpls-exp            Show interface MPLS experimental accounting info
precedence          Show interface precedence accounting info
pruning             Show interface trunk VTP pruning information
rate-limit          Show interface rate-limit info
stats               Show interface packets & octets, in & out, by switching
                    path
status              Show interface line status
summary             Show interface summary
switching           Show interface switching
switchport          Show interface switchport information
trunk               Show interface trunk information
|                   Output modifiers
<cr>
```

在上述输出中，只有FastEthernet、Serial和Async是物理接口，其他都是逻辑接口以及可用于验证接口的命令。

接下来要介绍命令show interface fastethernet 0/0，它显示硬件地址、逻辑地址、封装方法以及有关冲突的统计信息，如下所示：

```
Router#sh int f0/0
FastEthernet0/0 is up, line protocol is up
  Hardware is MV96340 Ethernet, address is 001a.2f55.c9e8 (bia 001a.2f55.c9e8)
  Internet address is 192.168.1.33/27
MTU 1500 bytes, BW 100000 Kbit, DLY 100 usec,
     reliability 255/255, txload 1/255, rxload 1/255
  Encapsulation ARPA, loopback not set
  Keepalive set (10 sec)
  Auto-duplex, Auto Speed, 100BaseTX/FX
  ARP type: ARPA, ARP Timeout 04:00:00
  Last input never, output 00:02:07, output hang never
```

```
  Last clearing of "show interface" counters never
  Input queue: 0/75/0/0 (size/max/drops/flushes); Total output drops: 0
  Queueing strategy: fifo
  Output queue: 0/40 (size/max)
  5 minute input rate 0 bits/sec, 0 packets/sec
  5 minute output rate 0 bits/sec, 0 packets/sec
     0 packets input, 0 bytes
     Received 0 broadcasts, 0 runts, 0 giants, 0 throttles
     0 input errors, 0 CRC, 0 frame, 0 overrun, 0 ignored
     0 watchdog
     0 input packets with dribble condition detected
     16 packets output, 960 bytes, 0 underruns
     0 output errors, 0 collisions, 0 interface resets
     0 babbles, 0 late collision, 0 deferred
     0 lost carrier, 0 no carrier
     0 output buffer failures, 0 output buffers swapped out
Router#
```

你可能猜到了，我将讨论上述输出中的重要统计信息，但在此之前，我必须问你：接口 FastEthernet 0/0 位于哪个子网中？该子网的广播地址和合法主机地址范围是什么？

你必须能够快速确定这些内容。如果不能，我来告诉你：该接口的地址为 192.168.1.33/27，而/27 对应的子网掩码为 255.255.255.224（如果你现在还不知道这一点，那能够通过 CCNA 考试就是奇迹了），因此第四字节的块大小为 32。所以，子网为 0、32、64 等；该快速以太网接口位于子网 32 中；该子网的广播地址为 64，合法的主机地址范围为 33～62。

注意　如果确定上述内容有困难，要挽救你必然失败的命运，现在就回过头去阅读第 4 章，并反复阅读，直到完全掌握为止。

该接口处于活动状态，看起来运行正常。命令 `show interfaces` 指出在接口上是否发生了错误，显示 MTU（Maximum Transmission Unit，最大传输单元，即可在该接口上传输的最大分组长度），还显示路由选择协议使用的带宽（BW）、可靠性（255/255 表示完美）以及负载（1/255 表示没有负载）。

继续以前面的输出为例。该接口的带宽是多少呢？该接口是一个快速以太网接口，这泄露了其带宽。另外，从输出可知，带宽为 100 000 Kbit，这相当于 100 000 000（Kbit 意味着再加 3 个零），即 100 Mbit/s（快速以太网）。吉比特为 1 000 000 Kbit/s。

命令 `show interface` 显示的最重要的统计信息是，线路协议和数据链路协议的状态。如果输出为 `FastEthernet 0/0 is up` 和 `line protocol is up`，则表明接口运行正常：

```
Router#sh int fa0/0
FastEthernet0/0 is up, line protocol is up
```

第一项指的是物理层，如果它检测到载波，则为 up；第二项指的是数据链路层，它检测来自另一端的存活消息（设备使用存活消息确保它们之间的连接性）。

下面的示例说明了串行接口常出现的问题：

```
Router#sh int s0/0/0
Serial0/0 is up, line protocol is down
```

如果线路处于 up 状态，而线路协议处于 down 状态，说明存在存活或成帧方面的问题——可能是封装不匹配。我们建议大家在两端检查存活消息，确保它们匹配、设置了时钟频率且封装类型相同。上述输出表明数据链路层出现了问题。

如果线路接口和协议都处于 down 状态，表明接口或电缆出现了问题。下面的输出表明物理层出现了问题：

```
Router#sh int s0/0/0
Serial0/0 is down, line protocol is down
```

如果一端被管理性关闭（如下所示），则远程端的线路接口和协议都将处于 down 状态：

```
Router#sh int s0/0/0
Serial0/0 is administratively down, line protocol is down
```

要启用接口，我们可在接口配置模式下执行命令 no shutdown。

在下面的示例中，我们使用命令 show interface serial 0/0/0 显示了串行线路的状态和 MTU——默认为 1500 B。它还指出带宽（BW）为 1.544 Mbit/s，这是所有思科串行链路的默认带宽，EIGRP 和 OSPF 等路由选择协议使用它计算度量值。另一项重要的配置是存活定时器——默认为 10 秒。路由器每隔 10 秒向邻居发送一条存活消息；如果为两台路由器配置的存活定时器不同，它们将无法相互通信。

```
Router#sh int s0/0/0
Serial0/0 is up, line protocol is up
 Hardware is HD64570
 MTU 1500 bytes, BW 1544 Kbit, DLY 20000 usec,
   reliability 255/255, txload 1/255, rxload 1/255
 Encapsulation HDLC, loopback not set, keepalive set
  (10 sec)
 Last input never, output never, output hang never
 Last clearing of "show interface" counters never
 Queueing strategy: fifo
 Output queue 0/40, 0 drops; input queue 0/75, 0 drops
 5 minute input rate 0 bits/sec, 0 packets/sec
 5 minute output rate 0 bits/sec, 0 packets/sec
   0 packets input, 0 bytes, 0 no buffer
   Received 0 broadcasts, 0 runts, 0 giants, 0 throttles
   0 input errors, 0 CRC, 0 frame, 0 overrun, 0 ignored,
   0 abort
   0 packets output, 0 bytes, 0 underruns
   0 output errors, 0 collisions, 16 interface resets
   0 output buffer failures, 0 output buffers swapped out
   0 carrier transitions
   DCD=down DSR=down DTR=down RTS=down CTS=down
```

要重置接口的计数器，我们可使用命令 **clear counters**：

```
Router#clear counters ?
  Async               Async interface
  BVI                 Bridge-Group Virtual Interface
  CTunnel             CTunnel interface
  Dialer              Dialer interface
  FastEthernet        FastEthernet IEEE 802.3
  Group-Async         Async Group interface
  Line                Terminal line
  Loopback            Loopback interface
  MFR                 Multilink Frame Relay bundle interface
  Multilink           Multilink-group interface
  Null                Null interface
  Serial              Serial
  Tunnel              Tunnel interface
  Vif                 PGM Multicast Host interface
  Virtual-Template    Virtual Template interface
  Virtual-TokenRing   Virtual TokenRing
  <cr>

Router#clear counters s0/0/0
Clear "show interface" counters on this interface
  [confirm][enter]
Router#
00:17:35: %CLEAR-5-COUNTERS: Clear counter on interface
  Serial0/0/0 by console
Router#
```

2. 使用命令 show ip interface 进行验证

命令 show ip interface 显示路由器接口的第三层配置信息：

```
Router#sh ip interface
FastEthernet0/0 is up, line protocol is up
  Internet address is 1.1.1.1/24
  Broadcast address is 255.255.255.255
  Address determined by setup command
  MTU is 1500 bytes
  Helper address is not set
  Directed broadcast forwarding is disabled
  Outgoing access list is not set
  Inbound  access list is not set
  Proxy ARP is enabled
  Security level is default
```

```
  Split horizon is enabled
[output cut]
```

上述输出包含如下信息：接口的状态、接口的 IP 地址和子网掩码、在接口上是否设置了访问列表以及基本的 IP 信息。

3. 使用命令 show ip interface brief

我们可在思科路由器中使用的命令中，show ip interface brief 可能是非常有用的一个。它提供路由器接口的摘要信息，包括逻辑地址和状态：

```
Router#sh ip int brief
Interface          IP-Address      OK? Method Status  Protocol
FastEthernet0/0     unassigned      YES unset  up        up
FastEthernet0/1     unassigned      YES unset  up        up
Serial0/0/0         unassigned      YES unset  up        down
Serial0/0/1         unassigned      YES unset  administratively down down
Serial0/1/0         unassigned      YES unset  administratively down down
Serial0/2/0         unassigned      YES unset  administratively down down
```

别忘了，管理性关闭意味着需要给接口配置命令 no shutdown。注意，Serial0/0/0 的状态为 up/down，这意味着物理层正常且检测到了载波，但未收到来自远程端的存活消息。在非生产网络（如我在这里使用的网络）中，我们没有设置时钟频率。

4. 使用命令 show protocols 进行验证

命令 show protocols 很有用，我可使用它快速了解每个接口的第 1 层和第 2 层的状态以及它使用的 IP 地址。

下面是我在一台路由器上执行该命令得到的输出：

```
Router#sh protocols
Global values:
  Internet Protocol routing is enabled
Ethernet0/0 is administratively down, line protocol is down
Serial0/0 is up, line protocol is up
  Internet address is 100.30.31.5/24
Serial0/1 is administratively down, line protocol is down
Serial0/2 is up, line protocol is up
  Internet address is 100.50.31.2/24
Loopback0 is up, line protocol is up
  Internet address is 100.20.31.1/24
```

5. 使用命令 show controllers

命令 show controllers 显示有关物理接口本身的信息。它还指出了串行端口连接的串行电缆的类型，这通常是与 DSU（Data Service Unit，数据服务单元）相连的 DTE 电缆。

```
Router#sh controllers serial 0/0
HD unit 0, idb = 0x1229E4, driver structure at 0x127E70
buffer size 1524 HD unit 0, V.35 DTE cable
```

```
Router#sh controllers serial 0/1
HD unit 1, idb = 0x12C174, driver structure at 0x131600
buffer size 1524 HD unit 1, V.35 DCE cable
```

注意，接口Serial 0/0连接的是DTE电缆，而接口Serial 0/1连接的是DCE电缆。因此，Serial 0/1必须使用命令 clock rate 提供时钟频率，而接口Serial 0/0将从DSU那里获悉时钟频率。

在图6-6中，我们使用DTE/DCE电缆连接了两台路由器，而在生产网络中，我们不会这样做。

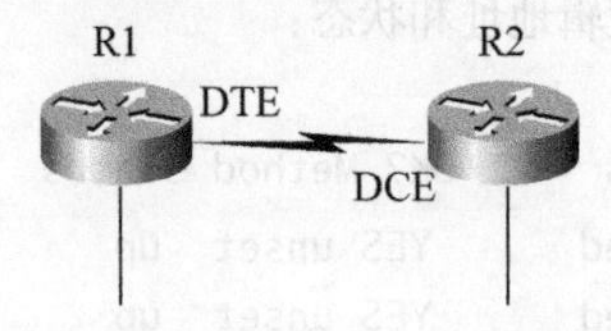

图6-6　命令 show controllers

路由器R1连接的是DTE电缆，默认情况下，所有思科路由器都如此。路由器R1和R2不能通信。下面是命令 show controllers s0/0 的输出：

```
R1#sh controllers serial 0/0
HD unit 0, idb = 0x1229E4, driver structure at 0x127E70
buffer size 1524 HD unit 0, V.35 DCE cable
```

命令 show controllers s0/0 指出该接口为V.35 DCE，这意味着R1需要向路由器R2提供线路的时钟频率。这表明R1路由器的串行接口没有连接到正确的电缆端，但如果在该接口上设置时钟频率，网络将正常。

再来看一个可使用命令show controllers解决的问题，如图6-7所示。同样，这里的问题是R1和R2不能相互通信。

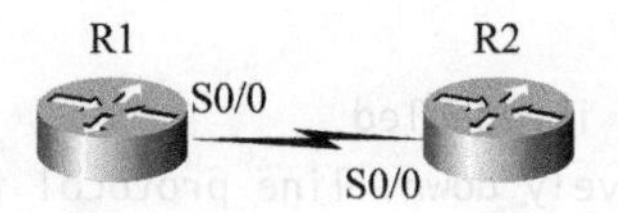

图6-7　结合使用命令 show controllers 和 show ip interface

下面是在路由器R1上执行命令 show controllers s0/0 和 show ip interface s0/0 得到的输出：

```
R1#sh controllers s0/0
HD unit 0, idb = 0x1229E4, driver structure at 0x127E70
buffer size 1524 HD unit 0,
DTE V.35 clocks stopped
cpb = 0xE2, eda = 0x4140, cda = 0x4000

R1#sh ip interface s0/0
Serial0/0 is up, line protocol is down
  Internet address is 192.168.10.2/24
  Broadcast address is 255.255.255.255
```

命令 show controllers 的输出表明，R1 没有收到线路的时钟频率。这是一个非生产网络，没有连接用于提供线路时钟频率的 CSU/DSU，这意味着电缆的 DCE 端（这里为路由器 R2）将提供时钟频率。命令 show ip interface 的输出表明接口处于 up 状态，但协议处于 down 状态，这意味着未收到来自远程端的存活消息。在这个例子中，罪魁祸首很可能是电缆问题或没有设置时钟频率。

6.6 小结

这一章很有趣！我介绍了大量有关思科 IOS 的知识，但愿你对思科路由器有了深入认识。本章首先阐述了思科网络互联操作系统（IOS）以及如何使用 IOS 运行和配置思科路由器。你学习了如何启动路由器以及设置模式是什么。顺便说一句，你现在基本上能够配置思科路由器了，因此应该不需要使用设置模式。

讨论如何使用控制台和 LAN 链路连接路由器后，我介绍了思科帮助功能以及如何使用 CLI 查找命令和命令参数。另外，我还介绍了一些基本的 show 命令，以帮助你验证配置。

路由器的管理功能可帮助你管理网络以及确保配置的是正确的设备。设置路由器密码是你可在路由器上设置的重要配置之一，我介绍了可设置的 5 种密码。另外，我们还可使用主机名、接口描述和旗标帮助管理路由器。

对思科 IOS 就介绍到这里。与往常一样，阅读后续各章前，你必须掌握本章介绍的基本知识。

6.7 考试要点

描述 IOS 的职责。思科路由器 IOS 软件负责：运行网络协议和提供功能；在设备之间高速传输数据；控制访问和禁止未经授权的网络使用，从而提高安全性；提供可扩展性（以方便网络扩容）和冗余性；提供连接网络资源的可靠性。

列出连接到思科设备以便对其进行管理的方式。有 3 种连接方式，分别是使用控制台端口、辅助端口和 Telnet。仅当配置了 IP 地址以及 Telnet 用户名和密码后，我们才能通过 Telnet 连接到路由器。

理解路由器的启动过程。启动思科路由器时，它将经历加电自检（POST）。通过加电自检后，它将在闪存中查找思科 IOS，并在找到 IOS 文件时将它加载。IOS 加载后，它将在 NVRAM 中寻找有效配置（启动配置），如果 NVRAM 中没有这种文件，路由器将进入设置模式。

描述设置模式的用途。如果路由器启动时 NVRAM 中没有启动配置，将自动进入设置模式。我们还可在特权模式下执行命令 setup 以进入设置模式。对于不知道如何使用命令行界面配置思科路由器的人，设置模式让他能够轻松地完成基本配置。

从外观和可执行的命令等角度区分用户模式、特权模式和全局配置模式。用户模式的提示符为 routername>，默认提供了一个可执行少量命令的命令行界面。在用户模式下，我们不能查看或修改配置。特权模式的提示符为 routername#，让用户能够查看和修改路由器的配置。要进入特权模式，我们可执行命令 **enable**，并输入启用密码或启用加密密码（如果已设置）。全局配置模式的提示符为 routername(config)#，让用户能够修改应用于整台路由器的配置（而不是只影响某个接口的配置）。

指出其他配置模式的提示符和用途。其他配置模式是在全局配置模式提示符 routername(config)#下进入的，包括：接口配置模式，用于设置接口，其提示符为 router(config-if)#；子接口配置模式，在必须对物理接口进行划分时使用，其提示符为 router(config-subif)#；线路配置模式，用于配置各种连接方式的密码和其他设置，其提示符为 router(config-line)#；路由选择协议配置模式，用于启用和配置路由选择协议，其提示符为 router(config-router)#。

使用编辑和帮助功能。要获取命令用法方面的帮助，可在命令末尾输入问号。另外，要限定显示的命令帮助信息，可使用问号和字母。我们可使用命令历史记录获取以前使用过的命令，以免重新输入。命令被拒绝时，脱字符指出了不正确的地方。最后，请牢记有用的热键组合。

指出命令 show version 提供的信息。命令 show version 提供系统硬件的基本配置信息、软件版本、配置文件的名称和存储位置、配置寄存器设置以及启动映像。

设置路由器的主机名。要设置路由器的主机名，可依次使用下述命令：

```
enable
config t
hostname Todd
```

描述启用密码和启用加密密码的区别。这两种密码都用于进入特权模式，但启用加密密码较新，默认总被加密。另外，如果设置启用密码后再设置启用加密密码，将只使用启用加密密码。

描述旗标的配置和用途。旗标向访问设备的用户提供信息，可在各种登录提示画面中显示。它们是使用命令 banner 配置的，并使用一个关键字描述旗标的类型。

在路由器上设置启用加密密码。要设置启用加密密码，我们可使用全局配置命令 enable secret。请不要使用 enable secret password *password*，否则将把启用加密密码设置为 password *password*。下面是一个设置启用加密密码的例子：

```
enable
config t
enable secret todd
```

在路由器上设置控制台密码。要设置控制台密码，我们可依次使用如下命令：

```
enable
config t
line console 0
password todd
login
```

在路由器上设置 Telnet 密码。要设置 Telnet 密码，我们可依次使用如下命令：

```
enable
config t
line vty 0 4
password todd
login
```

描述使用 SSH 的优点并列出其需求。安全外壳（SSH）使用加密密钥发送数据，这样用户名和密码将不会以明文形式发送。它要求配置主机名和域名并生成加密密钥。

描述为使用接口做准备的过程。要使用接口，必须给它配置 IP 地址和子网掩码，还必须使用命令 no shutdown 启用它。如果串行接口以背对背方式连接到另一个路由器的串行接口，且位于串行电缆的 DCE 端，我们还必须给它配置时钟频率。

理解如何排除串行链路故障。如果执行命令 **show interface serial 0** 时，看到 down，line protocol is down，则说明物理层出现了问题；如果看到的是 up，line protocol is down，则说明数据链路层出现了问题。

理解如何使用命令 show interfaces 验证路由器。使用命令 **show interfaces** 可查看路由器接口的统计信息、验证接口是否被禁用以及获悉每个接口的 IP 地址。

描述如何查看、编辑、删除和保存配置。要查看路由器当前使用的配置，我们可使用命令 show running-config；要查看最后保存的配置（路由器下次启动时将使用它），我们可使用命令 show startup-config；要将对运行配置所做的修改保存到 NVRAM 中，我们可使用命令 copy running-config startup-config；要删除保存的配置，我们可使用命令 erase startup-config，这将导致路由器重启时进入设置模式，因为没有配置可用。

6.8 书面实验 6

回答下述问题，并写出所需的命令。

(1) 要设置串行接口，使其将时钟频率 64 Kbit/s 提供给另一台路由器，可使用什么命令？

(2) 如果你远程登录一台路由器时收到响应 connection refused, password not set，为避免收到这种消息，且不被提示提供密码，应在目标路由器上执行什么命令？

(3) 如果执行命令 **show inter enthernet 0** 时发现该端口被管理性关闭，你将执行什么命令来启用该接口？

(4) 要删除 NVRAM 中的配置，应执行哪些命令？

(5) 要将经控制台端口进入用户模式的密码设置为 *todd*，应执行哪些命令？

(6) 要将启用加密密码设置为 *cisco*，应执行哪些命令？

(7) 要判断接口 Serial 0/2 是否应提供时钟频率，可使用什么命令？

(8) 要查看命令历史记录的大小，可使用什么命令？

(9) 你要重启路由器并用当前的启动配置替换运行配置，应使用什么命令？

(10) 如何将路由器名称设置为 *Chicago*？

（答案见本章复习题答案的后面。）

6.9 动手实验

在本节中，你将在思科路由器上执行一些命令，以理解本章介绍的内容。

你至少需要一台思科路由器——两台更好，三台就太棒了。本节的动手实验应在思科路由器上完成，但也可使用路由器模拟器 Cisco Packet Tracer 完成。就 CCNA 而言，使用什么样的路由器完成这些实验无关紧要，也就是说，我们可使用 2500、2600、800、1800 或 2800 路由器。

这里假设你使用的路由器没有配置。如果必要，首先完成动手实验 6.1，将现有配置删除，否则直接进入动手实验 6.2。

动手实验 6.1：删除现有配置。

动手实验 6.2：探索用户模式、特权模式和各种配置模式。

动手实验 6.3：使用帮助和编辑功能。

动手实验 6.4：保存路由器配置。

动手实验 6.5：设置密码。

动手实验 6.6：设置主机名、描述、IP 地址和时钟频率。

6.9.1　动手实验 6.1：删除现有配置

在这个实验中，可能需要知道用户名和密码，以便进入特权模式。如果路由器有配置，而你不知道其中设置的用于进入特权模式的用户名和密码，将无法完成这里指定的操作。若没有进入特权模式的密码，你也能删除配置，但确切的步骤随路由器型号而异，并将在第 7 章介绍。

(1) 启动路由器，看到提示时按回车键。

(2) 在提示符 Routername>下输入 **enable**。

(3) 在系统提示时输入用户名并按回车，再输入正确的密码并按回车。

(4) 在特权模式提示符下，输入 **erase startup-config**。

(5) 在特权模式提示符下，输入 **reload**，在系统提示是否要保存配置时输入 **n**，这表示不保存。

6.9.2　动手实验 6.2：探索用户模式、特权模式和各种配置模式

(1) 启动路由器。如果你刚完成动手实验 6.1 将配置删除了，在系统提示是否继续进行配置对话时，输入 **n**（表示不），再按回车键。看到提示时，请按回车以连接路由器。这时将进入用户模式。

(2) 在提示符 Router>下输入问号（?）。

(3) 注意屏幕底部有-more-。

(4) 按回车键逐行查看命令；按空格键以每次一屏的方式查看命令。我们可随时按 q 退出。

(5) 输入 **enable** 或 **en** 并按回车键。这时将切换到特权模式，让你能够查看和修改路由器配置。

(6) 在提示符 Router#下输入问号（?），注意在特权模式下有多少可供执行的命令。

(7) 输入 **q** 退出。

(8) 输入 **config** 并按回车键。

(9) 提示选择方法时，按回车键，以便使用终端来配置路由器（这是默认方法）。

(10) 在提示符 Router(config)#下，输入问号（?），再按 **q** 退出或按空格键查看命令。

(11) 输入 **interfac e0**、**int e0** 或 **int fa0/0** 并按回车键，这让你能够配置接口 Ethernet 0。

(12) 在提示符 Router(config-if)#下输入问号（?）。

(13) 输入 **int s0 (int s0/0)** 或 **interface s0**（等价于命令 interface serial 0）并按回车键，这将让你能够配置接口 Serial 0。注意，你可轻松地从一个接口切换到另一个接口。

(14) 输入 **encapsulation ?**。

(15) 输入 **exit**，注意这将返回到上一级。

(16) 按 Ctrl + Z，这时将退出配置模式并返回特权模式。

(17) 输入 **disable**，这时将返回用户模式。

(18) 输入 **exit**，这时将从路由器注销。

6.9.3 动手实验 6.3：使用帮助和编辑功能

(1) 登录路由器，并执行命令 **en** 或 **enable** 进入特权模式。
(2) 输入问号（？）。
(3) 输入 cl?并按回车，注意这时将列出所有以 *cl* 打头的命令。
(4) 输入 **clock?**并按回车键。

注意

请注意第(3)步和第(4)步的差别。第(3)步让你输入字母和问号，且它们之间没有空格，这将列出所有以 *cl* 打头的命令。第(4)步让你输入命令、空格和问号，这将列出下一个可用的参数。

(5) 输入 **clock ?**，并根据帮助屏幕设置路由器的日期和时间。下面的步骤引导你设置日期和时间。
(6) 输入 **clock?**。
(7) 输入 **clock set ?**。
(8) 输入 **clock set 10:30:30 ?** 。
(9) 输入 **clock set 10:30:30 14 May ?**。
(10) 输入 **clock set 10:30:30 14 March 2011**。
(11) 按回车键。
(12) 输入 **show clock** 以查看日期和时间。
(13) 在特权模式下，输入 **show access-list 10**，但不要按回车键。
(14) 按 Ctrl + A 将光标移到行首。
(15) 按 Ctrl + E 将光标移到行尾。
(16) 按 Ctrl + A 再次将光标移到行首，再按 Ctrl + F 将光标向右移一个字符。
(17) 按 Ctrl + B 将光标向左移一个字符。
(18) 按回车键，再按 Ctrl + P，这将重新显示上一个命令。
(19) 按上箭头键，这也将重新显示上一个命令。
(20) 输入 **sh history**，这将显示最后输入的 10 个命令。
(21) 输入 **terminal history size?**。这将修改历史记录缓冲区大小，?是存储的命令数。
(22) 输入 **show terminal** 以收集终端统计信息和历史记录缓冲区大小。
(23) 输入 **terminal no editing**，这将禁用高级编辑功能。重复第(14)~(18)步，你将发现这些编辑快捷键不管用，直到执行命令 **terminal editing**。
(24) 输入 **terminal editing** 并按回车键，以重新启用高级编辑功能。
(25) 输入 **sh run** 并按 Tab 键，这将自动完成命令输入。
(26) 输入 **sh start** 并按 Tab 键，这将自动完成命令输入。

6.9.4 动手实验 6.4：保存路由器配置

(1) 登录路由器，输入命令 **en** 或 **enable** 并按回车键以进入特权模式。

(2) 为查看存储在 NVRAM 中的配置，输入 **sh start** 并依次按 Tab 键和回车键，也可输入 **show startup-config** 并按回车键。然而，如果没有保存配置，你将看到一条错误消息。

(3) 为将配置保存到 NVRAM 中（结果为启动配置），执行下述操作之一：

- 输入 **copy run start** 并按回车键；
- 输入 **copy running**、按 Tab 键、输入 **start**、按 Tab 键、按回车键；
- 输入 **copy running-config startup-config** 并按回车键。

(4) 输入 **sh start** 并依次按 Tab 键和回车键。

(5) 输入 **sh run** 并依次按 Tab 键和回车键。

(6) 输入 **erase start** 并依次按 Tab 键和回车键。

(7) 输入 **sh start** 并依次按 Tab 键和回车键，路由器将告诉你 NVRAM 中没有配置或显示其他类型的消息，这取决于 IOS 和硬件。

(8) 输入 **reload** 并按回车键。按回车键确认要重启，并等待路由器重启。

(9) 选择 **n** 不进入设置模式，也可按 Ctrl + C。

6.9.5　动手实验 6.5：设置密码

(1) 登录路由器，输入 **en** 或 **enable** 以进入特权模式。

(2) 输入 **config t** 并按回车键。

(3) 输入 **enable ?**。

(4) 输入 **enable secret *password***（其中 ***password*** 为要设置的密码）并按回车键，以设置启用加密密码。不要在参数 secret 后面添加参数 password，否则密码将为 *password*。一个设置启用加密密码的示例是 enable secret todd。

(5) 现在来看看从路由器注销再登录时发生的情况。按 Ctrl + Z 注销，再输入 **exit** 并按回车键。尝试进入特权模式，但切换到特权模式前，你要提供密码。如果你输入了正确的特权加密密码，将切换到特权模式。

(6) 删除启用加密密码。为此，进入特权模式，输入 **config t** 并按回车键，再输入 **no enable secret** 并按回车键。注销后再登录，现在应该不会询问你密码了。

(7) 另一个用于进入特权模式的密码是启用密码。这是一种更老的密码，不那么安全，如果设置了启用加密密码，则不会使用它。下面的示例演示了如何设置启用密码：

```
config t
enable password todd1
```

(8) 注意，启用密码和启用加密密码不同。它们不能相同。

(9) 输入 **config t** 以进入设置控制台密码和辅助端口密码的模式，再输入 **line ?**。

(10) 注意，命令 line 的参数为 auxiliary、vty 和 console，下面设置这 3 种密码。

(11) 要设置 Telnet（VTY）密码，输入 line vty 0 4 并按回车键。0 4 指定了 5 条可用于 Telnet 连接的线路，如果使用的是企业版 IOS，线路数可能不同。要确定路由器上最后一条线路的编号，我们可使用问号。

(12) 接下来需要启用/禁用身份验证。输入 **login** 并按回车键，这样用户远程登录路由器时，将被要求提供用户模式密码。在这种情况下，如果没有设置密码，你将无法远程登录路由器。

要在用户远程登录路由器时，不提示他提供用户模式密码，可使用命令 no login。

(13) 要设置 VTY 密码，接下来需要使用的命令是 password。输入 **password *password*** 以设置密码（其中第二个 password 为密码）。

(14) 下面的示例演示了如何设置 VTY 密码：

```
config t
line vty 0 4
login
password todd
```

(15) 为设置辅助端口密码，首先输入 **line auxiliary 0** 或 **line aux 0**。

(16) 输入 **login**。

(17) 输入 **password *password***。

(18) 为设置控制台密码，首先输入 **line console 0** 或 **line con 0**。

(19) 输入 **login**。

(20) 输入 **password *password***。下面的示例演示了如何设置控制台密码和辅助端口密码：

```
config t
line con 0
login
password todd1
line aux 0
login
password todd
```

(21) 配置控制台端口时，我们还可执行命令 exec-timeout 0 0，这将禁止控制台端口超时，进而避免因此将你注销。在这种情况下，命令序列如下：

```
config t
line con 0
login
password todd2
exec-timeout 0 0
```

(22) 为避免控制台消息覆盖正在输入的命令，你可使用命令 logging synchronous：

```
config t
line con 0
logging synchronous
```

6.9.6 动手实验 6.6：设置主机名、描述、IP 地址和时钟频率

(1) 登录路由器，输入 **en** 或 **enable** 以进入特权模式，必要时输入用户名和密码。

(2) 使用命令 hostname 设置路由器的主机名。注意，主机名只能包含一个单词，下面是一个设置主机名的例子：

```
Router#config t
Router(config)#hostname RouterA
RouterA(config)#
```

注意，按回车键后，提示符中的主机名便变了。

(3) 使用命令 banner 设置一个网络管理员将看到的旗标，具体的步骤如下。

(4) 输入 **config t**，再输入 **banner ?**。

(5) 注意，你至少可以设置4种不同的旗标。在这个实验中，我们只设置登录旗标和MOTD旗标。

(6) 输入如下命令，设置MOTD旗标。通过控制台端口、辅助端口或Telnet连接到路由器时，都将显示该旗标。

```
config t
banner motd #
This is an motd banner
#
```

(7) 在上述示例中，我们将#用作分隔字符，这告诉路由器消息到哪里结束。在消息中，我们不能使用分隔字符。

(8) 为删除MOTD旗标，我们使用如下命令：

```
config t
no banner motd
```

(9) 输入如下命令以设置登录旗标：

```
config t
banner login #
This is a login banner
#
```

(10) 登录旗标在MOTD旗标后显示，但在提示输入用户模式密码前显示。要设置用户模式密码，我们可设置控制台密码、辅助端口密码和VTY线路密码。

(11) 要删除登录旗标，我们可输入如下命令：

```
config t
no banner login
```

(12) 要给接口配置IP地址，我们可使用命令 ip address，这要求你进入接口配置模式。下面的示例演示了如何给接口配置IP地址：

```
config t
int e0 (you can use int Ethernet 0 too)
ip address 1.1.1.1 255.255.0.0
no shutdown
```

注意，我们在同一行指定了IP地址（1.1.1.1）和子网掩码（255.255.0.0）。命令 no shutdown（简写为 no shut）用于启用接口。默认情况下，所有接口都被禁用。

(13) 我们可使用命令 **description** 给接口配置描述，这可用于添加有关连接的信息，如下例所示：

```
config t
int s0
ip address 2.2.2.1 255.255.0.0
no shut
description Wan link to Miami
```

(14) 我们可给串行链路配置带宽，还可配置时钟频率以模拟 DCE WAN 链路，如下例所示：

```
config t
int s0
bandwidth 64
clock rate 64000
```

6.10 复习题

6

注意 下面的复习题旨在检验你对本章内容的理解程度。有关如何获取更多复习题的信息，请参阅本书的前言。

(1) 当你输入 **show running-config** 时，得到了如下输出：

```
[output cut]
line console 0
     Exec-timeout 1 44
     Password 7 098C0BQR
     Login
[output cut]
```

请问命令 exec-timeout 后面的两个数字是什么意思？

A. 如果 44 秒内没有输入命令，控制台连接将关闭

B. 如果在 1 小时 44 分钟内没有检测到路由器活动，控制台将被锁定

C. 如果在 1 分 44 秒内没有输入命令，控制台连接将关闭

D. 如果你通过 Telnet 连接到该路由器，必须在 1 分 44 秒内检测到输入，否则该连接将关闭

(2) 下面哪种连接路由器的方式是带外方式？

A. 串行接口　B. VTY 端口　C. HTTP 端口　D. 辅助端口

(3) 在路由器上配置 SSH 时，必须执行下面哪两个命令？

A. `enable secret` *password*　B. `exec-timeout 0 0`

C. `ip domain-name` *name*　D. `username` *name* `password` *password*

E. `ip ssh version 2`

(4) 下面哪个命令指出接口 serial 0 连接的是 DTE 电缆还是 DCE 电缆？

A. `sh int s0`　B. `sh int serial 0`

C. `show controllers s 0`　D. `show serial 0 controllers`

(5) 下面哪项是思科路由器上正确的文件和默认存储位置组合？

A. IOS/NVRAM　B. 启动配置/闪存　C. IOS/闪存　D. 运行配置/NVRAM

(6) 你设置了控制台密码，但显示配置时没有显示该密码，而类似于下面这样：

```
[output cut]
Line console 0
     Exec-timeout 1 44
     Password 7 098C0BQR
     Login
[output cut]
```

请问哪个命令导致该密码以这样的方式存储？

A. encrypt password　　B. service password-encryption
C. service-password-encryption　　D. exec-timeout 1 44

(7) 下面哪个命令选择路由器上所有的默认 VTY 端口以便对其进行配置？

A. Router#**line vty 0 4**　　B. Router(config)#**line vty 0 4**
C. Router(config-if)#**line console 0**　　D. Router(config)#**line vty all**

(8) 下面哪个命令将启用加密密码设置为 Cisco？

A. enable secret password Cisco　　B. enable secret Cisco
C. enable secret Cisco　　D. enable password Cisco

(9) 要让管理员在登录路由器时看到一条消息，可使用哪个命令？

A. message banner motd　　B. banner message motd
C. banner motd　　D. message motd

(10) 下面哪个提示符表明当前处于特权模式？

A. router(config)#　　B. router>　　C. router#　　D. router(config-if)

(11) 要将 RAM 中的配置存储到 NVRAM 中，可使用哪个命令？

A. Router(config)# **copy current to starting**

B. Router# **copy starting to running**

C. Router(config)# **copy running-config startup-config**

D. Router# **copy run start**

(12) 当你从路由器 Corp 试图登录路由器 SFRouter 时，收到如下消息：

```
Corp#telnet SFRouter
Trying SFRouter (10.0.0.1)…Open

Password required, but none set
[Connection to SFRouter closed by foreign host]
Corp#
```

要解决这种问题，可使用下面哪个命令序列？

A. Corp(config)#line console 0
　Corp (config-line)#password password
　Corp (config-line)#login

B. SFRemote(config)#line console 0
　Corp (config-line)#enable secret password
　Corp (config-line)#login

C. Corp(config)#line vty 0 4
　Corp (config-line)#password password
　Corp (config-line)#login

D. SFRemote(config)#line vty 0 4

Corp (config-line)#password *password*

Corp (config-line)#login

(13) 下面哪个命令删除路由器上 NVRAM 的内容？

A. delete NVRAM　　B. delete startup-config

C. erase NVRAM　　D. erase start

(14) 你执行命令 **show interface serial 0** 时出现如下内容，请问该接口存在什么问题？

```
Serial0 is administratively down, line protocol is down
```

A. 存活定时器不匹配　　B. 管理员禁用了该接口

C. 管理员正通过该接口执行 Ping 操作　　D. 该接口没有连接电缆

(15) 下面哪个命令显示路由器上所有接口的可配置参数和统计信息？

A. show running-config　　B. show startup-config

C. show interfaces　　D. show versions

(16) 如果你删除 NVRAM 的内容并重启路由器，将进入哪种模式？

A. 特权模式　　B. 全局模式　　C. 设置模式　　D. NVRAM 载入模式

(17) 你在路由器上输入如下命令时收到了如下消息：

```
Router#show serial 0/0
                ^
% Invalid input detected at '^' marker.
```

请问为何会出现这种错误消息？

A. 需要在特权模式下　　B. serial 和 0/0 之间不能有空格

C. 该路由器没有接口 serial0/0　　D. 命令不完整

(18) 你输入 **Router#sh ru** 时看到错误消息 a % ambiguous command，请问为何会出现这种错误消息？

A. 需要在该命令中指定额外的选项或参数　　B. 有多个以字母 *ru* 打头的 show 命令

C. 没有以字母 *ru* 打头的 show 命令　　D. 在错误的路由器模式下执行了该命令

(19) 下面哪两个命令显示接口的当前 IP 地址以及第 1 层和第 2 层的状态？

A. show version　　B. show interfaces　　C. show controllers

D. show ip interface　　E. show running-config

(20) 如果你输入 **show interface serial 1** 时看到如下内容，问题出在 OSI 模型的哪一层？

```
Serial1 is down, line protocol is down
```

A. 物理层　　B. 数据链路层

C. 网络层　　D. 网络没有问题，是路由器出现了问题

6.11 复习题答案

(1) C。命令 exec-timeout 以分钟和秒数设置超时时间。

(2) D。我们可使用调制解调器命令配置辅助端口，以便将调制解调器连接到路由器。如果远程路由器出现了故障，而你需要对其进行带外配置（在网络外进行配置），这项功能让你能够通过拨号连接其辅助端口。

(3) C、D。要在路由器上配置 SSH，你需要配置命令 username、ip domain-name 和 login local、

transport input ssh（在VTY线路配置模式下）和crypto key。然而，并非必须使用SSH第二版，但推荐这样做。

(4) C。命令show controllers serial 0指出该接口连接的是DTE电缆还是DCE电缆。如果是DCE电缆，则需要使用命令clock rate配置时钟频率。

(5) C。文件的默认位置如下：IOS位于闪存中，启动配置位于NVRAM中，而运行配置位于RAM中。

(6) B。在全局配置模式下，命令service password-encryption将密码加密。

(7) B。在全局配置模式下，使用命令line vty 0 4选择对全部5条默认VTY线路进行配置。

(8) C。启用加密密码是区分大小写的，因此答案B不对。要设置启用加密密码，可在全局配置模式下使用命令enable secret *password*。

(9) C。典型的旗标是MOTD，在全局配置模式下使用命令banner motd设置。

(10) C。各提示符表示的模式如下

router(config)#：全局配置模式。

router>：用户模式。

router#：特权模式。

router(config-if)#：接口配置模式。

(11) D。要将运行配置复制到NVRAM中，供路由器重启时使用，可在特权模式下执行命令copy running-config startup-config（简写为copy run start）。

(12) D。要让路由器支持VTY（Telnet）会话，必须设置VTY密码。答案C不对，因为它在错误的路由器上设置该密码。注意，答案D在执行命令login前设置了密码，思科可能要求你必须这样做。

(13) D。命令erase startup-config删除NVRAM的内容，如果随后重启路由器，将进入设置模式。

(14) B。如果接口被禁用，命令show interface将指出它处于管理性关闭状态。（该接口可能没有连接电缆，但根据这条消息无法作出判断。）

(15) C。使用命令show interfaces可查看可配置的参数、获悉路由器接口的统计信息、验证接口是否被禁用以及获悉每个接口的IP地址。

(16) C。如果删除启动配置并重启路由器，路由器将自动进入设置模式。我们也可随时在特权模式下输入**setup**以进入设置模式。

(17) D。你可在用户模式下查看接口统计信息，但需使用命令show interface serial 0/0。

(18) B。错误消息% ambiguous command表明有多个以*ru*打头的show命令。要获悉正确的命令，可使用问号。

(19) B、D。命令show interfaces和show ip interface显示路由器接口的IP地址及其第1层和第2层的状态。

(20) A。如果串行接口和线路协议都处于down状态，则表明问题出在物理层。如果看到serial1 is up, line protocol is down，说明未收到来自远程端的数据链路层存活消息。

6.12　书面实验6答案

(1) router(config-if)#clock rate 64000

(2) router#config t
　　router(config)# line vty 0 4
　　router(config-line)# no login

(3)
```
router#config t
router(config)# int e0
router(config-if)# no shut
```
(4)
```
router#erase startup-config
```
(5)
```
router#config t
router(config)# line console 0
router(config)# login
router(config)# password todd
```
(6)
```
router#config t
router(config)# enable secret cisco
```
(7)
```
router#show controllers serial 0/2
```
(8)
```
router#show terminal
```
(9)
```
router#reload
```
(10)
```
router#config t
router(config)#hostname Chicago
```

第7章

管理思科互联网络

本章涵盖如下 CCNA 考试要点。

✓ **在思科设备上配置、验证基本的路由器操作和路由选择，并排除故障**

- 管理 IOS 的配置文件（包括保存、编辑、升级和恢复）；
- 管理思科 IOS；
- 验证网络连接（包括使用 `ping`、`traceroute` 和 Telnet 或 SSH）。

在第 7 章中，读者将学习到如何管理位于互联网络上的思科路由器。由于 IOS 和配置文件分别保存在思科设备上的不同位置，因此正确了解这些文件的保存位置及其工作方式就是一件非常重要的事情。

读者还将学习有关路由器的主要组件、路由器的启动顺序以及配置寄存器的相关知识，其中将涉及如何使用配置寄存器来恢复密码。此外，读者还将了解到在使用思科 IFS（IOS File System，IOS 文件系统）的情况下，如何在 TFTP 主机上利用 `copy` 命令管理路由器。

本章最后讨论 CDP（Cisco Discovery Protocol，思科发现协议），读者将了解到如何解析主机名，并掌握一些重要的思科 IOS 故障排除技术。

有关本章内容的最新修订，请访问 www.lammle.com 或 www.sybex.com/go/ccna7e。

7.1 思科路由器的内部组件

为了配置思科互联网络和排除故障，我们必须首先了解思科路由器的主要组件，并理解这些组件各自的作用。表 7-1 给出了对思科路由器主要组件的描述。

表7-1 思科路由器的组件

组　件	描　述
引导程序	存储在ROM中的微代码，主要作用是在路由器初始化时启动它。引导程序将启动路由器并加载IOS
POST（开机自检）	存储在ROM中的微代码，用于检测路由器硬件的基本功能，并确定当时可用的接口
ROM监控程序	存储在ROM中的微代码，用于制造、测试和故障诊断
微型IOS	被思科称为RXBOOT或引导加载程序，是一个存贮在ROM中的小型IOS，用于启动一个接口并将思科IOS加载到闪存中。微型IOS也可以用于执行一些其他的维护操作

（续）

组　件	描　述
RAM（随机存取存储器）	用于存储分组缓存、ARP缓存、路由表以及路由器运行时所需要的软件和数据结构。运行配置保存在RAM中，并且多数路由器都是在启动时将IOS从闪存中加载并释放到RAM运行的
ROM（只读存储器）	用于启动和维护路由器的正常运行。其主要功能是保存POST、引导程序以及微型IOS
闪存	默认保存路由器的Cisco IOS。闪存中的内容不会在路由器重启时被擦除。它是由英特尔开发的一种EEPROM（Electronically Erasable Programmable Read-Only Memory，电可擦除可编程的只读存储器）
NVRAM（非易失性RAM）	用于存储路由器和交换机的配置内容。NVRAM中的内容也不会随路由器或交换机的重启丢失。NVRAM不能保存IOS，配置寄存器是存储在NVRAM中的
配置寄存器（Configuration register）	用于控制路由器的启动方式。配置寄存器的值将在`show version`命令输出的最后一行内容中给出，其默认配置值通常为`0x2102`，这一配置值的含义是，路由器需要从闪存中加载IOS，从NVRAM中加载配置

7.2 路由器的启动顺序

当路由器启动时，它需要执行一系列的操作，即所谓的*启动顺序*（boot sequence），其目的是测试硬件并加载所需要的软件。启动顺序包括以下步骤。

(1) 路由器执行 POST（开机自检）。POST 将检查硬件，以验证设备的所有组件目前是可运行的。例如，POST 会分别检查路由器的不同接口。POST 保存在 ROM（只读存储器）中，并从 ROM 运行。

(2) 之后，引导程序将查找并加载思科 IOS 软件。引导程序保存在 ROM 中，用于执行程序。引导程序负责查找每个 IOS 程序的存储位置，并随后加载该文件。默认情况下，所有思科路由器都会首先从闪存中加载 IOS 软件。

加载 IOS 的默认顺序是闪存、TFTP 服务器，然后是 ROM。

(3) IOS 软件将在 NVRAM 中查找有效的配置文件。此文件称为启动配置（startup-config），只有当管理员将运行配置文件复制到 NVRAM 中时才会产生。（新的 ISR 路由器中都预设了一个小型启动配置文件。）

(4) 如果在 NVRAM 中查找到启动配置文件，路由器会复制此文件到 RAM 中，并将它称为运行配置。路由器将使用这个文件运行路由器。路由器将进入正常运转状态。如果在 NVRAM 中没有查找到启动配置文件，路由器将在所有可进行 CD（carrier detect，载波检测）的接口发送广播，用以查找 TFTP 主机可使用的配置文件，如果没有找到（这一查找通常情况下都不会成功，而大部分人甚至都不会察觉到路由器曾进行过这样的尝试），路由器将进入设置模式进行配置。

7.3 管理配置寄存器

所有思科路由器都有一个写入 NVRAM 中的 16 位可软件编程的寄存器。默认情况下，配置寄存器被设置为从闪存加载思科 IOS，并且在 NVRAM 中查找并加载启动配置文件。下面将讨论配置寄存器的设置以及如何使用这些设置恢复路由器的密码。

7.3.1 理解配置寄存器的位

对这 16 位（2 B）配置寄存器数值的读取方式是从 15 读到 0，即按照从左到右的顺序。思科路由器上默认的配置设置是 0x2102。这意味着第 13 位、第 8 位和第 1 位是置 1 的，如表 7-2 所示。注意每个 4 位组（称为半字节）中的位所对应的二进制取值分别为 8、4、2、1。

表7-2　配置寄存器位的取值

配置寄存器	2				1				0				2			
位值	15	14	13	12	11	10	9	8	7	6	5	4	3	2	1	0
二进制	0	0	1	0	0	0	0	1	0	0	0	0	0	0	1	0

注意　我们需要在配置寄存器地址前面添加前缀 0x。0x 意味着后面的数字是十六进制的。

表 7-3 列出了各软件配置位的意义。注意第 6 位用于忽略 NVRAM 的内容。此位可用于密码恢复——将在 7.3.4 节介绍。

表7-3　软件配置位的含义

位	十六进制	描　述
0～3	0x0000～0x000F	启动字段（参见表7-4）
6	0x0040	忽略NVRAM内容
7	0x0080	启用OEM位
8	0x101	禁用中断
10	0x0400	IP广播全零
5、11～12	0x0800～0x1000	控制台线路速率
13	0x2000	如果网络启动失败，则启动默认的ROM软件
14	0x4000	不使用网络号的IP广播
15	0x8000	启用诊断信息并忽略NVRAM内容

注意　记住十六进制中使用的是 0～9 和 A～F（A = 10、B = 11、C = 12、D = 13、E = 14 和 F = 15）。这意味着配置寄存器设置为 210F 时，其实际取值是 210（15），或二进制的 1111。

配置寄存器中的 0～3 位即所谓的启动字段，它控制着路由器的启动方式。表 7-4 描述了启动字段不同位值的含义和作用。

表7-4 启动字段（配置寄存器的00～03位）

启动字段	含　义	作　用
00	ROM监控模式	如果要启动ROM监控模式，我们可以将配置寄存器的值设置为2100。我们必须使用b命令手动启动路由器。启动后，路由器将以rommon>为提示符
01	从ROM中引导	如果要使用保存在ROM中的微型IOS引导路由器，我们需要将配置寄存器设置为2101。启动后，路由器将以router(boot)>为提示符
02～F	指定默认的启动文件	将配置寄存器设置为2102～210F中的任一值，都是要求路由器使用在NVRAM中指定的启动命令

7.3.2 检查当前配置寄存器中的值

使用命令 show version（简写为 sh version 或 show ver），我们便可以查看配置寄存器中的当前取值，如下所示：

```
Router>sh version
Cisco IOS Software, 2800 Software (C2800NM-ADVSECURITYK9-M), Version
    12.4(12), RELEASE SOFTWARE (fc1)
[output cut]
Configuration register is 0x2102
```

这一命令给出信息的最后部分就是当前配置寄存器中的值。此例中这一值为 0x2102，即默认的设置。将配置寄存器的值设置为 0x2102，就是要求路由器在 NVRAM 中查找启动配置。

注意，show version 命令同时还提供 IOS 版本信息，在上面这个示例中，IOS 的版本显示为 12.4(12)。

show version 命令用于显示路由器系统的硬件配置、软件版本以及启动映像文件名。

7.3.3 修改配置寄存器

我们可以通过改动配置寄存器的值修改路由器的启动和运行方式。导致改动配置寄存器的一些主要因素如下：

- 需要强制系统进入 ROM 监控模式；
- 需要选择不同的启动方式；
- 需要启用或禁用 Break（中断）功能；
- 需要对广播地址进行控制；
- 需要设置特定的控制台终端连接波特率；
- 需要从 ROM 中加载操作系统软件；
- 需要从 TFTP（Trivial File Transfer Protocol，简单文件传输协议）服务器上实现引导。

注意　在对配置寄存器进行改动之前，你一定要确信已经知道配置寄存器的当前值。我们可以使用 show version 命令获番配置寄存器的当前值。

命令 config-register 可以用于改动配置寄存器的当前值。下面的示例就给出了要求路由器从ROM中引导一个小型IOS并随后显示配置寄存器当前值的命令组合：

```
Router(config)#config-register 0x2101
Router(config)#^Z
Router#sh ver
[output cut]
Configuration register is 0x2102 (will be 0x2101 at next
  reload)
```

注意，命令 show version 给出配置寄存器的当前值，同时也给出路由器重新启动时配置寄存器的值。我们对配置寄存器进行的任何修改在路由器重新启动之前都不会起作用。值 0x02101 要求路由器在下次重启时从 ROM 中加载 IOS。具体操作中你可能看到的会是 0x101，但要表示的内容是基本一致的，这个值也可以被表达为其他形式。

下面是示例中的路由器在配置寄存器被修改为 0x2101 后又重新启动的情况：

```
Router(boot)#sh ver
Cisco IOS Software, 2800 Software (C2800NM-ADVSECURITYK9-M), Version
    12.4(12), RELEASE SOFTWARE (fc1)
[output cut]

ROM: System Bootstrap, Version 12.4(13r)T, RELEASE SOFTWARE (fc1)

Router uptime is 3 minutes
System returned to ROM by power-on
System image file is "flash:c2800nm-advsecurityk9-mz.124-12.bin"
[output cut]


Configuration register is 0x2101
```

在这里，如果使用 show flash 命令，你仍将看到闪存中保存的可用于运行的 IOS。但示例中我们告诉路由器要从 ROM 加载 IOS，这也是主机名后要显示为(boot)的原因。

```
Router(boot)#sh flash
-#- --length-- -----date/time------ path
1     21710744 Jan 2 2007 22:41:14 +00:00 c2800nm-advsecurityk9-mz.124-12.bin
2         1823 Dec 5 2006 14:46:26 +00:00 sdmconfig-2811.cfg
3      4734464 Dec 5 2006 14:47:12 +00:00 sdm.tar
4       833024 Dec 5 2006 14:47:38 +00:00 es.tar
5      1052160 Dec 5 2006 14:48:10 +00:00 common.tar
6         1038 Dec 5 2006 14:48:32 +00:00 home.shtml
7       102400 Dec 5 2006 14:48:54 +00:00 home.tar
```

```
8        491213 Dec 5 2006 14:49:22 +00:00 128MB.sdf
9       1684577 Dec 5 2006 14:50:04 +00:00 securedesktop-ios-3.1.1.27-k9.pkg
10       398305 Dec 5 2006 14:50:34 +00:00 sslclient-win-1.1.0.154.pkg

32989184 bytes available (31027200 bytes used)
```

所以尽管在路由器的闪存中保存有完整的IOS文件，但是我们仍可以通过改动配置寄存器的值修改路由器加载系统软件的默认方式。如果希望将配置寄存器的值改回默认值，我们只需输入以下命令：

```
Router(boot)#config t
Router(boot)(config)#config-register 0x2102
Router(boot)(config)#^Z
Router(boot)#reload
```

下一节中，我们将介绍如何将路由器引导到ROM监控模式，以便完成密码恢复。

7.3.4 密码恢复

如果忘记了路由器的登录密码，并因此被路由器拒绝访问，这时我们可以改动配置寄存器的值来恢复对路由器的正常访问。正如前面介绍过的，配置寄存器中的第六位用于告诉路由器启动时是否加载保存在NVRAM中的配置文件。

路由器配置寄存器的默认值是0x2102，这表明其第六位是关闭的（取值为0）。默认设置要求路由器查找并加载保存在NVRAM（启动配置文件）中的路由器配置内容。如果想要恢复丢失的密码，则我们需要开启第6位，明确告诉路由器不要加载保存在NVRAM中的配置内容。将第六位置1后，配置寄存器的值是0x2142。

下面是进行密码恢复的主要步骤：

(1) 启动路由器，并通过中断操作中止启动过程，将路由器引导至ROM监控模式；

(2) 修改配置寄存器，将第六位的取值置1（即将值设置为0x2142）；

(3) 重启路由器；

(4) 进入特权模式；

(5) 将启动配置文件复制为运行配置文件；

(6) 修改密码；

(7) 将配置寄存器的值恢复为默认值；

(8) 保存修改后的路由器配置；

(9) 重新启动路由器（可选）。

后面我们还将详细介绍这些具体步骤，并给出恢复ISR、2600以及2500系列路由器的具体操作。（后续实验仍可使用2500系列路由器完成，但你仍需了解有关其他系列路由器的操作细节！）

正如我在前面介绍的，你可以在路由器引导时按下Ctrl+Break进入ROM监控模式。但如果无法找到要加载的IOS或其被破坏，同时又没有可用的网络连接访问TFTP主机，或者如果ROM中的微型IOS没有被加载（即路由器默认的备用方案也失效了），这时路由器会默认进入ROM监控模式。

1. 中断路由器启动序列

首先，我们需要启动路由器，并发出一个中断指令。常见的做法是，在首次重启路由器时需要连接 HyperTerminal（超级终端，我个人比较喜欢使用 SecureCRT 或 Putty）时，并通过此终端向路由器发出中断指令，其具体操作就是同时按下键盘上的 Ctrl 和 Break 键。

执行中断后，对于 2600 系列路由器我们会看到如下内容（ISR 系列的输出也大致如此）：

```
System Bootstrap, Version 11.3(2)XA4, RELEASE SOFTWARE (fc1)
Copyright (c) 1999 by cisco Systems, Inc.
TAC:Home:SW:IOS:Specials for info
PC = 0xfff0a530, Vector = 0x500, SP = 0x680127b0
C2600 platform with 32768 Kbytes of main memory
PC = 0xfff0a530, Vector = 0x500, SP = 0x80004374
monitor: command "boot" aborted due to user interrupt
rommon 1 >
```

注意，在 monitor: command "boot"aborted due to user interrupt 这一行后面显示的是 rommon 1>提示符，这表明从这个位置开始就进入了 ROM 监控模式。

2. 修改配置寄存器

正如前面介绍的，我们可以在 IOS 中使用 config-register 命令修改配置寄存器的值。要将寄存器的第六位设置为 1，则整个配置寄存器的值被修改为 0x2142。

注意　如果将配置寄存器的值修改为 0x2142，那么路由器在启动时将绕过启动配置文件并进入设置模式。

- 思科 ISR/2600 系列的操作命令

要改动思科 ISR/2600 系列路由器的配置寄存器中位的值，我们可以在 **rommon 1>**提示符下直接输入如下命令：

```
rommon 1 >confreg 0x2142
You must reset or power cycle for new config to take effect
rommon 2 >reset
```

- 思科 2500 系列的操作命令

要修改思科 2500 系列路由器上配置寄存器的值，我们可以在路由器上执行一个中断操作，然后输入 **o**，这将打开一个设置配置寄存器选项的菜单。要修改配置寄存器的值，我们可以输入命令 **o/r**，其后接新的寄存器值。下面就是一个在 2501 路由器上将配置寄存器的第六位置 1 的示例：

```
System Bootstrap, Version 11.0(10c), SOFTWARE
Copyright (c) 1986-1996 by cisco Systems
2500 processor with 14336 Kbytes of main memory
Abort at 0x1098FEC (PC)
>o
Configuration register = 0x2102 at last boot
Bit#    Configuration register option settings:
```

```
15       Diagnostic mode disabled
14       IP broadcasts do not have network numbers
13       Boot default ROM software if network boot fails
12-11    Console speed is 9600 baud
10       IP broadcasts with ones
08       Break disabled
07       OEM disabled
06       Ignore configuration disabled
03-00    Boot file is cisco2-2500 (or 'boot system' command)
>o/r 0x2142
```

注意，上述路由器输出的最后一行是03-00，这个内容限定了路由器在启动时要加载的IOS文件。默认情况下，路由器将加载在闪存中找到的首个IOS文件，所以如果要加载不同名的IOS文件，则我们需要使用boot system flash:ios_name命令。（我们稍后就会介绍boot system命令。）

3. 重新启动路由器并进入特权模式

在完成了上述操作后，我们需要重置路由器，具体操作如下：

- 对于ISR/2600系列路由器，输入**I**（即initialize，初始化）或**reset**命令；
- 对于2500系列路由器，输入**I**。

路由器将重新启动并询问是否需要进入设置模式（因为此时没有可供使用的启动配置文件）。回答No（不）进入设置模式，按下回车键进入用户模式，然后再输入**enable**进入特权模式。

4. 查看并修改配置内容

注意，我们没有提供用户模式和特权模式的进入密码。接下来我们需要将启动配置文件复制为运行配置文件：

```
copy startup-config running-config
```

我们也可以使用如下简写形式：

```
copy start run
```

这时配置文件正在RAM中运行，而我们现在处于路由器的特权模式中，也就是说可以查看并修改路由器的现行配置文件。注意，由于启用加密密码设置被加密，这个密码是看不到的。要修改密码，我们还需要执行如下操作：

```
config t
enable secret todd
```

5. 恢复配置寄存器的值并重新启动路由器

在修改完密码之后，我们需要将配置寄存器恢复到默认值，这时可以使用config-register命令：

```
config t
config-register 0x2102
```

最后，我们需要使用copy running-config startup-config命令保存对配置文件的修改，并重新启动路由器。

注意

如果保存了配置文件并重新启动路由器，路由器还是进入设置模式，这可能意味着此时配置寄存器的设置不正确。

7.3.5 boot system 命令

不知你是否知道，当路由器的闪存被损坏时，我们可以通过修改配置让路由器加载其他IOS。实际上，也许你正希望让所有路由器每次都通过某个TFTP主机完成启动，这样就不必为每个路由器都进行单独升级了。这将是一种极好的方式，因为只需要更新TFTP主机上的一个文件就可以完成一次整体升级。

下面介绍一些 boot 命令，我们可以用它们管理路由器启动时加载思科IOS的方式。但是需要记住的是，我们在这里讨论的是路由器使用的IOS文件，而不是路由器的配置！

```
Router>en
Router#config t
Enter configuration commands, one per line.  End with CNTL/Z.
Router(config)#boot ?
  bootstrap  Bootstrap image file
  config     Configuration file
  host       Router-specific config file
  network    Network-wide config file
  system     System image file
```

命令 boot 提供了非常灵活的使用方式，但在首次使用时我们还是先来看一下思科推荐的典型设置方式。首先，命令 boot system 允许你指定路由器使用闪存中的哪个文件进行引导。记住，在默认情况下，路由器是使用在闪存中可以找到的第一个文件进行引导的。使用下列命令我们就可以修改这一默认方式：

```
Router(config)#boot system ?
  WORD   TFTP filename or URL
  flash  Boot from flash memory
  ftp    Boot from a server via ftp
  mop    Boot from a Decnet MOP server
  rcp    Boot from a server via rcp
  rom    Boot from rom
  tftp   Boot from a tftp server
Router(config)#boot system flash c2800nm-advsecurityk9-mz.124-12.bin
```

这一命令迫使路由器使用指定的IOS文件进行引导。当需要将某个新的IOS文件加载到闪存中并进行测试时，或者是需要完全修改默认IOS文件加载顺序时，这个命令就会显得很有用。

下面介绍的命令是一种后备例程，正如我介绍过的，你也可以将这一命令设置为永久使用方式，即要求路由器总是从TFTP主机上引导。但我个人不建议这样做（因为存在单点失效的可能，这里只是想告诉你，这种命令使用方式是可行的：

```
Router(config)#boot system tftp ?
  WORD  System image filename
Router(config)#boot system tftp c2800nm-advsecurityk9-mz.124-12.bin ?
  Hostname or A.B.C.D  Address from which to download the file
  <cr>
```

```
Router(config)#boot system tftp c2800nm-advsecurityk9-mz.124-12.bin 1.1.1.2
Router(config)#
```

如果不能加载保存在闪存中的 IOS 文件并且 TFTP 主机也不能提供 IOS 文件，那么我们的最后选择是从 ROM 中加载微型 IOS，操作命令如下：

```
Router(config)#boot system rom
Router(config)#do show run | include boot system
boot system flash c2800nm-advsecurityk9-mz.124-12.bin
boot system tftp c2800nm-advsecurityk9-mz.124-12.bin 1.1.1.2
boot system rom
Router(config)#
```

综上所述，我们现在已经知道路由器在加载 IOS 文件时可以使用的备用位置：闪存、TFTP 主机和 ROM——相关内容也是思科建议掌握的。

7.4 备份和恢复思科 IOS

在升级或恢复思科 IOS 文件之前，我们应该将路由器上现存的 IOS 文件复制到 TFTP 主机上，作为备份，以防备新拷入的文件因损坏或无法运行使路由器不能正常工作。

我们可以使用任何一台 TFTP 主机完成这一任务。在默认情况下，路由器的闪存用于存储思科 IOS。接下来的几节，我们将学习如何检查闪存的容量，如何将思科 IOS 从闪存复制到 TFTP 主机，以及如何将 IOS 从 TFTP 主机复制到闪存中。

下面将首先介绍如何使用 TFTP 主机管理 IOS 文件，随后说明如何使用思科 IFS 管理 IOS 文件。

在将 IOS 文件备份到内部网络的网络服务器之前，我们首先需要做 3 件事：

- 确保可访问网络服务器；
- 确保网络服务器有足够的空间保存代码文件；
- 核实需要操作的文件的名字及路径。

此外，如果设备连接方式如图 7-1 所示，笔记本电脑或工作站的以太网端口与路由器的以太网接口直接相连，那么在尝试将文件复制到或复制出路由器之前，我们还需要核实下列内容：

- 管理员的工作站上必须运行有 TFTP 服务器软件；
- 路由器和工作站之间的以太网连接必须使用交叉电缆；
- 工作站和路由器的以太网接口必须配置在同一个子网上；
- 如果需要从路由器的闪存中复制 IOS，则 `copy flash tftp` 命令中必须使用工作站的 IP 地址；
- 如果需要将 IOS 复制到闪存中，则需要核实闪存中是否有足够空间容纳被复制进来的文件。

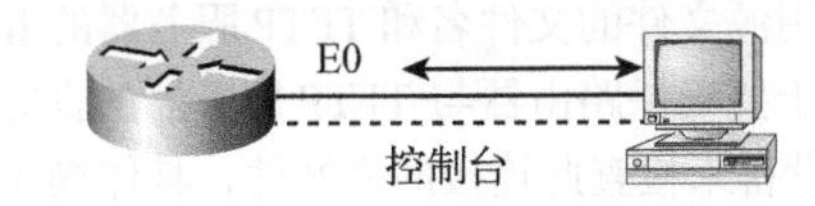

图 7-1 将 IOS 文件从工作站复制到路由器

7.4.1　验证闪存

使用新的IOS文件升级路由器上的思科IOS之前，首先应当核实路由器的闪存是否还有充足空间容纳新的映像文件。我们可以使用命令 show flash（可简写为 sh flash）核实闪存的容量，以及保存在闪存中的单个或多个文件：

```
Router#sh flash
-#- --length-- -----date/time------ path
1     21710744 Jan 2 2007 22:41:14 +00:00 c2800nm-advsecurityk9-mz.124-12.bin
[output cut]
32989184 bytes available (31027200 bytes used)
```

可见，上面的路由器中配备了64 MB的闪存，并且有将近一半的空间已被使用。

注意　命令 show flash 用于显示当前IOS映像文件所占用的空间，同时告诉你是否还有足够的空间同时容纳当前的映像文件和新加入的映像文件。注意，如果没有足够的空间同时容纳原有的和新复制进来的映像文件，继续进行复制操作会将原有的映像文件删除！

实际上在路由器上使用 show version 命令能够更方便地获知闪存的容量：

```
Router#show version
[output cut]
Cisco 2811 (revision 49.46) with 249856K/12288K bytes of memory.
Processor board ID FTX1049A1AB
2 FastEthernet interfaces
4 Serial(sync/async) interfaces
1 Virtual Private Network (VPN) Module
DRAM configuration is 64 bits wide with parity enabled.
239K bytes of non-volatile configuration memory.
62720K bytes of ATA CompactFlash (Read/Write)
```

上面输出内容的最后一行给出了闪存的容量。换算后，我们得知闪存的容量应该是64 MB。

注意，在此示例中IOS的文件名是c2800nm-advsecurityk9-mz.124-12.bin。命令 show flash 和命令 show version 输出结果的最大不同就是，show flash 命令将显示闪存中所有的文件，而 show version 命令将只显示路由器中当前正在使用中的IOS文件的名字。

7.4.2　备份思科IOS

如果需要把思科IOS文件备份到TFTP服务器上，我们可以使用 copy flash tftp 命令。这是一个很简单的命令，它只需要使用源文件的文件名和TFTP服务器的IP地址。

成功进行备份操作的关键在于要确保路由器与TFTP服务器的良好连接。我们可以在路由器控制台的提示符下，通过ping TFTP设备来检查此连接的完好性，具体操作如下：

```
Router#ping 1.1.1.2
Type escape sequence to abort.
Sending 5, 100-byte ICMP Echos to 1.1.1.2, timeout
  is 2 seconds:
!!!!!
Success rate is 100 percent (5/5), round-trip min/avg/max
  = 4/4/8 ms
```

注意 Ping（Packet Internet Groper，分组因特网探测器）工具是用于测试网络连通性的，本章中的一些示例使用了这一工具。我们将在 7.9 节详细介绍 Ping。

当通过 Ping TFTP 服务器确认 IP 连接有效之后，我们就可以使用 copy flash tftp 命令将路由器上的 IOS 文件复制到 TFTP 服务器上，具体操作如下：

```
Router#copy flash tftp
Source filename []?c2800nm-advsecurityk9-mz.124-12.bin
Address or name of remote host []?1.1.1.2
Destination filename [c2800nm-advsecurityk9-mz.124-12.bin]?[enter]
!!!!!!!!!!!!!!!!!!!!!!!!!!!!!!!!!!!!!!!!!!!!!!!!!!!!!!!!!!!!!!!!!!!!!!!!!!!!!!
!!!!!!
21710744 bytes copied in 60.724 secs (357532 bytes/sec)
Router#
```

当操作提示需要输入源文件的文件名时，我们只需要从 show flash 命令或 show version 命令所给出的输出结果中复制此文件名并粘贴。

在上面的示例中，闪存中的内容已经被成功复制到 TFTP 服务器中。其中，远程主机的地址就是 TFTP 服务器的 IP 地址，而源文件名就是路由器闪存中的 IOS 文件名。

警告 命令 copy flash tftp 并不会通过提示询问文件的位置或文件的放置位置。从这种意义上讲，TFTP 只是一种“抓起随后放下”的程序。这也就意味着，在使用 TFTP 服务器时我们必须事先指定默认的工作路径，否则它将不能正常工作！

7.4.3 恢复或升级思科路由器的 IOS

如果需要将思科 IOS 恢复到路由器的闪存中，以替代已被损坏的 IOS 文件，或者需要升级 IOS，应该如何去做呢？我们可以使用 copy tftp flash 命令把文件从 TFTP 服务器下载到路由器的闪存中。在使用这一命令时，我们需要提供 TFTP 主机的 IP 地址和需要下载文件的文件名。

但在开始这一操作之前，我们要确认需要复制到闪存中的文件已经存放在 TFTP 服务器的默认目录下。执行此命令时，TFTP 不会询问文件的存放位置，因此如果要使用的文件不在 TFTP 服务器的默认目录中，则这一操作不能完成。

```
Router#copy tftp flash
Address or name of remote host []?1.1.1.2
```

```
Source filename []?c2800nm-advsecurityk9-mz.124-12.bin
Destination filename [c2800nm-advsecurityk9-mz.124-12.bin]?[enter]
%Warning: There is a file already existing with this name
Do you want to over write? [confirm][enter]
Accessing tftp://1.1.1.2/c2800nm-advsecurityk9-mz.124-12.bin...
Loading c2800nm-advsecurityk9-mz.124-12.bin from 1.1.1.2 (via
    FastEthernet0/0): !!!!!!!!!!!!!!!!!!!!!!!!!!!!!!!!!!!!!!!!!!!!!!!!!!!!!!!!!!!!
!!!!!!!!!!!!!!
[OK - 21710744 bytes]

21710744 bytes copied in 82.880 secs (261954 bytes/sec)
Router#
```

在上面的示例中，由于往闪存中复制的是相同的文件，因此我被询问是否要对之前的文件进行覆盖。注意，我们正在操作的对象是保存在闪存中的文件，如果文件因为覆写操作被破坏，我只有重启路由器才会发现这一点。因此，对这个命令的使用一定要十分小心！如果真出现文件被破坏的情况，那么下次引导就只能先进入 ROM 监控模式，并在其中恢复 IOS 文件。

如果需要加载一个新文件，而闪存中又没有足够的空间同时存储新的和已有的文件，这时路由器将会要求在将新文件写入之前删除闪存中现有内容。

注意

我们可以将思科路由器配置成一个在闪存中运行、用于提供路由器系统文件的 TFTP 服务器主机。实现这一配置的全局配置命令是 `tftp-server flash:ios_name`。

7.4.4　使用思科 IOS 文件系统

Cisco 开发了一种称为 Cisco IFS（IOS File System，IOS 文件系统）的文件系统，该系统允许操作者可以在类似 Windows DOS 提示符的环境中操作文件和目录。我们可以使用的命令包括 `dir`、`copy`、`more`、`delete`、`erase` 或 `format`、`cd` 和 `pwd`、`mkdir` 和 `rmdir`。

IFS 为操作者提供了查看所有文件的能力，甚至可以查看位于远程服务器上的文件。当需要复制一个位于远程服务器上的 IOS 文件时，你一定非常希望能够确定这个文件的有效性，并同时想要知道文件的大小，即文件所需要占用的空间。当然，如果能在将文件复制到路由器上之前，了解一下远程服务器上的配置并确认一切都工作正常，这将是再好不过的事了。

IFS 将文件系统的用户界面设计得非常通用——它是一个与平台无关的文件管理系统。通过它，你可在所有路由器上以同样的语法结构使用所有的命令，而不用考虑平台的兼容性！

这个系统听上去似乎好得让人难以置信。但是，通过实践你将会发现，IFS 确实可以在不同文件系统上支持所有命令，而这一功能与平台无关。要做到这一点也并非很困难，因为各种文件系统仅在其完成命令的方式上有所不同，并且那些与特定文件系统不相关的命令在该系统中也是不需要被支持的。可以肯定的是，任何文件系统或平台对那些用于管理的命令都是完全支持的。

IFS 另一个很突出的特点是，它将许多使用命令时必需的提示精简掉了。当你想输入一个命令时，只需要将所有必需的内容输入命令行，而不必通过一连串的提示完成命令！因此，需要复制一个文件到 FTP 服务器上时，你仅需指出目标源文件在路由器上的位置，然后准确描述目标文件在 FTP 服务器上的位置，并准备好用于连接该服务器的用户名和密码，最后再将所有这些内容都输入到一行之内。对于那些不愿意接受改变的人，他们仍然可以继续使用那种极精简的命令输入模式，在路由器的不断地提示下输入所有必要信息。

但即便如此，路由器仍可能会给出提示，即使你在命令行中输入的一切都是正确的。这一现象可归结于配置 `file prompt` 命令的方式，以及所使用的具体命令。但是，不用担心，如果出现这种情况，默认值会被输入正确的位置，而这时你只需按下回车键验证这一值的正确性。

IFS 提供了管理各种目录和任意目录下清单文件的功能。另外，我们还可以在闪存或闪存卡上建立子目录，但这些操作只能在比较新的平台中完成。

为了能更好地实现上述功能，新文件系统的操作界面使用 URL 描述文件的位置。因此就像提供 Web 上的位置信息，URL 在此描述文件在思科路由器上的位置，甚至在远程文件服务器上的位置！这样，我们在命令中只需要使用 URL，就可以表示文件或目录的位置。这使许多问题得到了简化，比如将文件从一个位置复制到另一个位置时，我们只需输入 `copy source-url destination-url` 命令！IFS URL 与我们习惯的使用方式略有不同，它的大量格式取决于文件的准确位置。

我们使用 Cisco IFS 命令完成的工作与前面介绍 IOS 的一节中用 `copy` 命令完成的工作相去无几：

- 备份 IOS；
- 升级 IOS；
- 查看文本文件。

接下来，我们了解一下可用于管理 IOS 的 IFS 命令。随后我们将探讨配置文件，但现在先介绍用于管理新思科 IOS 的基础命令。

- **dir** 与 Windows 中的 `dir` 命令相同，可以用于查看某个目录下的文件。输入 **dir**，并按下回车键，默认列出 flash:/ 目录下的文件。
- **copy** 这是一个很常用的命令，常用于升级、恢复或备份 IOS。但前面讲过的，使用它时要特别关注细节，即要复制的对象是什么、源文件来自哪里、目标文件要复制到哪里去。
- **more** 与 Unix 系统中的 `more` 命令相同，使用这个命令可以看到一个文本文件，并且可以在闪存卡上查看此文件。我们可以使用此命令检查配置文件或备份配置文件。介绍实际配置时，我会详细介绍此命令。
- **show file** 这个命令显示某个特定文件或文件系统的特定信息，但因为不常被使用而鲜为人知。
- **delete** 你可能认为它的作用就是删除文件，但对于某些类型的路由器来说，它的功能并不是你想象的那样。这是因为即便是用它摧毁了文件，但并不总能在删除文件后释放文件占用的空间。这时，如果需要真正收回此空间，我们还必须使用 **squeeze** 命令。
- **erase/format** 在使用这两个命令时要特别小心，要确保在复制文件时，如果有对话框询问你是否删除文件系统，一定要回答 no！注意，路由器所使用的闪存类型决定了闪存的驱动是否可以被执行删除操作。
- **cd/pwd** 与 Unix 系统和 DOS 系统中相同命令的功能相同，`cd` 是用于改变目录的命令，而 `pwd` 命令可以用于打印（显示）工作目录。
- **mkdir/rmdir** 在某些路由器和交换机上，我们可使用这两个命令创建和删除目录，其 `mkdir` 命令用于创建目录，`rmdir` 命令用于删除目录。我们可使用 `cd` 和 `pwd` 命令进入这些目录。

使用思科 IFS 升级 IOS

我们首先在名为 R1 的 ISR 路由器（1841 系列）上使用某些思科 IFS 命令。

我们先从用于验证默认目录的 pwd 命令开始讲解，然后再使用 dir 命令查验默认目录（flash: /）下的内容：

```
R1#pwd
flash:
R1#dir
Directory of flash:/
    1  -rw-    13937472  Dec 20 2006 19:58:18 +00:00  c1841-ipbase-
   mz.124-1c.bin
    2  -rw-        1821  Dec 20 2006 20:11:24 +00:00  sdmconfig-18xx.cfg
    3  -rw-     4734464  Dec 20 2006 20:12:00 +00:00  sdm.tar
    4  -rw-      833024  Dec 20 2006 20:12:24 +00:00  es.tar
    5  -rw-     1052160  Dec 20 2006 20:12:50 +00:00  common.tar
    6  -rw-        1038  Dec 20 2006 20:13:10 +00:00  home.shtml
    7  -rw-      102400  Dec 20 2006 20:13:30 +00:00  home.tar
    8  -rw-      491213  Dec 20 2006 20:13:56 +00:00  128MB.sdf
    9  -rw-     1684577  Dec 20 2006 20:14:34 +00:00  securedesktop-
   ios-3.1.1.27-k9.pkg
   10  -rw-      398305  Dec 20 2006 20:15:04 +00:00  sslclient-win-
   1.1.0.154.pkg

32071680 bytes total (8818688 bytes free)
```

注意，在这里我们正在使用一个基于 IP 的 IOS（c1841-ipbase-mz.124-1c.bin）。看来这个 1841 需要升级了。可见思科在文件名中加入 IOS 类型是很明智且讨人喜欢的。接下来，我们需要使用 show file 命令（使用 show flash 命令也可以）检查一下该文件在闪存中的占用空间：

```
R1#show file info flash:c1841-ipbase-mz.124-1c.bin
flash:c1841-ipbase-mz.124-1c.bin:
  type is image (elf) []
  file size is 13937472 bytes, run size is 14103140 bytes
  Runnable image, entry point 0x8000F000, run from ram
```

根据上面的输出，当我们将大小超过 21 MB 的新 IOS 文件（c1841-advipservicesk9-mz.124-12.bin）复制到闪存中时，现存的 IOS 文件将被删除。我们将会用到 delete 命令，但要记住的是，重启路由器之前，我们对闪存中任意文件的操作，哪怕是错误性操作，都不会被反映出来。因此，正如我前面所强调过的，在这里进行操作需要万分小心！

```
R1#delete flash:c1841-ipbase-mz.124-1c.bin
Delete filename [c1841-ipbase-mz.124-1c.bin]?[enter]
Delete flash:c1841-ipbase-mz.124-1c.bin? [confirm][enter]
R1#sh flash
-#- --length-- -----date/time------ path
```

```
1         1821 Dec 20 2006 20:11:24 +00:00 sdmconfig-18xx.cfg
2      4734464 Dec 20 2006 20:12:00 +00:00 sdm.tar
3       833024 Dec 20 2006 20:12:24 +00:00 es.tar
4      1052160 Dec 20 2006 20:12:50 +00:00 common.tar
5         1038 Dec 20 2006 20:13:10 +00:00 home.shtml
6       102400 Dec 20 2006 20:13:30 +00:00 home.tar
7       491213 Dec 20 2006 20:13:56 +00:00 128MB.sdf
8      1684577 Dec 20 2006 20:14:34 +00:00 securedesktop-ios-3.1.1.27-k9.pkg
9       398305 Dec 20 2006 20:15:04 +00:00 sslclient-win-1.1.0.154.pkg
22757376 bytes available (9314304 bytes used)
R1#sh file info flash:c1841-ipbase-mz.124-1c.bin
%Error opening flash:c1841-ipbase-mz.124-1c.bin (File not found)
R1#
```

在上面的操作中，我们先使用删除命令删除了现存的 IOS 文件，然后通过 show flash 和 show file 命令验证了删除结果。下面我们使用 copy 命令添加一个新文件，但需要再次强调的是，操作过程一定要小心谨慎，因为这一操作方式没有前面介绍的第一种方式安全。

```
R1#copy tftp://1.1.1.2//c1841-advipservicesk9-mz.124-12.bin/ flash:/
    c1841-advipservicesk9-mz.124-12.bin
Source filename [/c1841-advipservicesk9-mz.124-12.bin/]?[enter]
Destination filename [c1841-advipservicesk9-mz.124-12.bin]?[enter]
Loading /c1841-advipservicesk9-mz.124-12.bin/ from 1.1.1.2 (via
    FastEthernet0/0): !!!!!!!!!!!!!!!!!!!!!!!!!!!!!!!!!!!!!!!!
[output cut]
!!!!!!!!!!!!!!!!!!!!!!!!!!!!!!!!!!!!!!!!!!!!!!!!!!!!!!!!!
[OK - 22103052 bytes]
22103052 bytes copied in 72.008 secs (306953 bytes/sec)
R1#sh flash
-#- --length-- -----date/time------ path
1         1821 Dec 20 2006 20:11:24 +00:00 sdmconfig-18xx.cfg
2      4734464 Dec 20 2006 20:12:00 +00:00 sdm.tar
3       833024 Dec 20 2006 20:12:24 +00:00 es.tar
4      1052160 Dec 20 2006 20:12:50 +00:00 common.tar
5         1038 Dec 20 2006 20:13:10 +00:00 home.shtml
6       102400 Dec 20 2006 20:13:30 +00:00 home.tar
7       491213 Dec 20 2006 20:13:56 +00:00 128MB.sdf
8      1684577 Dec 20 2006 20:14:34 +00:00 securedesktop-ios-3.1.1.27-k9.pkg
9       398305 Dec 20 2006 20:15:04 +00:00 sslclient-win-1.1.0.154.pkg
10    22103052 Mar 10 2007 19:40:50 +00:00 c1841-advipservicesk9-mz.124-12.bin
651264 bytes available (31420416 bytes used)
R1#
```

我们还可以使用 show file 命令检查被复制文件的信息：

```
R1#sh file information flash:c1841-advipservicesk9-mz.124-12.bin
flash:c1841-advipservicesk9-mz.124-12.bin:
  type is image (elf) []
  file size is 22103052 bytes, run size is 22268736 bytes
  Runnable image, entry point 0x8000F000, run from ram
```

记住，在路由器启动时，IOS将被加载到RAM中展开、运行，因此新拷入的IOS只能在重新启动路由器时运行。

在此强烈建议读者在实际的路由器上试用一下思科IFS命令，去感觉其中的不同。正如前面提到的，这一操作体验一定会给你某些意想不到的收获。

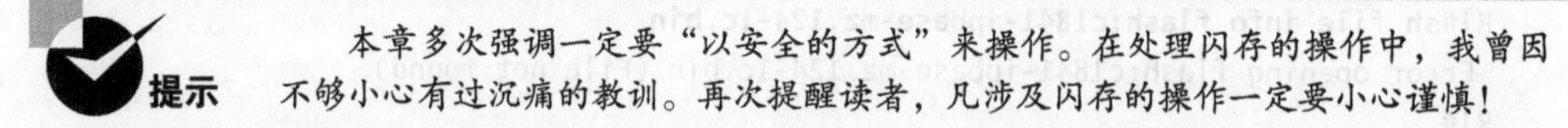

提示　本章多次强调一定要"以安全的方式"来操作。在处理闪存的操作中，我曾因不够小心有过沉痛的教训。再次提醒读者，凡涉及闪存的操作一定要小心谨慎！

ISR路由器最吸引人的特点是采用了物理闪存卡，在路由器的前面板或后面板上我们都能找到它们的身影。拔出闪存卡，并将它插入PC机中适当的插槽，此卡就会被系统识别，显示为一个驱动器。此时，我们就可以对卡上的文件进行添加、修改和删除操作。完成后，我们只需将闪存卡插回路由器并接通电源，升级便完成了。真棒！

7.5　备份和恢复思科配置

我们对路由器配置进行的任何修改都会被保存在运行配置文件中。如果在对运行配置完成修改后，没有执行copy run start命令，那么这个修改就会在路由器重新启动或掉电后丢失。所以，你可能需要对配置进行备份，以防路由器或交换机因异常无法使用。即使机器的运转一切正常，将修改的配置内容作为参考和归档文件保存起来也是一个好的习惯。

随后的几节将讨论如何复制路由器的配置文件到TFTP服务器，以及如何恢复配置。

7.5.1　备份思科路由器配置文件

要将配置文件从路由器复制到TFTP服务器上，我们可以使用copy running-config tftp或copy startup-config tftp命令。这两个命令都可以实现对配置文件的备份，不同的是一个备份当前正在DRAM中运行的配置文件，而另一个备份保存在NVRAM中的配置文件。

1. 验证当前配置

要验证保存在DRAM中的配置文件，我们可以使用show running-config命令（可简写为sh run），具体操作如下：

```
Router#show running-config
Building configuration...

Current configuration : 776 bytes
!
version 12.4
```

当前的配置信息表明，目前路由器运行的IOS版本为12.4。

2. 验证已存储的配置

接下来，我们需要检查一下在NVRAM中保存的配置文件。要查看这一配置文件，我们可以使用show startup-config命令（简写为sh start），操作如下：

```
Router#show startup-config
Using 776 out of 245752 bytes
!
version 12.4
```

上述输出的第一行给出了被保存配置文件所占用的空间。在此示例中，NVRAM的大小为245 KB（再强调一次，在操作ISR路由器时，我们应该使用show version命令，这样更容易查看内存），而配置文件只占用了776 B。

如果不能确保上述两个配置文件的内容是相同的并且运行配置文件是你想使用的，这时可以使用copy running-config startup-config命令，以确保两个文件的内容是相同的。接下来我们详细讨论这个内容。

3. 复制当前配置到NVRAM

通过将运行配置备份到NVRAM中，我们就可确保路由器重启时总是按照当前的运行配置文件进行配置，具体的操作如下所示。在IOS版本12.0中，你将收到提示被要求确认想要使用的文件名。

```
Router#copy running-config startup-config
Destination filename [startup-config]?[enter]
Building configuration...
[OK]
Router#
```

显示文件名提示的原因是新版本中在使用copy命令上增加了太多的可选用法：

```
Router#copy running-config ?
  archive:        Copy to archive: file system
  flash:          Copy to flash: file system
  ftp:            Copy to ftp: file system
  http:           Copy to http: file system
  https:          Copy to https: file system
  ips-sdf         Update (merge with) IPS signature configuration
  null:           Copy to null: file system
  nvram:          Copy to nvram: file system
  rcp:            Copy to rcp: file system
  running-config  Update (merge with) current system configuration
  scp:            Copy to scp: file system
  startup-config  Copy to startup configuration
  syslog:         Copy to syslog: file system
  system:         Copy to system: file system
  tftp:           Copy to tftp: file system
  xmodem:         Copy to xmodem: file system
  ymodem:         Copy to ymodem: file system
```

下面我们马上介绍 copy 命令的使用。

4. 复制配置到 TFTP 服务器

一旦将文件复制到 NVRAM 中，我们就可以通过 copy running-config tftp（简写为 copy run tftp）命令将配置文件备份到 TFTP 服务器上，操作如下：

```
Router#copy running-config tftp
Address or name of remote host []?1.1.1.2
Destination filename [router-confg]?todd-confg
!!
776 bytes copied in 0.800 secs (970 bytes/sec)
Router#
```

在这个示例中，之所以要将目标文件命名为 todd-config，是因为我还没有设置该路由器的主机名。如果已为该路由器配置主机名，则 copy 命令会自动将主机名加-config 扩展作为目标文件的文件名。

7.5.2　恢复思科路由器的配置

如果已经对路由器的运行配置进行了修改，但又想将其恢复为启动配置，最简单的做法就是使用 copy startup-config running-config 命令（可简写为 copy start run）。当然，我们也可以使用思科老版本的命令 config mem 恢复此配置。显然要完成这样的操作，前提是在修改配置前曾将运行配置复制到 NVRAM。

如果已经作为第二备份将路由器的配置文件复制到 TFTP 服务器，我们就可以使用 copy tftp running-config 命令(可简写为 copy tftp run)恢复当前配置，或使用 copy tftp startup-config 命令（可简写为 copy tftp start）恢复 NVRAM 中的配置（提供同样功能的老版本命令为 config net），具体操作如下：

```
Router#copy tftp running-config
Address or name of remote host []?1.1.1.2
Source filename []?todd-confg
Destination filename[running-config]?[enter]
Accessing tftp://1.1.1.2/todd-confg...
Loading todd-confg from 1.1.1.2 (via FastEthernet0/0): !
[OK - 776 bytes]
776 bytes copied in 9.212 secs (84 bytes/sec)
Router#
*Mar  7 17:53:34.071: %SYS-5-CONFIG_I: Configured from
    tftp://1.1.1.2/todd-confg by console
Router#
```

配置文件是一个 ASCII 的文本文件，因此在将保存在 TFTP 服务器上的配置复制回路由器之前，我们可以使用任意文本编辑器修改此文件。最后还应该注意，命令中使用了被修改为 tftp://1.1.1.2/todd-config 的 URL 表示形式。这就是前面介绍过的 Cisco IFS，下面我们就将使用这个系统快速备份和恢复配置文件。

当某路由器的配置文件刚被删除且又重新启动，我们需要从 TFTP 服务器上复制或修改整合配置文件到路由器的 RAM 中时，注意，默认情况下路由器的接口是关闭的，我们必须使用 no shutdown 命令手动启用每个需要进行网络连接的接口。

7.5.3 删除配置

要删除思科路由器上的启动配置文件，我们可以使用命令 erase startup-config，具体操作如下：

```
Router#erase startup-config
Erasing the nvram filesystem will remove all configuration files!
   Continue? [confirm][enter]
[OK]
Erase of nvram: complete
*Mar  7 17:56:20.407: %SYS-7-NV_BLOCK_INIT: Initialized the geometry of nvram
Router#reload
System configuration has been modified. Save? [yes/no]:n
Proceed with reload? [confirm][enter]
 *Mar  7 17:56:31.059: %SYS-5-RELOAD: Reload requested by console.
   Reload Reason: Reload Command.
```

这一命令将删除路由器上 NVRAM 中的内容。此时如果在特权模式下输入 **reload** 并选择不保存所做的修改，路由器被重新启动时将进入设置模式。

7.5.4 使用思科 IFS 管理路由器的配置

老版本的可靠 copy 命令依然可用，而且我也推荐大家使用它。但是，对于思科 IFS 中命令的使用方式读者也需要有所了解。首先，我们使用 show file 命令查看 NVRAM 和 RAM 中的内容：

```
R3#show file information nvram:startup-config
nvram:startup-config:
  type is config
R3#cd nvram:
R3#pwd
nvram:/
R3#dir
Directory of nvram:/

  190  -rw-         830                    <no date>  startup-config
  191  ----           5                    <no date>  private-config
  192  -rw-         830                    <no date>  underlying-config
    1  -rw-           0                    <no date>  ifIndex-table
196600 bytes total (194689 bytes free)
```

以上就是用于显示 NVRAM 中内容的所有命令。但是，这一显示内容并没给我们太多帮助。接下来，我们看一下 RAM 中的内容：

```
R3#cd system:
R3#pwd
system:/
R3#dir ?
  /all              List all files
  /recursive        List files recursively
  all-filesystems   List files on all filesystems
  archive:          Directory or file name
  cns:              Directory or file name
  flash:            Directory or file name
  null:             Directory or file name
  nvram:            Directory or file name
  system:           Directory or file name
  xmodem:           Directory or file name
  ymodem:           Directory or file name
  <cr>
R3#dir
Directory of system:/

    3  dr-x           0                 <no date>  lib
   33  dr-x           0                 <no date>  memory
    1  -rw-         750                 <no date>  running-config
    2  dr-x           0                 <no date>  vfiles
```

同样，这里也没有太多令人兴奋的内容。我们使用一下思科 IFS 的 copy 命令，将文件从 TFTP 主机复制到 RAM 中。首先，我们尝试使用近 10 年来经常被用到的老版本 **config net** 命令完成同样的工作：

```
R3#config net
Host or network configuration file [host]?[enter]
This command has been replaced by the command:
        'copy <url> system:/running-config'
Address or name of remote host [255.255.255.255]?
```

尽管命令运行结果显示此命令已经被新的 URL 命令代替，但此老版本的命令仍然可用。下面我们就来试用一下 思科 IFS 的命令：

```
R3#copy tftp://1.1.1.2/todd-confg system://running-config
Destination filename [running-config]?[enter]
Accessing tftp://1.1.1.2/todd-confg...Loading todd-confg from 1.1.1.2
    (via FastEthernet0/0): !
[OK - 776 bytes]
[OK]
776 bytes copied in 13.816 secs (56 bytes/sec)
R3#
*Mar 10 22:12:59.819: %SYS-5-CONFIG_I:
Configured from tftp://1.1.1.2/todd-confg by console
```

也许我们应该承认这一方式要比使用 copy tftp run 命令更为容易——思科就是这么认为的，因此我为什么要反对呢？一切可能就只是习惯上的问题。

7.6　使用思科发现协议

CDP（Cisco Discovery Protocol，思科发现协议）是由思科设计的专用协议，它可以帮助管理员收集关于本地附件和远程连接设备的相关信息。通过 CDP，我们可以获取相邻设备上的硬件和协议信息，这些信息可用于排除故障和记录网络信息。

下面的几节将对 CDP 的定时器和用于验证网络的 CDP 命令展开讨论。

7.6.1　获取 CDP 定时器和保持时间的相关信息

命令 show cdp（可简写为 sh cdp）提供了与两个 CDP 全局参数相关的信息，这两个参数都可以配置在思科设备上：

- CDP 定时器，描述由所有活动接口将 CDP 分组发送出去的时间间隔；
- CDP 保持时间，描述接收自相邻设备的 CDP 分组应被当前设备保持的时间长度。

思科路由器和思科交换机都使用相同的参数。

下面给出了 Corp 路由器的 CDP 输出：

```
Corp#sh cdp
Global CDP information:
        Sending CDP packets every 60 seconds
        Sending a holdtime value of 180 seconds
        Sending CDPv2 advertisements is  enabled
```

在路由器上我们可以使用全局命令 cdp holdtime 和 cdp timer 配置 CDP 保持时间和定时器：

```
Corp(config)#cdp ?
  advertise-v2      CDP sends version-2 advertisements
  holdtime          Specify the holdtime (in sec) to be sent in packets
  log               Log messages generated by CDP
  run               Enable CDP
  source-interface  Insert the interface's IP in all CDP packets
  timer             Specify rate (in sec) at which CDP packets are sent  run
Corp(config)#cdp holdtime ?
  <10-255>  Length  of time  (in sec) that receiver must keep this packet
Corp(config)#cdp timer ?
  <5-254>  Rate at which CDP packets are sent (in  sec)
```

在路由器的全局配置模式下，我们可以使用 no cdp run 命令彻底地关闭 CDP。如果要在路由器的某个接口上关闭或打开 CDP，我们可以使用 no cdp enable 和 cdp enable 命令。下面马上就会介绍这些内容。

7.6.2 收集邻居信息

命令 show cdp neighbor（可简写为 sh cdp nei）用于显示直接相连设备的相关信息。记住 CDP 的分组是不会被思科交换机转发的，因此 CDP 只能获取直接相连接设备上的相关信息。这就是说，如果路由器连接有一台交换机，那么位于交换机后面的那些设备上的信息就都不能通过 CDP 来获取。

下面是在 Corp 2811 路由器上使用 show cdp neighbor 命令后显示的输出内容：

```
Corp#sh cdp neighbors
Capability Codes: R - Router, T - Trans Bridge, B - Source Route Bridge
                  S - Switch, H - Host, I - IGMP, r - Repeater
Device ID    Local Intrfce   Holdtme   Capability  Platform  Port ID
ap           Fas 0/1          165         T I      AIR-AP124 Fas 0
R2           Ser 0/1/0        140        R S I     2801      Ser 0/2/0
R3           Ser 0/0/1        157        R S I     1841      Ser 0/0/1
R1           Ser 0/2/0        154        R S I     1841      Ser 0/0/1
R1           Ser 0/0/0        154        R S I     1841      Ser 0/0/0
Corp#
```

这里，我们使用控制台电缆直接连接 Corp 路由器，此路由器与另外 4 个设备直接相连。我们到 R1 路由器建立了两个连接。Device ID（设备 ID）给出的是所连接设备的主机名，Local Interface（本地接口）给出的是我们的接口，而 Port ID（端口 ID）则是直接相连的远程设备上的接口。我们所能看到的内容都是与我们直接相连设备的。

表 7-5 汇总了 show cdp neighbor 命令所能显示的设备信息。

表7-5　命令show cdp neighbor的输出内容

字　段	描　述
Device ID	指直接相连设备的主机名
Local Interface	指接收CDP分组的端口或接口
Holdtime	指在没有收到其他CDP分组时，路由器在丢弃收到的信息之前将此数据包要保存的时间长度
Capability	描述相邻设备（比如路由器、交换机或中继器）的产品性能。产品性能码会在命令输出的顶部列出
Platform	指直接相连的思科设备的类型。在上面示例的输出中，Corp路由器直接连接了一台1240AP、一台2801路由器和两台1841路由器
Port ID	指相邻设备上用于接收CDP组播分组的端口或接口

注意　仔细查看 show cdp nerighbors 命令的输出结果，并从中了解相邻的设备属性（即产品性能，比如交换机或路由器的性能）、型号（即平台）、设备的连接端口（指本地端口），以及相邻设备上的连接端口（即 Port ID），这些都很重要。

另一个用于显示相邻设备信息的命令是 show cdp neighbor detail（可简写为 show cdp nei de）。此命令在路由器或交换机上都可运行，它将给出与运行命令的设备相连的每一台设备的详细信息。下面给出了路由器输出示例：

```
Corp#sh cdp neighbors detail
-------------------------
Device ID: ap
Entry address(es): 10.1.1.2
Platform: cisco AIR-AP1242AG-A-K9    , Capabilities: Trans-Bridge IGMP
Interface: FastEthernet0/1,  Port ID (outgoing port): FastEthernet0
Holdtime : 122 sec

Version :
Cisco IOS Software, C1240 Software (C1240-K9W7-M), Version 12.3(8)JEA,
    RELEASE SOFTWARE (fc2)
Technical Support: http://www.cisco.com/techsupport
Copyright (c) 1986-2006 by Cisco Systems, Inc.
Compiled Wed 23-Aug-06 16:45 by kellythw

advertisement version: 2
Duplex: full
Power drawn: 15.000 Watts
-------------------------
Device ID: R2
Entry address(es):
  IP address: 10.4.4.2
Platform: Cisco 2801,  Capabilities: Router Switch IGMP
Interface: Serial0/1/0,  Port ID (outgoing port): Serial0/2/0
Holdtime : 135 sec

Version :
Cisco IOS Software, 2801 Software (C2801-ADVENTERPRISEK9-M),
    Experimental Version 12.4(20050525:193634) [jezhao-ani 145]
Copyright (c) 1986-2005 by Cisco Systems, Inc.
Compiled Fri 27-May-05 23:53 by jezhao

advertisement version: 2
VTP Management Domain: ''
-------------------------
Device ID: R3
Entry address(es):
  IP address: 10.5.5.1
```

```
Platform: Cisco 1841,  Capabilities: Router Switch IGMP
Interface: Serial0/0/1,  Port ID (outgoing port): Serial0/0/1
Holdtime : 152 sec

Version :
Cisco IOS Software, 1841 Software (C1841-IPBASE-M), Version 12.4(1c),
    RELEASE SOFTWARE (fc1)
Technical Support: http://www.cisco.com/techsupport
Copyright (c) 1986-2005 by Cisco Systems, Inc.
Compiled Tue 25-Oct-05 17:10 by evmiller

advertisement version: 2
VTP Management Domain: ''
-------------------------
[output cut]
Corp#
```

从上面的输出中我们可以了解些什么？首先，我们可以得到所有直接相连设备的主机名和 IP 地址。除了可以提供与 show cdp neighbor 命令（参见表 7-5）相同的内容外，命令 show cdp neighbor detail 还将提供相邻设备上的 IOS 版本信息。

记住在此只能查看直接相连的设备的 IP 地址。

命令 show cdp entry *和命令 show cdp neighbors detail 提供同样的信息。下面就是路由器运行 show cdp entry *命令得到的输出示例：

```
Corp#sh cdp entry *
-------------------------
Device ID: ap
Entry address(es):
Platform: cisco AIR-AP1242AG-A-K9    ,  Capabilities: Trans-Bridge IGMP
Interface: FastEthernet0/1,  Port ID (outgoing port): FastEthernet0
Holdtime : 160 sec

Version :
Cisco IOS Software, C1240 Software (C1240-K9W7-M), Version 12.3(8)JEA,
    RELEASE SOFTWARE (fc2)
Technical Support: http://www.cisco.com/techsupport
Copyright (c) 1986-2006 by Cisco Systems, Inc.
Compiled Wed 23-Aug-06 16:45 by kellythw

advertisement version: 2
```

```
Duplex: full
Power drawn: 15.000 Watts
-------------------------
Device ID: R2
Entry address(es):
  IP address: 10.4.4.2
Platform: Cisco 2801,  Capabilities: Router Switch IGMP
 --More--
[output cut]
```

命令 show cdp neighbors detail 和 show cdp entry *之间并不存在任何不同。但是，命令 show cdp entry *提供了两个专用选项，而命令 show cdp neighbors detail 则没有：

```
Corp#sh cdp entry * ?
  protocol  Protocol information
  version   Version information
  |         Output modifiers
  <cr>
Corp#show cdp entry * protocols
Protocol information for ap :
  IP address: 10.1.1.2
Protocol information for R2 :
  IP address: 10.4.4.2
Protocol information for R3 :
  IP address: 10.5.5.1
Protocol information for R1 :
  IP address: 10.3.3.2
Protocol information for R1 :
  IP address: 10.2.2.2
```

由上面的输出可以看出，命令 show cdp entry * protocols 仅可以显示出每个直接相连的设备的 IP 地址。命令 show cdp entry * version 将只负责给出每个直接相连的设备上运行的 IOS 版本信息，具体输出内容如下：

```
Corp#show cdp entry * version
Version information for ap :
  Cisco IOS Software, C1240 Software (C1240-K9W7-M), Version
   12.3(8)JEA, RELEASE SOFTWARE (fc2)
Technical Support: http://www.cisco.com/techsupport
Copyright (c) 1986-2006 by Cisco Systems, Inc.
Compiled Wed 23-Aug-06 16:45 by kellythw

Version information for R2 :
  Cisco IOS Software, 2801 Software (C2801-ADVENTERPRISEK9-M),
```

```
  Experimental Version 12.4(20050525:193634) [jezhao-ani 145]
Copyright (c) 1986-2005 by Cisco Systems, Inc.
Compiled Fri 27-May-05 23:53 by jezhao

Version information for R3 :
  Cisco IOS Software, 1841 Software (C1841-IPBASE-M), Version 12.4(1c),
  RELEASE SOFTWARE (fc1)
Technical Support: http://www.cisco.com/techsupport
Copyright (c) 1986-2005 by Cisco Systems, Inc.
Compiled Tue 25-Oct-05 17:10 by evmiller
 --More--
[output cut]
```

尽管 show cdp neighbors detail 和 show cdp entry 两个命令非常相似，但命令 show cdp entry 只允许将每个直接相连设备的信息显示在一行内，而命令 show cdp neighbor detail 则不然。接下来，我们介绍一下 show cdp traffic 命令。

7.6.3　获取接口上的流量信息

命令 show cdp traffic 可用于显示有关接口流量的信息，包括发送和接收到的 CDP 分组的数量，以及 CDP 错误。

下面给出了在 Corp 路由器上使用 show cdp traffic 命令后的输出：

```
Corp#sh cdp traffic
CDP counters :
        Total packets output: 911, Input: 524
        Hdr syntax: 0, Chksum error: 0, Encaps failed: 2
        No memory: 0, Invalid packet: 0, Fragmented: 0
        CDP version 1 advertisements output: 0, Input: 0
        CDP version 2 advertisements output: 911, Input: 524
```

可见，与路由器上的其他信息相比这些信息并不是最重要的，但它提供了一个设备已经发送和接收 CDP 分组的数量。

7.6.4　获取端口和接口的相关信息

命令 show cdp interface（简写为 sh cdp inter）可用于显示路由器接口或交换机端口上的 CDP 状态。

正如前面介绍的，我们可以在路由器上使用 no cdp run 命令完全关闭 CDP。但是需要注意的是，我们也可以用 no cdp enable 命令基于每个接口关闭 CDP。要启用端口上的 CDP，我们可以使用 cdp enable 命令。在默认状态下，所有端口和接口的 CDP 都是 cdp enable 的。

在路由器上，命令 show cdp interface 可以显示每个使用 CDP 的接口的信息，包括每个接口上的线路封装类型、定时器以及保持时间。下面就是一个在ISR路由器上运行此命令的输出示例：

```
Corp#sh cdp interface
FastEthernet0/0 is administratively down, line protocol is down
  Encapsulation ARPA
  Sending CDP packets every 60 seconds
  Holdtime is 180 seconds
FastEthernet0/1 is up, line protocol is up
  Encapsulation ARPA
  Sending CDP packets every 60 seconds
  Holdtime is 180 seconds
Serial0/0/0 is up, line protocol is up
  Encapsulation HDLC
  Sending CDP packets every 60 seconds
  Holdtime is 180 seconds
Serial0/0/1 is up, line protocol is up
  Encapsulation HDLC
  Sending CDP packets every 60 seconds
  Holdtime is 180 seconds
Serial0/1/0 is up, line protocol is up
  Encapsulation HDLC
  Sending CDP packets every 60 seconds
  Holdtime is 180 seconds
Serial0/2/0 is up, line protocol is up
  Encapsulation HDLC
  Sending CDP packets every 60 seconds
  Holdtime is 180 seconds
```

由于这个命令总能给出接口的工作状态，因此这里输出内容会经常被用到。如果需要将路由器上某个接口的CDP关闭，我们可以在接口配置模式下使用no cdp enable命令：

```
Corp#config t
Corp(config)#int s0/0/0
Corp(config-if)#no cdp enable
Corp(config-if)#do show cdp interface
FastEthernet0/0 is administratively down, line protocol is down
  Encapsulation ARPA
  Sending CDP packets every 60 seconds
  Holdtime is 180 seconds
FastEthernet0/1 is up, line protocol is up
  Encapsulation ARPA
  Sending CDP packets every 60 seconds
  Holdtime is 180 seconds
Serial0/0/1 is up, line protocol is up
```

```
    Encapsulation HDLC
    Sending CDP packets every 60 seconds
    Holdtime is 180 seconds
  Serial0/1/0 is up, line protocol is up
    Encapsulation HDLC
    Sending CDP packets every 60 seconds
    Holdtime is 180 seconds
  Serial0/2/0 is up, line protocol is up
    Encapsulation HDLC
    Sending CDP packets every 60 seconds
    Holdtime is 180 seconds
Corp(config-if)#
```

注意，上面的输出没有给出有关串口 0/0/0 的信息。要想获得有关串口 0/0/0 的信息，我们就必须在串口 0/0/0 上执行 cdp enable 命令，这样在随后的输出中才会看到有关串口 0 的内容：

```
Corp(config-if)#cdp enable
Corp(config-if)#^Z
Corp#
```

真实案例

CDP 能帮助拯救生命！

Karen 刚刚受聘于得克萨斯州达拉斯市的一家大医院，出任首席网络顾问。医院希望她能够应对网络中出现的任何问题。但真正的压力并不在这里，她唯一担忧的是，网络的瘫痪会直接影响人们的康复治疗。这将关系到病人的生与死！

开始时 Karen 的工作很顺利，但不久网络出现了一些问题。为了排除网络故障，她向一名助理管理员索要网络连接图。这个人却告诉她，前任的首席管理员（刚刚被解聘）带走了网络连接图，而现在没有人能再找回这些连接图！

医生们每隔几分钟就打来电话，因为网络不能为他们提供治疗病人所需要的信息。那么她现在该怎么办？

这时 CDP 可以大显身手了！感谢上帝，这家医院所使用的路由器和交换机全部都是思科的，并且在所有思科设备上 CDP 都是默认开启的。此外，值得庆幸的是那个刚刚被解聘的心怀不满的管理员并没在离开医院之前关闭任一设备上的 CDP。

Karen 此时所能做的就是通过 show cdp neighbor detail 命令找出每个设备的信息，并据此绘制出医院的网络连接图，从而帮助拯救生命！

接下来令人困扰的主要问题将是网络中所有设备的访问密码。最好的方式就是找回密码，否则就只能在设备上进行密码恢复了。

所以，使用 CDP 吧，它在某些特定的情况下，能够帮助我们拯救某些人的生命！

这是一个真实的故事。

7.6.5 使用 CDP 记录网络拓扑结构

正如本单元的标题表明的，这里将讨论如何使用 CDP 记录一个示例网络。我们将介绍如何只使用 CDP 命令和 show running-config 命令确定特定的路由器类型、接口类型以及不同接口的 IP 地址，而记录下面的网络只需要以控制台方式连接 Lab_A 路由器，并且在每个区域中用下一个可用 IP 为每个远程路由器指定地址。图 7-2 中给出了用于完成记录的网络。

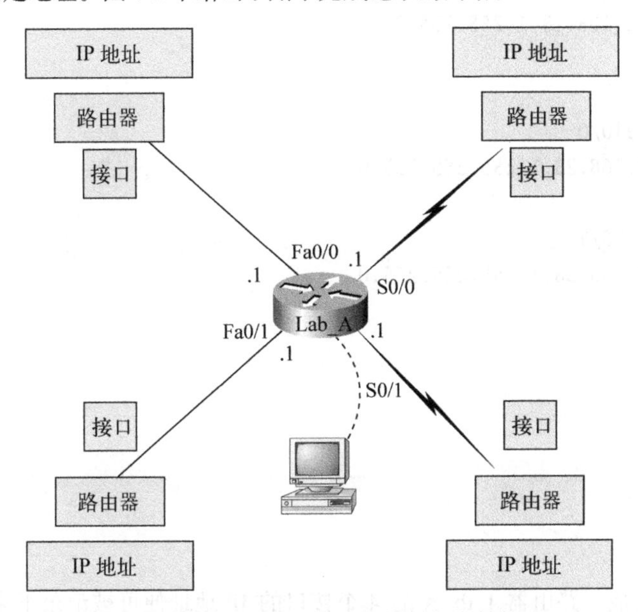

图 7-2 使用 CDP 记录网络的拓扑结构

在图 7-2 中，我们可以看到所连接的路由器有 4 个接口：两个快速以太网接口和两个串行接口。首先，我们可以使用 show running-config 命令确定每个接口的 IP 地址：

```
Lab_A#sh running-config
Building configuration...

Current configuration : 960 bytes
!
version 12.2
service timestamps debug uptime
service timestamps log uptime
no service password-encryption
!
hostname Lab_A
!
ip subnet-zero
!
```

```
!
interface FastEthernet0/0
 ip address 192.168.21.1 255.255.255.0
 duplex auto
!
interface FastEthernet0/1
 ip address 192.168.18.1 255.255.255.0
 duplex auto
!
interface Serial0/0
ip address 192.168.23.1 255.255.255.0
!
interface Serial0/1
ip address 192.168.28.1 255.255.255.0
!
ip classless
!
line con 0
line aux 0
line vty 0 4
!
end
```

随着这一步的完成，路由器 Lab_A 的 4 个接口的 IP 地址便可被记录下来。接着，我们需要确定与这些接口相连的另一端的设备类型。这也非常容易——只需要使用 show cdp neighbors 命令：

```
Lab_A#sh cdp neighbors
Capability Codes: R - Router, T - Trans Bridge, B - Source Route Bridge
S - Switch, H - Host, I - IGMP, r - Repeater
Device ID    Local Intrfce     Holdtme     Capability Platform  Port ID
Lab_B         Fas 0/0            178            R         2501      E0
Lab_C         Fas 0/1            137            R          2621      Fa0/0
Lab_D         Ser 0/0            178            R         2514      S1
Lab_E         Ser 0/1            137            R         2620      S0/1
Lab_A#
```

现在我们已经获得了大量的信息！同时使用 show running-config 和 show cdp neighbors 命令，我们已经了解到 Lab_A 路由器的所有 IP 地址、每个与 Lab_A 路由器相连接的远程路由器的类型以及所有这些远程路由器的接口。

现在根据 show running-config 和 show cdp neighbors 命令提供的所有信息，我们就可以创建这个网络的拓扑图，如图 7-3 所示。

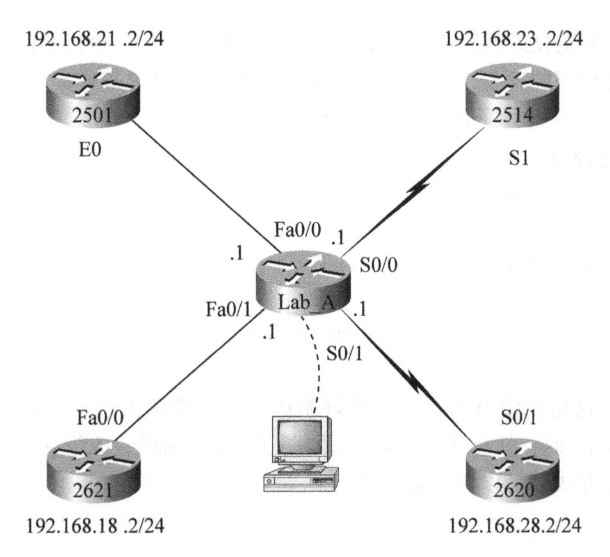

图 7-3 被记录的网络拓扑

如果需要，我们也可以使用 **show cdp neighbors detail** 命令查看相邻设备的 IP 地址。但是由于已经掌握了 Lab_A 路由器在每个链路上的 IP 地址，那么下一个可用的 IP 地址也就可以推算出来。

链路层发现协议

在结束 CDP 内容之前，我们还需要讨论一个非专属的发现协议，它是一个可以运行在多厂商网络环境中的、用于与 CDP 提供几乎相同信息的协议。

IEEE 为站和媒体的访问控制连接发现（Station and Media Access Control Connectivity Discovery）创建了一个新的标准化发现协议——802.1AB。我们将之称为 LLDP（Link Layer Discovery Protocol，链路层发现协议）。

LLDP 定义了基本的发现能力，但也增强了专门针对语音的应用，而这个版本称为 LLDP-MED（Media Endpoint Discovery，媒体端点发现）。LLDP 和 LLDP-MED 并不相互兼容。

更多的信息可以参阅：

www. cisco.com/en/US/docs/ios/cether/configuration/guide/ce_lldp-med. html

以及：

www. cisco. com/en/US/technologies/tk652/tk701/technologies_white_paper0900aecd804cd46d. html

7.7 使用 Telnet

Telnet 协议是 TCP/IP 协议簇的一个组成部分，它是一个虚拟的终端协议，通过这一协议操作者可以连接远程设备、获取信息，并可在远程设备上运行程序。

当完成了对路由器和交换机的配置后，我们就可以在不使用控制台电缆的情况下，使用 Telnet 程序完成对路由器和交换机的重新配置或配置检查工作。我们可以在任何命令提示符（DOS 或思科）下，通过键入 **telnet** 运行 Telnet 程序。要在路由器上执行此种操作，我们必须先设置 VTY 密码。

记住，使用 CDP 不能收集到那些与设备间接相连的路由器和交换机的信息。但是，我们可以通过 Telnet 应用程序连接相邻的设备，并在这些远程设备上运行 CDP 来收集所需的设备信息：

我们可以在任何路由器提示符下发出 telnet 命令，如下所示：

```
Corp#telnet 10.2.2.2
Trying 10.2.2.2 ... Open

Password required, but none set

[Connection to 10.2.2.2 closed by foreign host]
Corp#
```

正如你所看到的，这里我没有为自己设置好密码——不应该出现的失误！记住，当路由器上的 VTY 端口被配置为 login 时，就意味着我们必须为 VTY 设置密码，或为它使用 no login 命令。（如果需要了解密码的设置方式，可以参见第 6 章。）

注意　如果发现不能远程登录某台设备，有可能就是由于在远程设备上没有进行密码的设置。当然，如果使用了访问控制列表，也有可能是它过滤了这个远程登录的会话。

对于思科路由器，使用 Telnet 应用不一定需要输入 telnet 这个命令；只要在命令提示符下输入了一个 IP 地址，思科路由器就会认定操作者是要远程登录此设备。下面就是一个只使用 IP 地址完成远程登录的示例：

```
Corp#10.2.2.2
Trying 10.2.2.2 ... Open

Password required, but none set

[Connection to 10.2.2.2 closed by foreign host]
Corp#
```

注意，在你想要远程登录的路由器上设置 VTY 密码是一个正确的选择。下面是我在名为 R1 的远程路由器上进行的操作：

```
R1#config t
Enter configuration commands, one per line.  End with CNTL/Z.
R1(config)#line vty 0 ?
  <1-807>  Last Line number
  <cr>
R1(config)#line vty 0 807
R1(config-line)#password telnet
R1(config-line)#login
R1(config-line)#^Z
```

现在，我们可以再次尝试一下连接此路由器。下面我将从 Corp 路由器的控制台连接此路由器：

```
Corp#10.2.2.2
Trying 10.2.2.2 ... Open

User Access Verification

Password:
R1>
```

记住，VTY 密码是用户模式下的密码，而不是特权模式下的密码。注意观察，当远程登录路由器 R1 后，在试图进入特权模式时会发生的事情：

```
R1>en
% No password set
R1>
```

这基本上是在说“不行”。这是一个很不错的安全特性，因为没有人会希望任何一个可以远程登录设备的人，能在仅输入 enable 命令后进入特权模式，因此，我们必须为自己的路由器配置特权模式下的密码或启用加密密码，从而让自己可以通过 Telnet 远程配置设备！

远程登录一个设备时，默认情况下我们是不会看到控制台信息的。例如，在这种情况下不能查看 debug 的诊断输出。为了允许将控制台信息发送到 Telnet 会话，我们应可以使用 terminal monitor 命令。

在下面的示例中，我们将讨论如何同时远程登录多个设备，然后讨论如何使用主机名替代 IP 地址。

7.7.1 同时远程登录多个设备

在远程登录某台路由器或交换机后，在任何时刻我们都可以通过键入 **exit** 结束此连接。但是，如果想在保持和远程设备的连接的同时返回原路由器的控制台，该怎么操作呢？要实现这一操作，我们可以按下 Ctrl + Shift + 6 组合键，再释放它，然后再按下 X 键。

下面是我在 Corp 路由器的控制台上连接多个设备的示例：

```
Corp#10.2.2.2
Trying 10.2.2.2 ... Open

User Access Verification

Password:
R1>Ctrl+Shift+6
Corp#
```

在这个示例中，我先远程登录 R1 路由器，然后输入密码进入用户模式，接着按下了 Ctrl + Shift + 6，随后是 X（这时屏幕上没有内容输出）。注意，这时的命令提示符显示——现在已经回到了 Corp 路由器上。

对此我们可以执行一些命令来验证一下。

7.7.2　检查 Telnet 连接

如果需要查看路由器到远程设备的连接，我们可以使用 show sessions 命令：

```
Corp#sh sessions
Conn Host                Address              Byte  Idle Conn Name
   1 10.2.2.2            10.2.2.2                0     0 10.2.2.2
*  2 10.1.1.2            10.1.1.2                0     0 10.1.1.2
Corp#
```

注意到连接 2 旁边的星号（*）了吗？它表明会话 2 是当前连接的最后一个会话。按下两次回车我们就可以返回到这个最后的会话，也可以通过输入表示连接的编号并按下回车返回到指定的会话。

7.7.3　检查 Telnet 用户

使用 show users 命令，我们可以查看路由器上正在使用中的控制台和所有连接中的 VTY 端口：

```
Corp#sh users
    Line       User       Host(s)              Idle       Location
*  0 con 0                10.1.1.2             00:00:01
                          10.2.2.2             00:01:06
```

在此命令的输出中，con 表示本地控制台。这个示例显示，此控制台会话连接了两个远程 IP 地址，即连接了两个设备。在下面的示例中，在从 Corp 路由器远程登录的 ap 设备上输入 sh users，我就可以查看到自己是通过线路 1 与它建立连接的：

```
Corp#sh sessions
Conn Host                Address              Byte  Idle Conn Name
   1 10.1.1.2            10.1.1.2                0     0 10.1.1.2
*  2 10.2.2.2            10.2.2.2                0     0 10.2.2.2
Corp#1
[Resuming connection 1 to 10.1.1.2 ... ]
ap>sh users
    Line       User       Host(s)              Idle       Location
*  1 vty 0                idle                 00:00:00 10.1.1.1
ap>
```

这一输出表明控制台是可用的，并且路由器的 VTY 线路 1 正被使用。其中的星号用于表示发出 show user 命令的当前终端会话。

7.7.4　关闭 Telnet 会话

我们可以通过几种不同的方式结束 Telnet 会话，输入 exit 或 disconnect 可能是其中最容易和最快捷的方式。

如果需要从远程设备上结束某个会话，我们可以使用 exit 命令：

```
ap>exit
[Connection to 10.1.1.2 closed by foreign host]
Corp#
```

如果需要从本地设备上结束某个会话，我们可以使用 **disconnect** 命令：

```
Corp#sh session
Conn Host                Address             Byte  Idle Conn Name
  *2 10.2.2.2             10.2.2.2                0     0 10.2.2.2
Corp#disconnect ?
  <2-2>  The number of an active network connection
  qdm    Disconnect QDM web-based clients
  ssh    Disconnect an active SSH connection
Corp#disconnect 2
Closing connection to 10.2.2.2 [confirm][enter]
Corp#
```

在这个示例中，我之所以使用会话编号 2，是因为这个号正代表着我想要结束的、到 R1 路由器的连接。正如示例中指出的，我们可以通过 show sessions 命令查看使用中的连接编号。

7

7.8 解析主机名

如果希望使用主机名（而不是 IP 地址）建立到远程设备的连接，那么这个用来建立连接的设备就必须有能力将主机名转换为 IP 地址。

有两种方法可以实现主机名到 IP 地址的解析，即在每个路由器上建立一个主机表或者组建一个 DNS（Domain Name System，域名系统）服务器，这个服务器的功能类似于动态的主机表（或假想的动态 DNS）。

7.8.1 建立主机表

主机表只为创建有此表的路由器提供名称解析。在路由器上建立主机表的命令如下：

```
ip host host_name [tcp_port_number] ip_address
```

Telnet 的默认 TCP 端口号是 23，但如果需要我们也可以通过 Telnet 命令使用不同的 TCP 端口号创建会话。此外，我们可以为同一个主机名指派多达 8 个 IP 地址。

下面是一个在 Corp 路由器上配置主机表的例子，这个主机表中包含有两个特定于 R1 路由器和 ap 设备的解析表项：

```
Corp#config t
Corp(config)#ip host R1 ?
  <0-65535>   Default telnet port number
  A.B.C.D     Host IP address
  additional  Append addresses
  mx          Configure a MX record
  ns          Configure an NS record
```

```
  srv       Configure a SRV record
Corp(config)#ip host R1 10.2.2.2 ?
  A.B.C.D  Host IP address
  <cr>
Corp(config)#ip host R1 10.2.2.2
Corp(config)#ip host ap 10.1.1.2
```

注意在上面对路由器的配置中，我们可以不断地添加 IP 地址到指定的主机，并一个接一个地操作，最多可添加 8 个 IP 地址。查看新建的主机表，我们可使用 show hosts 命令：

```
Corp(config)#do show hosts
Default domain is not set
Name/address lookup uses domain service
Name servers are 255.255.255.255

Codes: UN - unknown, EX - expired, OK - OK, ?? - revalidate
       temp - temporary, perm - permanent
       NA - Not Applicable None - Not defined
Host                       Port  Flags      Age Type   Address(es)
ap                         None  (perm, OK)  0   IP     10.1.1.2
R1                         None  (perm, OK)  0   IP     10.2.2.2
Corp(config)#^Z
Corp#
```

在上面的路由器输出中，我们可以看到两个主机名及与之相关联的 IP 地址。在 Flags 栏中的 perm 表明此表项是手动配置的。如果此内容为 temp，则表明此表项是通过 DNS 解析得到的。

注意　命令 show hosts 可以提供有关表项的 Flags 属性的信息，它可以区分出临时性的 DNS 表项以及永久性的由 ip host 命令创建的名称到地址映射的表项。

要验证主机表对名称的解析，我们可以在路由器的提示符下输入主机名。记住，如果没有输入具体的命令，而只输入主机名，路由器会认定你是在进行远程登录操作。

在下面的示例中，我将使用主机名远程登录设备，然后再通过按下 Ctrl + Shift + 6 组合键及 X，返回到 Corp 路由器的主控制台：

```
Corp#r1
Trying R1 (10.2.2.2)... Open

User Access Verification

Password:
R1>Ctrl+Shift+6
Corp#ap
Trying ap (10.1.1.2)... Open
```

```
User Access Verification

Password:
ap>Ctrl+Shift+6
Corp#
```

在这里，我使用主机表中的表项，通过主机名远程登录了两台设备，成功地创建了两个会话。主机表中的名称是不区分大小写的。

注意下面 show sessions 命令的输出，这里给出的是主机名和 IP 地址，而不只是 IP 地址了：

```
Corp#sh sessions
Conn Host                Address            Byte  Idle Conn Name
   1 r1                  10.2.2.2              0     1 r1
*  2 ap                  10.1.1.2              0     0 ap
Corp#
```

如果想从主机表中删除一个主机名，我们只需要使用 no ip host 命令，操作如下：

```
Corp(config)#no ip host R1
```

使用主机表的方案存在一个问题，即我们需要在每个路由器上都创建一个用于名称解析的主机表。如果要在拥有多台路由器的网络中实现名称解析，DNS 将会是一个更好的选择！

7.8.2 使用 DNS 解析名称

如果网络连接有众多的设备，而你又不希望在每个设备上都创建一个主机表，这时就可使用 DNS 服务器来完成对主机名的解析。

默认情况下，每当思科设备接收到一个无法理解的命令时，它都会尝试通过 DNS 对它进行解析。我在思科路由器的提示符下输入了一个特殊的命令 todd，注意观察会发生些什么：

```
Corp#todd
Translating "todd"...domain server (255.255.255.255)
Translating "todd"...domain server (255.255.255.255)
Translating "todd"...domain server (255.255.255.255)
% Unknown command or computer name, or unable to find
  computer address
Corp#
```

由于路由器对输入的名字或命令不了解，于是它尝试通过 DNS 进行解析。这个过程常会令人十分心烦，一个原因是路由器竟然不识别输入的内容（这让人很无奈），另一个原因是随后的操作将被挂起直到名称查询超时。我们可以在全局配置模式下使用 no ip domain-lookup 命令跳出这种窘境，从而防止因 DNS 查找而浪费宝贵的时间。

如果网络上已经配备有 DNS 服务器，那么要让 DNS 的名称解析服务起作用，我们还需要再运行一些命令。

- 第一个命令是 ip domain-lookup，此命令是默认开启的。注意，只有在前期关闭了此功能时（使用 no ip domain-lookup 命令来实现），我们才会需要运行这一命令。在使用这一命令时，我们不必输入中间的连字符（可以是 ip domain lookup）。

- 第二个命令是 ip name-server。这个命令用于设置 DNS 服务器的 IP 地址。我们最多可以输入 6 个服务器的 IP 地址。
- 最后一个命令是 ip domain-name。尽管这个命令是可选的，但实际上还是需要设置它的。它负责将域名附加到输入的主机名后。由于 DNS 使用的是 FQDN(Fully Qualified Domain Name，完全限定域名）系统，因此必须有一个第二层次的 DNS 域名部分，其格式为 domain.com。

下面是使用这 3 个命令的示例：

```
Corp#config t
Corp(config)#ip domain-lookup
Corp(config)#ip name-server ?
  A.B.C.D  Domain server IP address (maximum of 6)
Corp(config)#ip name-server 192.168.0.70
Corp(config)#ip domain-name lammle.com
Corp(config)#^Z
Corp#
```

完成对 DNS 的配置后，我们可以使用主机名去 ping 某台设备或远程登录它，以测试 DNS 服务器，具体操作如下：

```
Corp#ping R1
Translating "R1"...domain server (192.168.0.70) [OK]
Type escape sequence to abort.
Sending 5, 100-byte ICMP Echos to 10.2.2.2, timeout is
  2 seconds:
!!!!!
Success rate is 100 percent (5/5), round-trip min/avg/max
  = 28/31/32 ms
```

注意，这里的路由器是通过 DNS 服务器解析主机名的。

使用 DNS 完成了对名称的解析后，我们可以使用 show hosts 命令在设备查看主机表对解析信息的缓存内容：

```
Corp#sh hosts
Default domain is lammle.com
Name/address lookup uses domain service
Name servers are 192.168.0.70
Host                Flags       Age Type   Address(es)
R1                  (temp, OK)  0   IP     10.2.2.2
ap                  (perm, OK)  0   IP     10.1.1.2
Corp#
```

被解析的表项显示为 temp，但是 ap 设备仍然显示为 perm，这表明它仍是一个被静态配置的表项。注意，这里的主机名是被配置了完整域名的。如果前面没有使用 ip domain-name lammle.com 命令，那么在 ping 时将需要输入 ping r1.lammle.com，这多少会让人感到痛苦。

真实案例

使用主机表还是 DNS 服务器

Karen 最后使用 CDP 完成了对网络连接图的绘制，医生们对此感到很满意。然而，Karen 在管理网络时又遇到了困难，因为每当需要远程登录某台路由器时，她都必须查看网络连接图来查找相应的 IP 地址。

Karen 想到在每个路由器上放置主机表，但在一个拥有数百台路由器的网络里，这显然是一个难以实现的任务。

现在大部分的网络都配备有 DNS 服务器，因此在 DNS 中添加一百个左右的主机名是件很容易的事情——它当然要比向每个路由器都添加如此多的主机名容易得多！这样，Karen 只要在每个路由器上多执行 3 条命令就可达到目的，完成对名称的解析。

使用 DNS 服务器也可使更新任何旧的表项更加简单，记住，如果使用静态主机表，即使是一个很小的变动与修改，都需要对每台路由器上的主机表进行手动更新。

请牢记，名称解析并不能帮助网络做任何事情，也不能帮助网络上的主机完成指定的工作，只能用于帮助操作者完成来自路由器控制台的名称解析任务。

7.9 检查网络连接并排除故障

我们可以使用 `ping` 和 `traceroute` 命令测试到远程设备的连通性，这两个命令可以用于许多协议中，而不限于 IP 协议。但同时也不要忘记，`show ip route` 命令是一个很好用的、可以验证路由表的诊断命令，而 `show interfaces` 命令可提供每个接口的相关状态信息。

由于 `show interfaces` 命令已经在第 6 章介绍过了，这里就不再探讨了。下面将要对 `debug` 命令和 `show processes` 命令进行详细介绍，因为掌握这两个命令将有助于路由器故障的排除。

7.9.1 使用 Ping 命令

目前为止，我们已经介绍了许多通过 ping 设备测试 IP 连通性和 DNS 服务器名称解析性能的示例。如果想要了解有哪些协议可以支持 ping 应用，我们可以直接输入 `ping ?`：

```
Corp#ping ?
  WORD  Ping destination address or hostname
  clns  CLNS echo
  ip    IP echo
  srb   srb echo
  tag   Tag encapsulated IP echo
  <cr>
```

通过 `ping` 命令，我们可以了解 Ping 分组在查找指定系统并返回的过程中所需要花费的最小、平均和最大时间。下面就是一个使用 `ping` 的示例：

```
Corp#ping R1
Translating "R1"...domain server (192.168.0.70)[OK]
Type escape sequence to abort.
Sending 5, 100-byte ICMP Echos to 10.2.2.2, timeout
  is 2 seconds:
!!!!!
Success rate is 100 percent (5/5), round-trip min/avg/max
  = 1/2/4 ms
Corp#
```

由这一结果可以看出，这里使用了DNS服务器来解析主机名，而对被ping设备的测试结果为最短时间1 ms（毫秒），平均时间2 ms，最大4 ms。

注意　ping命令只可以运行在用户模式和特权模式下，在配置模式下不能工作。

7.9.2　使用traceroute命令

Traceroute（即所谓的traceroute命令，也可简写为trace）可用于显示分组到达远程设备的路径。这一命令使用了TTL超时机制和ICMP错误消息通告功能，以绘制分组通过互联网络到达远程主机时的路径。

Trace（trace命令）可以工作在设备的用户模式或特权模式下，这一命令可以帮助我们找出哪个路由器在通往不可达网络主机的路径上，从而让我们更有把握查出网络的失效原因。

要想了解哪些协议支持traceroute命令，我们可以直接输入traceroute ?：

```
Corp#traceroute ?
  WORD        Trace route to destination address or hostname
  appletalk   AppleTalk Trace
  clns        ISO CLNS Trace
  ip          IP Trace
  ipv6        IPv6 Trace
  ipx         IPX Trace
  <cr>
```

命令traceroute可以给出分组在传输到远程设备的过程中所需要经过的跳数。下面就是一个使用示例：

```
Corp#traceroute r1

Type escape sequence to abort.
Tracing the route to R1 (10.2.2.2)

  1 R1 (10.2.2.2) 4 msec *  0 msec
Corp#
```

在这里可以看到，分组经过一跳就可以找到目的地。

注意不能混淆！在思科设备上我们不能使用 tracert 命令，因为这是 Windows 下的一个命令。对于路由器，我们可以使用命令 traceroute！

下面是一个在Windows的DOS提示符下使用tracert命令的示例（注意这个命令是tracert！）：

```
C:\>tracert www.whitehouse.gov

Tracing route to a1289.g.akamai.net [69.8.201.107]
over a maximum of 30 hops:

  1     *        *        *     Request timed out.
  2    53 ms    61 ms    53 ms  hlrn-dsl-gw15-207.hlrn.qwest.net
         [207.225.112.207]
  3    53 ms    55 ms    54 ms  hlrn-agw1.inet.qwest.net [71.217.188.113]
  4    54 ms    53 ms    54 ms  hlr-core-01.inet.qwest.net [205.171.253.97]
  5    54 ms    53 ms    54 ms  apa-cntr-01.inet.qwest.net [205.171.253.26]
  6    54 ms    53 ms    53 ms  63.150.160.34
  7    54 ms    54 ms    53 ms  www.whitehouse.gov [69.8.201.107]

Trace complete.
```

接下来，我们来讨论一下如何使用 debug 命令排除网络故障。

7.9.3 debug 命令

debug 是一个只可在思科 IOS 特权模式下运行的、用于故障排除的命令。它常用于显示各种路由器操作的信息以及由路由器产生或接收到的与流量相关的信息，此外还包括出错信息。

这是一个非常有用并且用于提供信息的工具，但要用好它，必须真正掌握一些重要的在使用时的注意事项。调试通常被视为一个需要高开销的任务，因为在运行时它会消耗掉大量的资源，并且会迫使路由器处理并交换被调试的分组。因此，不能把 debug 当做简单的监控工具来用，而只能将其作为故障排除工具在相对短的时间周期内使用。通过 debug，我们可以发现有关软件或硬件组件是否在正常运转或发现其故障的、真实且关键的判断依据。

由于调试输出与其他网络流量相比有更高的优先级，并且由于 **debug all** 命令将产生比其他 debug 命令更多的输出，因此这个命令会严重影响路由器的工作性能，甚至致使路由器不能正常工作。所以，在实际的应用中我们建议使用更具针对性的 debug 命令。

正如下述输出指出的，debug 命令不能工作在用户模式下，而只能在特权模式下使用：

```
Corp>debug ?
% Unrecognized command
Corp>en
Corp#debug ?
```

```
  aaa                     AAA Authentication, Authorization and Accounting
  access-expression       Boolean access expression
  adjacency               adjacency
  all                     Enable all debugging
[output cut]
```

如果你有足够的自由度去操作一台路由器，并且也确实想通过 debug 找到些乐趣，那么请执行 debug all 命令：

```
Corp#debug all

This may severely impact network performance. Continue? (yes/[no]):yes

All possible debugging has been turned on

2d20h: SNMP: HC Timer 824AE5CC fired
2d20h: SNMP: HC Timer 824AE5CC rearmed, delay = 20000
2d20h: Serial0/0: HDLC myseq 4, mineseen 0, yourseen 0, line down
2d20h:
2d20h: Rudpv1 Sent: Pkts 0,  Data Bytes 0,  Data Pkts 0
2d20h: Rudpv1 Rcvd: Pkts 0,  Data Bytes 0,  Data Pkts 0
2d20h: Rudpv1 Discarded: 0,  Retransmitted 0
2d20h:
2d20h: RIP-TIMER: periodic timer expired
2d20h: Serial0/0: HDLC myseq 5, mineseen 0, yourseen 0, line down
2d20h: Serial0/0: attempting to restart
2d20h: PowerQUICC(0/0): DCD is up.
2d20h: is_up: 0 state: 4 sub state: 1 line: 0
2d20h:
2d20h: Rudpv1 Sent: Pkts 0,  Data Bytes 0,  Data Pkts 0
2d20h: Rudpv1 Rcvd: Pkts 0,  Data Bytes 0,  Data Pkts 0
2d20h: Rudpv1 Discarded: 0,  Retransmitted 0
2d20h: un all
All possible debugging has been turned off
Corp#
```

要在路由器上禁用调试，我们只需要在 debug 命令前加上一个 no：

```
Corp#no debug all
```

但在实际操作中我只使用 undebug all 命令，因为这个命令的缩写更为简捷：

```
Corp#un all
```

记住，使用有针对性的 debug 命令来替代 debug all 命令是更好的选择，而且需要将运行的时间限制在较短的时间内。下面就是一个 debug ip rip 示例，该命令用于显示路由器发送和接收的 RIP 更新：

```
Corp#debug ip rip
RIP protocol debugging is on
Corp#
1w4d: RIP: sending v2 update to 224.0.0.9 via Serial0/0 (192.168.12.1)
1w4d: RIP: build update entries
1w4d:   10.10.10.0/24 via 0.0.0.0, metric 2, tag 0
1w4d:   171.16.125.0/24 via 0.0.0.0, metric 3, tag 0
1w4d:   172.16.12.0/24 via 0.0.0.0, metric 1, tag 0
1w4d:   172.16.125.0/24 via 0.0.0.0, metric 3, tag 0
1w4d: RIP: sending v2 update to 224.0.0.9 via Serial0/2 (172.16.12.1)
1w4d: RIP: build update entries
1w4d:   192.168.12.0/24 via 0.0.0.0, metric 1, tag 0
1w4d:   192.168.22.0/24 via 0.0.0.0, metric 2, tag 0
1w4d: RIP: received v2 update from 192.168.12.2 on Serial0/0
1w4d:    192.168.22.0/24 via 0.0.0.0 in 1 hops
Corp#un all
```

我相信你会了解到 debug 是一个功能强大的命令。并且正因为如此，我也相信在使用任一调试命令之前你会认识到，应当检查路由器的利用率。这一点非常重要，因为在大多数情况下，你并不希望因执行这一命令而影响设备处理互联网络中分组的能力。我们可以使用 show processes 命令确定特定路由器的利用率。

注意 记住，在默认情况远程登录一个设备时，我们看不到发送给控制台的信息！例如，在这种情况下，通过远程登录我们看不到调试输出。如果希望将发给控制台的信息发送到 Telnet 会话中，则我们需要使用 terminal monitor 命令。

7.9.4 使用 show processes 命令

正如前一部分提到的，在设备上使用 debug 命令时我们一定要十分小心谨慎。如果路由器的 CPU 使用率已经达到了 50%或更高，那么再使用 debug all 命令就是一个十分不明智的举动，除非你真的想看到路由器是如何崩溃的！

那么，是否还有其他可以采用的方法呢？命令 show processes（或 show processes cpu）就是一个很好的、用于确定指定路由器 CPU 利用率的工具。此外，这一命令还提供正在运行进程的列表，以及进程的 ID、优先权、调度程序测试（状态）、使用 CPU 的时间、调用次数等数据，都是一些十分有用的数据！另外，当需要对路由器的性能和 CPU 利用率进行评估时，这个命令非常好用，特别是在希望尝试使用其他手段替代 debug 命令时。

从下面的输出中我们可以了解些什么？第一行给出了 CPU 在最后 5 秒、1 分钟和 5 分钟内的利用率情况。这一行首先指出最后 5 秒内 CPU 的利用率是 2%/0%，其中第一个数据为总利用率，第二个数据给出了因中断程序运行而达到的利用率：

```
Corp#sh processes
CPU utilization for five seconds: 2%/0%; one minute: 0%; five minutes: 0%
 PID QTy PC Runtime (ms)    Invoked   uSecs    Stacks TTY Process
   1 Cwe 8034470C    0         1       0 5804/6000  0 Chunk Manager
   2 Csp 80369A88    4      1856       2 2616/3000  0 Load Meter
   3 M*         0    112      14    800010656/12000  0 Exec
   5 Lst 8034FD9C  268246    52101 5148 5768/6000  0 Check heaps
   6 Cwe 80355E5C  20          3    6666 5704/6000  0 Pool Manager
   7 Mst 802AC3C4  0           2       0 5580/6000  0 Timers
[output cut]
```

因此，命令 show processes 的输出大体上给出了路由器在不超载的情况下运行调试命令的能力。

7.10　小结

本章，我们主要学习了如何配置思科路由器以及如何管理这些配置。

本章介绍了路由器的内部组件，包括 ROM、RAM、NVRAM 和闪存。

此外，本章还讲解了路由器的启动和启动时要加载的文件。配置寄存器可以告诉路由器如何引导以及从哪里加载文件，而我们也学习了如何为恢复密码而修改并验证配置寄存器的设置。

接着，我们学习了如何备份并恢复思科 IOS 映像文件，以及如何备份并恢复思科路由器的配置文件。另外，我们还了解了如何使用 CLI 和 IFS 管理这些文件。

然后，我们学习了如何使用 CDP 和 Telnet 收集远程设备的相关信息。最后，本章介绍了如何解析主机名、使用 ping 和 trace 命令测试网络的连通性以及如何使用 debug 和 show processes 命令。

7.11　考试要点

思科路由器组件的定义。描述引导程序、POST、ROM 监控程序、微型 IOS、RAM、ROM、闪存、NVRAM 和配置寄存器的功能。

辨别路由器启动顺序的步骤。这些启动顺序的步骤包括 POST、加载 IOS 以及从 NVRAM 中复制启动配置文件到 RAM 中。

理解配置寄存器的命令和设置。0x2102 是所有思科路由器的默认设置，它告诉路由器在 NVRAM 中查找启动顺序。0x2101 要求路由器从 ROM 启动，而 0x2142 设置则要求路由器不要加载 NVRAM 中的启动配置，以便完成对密码的恢复。

密码恢复。完成密码恢复的步骤包括中断路由器启动顺序、修改配置寄存器、重新启动路由器并进入特权模式、修改/设置密码、保存新的配置文件、重置配置寄存器以及重新启动路由器。

备份 IOS 映像。在特权模式下使用命令 copy flash tftp，我们可以将文件从闪存备份到 TFTP（网络）服务器上。

恢复或升级 IOS 映像。在特权模式下使用命令 copy tftp flash，我们就可以将 TFTP（网络）服务器中的文件恢复或升级为闪存中的文件。

描述在将 IOS 映像文件备份到网络服务器之前应该进行的最佳做法。确保可访问用于备份的网络服务器、确保此网络服务器上拥有足够的空间保存映像文件，并且对进行备份的文件名和路径进行验证。

保存路由器的配置文件。保存路由器的配置文件可以有很多种方法，其中最为常用的、同时也是久经验证的方法，就是使用 copy running-config startup-config。

擦除路由器上的配置文件。在特权模式下使用 erase startup-config 命令，然后重新启动路由器。

理解并使用思科 IFS 文件系统管理命令。这些命令包括 dir、copy、more、delete、erase 或 format、cd 和 pwd，以及 mkdir 和 rmdir。

描述 CDP 的重要性。CDP（即思科发现协议）可以对网络文件的存档以及网络故障的排除提供很大的帮助。

列举可由 show cdp neighbors 命令提供的信息。命令 show cdp neighbors 可以提供以下信息：设备 ID、本地接口、保持时间、产品性能、应用平台和端口 ID（远程接口）。

了解如何建立一个可同时连接到多台路由器的 Telnet 会话。如果远程连接了一台路由器或交换机，我们可以输入 **exit** 在任何时候结束此连接。但是，如果希望保持与远程设备的连接，并同时返回原路由器的控制台，我们可以按下 Ctrl + Shift + 6 组合键，然后释放，随后再按下 X 键。

辨别当前的 Telnet 会话。命令 show sessions 可以显示你所控制的路由器与其他路由器建立的、当前可用的所有会话。

在路由器上建立静态的主机表。在全局配置模式下执行命令 ip host *host_name ip_address*，我们可以在路由器上建立静态的主机表。一个主机可以同时关联多个 IP 地址。

验证路由器上的主机表。我们可以使用 show hosts 命令完成对主机表的验证。

描述 ping 命令的作用。Ping（Packet Internet Groper，分组因特网探测器）使用 ICMP 回应请求和 ICMP 应答验证网络上某个 IP 地址的连通性。

在正确的提示符下 ping 合法的主机 ID。我们可以在路由器的用户模式或特权模式下 Ping 某个 IP 地址，但不能在配置模式下进行此项操作。命令 ping 中必须使用有效的地址，如 1.1.1.1。

7.12　书面实验 7

在这个单元里，读者需要完成以下实验，以确保完全掌握其中涉及的内容和概念。

- 实验 7.1：IOS 管理。
- 实验 7.2：路由器上的存储器。

（书面实验的答案见本章复习题答案的后面。）

7.12.1　书面实验 7.1

写出下列问题的答案。

(1) 复制思科 IOS 文件到 TFTP 服务器的命令是什么？

(2) 复制思科启动配置文件到 TFTP 服务器的命令是什么？

(3) 复制启动配置文件到 DRAM 的命令是什么？

(4) 可用于复制启动配置文件到 DRAM 的老版本命令是什么？

(5) 在路由器的提示符下使用什么命令可以查看相邻路由器的 IP 地址？

(6) 使用什么命令可以查看路由器的本地接口以及相邻路由器的主机名、平台和远程端口？

(7) 按什么组合键可以同时远程连接多台设备？

(8) 使用什么命令可以显示与相邻设备和远程设备的、活动的 Telnet 连接？

(9) 使用什么命令可以升级思科的 IOS？

(10) 使用什么命令可以将备份配置文件和 RAM 中的配置文件合并？

7.12.2　书面实验 7.2

辨别下列文件在默认时被存储在路由器的哪个位置上。

(1) Cisco IOS。

(2) bootstrap（引导程序）。

(3) 启动配置文件。

(4) POST 顺序。

(5) 运行配置文件。

(6) ARP 缓存。

(7) 微型 IOS。

(8) ROM 监控程序。

(9) 路由表。

(10) 分组缓存。

7.13　动手实验

若要完成这一单元中的实验，我们至少需要一台路由器（最好是 3 台），并且至少有一台作为 TFTP 服务器运行的 PC 机，即在这台 PC 机上要安装并运行 TFTP 服务器软件。要完成这个实验，PC 机和路由器必须通过一台交换机或集线器连接起来，并且所有的接口（PC 机的 NIC 和路由器的接口）都被配置在同一个子网中。当然你也可以使用另一方案，即将 PC 机直接连接到路由器或将路由器彼此直接相连（在这里需要使用交叉电缆）。注意，这里给出的实验是针对真正的路由器设计的，当然读者也可以使用思科的 Packet Tracer 程序。

下面给出本章的实验。

- 实验 7.1：备份路由器的 IOS。
- 实验 7.2：升级或恢复路由器的 IOS。
- 实验 7.3：备份路由器的配置。
- 实验 7.4：使用 CDP（思科发现协议）。
- 实验 7.5：使用 Telnet。
- 实验 7.6：解析主机名。

7.13.1　动手实验 7.1：备份路由器的 IOS

(1) 登录路由器，并通过输入 **en** 或 **enable** 进入特权模式。

(2) 在路由器控制台上 ping TFTP 服务器的 IP 地址，以确认可以与网络上的 TFTP 服务器建立连接。

(3) 输入 **show flash** 查看闪存中的内容。

(4) 在路由器的特权模式提示符下输入 **show version** 命令，以获悉当前路由器正在运行的 IOS 文件名。如果闪存中只有一个文件，那么 **show flash** 和 **show version** 命令将显示相同的文件。记住 show version 命令将只显示当前正在运行的文件，而 show flash 则会显示闪存中的所有文件。

(5) 当确认了可与 TFTP 服务器建立良好的以太网连接，并且也知道了 IOS 文件名，这时我们就可以执行 **copy flash tftp** 来备份 IOS 文件了。这个命令要求路由器将指定的文件由闪存（即 IOS 的默认存储位置）复制到 TFTP 服务器上。

(6) 输入 TFTP 服务器的 IP 地址和源 IOS 的文件名。这时，文件将被复制并存储到 TFTP 服务器的默认目录中。

7.13.2 动手实验 7.2：升级或恢复路由器的 IOS

(1) 登录路由器，并通过输入 **en** 或 **enable** 进入特权模式。

(2) 在路由器控制台上 ping TFTP 服务器的 IP 地址，以确认可以与网络上的 TFTP 服务器建立连接。

(3) 当确认了可与 TFTP 服务器建立良好的以太网连接，执行 **copy tftp flash** 命令。

(4) 按照路由器控制台给出的提示进行操作，以确保路由器在恢复或升级 IOS 期间不会执行其他操作。当然，控制台也可能不给出任何提示。

(5) 输入 TFTP 服务器的 IP 地址。

(6) 输入要恢复或升级的 IOS 文件名。

(7) 确认自己已经了解了，如果闪存中没有足够空间容纳新的 IOS 文件，那么原先的内容将被删除。

(8) 当新的 IOS 被复制到闪存中时，原先保存在闪存中的 IOS 将被删除，对此你也许仍会感到惊讶。

如果闪存中的文件已被删除，而新版本文件又未被复制到闪存，路由器将从 ROM 监控模式中引导。这时我们就需要找出这一复制操作没有成功的原因。

7.13.3 动手实验 7.3：备份路由器的配置

(1) 登录路由器，并通过输入 **en** 或 **enable** 进入特权模式。

(2) ping TFTP 服务器，以确认可以建立到 TFTP 服务器的 IP 连接。

(3) 在 RouterB 上输入 **copy run tftp**。

(4) 根据提示，输入 TFTP 服务器的 IP 地址（例如 172.16.30.2），然后按下回车键。

(5) 默认情况下，路由器将提示你输入一个文件名。这里路由器的主机名后面需要跟后缀-confg（注意，这里的拼写正确）。这里可以使用任何文件名。

```
Name of configuration file to write [RouterB-confg]?
```

按下回车键，接受默认的文件名。

```
Write file RouterB-confg on host 172.16.30.2? [confirm]
```

按下回车键以进行确认。

7.13.4 动手实验 7.4：使用 CDP

(1) 登录路由器，并通过输入 **en** 或 **enable** 进入特权模式。

(2) 在此路由器上输入 **sh cdp** 并按下回车键。此时，你应可以看到 CDP 分组每 60 秒便从所有活动的接口发送出去，并且保持时间为 180 秒（这些都是默认值）。

(3) 要将 CDP 的更新频率提高到 90 秒，我们可以在全局配置模式下输入命令 **cdp timer 90**。

```
RouterC#config t
Enter configuration commands, one per line.  End with
  CNTL/Z.
RouterC(config)#cdp timer ?
  <5-900>  Rate at which CDP packets are sent (in sec)
RouterC(config)#cdp timer 90
```

(4) 在特权模式下使用命令 **show cdp** 可以验证 CDP 定时器的修改情况。

```
RouterC#sh cdp
Global CDP information:
Sending CDP packets every 90 seconds
Sending a holdtime value of 180 seconds
```

(5) 下面使用 CDP 收集相邻路由器的相关信息。我们可以通过 **sh cdp ?**获得可用命令的列表。

```
RouterC#sh cdp ?
  entry     Information for specific neighbor entry
  interface CDP interface status and configuration
  neighbors CDP neighbor entries
  traffic   CDP statistics
  <cr>
```

(6) 输入 **sh cdp int** 来查看接口信息，以及此接口所使用的默认封装。它也会给出 CDP 定时器的相关信息。

(7) 输入 **sh cdp entry** *可以查看接收自所有设备的 CDP 信息。

(8) 输入 show cdp neighbors 可以收集所有已连接邻居的相关信息（你应当了解由此命令给出的特定信息）。

(9) 输入 **show cdp neighbors detail**。注意，它将提供与 **show cdp entry** *命令相同的输出内容。

7.13.5　动手实验 7.5：使用 Telnet

(1) 登录路由器，并通过输入 **en** 或 **enable** 进入特权模式。

(2) 在 RouterA 的命令提示符下输入 **telnet *ip_address*** 来远程连接路由器（RouterB）。输入 **exit** 来断开连接。

(3)在 RouterA 的命令提示符下直接输入 RouterB 的 IP 地址。注意，此路由器会自动尝试远程连接指定 IP 地址的设备。使用 **telnet** 命令或只输入 IP 地址都可以实现远程连接操作。

(4) 在 RouterB 的提示符下，按下 Ctrl + Shift + 6 组合键，然后再按下 X 键，就可返回到 RouterA 的命令提示符下。现在可以远程连接第三台路由器——RouterC。按下 Ctrl + Shift + 6 组合键，然后按下 X 键，再次返回 Router A。

(5) 在 RouterA 的提示符下输入 **show sessions**。注意此时存在两个会话。我们可以输入显示在 session（会话）左边的号码，然后按两次回车键，来返回那个会话。星号用于指示默认的会话。按下两次回车键，我们就可以直接返回到默认的会话。

(6) 进入与 RouterB 建立的会话。输入 **show user**。这一命令将给出控制台连接和远程连接的信息。

此时，我们可以使用 disconnect 命令清除此会话，或在提示符下输入 **exit** 来关闭与 RouterB 建立的会话。

(7) 在初始路由器 RouterA 的提示符下，输入 **show sessions** 并使用连接号返回与 RouterC 建立的连接，进入 RouterC 的控制台端口。输入 **show user** 并注意查看与初始路由器 RouterA 的连接。

(8) 通过输入 **clear line *line_number*** 命令，来中断这个 Telnet 会话。

7.13.6 动手实验 7.6：解析主机名

(1) 登录路由器，并通过输入 **en** 或 **enable** 进入特权模式。

(2) 在 RouterA 的命令提示符下，输入 **todd** 并按下回车键。注意你收到的错误信息和等待延迟。这个路由器正在通过查找 DNS 服务器尝试将主机名解析为 IP 地址。我们可以在全局配置模式下使用 **no ip domain-lookup** 命令关闭这个特性。

(3) 要建立一个主机表，我们需要使用 ip host 命令。在 RouterA 的提示符下，我们输入下列命令在主机表中为 RouterB 和 RouterC 添加表项：

ip host routerb *ip_address*

ip host routerc *ip_address*

下面是一个示例：

```
ip host routerb 172.16.20.2
ip host routerc 172.16.40.2
```

(4) 在特权模式的命令提示符下（而不是 config 提示符下），输入 **ping routerb** 来测试主机表。

```
RouterA#ping routerb
Type escape sequence to abort.
Sending 5, 100-byte ICMP Echos to 172.16.20.2, timeout
  is 2 seconds:
!!!!!
Success rate is 100 percent (5/5), round-trip
  min/avg/max = 4/4/4 ms
```

(5) 输入 **ping routerc**，再次测试此主机表。

```
RouterA#ping routerc
Type escape sequence to abort.
Sending 5, 100-byte ICMP Echos to 172.16.40.2, timeout
  is 2 seconds:
!!!!!
Success rate is 100 percent (5/5), round-trip
  min/avg/max = 4/6/8 ms
```

(6) 远程连接 RouterB，然后按下 Ctrl + Shift + 6 组合键并随后按下 X，以保持与 RouterB 的会话并返回 RouterA。

(7) 在命令提示符下输入 **routerc**，来远程连接 RouterC。

(8)按下 Ctrl + Shift + 6 组合键并随后按下 X，以保持与 RouterC 的会话并返回 RouterA。

(9) 输入 **show hosts** 并按回车键，来查看此主机表。

```
Default domain is not set
Name/address lookup uses domain service
Name servers are 255.255.255.255
Host                    Flags        Age Type    Address(es)
routerb                 (perm, OK)   0   IP     172.16.20.2
routerc                 (perm, OK)   0   IP     172.16.40.2
```

7.14 复习题

注意 下面的复习题旨在测试你对本章内容的理解程度。有关如何获取更多复习题的信息，请参阅本书的前言。

(1) 命令 confreg 0x2142 的作用是什么？

A. 用于重启路由器　　B. 用于绕过 NVRAM 中的配置
C. 用于进入 ROM 监控模式　　D. 用于查看丢失的口令

(2) 哪个命令将用于复制 IOS 到你网络中的备份主机上？

A. transfer IOS to 172.16.10.1　　B. copy run start
C. copy tftp flash　　D. copy start tftp
E. copy flash tftp

(3) 你正在排除公司网络中的一个连接故障，并且希望隔离这个问题。你怀疑在通往不可达网络路由上的某台路由器发生了故障。你可以使用 IOS 的哪个用户可执行命令？

A. Router>ping　　B. Router>trace
C. Router>show ip route　　D. Router>show interface
E. Router>show cdp neighbors

(4) 你从某个网络主机复制了一个配置文件到路由器的 RAM 中。这个配置文件看起来是正确的，但却根本不能工作。导致这个问题的原因是什么？

A. 你复制了错误的配置到 RAM 中
B. 你将配置复制到了闪存中
C. 这一副本不能不考虑在正在运行配置中的 shutdown 命令的影响
D. IOS 将会在这一 copy 命令执行后被破坏

(5) 某网络管理员想在不删除当前安装的 IOS 的情况下，对路由器的 IOS 进行升级。哪个命令可以显示当前 IOS 文件占用的内存空间，并指出是否有足够的可用空间保存当前的和新的映像文件？

A. show version　　B. show flash　　C. show memory
D. show buffers　　E. show running-config

(6) 公司办公室发给你一台新的要连接的路由器，连接好控制台电缆后，你发现在这个路由器上已经存在一个配置。在向这个路由器输入新的配置之前，你需要做一些什么？

A. 应该擦除 RAM 内容并重启路由器　　B. 应该擦除闪存内容并重启路由器
C. 应该擦除 NVRAM 内容并重启路由器　　D. 应该输入并保存新配置文件

(7) 哪个命令可以加载新版本的思科 IOS 到路由器中？

A. copy flash ftp　　B. copy ftp flash
C. copy flash tftp　　D. copy tftp flash

(8) 哪个命令可以显示路由器上正在运行的 IOS 版本？

A. sh IOS　B. sh flash　C. sh version　D. sh running-config

(9) 成功完成密码恢复后，应该如何配置寄存器的值，来让路由器返回正常的操作过程？

A. 0x2100　B. 0x2101　C. 0x2102　D. 0x2142

(10) 你在路由器上使用 copy running-config startup-config 命令保存配置文件并重启了路由器。然而，该路由器却使用一个空白配置完成了启动。问题可能出在哪里？

A. 你没有使用正确的命令启动路由器

B. NVRAM 有问题

C. 配置寄存器的设置不正确

D. 新升级的 IOS 与路由器的硬件不兼容

E. 你保存的配置与硬件不兼容

(11) 如果想在同一时刻拥有多个 Telnet 会话，你需要使用什么样的按键组合？

A. Tab+空格键　B. Ctrl+X，然后按下 6

C. Ctrl+Shift+X，然后按下 6　D. Ctrl+Shift+6，然后按下 X

(12) 在远程登录某台远程设备时没能成功，但是可以远程登录较近的路由器，并且你仍能 ping 此远程设备。可能出现了什么问题？（选择其中的两个。）

A. IP 地址不正确　B. 访问控制列表过滤了 Telnet

C. 存在一条有缺陷的串行电缆　D. VTY 口令没有设置

(13) 命令 show hosts 将会给出什么信息？（选择其中的两个。）

A. 临时 DNS 表项

B. 使用 hostname 命令创建的路由器名字

C. 被允许访问路由器的工作站的 IP 地址

D.使用 ip host 命令创建的、永久的名字到地址的映射

E. 某主机通过 Telnet 连接到路由器的时间长度

(14) 哪 3 个命令可以用于检查路由器上的局域网连通性问题？

A. show interfaces　B. show ip route　C. tracert

D. ping　E. dns lookups

(15) 你远程登录了某台路由器，并完成了对配置的必要修改，而现在想结束这个 Telnet 会话。你需要输入什么命令？

A. close　B. disable　C. disconnect　D. exit

(16) 远程登录某个设备并输入 debug ip rip 命令，但是并没有得到来自此 debug 命令的输出。可能出现了什么问题？

A. 你必须首先输入 show ip rip 命令

B.此网络上的 IP 编址不正确

C. 你必须使用 terminal monitor 命令

D. 调试输出只能发送给控制台

(17) 哪个命令可以用于显示配置寄存器的设置？

A. show ip route　B. show boot version

C. show version　D. show flash

(18) 你需要获得位于夏威夷州的某台远程交换机的 IP 地址。怎样才能找出这一地址？

A. 飞到夏威夷，连接到交换机的控制台，然后放松一下，在太阳伞下小酌一杯

B. 在连接到此交换机的路由器上使用 show ip route 命令

C. 在连接到此交换机的路由器上使用 show cdp neighbor 命令

D. 在连接到此交换机的路由器上使用 show ip arp 命令

E. 在连接到此交换机的路由器上使用 show cdp neighbors detail 命令

(19) 你将自己的笔记本电脑直接连接到了某台路由器的以太网端口。要成功运行 copy flash tftp 命令，还需要满足下列哪些条件？（选择其中三个。）

A. 在此路由器上必须运行有 TFTP 服务器软件

B. 在你的笔记本电脑上必须运行有 TFTP 服务器软件

C. 将笔记本电脑直接连接到路由器的以太网端口的以太网电缆必须是一条直通电缆

D. 此笔记本电脑必须与路由器的以太网接口位于相同的子网中

E. 命令 copy flash tftp 必须使用笔记本电脑的 IP 地址

F. 在路由器的闪存中必须有足够空间容纳被复制的文件

(20) 配置寄存器的设置 0x2102 为路由器提供了什么功能？

A. 告诉路由器要引导到 ROM 监控模式中

B. 提供口令恢复

C. 告诉路由器要查看 NVRAM 来决定引导顺序

D. 从某个 TFTP 服务器上引导 IOS

E. 引导保存在 ROM 中的 IOS 映像

7.15 复习题答案

(1) B。默认配置的设置是 0x2102，此设置要求路由器从闪存中加载 IOS 并从 NVRAM 中加载配置文件。0x2142 告诉路由器忽略 NVRAM 中的配置文件以便完成密码恢复。

(2) E。要将默认存储在闪存中的 IOS 文件复制到备份用的主机上，可以使用 copy flash tftp 命令。

(3) B。命令 traceroute（简写为 trace）可以工作在用户模式或特权模式下，用于查找分组在网络上的传输路径，同时还指出分组因某个路由器出错而导致停留的网络位置。

(4) C。由于配置看起来是正确的，因此不必再纠结于复制操作。然而，当执行从网络主机到路由器的复制操作时，注意接口会自动关闭，故你需要执行 no shutdown 命令手工启动此接口。

(5) B。命令 show flash 可以显示当前的 IOS 名称和大小以及闪存容量等信息。

(6) C。在配置路由器之前，你应该使用 erase startup-config 命令清空 NVRAM，然后使用 reload 命令重新启动路由器。

(7) D。命令 copy tftp flash 允许你将新的 IOS 复制到路由器的闪存中。

(8) C。最好的选择是 show version，此命令将指出路由器当前正在运行的 IOS 文件。命令 show flash 显示的是闪存的内容，而不是运行中的文件。

(9) C。所有的思科路由器其默认的配置寄存器值均是 0x2102，它要求路由器从闪存中加载 IOS，从 NVRAM 中加载配置文件。

(10) C。如果在保存配置并重新启动路由器后，路由器进入设置模式或加载了空配置文件，则可能的原因是配置寄存器的设置不正确。

(11) D。要保持一个或者多个 Telnet 会话，可以使用 Ctrl + Shift + 6 组合键并随后按下 X 键。

(12) B、D。记住，最佳的答案是某个访问控制列表过滤了此 Telnet 会话，或者是远程设备上没有设置 VTY 密码。

(13) A、D。命令 show hosts 可以显示有关临时 DNS 表项和使用 ip host 命令创建的永久性名称到地址的映射的信息。

(14) A、B、D。命令 tracert 是 Windows 下的一个命令，不能用在路由器上！路由器上使用 traceroute 命令。

(15) D。由于问题并没有提到任何关于中止会话的操作，因此可以假定此 Telnet 会话仍然处于打开状态，所以只需输入 **exit** 关闭此会话。

(16) C。要通过 Telnet 会话查看给定控制台的信息，我们必须使用 terminal monitor 命令。

(17) C。命令 show version 可以给出当前配置寄存器中的设置。

(18) E。尽管选项 A 看起来是“最好”的，但选项 E 更好一些，而且老板也可能更希望你使用 show cdp neighbors detail 命令。

(19) B、D、E。在将一个 IOS 映像文件备份到与路由器以太网端口直接相连的笔记本电脑之前，你需要确认此笔记本电脑上运行了 TFTP 服务器软件，并且使用的以太网电缆是交叉电缆，同时笔记本电脑和路由器的以太网端口同在一个子网内，最后才可以在笔记本电脑上使用 copy flash tftp 命令进行备份操作。

(20) C。默认的配置设置是 0x2102，它要求路由器在 NVRAM 中查找启动顺序。

7.16 书面实验 7 答案

7.16.1 书面实验 7.1

(1) copy flash tftp

(2) copy start tftp

(3) copy start run

(4) config mem

(5) show cdp neighbor detail or show cdp entry *

(6) show cdp neighbor

(7) Ctrl+Shift+6，然后按下 X

(8) show sessions

(9) copy tftp flash

(10) copy tftp run 或 copy start run

7.16.2 书面实验 7.2

(1) 闪存	(2) ROM
(3) NVRAM	(4) ROM
(5) RAM	(6) RAM
(7) ROM	(8) ROM
(9) RAM	(10) RAM

第8章

IP 路由

本章将涵盖如下 CCNA 考试要点。

✓ **描述网络的工作方式**

❑ 确定两台主机间的网络连接路径。

✓ **配置、验证思科设备的基本路由器运行方式和路由选择，并排除这些方面的故障**

❑ 描述基本的路由选择概念（包括分组的转发、路由器的查找方法）；

❑ RIPv2 的配置、验证及排错；

❑ 访问并使用路由器设置基本的参数（包括 CLI/SDM）；

❑ 连接、配置并验证设备接口的工作状态；

❑ 使用 ping、Traceroute、Telnet、SSH 或其他工具验证设备的配置和网络的连通性；

❑ 根据特定的路由选择需求，通过建立静态路由或默认路由，来完成并验证指定的路由选择配置；

❑ 对照并比较多种路由选择方法和路由选择协议；

❑ OSPF 的配置、验证及排错；

❑ EIGRP 的配置、验证及排错；

❑ 验证网络的连通性（包括使用 ping、traceroute、Telnet 或 SSH）；

❑ 路由选择问题的排错；

❑ 使用 show 或 debug 命令验证路由器的硬件和软件的运行状态；

❑ 保障路由器的基本安全。

本章探讨 IP 路由选择的实现方式。由于这一内容与所有路由器以及使用 IP 完成配置的操作直接相关，因此是一个学习重点。IP 路由选择是一个通过路由器将分组从一个网络搬运到另一个网络的过程。当然，同前面一样，这里提到的路由器都是指思科的路由器！

在学习本章之前，读者首先需要正确理解路由选择协议和被路由协议的区别。路由选择协议被路由器用于在彼此互联的网络上动态地发现所有网络，这一协议可以确保所有路由器都拥有相同的路由选择表。从根本上讲，路由选择协议用来确定分组通过互联网络时的路径。常见的路由选择协议有 RIP、RIPv2、EIGRP 和 OSPF 协议。

一旦互联网络中所有的路由器对所有的网络都有了了解，被路由协议就可以被用来通过这个已配置完善的互联网络发送用户数据（分组）。被路由协议需要被指定到接口上并用于确定分组的递交方式。常见的被路由协议包括 IP 和 IPv6。

注意，真正掌握这一部分的内容是十分重要的。目前为止，这些内容读者多半已经理解了。思科路由器所做的基本工作就是 IP 路由选择，而且它们将这个工作完成得非常好。此外，本章将只讨论这些内容中最基础的部分，如果想真正理解本书所包含的考试要点，那么这一部分内容就是你必须掌握的。

本章将介绍如何使用思科路由器完成 IP 路由选择的配置和验证操作。所涉及的内容包括：

- 路由选择基础；
- IP 路由选择过程；
- 静态路由选择；
- 默认路由选择；
- 动态路由选择。

在第 9 章，我们将通过介绍 EIGRP 和 OSPF 更加深入地探讨增强的、动态路由选择。但在这里，读者首先需要正确理解基础性内容——分组是如何通过一个互联网络进行传送的。

注意

有关本章内容的最新修订，请访问 www.lammle.com 或 www.sybex.com/go/ccna7e。

8.1 路由选择基础

一旦将多个 WAN 和 LAN 连接到路由器，一个彼此互联的网络就创建起来了，而接下来要完成的工作就是为此互联网络上的所有主机配置逻辑的网络地址，如 IP 地址，以便这些主机能够通过这一互联网络进行通信。

路由选择是指将分组从一个设备通过互联网络发往位于不同网络上的另一个设备的操作。路由器不关注网络中的主机，而只关注互联起来的网络以及通往各个网络的最佳路径。目标主机的逻辑网络地址用来获取通过可路由网络传送到指定网络中的分组，主机的硬件地址用来将分组从路由器投递到正确的目标主机上。

如果网络中没有使用路由器，那么自然也就不会需要路由选择。路由器可以在互联网络中将用户数据路由到所有网络中。要实现对分组的路由，路由器至少必须了解以下内容：

- 目的地址；
- 借以获取远程网络信息的相邻路由器；
- 到达所有远程网络的可能路由；
- 到达每个远程网络的最佳路由；
- 维护并验证路由选择信息的方式。

路由器从相邻的路由器或管理员那里了解有关远程网络的信息，然后建立一个描述如何查找远程网络的路由选择表（即互联网络的一张地图）。如果某个网络与路由器是直接相连的，那么路由器自然就知道如何到达这个网络。

如果某个网络没有与路由器直接相连，那么路由器就必须通过这样两种方式了解如何到达这个远程网络：静态的路由选择，即必须由专人手工将所有的网络位置输入路由选择表；动态的路由选择。

在**动态路由选择**的过程中，路由器上运行的协议将与相邻路由器上运行的同一协议进行通信。在此基础上，这些路由器可以不断更新各自对所有网络的了解，并将相关的信息加入到路由选择表中。如果网络连接出现变化，这个动态路由选择协议就会将这个变化自动通知到所有的路由器。如果使用静态路由选择，管理员需要在所有路由器上通过手动输入的方式更新所有的相关配置。在大型的网络中，动态和静态路由选择通常会被同时使用。

在学习 IP 路由选择之前，我们先来看一个路由选择的简单示例，通过它可以了解路由器是如何通过使用路由选择表将分组路由出接口的。在下个单元中，我们将对这个过程进行更加详尽地讨论，注意这里将使用“最长匹配规则”进行路由选择匹配，即 IP 会在路由选择表中查找与分组目标地址具有最长匹配内容的表项进行路由。下面是个示例。

图 8-1 给出了一个只包含两个路由器的简单网络。路由器 Lab_A 配有 1 个串行接口和 3 个 LAN 接口。

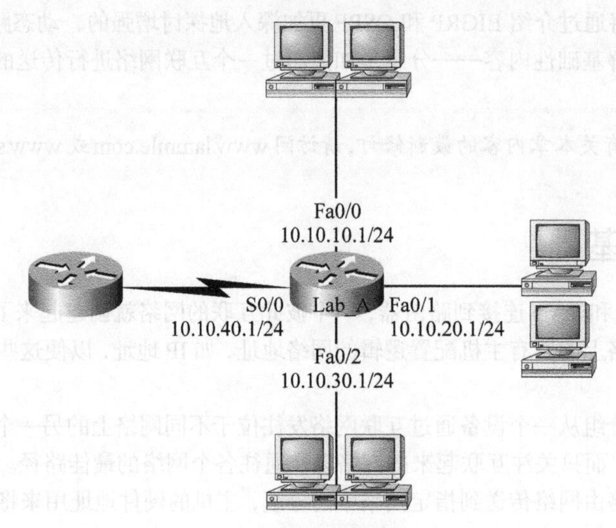

图 8-1　简单的路由选择示例

在图 8-1 中，路由器 Lab_A 将用哪个接口向 IP 地址为 10.10.10.10 的主机转发数据包？

通过命令 show ip route，我们可以看到 Lab_A 用于进行转发判断的路由选择表（即对互联网络连接的映射）：

```
Lab_A#sh ip route
[output cut]
Gateway of last resort is not set
C      10.10.10.0/24 is directly connected, FastEthernet0/0
C      10.10.20.0/24 is directly connected, FastEthernet0/1
C      10.10.30.0/24 is directly connected, FastEthernet0/2
C      10.10.40.0/24 is directly connected, Serial 0/0
```

在此路由选择表输出中的 C 用于表示所列出的网络是“直接连接的”。注意，在将某个路由选择协议（诸如 RIP、EIGRP 等）添加到互联网络中的路由器（或使用静态路由选择）之前，路由器的路由选择表中只会包含直接连接的网络。

现在回到最初的问题上：根据示例中的拓扑图和路由选择表的输出，IP 将会如何处理目标 IP 地址为10.10.10.10的分组？路由器会将这一分组交换到FastEthernet 0/0接口，之后，此接口会将分组封装成帧，然后再将此帧发送到指定的网段中。对于最长匹配规则需要再次说明的是，在本示例中IP将会在路由选择表中首先查找10.10.10.10，如果没有找到则查找10.10.10.0，随后查找10.10.0.0，此过程将会进行下去直到找到为止。

下面是另外一个示例：这里给出了另一个路由选择表的输出，其中哪个接口将用于转发目标地址为10.10.10.14的分组？

```
Lab_A#sh ip route
[output cut]
Gateway of last resort is not set
C       10.10.10.16/28 is directly connected, FastEthernet0/0
C       10.10.10.8/29 is directly connected, FastEthernet0/1
C       10.10.10.4/30 is directly connected, FastEthernet0/2
C       10.10.10.0/30 is directly connected, Serial 0/0
```

首先，你应该注意到此网络已经完成了子网的划分，并且它的每个接口均配置了不同的掩码。需要提醒的是，如果你还没有学会子网划分，那么就解答不了这里的问题！10.10.10.14是一台位于10.10.10.8/29子网中的主机，它连接了FastEthernet0/1接口。如果对此回答还一时反应不过来，这也很正常。但如果对这一答案感到十分困惑，那么就应该返回第4章并重读相关的内容，这会为后续内容的学习奠定基础。

8

在完全理解了这里的内容之后，下面将对这一路由选择过程进行更为详尽地讨论。

8.2 IP路由选择过程

IP的路由选择是一个相当简单的、没有什么变化的过程，并且这一选择过程与网络的大小无关。接下来，我们以图8-2为例，分步骤讲述Host_A与不同网络上的Host_B进行通信时的情况。

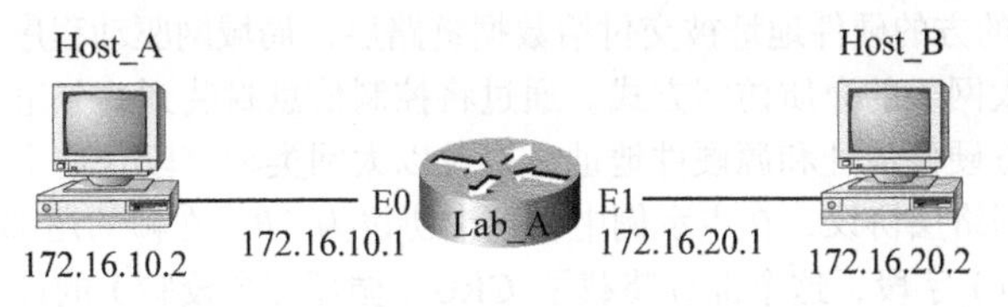

图8-2 使用两台主机和一个路由器的IP路由选择示例

在这个示例中，Host_A上的某个用户对Host_B的IP地址执行了ping操作。这一过程就涉及了最基本的路由选择，但包含许多个步骤。下面就来具体讨论一下这些步骤。

(1) 因特网控制报文协议（ICMP）将创建一个回应请求数据包（此数据包的数据域中只包含字母）。

(2) ICMP会将这一有效负荷递交给因特网协议（IP），IP协议会用它创建一个分组。至少，源IP地址、目标IP地址和值为01h的协议字段（记住思科更习惯于在十六进制字符前添加*0x*，所以这个协议字段就应该表示为0x01）将被封装到此分组中。当此分组到达目的方时，这些内容就会告诉接收方主机应该将这个有效负荷交付给哪个协议来处理，本例中就是ICMP。

(3) 一旦这个分组被创建，IP 协议就需要判断目标 IP 地址的位置，判断此目的方位于本地网络还是某个远程网络。

(4) 由于 IP 协议判定这是一个远程的跨网络请求，而要将这一分组路由到远程网络，就必须将它发送给默认网关。在这里，我们需要打开 Windows 中的注册表查找已配置的默认网关。

(5) 主机 172.16.10.2（Host_A）的默认网关被配置为 172.16.10.1。要将这一分组发送给此默认网关，我们就必须知道路由器的 Ethernet 0（172.16.10.1 就是配置给它的 IP 地址）接口的硬件地址。为什么要这样？这是因为只有知道了接口的硬件地址，分组才可以向下递交给数据链路层，并在那里完成帧的组建，然后再将帧发送给与 172.16.10.0 网络相连接的路由器接口。在本地局域网上，主机只能通过硬件地址完成通信，因此若 Host_A 要与 Host_B 通信，它必须首先使用本地网络中默认网关的 MAC 地址将分组发送给网关，理解这一点是非常重要的。

注意

MAC 地址永远只能作用于本地 LAN 网络，不可能绕过或通过路由器。

(6) 接下来，需要检查主机的 ARP 缓存，查看此默认网关的 IP 地址是否已被解析为一个硬件地址。

- 如果已被解析，此分组就可被传送到数据链路层以组建成帧。（目的方的硬件地址也将随分组一起下传到数据链路层）。要查看主机上的 ARP 缓存，我们可以使用如下命令：

```
C:\>arp -a
Interface: 172.16.10.2 --- 0x3
  Internet Address      Physical Address      Type
  172.16.10.1           00-15-05-06-31-b0     dynamic
```

- 如果在主机的 ARP 缓存中没有被解析的硬件地址，那么用于查找 172.16.10.1 硬件地址的 ARP 广播将被发送到本地网络上。这时，示例中的路由器会响应这个请求，并提供 Ethernet 0 的硬件地址，此后主机会接收并缓存这个地址。

(7) 一旦分组和目的方的硬件地址被交付给数据链路层，局域网驱动程序负责选用适合所在局域网类型（本例中为以太网）的介质访问方式。通过将控制信息封装到此分组上帧就被创建了。在这个帧中，附加有目的方硬件地址和源硬件地址，以及以太网类型字段，这个字段用于描述给数据链路层交付帧中分组的网络层协议，在本示例中，这个协议为 IP。在帧的尾部是 FCS（Frame Check Sequence，帧校验序列）字段，这个部分装载了 CRC（循环冗余校验）的计算结果。图 8-3 中给出了此帧的完整结构。可以看出，此帧中包含 Host_A 的硬件（MAC）地址以及作为目标方地址的默认网关的硬件地址。注意，这里并没有包含远程主机的 MAC 地址！

目标 MAC (路由器E0 MAC地址)	源MAC (Host_A MAC地址)	以太网类 型字段	分组	FCS (CRC)

图 8-3 当 ping Host_B 时，Host_A 发给路由器 Lab_A 的帧结构

(8) 一旦帧创建完成，这个帧将被交付给物理层，物理层会以一次一比特的方式将帧发送到物理介质（在本示例中为双绞线）上。

(9) 这时，此冲突域中的每台设备都会接收这些比特，并将它们重新组建成帧。每个设备都会对接收到的内容进行 CRC 运算，并与帧中 FCS 字段的内容进行比对。如果值不匹配，接收到的帧将被丢弃。

- 如果这个 CRC 计算机结果与帧中 FCS 字段的内容匹配，接着将检查目的方的硬件地址与自己（本示例中指的是路由器的 Ethernet 0 接口）是否匹配。
- 如果匹配，则接下来查看以太网类型字段，以获悉完成数据后续处理的网络层协议。

(10) 将分组从帧中取出，并将其他部分丢弃。然后，分组被递交给以太网类型字段中列出的协议——示例中是 IP。

(11) IP 将接收这个分组，并检查它的 IP 目的地址。由于分组的目的地址与配置到此接收路由器上的各个地址均不匹配，此路由器会在其路由选择表中查找目的方的 IP 网络的地址。

(12) 在此路由选择表中需要包含网络 172.16.20.0 的相关表项，否则路由器会立即将收到的分组丢弃，并同时向发送数据的源方设备回送一个携带有目标网络不可达信息的 ICMP 报文。

(13) 如果路由器在路由选择表中查找到了关于目的方网络的内容，则分组将被交换到指定的输出接口——在本示例中为接口 Ethernet 1。下面给出了 Lab_A 路由器的路由选择表。其中，C 表示“直接连接”。由于这个网络中所有网络（总共就两个网络）都是直接相连的，因此这里不必使用路由选择协议。

```
Lab_A>sh ip route
Codes:C - connected,S - static,I - IGRP,R - RIP,M - mobile,B -
[output cut]
Gateway of last resort is not set

     172.16.0.0/24 is subnetted, 2 subnets
C       172.16.10.0 is directly connected, Ethernet0
C       172.16.20.0 is directly connected, Ethernet1
```

(14) 路由器将此分组交换到 Ethernet 1 的缓冲区内。

(15) 此 Ethernet 1 的缓冲需要获得目的方主机的硬件地址，因此会首先查看 ARP 缓存。

- 如果 Host-B 的硬件地址已经被解析并保存在路由器的 ARP 缓存中，那么此分组和硬件地址将被递交到数据链路层，用于帧的组建。使用 show ip arp 命令，我们可以得到 Lab_A 路由器上的 ARP 缓存输出，结果如下所示：

```
Lab_A#sh ip arp
Protocol  Address       Age(min) Hardware Addr  Type   Interface
Internet  172.16.20.1    -       00d0.58ad.05f4 ARPA   Ethernet1
Internet  172.16.20.2    3       0030.9492.a5dd ARPA   Ethernet1
Internet  172.16.10.1    -       00d0.58ad.06aa ARPA   Ethernet0
Internet  172.16.10.2   12       0030.9492.a4ac ARPA   Ethernet0
```

其中，横划线（-）表示这是路由器上的物理接口。从上面的输出中可以看出，路由器已经获知 172.16.10.2（Host_A）和 172.16.20.2（Host_B）的硬件地址。思科的路由器会将 ARP 表中的表项保留 4 个小时。

- 如果此硬件地址没有被解析，则路由器将从 E1 发出一个 ARP 请求，用以查找 172.16.20.2 的硬件地址。Host-B 将用它的硬件地址进行响应，随后此分组和目的方的硬件地址都会被传递给数据链路层，用以组装成帧。

(16) 数据链路层将使用目标硬件地址和源硬件地址、以太网类型字段及帧尾部的 FCS 字段创建帧。随后这个帧将被递交到物理层，并由物理层以逐比特发送的方式发送到物理介质上。

(17) Host_B 将接收此帧，并立即运行 CRC。如果运算的结果与 FCS 字段中的内容匹配，则检查帧中的目标硬件地址。如果主机认定地址也是匹配的，则检查帧中以太网类型字段的值，判断将分组向上递交的网络层协议——本示例中为 IP。

(18) 在网络层，IP 会接收这个分组，并对 IP 报头运行 CRC。如果校验通过，IP 随后将检查分组中目标地址。由于它们最终是匹配的，接下来要检查的就是分组的协议字段，并据此了解分组有效负荷的交付对象。

(19) 此有效负荷将被递交给 ICMP，后者知道这是一个回应请求数据。ICMP 将负责应答这个请求，它首先立即丢弃这个接收到的分组，然后产生一个新的有效负荷作为回应应答数据。

(20) 这样一个包含有源方地址、目的方地址、协议字段和有效负荷的一个新分组就被创建出来了。而该分组的目的方设备就是 Host_A。

(21) 在递交给 IP 后，它将对这个目的方 IP 地址的位置进行判断，判断这一地址指向的是一个本地局域网中的设备，还是一个位于远程网络上的设备。由于示例中的目的方设备位于远程网络，此分组将首先被发送给默认网关。

(22) 默认网关的 IP 地址可以在 Windows 主机的注册表中找到。此外，为了实现 IP 地址到硬件地址的解析还需要查看 ARP 的缓存。

(23) 一旦找到默认网关的硬件地址，则目的方的硬件地址会随分组一起被递交给数据链路层，以便完成帧的创建。

(24) 数据链路层会将收到的分组内容封装起来，并在帧头中包含下列内容：

- 目的方硬件地址和源方的硬件地址；
- 值为 0x0800（IP）的以太网类型字段；
- 值为 CRC 运算结果的 FCS 字段。

(25) 之后，帧将向下递交给物理层，以逐比特的方式发送到网络介质上。

(26) 路由器的 Ethernet 1 接口将接收这些比特位，并将它们重新组建为帧。然后进行 CRC 运算，帧中的 FCS 字段被用于验证计算结果是否匹配。

(27) 当 CRC 通过后，路由器将检查帧中携带的硬件目的地址。由于路由器的接口地址与这一地址是匹配的，于是帧中封装的分组将被取出，随后路由器会查看帧的以太网类型字段，以确定应接收此数据包的网络层协议。

(28) 由于以太网类型字段中指定的是 IP，于是分组被递交给了网络层的 IP。IP 将首先对其 IP 报头运行 CRC，然后检查帧中的目的方 IP 地址。

注意　IP 并不会像数据链路层那样对分组运行完全的 CRC，它只对 IP 报头进行校验，只关注报头可能出现的错误。

由于分组中携带的 IP 目的方地址与该路由器各个接口的 IP 地址不匹配，于是路由器需要查看路由选择表，以找出一条通往 172.16.10.0 网络的路由。如果表中没有关于目的网络的路由，则路由器会将该分组立即丢弃。（这是一个引发众多管理员困惑的地方，当一个 ping 操作失败时，许多人都会认为是分组没有能到达目的方主机。但是，正如这里看到的，事情可能并不总是这样。导致示例讨论结果的原因，仅仅是因为某个远程路由器缺乏应答分组返回源方主机网络的路由，而将分组丢弃。注意，这个分组是丢弃在返回源方主机的过程中，而不是前往目的主机的过程中。）

有一点需要简要说明，当（如果）分组是在返回源主机的途中被丢弃，由于这是一个不知原因的错误，我们通常看到的会是请求超时这样的信息。如果出现的错误是由某种已知原因导致的，比如在前往目的主机的途中，某路由器的路由选择表里没有可用的路由，这时得到的信息将会是目标主机不可达一类的信息。根据这些提示内容，我们就可以判断问题是发生在前往目的主机的途中，还是出现在返回源主机的过程中。

(29) 在这里，路由器是知道如何到达网络 172.16.10.0 的，用于输出的接口就是 Ethernet 0，于是分组被交换到接口 Ethernet 0 上。

(30) 路由器将检查 ARP 缓存，以确定 172.16.10.2 的硬件地址是否已经被解析。

(31) 由于在完成将分组发送给 Host_B 的过程中，172.16.10.2 的硬件地址已经被缓存起来，因此这一硬件地址将随分组一起被递交给数据链路层。

(32) 数据链路层将使用这个目的方的硬件地址和源方的硬件地址以及类型为 IP 的以太网类型字段完成帧的创建。随后对这个帧进行 CRC 运算，并将运算结果放入 FCS 字段中。

(33) 接下来这个帧将被递交给物理层，以逐比特的方式发送到本地网络中。

(34) 目标主机将会接收这个帧，然后运行 CRC，验证目的方的硬件地址，并查看以太网类型字段中的内容，以认定处理这个分组的上层协议。

(35) IP 是指定的接收者，随后这个分组将被递交给网络层的 IP，它将检查帧中的协议字段，以确定下一步的操作。IP 发现需要将此有效负荷交给 ICMP，之后 ICMP 将确定此分组是一个 ICMP 应答回复。

(36) ICMP 通过向用户界面发送一个惊叹号（！）表明已经接收到一个回复。随后，ICMP 将尝试继续发送后续的 4 个应答请求给目的方的主机。

这里的 36 个简单步骤可以帮助我们理解整个 IP 路由选择过程。这里的关键性问题是，即使对于大型的网络，路由选择的实现过程也是如此。只是在非常大的互联网络中，分组在到达目标主机之前需要经过更多的路由转发。

需要重点记忆的是，当 Host_A 向 Host_B 发送分组时，所采用的目标硬件地址是默认网关的以太网接口地址。之所以会这样，是因为数据帧只在本地网络中有效，它不可以被直接发送到远程网络中。因此，发往远程网络的分组必须通过默认网关进行转发。

下面给出了 Host_A 上的 ARP 缓存中的内容：

```
C:\ >arp -a
Interface: 172.16.10.2 --- 0x3
```

8

```
Internet Address    Physical Address       Type
172.16.10.1         00-15-05-06-31-b0      dynamic
172.16.20.1         00-15-05-06-31-b0      dynamic
```

在上面的内容中，你是否注意到Host_A向Host_B发送数据时使用的硬件（MAC）地址是Lab_A E0接口的地址？注意，硬件地址总是本地有效的，它们决不可以跨路由器使用。理解这个处理过程是非常重要的，读者需要将这一点牢记心中!

8.2.1 对IP路由选择过程理解的测试

由于IP路由选择这一部分的内容非常重要，为确保读者掌握了这一内容，在这个单元中我们将通过几个示例拓扑图和一些非常基本的IP路由问题，来测试并强化读者对这一重要内容的理解。

图8-4中给出了一个连接到RouterA的LAN，而Router A又通过一个WAN连接到RouterB。同时RouterB与某个HTTP服务器通过另一个LAN连接在一起。

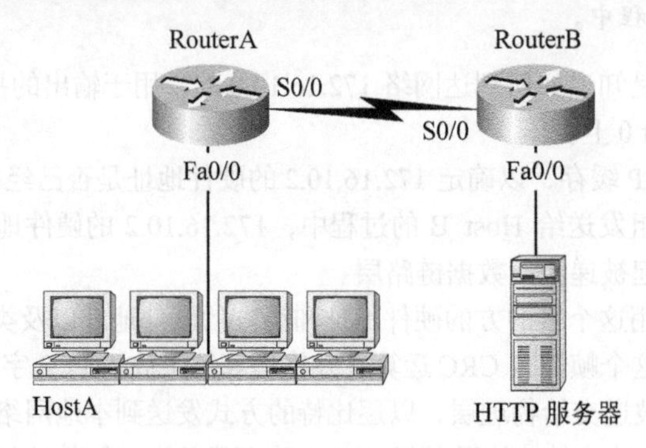

图8-4 IP路由选择示例1

从这个拓扑结构图中需要获取的重要内容是，其中的IP路由选择是如何实现的。要得到正确的答案可能需要耗费些时间。这里将给出答案，不过在看了答案之后请再研究下这个图，然后再在不参考答案的情况下，看是否能够回答示例2中的问题。

(1) 来自HostA的数据帧，其帧中的目的地址将是RouterA路由器Fa0/0接口的MAC地址。

(2) 分组的目的地址将是HTTP服务器上的网络接口卡（NIC）的IP地址。

(3) 对于数据段头部的目的端口号，其值将是80。

这个示例非常简单，同时也非常中肯。需要注意的一点是，如果有多个主机同时使用HTTP与此服务器通信，那么它们必须全部使用各不相同的源端口号。这是服务器在传输层上保持数据彼此分离的方式。

下面来增加一点难度，在网络中加入另一个网络互连设备，然后请你看一下是否能够自己给出答案。图8-5中给出了一个只配有一台路由器，但附加了两台交换机的网络。

对于这个示例需要了解的是，当HostA发送数据给HTTPS服务器时，其IP路由选择过程是如何进行的：

(1) 来自HostA的数据帧，其帧中的目的地址将是RouterA路由器的Fa0/0接口的MAC地址。

(2) 分组的目的地址将是HTTPS服务器上的网络接口卡（NIC）的IP地址。

(3) 对于数据段头部的目的端口号，其值将是 443。

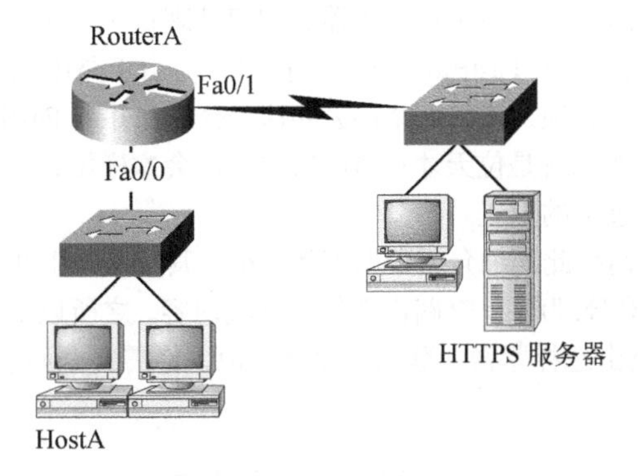

图 8-5 IP 路由选择示例 2

注意，交换机不能用作默认网关或另一个中转目标站。这是因为交换机完全不参与路由选择过程。我想知道你们中有多少人会将交换机的地址作为 HostA 的默认网关（中转目标站）的 MAC 地址。如果你是这样做的，不必难过，但需要在头脑中重建正确的认识。记住，如果要将分组发送到 LAN 以外的网络，目的方的 MAC 地址将永远只能是路由器的接口地址，这一点非常重要，最后这两个示例给出的就是这样的情形。

在对 IP 路由选择的内容进行更进一步介绍之前，我们需要对 ICMP 以及它在互联网络中的应用进行更详尽地讨论。来看图 8-6 中的网络。请问，当 Lab_C 的 LAN 接口失灵时会发生些什么。

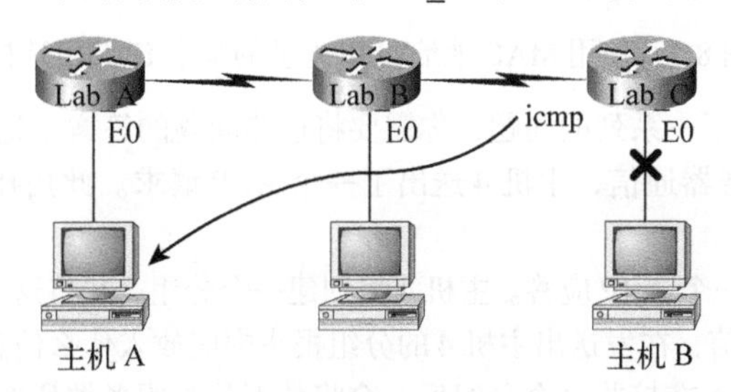

图 8-6 ICMP 出错示例

Lab_C 将使用 ICMP 通告主机 A——主机 B 不可达，路由器通过发送一个 ICMP 目标不可达消息完成这一通告。这个图形象地说明了 ICMP 数据是如何通过 IP 的路由选择返回源主机的。

下面来讨论另一个相关问题。注意这里给出了公司路由器中的路由选择表输出：

```
Corp#sh ip route
[output cut]
R    192.168.215.0 [120/2] via 192.168.20.2, 00:00:23, Serial0/0
R    192.168.115.0 [120/1] via 192.168.20.2, 00:00:23, Serial0/0
R    192.168.30.0 [120/1] via 192.168.20.2, 00:00:23, Serial0/0
C    192.168.20.0 is directly connected, Serial0/0
C    192.168.214.0 is directly connected, FastEthernet0/0
```

从这个输出中可以了解些什么？假设该公司路由器收到一个源IP地址为192.168.214.20，而目的地址是192.168.22.3的IP分组，那么该企业路由器会如何处理这个分组？

如果你的答案是“此分组来自 FastEthernet 0/0 接口，但由于路由选择表中不存在一个到达网络192.168.22.0（或默认路由）的表项，该路由器将丢弃这个分组，并从FastEthernet 0/0接口发送回一个ICMP目标不可达消息”，那么你就是位天才！路由器之所以会这样做，其原因是数据进入的位置（源LAN）就是分组产生并传输过来的位置。

下面来看另一个图，我们在此详细介绍数据帧和分组。其实，这里并没有涉及任何新内容，只是想确认你已经完全、彻底、充分理解了IP路由选择的基础内容。之所以要这样，是因为本书以及与此相关的考试要点都是与IP路由选择紧密关联的，也就是说，你需要全面掌握这些内容!接下来的一些问题将围绕图8-7展开。

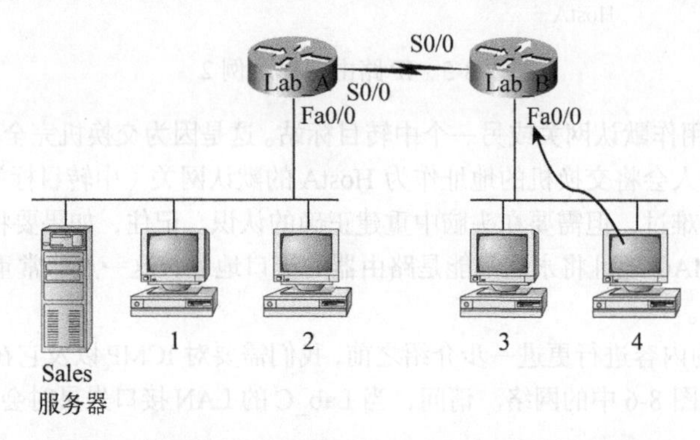

图8-7　使用MAC地址和IP地址的基本IP路由选择

参照图8-7，这里给出了一系列的问题，你需要将这些问题的答案牢记在心。

(1) 为了能与Sales服务器通信，主机4送出了一个ARP请求。此拓扑中的设备将如何响应这个请求？

(2) 主机4已经接收了一个ARP应答。主机4将创建一个分组，并将这个分组放入数据帧中。如果主机4要与Sales服务器通信，在发送出主机4的分组报头中应放入什么信息？

(3) 最后，路由器Lab_A在接收这个分组后，会将数据从与服务器所在LAN相连的Fa0/0接口发送出去。在此数据帧头部的源地址和目标地址将会是什么？

(4) 主机4在两个浏览器窗口中同时显示着两个来自Sales服务器的Web文档。这些数据是如何被送往正确的浏览器窗口的？

这里也许应该使用非常小的字体给出下面这些内容，并将它们不按顺序地放置在本书的其他位置，这样就可以增加作弊和偷看的难度，偷看真的会让你失去通过考试的机会。下面就是答案。

(1) 为了能与此服务器通信，主机4送出了一个ARP请求。此拓扑中的设备将如何响应这个请求？由于MAC地址只作用于本地网络，路由器Lab_B将用其Fa0/0接口的MAC地址响应这个请求，当主机4要发送分组给Sales服务器时，它会将所有数据帧发送给Lab_B的Fa0/0接口的MAC地址。

(2) 主机4已经接收了一个ARP应答。主机4将创建一个分组，并将这个分组放入数据帧中。如果主机4要与Sales服务器通信，在主机4发送的分组的报头中应放入什么信息？由于这里讨论的是分组，而不是数据帧，源地址将是主机4的IP地址，而目标地址将是Sales服务器的IP地址。

(3) 最后，路由器 Lab_A 在接收这个分组后，会将数据从与服务器所在 LAN 相连的 Fa0/0 接口发送出去。在此数据帧头部的源地址和目标地址将会是什么？此源 MAC 地址将是 Lab_A 路由器的 Fa0/0 接口的地址，而目标 MAC 地址将是 Sales 服务器的 MAC 地址（在 LAN 中所有 MAC 地址都是本地有效的地址）。

(4) 主机 4 在两个浏览器窗口中同时显示着两个来自 Sales 服务器的 Web 文档。这些数据是如何被送往正确浏览器窗口的？TCP 的端口号被用来引导数据前往正确的应用窗口。

很棒！但是这还远没有结束。在开始对现实网络进行路由选择配置之前，这里还有一些问题需要你回答。图 8-8 给出了一个基本的网络，而主机 4 需要收取电子邮件。在主机 4 发出的数据帧中，目的地址字段中应该放置哪个地址？

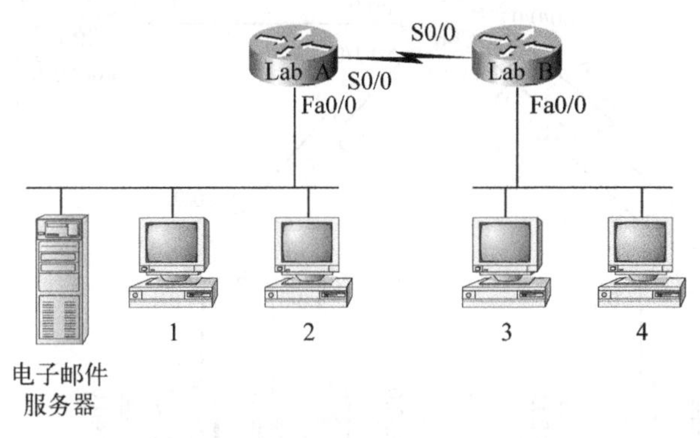

图 8-8 对基本路由选择认知的测试

答案是主机 4 将使用的目标地址是 Lab_B 路由器的 Fa0/0 接口的 MAC 地址。你已经掌握了这些内容，不是吗？回过头再看图 8-8，此时主机 4 需要与主机 1 通信。当分组到达主机 1 时，在分组报头中的 OSI 第 3 层协议的源地址可能是什么？

希望你了解以下内容：在第 3 层，源 IP 地址就是主机 4 的地址，并且分组中的目标地址就是主机 1 的 IP 地址。当然，来自主机 4 的目的方 MAC 地址将一直是 Lab_B 路由器的 Fa0/0 接口地址。这里，由于有不止一台路由器，因此需要在两个路由器之间使用路由选择协议，以实现它们彼此间的信息交换，这样数据才能被正确地转发到 Host 1 所在的网络。

接下来是最后一个问题，一个可以证明你已经完全掌握 IP 路由选择处理过程的问题！再次回到图 8-8。主机 4 正在向连接到 Lab_A 路由器上的电子邮件服务器传输文件。由主机 4 发出的数据中所携带的第 2 层目的方地址应该是什么？是的，这样的问题在这里不止提过一次。但还有另一个问题：当数据帧被电子邮件服务器接收时，它所携带的源 MAC 地址将会是什么？

希望你能给出的答案是，由主机 4 发出的数据中携带的第 2 层目的方地址将是 Lab_B 路由器 Fa0/0 接口的 MAC 地址，而电子邮件服务器接收的数据帧携带的源 MAC 地址将是 Lab_A 路由器的 Fa0/0 接口地址。

如果你的答案与此相同，那么你就具备了求索如何在大型网络中处理 IP 路由选择的能力。

8.2.2 配置 IP 路由

下面就来正式讨论并配置一个真正的网络！图 8-9 中给出了 4 个路由器，即 Corp、R1、R2 和

R3。记住，默认情况下这些路由器只知道与它们直接相连的网络。本书余下的各章将会持续使用这个图。

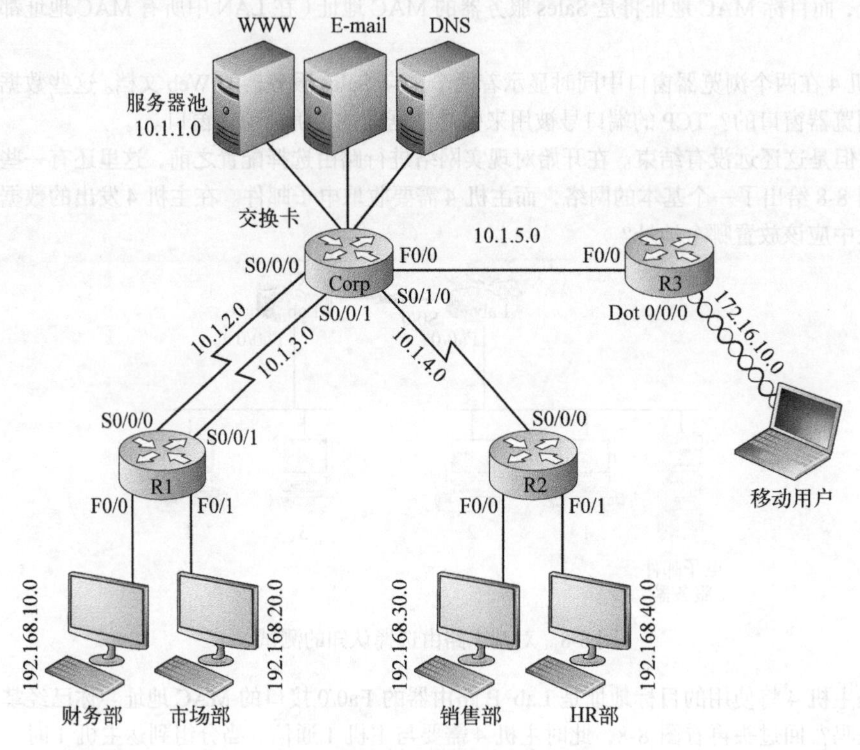

图 8-9　配置 IP 路由

正如你可能猜到的，为了保证后续内容的讲述，这里特别设计了一个路由器应用环境。Corp 是一台配有 4 个串行接口并带有一个交换模块的 2811 路由器，而远程的 R1 和 R2 均为 1841 路由器。远程的 R3 是带有无线接口卡的另一台 2811 路由器。（注意，使用更早期的路由器或使用路由器模拟器，读者仍然可以执行本书中的大部分命令。）

完成这个设计的第一步操作就是为每个路由器的每个接口正确配置 IP 地址。表 8-1 给出了用于配置这个网络的 IP 地址方案。本章将在介绍完对网络的配置之后，再讨论如何配置 IP 路由。表 8-1 中的每个网络均有一个 24 位的子网掩码（255.255.255.0），即其网络号使用了第三个八位位组。

表8-1　此IP网络的网络地址分配

路　由　器	网络地址	接　口	地　址
CORP			
Corp	10.1.1.0	Vlan1（交换卡）	10.1.1.1
Corp	10.1.2.0	S0/0/0	10.1.2.1
Corp	10.1.3.0	S0/0/1（DCE）	10.1.3.1
Corp	10.1.4.0	S0/1/0	10.1.4.1

（续）

路 由 器	网络地址	接 口	地 址
Corp	10.1.5.0	F0/0	10.1.5.1
R1			
R1	10.1.2.0	S0/0/0（DCE）	10.1.2.2
R1	10.1.3.0	S0/0/1	10.1.3.2
R1	192.168.10.0	F0/0	192.168.10.1
R1	192.168.20.0	F0/1	192.168.20.1
R2			
R2	10.1.4.0	S0/0/0 (DCE)	10.1.4.2
R2	192.168.30.0	F0/0	192.168.30.1
R2	192.168.40.0	F0/1	192.168.40.1
R3			
R3	10.1.5.0	F0/0	10.1.5.2
R3	172.16.10.0	Dot11Radio0/0/0	172.16.10.1

路由器配置其实是一个相当简单的过程，我们只需要为接口添加IP地址，并在完成配置的接口上执行 `no shutdown` 命令。这之后的配置会略微复杂一点，不过现在我们先将这个网络的IP地址配置做完。

1. 配置 Corp

对于路由器Corp，我们需要配置5个接口。为了便于识别，我们应该为每一个路由器都配置不同的主机名。在进行这些配置时，为什么不一并配置接口的描述、标志区以及路由器密码呢？养成对每个路由器都进行如此配置的习惯，确实是一个非常好的主意。

在正式配置之前，我首先在路由器上执行 `erase startup-config` 命令，然后重新启动，这样就可以在设置模式中开始配置操作。选择“no”，即不进入设置模式，而是直接进入控制台的用户名提示符下。这里将使用同一方式完成对所有路由器的配置。

在配置Corp路由器之前有一个小问题需要说明，就是对这个交换卡的配置。在交换机上IP地址是配置给逻辑接口的（而非某个物理接口），而且这个逻辑接口默认被命名为vlan 1。与独立的交换机不同，这个安装在路由器上的交换卡上的接口在默认情况下是被禁用的，因此我们需启用在本实验中要使用的端口。

下面就是全部操作：

```
        --- System Configuration Dialog ---

Would you like to enter the initial configuration dialog? [yes/no]: n

Press RETURN to get started!
Router>en
Router#config t
Enter configuration commands, one per line.  End with CNTL/Z.
Router(config)#hostname Corp
```

```
Corp(config)#enable secret todd
Corp(config)#interface vlan 1
Corp(config-if)#description Switch Card to Core Network
Corp(config-if)#ip address 10.1.1.1 255.255.255.0
Corp(config-if)#no shutdown
Corp(config-if)#int f1/0
Corp(config-if)#description Switch Port connection to WWW Server
Corp(config-if)#no shutdown
Corp(config-if)#int f1/1
Corp(config-if)#description Switch port connection to Email Server
Corp(config-if)#no shut
Corp(config-if)#int f1/2
Corp(config-if)#description Switch port connection to DNS Server
Corp(config-if)#no shut
Corp(config-if)#int s0/0/0
Corp(config-if)#description 1st Connection to R1
Corp(config-if)#ip address 10.1.2.1 255.255.255.0
Corp(config-if)#no shut
Corp(config-if)#int s0/0/1
Corp(config-if)#description 2nd Connection to R1
Corp(config-if)#ip address 10.1.3.1 255.255.255.0
Corp(config-if)#no shut
Corp(config-if)#int s0/1/0
Corp(config-if)#description Connection to R2
Corp(config-if)#ip address 10.1.4.1 255.255.255.0
Corp(config-if)#no shut
Corp(config-if)#int fa0/0
Corp(config-if)# description Connection to R3
Corp(config-if)# ip address 10.1.5.1 255.255.255.0
Corp(config-if)#no shut
Corp(config-if)#line con 0
Corp(config-line)#password console
Corp(config-line)#login
Corp(config-line)#logging synchronous
Corp(config-line)#exec-timeout 0 0
Corp(config-line)#line aux 0
Corp(config-line)#password aux
Corp(config-line)#login
Corp(config-line)#exit
Corp(config)#line vty 0 ?
  <1-15>  Last Line number
  <cr>
```

```
Corp(config)#line vty 0 15
Corp(config-line)#password telnet
Corp(config-line)#login
Corp(config-line)#exit
Corp(config)#no ip domain lookup
Corp(config)#banner motd # This is my Corp 2811 ISR Router #
Corp(config-if)#^Z
Corp#copy running-config startup-config
Destination filename [startup-config]?[enter]
Building configuration...
[OK]
Corp#
```

如果对这一配置过程还感到费解，那么请参阅第 6 章的相关内容。

我们可以使用 show ip route 命令查看在思科路由器上创建的 IP 路由选择表。下面给出了运行此命令的输出内容：

```
Corp#sh ip route
Codes: C - connected, S - static, R - RIP, M - mobile, B - BGP
       D - EIGRP, EX - EIGRP external, O - OSPF, IA - OSPF inter area
       N1 - OSPF NSSA external type 1, N2 - OSPF NSSA external type 2
       E1 - OSPF external type 1, E2 - OSPF external type 2
       i - IS-IS, su - IS-IS summary, L1 - IS-IS level-1, L2 - IS-IS
   level-2, ia - IS-IS inter area, * - candidate default, U - per-user
   static route, o - ODR, P - periodic downloaded static route

Gateway of last resort is not set

     10.0.0.0/24 is subnetted, 1 subnets
C       10.1.1.0 is directly connected, Vlan1
Corp#
```

必须记住，在此路由选择表中只有那些已经被配置过且直接相连网络才会被显示。那么，在此路由选择表中为什么只会看见 Vlan1 接口？不必奇怪，这是因为串行接口只有在链接的另一端正常运转时才进入工作状态。因此，当对 R1、R2 和 R3 路由器也完成了配置之后，所有这些串行接口才会出现在路由选择表中。

你是否注意到了路由选择表中左侧的那个 C？C 表明这个网络与路由器直接相连。在 show ip route 命令输出内容的顶部会列出每个连接类型的代码，它的后部就是对这些代码的具体描述。

在本章后续内容中，为保持简洁，用于说明代码功能的部分都将省去。

2. 配置 R1

现在对下一个路由器（R1）进行配置。要正确地完成这一配置，需要注意的是此路由器将有4个接口需要配置：serial 0/0/0、serial 0/0/1、FastEthernet 0/0和FastEthernet 0/1。同时，需要明确的是对路由器进行配置的内容包括路由器的主机名、密码、接口描述和标志区。与配置路由器Corp时一样，在这里我将删除原配置文件，并重新启动路由器。

下面就是我们的配置：

```
R1#erase start
% Incomplete command.
R1#erase startup-config
Erasing the nvram filesystem will remove all configuration files!
   Continue? [confirm][enter]
[OK]
Erase of nvram: complete
R1#reload
Proceed with reload? [confirm][enter]
[output cut]
%Error opening tftp://255.255.255.255/network-confg (Timed out)
%Error opening tftp://255.255.255.255/cisconet.cfg (Timed out)

         --- System Configuration Dialog ---

Would you like to enter the initial configuration dialog? [yes/no]: n
```

在继续后续内容之前，我们需要对上面的输出进行说明。首先，你应该注意到新版的12.4 ISR路由器不再使用erase start命令。该路由器在erase命令后允许使用的、以*s*打头的参数只有一个，具体内容如下所示：

```
Router#erase s?
startup-config
```

也许对于接下来的操作，你认为此IOS应该会同样执行这个reload命令，但遗憾的是实际情况不是这样！在这里需要明确的第二件事就是，从上面的输出可以得知，路由器在确认了reload时会查找TFTP主机，尝试下载一个配置文件。当这一尝试失败时，路由器会直接进入设置模式。这与我们在第7章中介绍的思科路由器默认引导顺序是相同的。

下面，我们再来配置路由器：

```
Press RETURN to get started!
Router>en
Router#config t
```

```
Router(config)#hostname R1
R1(config)#enable secret todd
R1(config)#int s0/0/0
R1(config-if)#ip address 10.1.2.2 255.255.255.0
R1(config-if)#Description 1st Connection to Corp Router
R1(config-if)#no shut
R1(config-if)#int s0/0/1
R1(config-if)#ip address 10.1.3.2 255.255.255.0
R1(config-if)#no shut
R1(config-if)#description 2nd connection to Corp Router
R1(config-if)#int f0/0
R1(config-if)#ip address 192.168.10.1 255.255.255.0
R1(config-if)#description Connection to Finance PC
R1(config-if)#no shut
R1(config-if)#int f0/1
R1(config-if)#ip address 192.168.20.1 255.255.255.0
R1(config-if)#description Connection to Marketing PC
R1(config-if)#no shut
R1(config-if)#line con 0
R1(config-line)#password console
R1(config-line)#login
R1(config-line)#logging synchronous
R1(config-line)#exec-timeout 0 0
R1(config-line)#line aux 0
R1(config-line)#password aux
R1(config-line)#login
R1(config-line)#exit
R1(config)#line vty 0 ?
  <1-807>  Last Line number
  <cr>
R1(config)#line vty 0 807
R1(config-line)#password telnet
R1(config-line)#login
R1(config-line)#banner motd # This is my R1 Router #
R1(config)#no ip domain-lookup
R1(config)#exit
R1#copy run start
Destination filename [startup-config]?[enter]
Building configuration...
[OK]
R1#
```

下面查看一下这些接口上的配置：

```
R1#sh run | begin interface
interface FastEthernet0/0
 description Connection to Finance PC
 ip address 192.168.10.1 255.255.255.0
 duplex auto
 speed auto
!
interface FastEthernet0/1
 description Connection to Marketing PC
 ip address 192.168.20.1 255.255.255.0
 duplex auto
 speed auto
!
interface Serial0/0/0
 description 1st Connection to Corp Router
 ip address 10.1.2.2 255.255.255.0
!
interface Serial0/0/1
 description 2nd connection to Corp Router
 ip address 10.1.3.2 255.255.255.0
!
```

show ip route 命令的输出如下：

```
R1#show ip route
     10.0.0.0/24 is subnetted, 4 subnets
C       10.1.3.0 is directly connected, Serial0/0/1
C       10.1.2.0 is directly connected, Serial0/0/0
C       192.168.20.0 is directly connected, FastEthernet0/1
C       192.168.10.0 is directly connected, FastEthernet0/0
R1#
```

注意，路由器 R1 知道如何到达网络 10.1.3.0、10.1.2.0、192.168.20.0 和 192.168.10.0。现在，我们可以在 R1 上完成对路由器 Corp 的 ping 操作：

```
R1#Ping 10.1.2.1

Type escape sequence to abort.
Sending 5, 100-byte ICMP Echos to 10.1.2.1, timeout is 2 seconds:
!!!!!
Success rate is 100 percent (5/5), round-trip min/avg/max = 1/2/4 ms
R1#
```

现在回到Corp路由器上，再查看一下其路由选择表中的内容：

```
Corp#sh ip route
[output cut]
     10.0.0.0/24 is subnetted, 4 subnets
C       10.1.3.0 is directly connected, Serial0/0/1
C       10.1.2.0 is directly connected, Serial0/0/0
C       10.1.1.0 is directly connected, Vlan1
Corp#
```

路由器R1的串行接口0/0/0和0/0/1使用DCE连接，即需要在此类接口上使用clock rate配置命令。注意，在实际的应用中，这个clock rate命令并不是一定要使用的。即使不使用这个命令也不会造成什么问题，但是在备考CCNA时，对在什么时候需要使用以及以什么方式使用这一命令等方面的内容，读者必须有一个清晰而正确的认识。

我们可以使用show controllers命令查看正在使用的时钟频率：

```
R1#sh controllers s0/0/1
Interface Serial0/0/1
Hardware is GT96K
DCE V.35, clock rate 2000000
```

在配置其他远程路由器之前，最后一个需要说明的事情是，你是否注意到，R1路由器串行接口上的时钟频率为2 000 000？这一点很重要，因为在对R1路由器的配置过程进行回顾时，不难发现我们并没有对这个时钟频率进行过设置。注意，不进行设置的原因就是ISR路由器可以自动检测电缆的DCE类型，并且可以自动完成对这一时钟频率的配置，一个多么贴心的功能！

由于对这些串行链接进行了配置，在此Corp的路由选择表中我们能够看到3个网络。随后，当完成了对R2和R3的配置之后，Corp路由器的路由选择表中将再出现两个网络。目前由于还没有对192.168.10.0和192.168.20.0网络进行任何路由配置，因此Corp路由器还不能获悉这些网络。注意，路由器默认只能看到与它们直接相连的网络。

3. 配置R2

配置R2，我们需要重复配置前两个路由器时的大部分工作。在这里有3个接口需要配置，即serial 0/0/0、FastEthernet 0/0和FastEthernet 0/1。同样，在此路由器的配置中还需要添加的内容有主机名、密码、接口描述和标志区：

```
Router>en
Router#config t
Router(config)#hostname R2
R2(config)#enable secret todd
R2(config)#int s0/0/0
R2(config-if)#ip address 10.1.4.2 255.255.255.0
R2(config-if)#description Connection to Corp Router
R2(config-if)#no shut
R2(config-if)#int f0/0
```

```
R2(config-if)#ip address 192.168.30.1 255.255.255.0
R2(config-if)#description Connection to Sales PC
R2(config-if)#no shut
R2(config-if)#int f0/1
R2(config-if)#ip address 192.168.40.1 255.255.255.0
R2(config-if)#description Connection to HR PC
R2(config-if)#no shut
R2(config-if)#line con 0
R2(config-line)#password console
R2(config-line)#login
R2(config-line)#logging sync
R2(config-line)#exec-timeout 0 0
R2(config-line)#line aux 0
R2(config-line)#password aux
R2(config-line)#login
R2(config-line)#exit
R2(config)#line vty 0 ?
  <1-807>  Last Line number
  <cr>
R2(config)#line vty 0 807
R2(config-line)#password telnet
R2(config-line)#login
R2(config-line)#exit
R2(config)#banner motd # This is my R2 Router #
R2(config)#no ip domain-lookup
R2(config)#^Z
R2#copy run start
Destination filename [startup-config]?[enter]
Building configuration...
[OK]
R2#
```

很好，这里所有的配置操作都相当简单。正如下面 **show ip route** 命令的输出结果所示，直接相连的网络包括 192.168.30.0、192.168.40.0 和 10.1.4.0：

```
R2#sh ip route
     10.0.0.0/24 is subnetted, 3 subnets
C       192.168.30.0 is directly connected, FastEthernet0/0
C       192.168.40.0 is directly connected, FastEthernet0/1
C       10.1.4.0 is directly connected, Serial0/0/0
R2#
```

目前，Corp、R1 和 R2 路由器之间所有的直接链接都处于工作状态。接下来我们需要完成对 R3 路由器的配置。

4. 配置R3

配置 R3，我们仍需要重复对其他路由器进行配置时所做的大部分工作。然而，这里只有两个接口需要配置，即 FastEthernet 0/0 和 Dot11Radio0/0/0。同样，我们需要在此路由器的配置中加入主机名、密码、接口描述和标志区：

```
Router>en
Router#config t
Router(config)#hostname R3
R3(config)#enable secret todd
R3(config)#int f0/0
R3(config-if)#ip address 10.1.5.2 255.255.255.0
R3(config-if)#description Connection to Corp Router
R3(config-if)#no shut
R3(config-if)#int dot11radio0/0/0
R3(config-if)#ip address 172.16.10.1 255.255.255.0
R3(config-if)#description WLAN for Mobile User
R3(config-if)#no shut
R3(config-if)#ssid ADMIN
R3(config-if-ssid)#guest-mode
R3(config-if-ssid)#authentication open
R3(config-if-ssid)#infrastructure-ssid
R3(config-if-ssid)#exit
R3(config-line)#line con 0
R3(config-line)#password console
R3(config-line)#login
R3(config-line)#logging sync
R3(config-line)#exec-timeout 0 0
R3(config-line)#line aux 0
R3(config-line)#password aux
R3(config-line)#login
R3(config-line)#exit
R3(config)#line vty 0 ?
  <1-807>  Last Line number
  <cr>
R3(config)#line vty 0 807
R3(config-line)#password telnet
R3(config-line)#login
R3(config-line)#exit
R3(config)#banner motd # This is my R3 Router #
R3(config)#no ip domain-lookup
R3(config)#^Z
R3#copy run start
```

8

```
Destination filename [startup-config]?[enter]
Building configuration...
[OK]
R3#
```

很好，除了对无线接口的配置外，所有配置操作依然相当简单。其实，无线接口也只是路由器上的另一种接口，在路由选择表中它与其他接口看上去是一样的。但是，为了启用这个无线接口，需要比针对一般的快速以太网接口执行更多的配置操作。仔细阅读下面的输出内容，对此无线接口进行的特殊配置将随后介绍：

```
R3(config-if)#int dot11radio0/0/0
R3(config-if)#ip address 172.16.10.1 255.255.255.0
R3(config-if)# description WLAN for Mobile User
R3(config-if)#no shut
R3(config-if)#ssid ADMIN
R3(config-if-ssid)#guest-mode
R3(config-if-ssid)#authentication open
R3(config-if-ssid)#infrastructure-ssid
```

由上面的输出可以看出，在对SSID进行配置之前，所有的配置都是很平常的。SSID是指服务集标识，用来创建可以连接主机的无线网络。与接入点不同，路由器R3上的这个无线接口是一个真正可以路由的接口，这也就是可以在此物理接口上配置IP地址的原因。通常，如果这只是个接入点而非路由器，这个IP地址应该是配置给可逻辑管理的网桥组虚拟接口（BVI）上。

命令 guest-mode 要求这一接口将此SSID广播出去，这样使用无线网络的主机才会知道可以连接这个接口。命令 Authentication open 表明没有使用认证。（注意，即使是在保证无线接口可以使用的最简单配置中，这个命令仍然是需要输入的。）最后，这个 **infrastructure-ssid** 命令表明这个接口可以用于将其他接入点或在此无线网络中的其他设备连接到当前的有线网络中。

5. 在路由器上配置DHCP

注意，这里还有一项没有完成的工作，就是要为连接到 Dot11Radio0/0/0 接口的无线客户端配置DHCP池，这个操作是这样的：

```
R3#config t
R3(config)#ip dhcp pool Admin
R3(dhcp-config)#network 172.16.10.0 255.255.255.0
R3(dhcp-config)#default-router 172.16.10.1
R3(dhcp-config)#dns-server 172 16 10.2
R3(dhcp-config)#exit
R3(config)#ip dhcp excluded-address 172.16.10.1 172.16.10.10
R3(config)#
```

在路由器上创建DHCP池实际上是一个相当简单的过程，并且如果要为其他路由器添加DHCP池也只需要进行同样的配置。要在某个路由器上创建DHCP服务器，我们只需要创建池的名字、并添加网络/子网和默认网关，并且指明需要排除的、不想指派的地址（如默认网关地址），此外，在大多数情况下还需要添加 DNS 服务器。不要忘记添加那些被排除的地址，即那些不希望 DHCP 服务器以合法主机 IP 分配出去的地址。这些被排除的地址需要在全局配置模式中进行配置，而不是在 HDCP 池中配置。此外还要注意的是，我们可以在一行中排除一个地址范围内的所有地址，一个很方便实用的设计。在上面的示例中，我将 172.16.10.1～172.16.10.10 的地址从 DHCP 服务器向 DHCP 客户机分配的合法地址中排除了。我们可以使用 **show ip dhcp binding** 命令查验此 DHCP 池：

```
R3#sh ip dhcp binding
IP address       Client-ID/              Lease expiration        Type
                 Hardware address
172.16.10.11     0001.96AB.8538           --                     Automatic
R3#
```

当然，我们也可以使用 **ipconfig** 命令查验客户端：

```
PC>ipconfig /all

Physical Address................: 0001.96AB.8538
IP Address......................: 172.16.10.11
Subnet Mask.....................: 255.255.255.0
Default Gateway.................: 172.16.10.1
DNS Servers.....................: 172.16.10.2
```

至此，我们完成了一个基本的 WLAN 配置，移动用户现在就可以连接这个无线网络，但这一用户目前还不能访问此互联网络的其他部分。下面我们就来解决这个问题。

无线网络的相关内容将在第 14 章详细介绍。

8.3 在网络上配置 IP 路由

在完成了上述配置后，这个网络应该就可以工作了，对吗？注意，这个网络已经被正确配置了 IP 地址、管理功能，甚至是时钟频率（在 ISR 路由器上这是自动配置的）。但是，当路由器只能通过查看路由选择表确定通往远程网络的路径时，路由器会如何将分组发送到远程网络？上面完成的配置只是在路由器的路由选择表中加入了关于直接相连网络的信息。在这种情况下，当某个路由器收到一个需要发往未列在路由选择表中的网络的分组时，它会如何处理？这时的路由器是不会发送一个广播来查找远程网络位置的，它只会将这个分组丢弃！

因此，完成上述配置并不能让网络真正正常运转起来。但是，也不必为此担心，要将这个小型互联网络中所有的网络都加入到路由选择表中并不难，下面将介绍几种不同的配置方式，从而让所有的分组都可以被正确转发。这里需要明确的是，某一网络的最佳配置未必也能成为另一网络的最佳配置。真正理解路由选择方式间的不同，确实有助于读者针对特定应用环境和商业需求提出最佳配置解决方案。

在后续单元中，我们将讨论下列几种路由选择：

- 静态路由选择；
- 默认路由选择；
- 动态路由选择。

这里将首先介绍静态路由选择，并描述其在网络上的实现方式，如果可以在网络上完成静态路由选择的配置，并保证网络可以正常地工作，那么对于互联网络你就有了一个全方位的认识。好，我们这就开始。

8.3.1　静态路由选择

以手工方式为每台路由器的路由选择表添加路由，这一方式就是静态路由选择。与所有路由选择方式一样，静态路由选择也是优缺点并存的。

静态路由选择的优点如下：

- 不增加路由器 CPU 的开销，也就是说使用静态路由选择可以比使用动态路由选择选购更便宜的路由器；
- 不增加路由器间的带宽占用，也就是说在 WAN 链接的使用中可以节省更多的费用；
- 提高了安全性，因为管理员可以有选择地配置路由，使之只通过某些特定的网络；

静态路由选择的缺点如下：

- 管理员必须真正地了解整个互联网络以及每台路由器间的连接方式，以便实现对这些路由的正确配置；
- 当添加某个网络到互联网络中时，管理员必须在所有路由器上（手工地）添加到此网络的路由；
- 对于大型网络使用静态路由选择基本上是不可行的，因为配置静态路由选择会产生巨大的工作量。

好，下面给出将静态路由添加到路由选择表中的命令语法：

```
ip route [destination_network] [mask] [next-hop_address or
  exitinterface] [administrative_distance] [permanent]
```

下面给出了对此命令语法中各部分的描述。

- ***ip route***　用于创建静态路由的命令。
- ***destination_network***　要放置到路由选择表中的网络号。
- ***mask***　在此网络上使用的子网掩码。
- ***next-hop_address***　下一跳路由器的地址，即用于接收分组并将分组转发到远程网络的下一个路由器的地址。这是下一跳路由器上与本路由器直接相连的接口的 IP 地址。在成功添加此路由之前，你必须能够 ping 这个路由器的接口。如果输入了错误的下一跳地址，或者这个路由器其接口停止运行，那么这个静态路由将只出现在路由器的配置中，而不会出现在路由选择表中。
- ***exitinterface***　如果需要可以用来设置下一跳地址，这样可以使设置的下一跳看上去就像是一个直接连接的路由。

- ***administrative_distance*** 默认情况下，静态路由的管理距离为 1（甚至可以是 0，前提是使用输出接口（exit interface）替代下一跳地址）。我们可以通过在这个命令的尾部添加一个管理权重来修改这个默认值。对于这个内容，我们将在本章后面有关动态路由的单元中进行更多讨论。
- ***permanent*** 如果接口被关闭或者路由器不能与下一跳路由器通信，默认情况下这一路由将会被从路由选择表中自动删除。选择 `permanent` 选项，将导致在任意情况下都保留这一路由选择表项在路由选择表中。

在对静态路由的配置展开深入讨论之前，先来看一个配置静态路由的示例，同时看一下可以从中得到些什么结论。

```
Router(config)#ip route 172.16.3.0 255.255.255.0 192.168.2.4
```

- 命令 `ip route` 简单地表明这是一个静态路由。
- 172.16.3.0 就是那个需要将分组发送到的远程网络。
- 255.255.255.0 是这个远程网络的子网掩码。
- 192.168.2.4 就是下一跳地址，或下一跳路由器，即将分组向下传递的下一个位置。

然而，如果这个静态路由如下所示：

```
Router(config)#ip route 172.16.3.0 255.255.255.0 192.168.2.4 150
```

这个尾部上的 150 会将默认的 AD（Administrative Distance，管理距离）由 1 改为 150。别担心，在动态路由选择的讨论中，会有关于 AD 内容的更为详尽的介绍。在这里，你只需要记住 AD 就是关于路由的可信任度，其中值为 0 最好，而值为 255 最差。

再来看一个示例，然后我们将正式介绍配置过程：

```
Router(config)#ip route 172.16.3.0 255.255.255.0 s0/0/0
```

若使用一个输出接口代替下一跳地址，这个路由看上去将像是一个直接连接的网络。在功能上，这个下一跳和输出接口其使用结果是完全一样的。

为了帮助大家理解静态路由的工作方式，这里将对前面图 8-9 中所示互联网络的配置过程进行说明。为了节省翻回多页查看图 8-9 的时间，这里在图 8-10 中给出与前图完全一样的内容。

1. Corp

每个路由选择表都自动包含直接连接的网络。要在互联网络中能够对所有的网络进行路由操作，路由选择表中必须包含描述其他网络位于哪里以及如何到达那里的信息。

路由器 Corp 连接到 5 个网络上。为了使 Corp 路由器可以路由到所有的网络，下列网络必须配置到它的路由选择表中：

- 192.168.10.0
- 192.168.20.0
- 192.168.30.0
- 192.168.40.0
- 172.16.10.0

下面给出的路由器输出显示了在 Corp 路由器上的静态路由以及完成配置后路由选择表中的内容。为了让 Corp 路由器能够发现远程网络，我们必须在路由选择表中放入相应的表项，这个表项用于描述远程网络、远程网络的掩码以及要将分组转发到的位置。这里在每一行命令的结尾处都添加了一个“150”，来增加默认路由的管理距离。（当讨论动态路由选择时，你就会清楚这里这样做的原因。）

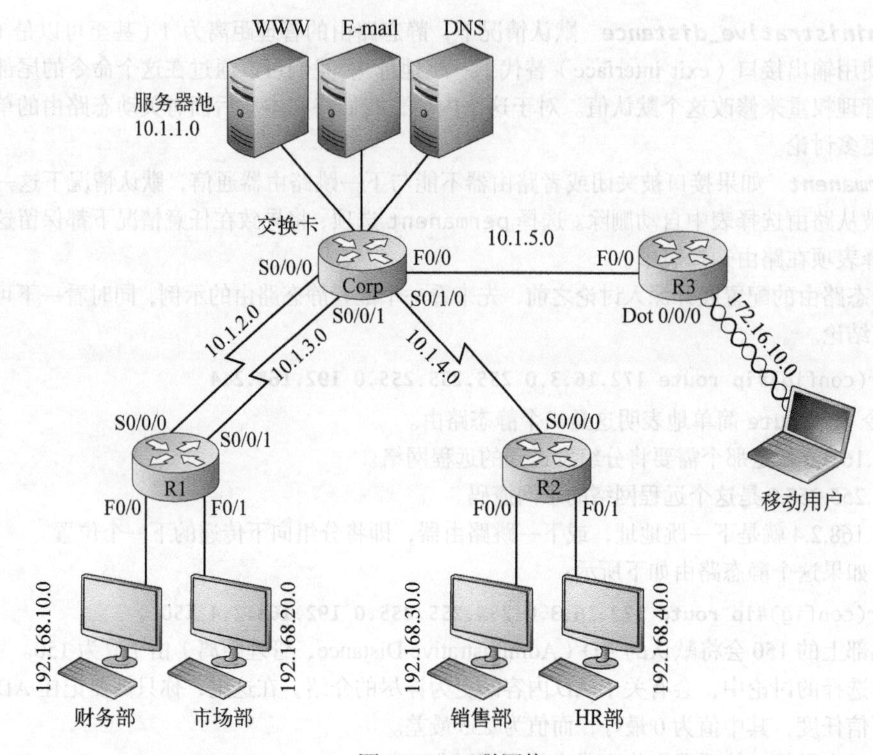

图 8-10　互联网络

```
Corp(config)#ip route 192.168.10.0 255.255.255.0 10.1.2.2 150
Corp(config)#ip route 192.168.20.0 255.255.255.0 10.1.3.2 150
Corp(config)#ip route 192.168.30.0 255.255.255.0 10.1.4.2 150
Corp(config)#ip route 192.168.40.0 255.255.255.0 10.1.4.2 150
Corp(config)#ip route 172.16.10.0 255.255.255.0 10.1.5.2 150
Corp(config)#do show run | begin ip route
ip route 192.168.10.0 255.255.255.0 10.1.2.2 150
ip route 192.168.20.0 255.255.255.0 10.1.3.2 150
ip route 192.168.30.0 255.255.255.0 10.1.4.2 150
ip route 192.168.40.0 255.255.255.0 10.1.4.2 150
ip route 172.16.10.0 255.255.255.0 10.1.5.2 150
```

对于网络 192.168.10.0 和 192.168.20.0，尽管可以使用同一个，但我还是为每个网络使用了不同的路径。在完成了对路由器的配置后，我们可以通过输入 **show ip route** 查看静态路由的配置：

```
Corp(config)#do show ip route
10.0.0.0/24 is subnetted, 5 subnets
C       10.1.1.0 is directly connected, Vlan1
C       10.1.2.0 is directly connected, Serial0/0/0
C       10.1.3.0 is directly connected, Serial0/0/1
```

```
C        10.1.4.0 is directly connected, Serial0/1/0
C        10.1.5.0 is directly connected, FastEthernet0/0
     172.16.0.0/24 is subnetted, 1 subnets
S        172.16.10.0 [150/0] via 10.1.5.2
S     192.168.10.0/24 [150/0] via 10.1.2.2
S     192.168.20.0/24 [150/0] via 10.1.3.2
S     192.168.30.0/24 [150/0] via 10.1.4.2
S     192.168.40.0/24 [150/0] via 10.1.4.2
```

路由器 Corp 上的路由已经配置完成，目前它已经了解了到达所有网络的全部路由。

读者需要了解的是，一个路由是否会出现在路由选择表中，取决于路由器是否能与配置的下一跳地址通信。我们可以使用 **permanent** 参数来保证某个路由在路由选择表中的存在，而不管下一跳设备是否能被联系上。

在上面路由选择表项中的 S，表明此路由为静态路由。[150/0]是指管理距离和到达远程网络的度量值（我们将在稍后介绍这个概念）。

这样，在完成这些配置之后，路由器 Corp 就已经得到了与其他远程网络通信所需要的全部信息。但是，还要记住的是，如果没有为路由器 R1、R2 和 R3 配置这些相同的信息，则网络中的某些分组会被简单地丢弃。通过为这些路由器配置静态路由，我们就可以解决这一问题。

不要因这里静态路由配置结尾处的 150 感到困惑。本章的后续部分很快就会讨论这一内容，不会拖到下一章！请相信我，你的确不必为此感到不安。

2. R1

路由器 R1 与网络 10.1.2.0、10.1.3.0、192.68.10.0 和 192.168.20.0 直接相连，因此只需要在路由器 R1 上配置如下静态路由：

- 10.1.1.0
- 10.1.4.0
- 10.1.5.0
- 192.168.30.0
- 192.168.40.0
- 172.16.10.0

下面就是对 R1 路由器进行的配置。记住，不要为任何直接连接的网络创建静态路由，此外，由于 Corp 和 R1 路由器之间存在两条链路，因此我们使用的下一跳地址可以在 10.1.2.1 或 10.1.3.1 中选择。后面的配置中将会在这两个下一跳配置之间不断地变换，以便让所有数据不总是沿一条链路传输，而在这里具体使用哪条链路并不重要。下面来看一下具体的配置：

```
R1(config)#ip route 10.1.1.0 255.255.255.0 10.1.2.1 150
R1(config)#ip route 10.1.4.0 255.255.255.0 10.1.3.1 150
R1(config)#ip route 10.1.5.0 255.255.255.0 10.1.2.1 150
R1(config)#ip route 192.168.30.0 255.255.255.0 10.1.3.1 150
R1(config)#ip route 192.168.40.0 255.255.255.0 10.1.2.1 150
R1(config)#ip route 172.16.10.0 255.255.255.0 10.1.3.1 150
```

```
R1(config)#do show run | begin ip route
ip route 10.1.1.0 255.255.255.0 10.1.2.1 150
ip route 10.1.4.0 255.255.255.0 10.1.3.1 150
ip route 10.1.5.0 255.255.255.0 10.1.2.1 150
ip route 192.168.30.0 255.255.255.0 10.1.3.1 150
ip route 192.168.40.0 255.255.255.0 10.1.2.1 150
ip route 172.16.10.0 255.255.255.0 10.1.3.1 150
```

通过查看这个路由选择表，我们可以看出 R1 路由器现在已经知道如何找到每个网络：

```
R1(config)#do show ip route
     10.0.0.0/24 is subnetted, 5 subnets
S       10.1.1.0 [150/0] via 10.1.2.1
C       10.1.2.0 is directly connected, Serial0/0/0
C       10.1.3.0 is directly connected, Serial0/0/1
S       10.1.4.0 [150/0] via 10.1.3.1
S       10.1.5.0 [150/0] via 10.1.2.1
     172.16.0.0/24 is subnetted, 1 subnets
S       172.16.10.0 [150/0] via 10.1.3.1
C    192.168.10.0/24 is directly connected, FastEthernet0/0
C    192.168.20.0/24 is directly connected, FastEthernet0/1
S    192.168.30.0/24 [150/0] via 10.1.3.1
S    192.168.40.0/24 [150/0] via 10.1.2.1
```

现在 R1 路由器已经有了一个完整的路由选择表。一旦互联网络中的其他路由器也都在自己的路由选择表中包含了所有的网络，R1 就能够与所有远程网络通信了。

3. R2

路由器 R2 与 3 个网络（10.1.4.0、192.168.30.0 和 192.168.40.0）直接相连接，因此需要加入的路由包括：

- 10.1.1.0
- 10.1.2.0
- 10.1.3.0
- 10.1.5.0
- 192.168.10.0
- 192.168.20.0
- 172.16.10.0

下面就是为 R2 路由器进行的配置：

```
R2(config)#ip route 10.1.1.0 255.255.255.0 10.1.4.1 150
R2(config)#ip route 10.1.2.0 255.255.255.0 10.1.4.1 150
R2(config)#ip route 10.1.3.0 255.255.255.0 10.1.4.1 150
R2(config)#ip route 10.1.5.0 255.255.255.0 10.1.4.1 150
R2(config)#ip route 192.168.10.0 255.255.255.0 10.1.4.1 150
R2(config)#ip route 192.168.20.0 255.255.255.0 10.1.4.1 150
R2(config)#ip route 172.16.10.0 255.255.255.0 10.1.4.1 150
```

```
R2(config)#do show run | begin ip route
ip route 10.1.1.0 255.255.255.0 10.1.4.1 150
ip route 10.1.2.0 255.255.255.0 10.1.4.1 150
ip route 10.1.3.0 255.255.255.0 10.1.4.1 150
ip route 10.1.5.0 255.255.255.0 10.1.4.1 150
ip route 192.168.10.0 255.255.255.0 10.1.4.1 150
ip route 192.168.20.0 255.255.255.0 10.1.4.1 150
ip route 172.16.10.0 255.255.255.0 10.1.4.1 150
```

下面的输出给出了 R2 路由器上路由选择表中的内容：

```
R2(config)#do show ip route
      10.0.0.0/24 is subnetted, 5 subnets
S        10.1.1.0 [150/0] via 10.1.4.1
S        10.1.2.0 [150/0] via 10.1.4.1
S        10.1.3.0 [150/0] via 10.1.4.1
C        10.1.4.0 is directly connected, Serial0/0/0
S        10.1.5.0 [150/0] via 10.1.4.1
     172.16.0.0/24 is subnetted, 1 subnets
S        172.16.10.0 [150/0] via 10.1.4.1
S     192.168.10.0/24 [150/0] via 10.1.4.1
S     192.168.20.0/24 [150/0] via 10.1.4.1
C     192.168.30.0/24 is directly connected, FastEthernet0/0
C     192.168.40.0/24 is directly connected, FastEthernet0/1
```

在这里 R2 显示了此互联网络中全部的 10 个网络，因此目前 R2 也能够与所有的路由器和网络（那些当前已经完成配置的）通信。

4. R3

路由器 R3 直接与网络 10.1.5.0 和 172.16.10.0 相连，因此需要的路由一共有 8 个，它们包括：

- 10.1.1.0
- 10.1.2.0
- 10.1.3.0
- 10.1.4.0
- 192.168.10.0
- 192.168.20.0
- 192.168.30.0
- 192.168.40.0

下面就是对 R3 路由器的配置操作。注意，我们在这个路由器上用输出接口替代了下一跳地址：

```
R3#show run | begin ip route
R3(config)#ip route 10.1.1.0 255.255.255.0 fastethernet 0/0 150
R3(config)#ip route 10.1.2.0 255.255.255.0 fastethernet 0/0 150
R3(config)#ip route 10.1.3.0 255.255.255.0 fastethernet 0/0 150
R3(config)#ip route 10.1.4.0 255.255.255.0 fastethernet 0/0 150
R3(config)#ip route 192.168.10.0 255.255.255.0 fastethernet 0/0 150
R3(config)#ip route 192.168.20.0 255.255.255.0 fastethernet 0/0 150
```

```
R3(config)#ip route 192.168.30.0 255.255.255.0 fastethernet 0/0 150
R3(config)#ip route 192.168.40.0 255.255.255.0 fastethernet 0/0 150
R3#show ip route
      10.0.0.0/24 is subnetted, 5 subnets
S       10.1.1.0 is directly connected, FastEthernet0/0
S       10.1.2.0 is directly connected, FastEthernet0/0
S       10.1.3.0 is directly connected, FastEthernet0/0
S       10.1.4.0 is directly connected, FastEthernet0/0
C       10.1.5.0 is directly connected, FastEthernet0/0
    172.16.0.0/24 is subnetted, 1 subnets
C       172.16.10.0 is directly connected, Dot11Radio0/0/0
S    192.168.10.0/24 is directly connected, FastEthernet0/0
S    192.168.20.0/24 is directly connected, FastEthernet0/0
S    192.168.30.0/24 is directly connected, FastEthernet0/0
S    192.168.40.0/24 is directly connected, FastEthernet0/0
R3#
```

在命令 show ip route 的输出中，注意静态路由都被标明是直接连接的。似乎有些问题？但这样标示并没有错，因为对 R3 的配置使用输出接口取代了下一跳地址，在功能上，这两种配置之间并没有区别，只是在路由选择表中的显示有所不同。这里已经显示，在配置静态路由时使用输出接口取代下一跳后路由选择表中的表示不同，下面来看一种更为简易的、配置 R3 路由器的方式。

5. 默认路由选择

连接到 Corp 路由器的 R2 和 R3 路由器，也称存根路由器（stub router）。存根表示这个示例中的网络只有通往所有其他网络的一条路径。这里将介绍配置方式，在下一个单元中给出验证网络的方法，随后给出对默认路由选择的详细介绍。下面给出了在 R3 路由器上进行的配置，由于 R3 为存根路由器，因此可以使用默认路由取代 8 个静态路由：

```
R3(config)#no ip route 10.1.1.0 255.255.255.0 FastEthernet0/0 150
R3(config)#no ip route 10.1.2.0 255.255.255.0 FastEthernet0/0 150
R3(config)#no ip route 10.1.3.0 255.255.255.0 FastEthernet0/0 150
R3(config)#no ip route 10.1.4.0 255.255.255.0 FastEthernet0/0 150
R3(config)#no ip route 192.168.10.0 255.255.255.0 FastEthernet0/0 150
R3(config)#no ip route 192.168.20.0 255.255.255.0 FastEthernet0/0 150
R3(config)#no ip route 192.168.30.0 255.255.255.0 FastEthernet0/0 150
R3(config)#no ip route 192.168.40.0 255.255.255.0 FastEthernet0/0 150
R3(config)#ip route 0.0.0.0 0.0.0.0 10.1.5.1
R3(config)#ip classless
R3(config)#do show ip route
      10.0.0.0/24 is subnetted, 1 subnets
C       10.1.5.0 is directly connected, Vlan1
172.16.0.0/24 is subnetted, 1 subnets
C       172.16.10.0 is directly connected, Dot11Radio0
S*   0.0.0.0/0 [1/0] via 10.1.5.1
```

很好，一旦将最初配置的所有静态路由删除，我们就可以开始默认路由的配置，可以看出这要比输入8条静态路由简单许多。但是，有一个需要注意的问题，即不能将这一配置方式应用到所有路由器上，它只适用于存根路由器。由于R2路由器也是一个存根路由器，因此在上面也可以同样使用默认路由，但是在为它配置默认路由时不建议再附加150，即便这一添加不会增加太多的工作量。之所以不建议这么做，是因为当后面处理动态路由选择时，如果需要可以将整条路由简单地删除，在这里附加这个150没有实质意义。

终于到最后了，至此所有的配置都已经完成！所有路由器都拥有了正确的路由选择表，所以此时所有路由器和主机都可以进行无障碍通信。但是，如果向这个互联网络中再添加哪怕一个网络或一个路由器，你都必须为每一个路由器的路由选择表进行手动更新！如果管理的只是一个小型网络，这不是什么问题，但如果是一个大型互联网络，这一更新就会大大消耗管理人员的宝贵时间！

6. 验证配置

事情到这里并没有真正结束，一旦完成了对所有路由器路由选择表的配置，接下来就需要对这些配置进行验证。完成这一验证的最好方式，除了使用 `show ip route` 命令，就是使用Ping操作。这里将从R3路由器对R1路由器的ping操作开始。

下面就是这一操作的输出结果：

```
R3#ping 10.1.2.2
Type escape sequence to abort.
Sending 5, 100-byte ICMP Echos to 10.1.2.2, timeout is 2 seconds:
!!!!!
Success rate is 100 percent (5/5), round-trip min/avg/max = 1/2/4 ms
```

从路由器R3上也可以完成对Corp主干路由器、WWW服务器、电子邮件服务器和DNS服务器的ping测试操作。下面是对此路由器进行操作时的输出：

```
R3#ping 10.1.1.1
Type escape sequence to abort.
Sending 5, 100-byte ICMP Echos to 10.1.1.1, timeout is 2 seconds:
!!!!!
Success rate is 100 percent (5/5), round-trip min/avg/max = 1/2/5 ms

R3#ping 10.1.1.2
Type escape sequence to abort.
Sending 5, 100-byte ICMP Echos to 10.1.1.2, timeout is 2 seconds:
!!!!!
Success rate is 100 percent (5/5), round-trip min/avg/max = 4/7/10 ms

R3# ping 10.1.1.3
Type escape sequence to abort.
Sending 5, 100-byte ICMP Echos to 10.1.1.3, timeout is 2 seconds:
!!!!!
Success rate is 100 percent (5/5), round-trip min/avg/max = 5/7/10 ms
```

```
R3#ping 10.1.1.4
Type escape sequence to abort.
Sending 5, 100-byte ICMP Echos to 10.1.1.4, timeout is 2 seconds:
!!!!!
Success rate is 100 percent (5/5), round-trip min/avg/max = 3/5/10 ms
```

此外，我们还可以从无线移动用户主机上 trace 连接到 R2 路由器上的 Finance（财务部）主机，来了解一下到达 Finance 主机的分组都经历了哪些跳，在进行这一操作之前需要确认移动用户主机已经接收到了位于 R3 路由器上的 DHCP 服务器的地址：

```
PC>ipconfig

IP Address......................: 172.16.10.2
Subnet Mask.....................: 255.255.255.0
Default Gateway.................: 172.16.10.1

PC>ping 192.168.10.2
Pinging 192.168.10.2 with 32 bytes of data:
Reply from 192.168.10.2: bytes=32 time=17ms TTL=125
Reply from 192.168.10.2: bytes=32 time=21ms TTL=125
Reply from 192.168.10.2: bytes=32 time=19ms TTL=125
Reply from 192.168.10.2: bytes=32 time=17ms TTL=125

Ping statistics for 192.168.10.2:
    Packets: Sent = 4, Received = 4, Lost = 0 (0% loss),
Approximate round trip times in milli-seconds:
    Minimum = 17ms, Maximum = 21ms, Average = 18ms

PC>tracert 192.168.10.2
Tracing route to 192.168.10.2 over a maximum of 30 hops:

  1   15 ms     11 ms     14 ms     172.16.10.1
  2   13 ms     13 ms     8 ms      10.1.5.1
  3   12 ms     14 ms     15 ms     10.1.2.2
  4   16 ms     14 ms     15 ms     192.168.10.2
Trace complete.
```

注意，由于是在 Windows 主机上，这里使用的命令是 `tracert`。记住，`tracert` 不是一个有效的思科命令，在路由器的提示符下必须使用命令 `traceroute`。

很好，至此由于已经可以实现端到端的通信，并且可以无障碍地到达每台主机，因此目前已经完成了对静态路由和默认路由的成功配置！

8.3.2 默认路由选择

使用默认路由，我们可以转发那些远程目的网络不在路由选择表中列出的分组到下一跳路由器。我们只可以在存根网络上配置默认路由，因为这些网络到达外界网络只有一条外出路径，但是在实际应用中并不总是这样，在设计网络时默认路由选择的配置需具体情况具体分析。这是一个需要牢记的经验法则。

如果尝试在一个非存根路由器上配置默认路由，那么路由器可能会将分组转发到不正确的网络中，因为到达其他路由器的路由可以通过不止一个接口实现。使用默认路由容易创建路由环路，因此使用时要特别小心！

配置默认路由，我们需要在配置静态路由的命令中使用网络地址和掩码的通配符来限定转发对象（正如在对 R3 的配置中演示的那样）。事实上，我们可以将默认路由视为一个用通配符替代网络和子网掩码信息的静态路由。

通过使用默认路由，我们可以只创建一个静态路由选择表项来替代原有内容。这当然要比逐个输入所有路由容易！

```
R3(config)#ip route 0.0.0.0 0.0.0.0 10.1.5.1
R3(config)#ip classless
R3(config)#do show ip route
Gateway of last resort is 10.1.5.1 to network 0.0.0.0
     10.0.0.0/24 is subnetted, 1 subnets
C       10.1.5.0 is directly connected, FastEthernet0/0
     172.16.0.0/24 is subnetted, 1 subnets
C       172.16.10.0 is directly connected, Dot11Radio0/0/0
S*   0.0.0.0/0 [1/0] via 10.1.5.1
```

在上面给出的路由选择表输出中，我们可以看到两个直接相连的网络和一个标记有 S*的表项，S*表明此表项是一个可用的默认路由。因此，除在 R3 上配置 8 个静态路由，我们也可以用另一种方式实现此默认路由的配置：

```
R3(config)#ip route 0.0.0.0 0.0.0.0 Fa0/0
```

这个配置表明，对于在路由选择表没有对应表项的网络，都将由 Fa0/0 转发出去。在这里，我们既可以使用下一跳路由器的 IP 地址，也可以使用输出接口，最终的结果都是一样的。注意，在对 R3 进行静态路由配置时，我们使用的就是输出接口，在其路由选择表中显示为直接连接。然而，在对 R3 进行默认路由配置时，我们使用的是下一跳的配置方式，不过在功能实现上并没有什么不同。

此外还需要注意的是，这个路由选择表的第一行指出最终网关目前也被设置了。另外，在使用默认路由时还有需要了解的另一个命令：`ip classless` 命令。

几乎所有思科路由器都是有类路由器，也就是说，路由器的每个接口预设使用默认的子网掩码。当路由器接收到一个目的子网不在路由选择表中的分组时，默认将丢弃这个分组。因此，如果在配置中使用了默认路由选择，这里就必须使用 `ip classless` 命令，因为在路由选择表中可能没有远程网络的子网。为什么？因为那些与路由选择表中非默认路由的表项具有相同子网类别的子网在转发时会忽略默认路由的存在，而使用了这个命令就基本是在说“嘿，IP！在你丢弃分组之前，请确认一下最终网关是否已经配置!”

由于在我的路由器上 IOS 版本均为 12.4，默认情况下这个 ip classless 命令处于启用状态，因此在配置中可以不再使用这个命令。在配置默认路由选择时，如果没有执行过这个命令，并且对路由器进行过子网划分，那么就需要添加这个命令。这个命令的使用方式如下：

```
R3(config)#ip classless
```

如果你在互联网络中已经配置好了最终网关，命令 ip default-network 会是另一个非常有用的命令，我将在本章结束部分的配置示例中使用这个命令。图 8-11 给出了一个需要使用最终网关配置语句的示例。

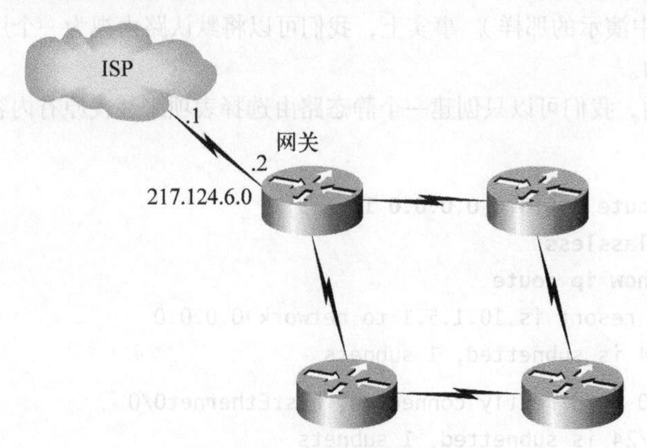

图 8-11 配置最终网关

这里有 3 个配置命令，(都可用于实现默认路由配置)可以用来在路由器上添加到 ISP 的最终网关。

```
Gateway(config)#ip route 0.0.0.0 0.0.0.0 217.124.6.1
Gateway(config)#ip route 0.0.0.0 0.0.0.0 s0/0

Gateway(config)#ip default-network network
```

前面两个命令的作用是相同的，只是其中一个使用下一跳路由器的 IP 地址，而另一个使用的是输出接口。正如前面已经讨论过的，应用这个配置并不会看到什么不同。如果需要从这两个中进行选择，你应该选择输出接口。知道为什么吗？直接连接路由的管理距离为 0，但是在这个示例中，对于这两个命令是看不出任何功能上的差别的。

当对路由器配置了一个 IGP（Interior Gateway Protocol，内部网关协议）时，如 RIP，命令 ip default-network 将会在边界路由器上通告这个默认网络的信息。这样，此互联网络中的其他路由器将接收这个信息，并自动地设置这个路由为默认路由。再重申一次，我将在本章结尾处的网络中使用这个命令，你是不是对此有些期待？

如果错误地配置了一个默认路由，又会发生些什么呢？先来看一下 show ip route 命令的输出，并与图 8-12 中的网络进行比较，看一下是否能够发现其中的问题。

```
Router#sh ip route
[output cut]
Gateway of last resort is 172.19.22.2 to network 0.0.0.0

C      172.17.22.0 is directly connected, FastEthernet0/0
C      172.18.22.0  is directly connected, Serial0/0
S*     0.0.0.0/0 [1/0] via 172.19.22.2
```

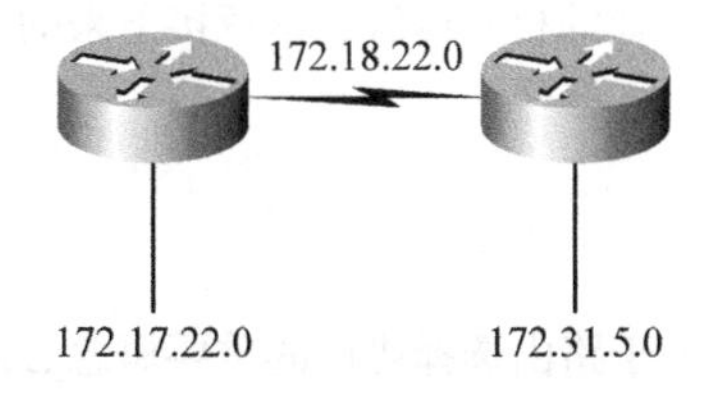

图 8-12 错误配置的默认路由

看出问题了吗？通过查看拓扑图和路由选择表中直接连接的路由，你应该可以发现这个 WAN 链接所属的网络是 172.18.22.0，而默认路由却是将所有分组转发到了 172.19.22.0 网络。这就是问题所在，网络将不能正常工作，所以这是一个因错误配置静态（默认）路由导致的问题。

在学习动态路由选择之前，这里还有最后一个问题：如果路由选择表的输出如下所示，并且当路由器接收到一个来自 10.1.6.100 且去往 10.1.8.5 主机的分组时，路由器会如何处理？

```
Router#sh ip route
[output cut]
Gateway of last resort is 10.1.5.5 to network 0.0.0.0

R      10.1.3.0 [120/1] via 101.2.2, 00:00:00, Serial 0/0
C      10.1.2.0  is directly connected, Serial0/0
C      10.1.5.0  is directly connected, Serial0/1
C      10.1.6.0  is directly connected, Fastethernet0/0
R*     0.0.0.0/0 [120/0] via 10.1.5.5, 00:00:00 Serial 0/1
```

这儿与前面讨论过的内容略有不同，因为这里的默认路由被标示为 R*，它表明这是一个由 RIP 注入的路由。造成这一结果的原因，是有人在某个远程路由器上配置了 ip default-network 命令，并且还配置了 RIP，从而导致 RIP 通过此互联网络将这个路由通告为一个默认路由。由于此数据的目的地址是 10.1.8.5，而在路由选择表中又不存在一个通往 10.1.8.0 网络的路由，因此该路由器会使用这个默认路由，将这个分组从串行接口 0/1 送出。

8.4 动态路由选择

动态路由选择就是路由器根据协议查找网络并更新路由选择表。是的，使用动态路由选择要比使用静态或默认路由选择容易，但会占用更多的路由器 CPU 处理时间和网络带宽。路由选择协议为路由器定义了一组在相邻路由器间交换路由选择信息的规则。

本章将介绍的路由选择协议是RIP（Routing Information Protocol，路由信息协议）版本1和版本2。

在互联网中经常使用的路由选择协议有两种，即IGP（Interior Gateway Protocol，内部网关协议）和EGP（Exterior Gateway Protocol，外部网关协议）。IGP用于在同一个AS（Autonomous System，自治系统）中的路由器间交换路由选择信息。而AS是一个位于共同管理域下的网络集合，其基本原理是将所有需要共享相同的路由选择表信息的路由器置于同一个AS中。EGP用于AS之间的通信。EGP的一个典型示例是BGP（Border Gateway Protocol，边界网关协议），关于这个协议的内容已经超出了本书的讲述范围。

由于路由选择协议是动态路由选择的核心内容，本章接下来的内容将首先介绍其基本知识。在这之后，我们会集中介绍相关的配置。

路由选择协议基础

在深入学习RIP之前，有一些关于路由选择协议的重要概念必须掌握，特别是需要正确理解管理距离、3种不同类型的路由选择协议以及路由环路。在下面的单元中，我们将分别对这些内容进行详细介绍。

1. 管理距离

AD（Administrative Distance，管理距离）用来衡量路由器已接收到的、来自相邻路由器的路由选择信息的可信度。管理距离可以是一个0～255之间的整数，其中0表示最可信赖，255则意味着不会有通信量通过这个路由。

如果路由器接收了两个对同一远程网络的更新信息，路由器会首先检查更新信息的AD。如果被通告的路由中有一个的AD值比另一个的低，那么这个拥有较低AD值的路由将被放置在路由选择表中。

如果被通告的到同一网络的两个路由具有相同的AD，那么路由选择协议的度量值（如跳计数或链路的带宽）将被用作判断到达远程网络最佳路径的依据。带有最低度量值的、被通告的路由将被放置在路由选择表中。但是，如果两个被通告的路由拥有相同的AD以及相同的度量值，这时该路由选择协议将会在这一远程网络中使用负载均衡（也就是将所发送的分组分配到每个链路上）。

表8-2给出了思科路由器用来判断通往远程网络的路由优劣的默认管理距离。

表8-2　默认的管理距离

路由源	默认AD
直连接口	0
静态路由	1
EIGRP	90
IGRP	100
OSPF	110
RIP	120
外部EIGRP	170
未知	255（这个路由不会被使用）

如果某个网络与路由器是直接连接的，那么该路由器将一直使用这个接口连接这个网络。如果在路由器上配置了一个静态路由，则该路由器将确信这个路由要优于那些习得的路由。静态路由的管理距离是可以修改的，但默认情况下，它的AD值为1。在前面介绍过的静态路由配置中，每个路由的AD值都被修改为150。这样，我们在配置路由选择协议时，就不必再删除这些静态路由。同时，当所使用的路由选择协议因遭遇了某种故障而失效时，这些路由可以作为备用路由发挥作用。

例如，假设对同一个网络同时存在静态路由、RIP通告的路由和E IGRP通告的路由，那么路由器将一直默认使用静态路由，除非如前面示例那样修改了静态路由的AD值。

2. 路由选择协议

路由选择协议可以分为3大类。

- **距离矢量**　距离矢量协议通过判断距离确定当前到达远程网络的最佳路径。例如，在RIP路由选择的应用中，分组每通过一个路由器，就称为一*跳*。到达目标网络需要最少跳数的路由被认为是最佳路由。矢量用于指明远程网络所在的方向。RIP和IGRP都属于距离矢量路由选择协议。它们定期地发送整个路由选择表给直接相连的路由器。
- **链路状态**　链路状态协议，又称最短路径优先协议，路由器将分别创建3个彼此独立的表。其中的一个表用来跟踪直接相连接的邻居，一个用来确定整个互联网络的拓扑结构，而另一个则用作路由选择表。链路状态路由器要比任一使用距离矢量路由选择协议的路由器了解更多地关于互联网络的情况。OSPF是一个完完全全的链路状态IP路由选择协议。链路状态协议将包含有自身链接状态的更新发送到网络中其他所有直接连接的路由器上，然后再由这些路由器传播到它们的相邻设备。
- **混合型**　混合型协议将同时具有距离矢量和链路状态两种协议的特性，例如EIGRP。

没有哪一种路由选择协议配置方式适用于所有情况，具体情况应具体分析。只有理解了不同路由选择协议的工作方式，我们才能做出好的、正确的选择，从而真正满足具体的应用需要。

8.5　距离矢量路由选择协议

距离矢量路由选择算法发送完整的路由选择表内容到相邻的路由器，然后相邻的路由器将接收到的路由选择表项与它们原有的路由选择表合并，以完善自己的路由选择表。由于路由器接收到的更新信息只是相邻路由器对于远程网络的认知，路由器并不会自己查证这些内容，所以这一方式又被戏称为传闻路由。

某一网络与同一远程网络之间可能会同时存在多条链路，如果更新数据同时到达，协议会首先检查每一更新的管理距离。如果它们的AD相同，协议会使用量度值判断通往远程网络的最佳路径。

RIP只使用跳计数判定到达某个网络的最佳路径。如果RIP发现对于同一个远程网络存在多个具有相同跳计数的链路，则RIP将自动执行循环负载均衡。RIP可以对多达6个（默认为4个）等价链路实现负载均衡。

然而，当两条通往同一远程网络的链路具有不同的带宽，但是有相同的跳计数时，这种类型的路由度量将会导致问题。例如，图8-13给出了两条通往远程网络172.16.10.0的链路。

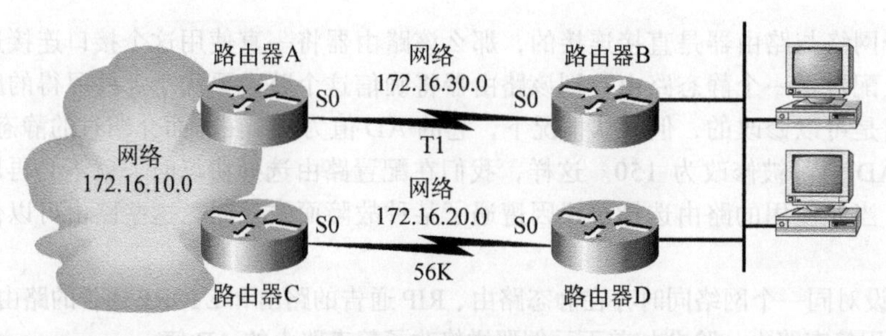

图 8-13　针孔拥塞

由于网络 172.16.30.0 是一条带宽为 1.544 Mbit/s 的 T1 链路，而网络 172.16.20.0 则仅是一条 56 K 的链路，路由器正确的选择自然是 T1 而不是 56 K 链路。但是，由于 RIP 路由选择协议只使用跳计数作为其唯一的量度，因此这两个链路被视为是具有相同开销的等价链路。这种小状况称为针孔拥塞。

理解距离矢量路由选择协议在启动时的工作过程非常重要。在图 8-14 中，4 个路由器在启动时其路由选择表中只有对应与其直接相连网络的表项。当距离矢量路由选择协议在每台路由器上都开始运行后，路由器将会使用从相邻路由器处得到的所有路由信息更新其路由选择表。

正如图 8-14 给出的，每台路由器在各自的路由选择表中只有直接相连网络的信息。每台路由器都将从各自每个激活的接口上发送出自己完整的路由选择表。每台路由器的路由选择表中都包含网络号、输出接口和到达网络的跳计数。

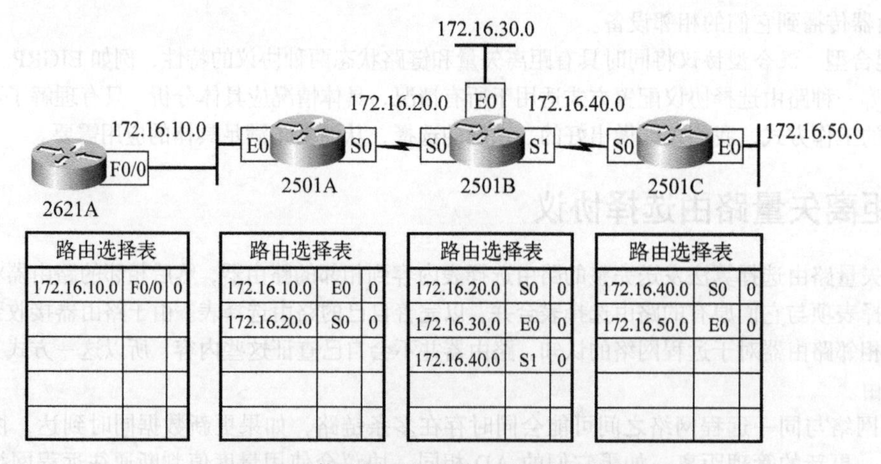

图 8-14　使用距离矢量路由选择的互联网络

在图 8-15 中，这些路由选择表都已经包含了此互联网络中所有网络的信息，因此是完整的。这时，它们又被称为是已会聚的。当路由器处于会聚状态时，可能没有数据会被传递。因此短的会聚时间是大家真正希望的。事实上，RIP 存在一个问题，就是它的会聚时间较长。

每台路由器的路由选择表都会保存有关远程网络的必要信息，包括网络号、路由器用于将分组发送到远程网络的接口，以及到达远程网络的跳计数或量度值。

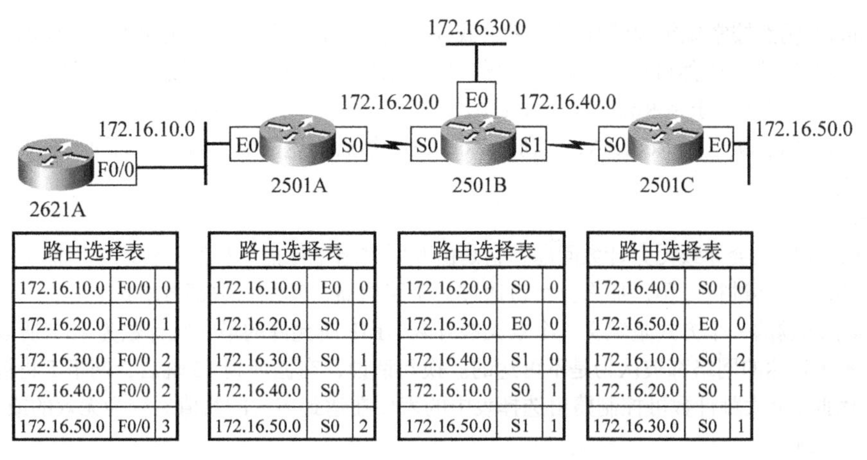

路由选择表		
172.16.10.0	F0/0	0
172.16.20.0	F0/0	1
172.16.30.0	F0/0	2
172.16.40.0	F0/0	2
172.16.50.0	F0/0	3

路由选择表		
172.16.10.0	E0	0
172.16.20.0	S0	0
172.16.30.0	S0	1
172.16.40.0	S0	1
172.16.50.0	S0	2

路由选择表		
172.16.20.0	S0	0
172.16.30.0	E0	0
172.16.40.0	S1	0
172.16.10.0	S0	1
172.16.50.0	S1	1

路由选择表		
172.16.40.0	S0	0
172.16.50.0	E0	0
172.16.10.0	S0	2
172.16.20.0	S0	1
172.16.30.0	S0	1

图 8-15　会聚的路由选择表

路由环路

距离矢量路由选择协议会在所有激活的接口上定期广播路由更新，以此跟踪互联网络中的任何改变。广播内容包括整个路由选择表。这一方案是可行的，只是需要占用一定的 CPU 处理资源和链路带宽。但是，当某个网络瘫痪时，真正的问题就有可能会出现，特别是距离矢量路由选择协议的慢会聚，最终会导致不一致的路由选择表和路由环路。

导致路由环路的原因可能是每台路由器不能同时或近乎同时地更新路由选择表。作为一个示例，在图 8-16 中假设连接到网络 5 的接口出现了故障。所有的路由器对网络 5 的了解都来自 RouterE。RouterA 的路由选择表中有一条通往网络 5 的路径，它需要通过 RouterB。

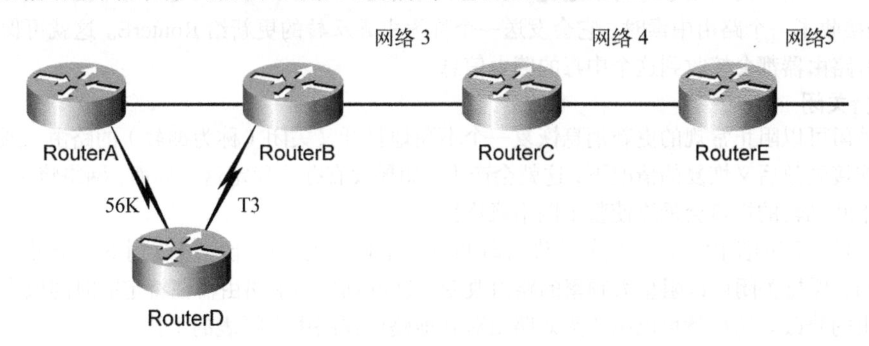

图 8-16　路由环路示例

当网络 5 出现问题时，RouterE 会通告 RouterC。这样，RouterC 会停止使用通过 RouterE 到达网络 5 的路由选择。但是，RouterA、RouterB 和 RouterD 还不知道关于网络 5 的问题，于是它们继续发送更新信息。最后，RouterC 会送出自己的路由更新，并致使 RouterB 停止到网络 5 的路由选择，但是此时 RouterA 和 RouterD 仍然没有被更新。对于它们来说，仍可以通过 RouterB 到达网络 5，其度量值为 3。

当RouterA仍然按常规每30秒送出“喂，我还在这里，这些是我了解的链路”这样的信息时，在这个信息中包含网络5仍然可达的内容，这样，RouterB和RouterD都会接收到这条网络5可以通过RouterA到达的好消息，于是RouterB和RouterD会送出网络5可达的消息。此时，任何一个以网络5为目的的分组都将会被送到RouterA，再到达RouterB，然后再返回RouterA。这就是路由环路。那么，如何能停止它呢?

1. 最大跳计数

路由环路问题又会导致无穷计数问题，它是由互联网络中传播、扩散的传闻（广播）及错误信息造成的。如果对此不进行干预，那么分组每通过一个路由器，其跳计数都将增长。

解决这个问题的一个方式是定义一个*最大跳计数*。RIP所允许的最大跳计数为15，所以任何需要经过16跳才能到达的网络都被认为是不可达的。换句话说，在循环到15跳后，网络5将被认为是已失去连接。因此，最大跳计数可控制路由选择表中的表项在达到多大的数值后变为无效的或不可信的。

2. 水平分割

另一个路由环路问题的解决方案是*水平分割*。这是一个在距离矢量网络中为了减少错误路由信息和路由选择开销的强制传送规则，其具体做法是禁止路由选择协议回传路由选择信息（即传送方向与信息接收方向相反）。

换句话说，这里的路由选择协议需要判断来自网络的路由信息是从哪个接口收到的，一旦确定了这一接口，协议就不能再把有关这一路由的信息从同一接口发出。这就可以阻止RouterA发送接收自RouterB的更新信息给RouterB了。

3. 路由中毒

路由中毒也是一种可行的解决方式，它可以避免因更新不一致而导致的问题，并阻止网络环路的产生。例如，当网络5出现故障时，RouterE通告网络5的跳计数为16或不可达（有时也被视为*无穷大*），以此启动路由中毒。

这个对于网络5的路由中毒可以避免RouterC受到关于网络5的错误更新的干扰。当RouterC从RouterE处接收了一个路由中毒时，它会发送一个称为*中毒反转*的更新给RouterE。这就可保证这个网段中的所有路由器都会接收到这个中毒的路由信息。

4. 保持关闭

保持关闭可以阻止常规的更新消息恢复一个不断地打开又关闭（称为*翻转*）的路由。通常，在串行链路上连接失效后又恢复的情况下，这就会产生。如果没有办法稳定这一局面，网络将不可能会聚，并且一个不断翻转的接口会最终使整个网络瘫痪!

通过为已关闭的路由指定再恢复的许可时间或为不稳定的网络指定修改到下一个最佳路由需要等待的时间，保持关闭可以阻止太频繁的路由改变。这也就是要求路由器在特定的时间段内减少对新近删除路由的修改。这样就可以阻止无效路由对其他路由器路由选择表的干扰。

8.6　RIP

RIP（Routing Information Protocol，路由信息协议）是一个纯粹的距离矢量路由选择协议。RIP每隔30秒就将自己完整的路由选择表从所有激活的接口上送出。RIP只将跳计数作为判断到达远程网络最佳路径的依据，并且在默认情况下允许的最大跳计数为15，也就是说16跳就被认为是不可达的。在小型的网络应用中，RIP运行良好，但对于那些配备有慢速 WAN 链接的大型网络或者是那些安装有大量路由器的网络，它的运行效率就很低了。

RIP 版本 1 只使用有类的路由选择，即网络中的所有设备都必须使用相同的子网掩码。这是因为 RIP 版本 1 在其发送的更新数据中不携带子网掩码信息。RIP 版本 2 提供了前缀路由选择信息，并可以在路由更新中传送子网掩码信息。这就是无类的路由选择。

在下面的单元里，我们将讨论 RIP 定时器，并介绍 RIP 配置。

8.6.1 RIP 定时器

RIP 使用了 4 种定时器来管理性能。

- **路由更新定时器** 用于设置路由更新的时间间隔（通常为 30 秒），此间隔是路由器发送自己路由选择表的完整副本给所有相邻路由器的时间间隔。
- **路由失效定时器** 用于路由器在最终认定一个路由为无效路由之前需要等待的时长（通常为 180 秒）。如果在这个认定等待时间里，路由器没有得到任何关于特定路由的更新消息，路由器将认定这个路由失效。出现这一情况时，路由器会给所有相邻设备发送关于此路由已经无效的更新。
- **保持失效定时器** 用于设置路由选择信息被抑制的时长。当路由器接收到某个表示路由不可达的更新分组时，它将进入保持失效状态。这一保持状态将一直持续到路由器接收到具有更好度量的更新分组，或初始路由恢复正常，或者此保持失效定时器期满。默认情况下，该定时器的取值为 180 秒。
- **路由刷新定时器** 用于设置将某个路由认定为无效路由起至将它从路由选择表中删除的时间间隔（通常为 240 秒）。在将此路由从路由选择表中删除之前，路由器会将此路由即将消亡的消息通告给相邻设备。路由失效定时器的取值一定要小于路由刷新定时器的值。这就为路由器在更新本地路由选择表时先将这一无效路由通告给相邻设备保留了足够的时间。

8.6.2 配置 RIP 路由选择

要配置 RIP 路由选择，我们只需使用 `router rip` 命令启用这个协议，并配置 RIP 路由选择协议需要通告的网络。就这么简单。下面使用 RIP 路由选择配置一个拥有 4 个路由器的互联网络（如图 8-10 所示）。

1. Corp

RIP 协议的管理距离为 120。静态路由的默认管理距离为 1，由于目前的配置中有静态路由，因此在默认条件下 RIP 形成的路由信息不会出现在路由选择表中。但是，由于前面的配置在每个静态路由的后面都添加了 150，即其管理距离不是默认值，因此这里进行的配置可以正常工作。

通过使用 `router rip` 命令和 `network` 命令，我们可以将 RIP 路由选择协议添加到配置中。`network` 命令用于告诉此路由选择协议需要对那些有类网络进行通告。通过这些 RIP 路由选择配置操作，凡是地址位于 `network` 命令所指定网络内的路由器接口，都会运行 RIP 路由选择过程。

下面就是对 Corp 路由器进行的配置，我们可以看到这一过程非常简单：

```
Corp#config t
Corp(config)#router rip
Corp(config-router)#network 10.0.0.0
```

8

就是这样。通常，我们也就只需要使用两三个命令来完成配置，这要比使用静态路由时的配置操作简单许多，不是吗？但是，需要记住的是，这样的配置会占用更多的路由器CPU处理时间和带宽。

注意，在这里我们并没有输入有关子网的信息，只输入了这个有类网络地址（其所有的子网位和主机位都为0!）。找出子网信息并将它们放入路由选择表是路由选择协议需要完成的工作。由于目前还没有路由器运行RIP，因此在此路由选择表中暂时还不会看到任何由RIP给出的路由。

注意　记住在配置网络地址时RIP要求使用有类地址。正因为这样，任一个特定的有类网络中所有子网掩码在该网络的所有设备上都必须是相同的（这也就是有类路由选择）。为了阐明这一点，可以假设你需要对一个带有172.16.10.0、172.16.20.0和172.16.30.0子网的B类网络172.16.0.0/24进行配置。这时，配置中只能输入172.16.0.0这一有类网络地址，然后让RIP找出这些子网并将相关信息放入到路由选择表中。

2. R1

下面对R1路由器进行配置，它与3个网络相连，我们需要对所有这些直接相连的有类网络进行配置（配置时不使用子网信息）：

```
R1#config t
R1(config)#router rip
R1(config-router)#network 10.0.0.0
R1(config-router)#network 192.168.10.0
R1(config-router)#network 192.168.20.0
R1(config-router)#do show ip route

     10.0.0.0/24 is subnetted, 5 subnets
R       10.1.1.0 [120/1] via 10.1.2.1, 00:00:15, Serial0/0/0
                 [120/1] via 10.1.3.1, 00:00:15, Serial0/0/1
C       10.1.2.0 is directly connected, Serial0/0/0
C       10.1.3.0 is directly connected, Serial0/0/1
R       10.1.4.0 [120/1] via 10.1.2.1, 00:00:15, Serial0/0/0
                 [120/1] via 10.1.3.1, 00:00:15, Serial0/0/1
R       10.1.5.0 [120/1] via 10.1.2.1, 00:00:15, Serial0/0/0
                 [120/1] via 10.1.3.1, 00:00:15, Serial0/0/1
     172.16.0.0/24 is subnetted, 1 subnets
S       172.16.10.0 [150/0] via 10.1.3.1
C    192.168.10.0/24 is directly connected, FastEthernet0/0
C    192.168.20.0/24 is directly connected, FastEthernet0/1
S    192.168.30.0/24 [150/0] via 10.1.3.1
S    192.168.40.0/24 [150/0] via 10.1.2.1
R1(config-router)#
```

可见这个配置过程相当简单。下面来讨论这个路由选择表。由于目前已经配置了一个使用RIP的路由器，因此已经可以与之完成路由选择表的交换，在这里可以看到来自Corp路由器的RIP网络。

（注意，其他的所有路由目前还仍然是静态的。）RIP 也将发现存在两个到 Corp 路由器的连接，由于到每个网络的跳计数被通告为 1，它会在被通告为 RIP 注入路由的这两个网络上使用负载均衡。幸运的是，这两个连接具有相同的带宽，因而不会有针孔拥塞问题。

3. R2

下面使用 RIP 对 R2 路由器进行配置：

```
R2#config t
R2(config)#router rip
R2(config-router)#network 10.0.0.0
R2(config-router)#network 192.168.30.0
R2(config-router)#network 192.168.40.0
R2(config-router)#do show ip route
     10.0.0.0/24 is subnetted, 5 subnets
R       10.1.1.0 [120/1] via 10.1.4.1, 00:00:17, Serial0/0/0
R       10.1.2.0 [120/1] via 10.1.4.1, 00:00:17, Serial0/0/0
R       10.1.3.0 [120/1] via 10.1.4.1, 00:00:17, Serial0/0/0
C       10.1.4.0 is directly connected, Serial0/0/0
R       10.1.5.0 [120/1] via 10.1.4.1, 00:00:17, Serial0/0/0
     172.16.0.0/24 is subnetted, 1 subnets
S       172.16.10.0 [150/0] via 10.1.4.1
R    192.168.10.0/24 [120/2] via 10.1.4.1, 00:00:17, Serial0/0/0
R    192.168.20.0/24 [120/2] via 10.1.4.1, 00:00:17, Serial0/0/0
C    192.168.30.0/24 is directly connected, FastEthernet0/0
C    192.168.40.0/24 is directly connected, FastEthernet0/1
R2(config-router)#
```

在不断增多 RIP 配置的过程中，路由选择表中的 R 表项也在同步增加！在此路由选择表中我们仍可以找到所有路由，但其中部分路由仍然还是静态路由，下面只剩一个路由器需要配置了。

4. R3

现在用 RIP 完成对 R3 路由器（最后一个）的配置：

```
R3#config t
R3(config)#router rip
R3(config-router)#network 10.0.0.0
R3(config-router)#network 172.16.0.0
R3(config-router)#do sh ip route
     10.0.0.0/24 is subnetted, 5 subnets
R       10.1.1.0 [120/1] via 10.1.5.1, 00:00:15, FastEthernet0/0
R       10.1.2.0 [120/1] via 10.1.5.1, 00:00:15, FastEthernet0/0
R       10.1.3.0 [120/1] via 10.1.5.1, 00:00:15, FastEthernet0/0
R       10.1.4.0 [120/1] via 10.1.5.1, 00:00:15, FastEthernet0/0
C       10.1.5.0 is directly connected, FastEthernet0/0
     172.16.0.0/24 is subnetted, 1 subnets
```

```
C      172.16.10.0 is directly connected, Dot11Radio0/0/0
R    192.168.10.0/24 [120/2] via 10.1.5.1, 00:00:15, FastEthernet0/0
R    192.168.20.0/24 [120/2] via 10.1.5.1, 00:00:15, FastEthernet0/0
R    192.168.30.0/24 [120/2] via 10.1.5.1, 00:00:15, FastEthernet0/0
R    192.168.40.0/24 [120/2] via 10.1.5.1, 00:00:15, FastEthernet0/0
R3#
```

最后，路由选择表中所有的路由都显示为RIP注入的路由。注意，由于使用的是有类网络配置描述，因此WLAN网络应是172.16.0.0，而不是172.16.10.0!

理解管理距离的使用方式，以及为什么我们需要在加入RIP路由前删除静态路由或者将静态路由的AD设置为高于120，这都很重要。

默认情况下，直接连接路由的管理距离为0，静态路由的管理距离为1，而RIP的管理距离为120。这里之所以要将 RIP 称为“传闻协议”，是因为它常令人想起在高中时听到的那些传闻（就如这里被通告的路由），通常这些传闻都会毫无例外地被人们接受。而这一切与 RIP 在互联网络上的工作方式十分相像，可以说RIP就是一个协议化的传闻制造者!

8.6.3 检验RIP路由选择表

现在每个路由选择表都应该包含了所有与路由器直接相连接的路由以及由RIP注入的来自相邻路由器的路由。下面我们返回到Corp路由器上并查看一下它的输出。

路由器Corp的路由选择表内容如下：

```
     10.0.0.0/24 is subnetted, 5 subnets
C       10.1.1.0 is directly connected, Vlan1
C       10.1.2.0 is directly connected, Serial0/0/0
C       10.1.3.0 is directly connected, Serial0/0/1
C       10.1.4.0 is directly connected, Serial0/1/0
C       10.1.5.0 is directly connected, FastEthernet0/0
     172.16.0.0/16 is variably subnetted, 2 subnets, 2 masks
R       172.16.0.0/16 [120/1] via 10.1.5.2, 00:00:19, FastEthernet0/0
S       172.16.10.0/24 [150/0] via 10.1.5.2
R    192.168.10.0/24 [120/1] via 10.1.2.2, 00:00:19, Serial0/0/0
                     [120/1] via 10.1.3.2, 00:00:19, Serial0/0/1
R    192.168.20.0/24 [120/1] via 10.1.2.2, 00:00:19, Serial0/0/0
                     [120/1] via 10.1.3.2, 00:00:19, Serial0/0/1
R    192.168.30.0/24 [120/1] via 10.1.4.2, 00:00:19, Serial0/1/0
R    192.168.40.0/24 [120/1] via 10.1.4.2, 00:00:19, Serial0/1/0
Corp#
```

在此路由选择表输出中，除了R标志外，我们看到了与使用静态路由配置时基本相同的路由表项。这里的R表明表中列出的这些网络是由于使用了RIP路由选择协议而被动态加入的。[120/1]是指路由的管理距离（120）和前往远程网络需要的跳计数（1）。从Corp路由器出发，前往所有的网络都只需要一跳。在这个表中有一个奇怪的表项，就是你可能已经注意到的172.16.10.0网络，它被列出了两次，一次是以/16 的形式，一次是以/24 的形式。其中的一个被指示为静态路由，而另一个则表明是由 RIP 注入的路由。在这个表中该路由不应该出现两次，特别是带有[150/0]的静态路由，因为它具有更大的管理距离。

下面来看一下 R2 的路由选择表：

```
     10.0.0.0/24 is subnetted, 5 subnets
R       10.1.1.0 [120/1] via 10.1.4.1, 00:00:21, Serial0/0/0
R       10.1.2.0 [120/1] via 10.1.4.1, 00:00:21, Serial0/0/0
R       10.1.3.0 [120/1] via 10.1.4.1, 00:00:21, Serial0/0/0
C       10.1.4.0 is directly connected, Serial0/0/0
R       10.1.5.0 [120/1] via 10.1.4.1, 00:00:21, Serial0/0/0
     172.16.0.0/16 is variably subnetted, 2 subnets, 2 masks
R       172.16.0.0/16 [120/2] via 10.1.4.1, 00:00:21, Serial0/0/0
S       172.16.10.0/24 [150/0] via 10.1.4.1
R    192.168.10.0/24 [120/2] via 10.1.4.1, 00:00:21, Serial0/0/0
R    192.168.20.0/24 [120/2] via 10.1.4.1, 00:00:21, Serial0/0/0
C    192.168.30.0/24 is directly connected, FastEthernet0/0
C    192.168.40.0/24 is directly connected, FastEthernet0/1
R2#
```

注意同样的问题。RIPv1 不能用于不连续的网络，这里出现的问题正说明了这一点。记住这一点，本章后面将说明发生这一问题的原因，并且将在第 9 章介绍如何解决这个问题。

可见，在这个小型的互联网络中，RIP 是可以正常工作的，但这并不说明它是每个企业应用可行的解决方案，因为这一技术所允许的最大跳计数仅为 15（而 16 跳就会被认为是不可达的）。此外，它还需要每 30 秒对整个路由选择表进行一次更新，对于大型的互联网络来说这几乎就是一个令人不可接受的灾难！

关于 RIP 路由选择表和用于通告远程网络的参数，还有一件事情需要说明。这里以另一个网络中的某路由器为例。注意，在下面的路由选择表中网络 10.1.3.0 的量度为[120/15]。也就是说，该路由的管理距离为 120，即 RIP 的默认值，而它的跳计数却为 15。记住，每当路由器向它相邻的路由器发送一个更新时，它都会为每个路由的跳计数加上 1。

```
Router#sh ip route
     10.0.0.0/24 is subnetted, 12 subnets
C       10.1.11.0 is directly connected, FastEthernet0/1
C       10.1.10.0 is directly connected, FastEthernet0/0
R       10.1.9.0 [120/2] via 10.1.5.1, 00:00:15, Serial0/0/1
R       10.1.8.0 [120/2] via 10.1.5.1, 00:00:15, Serial0/0/1
R       10.1.12.0 [120/1] via 10.1.11.2, 00:00:00, FastEthernet0/1
R       10.1.3.0 [120/15] via 10.1.5.1, 00:00:15, Serial0/0/1
R       10.1.2.0 [120/1] via 10.1.5.1, 00:00:15, Serial0/0/1
R       10.1.1.0 [120/1] via 10.1.5.1, 00:00:15, Serial0/0/1
R       10.1.7.0 [120/2] via 10.1.5.1, 00:00:15, Serial0/0/1
```

```
R     10.1.6.0 [120/2] via 10.1.5.1, 00:00:15, Serial0/0/1
C     10.1.5.0 is directly connected, Serial0/0/1
R     10.1.4.0 [120/1] via 10.1.5.1, 00:00:15, Serial0/0/1
```

可见这个[120/15]实际上是不需要再传播的，因为对于下一个接收这个来自路由器 R3 的路由选择表的路由器来说，它将会忽略这个通往网络 10.1.3.0 的路由，因为这个跳计数在那时将会是 16，这是一个无效的数值。

注意　当某个路由器收到一个路由更新，且这一路由更新描述的路径开销比原路由选择表中路由路径的开销更高，那么这样的更新将会被忽略。

8.6.4 配置 RIP 路由选择示例 2

在对 RIP 配置展开更加深入地学习之前，我们先来讨论一下图 8-17 中的网络。在这个示例中，我们将首先了解并完成对子网的划分，然后在路由器上进行 RIP 的配置。

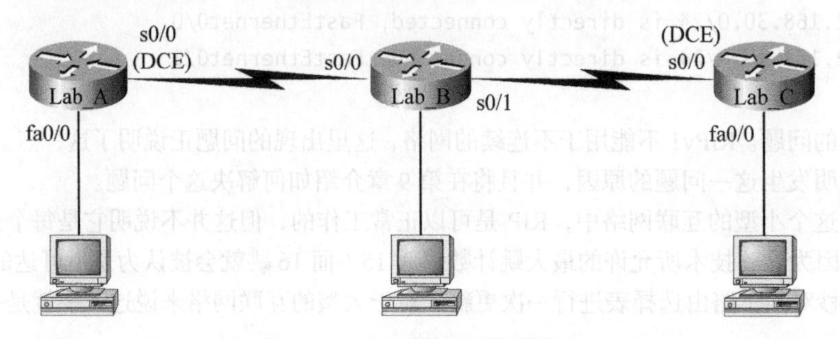

图 8-17　RIP 路由选择示例 2

在这个配置示例中，我们将假定已经完成了对 Lab_B 和 Lab_C 路由器的配置，而只需要配置 Lab_A 路由器。可以用于配置的网络 ID 是 192.168.164.0/28。Lab_A 的 s0/0 接口将使用第八个子网中的最后一个可用 IP 地址，而 fa0/0 接口将使用第二个子网中的最后一个可用 IP 地址。子网 0 将被视为不合法。

在开始进行配置之前，我们应该知道/28 其实就是子网掩码 255.255.255.240，并且在第四个八位位组中它用于分块的大小是 16。掌握这些内容是非常重要的，如果对这些内容还感到困惑，那么就非常需要回到第 3 章和第 4 章进行一次必要的复习！重温子网划分绝对是有益而无害的。

由于块大小为 16，可以得到的子网将是 16（注意，在这个示例中第一个子网并不是子网 0）、32、48、64、80、96、112、128、144 等。其中，第八个子网（就是那个 s0/0 接口所在的子网）是 128 子网。128 子网的合法主机地址范围是 129～142，而 143 是 128 子网的广播地址。第二子网（就是那个 fa0/0 接口所在的子网）是 32 子网。它的合法主机地址范围是 33～46，而 47 是 32 子网的广播地址。

这样，在 Lab_A 路由器上进行的配置如下：

```
Lab_A(config)#interface s0/0
Lab_A(config-if)#ip address 192.168.164.142 255.255.255.240
Lab_A(config-if)#no shutdown
Lab_A(config-if)#interface fa0/0
Lab_A(config-if)#ip address 192.168.164.46 255.255.255.240
Lab_A(config-if)#no shutdown
Lab_A(config-if)#router rip
Lab_A(config-router)#network 192.168.164.0
Lab_A(config-router)#^Z
Lab_A#
```

找出需要配置的子网并完成使用最后一个合法主机地址的配置是一件相当简单的过程。如果还不能轻松完成这一切，那么就需要回过头去复习一下第 4 章中的相关内容。这里希望你能够真正注意到，在此配置中虽然给 Lab_A 路由器添加了两个子网，但在 RIP 的配置中却只有一个网络声明。有时会很难记住有类网络声明的配置方式，其实就是将所有的主机位都置 0。

注意这里给出第二个 RIP 配置示例的真实用意，就是要帮助你回顾有关有类网络的编址方式。并且还要注意，练习子网划分绝对是有益无害的。

8.6.5 抑制 RIP 传播

在 LAN 和 WAN 上广泛传播 RIP 网络通告信息可能并不是你所希望的。同样，将 RIP 网络信息传播到因特网上也不会有多少好处。

这里有几种可以用于限制 RIP 更新在 LAN 和 WAN 中不必要扩散的方式,其中最为简易的方式就是使用 `passive-interface` 命令。这个命令可以在指定的接口上阻止 RIP 更新的对外广播，同时又不影响该接口对 RIP 更新的接收。

下面就是一个在路由器上通过 CLI 配置 `passive-interface` 的示例：

```
Lab_A#config t
Lab_A(config)#router rip
Lab_A(config-router)#network 192.168.10.0
Lab_A(config-router)#passive-interface serial 0/0
```

这个命令将阻止串行接口 0/0 向外传播 RIP 更新，但它并不阻止串行接口 0/0 对 RIP 更新的接收。

8.6.6 RIPv2

在进入第 9 章之前，虽然还不能解开在 Corp 和 R2 路由器的路由选择表中出现对同一个网络保持两个路由的迷团，本节将包含相应的解答，我们仍将会把 R3 上的路由通告给此互联网络上的其他路由器。下面先花一点时间讨论一下 RIPv2。

真实案例

在一个互联网络中我们真正需要使用 RIP 吗？

假设你被聘为顾问，负责为某个规模不断扩大的网络安装多个思科路由器。在这个网络中有几个老式的 Unix 路由器仍然需要保留。这些路由器除 RIP 之外不支持任何其他的路由选择协议。我猜这也就意味着你只能在整个网络中使用 RIP。

当然，事情也不是只能这样。你完全不需要在整个网络上都运行 RIP，而只需要在某个连接老式网络的路由器上运行 RIP！

你可以进行一种称为再分配的转换，基本上就是将路由选择协议从一种转换为另一种。也就是说，你可以用 RIP 支持那些老式路由器，而对于网络的其他部分使用更好的协议，例如增强的 IGRP。

这样就可以阻止 RIP 路由被发送到整个互联网络的所有位置，从而节省宝贵的网络带宽。

RIP 版本 2 与版本 1 是基本相同的。RIPv1 和 RIPv2 都属于距离矢量协议，也就是说每个运行 RIP 的路由器都将定期从所有激活的接口发送其完整的路由选择表。此外，两个版本的 RIP 都具有相同的定时器和环路避免方案（例如保持失效定时器和水平分割规则）。RIPv1 和 RIPv2 都可以被配置为使用有类的寻址方式（但是由于 RIPv2 的子网信息是随路由更新一同发送的，因此它被认为是无类的），并且两者有相同的管理距离（120）。

但是它们之间存在的一些重要区别使得 RIPv2 比 RIPv1 具有更好的可扩展性。在继续讨论之前，我想给出一句忠告：在网络配置中，不管是哪个版本的 RIP，我都不推荐使用。由于 RIP 是一个开放的标准，它可以用于任意品牌的路由器。但是需要注意的是 OSPF（将在第 9 章中讨论）也是一个开放的标准，所以在相同的情况下你同样可以选择 OSPF。使用 RIP 只会消耗掉网络中更多的带宽，这在具体的应用中会极大地影响网络性能。当你有其他更好的可用选项，为什么还要坚持不甚理想的选择呢？

表 8-3 给出了 RIPv1 和 RIPv2 之间的区别。

表8-3　RIPv1与RIPv2

RIPv1	RIPv2
距离矢量	距离矢量
最大跳计数是15	最大跳计数是15
有类的	无类的
基于广播的	使用组播224.0.0.9
不支持VLSM	支持VLSM
无认证	允许MD5认证
不支持不连续网络	支持不连续网络

与 RIPv1 不同，RIPv2 是一个无类的路由选择协议（虽然它也可以像 RIPv1 一样被配置为有类的），也就是说，RIPv2 可以随路由更新发送子网掩码的信息。通过随更新发送子网掩码的信息，RIPv2 能

够支持 VLSM（Variable Length Subnet Mask，变长子网掩码）以及网络边界汇总，而在我们当前的网络设计中，使用它有时会带来更多不便。此外，RIPv2 还可以支持不连续的网络划分，这一内容将在第 9 章详细讨论，同时第 9 章也将给出化解路由选择表困惑的最终解决方案。

配置 RIPv2 是一个相当简单的过程。这里就给出一个示例：

```
Lab_C(config)#router rip
Lab_C(config-router)#network 192.168.40.0
Lab_C(config-router)#network 192.168.50.0
Lab_C(config-router)#version 2
```

操作就是这样，我们只需要在(config-router)#提示符下添加命令 version 2，然后运行的协议就是 RIPv2。下面将介绍 RIP 验证命令，然后这个互联网络中配置 RIPv2。

RIPv2 是无类的，可以支持 VLSM 和不连续网络。

8.7 验证配置

一旦完成对路由器的配置，或者至少是自认为已经完成了相应的配置，那么验证就是一件非常重要的工作。下面给出了在思科路由器上用于验证已经配置的被路由协议和路由选择协议的命令：

- show ip route
- show ip protocols
- debug ip rip

这里的第一个命令已经在前面的单元中介绍过了，所以下面的单元将只讨论后面的两个命令。

8.7.1 show ip protocols

命令 show ip protocols 可以显示在路由器上已配置的路由选择协议。由下面的输出可以了解到，路由器正在运行的是 RIP 协议，我们还可以看到 RIP 使用的多个定时器：

```
Corp#sh ip protocols
Routing Protocol is "rip"
Sending updates every 30 seconds, next due in 23 seconds
Invalid after 180 seconds, hold down 180, flushed after 240
Outgoing update filter list for all interfaces is not set
Incoming update filter list for all interfaces is not set
Redistributing: rip
Default version control: send version 1, receive any version
  Interface             Send  Recv  Triggered RIP  Key-chain
  Vlan1                 1     2 1
  FastEthernet0/0       1     2 1
  Serial0/0/0           1     2 1
```

```
    Serial0/0/1           1       2 1
    Serial0/1/0           1       2 1
  Automatic network summarization is in effect
  Maximum path: 4
  Routing for Networks:
       10.0.0.0
  Passive Interface(s):
  Routing Information Sources:
       Gateway          Distance      Last Update
       10.1.5.2            120        00:00:28
       10.1.2.2            120        00:00:21
       10.1.3.2            120        00:00:21
       10.1.4.2            120        00:00:12
  Distance: (default is 120)
```

注意在这个输出中 RIP 是每 30 秒发送一次更新，即使用默认设置。同时这里也给出了其他用于距离矢量的定时器。

再往下可以看到，对于那些直接相连的接口 f0/0、s0/0/0、s0/0/1 和 s0/1/0 都是由 RIP 进行的路由选择。在这些接口的右侧列出了用于发送和接收的协议版本号，分别为 RIPv1 和 RIPv2。这部分的内容对于排错非常重要。如果需要配置的接口没有在这个部分中列出，那么将不能为接口输入正确的网络描述，网络描述信息将会出现在 Routing for Networks 标题栏下方。

在 Gateway 标题栏下是 RIP 所找到的相邻设备，它的后面是 RIP 的默认 AD（120）。

使用 show ip protocols 命令排错

下面对一个示例路由器使用 show ip protocols 命令，通过查看另一网络中某路由器的输出，看看我们可以从中推断出些什么：

```
  Router#sh ip protocols
  Routing Protocol is "rip"
    Sending updates every 30 seconds, next due in 6 seconds
    Invalid after 180 seconds, hold down 180, flushed afteR340
    Outgoing update filter list for all interfaces is
    Incoming update filter list for all interfaces is
    Redistributing: rip
    Default version control: send version 1, receive any version
      Interface          Send  Recv   Key-chain
      Serial0/0           1     1 2
      Serial0/1           1     1 2
    Routing for Networks:
      10.0.0.0
  Routing Information Sources:
    Gateway          Distance     Last Update
    10.168.11.14       120        00:00:21
  Distance: (default is 120)
```

在同一路由器上使用 show ip interface brief 命令，看从中又能发现些什么：

```
Router#sh ip interface brief
Interface          IP-Address      OK?   Method Status
FastEthernet0/0    192.168.18.1    YES   manual   up
Serial0/0          10.168.11.17    YES   manual   up
FastEthernet0/1    unassigned      YES   NRAM     Administratively down
Serial0/1          192.168.11.21   YES   manual   up
```

根据 show ip protocols 的输出，我们可以看出在网络 10.0.0.0 上正在使用的路由选择是 RIP，也就是说配置可能是这样的：

```
Router(config)#router rip
Router(config-router)#network 10.0.0.0
```

可以看出，只有串行接口 0/0 和 0/1 参与了此 RIP 网络。并且由最后部分可以知道相邻的路由器是 10.168.11.14。

从 show ip interface brief 命令的输出中，我们可以了解到 10.0.0.0 网络中只包含串行接口 0/0。这表明这个路由器只使用 10.0.0.0 网络发送并接收路由选择的更新，而并不通过任一接口将通告发往 192.168.0.0 网络。要修正这一问题，我们需要在 router rip 这一全局命令下添加 192.168.11.0 和 192.168.18.0 网络。

8.7.2 debug ip rip

命令 debug ip rip 可以将路由器上正在发送和接收的路由更新显示到控制台会话中。如果到路由器的连接是通过远程登录建立的，则我们需要使用 terminal monitor 命令接收 debug 命令的输出。

在下面的输出中可以看到，RIP 既发送又接收（注意这里的度量标准是跳计数）：

```
R3#debug ip rip
RIP protocol debugging is on
RIP: received v1 update from 10.1.5.1 on FastEthernet0/0
      10.1.1.0 in 1 hops
      10.1.2.0 in 1 hops
      10.1.3.0 in 1 hops
      10.1.4.0 in 1 hops
      192.168.10.0 in 2 hops
      192.168.20.0 in 2 hops
      192.168.30.0 in 2 hops
      192.168.40.0 in 2 hops
RIP: sending  v1 update to 255.255.255.255 via Dot11Radio0/0/0(172.16.10.1)
RIP: build update entries
      network 10.0.0.0 metric 1
```

```
        network 192.168.10.0 metric 3
        network 192.168.20.0 metric 3
        network 192.168.30.0 metric 3
        network 192.168.40.0 metric 3

RIP: sending  v1 update to 255.255.255.255 via FastEthernet0/0 (10.1.5.2)
RIP: build update entries
        network 172.16.0.0 metric 1)
```

下面对这个输出进行一下讨论。首先，R3 接收到 Corp 路由器拥有的全部路由，然后 RIP 从接口 Dot11Radio0/0/0/0 通过 172.16.10.1 发送 v1 格式的分组到 255.255.255.255，即一个全 1 的广播。在这里使用 RIPv2 将会更好。为什么？因为 RIPv2 不会发送广播数据，它使用的是 224.0.0.9 组播。这样即使将 RIP 分组可传送到一个没有路由器的网络上，那里所有的主机也都会忽略这一数据，这一点也使得 RIPv2 在某些方面要优于 RIPv1。

好，在这里可以了解到这样一个事实，RIP 将通过 Dot11Radio0/0/0/0 发送出到达所有网络的通告，而在 R3 上由 FastEthernet 0/0 送出的最后的通告中只包含到达 172.16.0.0 的内容。为什么会这样？如果你的答案是因为水平分割的规则，那么你已经掌握了相关的内容！在本示例中，R3 路由器不会把接收自相邻路由器的那些网络路由再返回给同一路由器的。

注意　如果某个路由的度量值显示为 16，这就是一个路由中毒，并且这一网络将被通告为不可达。

使用 debug ip rip 命令排错

下面将在一个来自不同示例网络的路由器上使用 debug ip rip 命令，尝试发现问题并推导出其 RIP 的配置方式：

```
07:12:58: RIP: sending v1 update to 255.255.255.255 via
  FastEthernet0/0 (172.16.1.1)
07:12:58:  network 10.0.0.0, metric 1
07:12:58:  network 192.168.1.0, metric 2
07:12:58: RIP: sending v1 update to 255.255.255.255 via
  Serial0/0 (10.0.8.1)
07:12:58:  network 172.16.0.0, metric 1
07:12:58: RIP: Received v1 update from 10.0.15.2 n Serial0/0
07:12:58: 192.168.1.0 in one hop
07:12:58: 192.168.168.0 in 16 hops (inaccessible)
```

从这个更新中可以看出，正在被送出的信息是关于网络 10.0.0.0、192.168.1.0 和 172.16.0.0 的。其中 10.0.0.0 网络和 172.16.0.0 网络都被通告跳计数（度量值）为 1，表明与这些网络都是直接相连的。192.168.1.0 的度量被通告为 2，也就是说它没有直接相连。

对于这样的结果，所完成的配置应该是这样的：

```
Router(config)#router rip
Router(config-router)#network 10.0.0.0
Router(config-router)#network 172.16.0.0
```

通过仔细查看这一输出，我们应该还可以了解到一些情况：在这个 RIP 网络中至少包含了两个路由器，因为在这里发送路由更新的接口是两个，而接收到 RIP 更新的接口只有一个。此外，还应该注意到，网络 192.168.168.0 被通告为具有 16 跳的距离。RIP 的最大跳计数是 15，而 16 被认为是不可达的，这表明这个网络是不可访问的。因此，如果尝试对网络 192.168.168.0 中的主机执行 ping 操作，那么会有什么结果呢？这一操作不可能成功！而如果尝试对网络 10.0.0.0 中的任一主机执行 ping 操作，那么就不会有同样的问题。

下面还有一个希望你能感兴趣的输出，请你看一下自己是否能够发现其中的问题。这里有一个来自示例路由器上的 `debug ip rip` 和 `show ip route` 的输出：

```
07:12:56: RIP: received v1 update from 172.16.100.2 on Serial0/0
07:12:56:      172.16.10.0 in 1 hops
07:12:56:      172.16.20.0 in 1 hops
07:12:56:      172.16.30.0 in 1 hops

Router#sh ip route
[output cut]
Gateway of last resort is not set

   172.16.0.0/24 is subnetted, 8 subnets
C  172.16.150.0 is directly connected, FastEthernet0/0
C  172.16.220.0 is directly connected, Loopback2
R  172.16.210.0 is directly connected, Loopback1
R  172.16.200.0 is directly connected, Loopback0
R  172.16.30.0 [120/2] via 172.16.100.2, 00:00:04, Serial0/0
S  172.16.20.0 [120/2] via 172.16.150.15
R  172.16.10.0 [120/2] via 172.16.100.2, 00:00:04, Serial0/0
R  172.16.100.0 [120/2] is directly connected, Serial0/0
```

仔细查看一下上面给出的两个输出，看自己是否能解释为什么这里的用户不能访问 172.16.20.0？

调试输出显示网络 172.16.20.0 只有一跳的距离，并且这一路由由 `serial 0/0` 接收自 172.16.100.2。在 `show ip route` 的输出中，我们看到目的方为 172.16.20.0 的分组将会被发送到 172.16.150.15 处，注意这是一个静态的路由。这个输出还表明，172.16 .150.0 是与 `FastEthernet0/0` 直接相连接的，但是网络 172.16.20.0 应该位于 `serial0/0` 一侧，因此，由于一个错误配置的静态路由，凡是目的方指向 172.16.20.0 的分组都将会由错误的接口发送出去。

8.7.3 在互联网络上启用 RIPv2

在学习第 9 章的内容并完成对 EIGRP 和 OSPF 配置之前，我想在路由器上启用 RIPv2。这只需要一点点的时间，下面就是我进行的配置：

```
Corp#config t
Corp(config)#router rip
Corp(config-router)#version 2
Corp(config-router)#^Z

R1#config t
R1(config)#router rip
R1(config-router)#version 2
R1(config-router)#^Z

R2#config t
Enter configuration commands, one per line.  End with CNTL/Z.
R2(config)#router rip
R2(config-router)#version 2
R2(config-router)#^Z

R3#config t
R3#(config)#router rip
R3#(config-router)#version 2
R3#(config-router)#^Z
```

这一部分可能是本书中目前为止进行的最简单配置。来看一下，这个路由选择表中是否有什么与前面的路由选择表不同。下面是Corp路由器上当前路由选择表的内容：

```
     10.0.0.0/24 is subnetted, 5 subnets
C       10.1.1.0 is directly connected, Vlan1
C       10.1.2.0 is directly connected, Serial0/0/0
C       10.1.3.0 is directly connected, Serial0/0/1
C       10.1.4.0 is directly connected, Serial0/1/0
C       10.1.5.0 is directly connected, FastEthernet0/0
    172.16.0.0/16 is variably subnetted, 2 subnets, 2 masks
R       172.16.0.0/16 [120/1] via 10.1.5.2, 00:00:18, FastEthernet0/0
S       172.16.10.0/24 [150/0] via 10.1.5.2
R    192.168.10.0/24 [120/1] via 10.1.2.2, 00:00:04, Serial0/0/0
                     [120/1] via 10.1.3.2, 00:00:04, Serial0/0/1
R    192.168.20.0/24 [120/1] via 10.1.2.2, 00:00:04, Serial0/0/0
                     [120/1] via 10.1.3.2, 00:00:04, Serial0/0/1
R    192.168.30.0/24 [120/1] via 10.1.4.2, 00:00:06, Serial0/1/0
R    192.168.40.0/24 [120/1] via 10.1.4.2, 00:00:06, Serial0/1/0
Corp#
```

很好，在我看来一切都是相同的，而且它也没有修复对于172.16.0.0网络给出双路由表项的问题。下面将运行debug操作，看看是否能看到新的内容：

```
Corp#debug ip rip
RIP protocol debugging is on
Corp#RIP: sending  v2 update to 224.0.0.9 via Vlan1 (10.1.1.1)

RIP: build update entries
      10.1.2.0/24 via 0.0.0.0, metric 1, tag 0
      10.1.3.0/24 via 0.0.0.0, metric 1, tag 0
      10.1.4.0/24 via 0.0.0.0, metric 1, tag 0
      10.1.5.0/24 via 0.0.0.0, metric 1, tag 0
      172.16.0.0/16 via 0.0.0.0, metric 2, tag 0
      192.168.10.0/24 via 0.0.0.0, metric 2, tag 0
      192.168.20.0/24 via 0.0.0.0, metric 2, tag 0
      192.168.30.0/24 via 0.0.0.0, metric 2, tag 0
      192.168.40.0/24 via 0.0.0.0, metric 2, tag 0

RIP: sending  v2 update to 224.0.0.9 via FastEthernet0/0 (10.1.5.1)
[output cut]
```

太好了！注意这里！这些网络仍然是每 30 秒接收一次通告，但现在在发送通告 v2，并且使用的是组播方式，其地址为 224.0.0.9。再来看一下 show ip protocols 的输出：

```
Corp#sh ip protocols
Routing Protocol is "rip"
Sending updates every 30 seconds, next due in 20 seconds
Invalid after 180 seconds, hold down 180, flushed after 240
Outgoing update filter list for all interfaces is not set
Incoming update filter list for all interfaces is not set
Redistributing: rip
Default version control: send version 2, receive 2
  Interface             Send  Recv  Triggered RIP  Key-chain
  Vlan1                 2     2
  FastEthernet0/0       2     2
  Serial0/0/0           2     2
  Serial0/0/1           2     2
  Serial0/1/0           2     2
Automatic network summarization is in effect
Maximum path: 4
Routing for Networks:
      10.0.0.0
Passive Interface(s):
Routing Information Sources:
      Gateway         Distance      Last Update
      10.1.5.2             120      00:00:09
```

```
    10.1.2.2            120         00:00:20
    10.1.3.2            120         00:00:20
    10.1.4.2            120         00:00:23
Distance: (default is 120)
```

现在这里发送和接收的更新都是RIPv2。当所有事情都在正常时感觉一定很好，不是吗？但是，目前为止我仍然没有能修复在Corp和R2路由选择表中关于172.16.0.0网络的双路由问题，尽管可以通过附加一个配置项使用RIPv2，但我希望使用同样的示例来看一下EIGRP的情况。注意，表8-3已经给出了对这一问题的解释。

使用RIP通告默认路由

下面介绍如何将进出自治系统的连接通告出去。假设你正在看我们的网络结构图，并且想将图中连接到R3的无线网络换掉，我们可在R3上使用并配置一个串行接口，将这个小型的互联网络通过R3连接到因特网上。

如果我们将R3连接到因特网上，那么这个AS中的所有路由器都需要知道应该将指向因特网的分组发往哪里，否则这些路由器会在接收到一个带有远程请求的分组时将这些要发送的分组丢弃。一个可行的解决方案就是在每台路由器上都配置一个默认路由，将这些数据通过R3进行中转，依次使用默认路由到达ISP。在中小型网络中多数人会采用这种配置。

然而，目前这里的所有路由器包括R3都在运行RIPv2，因此这里只需在R3上添加一个到ISP的默认路由（这也正是我通常的做法），然后再使用另外一个命令，来通告AS中的其他路由器此网络为默认路由。

下面就是在R3上重新进行配置的示例：

```
R3(config)#interface s0/0
R3(config-if)#ip address 172.16.10.5 255.255.255.252
R3(config-if)#exit
R3(config)#ip route 0.0.0.0 0.0.0.0 s0/0
R3(config)#ip default-network 172.16.0.0
```

现在，来看一下Corp和R2上路由选择表中的内容：

```
Corp#
10.0.0.0/24 is subnetted, 5 subnets
C       10.1.1.0 is directly connected, Vlan1
C       10.1.2.0 is directly connected, Serial0/0/0
C       10.1.3.0 is directly connected, Serial0/0/1
C       10.1.4.0 is directly connected, Serial0/1/0
C       10.1.5.0 is directly connected, FastEthernet0/0
     172.16.0.0/16 is variably subnetted, 2 subnets, 2 masks
R       172.16.0.0/16 [120/1] via 10.1.5.2, 00:00:16, FastEthernet0/0
S       172.16.10.0/24 [150/0] via 10.1.5.2
R    192.168.10.0/24 [120/1] via 10.1.2.2, 00:00:16, Serial0/0/0
                     [120/1] via 10.1.3.2, 00:00:16, Serial0/0/1
R    192.168.20.0/24 [120/1] via 10.1.2.2, 00:00:16, Serial0/0/0
```

```
                [120/1] via 10.1.3.2, 00:00:16, Serial0/0/1
R    192.168.30.0/24 [120/1] via 10.1.4.2, 00:00:02, Serial0/1/0
R    192.168.40.0/24 [120/1] via 10.1.4.2, 00:00:02, Serial0/1/0
R*   0.0.0.0/0 [120/1] via 10.1.5.2, 00:00:16, FastEthernet0/0
Corp#
```

好，看一下最后一项：R3 正在通告 Corp 路由器 “嗨，我有一条通往因特网的线路!”，即 “我就是进出本 AS 的道路!” 下面来看一下在 R2 中是否有同样的内容：

```
R2#
 10.0.0.0/24 is subnetted, 5 subnets
R       10.1.1.0 [120/1] via 10.1.4.1, 00:00:29, Serial0/0/0
R       10.1.2.0 [120/1] via 10.1.4.1, 00:00:29, Serial0/0/0
R       10.1.3.0 [120/1] via 10.1.4.1, 00:00:29, Serial0/0/0
C       10.1.4.0 is directly connected, Serial0/0/0
R       10.1.5.0 [120/1] via 10.1.4.1, 00:00:29, Serial0/0/0
     172.16.0.0/16 is variably subnetted, 2 subnets, 2 masks
R       172.16.0.0/16 [120/2] via 10.1.4.1, 00:00:29, Serial0/0/0
S       172.16.10.0/24 [150/0] via 10.1.4.1
R    192.168.10.0/24 [120/2] via 10.1.4.1, 00:00:29, Serial0/0/0
R    192.168.20.0/24 [120/2] via 10.1.4.1, 00:00:29, Serial0/0/0
C    192.168.30.0/24 is directly connected, FastEthernet0/0
C    192.168.40.0/24 is directly connected, FastEthernet0/1
R*   0.0.0.0/0 [120/2] via 10.1.4.1, 00:00:29, Serial0/0/0
R2#
```

R2 的输出也给出了同样的内容，因此这个 `ip default-network` 命令是有效的并且随 RIP 一同工作，需要说明的是，我也验证了 R1 同样可以接收此默认路由。这个命令在 RIP 或者 RIPv2 下都可以正常工作。

现在你已经完成了本章内容的学习，可以开始学习下一章的内容了!

8.8 小结

本章对 IP 路由选择进行了详细讨论。真正理解本章的基础性内容是非常重要的，因为在思科路由器上完成的操作都会涉及 IP 路由选择以及相关的配置。

本章主要介绍了 IP 路由选择如何在路由器和目的主机之间使用数据帧传递分组。在这之后，我们在路由器上配置了静态路由，并讨论了 IP 用于判断到达目的网络的最佳路由的管理距离。对于存根网络，我们可以配置默认路由选择，也就是在路由器上设置最终网关。

接下来我们详细讨论了动态路由，特别是 RIP 以及它在互联网络（并非全部网络）上的工作方式。最后，我们对 RIP 进行了验证，并将 RIPv2 应用到了小型网络中，然后又将默认路由通告给了整个 AS。

在下一章中，我们将通过对 EIGRP 和 OSPF 的讨论继续学习动态路由选择。

8.9 考试要点

描述基本的 IP 路由选择过程。需要记住的是，数据帧在每一跳处都会改变，而分组在到达目的设备之前决不会被改变或以任意方式操纵。（IP 头部的 TTL 字段会随每一跳递减，但也仅限于此！）

列举路由器用于成功路由分组的信息。为了能够完成对分组的路由，路由器至少需要了解目的地址、到达远程网络必须经由的相邻路由器的位置、通向所有远程网络的可用路由、到达每个远程网络的最佳路由，以及维护并验证路由选择信息的方式。

描述路由选择过程中使用 MAC 地址被使用的方式。MAC（硬件）地址只能用于本地 LAN。它决不会给路由器接口传递。数据帧使用 MAC（硬件）地址在 LAN 中传送分组。数据帧可以将分组发往本地 LAN 中的一台主机或者是某台路由器的接口（如果这一分组的目的方是远程网络）。当分组在路由器间传递时，传递过程中使用的 MAC 地址将不断改变，而分组中原始的源和目的 IP 地址通常不会改变。

查看并解释路由器的路由选择表。查看路由选择表可以使用 `show ip route` 命令。源路由选择信息及其对应的每一路由都将被显示出来。路由左侧的 C 表明是直接连接的路由，而此路由相邻的其他字母可用来指明提供此路由信息的某一特定路由选择协议，例如 R 指明提供此路由信息的路由选择协议为 RIP。

区分 3 种路由选择。3 种路由选择是静态的（是指那些在 CLI 下手工配置的路由）、动态的（是指那些由路由器通过路由选择协议共享路由选择信息形成的路由）和默认的路由选择（其中有一个特定的路由，是为那些在路由选择表中不能找到指定目的网络的流量配置的）。

对照并比较静态路由选择和动态路由选择。静态路由选择不会产生路由选择更新通信量，并且只在路由器和网络链路上形成很少的开销，但是它必须经手工配置，并且不能对链路的中断作出响应。动态路由选择需要产生路由选择更新通信量，而这会在路由器和网络链路上造成更多的开销，但是它可以对链路的中断作出响应，并且当对同一网络有多个路由并存时能从中选出最优的一个。

在 CLI 下配置静态路由。添加路由的命令语法是 `ip route [destination_network] [mask] [next-hop_address or  exitinterface] [administrative_distance] [permanent]`。

创建默认路由。添加默认路由可以使用的命令语法是 `ip route 0.0.0.0 0.0.0.0` *`ip-address or exit interface type and number`*。

理解管理距离以及它对于选择最佳路由的作用。管理距离（AD）是用于评估某台路由器上接收到的、来自相邻路由器的路由选择信息的可信度的指标。管理距离是一个从 0 到 255 范围内的整数，值为 0 表示最可信，值为 255 意味着没有通信量会通过这一路由。所有的路由选择协议都被指定了一个默认的 AD，但是这一值可以在 CLI 下修改。

区分距离矢量、链路状态和混合路由选择协议。距离矢量路由选择协议基于跳计数（想象一下 RIP 的工作过程）完成路由选择，而链路状态路由选择协议在选择最佳路由时还能够考虑更多的因素，如可用带宽和延时等。混合路由选择协议则兼具了前面两种路由选择协议的特性。

列举用于阻止网络中出现路由选择环路的机制。在阻止出现路由环路的操作中，最大跳计数、水平分割、路由中毒以及保持失效定时器都有各自的作用。

描述在使用 RIP 时使用的各种计数器。路由更新定时器给出了两次路由选择更新的时间间隔，路由失效定时器用于断定在认定一个路由为无效路由之前需要等待的时长（180 s），保持失效定时器用于设置路由选择信息被抑制（当一个链路不可达时）的时长，而路由刷新定时器用于设置某个路由被判定无效到将它被从路由选择表中删除之间的时间间隔（240 s）。

配置 RIP 路由选择。要配置 RIP 路由选择，首先我们必须进入全局配置模式，然后输入命令 **router rip**。接着添加所有直接连接的网络，并且确保使用有类地址。

识别用于验证 RIP 路由选择的命令。命令 show ip route 可给出路由选择表的内容。表中左边的字符 R 指明该路由是由 RIP 发现的。命令 debug ip rip 可给出在路由器上发送和接收到的 RIP 更新数据。如果发现某个路由的度量值为 16，则这个路由被认为是不可用的。

描述 RIPv1 和 RIPv2 之间的不同。RIPv1 每 30 s 就发送一次广播，并且其 AD 为 120。RIPv2 每 30 秒就发送一次组播（224.0.0.9），而且 AD 也为 120。RIPv2 可以随路由更新发送子网掩码信息，因此可以支持无类网络和不连续的网络。此外，RIPv2 还支持路由器间的认证，而 RIPv1 不能。

8.10 书面实验 8

给出下列问题的答案。

(1) 在恰当的命令提示符下，创建一个通往网络 172.16.10.0/24 的静态路由，使用的下一跳的网关为 172.16.20.1，并且它的管理距离为 150。

(2) 当某 PC 向一个远程网络中的 PC 发送分组时，发给默认网关的数据帧中使用的目的 IP 地址和 MAC 地址将会是什么？

(3) 在恰当的命令提示符下，创建通往 172.16.40.1 的默认路由。

(4) 如果要在一个无类环境中使用默认的路由选择，还必须使用什么命令？

(5) 默认路由对哪种类型的网络更有好处？

(6) 在恰当的命令提示符下，显示路由器上的路由选择表。

(7) 在创建静态或默认路由时，不必使用下一跳 IP 地址，这时可以使用_____。

(8) 对/错：为了到达目的主机，你必须知晓远程主机的 MAC 地址。

(9) 对/错：为了到达目的主机，你必须知道远程主机的 IP 地址。

(10) 在恰当的命令提示符下，执行需要在 DCE 串行接口上运行但在 DTE 串行接口上不需要运行的命令。

(11) 在恰当的命令提示符下，使用 IP 地址 10.0.0.1/24 在接口上启用 RIP 路由选择。

(12) 在恰当的命令提示符下，给出阻止路由器从串行接口 1 传播出 RIP 信息的命令。

(13) 什么样的路由选择环路阻止机制会在某个链路失效时送出最大跳计数？

(14) 什么样的路由选择环路阻止机制会抑制将路由选择信息重传回接收这些信息的接口？

(15) 在恰当的命令提示符下，将路由器发送或接收到的 RIP 路由选择更新显示到控制台会话。

（书面实验 8 的答案可以在本章复习题答案的后面找到。）

8.11 动手实验

在下面的动手实验中，你需要配置一个带有 3 台路由器的网络。这些练习假定与前面各章的实验具有相同的配置需求。

8

本章包含下列实验。

- 实验 8.1：创建静态路由
- 实验 8.2：配置 RIP 路由选择

下图给出的互联网络将用于配置所有路由器。

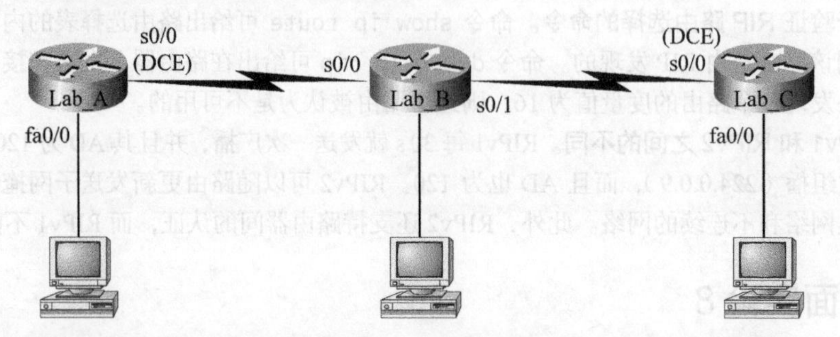

表 8-4 给出了每台路由器（每个接口都使用一个/24 的掩码）上的 IP 地址。

表8-4　我们的IP地址

路　由　器	接　　口	IP地址
Lab_A	F0/0	172.16.10.1
Lab_A	S0/0	172.16.20.1
Lab_B	S0/0	172.16.20.2
Lab_B	S0/1	172.16.30.1
Lab_C	S0/0	172.16.30.2
Lab_C	Fa0/0	172.16.40.1

这些实验均未在 Lab_B 路由器上使用 LAN 接口。如果需要，你可以添加 LAN 到实验中。

8.11.1　动手实验 8.1：创建静态路由

在这个实验里，你需要为全部 3 个路由器分别创建静态路由，以使这些路由器可以了解所有的网络。完成时，请使用 Ping 程序进行验证。

(1) 路由器 Lab_A 连接到了两个网络——172.16.10.0 和 172.16.20.0。你需要为网络 172.16.30.0 和 172.16.40.0 添加路由。我们使用下列命令来添加静态路由。

```
Lab_A#config t
Lab_A(config)#ip route 172.16.30.0 255.255.255.0
   172.16.20.2
Lab_A(config)#ip route 172.16.40.0 255.255.255.0
   172.16.20.2
```

(2) 进入特权模式，输入 **copy run start**，并按下回车键，为 Lab_A 路由器保存当前的配置。

(3) 在 Lab_B 路由器上，到网络 172.16.20.0 和 172.16.30.0 的连接是直接连接。你需要为网络 172.16.10.0 和 172.16.40.0 添加路由。我们使用下列命令添加静态路由。

```
Lab_B#config t
Lab_B(config)#ip route 172.16.10.0 255.255.255.0
  172.16.20.1
Lab_B(config)#ip route 172.16.40.0 255.255.255.0
  172.16.30.2
```

(4) 进入启用的模式，输入 **copy run start**，并按下回车键，为 Lab_B 路由器保存当前的配置。

(5) 在 Lab_C 路由器上，创建到达网络 172.16.10.0 和 172.16.20.0 的静态路由，它们与路由器并不直接连接。创建静态路由，使路由器 Lab_C 能了解所有的网络，我们使用如下命令：

```
Lab_C#config t
Lab_C(config)#ip route 172.16.10.0 255.255.255.0
  172.16.30.1
Lab_C(config)#ip route 172.16.20.0 255.255.255.0
  172.16.30.1
```

(6) 进入启用的模式，输入 **copy run start**，并按下回车键，为 Lab_C 路由器保存当前的配置。

(7) 检查路由选择表，通过执行 **show ip route** 确保所有 4 个网络都被显示。

(8) 现在从每个路由器 ping 你的主机，并且在所有路由器间执行 ping 操作。如果配置是正确的，结果将会表明 Ping 操作成功。

8.11.2 动手实验 8.2：配置 RIP 路由

在这个实验中，我们将使用动态路由选择协议 RIP，以此淘汰静态路由选择。

(1) 使用 no ip route 命令，来删除路由器上已配置的任一静态路由或默认路由。下面就是一个示例，它给出了在 Lab_A 路由器上删除静态路由的操作：

```
Lab_A#config t
Lab_A(config)#no ip route 172.16.30.0 255.255.255.0
  172.16.20.2
Lab_A(config)#no ip route 172.16.40.0 255.255.255.0
  172.16.20.2
```

为路由器 Lab_B 和 Lab_C 执行同样的操作。验证目前路由选择表中只存在直接相连的网络。

(2) 清除了静态路由和默认路由之后，在路由器 Lab_A 上通过输入 **config t** 进入配置模式。

(3) 通过输入 **router rip** 并按下回车键配置路由器，让它使用 RIP 路由选择协议，如下所示：

```
config t
router rip
```

(4) 为需要进行通告的网络添加网络号。由于路由器 Lab_A 有两个接口分别位于两个不同的网络中，因此你必须使用每个接口所在网络的网络 ID 完成网络声明。另外，你也可以使用这些网络的一个汇总，使用一个共同的声明，从而使路由选择表最小化。由于这两个网络分别是 172.16.10.0/24 和 172.16.20.0/24，网络汇总 172.16.0.0 将同时包含这两个子网。所以，要完成配置可以输入 **network 172.16.0.0** 并按下回车键。

(5) 按下 Ctrl+Z，退出配置模式。

(6) 路由器 Lab_B 和 Lab_C 上的接口分别属于 172.16.20.0/24 和 172.16.30.0/24 网络，因此同样的汇总网络声明也是可以正常工作的。输入相同的命令，如下所示：

```
Config t
Router rip
network 172.16.0.0
```

(7) 通过输入下列命令，验证 RIP 在每个路由器上的运行情况：

show ip protocols

（应能表明 RIP 正在本路由器上运行）

show ip route

（应该给出当前使用的路由，并且在路由的左侧显示字符 R）

show running-config or show run

（应能表明 RIP 当前正在运行，并且网络正被通告）

(8) 通过输入 **copy run start** 或 **copy running-config startup-config** 命令，并按下回车键，保存配置。

(9) 通过 ping 所有的远程网络和主机验证此网络的配置情况。

8.12　复习题

注意　下面的复习题旨在测试你对本章内容的理解程度。有关如何获取更多复习题的信息，请参阅本书的前言。

(1) Acme 公司使用一个名为 Gateway 的路由器连接自己的 ISP，而此 ISP 路由器的地址为 206.143.5.2。在此 Gateway 路由器上使用下列哪两个命令可使因特网访问这里的整个网络？

A. Gateway(config)#**ip route 0.0.0.0 0.0.0.0 206.143.5.2**
B. Gateway(config)#**router rip**
   Gateway(config-router)#**network 206.143.5.0**
C. Gateway(config)#**router rip**
   Gateway(config-router)#**network 206.143.5.0 default**
D. Gateway(config)#**ip route 206.143.5.0 255.255.255.0 default**
E. Gateway(config)#**ip default-network 206.143.5.0**

(2) 什么命令可以阻止从某个接口输出 RIP 路由选择更新，但仍允许该接口接收 RIP 路由更新？

A. Router(config-if)#**no routing**
B. Router(config-if)#**passive-interface**
C. Router(config-router)#**passive-interface s0**
D. Router(config-router)#**no routing updates**

(3) 关于命令 ip route 172.16.4.0 255.255.255.0 192.168.4.2，下面哪两个描述是正确的？

A. 此命令用于建立静态路由　　B. 使用了默认的管理距离
C. 此命令用于配置默认路由　　D.源地址的子网掩码为 255.255.255.0
E. 此命令用于建立存根网络

(4) 在如下网络中，HostA 将使用什么目的地址将数据发送给 HTTPS 服务器？（选择其中的两个。）

A. 交换机的 IP 地址
B. 远程交换机的 MAC 地址
C. HTTPS 服务器的 IP 地址
D. HTTPS 服务器的 MAC 地址
E. RouterA 的 Fa0/0 接口的 IP 地址
F. RouterA 的 Fa0/0 接口的 MAC 地址

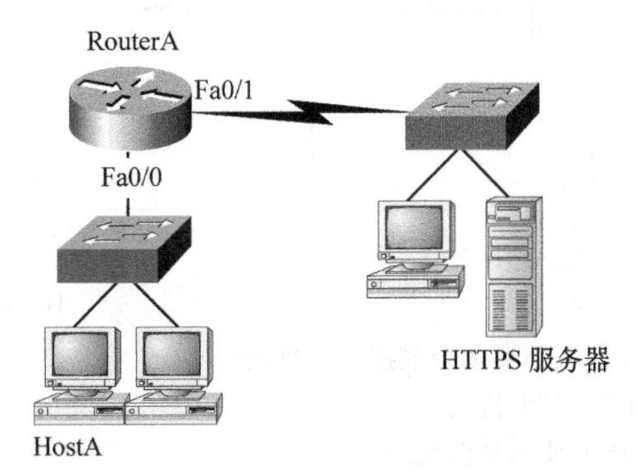

(5) 关于下面的输出下列哪两个描述是正确的？

```
04:06:16: RIP: received v1 update from 192.168.40.2 on Serial0/1
04:06:16:      192.168.50.0 in 16 hops (inaccessible)
04:06:40: RIP: sending v1 update to 255.255.255.255 via
   FastEthernet0/0 (192.168.30.1)
04:06:40: RIP: build update entries
04:06:40:       network 192.168.20.0 metric 1
04:06:40:       network 192.168.40.0 metric 1
04:06:40:       network 192.168.50.0 metric 16
04:06:40: RIP: sending v1 update to 255.255.255.255 via Serial0/1
   (192.168.40.1)
```

A. 此路由器上有 3 个接口参与了这一更新
B. 可以成功地 ping 192.168.50.1
C. 这里至少有两个路由器在交换信息
D. 可以成功地 ping 192.168.40.2

(6) 关于水平分割操作，下面哪个描述是最佳的？

A. 关于某路由的信息不能被发送回原更新数据送来的方向
B. 拥有一个大型的总线（水平）物理网络时，这一操作可以分割流量
C. 对于失效的链路，它可以保持常规更新而非广播
D. 它可以阻止常规更新消息对已经失效的路由重新进行构建

(7) 如下图所示，如果 HostA 试图与 HostB 进行通信并且 RouterC 的 F0/0 接口失效了，那么下面哪两个描述是正确的？

A. RouterC 将使用一个 ICMP 向 HostA 通告 HostB 已经不可达了
B. RouterC 将使用一个 ICMP 向 RouterB 通告 HostB 已经不可达了
C. RouterC 将使用一个 ICMP 向 HostA、RouterA 和 RouterB 通告 HostB 已经不可达了
D. RouterC 将发送一个目标不可达类型的消息

E. RouterC 将发送一个路由器选择类型的消息

F. RouterC 将发送一个源抵制类型的消息

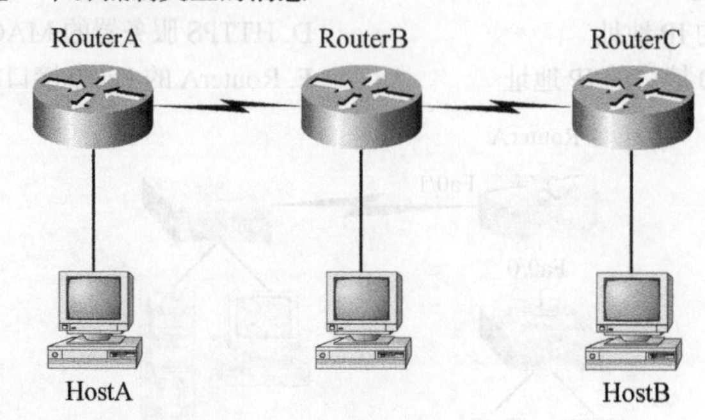

(8) 关于无类路由选择协议，下面哪两个描述是正确的？

A. 不连续网络的使用是不被允许的

B. 可变长度的子网掩码的使用是被允许的

C. RIPv1 是一种无类路由选择协议

D. IGRP 在同一个自治系统中支持无类路由选择

E. RIPv2 支持无类路由选择

(9) 关于距离矢量路由选择协议和链路状态路由选择协议的描述，下面哪两个是正确的？

A. 链路状态将定期从所有可用的接口上发送它完整的路由选择表

B. 距离矢量将定期从所有可用的接口上发送它完整的路由选择表

C. 链路状态将发送包含有它自己与互联网络中所有路由器相连链路的状态的更新

D. 距离矢量将发送包含有它自己与互联网络中所有路由器相连链路的状态的更新

(10) 下面哪个命令可以用于显示 RIP 路由选择的更新？

A. `show ip route`　　B. `debug ip rip`　　C. `show protocols`　　D. `debug ip route`

(11) RIPv2 将使用什么阻止路由选择环路？（选择其中两个。）

A. CIDR　　B. 水平分割　　C. 认证

D. 无类掩码遮盖　　E. 保持失效定时器

(12) 某个网络管理员在查看由 `show ip route` 命令给出的输出时，发现某个由 RIP 和 EIGRP 通告的网络在其路由表中都被标识为 EIGRP 路由。为什么在这个路由选择表中没有使用到这个网络的 RIP 路由？

A. EIGRP 拥有更快的更新定时器

B. EIGRP 拥有更低的管理距离

C. RIP 的路由拥有更高的度量值

D. EIGRP 路由具有更低的跳计数

E. RIP 路径形成了路由选择环路

(13) 当你在路由器的控制台上输入了 **debug ip rip** 命令，并发现正在通告的 172.16.10.0 的度量值为 16。这意味着什么？

A. 这个路由为 16 跳远

B. 这个路由具有 16 微秒的延迟

C. 这个路由不可达

D. 这个路由排在第二个 16 条消息处

(14) RIPv2使用何种度量标准找出到达远程网络的最佳路径？

A. 跳计数　　B. MTU　　C. 接口累积延迟

D. 负载　　E. 路径带宽值

(15) 公司路由器收到一个源IP地址为192.168.214.20并且目的地址为192.168.22.3的IP分组。查看下面给出的此公司路由器的输出，指出此路由器将如何处理这一分组？

```
Corp#sh ip route
[output cut]
R     192.168.215.0 [120/2] via 192.168.20.2, 00:00:23, Serial0/0
R     192.168.115.0 [120/1] via 192.168.20.2, 00:00:23, Serial0/0
R     192.168.30.0 [120/1] via 192.168.20.2, 00:00:23, Serial0/0
C     192.168.20.0 is directly connected, Serial0/0
C     192.168.214.0 is directly connected, FastEthernet0/0
```

A. 这一分组将被丢弃　　B. 这一分组将从接口S0/0处被路由出去

C. 此路由器将通过广播查找此目的地址　　D. 这一分组将从接口Fa0/0处被路由出去

(16) 如果路由选择表中包含一个静态路由，同时对此网络还存在一条RIP路由和一条EIGRP路由，那么默认使用哪个路由转发分组？

A. 任意可用的路由　　B. RIP路由　　C. 静态路由

D. EIGRP路由　　E. 对所有路由使用负载均衡

(17) 下面给出了路由选择表。其中哪个网络将不会出现在相邻路由器的路由选择表中？

```
R     192.168.30.0/24 [120/1] via 192.168.40.1, 00:00:12, Serial0
C     192.168.40.0/24 is directly connected, Serial0
      172.16.0.0/24 is subnetted, 1 subnets
C        172.16.30.0 is directly connected, Loopback0
R     192.168.20.0/24 [120/1] via 192.168.40.1, 00:00:12, Serial0
R     10.0.0.0/8 [120/15] via 192.168.40.1, 00:00:07, Serial0
C     192.168.50.0/24 is directly connected, Ethernet0
```

A. 172.16.30.0　　B. 192.168.30.0　　C. 10.0.0.0

D. 所有这些网络都将出现在相邻路由器的路由选择表中

(18) 两个相连的路由器均只配置了RIP路由选择。当其中某个路由器接收到一个对路由选择表中已经存在的网络的路由选择更新，并且这一更新包含的路径代价比原有的高时，结果会怎样？

A. 此更新信息将会被加入当前的路由选择表

B. 此更新内容将会被忽略，并且不会有更进一步的操作

C. 此更新信息将会替代当前的路由选择表项

D. 当前的路由选择表表项将会被从路由选择表中删除，并且所有的路由器都会交换路由选择更新以达到会聚

(19) 关于路由中毒，下面哪个描述是正确的？

A. 它将回送接收自某路由器的协议，作为停止常规更新的中毒药丸

B. 它是接收自某个路由器的、不能向原始路由器回送的信息

C. 它将阻止常规的更新消息恢复某个刚刚出现的路由

D. 它描述的是路由器为某个已经失效的链路设置无穷大度量值时的操作

(20) 关于 RIPv2，下面哪个描述是正确的？

A. 与 RIPv1 相比它具有更低的管理距离

B. 它要比 RIPv1 会聚得更快

C. 它与 RIPv1 拥有相同的定时器

D. 同 RIPv1 相比它更难配置

8.13 复习题答案

(1) A、E。实际上有 3 种方式可以配置相同的默认路由，但答案中只给出了两种。首先，我们可以使用 0.0.0.0 0.0.0.0 掩码，随后指定下一跳，以此来设置默认路由，如答案 A 所示。另外，我们也可以使用 0.0.0.0 0.0.0.0，并用输出接口代替下一跳的方式。最后，我们也可以使用答案 E 中的 `ip default-network` 命令。

(2) C。`(config-router)#` **`passive-interface`** 命令阻止更新被从某个接口发送出去，但路由更新仍然可被接收。这一命令不能在接口配置模式中执行，但能在 RIP 配置模式（通过输入 **`router rip`** 进入）中执行，并且此接口可以 *`interface_type number`* 的形式在命令的后部指定。

(3) A、B。虽然答案 D 看上去似乎正确，但它不对。这里的掩码是用于远程网络的掩码，而不是源网络的。由于命令中静态路由后不再跟有数字，它只使用 1 这个默认的管理距离。

(4) C、F。交换机既不能用作默认网关也不能用作其他目的方。交换机不做任何与路由相关的事情。记住，目的方的 MAC 地址只能是路由器的接口地址。来自 HostA 的帧的目的方地址将是 RouterA 的 Fa0/0 接口的 MAC 地址。分组的目的方地址，将是 HTTPS 服务器的网络接口卡（NIC）的 IP 地址。在数据段头部的目的端口号将是 443（HTTPS）。

(5) C、D。到 192.168.50.0 的路由是不可达的（对于 RIP 来说，度量值为 16 意味着相同的事情），并且只有 s0/1 和 FastEthernet 0/0 接口参加了 RIP 更新。因为路由更新被接收，至少有两个路由器参与了 RIP 路由选择过程。由于对网络 192.168.40.0 的路由更新是由 Fa0/0 接口送出，并且接收了来自 192.168.40.2 的路由数据，因此我们有理由认定到这个地址的 ping 操作是可以成功的。

(6) A。若从某一路由器了解到一条路由，水平分割便不会把这个路由的通告返回给这个路由器。

(7) A、D。RouterC 将使用 ICMP 通知 HostA，说明 HostB 不可达，这是通过发送目标不可达类型的 ICMP 消息实现的。

(8) B、E。有类路由选择就是说互联网络中所有的主机都使用相同的掩码且只使用默认的掩码。无类路由选择就是说可以使用变长子网掩码（VLSM）并且可以支持不连续的网络划分。

(9) B、C。距离矢量路由选择协议定期在所有激活的接口发送完整的路由选择表。链路状态路由选择协议发送包括它们自己链路状态的更新数据给互联网络中的所有路由器。

(10) B。`Debug ip rip` 用于显示在路由器上发送及接收的因特网协议（IP）路由信息协议（RIP）的更新。

(11) B、E。RIPv2 与 RIPv1 使用相同的定时器和环路避免方案。水平分割用于制止更新从其接收到的同一接口再被发出。保持失效定时器为在出现不稳定链路时稳定网络状态留出了时间。

(12) B。RIP 的管理距离（AD）为 120，而 EIGRP 的管理距离为 90，因此路由器将忽略到同一网络的、任何 AD 值高于 90 的路由。

(13) C。默认情况下，在 RIP 网络上不能有 16 跳。如果接收到的某个路由被通告度量值为 16 跳，则说明这个路由已经是不可达的了。

(14) A。RIPv1 和 RIPv2 只使用最低的跳计数判断到达远程网络的最佳路径。

(15) A。由于路由选择表中没有通往 192.168.22.0 网络的路由，路由器将丢弃这个分组并从接口 FastEthernet0/0 送出一个目标不可达 ICMP 消息，这个接口连接产生分组的源 LAN。

(16) C。静态路由的管理距离默认为 1。除非你修改这一值，否则静态路由的优先级一直高于所有以其他方式发现的路由。EIGRP 使用的管理距离默认为 90，而 RIP 使用的管理距离默认为 120。

(17) C。网络 10.0.0.0 不能被放置在下一个路由器的路由选择表中，因为它已经是 15 跳了。再多一跳将使路由达到 16 跳，在 RIP 网络中这是无效的。

(18) B。当路由器接收到一个路由更新时，它首先检查管理距离（AD）并且总是选择具有最低 AD 的路由。然而，如果接收到两个具有相同 AD 且具有不同度量值的路由，那么它将会选择带有较低度量值的一个，比如在 RIP 中使用跳计数小的路由。

(19) D。另一个避免由更新不一致及路由环路造成网络问题的方式是路由中毒。当一个网络失效时，距离矢量路由选择协议就会启动路由中毒，即通过通告该网络的度量值为表示不可达的 16（RIP），有时会视这一值为无穷大。

(20) C。RIPv2 与 RIPv1 确实非常相像。它们具有相同的管理距离和定时器，并且配置方式也基本相同。

8.14 书面实验 8 答案

(1) `router(config)#ip route 172.16.10.0 255.255.255.0 172.16.20.1 150`

(2) 它将使用网络在第 2 层的网关接口 MAC 地址和第 3 层的实际目标 IP 地址

(3) `router(config)#ip route 0.0.0.0 0.0.0.0 172.16.40.1`

(4) `Router(config)#`**`ip classless`**

(5) 存根网络

(6) `Router#`**`show ip route`**

(7) 输出接口

(8) 错。这个 MAC 地址将是路由器的接口地址，而不是远程主机的地址

(9) 对

(10) `Router(config-if)#`**`clock rate`** ***`speed`***

(11)
```
router(config)#router rip
router (config-router)#network 10.0.0.0
```

(12)
```
router(config)#router rip
router(config-router)#passive-interface S1
```

(13) 路由中毒

(14) 水平分割

(15) `debug ip rip`

第 9 章

增强 IGRP(EIGRP)和开放最短路径优先(OSPF)

本章涵盖以下 CCNA 考试要点。

✓ **在思科的设备上配置、验证和排错路由器的基本操作及路由选择**

- ❑ 访问并操作路由器来配置基本的参数（包括使用 CLI/SDM）；
- ❑ 连接、配置并验证设备接口的工作状态；
- ❑ 使用 ping、traceroute、Telnet、SSH 或其他工具，验证设备的配置和网络的连通性；
- ❑ 为指定路由选择设备完成静态路由或默认路由的建立，并验证这一路由选择设置工作；
- ❑ 比较并评价路由选择方式和路由选择协议；
- ❑ OSPF 的配置、验证及排错；
- ❑ EIGRP 的配置、验证及排错；
- ❑ 验证网络的连通性（包括使用 ping、traceroute 和 Telnet 或 SSH）；
- ❑ 排错路由选择出现的问题；
- ❑ 使用 SHOW 和 DEBUG 命令来验证路由器的硬件和软件的运行状态；
- ❑ 实施基本的路由器安全。

EIGRP（Enhanced Interior Gateway Routing Protocol，增强内部网关路由选择协议）是一个思科的专用协议，它只运行在思科路由器上。由于 EIGRP 是目前最为流行的两个路由选择协议中的一个，因此，理解它是非常重要的。本章将会对 EIGRP 进行详尽的介绍，并对其工作方式进行细致的描述，在这个过程中，我们将特别关注其发现、选择及通告路由的独特方式。

本章还将介绍 OSPF（Open Shortest Path First，开放最短路径优先）路由选择协议，它是另一个目前最流行的路由选择协议。首先，通过熟悉 OSPF 的术语及其内部的操作，建立一个有助于 OSPF 理解的坚实基础，然后，再讨论 OSPF 强于 RIP 的主要特性。随后，将对在 OSPF 应用中出现的问题进行讨论，并重点关注各种类型的广播和非广播网络应用中出现的问题。最后，将解释如何在特定的不同的网络环境中执行单区域 OSPF，并演示如何检验处于平稳运行中的各项配置。

有关本章的最新修订，请访问 www.lammle.com 和/或 www.sybex.com/go/ccna7e。

9.1 EIGRP 的特点和操作

增强的 IGRP（EIGRP）是一个无类、增强的距离矢量协议，协议中也使用了自治系统的概念来描述相邻路由器的集合，处于自治系统中的路由器使用相同的路由选择协议并共享相同的路由选择信息。EIGRP 在它的路由更新中包含了子网掩码，因为它被认为是无类的协议。正如我们现在所知道的，对子网掩码信息进行通告，将使我们可以在设计网络时使用 VLSM（Variable Length Subnet Mask，可变长子网掩码）及人工汇总！

由于 EIGRP 同时拥有距离矢量和链路状态两种协议的特性，因此它有时也被称为混合型路由选择协议。例如，EIGRP 不会像 OSPF 那样发送链路状态数据包，相反，它所发送的是传统的距离矢量更新，在此更新中包含有网络信息以及从发出通告的路由器达到这些网络的开销。此外，EIGPR 也拥有链路状态的特性，它会在启动时同步相邻路由器上的路由表，并在每次拓扑结构发生改变时发送特定的更新数据。这使 EIGRP 非常适用于特大型的网络应用。EIGRP 的最大跳计数为 255（其默认设置为 100）。不要为这样的描述而困惑，EIGRP 不会像 RIP 那样使用跳计数作为度量；对于 EIGRP 来说，跳计数只是用来限定 EIGRP 路由更新数据包在被抛弃之前可以经过的路由器个数。同样，这个数值是用于限定 AS 的大小的，而与如何计算度量无关。

EIGRP 拥有许多强大的功能，它也因此而比其他协议表现得更为出色。下面就给出几个主要的功能：

- 通过协议相关模块支持 IP 和 IPv6（以及一些应用不广泛的其他被路由协议）；
- 被认为是无类的（与 RIPv2 和 OSPF 一样）；
- 支持 VLSM/CIDR；
- 支持汇总和不连续网络；
- 高效的邻居发现；
- 基于可靠传输协议（RTP）的通信；
- 基于弥散更新算法（DUAL）的最佳路径选择。

注意　思科将 EIGRP 称为距离矢量路由选择协议，有时也将之称为高级的距离矢量路由选择协议，或直接称为混合路由选择协议。

9.1.1 协议相关模块

EIGRP 最能吸引人的一个功能是，它可以为多种网络层协议提供路由支持，这些网络层协议可以是 IP、IPX、AppleTalk 以及现在使用的 IPv6。（很显然我们不会再使用 IPX 和 AppleTalk 了，但是 EIGRP 仍对它们提供了支持。）另一个同样可以支持多种网络层协议的路由选择协议是中间系统到中间系统（IS-IS）协议。

EIGRP 通过使用 PDM（Protocol-Dependent Module，协议相关模块）来实现对不同网络层协议的支持。每个 EIGRP PDM 将会为指定的协议维护多个相互独立的表，这些表保存着特定协议的路由选择信息。也就是说，这样就可以同时拥有如 IP/EIGRP 表和 IPv6/EIGRP 表。

9.1.2 邻居发现

在EIGRP路由器彼此进行路由交换之前，它们必须首先成为邻居。要建立邻居关系，必须满足3个条件：

- 接收到Hello包；
- 实现AS号的匹配；
- 相同的度量（K值）。

链路状态协议都会选用Hello消息来建立邻居关系（这也被称为邻接），由于在正常工作时它们不会定时发送路由更新数据，因此，在这里需要应用一些机制来帮助邻居们认识到有新的伙伴加入，或者是有老的居民离去或关机。为了维持这一邻居关系，EIGRP路由器必须持续地从它们邻居那里接收Hello消息。

分处于不同自治系统（AS）中的EIGRP路由器，不会自动共享路由选择信息，并且，它们也不会成为邻居。这样在大型网络应用中，可以有效地减少通过指定AS传播的路由信息量。而在这里，唯一需要关注的就是，在不同AS之间所进行的手工再发布信息。

当EIGRP发现了一个新的邻居，并且与它通过交换Hello数据包而建立起了邻居关系时，EIGRP才需要通报它整个的路由表信息。当这一状况出现时，两个邻居会将自己完整的路由表通告给对方。在它们了解了邻居的路由之后，将只对路由表变化的部分进行传播。

当EIGRP路由器接收到邻居的更新时，会将数据保存在一个本地的拓扑表中。这张表包含了从所有已知的邻居处所了解到的所有路由，它们将作为选择最佳路由的原始素材，而只有最终被选择出来的最佳路由才会被放入路由选择表中。

在继续学习之前，先让我们来定义一些术语。

- **可行距离（FD）**　在所有通往远程网络的路径中，这是一个具有最优评价的度量，在这一取值中包含了到达通告该远程网络的邻居的度量。这个具有最低FD的路由被认为是最佳路由，也只有它会出现在路由选择表中。可行距离度量值是由邻居报告的度量值（称为被报告或被通告距离）加上到报告此路由邻居的度量值构成的。
- **被报告/被通告距离（AD）**　这是一个由邻居报告的到达远程网络的度量。它也是这个邻居路由选择表中的度量，并且也与拓扑表的圆括号中的第二个数值相同，而第一个数值将是可行距离。
- **邻居表**　每个路由器都将保存有邻接邻居的状态信息。当知道又发现了一个新邻居时，该邻居的地址和接口信息将被记录下来，这些信息就保存在邻居表中，而邻居表是存储在RAM中的。对于每个协议独立模块都有一个邻居表。序列号是用于标识数据包更新的。为了可以识别错序的数据包，需要将最后接收到的序列号记录下来。
- **拓扑表**　拓扑表是由协议相关模块根据弥散更新算法（DUAL）生成的。它包含所有由邻近的路由器通告的目标信息，以及每个被记录的目标地址和通告这些目标的邻居列表。对于每个邻居，来自邻居的路由表的通告度量（距离）也像FD一样被记录在这里。由邻居所通告的目标，一定也是该邻居用于转发数据包的路由。

注意 邻居和拓扑表都保存在RAM中，并且都通过使用Hello和更新数据包来进行管理。当然，路由选择表也是在RAM中保存的，但是保存在路由选择表中的信息则只来源于拓扑表。

- **可行的继任者** 可行的继任者也是一条路径，只是它所通告的距离要比可行距离差一点，因此它被认为是一条备份路由。EIGRP在拓扑表中可以保持多至16个可行的继任者。但只有度量为最佳的路由（继任者）才会被复制并放入路由选择表中。命令`show ip eigrp topology`将给出路由器已知的所有EIGRP可行的继任者路由。

注意 可行的继任者是一个备份路由，它保存在拓扑表中。而继任者路由也保存在拓扑表中，将它复制后放入到路由选择表中。

- **继任者** 继任者路由（可以将它想象为成功者!）是指到达远端网络的最佳路由。继任者路由是EIGRP用于转发业务量的路由，它保存在路由选择表中。并且由保存在拓扑表中的可行的继任者进行备份，一旦需要时可以立即使用这个备份。

通过使用继任者，并在拓扑表中保持可行的继任者作为备份链路，网络的会聚就可以即刻实现，对任一邻居的更新数据都只是来自EIGRP少数的通信量。

9.1.3 可靠传输协议

EIGRP使用专用的RTP（Reliable Transport protocol，可靠传输协议）来管理路由器间的消息传输，这些路由器必须能说并听懂EIGRP语言。正如这个名称所描述的，可靠是这个协议的核心。思科设计了一种使用杠杆原理来调节组播与单播的工作机制，从而实现了数据更新的快速投递以及对接收数据的跟踪。

当EIGRP发送组播数据时，它使用D类的224.0.0.10地址，如前面讲过的，每个EIGRP路由器都会注意到它的邻居是谁，对于每一个要发送的组播，它都会维护一个应答邻居的列表。如果EIGRP没有收到某个邻居发出的应答，那么它将尝试切换到单播来重发同样的数据。如果在尝试发送了16次单播数据后，仍然没有得到应答，则宣告此邻居消失。人们通常将这个过程称为*可靠的组播*。

通过为每个数据包指定一个序列号，路由器可以跟踪所发送的信息。通过这一技术，路由器可以从接收到的数据中鉴别出过时的、重复的或者是错序的信息。

由于EIGRP是一个稳定的协议，做到这些是十分必要的。EIGRP只在启动时同步整个路由选择数据库，之后只在有变化时传送变动的部分，从而维持路由选择数据库的连贯性。而持续的丢包或错序接收都将会破坏这一连贯性，导致路由数据库的混乱。

9.1.4 弥散更新算法（DUAL）

EIGRP为选择并维持到达每个远程网络的最佳路径，使用了弥散更新算法（DUAL）。这个算法可以实现：

- 随时的路由备份准备；
- 支持VLSM；

- ❑ 动态的路由恢复；
- ❑ 如果没有发现可行的继任者路由则查询替换路由。

DUAL为EIGRP提供的路由会聚时间有可能是所有协议中最快的。EIGRP快速会聚的关键有两点：首先，EIGRP路由器维持一个所有邻居的路由副本，使用这个副本它们可以计算出自己到达远程网络的开销，如果最佳的路径不可用了，它只需简单地测试拓扑表中的内容，并从中选择出最佳的可替代路由；其次，当它本地的拓扑表中也没有可替代的路由时，EIGRP路由器会很快向邻居求助，它们不害怕寻求指导！对其他路由器的依赖和对它们所提供信息的利用，就是DUAL的"弥散"特性。

之前提到过，Hello协议的核心思想就是要对新出现的或已消失的邻居作出快速的判断。而由于提供了可靠的传输及顺序控制机制，RTP满足了这一需求。基于这一坚实基础，DUAL负责选择并管理最佳的路径信息。

9.2　使用EIGRP来支持大型网络

EIGRP具有许多的强大功能，这使它非常适用于大型的网络：

- ❑ 在单个路由器上支持多个AS；
- ❑ 支持VLSM和汇总；
- ❑ 路由发现和维护。

这些功能中的每一个，都为支持一个由众多路由器组成的多样化网络发挥着作用。

9.2.1　多个AS

EIGRP使用自治系统号来区别可共享路由信息的路由器集合。路由信息只可以在拥有相同自治系统号的路由器间共享。在大型网络的设计中，复杂的拓扑和冗长的路由表以及那些因分散的计算操作而导致的难以容忍的慢会聚都会轻易地将你击倒。

那么，用什么可以缓解管理员因管理现实中的大型网络而产生的压力呢？显然，可行的办法只能是将这个大网络分割为多个独立的EIGRP自治系统，即AS。每个AS由一系列相邻的路由器所组成，路由信息通过再发布可以在不同的AS中进行共享。

在EIGRP内部使用的再发布会让我们认识到另外一个有趣的特征。通常，EIGRP路由的管理距离（AD）是90，但这只适用于那些*内部EIGRP路由*。这些路由产生于指定自治系统中的EIGRP路由器，注意这些路由器拥有同一个自治系统号。还有另一种被称为*外部EIGRP路由*类型的路由，它们的AD是170，这并不是一个很高的级别。这些出现在EIGRP路由表内的路由通常是由人工再发布的，它们所描述的网络位于EIGRP自治系统外部。不论这些路由是来自于另一个EIGRP自治系统，还是另一种路由选择协议，如OSPF，当在EIGRP内部再发布时，这些路由都被称为外部路由。

9.2.2　支持VLSM和汇总

作为一个历史悠久的无类路由选择协议，EIGRP支持变长子网掩码的使用。这确实是一个很重要的特性，EIGRP可以通过使用子网掩码来保留特定的地址空间，以更加贴近需求地满足对主机的各种需要，如为点到点网络配置使用30-比特的子网掩码。并且，由于子网掩码可随每个路由更新一同传播，EIGRP也支持不连续子网的应用，而这一应用可以为我们在设计网络的IP寻址方案时提供更大的灵活性。

什么是不连续的网络？我们在第8章中曾多次用到这个术语，现在就是揭晓答案的时刻！它是将一个有类网络的两个或更多的子网通过另一个有类网络连接在一起的互连网络。图9-1给出了一个典型的不连续网络的示例。

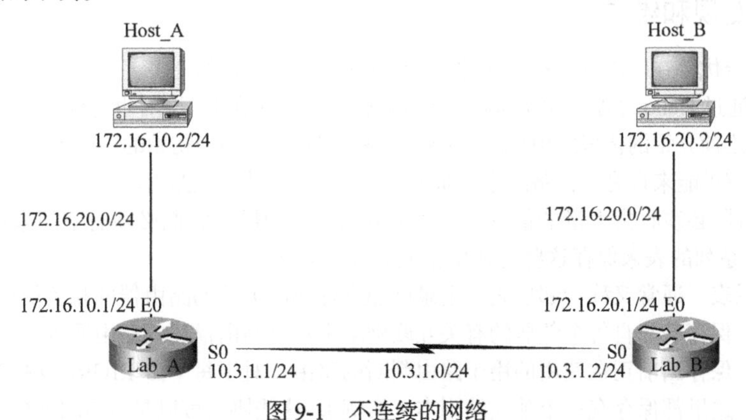

图9-1 不连续的网络

子网172.16.10.0和172.16.20.0通过10.3.1.0网络连接在了一起。默认情况下，出于路由通告的需求，每个路由器都会将这个网络视为是172.16.0.0的有类网络。

不连续网络在RIPv1或思科老式IGRP下是不能正常工作的，认识到这一点很重要。并且，不连续网络在默认配置的RIPv2或EIGRP应用中也是不工作的，但在OSPF的默认配置中可以工作，这是因为OSPF不像EIGRP一样能进行自动汇总。注意！这一定是我们从第8章就开始在一直寻觅的答案。RIP、RIPv2和EIGRP在默认情况下会自动汇总有类网络的边界！但不用为此担心，总会有解决办法，只是默认情况下不起作用而已！稍后，我们在讨论EIGRP的配置时会介绍相关的正确操作。

EIGRP也支持人工创建基于每个接口的汇总，而这一操作可以应用于任何一台乃至全部的EIGRP路由器上，注意EIGRP通常会在它们有类网络的边界处自动实现汇总，这样可以大幅缩减路由选择表的尺寸。图9-2给出了一个运行EIGRP的路由器是如何看待这一网络以及如何进行边界自动汇总的。

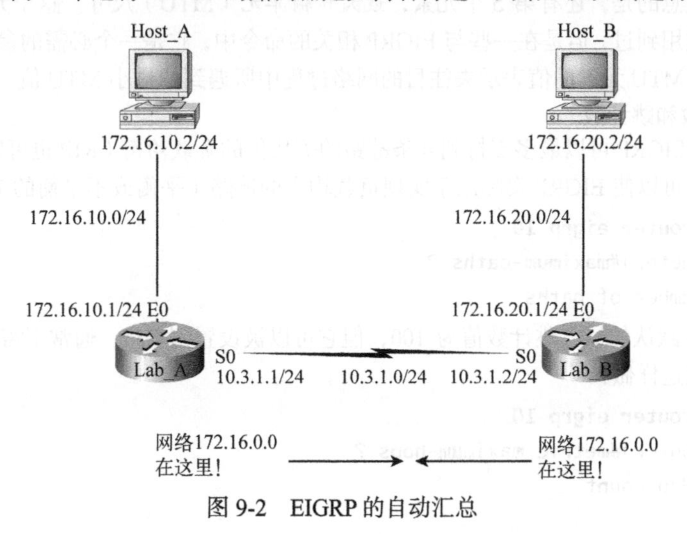

图9-2 EIGRP的自动汇总

显然，在默认情况下，这个网络是决不可能正常工作的！注意，默认情况下 RIPv1 和 RIPv2 也会在这些有类边界上完成自动汇总，而 OSPF 则不会。

9.2.3 路由发现和维护

EIGRP 的混合优势在路由发现和管理过程得到了充分展现。正如许多链路状态协议，EIGRP 支持邻居的概念，也是通过 Hello 过程来发现邻居，并对邻居状态进行监测。同时也与许多距离矢量协议一样，EIGRP 也使用了之前介绍的传言路由机制，大部分路由器不会得到最初始的路由更新数据。这些路由器对更新数据的了解可能来自另一台路由器，而这一台又可能是从其他路由器上得到的。

EIGRP 路由器必须收集大量的信息，这将会导致一个问题，它们必须有空间来保存这些信息。EIGRP 使用了一系列的表来保存这些与环境相关的重要信息。

- **邻居关系表**　通常又称为邻居表，记录已建立好邻居关系的路由器的相关信息。
- **拓扑表**　保存着来自每个邻居的有关互联网络中各个路由描述的路由通告。
- **路由表**　保存当前正在使用的用于路由判断的路由。对于每个由 EIGRP 支持的协议所产生的每个表，这里都保存有一个独立的副本（实例），这些协议可以是 IP 或 IPv6。

在正式开始进行对 EIGRP 的简易配置之前，现在再来讨论一下 EIGRP 的度量。

1. EIGRP 的度量

与许多其他的只使用单一要素来比较并选择最佳可用路径的协议不同，EIGRP 使用了一个由 4 个要素组成的度量，即所谓的合成度量：

- 带宽
- 延迟
- 可靠性
- 负载

默认情况下，EIGRP 只使用带宽和线路的延迟来判定到达远程网络的最佳路径。有时思科喜欢称它们为*路径带宽值和线路延迟累积值*。

另外，值得注意的是，还有第 5 个元素，*最大传输单元*（MTU）尺寸。这个元素在 EIGRP 的度量计算中从没有被用到过，但是在一些与 EIGRP 相关的命令中，它是一个必需的参数，特别是那些涉及再发布的命令。MTU 元素的值表示去往目的网络过程中所遇到的最小 MTU 值。

2. 最大路径数和跳计数

默认情况下，EIGRP 可以最多支持到 4 条链路的等代价的*负载均衡*（RIP 也可以做到）。然而，通过使用下列命令，可以使 EIGRP 实际用于实现负载均衡的链路（平衡或不平衡的）数量达到 16：

```
R1(config)#router eigrp 10
R1(config-router)#maximum-paths ?
  <1-16>  Number of paths
```

此外，EIGRP 默认的最大跳计数值为 100，但它可以被设置到 255。通常不需要修改这个值，但是如果需要，可以这样做：

```
R1(config)#router eigrp 10
R1(config-router)#metric maximum-hops ?
  <1-255>  Hop count
```

从路由器输出中可以看到，EIGRP 可以设置的最大跳数为 255，注意，尽管在路径度量计算中不使用跳计数，但路由器仍会使用这个最大跳计数来限制 AS 的范围。

9.3 配置 EIGRP

虽然 EIGRP 可以针对 IP、IPv6、IPX 和 AppleTalk 进行配置，作为未来的思科认证的网络工程师，在这里只需关注在 IP 上进行的配置。

根据 EIGRP 命令的使用可以有两种配置模式：路由器配置模式和接口配置模式。路由器配置模式用于启用该协议、确定运行 EIGRP 的网络，并完成全局参数的设置。接口配置模式用于定制汇总和带宽。

要在路由器上启动一个 EIGRP 会话，可以使用 `router eigrp` 命令，并在其后指定网络的自治系统号。然后，使用带有网络号的 `network` 命令，输入连接到此路由器的网络号。

下面来看一个在路由器上启用 EIGRP 的示例，所使用的自治系统号为 20，这个路由器连接两个网络 10.3.1.0/24 和 172.16.10.0/24：

```
Router#config t
Router(config)#router eigrp 20
Router(config-router)#network 172.16.0.0
Router(config-router)#network 10.0.0.0
```

记住，与使用 RIP 相同，这里使用的是有类的网络地址，即掩码中所有的子网和主机位都为 0。这也正是 EIGRP 的伟大之处，它既有链路状态协议后台运行的复杂性，同时也具备了 RIP 配置的简捷性。

应该注意到，在这里 AS 号的具体数值是什么不重要，重要的是所有的路由器都要使用这个相同的数值！这个数值可以取 1 到 65 536 中的任何一个。

如果需要在指定的接口上停止 EIGRP 的运行，例如，一个 FastEthernet 接口或者是一个连接到因特网的串行接口。要完成这一操作，需要使用 `passive-interface` *`interface`* 命令，将此接口标记为被动，正如在第 8 章中所讨论的对 RIP 配置的那样。下面的命令就给出了如何将接口 serial 0/1 标记为被动接口：

```
Router(config)#router eigrp 20
Router(config-router)#passive-interface serial 0/1
```

完成这个配置将会禁止此接口发送或接收 Hello 数据包，这样做的结果，将会阻止形成邻居关系。这就意味着在这个接口上不能再发送或接收路由信息了。

OK，现在来将第 8 章中用 RIP 和 RIPv2 配置过的同一个网络再配置一下。由于 EIGRP 的 AD 为 90，因此，在不考虑带宽消耗和 CPU 周期占用的情况下，不用担心 RIPv2 运行造成的影响（其原因与静态路由的一样）。注意，示例中的静态路由其 AD 已经改为 150，而 RIP 则仍为 120，因此，只有 EIGRP 的路由会出现在路由表中，尽管此时 RIP 和静态路由选择也仍都在使用中。

命令 passive-interface 的影响取决于命令执行时所涉及的路由选择协议。例如，某个接口上运行的是 RIP，此 passive-interface 命令将禁止路由更新的发送，但允许对路由更新的接收。因而，带有被动接口的 RIP 路由器仍然可以从其他路由器的通告中认识网络。这与 EIGRP 是不同的，在 EIGRP 中一个被动的接口既不可以发送更新也不可以接收更新。

图 9-3 给出了我们曾经配置过的网络，这里我们将使用 EIGRP 对它再次进行配置。

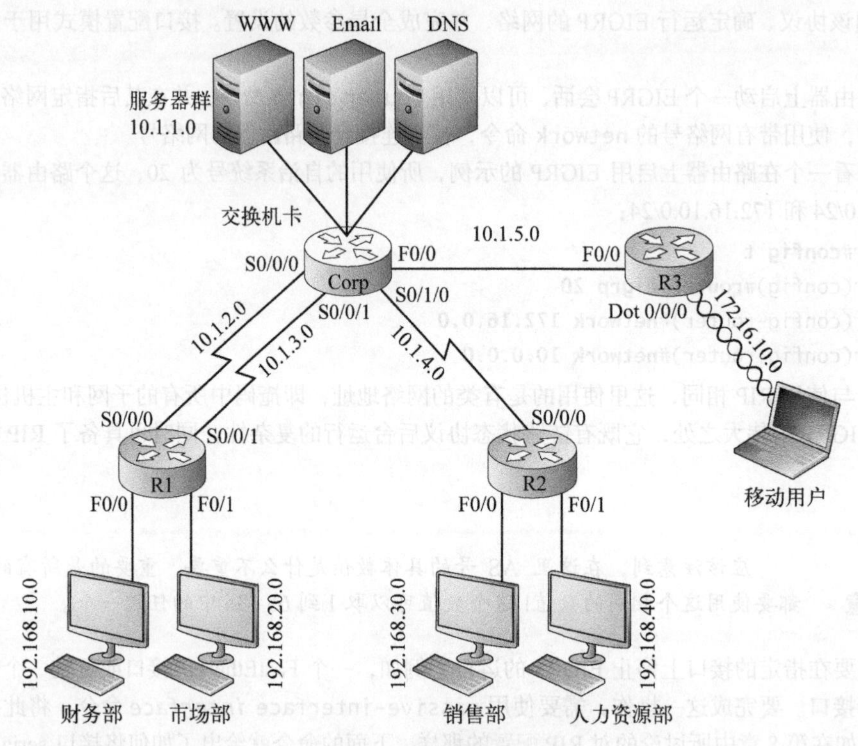

图 9-3　我们的互联网

下面作为提示，表 9-1 中给出了每个接口上正在使用的 IP 地址。

表9-1　此IP网络的网络地址

路 由 器	网络地址	接　口	地　址
Corp			
Corp	10.1.1.0	Vlan1（交换机卡）	10.1.1.1
Corp	10.1.2.0	S0/0/0	10.1.2.1
Corp	10.1.3.0	S0/0/1(DCE)	10.1.3.1
Corp	10.1.4.0	S0/1/0	10.1.4.1
Corp	10.1.5.0	F0/0	10.1.5.1

（续）

路由器	网络地址	接口	地址
R1			
R1	10.1.2.0	S0/0/0 (DCE)	10.1.2.2
R1	10.1.3.0	S0/0/1	10.1.3.2
R1	192.168.10.0	F0/0	192.168.10.1
R1	192.168.20.0	F0/1	192.168.20.1
R2			
R2	10.1.4.0	S0/0/0 (DCE)	10.1.4.2
R2	192.168.30.0	F0/0	192.168.30.1
R2	192.168.40.0	F0/1	192.168.40.1
R3			
R3	10.1.5.0	F0/0	10.1.5.2
R3	172.16.10.0	Dot11Radio0/0/0（无线）	172.16.10.1

在这个互联网络中配置 EIGRP 确实是一件非常容易的事，这也正是 EIGRP 的可爱之处。

9.3.1 Corp

正如下面路由器的输出所示，AS 号可以取从 1 到 65 535 中的任何一个数字。可以根据需要将一台路由器配置为多个 AS 中的成员，但是考虑到本书的实际需要，这里只将路由器配置到一个单一的 AS 中：

```
Corp#config t
Corp(config)#router eigrp ?
  <1-65535>  Autonomous system number

Corp(config)#router eigrp 10
Corp(config-router)#network 10.0.0.0
```

命令 `router eigrp [as]`可在此路由器上启用 EIGRP 路由选择。与 RIPv1 的配置方式一样，在这里也需要添加想要通告的有类网络号。但是与 RIP 不同，EIGRP 通常使用无类的路由选择，但仍将被配置为有类的工作方式。相信你对无类的含义还是有印象的，无类要求子网掩码的信息要随路由选择更新一同发送（RIPv2 就是无类协议）。

9.3.2 R1

要配置 R1 路由器，所需要做的也是使用 AS 10 来启用 EIGRP 路由选择，并按如下方式添加网络号：

```
R1#config t
Enter configuration commands, one per line.  End with CNTL/Z.
R1(config)#router eigrp 10
R1(config-router)#network 10.0.0.0
R1(config-router)#
```

9

```
%DUAL-5-NBRCHANGE: IP-EIGRP 10: Neighbor 10.1.2.1 (Serial0/0/0) is up:
new adjacency

%DUAL-5-NBRCHANGE: IP-EIGRP 10: Neighbor 10.1.3.1 (Serial0/0/1) is up:
new adjacency

R1(config-router)#network 192.168.10.0
R1(config-router)#network 192.168.20.0
```

路由器 R1 将发现它的邻居 Corp，这两个路由器是相邻的！注意，它会发现有两条连接链路存在于路由器之间。这应该是一件好事。

9.3.3　R2

要配置 R2 路由器，所需要做的也就是再次使用 AS 10 来启用 EIGRP：

```
R2#config t
Enter configuration commands, one per line.  End with CNTL/Z.
R2(config)#router eigrp 10
R2(config-router)#network 10.0.0.0
R2(config-router)#
%DUAL-5-NBRCHANGE: IP-EIGRP 10: Neighbor 10.1.4.1 (Serial0/0/0) is up:
new adjacency

R2(config-router)#network 192.168.30.0
R2(config-router)#network 192.168.40.0
```

是的，就这么简单！大多数的路由选择协议在配置时都是相当简单的，EIGRP 也不例外。当然，这些配置也只是最基本的配置。

9.3.4　R3

对 R3 路由器的配置，同样，所有需要做的就是使用 AS 10 来启用 EIGRP：

```
R3#config t
Enter configuration commands, one per line.  End with CNTL/Z.
R3(config)#router eigrp 10
R3(config-router)#network 10.0.0.0
R3(config-router)#
%DUAL-5-NBRCHANGE: IP-EIGRP 10: Neighbor 10.1.5.1 (FastEthernet0/0) is
up: new adjacency

R3(config-router)#network 172.16.0.0
```

至此，基本的配置就完成了。

这样配置的结果看上去似乎相当单一，但是需要记住的是，EIGRP 的 AD 在这里是最低的，因而路由选择表中将只会出现直接的连接和由 EIGRP 发现的路由。但是，由于 RIP 也运行在后台，它不仅要消耗掉路由器更多的内存和 CPU 处理时间，而且还会从所有的链路中占用宝贵的带宽资源！这绝对不是什么好事，因此需要将它牢记在心。

下面来检看一下 Corp 的路由选择表：

```
Corp#sh ip route
  10.0.0.0/24 is subnetted, 5 subnets
C       10.1.1.0 is directly connected, Vlan1
C       10.1.2.0 is directly connected, Serial0/0/0
C       10.1.3.0 is directly connected, Serial0/0/1
C       10.1.4.0 is directly connected, Serial0/1/0
C       10.1.5.0 is directly connected, FastEthernet0/0
     172.16.0.0/16 is variably subnetted, 2 subnets, 2 masks
D       172.16.0.0/16 [90/28160] via 10.1.5.2, 00:01:48, FastEthernet0/0
S       172.16.10.0/24 [150/0] via 10.1.5.2
D    192.168.10.0/24 [90/2172416] via 10.1.3.2, 00:05:07, Serial0/0/1
                     [90/2172416] via 10.1.2.2, 00:05:07, Serial0/0/0
D    192.168.20.0/24 [90/2172416] via 10.1.2.2, 00:05:04, Serial0/0/0
                     [90/2172416] via 10.1.3.2, 00:05:04, Serial0/0/1
D    192.168.30.0/24 [90/20514560] via 10.1.4.2, 00:03:32, Serial0/1/0
D    192.168.40.0/24 [90/20514560] via 10.1.4.2, 00:03:29, Serial0/1/0
Corp#
```

很好，所有的路由都出现了，“D”是指 DUAL。再来看一下 R2 的路由选择表：

```
R2#sh ip route
[output cut]
     10.0.0.0/8 is variably subnetted, 6 subnets, 2 masks
D       10.0.0.0/8 is a summary, 00:02:27, Null0
D       10.1.1.0/24 [90/27769856] via 10.1.4.1, 00:02:31, Serial0/0/0
D       10.1.2.0/24 [90/2681856] via 10.1.4.1, 00:02:31, Serial0/0/0
D       10.1.3.0/24 [90/2681856] via 10.1.4.1, 00:02:31, Serial0/0/0
C       10.1.4.0/24 is directly connected, Serial0/0/0
D       10.1.5.0/24 [90/2172416] via 10.1.4.1, 00:02:31, Serial0/0/0
     172.16.0.0/16 is variably subnetted, 2 subnets, 2 masks
D       172.16.0.0/16 [90/2172416] via 10.1.4.1, 00:00:42, Serial0/0/0
S       172.16.10.0/24 [150/0] via 10.1.4.1
D    192.168.10.0/24 [90/2684416] via 10.1.4.1, 00:02:31, Serial0/0/0
D    192.168.20.0/24 [90/2684416] via 10.1.4.1, 00:02:31, Serial0/0/0
C    192.168.30.0/24 is directly connected, FastEthernet0/0
C    192.168.40.0/24 is directly connected, FastEthernet0/1
R2#
```

在这里可以看到在此路由选择表中的所有路由，其中也包括了到达 172.16.10.0 网络的额外路由。下面我们就来处理这个问题！

9

9.3.5　配置不连续网络

关于自动汇总这里仍然还有一些需要再了解的相关配置。还记得图 9-2 中是如何描述 EIGRP 怎样自动地在不连续的网络上实现边界汇总的？再回去看一下这张图，下面将给出一个使用 EIGRP 来配置这两个路由器的示例。

在图 9-1 中，路由器 Lab_A 连接了网络 172.16.10.0/24 和主干 10.3.1.0/24。路由器 Lab_B 连接了网络 172.16.20.0/24 和主干 10.3.1.0/24。默认情况下，两个路由器都会对此有类边界进行自动汇总，但是得到的路由选择将是不可用的。下面的配置就可以让这一网络正常地运转起来：

```
Lab_A#config t
Lab_A(config)#router eigrp 100
Lab_A(config-router)#network 172.16.0.0
Lab_A(config-router)#network 10.0.0.0
Lab_A(config-router)#no auto-summary

Lab_B#config t
Lab_B(config)#router eigrp 100
Lab_B(config-router)#network 172.16.0.0
Lab_B(config-router)#network 10.0.0.0
Lab_B(config-router)#no auto-summary
```

由于这里使用了 no auto-summary 命令，EIGRP 将会在这两个路由器之间通告所有的子网。但是如果这个网络很大，那么就需要在这些相同边界上手工汇总。

在了解了这些内容之后，再回来看一下 Corp 路由器为什么会为网络 172.16.0.0 显示额外路由？在 R3 上进行的配置应该是这样的：

```
R3(config)#router eigrp 10
R3(config-router)#network 10.0.0.0
R3(config-router)#network 172.16.0.0
```

对于 172.16.0.0 之谜，实际上有两个解释。R3 上存在一个从网络 10.0.0.0 到网络 172.16.0.0 的相当明确的有类边界，它将对这一边界进行自动汇总。对此这一互联网络中的其他路由器也会做同样处理。来看一下在 R1 上的情形：

```
R1#sh ip route
      10.0.0.0/8 is variably subnetted, 6 subnets, 2 masks
D        10.0.0.0/8 is a summary, 00:10:14, Null0
D        10.1.1.0/24 [90/27769856] via 10.1.2.1, 00:10:18, Serial0/0/0
                     [90/27769856] via 10.1.3.1, 00:10:18, Serial0/0/1
C        10.1.2.0/24 is directly connected, Serial0/0/0
C        10.1.3.0/24 is directly connected, Serial0/0/1
D        10.1.4.0/24 [90/21024000] via 10.1.2.1, 00:10:18, Serial0/0/0
                     [90/21024000] via 10.1.3.1, 00:10:18, Serial0/0/1
D        10.1.5.0/24 [90/2172416] via 10.1.2.1, 00:10:18, Serial0/0/0
                     [90/2172416] via 10.1.3.1, 00:10:18, Serial0/0/1
```

```
     172.16.0.0/16 is variably subnetted, 2 subnets, 2 masks
D       172.16.0.0/16 [90/2172416] via 10.1.3.1, 00:06:54, Serial0/0/1
                      [90/2172416] via 10.1.2.1, 00:06:54, Serial0/0/0
S       172.16.10.0/24 [150/0] via 10.1.3.1
C    192.168.10.0/24 is directly connected, FastEthernet0/0
C    192.168.20.0/24 is directly connected, FastEthernet0/1
D    192.168.30.0/24 [90/21026560] via 10.1.2.1, 00:08:38, Serial0/0/0
                     [90/21026560] via 10.1.3.1, 00:08:38, Serial0/0/1
D    192.168.40.0/24 [90/21026560] via 10.1.3.1, 00:08:35, Serial0/0/1
                     [90/21026560] via 10.1.2.1, 00:08:35, Serial0/0/0
R1#
```

很好，在这里也可以看到 172.16.0.0 的问题，但 R1 路由器正在将 10.0.0.0 网络汇总到 FastEthernet 的链路上，如果这个互联网络上不存在不连续的网络连接，那么这未必会成为一个问题，下面我们就将这个网络上的自动汇总功能关闭掉：

```
Corp#config t
Corp(config)#router eigrp 10
Corp(config-router)#no auto-summary

R1#config t
R1(config)#router eigrp 10
R1(config-router)#no auto-summary

R2#config t
R2(config)#router eigrp 10
R2(config-router)#no auto-summary

R3#config t
R3(config)#router eigrp 10
R3(config-router)#no auto-summary
```

这时，再来看一下 Corp 上的路由选择表：

```
10.0.0.0/24 is subnetted, 5 subnets
C       10.1.1.0 is directly connected, Vlan1
C       10.1.2.0 is directly connected, Serial0/0/0
C       10.1.3.0 is directly connected, Serial0/0/1
C       10.1.4.0 is directly connected, Serial0/1/0
C       10.1.5.0 is directly connected, FastEthernet0/0
     172.16.0.0/24 is subnetted, 1 subnets
D       172.16.10.0 [90/28160] via 10.1.5.2, 00:03:18, FastEthernet0/0
D    192.168.10.0/24 [90/2172416] via 10.1.3.2, 00:03:19, Serial0/0/1
                     [90/2172416] via 10.1.2.2, 00:03:19, Serial0/0/0
D    192.168.20.0/24 [90/2172416] via 10.1.3.2, 00:03:19, Serial0/0/1
```

```
                    [90/2172416] via 10.1.2.2, 00:03:19, Serial0/0/0
D     192.168.30.0/24 [90/20514560] via 10.1.4.2, 00:03:19, Serial0/1/0
D     192.168.40.0/24 [90/20514560] via 10.1.4.2, 00:03:19, Serial0/1/0
Corp#
```

注意，那个神秘的链路消失了，下面再来看一下R1上的路由表：

```
    10.0.0.0/24 is subnetted, 5 subnets
D       10.1.1.0 [90/27769856] via 10.1.3.1, 00:03:50, Serial0/0/1
                 [90/27769856] via 10.1.2.1, 00:03:50, Serial0/0/0
C       10.1.2.0 is directly connected, Serial0/0/0
C       10.1.3.0 is directly connected, Serial0/0/1
D       10.1.4.0 [90/21024000] via 10.1.3.1, 00:03:50, Serial0/0/1
                 [90/21024000] via 10.1.2.1, 00:03:50, Serial0/0/0
D       10.1.5.0 [90/2172416] via 10.1.3.1, 00:03:50, Serial0/0/1
                 [90/2172416] via 10.1.2.1, 00:03:50, Serial0/0/0
     172.16.0.0/24 is subnetted, 1 subnets
D       172.16.10.0 [90/2172416] via 10.1.3.1, 00:03:49, Serial0/0/1
                    [90/2172416] via 10.1.2.1, 00:03:49, Serial0/0/0
C    192.168.10.0/24 is directly connected, FastEthernet0/0
C    192.168.20.0/24 is directly connected, FastEthernet0/1
D    192.168.30.0/24 [90/21026560] via 10.1.2.1, 00:03:50, Serial0/0/0
                     [90/21026560] via 10.1.3.1, 00:03:50, Serial0/0/1
D    192.168.40.0/24 [90/21026560] via 10.1.2.1, 00:03:50, Serial0/0/0
                     [90/21026560] via 10.1.3.1, 00:03:50, Serial0/0/1
R1#
```

这时R1没有再对10.0.0.0网络进行自动汇总。是的，如果这里不存在不连续的网络连接，这个问题也就不会出现。这样，我们也不会有问题需要处理；只要在此之后我们可以杜绝不正确地扩容网络或添加不连续的网络，尽管Corp路由器上仍会存在一个神秘的路由，但这个网络就能正常运转，并且网络中的自动汇总也会工作正常。还记得在第8章开始时所讨论过的最长匹配原则吗？我们再来深入探讨一下。

与172.16.10.0进行最长匹配，显然172.16.10.0要比172.16.0.0具有更好的匹配度，同时Corp、R1和R2每个路由器都会有一个指向R3的静态路由，而这一路由的AD为150。然而，R3曾经一直在通告汇总后的172.16.0.0与它是直接连接的，因此路由选择表中会同时保存这两个表项。一旦将自动汇总关闭，带有较低AD的172.16.10.0路由和静态路由都会从路由选择表中隐去。如果在我们的互联网络中存在一个不连续的网络，RIPv2和EIGRP都无法正常地进行工作，除非在配置中使用了`no auto-summary`命令。

9.4 使用EIGRP进行负载均衡

你可能已经了解了，在默认情况下EIGRP能在多达4条相同代价的链路上进行负载均衡。但你是否还记得，我们可以配置EIGRP在多达16条具备相同/不相同代价的链路上实现到达远端网络的负载均衡？是的，这是可行的，下面来看一下在路由器Corp和R1上已经运行的负载均衡。首先，查看一下R1上的路由选择表，并确认EIGRP已经找到了路由器之间的两条链路：

```
R1#sh ip route
     10.0.0.0/24 is subnetted, 5 subnets
D       10.1.1.0 [90/27769856] via 10.1.3.1, 00:21:30, Serial0/0/1
                 [90/27769856] via 10.1.2.1, 00:21:30, Serial0/0/0
C       10.1.2.0 is directly connected, Serial0/0/0
C       10.1.3.0 is directly connected, Serial0/0/1
D       10.1.4.0 [90/21024000] via 10.1.3.1, 00:21:30, Serial0/0/1
                 [90/21024000] via 10.1.2.1, 00:21:30, Serial0/0/0
D       10.1.5.0 [90/2172416] via 10.1.3.1, 00:21:30, Serial0/0/1
                 [90/2172416] via 10.1.2.1, 00:21:30, Serial0/0/0
     172.16.0.0/24 is subnetted, 1 subnets
D       172.16.10.0 [90/2172416] via 10.1.3.1, 00:21:29, Serial0/0/1
                    [90/2172416] via 10.1.2.1, 00:21:29, Serial0/0/0
C    192.168.10.0/24 is directly connected, FastEthernet0/0
C    192.168.20.0/24 is directly connected, FastEthernet0/1
D    192.168.30.0/24 [90/21026560] via 10.1.2.1, 00:21:30, Serial0/0/0
                     [90/21026560] via 10.1.3.1, 00:21:30, Serial0/0/1
D    192.168.40.0/24 [90/21026560] via 10.1.2.1, 00:21:30, Serial0/0/0
                     [90/21026560] via 10.1.3.1, 00:21:30, Serial0/0/1
R1#
```

在此可以看到在这一互联网络中通往每个远程的路由都存在有两条链路，并且，默认情况下EIGRP将在s0/0/0和s0/0/1上实现负载均衡，因为它们具有相同的度量。

EIGRP确实提供了一些非常好的功能，而其中之一就是自动负载均衡。然而对于那些成束的链路会有哪些帮助呢？EIGRP允许在这些链路上实现负载均衡，其实现过程甚至不需要额外的配置!来看一下这是如何实现的。这里将使用相同的子网来对路由器Corp和R1之间的链路进行配置，也就是要将这两条链路的所有接口都放在同一个子网当中。

注意下面在为每个路由器的s0/0/1进行配置时将它们配置到了10.1.2.0网络中，而这个子网与两个路由器的S0/0/0接口所在的子网正是同一个子网：

```
Corp#config t
Corp(config)#int s0/0/1
Corp(config-if)#ip address 10.1.2.4 255.255.255.0

R1#config t
R1(config)#int s0/0/1
R1(config-if)#ip address 10.1.2.3 255.255.255.0
R1(config-if)#do show run | begin interface
interface Serial0/0/0
 description 1st Connection to Corp Router
```

```
 ip address 10.1.2.2 255.255.255.0
!
interface Serial0/0/1
 description 2nd connection to Corp Router
 ip address 10.1.2.3 255.255.255.0
```

现在两条链路的 4 个接口都处在同一个子网中。

```
R1#sh ip route
     10.0.0.0/24 is subnetted, 5 subnets
D       10.1.1.0 [90/27769856] via 10.1.2.3, 00:21:30, Serial0/0/1
                 [90/27769856] via 10.1.2.1, 00:21:30, Serial0/0/0
C       10.1.2.0 is directly connected, Serial0/0/0
    is directly connected, Serial0/0/1
D       10.1.4.0 [90/21024000] via 10.1.2.3, 00:21:30, Serial0/0/1
                 [90/21024000] via 10.1.2.1, 00:21:30, Serial0/0/0
D       10.1.5.0 [90/2172416] via 10.1.2.3, 00:21:30, Serial0/0/1
                 [90/2172416] via 10.1.2.1, 00:21:30, Serial0/0/0
     172.16.0.0/24 is subnetted, 1 subnets
D       172.16.10.0 [90/2172416] via 10.1.2.3, 00:21:29, Serial0/0/1
                    [90/2172416] via 10.1.2.1, 00:21:29, Serial0/0/0
C    192.168.10.0/24 is directly connected, FastEthernet0/0
C    192.168.20.0/24 is directly connected, FastEthernet0/1
D    192.168.30.0/24 [90/21026560] via 10.1.2.1, 00:21:30, Serial0/0/0
                     [90/21026560] via 10.1.2.3, 00:21:30, Serial0/0/1
D    192.168.40.0/24 [90/21026560] via 10.1.2.1, 00:21:30, Serial0/0/0
                     [90/21026560] via 10.1.2.3, 00:21:30, Serial0/0/1
R1#
```

提示　为了这个神奇的配置能工作，首先要保证的是开启 EIGRP。否则，你会在路由器上收到一个地址重叠的错误提示！

是否注意到目前的路由表中出现了一个或两个细微的变化？网络 10.1.2.0 和 10.1.3.0 之前都显示为单独的、直接连接的接口，现在不再是了。目前只有 10.1.2.0 网络显示为两个直接连接的接口，并且路由器目前在这个线路出现了一个 3 MB 的管道，取代了曾经的两个 1.5 Mbit/s 的 T1 链路。也正是由于这样的变化太细微，所以没有引起人们的注意！

这里会将子网 10.1.3.0 再添加回这个网络中，这样会在使用这些双链路时添加某些趣味性。下面将在 Corp 和 R1 的 s0/0/1 接口上配置 10.1.3.1/24 和 10.1.3.2/24。现在 10.1.3.0 又开始被通告了，我们玩点儿新花样，修改 10.1.3.0 链路的度量，再来看一下到底会发生什么：

```
R1#config t
R1(config)#int s0/0/1
```

```
R1(config-if)#bandwidth 256
R1(config-if)#delay 300000
Corp#config t
Corp(config)#int s0/0/1
Corp(config-if)#bandwidth 256
Corp(config-if)#delay 300000
```

由于默认情况下，EIGRP 使用线路的带宽和延迟来判断到达每个网络的最佳路径，这里降低了路由器 R1 和 Corp 的 s0/0/1 接口上的带宽并增加它的延迟。现在，我们再来检验一下网络中的 EIGRP，并查看一下路由器 R1 和 Corp 之间的双链路现在又变成了什么样。

9.5 验证 EIGRP

下面给出了几个可以在路由器上运行的验证命令，这些命令能够帮助我们进行故障诊断并完成对 EIGRP 配置的验证。表 9-2 中给出了所有与验证 EIGRP 操作相关的重要命令，并且对每个命令的功能给出了简洁的描述。

表9-2 EIGRP故障诊断命令

命　　令	描述/功能
show ip route	显示整个路由选择表
show ip route eigrp	只显示路由选择表中的EIGRP表项
show ip eigrp neighbors	显示所有的EIGRP邻居
show ip eigrp topology	显示EIGRP拓扑表中的表项
show ip protocols	显示路由选择协议的配置
debug eigrp packet	显示相邻路由器间发送/接收的Hello数据包
debug ip eigrp events	显示网络上EIGRP变化及更新时的EIGRP事件

由于 EIGRP 的配置过程相当简单，你也许希望跳过有关 EIGRP 验证和故障排除的内容。在这里，需要再次提醒的是，这是一本关于 CCENT/CCNA 的书，涉及路由选择和交换的课程和考试。其内容的 25%是路由选择，而交换又占去 25%，有关交换的内容将从下一章开始学习。而剩下的 50%中有 25%是关于对路由选择进行验证和故障排除的，另外的 25%是关于对交换的验证与故障排除。因此，考虑到这一点，在这里我们仍然需要全力以赴地学好后续章节的内容。

下面将示范如何在这个互联网络上使用表 9-2 中给出的命令。

下面的路由器输出是来自示例中 Corp 路由器的输出：

```
Corp#sh ip route
     10.0.0.0/24 is subnetted, 5 subnets
C       10.1.1.0 is directly connected, Vlan1
C       10.1.2.0 is directly connected, Serial0/0/0
C       10.1.3.0 is directly connected, Serial0/0/1
C       10.1.4.0 is directly connected, Serial0/1/0
```

```
C        10.1.5.0 is directly connected, FastEthernet0/0
     172.16.0.0/24 is subnetted, 1 subnets
D        172.16.10.0 [90/28160] via 10.1.5.2, 01:00:11, FastEthernet0/0
D     192.168.10.0/24 [90/2172416] via 10.1.2.2, 01:00:12, Serial0/0/0
D     192.168.20.0/24 [90/2172416] via 10.1.2.2, 01:00:12, Serial0/0/0
D     192.168.30.0/24 [90/20514560] via 10.1.4.2, 01:00:12, Serial0/1/0
D     192.168.40.0/24 [90/20514560] via 10.1.4.2, 01:00:12, Serial0/1/0
Corp#
```

在这里给出了路由表中的所有路由（10.1.3.0 再次显示为直接连接），并且对于每个远程网络目前都只有一个链接！注意，这里的 EIGRP 路由都简单地使用了一个 D 标识（DUAL）来表示，并且这些路由的默认 AD 都是 90。这表明它们都是内部的 EIGRP 路由。下面再来看一下 R1 路由器上修改了度量的路由表：

```
R1#sh ip route
    10.0.0.0/24 is subnetted, 5 subnets
D        10.1.1.0 [90/27769856] via 10.1.2.1, 00:59:38, Serial0/0/0
C        10.1.2.0 is directly connected, Serial0/0/0
C        10.1.3.0 is directly connected, Serial0/0/1
D        10.1.4.0 [90/21024000] via 10.1.2.1, 00:59:38, Serial0/0/0
D        10.1.5.0 [90/2172416] via 10.1.2.1, 00:59:38, Serial0/0/0
     172.16.0.0/24 is subnetted, 1 subnets
D        172.16.10.0 [90/2172416] via 10.1.2.1, 00:59:37, Serial0/0/0
C     192.168.10.0/24 is directly connected, FastEthernet0/0
C     192.168.20.0/24 is directly connected, FastEthernet0/1
D     192.168.30.0/24 [90/21026560] via 10.1.2.1, 00:59:38, Serial0/0/0
D     192.168.40.0/24 [90/21026560] via 10.1.2.1, 00:59:38, Serial0/0/0
R1#
```

在 R1 路由器上，对于每个远程网络也都只有一个路由，并且 10.1.3.0 网络是我们的备用链路。显然，如果这里能同时使用两条链路，效果会更好，但在此示例中，网络 10.1.3.0 已经被配置为备份链路。

现在返回到 Corp 路由器，去看一下它邻居表中的内容：

```
Corp#sh ip eigrp neighbors
IP-EIGRP neighbors for process 10
H   Address         Interface       Hold Uptime    SRTT   RTO   Q    Seq
                                    (sec)          (ms)         Cnt  Num
0   10.1.5.2        Fa0/0           14   01:02:00  40     1000  0    143
1   10.1.4.2        Se0/1/0         12   01:02:00  40     1000  0    114
2   10.1.2.2        Se0/0/0         11   01:02:00  40     1000  0    131
3   10.1.3.2        Se0/0/1         11   00:33:37  40     1000  0    132
```

从这个输出中可以了解到的信息列在下面。

- H 字段表明邻居被发现的顺序。

- hold 时间表明该路由器从指定邻居那里接收 Hello 数据包还要等待多长时间。
- uptime 指明这个邻居关系已经建立了多久。
- SRTT 字段是一个连续的往返定时器，用于指示从此路由器到它的邻居并返回的往返时间。这个值常用来确定组播发出之后需要等待多长时间才能收到邻居的应答。如果某个应答在指定的时间内没有接收到，路由器会切换到单播来尝试完成这次通信。组播尝试时间由以下几项确定：
- 重传超时（RTO）字段，它给出了 EIGRP 为邻居重传来自重传队列的数据包时需要等待的时间值；
- Q 值，用于指示在队列中是否存在异常的消息，通常持续出现较大取值都预示着存在某个问题；
- Seq 字段，指示接收自邻居最新更新数据的序列号，用于管理同步，以及避免信息处理中的重复或者错序。

注意　需要记住的是，命令 show ip eigrp neighbors 可以检查 IP 地址和重传间隔，以及已建立起邻接关系的邻居队列数。

下面使用命令 show ip eigrp topology 来查看一下 Corp 上的拓扑表，这会是个有趣的过程！

```
Corp#sh ip eigrp topology
IP-EIGRP Topology Table for AS 10

Codes: P - Passive, A - Active, U - Update, Q - Query, R - Reply,
       r - Reply status

P 10.1.1.0/24, 1 successors, FD is 25625600
         via Connected, Vlan1
P 10.1.5.0/24, 1 successors, FD is 28160
         via Connected, FastEthernet0/0
P 10.1.4.0/24, 1 successors, FD is 20512000
         via Connected, Serial0/1/0
P 10.1.3.0/24, 1 successors, FD is 76809984
         via Connected, Serial0/0/1
P 10.1.2.0/24, 1 successors, FD is 2169856
         via Connected, Serial0/0/0
P 192.168.10.0/24, 1 successors, FD is 2172416
         via 10.1.2.2 (2172416/28160), Serial0/0/0
         via 10.1.3.2 (76828160/28160), Serial0/0/1
P 192.168.20.0/24, 1 successors, FD is 2172416
         via 10.1.2.2 (2172416/28160), Serial0/0/0
         via 10.1.3.2 (76828160/28160), Serial0/0/1
P 192.168.30.0/24, 1 successors, FD is 20514560
         via 10.1.4.2 (20514560/28160), Serial0/1/0
```

```
P 192.168.40.0/24, 1 successors, FD is 20514560
        via 10.1.4.2 (20514560/28160), Serial0/1/0
P 172.16.10.0/24, 1 successors, FD is 28160
        via 10.1.5.2 (28160/25600), FastEthernet0/0
```

注意在每个路由的前面都有一个字母 P。P 表明此路由处于*被动状态*，这是一件好事儿，因为某个路由处于*激活状态*（A），则表明当前的路由器已经失去了通往这个网络的路径，并且正在搜索可替代的路径。每个表项还都给出了它指向远程网络的可行距离，即 FD，以及数据包传递时需要经过的下一跳邻居。每个表项的圆括号内都包含两个数值，其中第一个数值用于指示可行距离，第二个则是通向远程网络的被通告距离（AD）。

在这里，可以发现一些有趣的内容，注意，在输出路由 192.168.10.0 和 192.168.20.0 的下面，每个网络都连接有两条链路，并且每条链路的可行距离都不相同。这表明指向这些网络的路径存在着一个继任者和一个可行的继任者，即一个备份的路由!这不是很有趣的事情吗!

我们来仔细观察一下：

```
P 192.168.10.0/24, 1 successors, FD is 2172416
        via 10.1.2.2 (2172416/28160), Serial0/0/0
        via 10.1.3.2 (76828160/28160), Serial0/0/1
P 192.168.20.0/24, 1 successors, FD is 2172416
        via 10.1.2.2 (2172416/28160), Serial0/0/0
        via 10.1.3.2 (76828160/28160), Serial0/0/1
```

这里的 FD 就是可行距离，它是 Corp 路由器到达该网络的代价。当然，对于它的 AD，即被通告距离，我们也应该给予关注。这个表中对网络 192.168.10.0 给出的相关描述为：

```
via 10.1.2.2 (2172416/28160), Serial0/0/0
via 10.1.3.2 (76828160/28160), Serial0/0/1
```

对于这个 s0/0/0 链路，我们看到的是（2172416/28160），其中第一个数值是 FD，而第二数值则为 AD。路由器 R1 通告到达网络 192.168.10.0 和 192.168.20.0 所需的代价是相同的，其取值为 28160。然而，Corp 路由器需要为到达每个网络添加一个实现代价，我们的 FD 就是从中得出的。由于 s0/0/1 链路具有更低的带宽和更高的延迟，于是可以观察到 s0/0/0 具有更低的 FD，因此只有这个路径可以被放入路由选择表中。

需要记住的是，对于两个都出现在拓扑表中的路由，只能有一个继任路由（具有最低度量值的那个）会被复制并被放入路由选择表中。

为了保证该路由能够成为可行的继任者，它的通告距离必须要比继任者路由的可行距离要小。

EIGR 将可以自动地为具有相同方差（即相等代价）的两条链路进行负载均衡，但是如果使用 variance 命令，EIGRP 也可以在非相等代价的链路上实现负载均衡。默认情况下，这个方差度量被设置为 1，即只有相同代价的链路可以进行负载均衡。方差的取值可以修改为 1 到 128 之间的任意值。通过修改方差取值，可以让 EIGRP 在本地路由选择表中放置多个无环路的非等价路由。

因此从根本上讲，如果方差被设置为 1，只有具有相同度量的继任者路由才会被安置在本地的路由选择表中。但是，比如说方差被设置为 2，则任意一个由 EIGRP 了解的路由，只要它的度量小于等于继任者度量值的两倍，它就可以会被安置到本地的路由选择表中（当然，这一路由已经是一个可行的继任者）。注意这是一个相对复杂的配置，在开始使用 variance 命令进行配置时一定要特别小心谨慎。

在开始使用 debug 命令之前，来运行一下最后一个 show 命令，即 show ip protocols 命令。它可以给出在路由器上所有已配置的路由选择协议的信息，这里我们只关心 EIGRP 给出的内容：

```
Corp#sh ip protocols

Routing Protocol is "eigrp  10 "
  Outgoing update filter list for all interfaces is not set
  Incoming update filter list for all interfaces is not set
  Default networks flagged in outgoing updates
  Default networks accepted from incoming updates
  EIGRP metric weight K1=1, K2=0, K3=1, K4=0, K5=0
  EIGRP maximum hopcount 100
  EIGRP maximum metric variance 1
Redistributing: eigrp 10
  Automatic network summarization is in effect
  Automatic address summarization:
  Maximum path: 4
  Routing for Networks:
     10.0.0.0
  Routing Information Sources:
    Gateway         Distance      Last Update
    10.1.5.2        90            40
    10.1.3.2        90            6867
    10.1.2.2        90            6916
    10.1.4.2        90            8722
  Distance: internal 90 external 170
Corp#
```

从 show ip protocols 命令的输出中，可以了解到 AS 号和被称为“k”的度量加权值，默认情况下它使用线路的带宽和延迟来进行计算。还给出了用于约束路由更新数据包传输的最大跳计数（默认为 100），以及方差的取值，在这里为 1，也就是说只允许等代价的负载均衡。而最大路径数 4 表明允许在 4 个等价的路径上实现负载均衡，也是默认的取值。

这个时机不错，我们来查看一下 debug 的若干输出。首先，使用 debug eigrp packet 命令，它将给出相邻路由器间彼此发送的 Hello 数据包的情况：

```
Corp#debug eigrp packet
EIGRP: Received HELLO on Serial0/1/0 nbr 10.1.4.2
  AS 10, Flags 0x0, Seq 115/0 idbQ 0/0
EIGRP: Sending HELLO on Serial0/0/0
```

```
  AS 10, Flags 0x0, Seq 148/0 idbQ 0/0 iidbQ un/rely 0/0
EIGRP: Received HELLO on Serial0/0/1 nbr 10.1.3.2
  AS 10, Flags 0x0, Seq 133/0 idbQ 0/0
EIGRP: Received HELLO on Serial0/0/0 nbr 10.1.2.2
  AS 10, Flags 0x0, Seq 133/0 idbQ 0/0
EIGRP: Received HELLO on FastEthernet0/0 nbr 10.1.5.2
  AS 10, Flags 0x0, Seq 144/0 idbQ 0/0
EIGRP: Sending HELLO on Serial0/1/0
  AS 10, Flags 0x0, Seq 148/0 idbQ 0/0 iidbQ un/rely 0/0
EIGRP: Sending HELLO on Serial0/0/1
  AS 10, Flags 0x0, Seq 148/0 idbQ 0/0 iidbQ un/rely 0/0
EIGRP: Sending HELLO on FastEthernet0/0
  AS 10, Flags 0x0, Seq 148/0 idbQ 0/0 iidbQ un/rely 0/0
EIGRP: Received HELLO on Serial0/1/0 nbr 10.1.4.2
  AS 10, Flags 0x0, Seq 115/0 idbQ 0/0
EIGRP: Sending HELLO on Vlan1
  AS 10, Flags 0x0, Seq 148/0 idbQ 0/0 iidbQ un/rely 0/0
EIGRP: Sending HELLO on Serial0/0/0
  AS 10, Flags 0x0, Seq 148/0 idbQ 0/0 iidbQ un/rely 0/0
```

由于Corp路由器与3个EIGRP邻居相连，并且224.0.0.10的组播每5秒钟就发送一次，因此得到这样的更新数据是很正常的。Hello数据包会从每个激活的接口以及与我们的邻居相连接的所有接口上发出。注意，在更新数据中都提供有AS号。之所以会这样，是因为如果某个邻居没有相同的AS号，那么它所发出的Hello更新将直接被丢弃。

到目前为止，本章已经介绍了许多有关EIGRP的内容，相信你不会止步于此！下面我们来一同进入OSPF的世界。

9.6 开放最短路径优先基础

开放最短路径优先（OSPF）是一个开放标准的路由选择协议，它被各种网络开发商所广泛使用，其中也包括思科。如果你所管理的网络中拥有多种路由器，并且不都是思科的，那么就不能选用EIGRP，那还可以有什么样的选择呢？基本上剩下的并且又符合CCNA目标的选项也只有RIPv1、RIPv2和OSPF了。如果所管理的又是一个大网络，那么，真正可行的选择就只能是OSPF和所谓的路由再发布服务了，路由再发布服务是一种能在路由选择协议之间提供转换的服务。

OSPF是基于Dijkstra算法来工作的。首先，OSPF要构建一个最短路径树，然后使用最佳路径的计算结果来组建路由选择表。OSPF的会聚也很快，虽然它可能没有EIGRP快，并且它也支持对相同目标的等价多路径路由。与EIGRP一样，它也支持IP和IPv6被路由协议。

OSPF可以提供对下列功能的支持：

- 由区域和自治系统组成的框架；
- 最小化路由选择的更新流量；
- 允许可缩放性能；

- 支持 VLSM/CIDR；
- 拥有无限的跳计数；
- 允许多开发商的设备集成（开放的标准）。

OSPF 是大多数人接触到的第一种链路状态路由选择协议，因此，将它与更为传统的距离矢量协议（如 RIPv2 和 RIPv1）进行一下比较将会很有意义。表 9-3 就给出了这 3 个协议的一个比较。

表9-3 OSPF和RIP的比较

特 性	OSPF	RIPv2	RIPv1
协议类型	链路状态	距离矢量	距离矢量
无类支持	是	是	否
VLSM支持	是	是	否
自动汇总	否	是	是
手动汇总	是	是	否
不连续支持	是	是	否
路由传播	可变化的组播	周期性组播	周期性广播
路径度量	宽带	跳	跳
跳计数限制	无	15	15
会聚	快	慢	慢
对等认证	是	是	否
分层网络需求	是（使用区域）	否（只是平面）	否（只是平面）
更新	事件触发	路由表更新	路由表更新
路由计算	Dijkstra	Bellman-Ford	Bellman-Ford

OSPF 还有许多没有在表 9-3 中列出的特性，而综合所有的特性，OSPF 就成为一个快速、可缩放和高效能的协议，也因此应用于数以千计的成品化网络中。

OSPF 是以分层结构来设计的，这代表你可以将大型的互联网络分割成一些被称为“区域”的小的互联网络。这也正是 OSPF 在设计上的精华所在。

将 OSPF 创建为层次结构的原因如下：

- 减少路由选择的开销；
- 加速会聚；
- 将网络的不稳定性限制在单一的网络区域内。

这种设计并没有使配置 OSPF 变得简易，反而，更加复杂和困难。

图 9-4 给出了一个典型的 OSPF 简易设计。注意，这里一部分路由器是如何连接到主干网上的，这个主干网被称为区域 0，或主干区域。OSPF 必须要有一个区域 0，而且所有其他区域都需要连接到这个区域。（那些没有直接连接到区域 0 的区域可以通过使用虚拟链路进行连接，这部分内容超出了本书的范畴。）那些将同一 AS 内部的其他区域连接到此主干区域的路由器，被称为区域边界路由器（ABR）。在这些路由器上至少要有一个接口是必须在区域 0 中的。

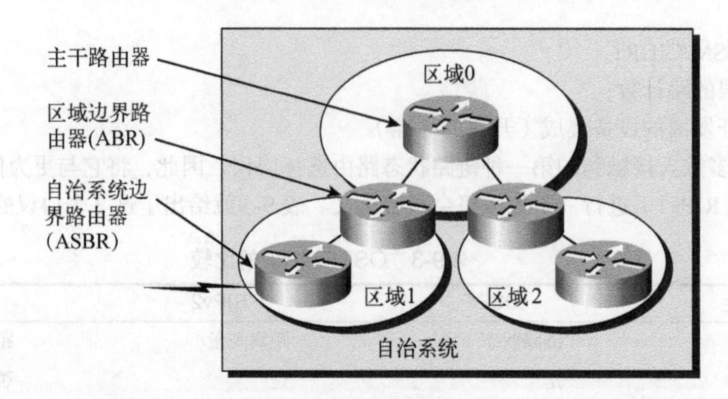

图9-4　OSPF的设计示例

OSPF运行在某个自治系统内部，但是通过它也可以将多个自治系统连接起来。用于连接AS的路由器被称为自治系统边界路由器（ASBR）。

在概念上，可以创建网络的多个不同的区域来保持路由更新的最小化，并阻止故障在整个网络中传播，基本思路就是要将更新限定在单一区域内。

与EIGRP的内容安排方式一样，这里首先介绍OSPF的基本术语。

9.6.1　OSPF术语

设想一下，你只有一张地图和一个罗盘，但却对地图上标识的东南西北、河流山川、湖泊沙漠一点儿都不了解，在这样的情况下贸然去探险，这时你所面对的挑战将会有多大？缺乏相关的背景知识，就不可能真正发挥这些新工具的作用。同样的道理，在开始探索OSPF之前，为更好地学习后续章节的内容，在此你需要了解一长串的术语。真正开始之前，熟悉下面这些重要的OSPF术语。

- **链路**　链路就是一个网络或者一个被指定给任一给定网络的路由器接口。当一个接口被添加到OSPF进程时，它就被OSPF认定是一个链路。这个链路或接口都将有一个与它关联的状态信息（up或down），以及一个或多个IP地址。
- **路由器ID**　路由器ID（RID）是一个用来标识此路由器的IP地址。思科通过使用所有配置的环回接口中最高的IP地址来选取此路由器ID。如果没有使用带有地址的环回接口进行配置，则OSPF将选取所有激活的物理接口中最高的IP地址为RID。
- **邻居**　邻居可以是两个或更多的路由器，这些路由器的某个接口是连接在同一个公共网络上，比如两个通过点到点串行链路连接在一起的路由器。
- **邻接**　邻接是指两个OSPF路由器之间的关系，这两个路由器之间允许直接交换路由更新数据。OSPF对共享路由选择信息非常讲究，不像EIGRP那样直接与自己所有的邻居共享路由信息，OSPF只与建立了邻接关系的邻居直接共享路由信息。注意并不是所有的邻居都可以建立邻接关系，这将取决于网络类型和路由器配置。
- **Hello协议**　OSPF的Hello协议能够动态地发现邻居，并维护邻居关系。Hello数据包和链路状态通告（LSA）共同用于建立并维护拓扑数据库。Hello数据包使用的是组播地址224.0.0.5。
- **邻居关系数据库**　邻居关系数据库是一个OSPF路由器的列表，这些路由器的Hello数据包相互可见。每个路由器上的邻居关系数据库中管理着各种详细的资料，包括路由器 ID 和状态等信息。

- **拓扑数据库** 拓扑数据库中包含有来自为同一区域接收的所有链路状态通告数据包中的信息。路由器使用来自拓扑数据库中的信息，作为 Dijkstra 算法的输入，并通过该算法为每个网络计算出最短路径。

LSA 数据包用于更新并维护拓扑数据库。

- **链路状态通告** 链路状态通告（LSA）是一个 OSPF 数据包，它包含着 OSPF 路由器中共享的链路状态和路由选择信息。LSA 数据包拥有多种不同的类型，这里马上会介绍到它们。一个 OSPF 路由器只与建立了邻接关系的路由器交换 LSA 数据包。
- **指定路由器** 无论什么时候，当 OSPF 路由器被连接到同一多路访问网络时，都需要选择一个指定路由器（DR）。思科喜欢将这些网络称为“广播”网络，但实际上，它们是拥有多个接收者的网络。不要将多路访问与多点连接相混淆，有时它们确实不易区分。

一个典型的示例就是以太局域网。为了使建立的邻接关系的数量最小化，就需要选择（挑选）一个 DR，它负责将路由选择信息分发到广播网络或链路中其他路由器上，或收集其他路由器的路由选择信息。这样就可以确保所有路由器上的拓扑表是完全同步的。这个共享网络中的所有路由器都将与此 DR 和备用的指定路由器（BDR）建立邻接关系，我们将在下面给出 BDR 的定义。具有最高优先级的路由器将赢得选举，成为 DR，在具有较高优先级的路由器都退出时，路由器的 ID 将成为打破平局的条件，即在具有相同优先级的路由器中选择 DR 时，拥有最高路由器 ID 的路由器将被选出。

- **备用指定路由器** 备用指定路由器（BDR）是在多路访问链路（注意，思科有时喜欢称为“广播”网络）上随时准备着的待命的 DR。BDR 从 OSPF 邻接路由器上接收所有的路由更新，但并不泛发 LSA 更新。
- **OSPF 区域** 一个 OSPF 区域是一组相邻的网络和路由器。在同一个区域内的所有路由器共享一个公共的区域 ID。由于某个路由器可以同时成为多个区域中的成员，因此区域 ID 是被指定给此路由器上特定接口的。这样，路由器上的某些接口可以属于区域 1，而剩下的接口则可以属于区域 0。所有在同一区域中的路由器拥有相同的拓扑表。在配置 OSPF 时，需要记住，必须要有一个区域 0，而且它通常被认为是主干区域。区域在建立分级网络组织中扮演着重要的角色，而这也真正强化了 OSPF 的可缩放性!
- **广播（多路访问）** 广播（多路访问）网络允许多个设备连接（或者是访问）到同一个网络上，并通过将单一数据包投递到网络中所有的结点来提供广播能力，如以太网。在 OSPF 中，每个广播多路访问网络都必须选出一个 DR 和一个 BDR。
- **非广播多路访问** 非广播多路访问（NBMA）网络是那些诸如帧中继、X.25 和异步传输模式（ATM）等类型的网络。这些网络允许多路访问，但不具备以太网那样的广播能力。因此，要实现恰当的功能，NBMA 网络需要特殊的 OSPF 配置，并且邻居关系必须详细定义。

注意　DR和BDR都是在广播和非广播的多路访问网络上选举出来的。关于选举的内容将在本章的后面进行详细的讨论。

- **点到点**　点到点被定义为一种由两个路由器间的直接连接组成的网络拓扑类型，这一连接为路由器提供单一的通信路径。点到点连接可能是物理的，比如直接连接两个路由器的串行电缆，它也可以是逻辑的，如通过一个帧中继网络中的电路连接起来的两个相隔数千英里的路由器间的连接。无论怎样，这种类型的配置消除了对DR或BDR的需求，并且，邻居关系的发现也是自动完成的。
- **点到多点**　点到多点也被定义为一种网络拓扑类型，这种拓扑中包含单个路由器上的单一接口与多个目的路由器间的一系列连接。所有位于不同路由器上的接口都共享属于同一网络的点到多点的连接。与点到点一样，这里不需要DR或BDR。

要理解OSPF操作，所有这些术语都扮演着重要的角色，因此，你需要再一次确认已经对所有概念都非常熟悉了。仔细阅读本章的后续内容，将会帮助你在恰当的上下文中找出这些术语的位置。

9.6.2　SPF树的计算

在一个区域的内部，每个路由器都要为同一区域中的每个网络计算最佳/最短路径。这个计算是基于拓扑数据库中收集的信息，并且还需要使用*最短路径优先*（SPF）算法。可以设想一下，区域中的每个路由器都会去构造一棵树，跟人们常见的家谱树很相像，在这棵树中进行计算的路由器就是树根，而所有其他的网络则会被编排为树枝和树叶。路由器使用最短路径树来将OSPF路由插入到路由选择表中。

注意，这棵树中只包含了路由器所在区域内的网络，理解这一点很重要。如果某个路由器的接口存在于多个区域中，那么就需要为每个区域都构建一棵单独的树。当SPF算法执行路由选择处理时，需要考虑的一个重要标准就是通往某网络的所有可能路径的度量或开销值。注意，这种SPF计算并不适用于来自其他区域的路由。

OSPF使用*开销*作为度量。开销与每个包含在SPF树中的输出接口相关联。完整路径开销是沿这条路径的所有输出接口开销的总和。由于按RFC 2338的定义，开销可以是任意值，所以思科不得不为每一个应用OSPF的接口执行它自己计算开销的方法。思科使用10^8/带宽这样简单的等式来进行计算。这里的带宽是为接口配置的带宽。利用这个规则，100 Mbit/s的快速以太网接口将有一个默认为1的OSPF开销，而10 Mbit/s的以太网接口将有一个取值为10的开销。

提示　被设置带宽为64 000的接口其默认开销为1563。

使用`ip ospf cost`命令可以重写开销。这一值的可修改范围为1～65 535。由于开销要分配给每一个链路，所以对这个值的修改必须要在需要修改的那个接口上完成。

思科是基于带宽来建立链路开销的。其他开发商则可能会使用其他度量来计算给定链路的开销。当链路连接的路由器来自不同的开发商时，必须调整开销计算方式来与其他开发商的路由器相匹配。两个路由器必须指定相同的链路开销，否则 OSPF 无法正常工作。

9.7 配置 OSPF

对 OSPF 进行基础配置并不像配置 RIP、IGRP 及 EIGRP 那样简单，一旦将 OSPF 中的许多选项考虑进来，它实际上可能非常复杂。但是还好，你只需掌握基本的单区域中的 OSPF 配置即可。下面的小节中将介绍如何配置单个区域的 OSPF。

以下两个要素是 OSPF 配置中的基本要素：

- 启用 OSPF；
- 配置 OSPF 区域。

9.7.1 启用 OSPF

配置 OSPF 最简单也是最基本的方式就是使用单一区域。完成这个工作需要执行至少两个命令。

用于激活 OSPF 路由选择进程的命令如下：

```
Router(config)#router ospf ?
<1-65535>
```

可见，OSPF 使用取值介于 1～65 535 范围内的数值来识别 OSPF 进程 ID。在这台路由器上它是一个取值唯一的数字，路由器在一个指定运行的进程下将一系列的 OSPF 配置命令进行了分组。不同的 OSPF 路由器不需要使用相同的进程 ID 来完成通信。这个 ID 是一个纯粹的只具有本地意义的值，没什么实际意义，注意它不能从 0 开始，起始最小值只能为 1。

如果需要，可以在同一个路由器上同时运行多个 OSPF 进程，但这与运行多区域 OSPF 的概念不同。第二个进程将维持一个拓扑表的完整独立的副本，管理它与第一个进程无关的通信。由于 CCNA 的考试目标只涉及单区域的 OSPF，并且每个路由器都只运行单一的 OSPF 进程，因此，本书重点介绍这一方面的内容。

OSPF 进程 ID 用于 OSPF 数据库中不同实例的识别，它只局部有效。

9.7.2 配置 OSPF 区域

在标识了 OSPF 的进程后，接下来需要标识想要进行 OSPF 通信的接口，及路由器所在的区域。这也就配置了需要向其他路由器进行通告的网络。OSPF 在配置中使用了通配符掩码，该掩码也被应用在访问控制表的配置中（将在第 13 章进行讨论）。

下面是一个对 OSPF 进行基本配置的实例：

```
Router#config t
Router(config)#router ospf 1
Router(config-router)#network 10.0.0.0 0.255.255.255
 area ?
  <0-4294967295>  OSPF area ID as a decimal value
  A.B.C.D         OSPF area ID in IP address format
Router(config-router)#network 10.0.0.0 0.255.255.255
 area 0
```

注意　这个区域可以是从 0 到 42 亿中的任何一个数值。不要将这些数值与进程 ID 相混淆，进程 ID 的取值范围是从 1 到 65 535。

记住，OSPF 进程 ID 的数值是彼此互不相关的。在网络中每个路由器上的进程 ID 都可以是相同的，当然也可以是不同的——这都没有关系。这个取值只具有本地意义，其作用只是使 OSPF 能在路由器上进行路由选择。

命令 network 的参数是网络号（10.0.0.0）和通配符掩码（0.255.255.255）。这两个数字的组合用于标识 OSPF 操作的接口，并且它也将包含在其 OSPF 的 LSA 通告中。根据上面示例中的配置，OSPF 将使用这个命令来找出在 10.0.0.0 网络中被配置的路由器上的任何接口，它会将找到的接口都放置到区域 0 中。注意，在这里可以创建 42 亿个区域（一个路由器实际上不会创建那么多的区域，但是从多达 42 亿个的数字中选出某些来对区域进行命名显然是可以的）。注意，也可以使用 IP 地址的格式来标记区域。

简短地解释一下通配符：在通配符掩码中，一个 0 的八位位组表示网络地址中相应的八位位组必须严格地匹配。而另一方面，255 则表示不必关心网络地址中相应的八位位组的匹配情况。网络和通配符掩码 1.1.1.1 0.0.0.0 的组合将只指定使用 1.1.1.1 精确配置的接口，而不包含其他的地址。如果想在指定接口上简单明确地激活 OSPF，这种方式确实很有用。如果你坚持要匹配网络中的某个范围，如网络和通配符掩码 1.1.0.0 0.0.255.255 的组合将指定一个范围 1.1.0.0～1.1.255.255。由此可知，使用通配符掩码 0.0.0.0 将分别标识出每个 OSPF 的接口，它的确是一个比较简单且安全的方式，但一旦进行了这样的配置，它们的功能也就相当单一了，只有一条路有时并不是件好事。

最后的参数是区域号码，它指示网络中标识接口以及限定通配符掩码所在的区域。记住，只有当 OSPF 路由器的接口共享了具有相同区域号的网络时，这些路由器才可以成为邻居。区域号的格式可以是从 1 到 4 294 967 295 范围内的十进制值，也可以是标准的十进制点分法表示的数值。例如，区域 0.0.0.0 就是一个合法的区域，它也同样表示区域 0。

通配符示例

在开始对我们的示例网络进行配置之前，来快速地看一下稍有难度的 OSPF 网络配置，并了解一下在使用子网和通配符时 OSPF 对网络会有什么要求。

下面的路由器使用了 4 个不同的接口与 4 个子网相连接：

- 192.168.10.64/28；
- 192.168.10.80/28；
- 192.168.10.96/28；
- 192.168.10.8/30。

所有的接口都需要配置在区域 0 中。在我看来，最简单的配置方式是：

```
Test#config t
Test(config)#router ospf 1
Test(config-router)#network 192.168.10.0 0.0.0.255 area 0
```

上面的示例相当简单，但简单并不总是最好的，虽然这是配置 OSPF 的一种简单的方式，但需要了解这样配置的好处何在？更为糟糕的是，这样简易的配置方式并没有包含在 CCNA 的目标中！既然这样，我们需要通过使用子网号和通配符，为每个接口创建一个单独的网络声明。具体操作如下所示：

```
Test#config t
Test(config)#router ospf 1
Test(config-router)#network 192.168.10.64 0.0.0.15 area 0
Test(config-router)#network 192.168.10.80 0.0.0.15 area 0
Test(config-router)#network 192.168.10.96 0.0.0.15 area 0
Test(config-router)#network 192.168.10.8 0.0.0.3 area 0
```

现在这里的配置看上去的确有些不同了！但事实上 OSPF 仍会以与前面所介绍的简单配置中相同的方式进行工作，但是与前面介绍的简单配置不同，这种配置方式包含在 CCNA 的考试目标中！

虽然这个配置看上去很复杂，但请相信，其实并不是这样。所有需要做的就是对块尺寸的理解！因此一定要记住在配置通配符时，它们永远都要比块尺寸小 1。一个/28 的块大小为 16，因此使用子网号添加网络声明，并在一个需配置的八位位组中添加值为 15 的通配符。对于/30，它的块大小为 4，则所使用的通配符为 3。在进行几次练习之后，这个推演就变得相当简单了，在学习控制列表时我们会再次用到它们。

为了能牢固地掌握这个内容，下面以图 9-5 为示例，用 OSPF 的通配符来配置这个网络。图 9-5 中给出了一个配有 3 台路由器的网络，图中还给出了路由器的每个接口所使用的 IP 地址。

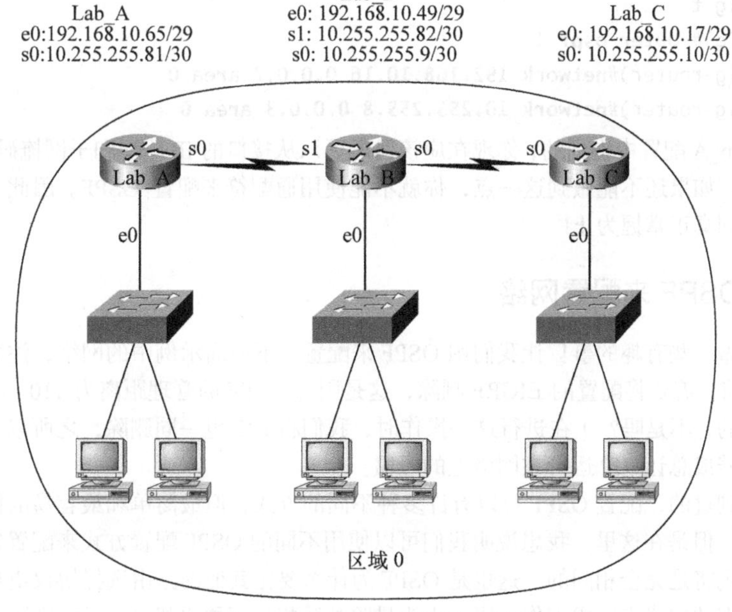

图 9-5 OSPF 通配符配置示例

在开始时首先需要做的、也是必须能够做的就是要查看每个接口的地址，并推断此地址所在的子网。稍停顿一下，在这里我猜我知道你此刻在想什么："为什么不在此使用 0.0.0.0 通配符来精确地指定接口的 IP 地址？"是的，在这里是可以的，但应该注意到，对于这一部分内容，CCNA 的目标不仅仅是要掌握那些最容易操作的部分，还记得吗？

图中给出了每个接口的 IP 地址。路由器 Lab_A 有两个直接连接的子网：192.168.10.64/29 和 10.255.255.80/30。下面是使用通配符进行的 OSPF 配置：

```
Lab_A#config t
Lab_A(config)#router ospf 1
Lab_A(config-router)#network 192.168.10.64 0.0.0.7 area 0
Lab_A(config-router)#network 10.255.255.80 0.0.0.3 area 0
```

路由器 Lab_A 在 ethernet0 接口上使用的是一个/29 或 255.255.255.248 的掩码。这是一个大小为 8 的块，它所对应的通配符为 7。而 s0 接口上的掩码为 255.255.255.252，即其块尺寸为 4，所对应的通配符为 3。如果你不能从所提供的 IP 地址和斜杠符号中推断出子网、掩码和通配符，就不能使用这种方式来完成对 OSPF 的配置。因此，除非你能顺利地完成这样的操作，否则就不要去参加考试。

下面是在另两个路由器上进行的配置，可以帮助你多做些练习：

```
Lab_B#config t
Lab_B(config)#router ospf 1
Lab_B(config-router)#network 192.168.10.48 0.0.0.7 area 0
Lab_B(config-router)#network 10.255.255.80 0.0.0.3 area 0
Lab_B(config-router)#network 10.255.255.8 0.0.0.3 area 0

Lab_C#config t
Lab_C(config)#router ospf 1
Lab_C(config-router)#network 192.168.10.16 0.0.0.7 area 0
Lab_C(config-router)#network 10.255.255.8 0.0.0.3 area 0
```

正如在对 Lab_A 配置中提到的，你现在应该已经可以从接口的 IP 地址和子网掩码中推断出子网、掩码和通配符了。如果还不能做到这一点，你就不能使用通配符来配置 OSPF。因此，反复地学习这一部分内容，直到真正掌握为止!

9.7.3　使用 OSPF 来配置网络

好，现在来做一些有趣的事！让我们用 OSPF 来配置一下前面示例中的网络，注意这里只使用区域 0。在开始之前，需要将配置的 EIGRP 删除，这是因为 OSPF 的管理距离为 110。（而 EIGPR 的是 90，这些你都懂的，不是吗？）在进行这一操作时，我们将 RIP 也一同删除，之所以这样做，是因为我不希望你由此养成总让 RIP 运行在网络上的习惯。

正如前面提到过的，配置 OSPF 可以有许多种不同的方式，但最简单和最容易的做法就是使用通配符掩码 0.0.0.0。但是在这里，我想说明我们可以使用不同的 OSPF 配置方式来配置每个路由器，并且所得到的结果仍将是完全相同的。这也是 OSPF 为什么要比其他的路由选择协议更加有趣的原因之一，它给我们更多的方式来完成工作，同时也为排除故障提供了更多机会! 下面将使用图 9-3 中给出的网络来进行 OSPF 配置。

1. Corp

下面就是在 Corp 路由器上的配置:

```
Corp#config t
Corp(config)#no router eigrp 10
Corp(config)#no router rip
Corp(config)#router ospf 132
Corp(config-router)#network 10.1.1.1 0.0.0.0 area 0
Corp(config-router)#network 10.1.2.1 0.0.0.0 area 0
Corp(config-router)#network 10.1.3.1 0.0.0.0 area 0
Corp(config-router)#network 10.1.4.1 0.0.0.0 area 0
Corp(config-router)#network 10.1.5.1 0.0.0.0 area 0
```

这里似乎有一些问题需要讨论一下。首先，我删除了 EIGRP 和 RIP，然后，添加了 OSPF。但是，为什么在这里使用的是 OSPF 132? 其实，这的确不重要，这个数值完全是无所谓的。我想也许使用 132 感觉比较好!

这个 network 命令的使用也相当直接。我直接将每个接口的 IP 地址输入了进去，然后使用通配符掩码 0.0.0.0，这表明这个 IP 地址的每个八位位组都必须是完全匹配的。但是如果认为简单的才是最好的，那就这样做吧:

```
Corp(config)#router ospf 132
Corp(config-router)#network 10.1.0.0 0.0.255.255 area 0
```

上面用一行代替了五行!我真希望你能理解，不管使用哪种方式给出网络声明，OSPF 在这里都会同样地工作。现在，我们来看一下 R1。为了让配置简单化，我们将采用相同的配置方式。

2. R1

路由器 R1 有 4 个直接连接的网络。在这里的示例中使用一个网络命令来代替在每个接口上进行的输入，这样它同样能正确地工作:

```
R1#config t
R1(config)#no router eigrp 10
R1(config)#no router rip
R1(config)#router ospf 1
R1(config-router)#network 10.1.0.0 0.0.255.255 area0
                                                   ^

% Invalid input detected at '^' marker.

R1(config-router)#network 10.1.0.0 0.0.255.255 area 0
R1(config-router)#
14:12:39: %OSPF-5-ADJCHG: Process 1, Nbr 10.1.5.1 on Serial0/0/0
from LOADING to FULL, Loading Done

R1(config-router)#
14:12:43: %OSPF-5-ADJCHG: Process 1, Nbr 10.1.5.1 on Serial0/0/1
```

```
from LOADING to FULL, Loading Done
R1(config-router)#network 192.168.0.0 0.0.255.255 area 0
```

好，除了忘记在区域命令和区域号之间插入一个空格这个小小的输入错误之外，这确实是一个紧凑而有效的配置。

这里首先禁用 EIGRP，随后启用 OSPF 路由选择进程 1，并添加带有通配符掩码 0.0.255.255 的 network 命令 10.1.0.0。这一命令基本上表示："找出任一起始于 10.1 的接口，并将它们加入到区域 0 中。"最后，又将用一个配置行将 192.168.10.0 和 192.168.20.0 添加到配置中。一切快速、简单而且顺畅！

3. R2

路由器 R2 直接连接到 3 个网络，我们同样看一下它的配置：

```
R2#config t
R2(config)#no router eigrp 10
R2(config)#no router rip
R2(config)#router ospf 45678
R2(config-router)#network 10.0.0.0 0.0.0.255.255.255 area 0
R2(config-router)#network 192.168.30.1 0.0.0.0 area 0
R2(config-router)#network 192.168.40.1 0.0.0.0 area
```

我可以使用任一个想用的进程 ID，只要它的值在 1 到 65 535 之间。并且注意，我所使用的 10.0.0.0 其通配符为 0.255.255.255，并且随后使用 0.0.0.0 通配符对 192.168.30.0 和 40.0 网络进行了配置。这样配置也能工作得不错。

4. R3

最后，这是最后一个路由器！对于 R3 路由器，我们需要关闭 RIP 和 EIGRP，然后配置 OSPF。

```
R3(config)#no router eigrp 10
R3(config)#no router rip
R3(config)#router ospf 1
R3(config-router)#network 10.1.5.1 0.0.0.0 area 0
R3(config-router)#network 172.16.10.0 0.0.0.255 area 0
```

酷！至此我们已经完成了对所有路由器的 OSPF 配置，接下来需要做些什么呢？消磨时间？不，还没有真正地结束，还有一些验证方面的工作。我们需要确认 OSPF 真正在工作，这是我们下一节要做的。

9.8　验证 OSPF 配置

有多种方式可以进行 OSPF 的验证，用于确定已经对它完成了适当地配置并能进行正常的运行，下面的章节将要介绍需要了解并能够完成有关 OSPF 配置的 show 命令。我们先从查看 Corp 路由器上的路由选择表开始。

好，我们先在路由器 Corp 上执行 show ip route 命令，看一下这里是否有机会进行故障排除的演练：

```
     10.0.0.0/24 is subnetted, 5 subnets
C       10.1.1.0 is directly connected, Vlan1
C       10.1.2.0 is directly connected, Serial0/0/0
C       10.1.3.0 is directly connected, Serial0/0/1
```

```
C       10.1.4.0 is directly connected, Serial0/1/0
C       10.1.5.0 is directly connected, FastEthernet0/0
     172.16.0.0/24 is subnetted, 1 subnets
S       172.16.10.0 [150/0] via 10.1.5.2
O    192.168.10.0/24 [110/65] via 10.1.2.2, 00:01:55, Serial0/0/0
O    192.168.20.0/24 [110/65] via 10.1.2.2, 00:01:55, Serial0/0/0
S    192.168.30.0/24 [150/0] via 10.1.4.2
S    192.168.40.0/24 [150/0] via 10.1.4.2
```

路由器 Corp 显示，只在我们互联网络中找到 2 个动态的路由，表项所带的 O 表明它们是 OSPF 的内部路由（而 C 显然是那些直接相连的网络）。但是在这个路由选择表中带有 S 的行表示的是什么？

由此可以看出，与 EIGRP 不同，在这个小型的互联网络中，当我首次完成对路由器的配置时，它并没有正常地“工作”起来。下面来查找一下这个问题并将它修复。我们先从 192.168.30.0 和 40.0 开始查起；到达这些网络的路由不应该被显示为静态的。让我们返回 R2，看一下那里进行的配置：

```
!
router ospf 45678
 log-adjacency-changes
 network 10.0.0.0 0.0.0.255 area 0
 network 192.168.30.1 0.0.0.0 area 0
 network 192.168.40.1 0.0.0.0 area 0
!
```

对 192.168.30.0 和 40.0 的配置看起来是正确的，但是在第一行中对 10.0.0.0 网络的配置中发现一个错误。你看出来了吗？那就是问题所在，我所使用的通配符告诉 OSPF 要严格匹配前 3 个八位位组中的内容，但是我又没有任何一个接口开始于 10.0.0，因此，这里需要重新进行网络的声明：

```
R2(config)#router ospf 45678
R2(config-router)#no  network 10.0.0.0 0.0.0.255 area 0
R2(config-router)#network 10.1.4.0 0.0.0.255 area 0
```

于是，我取消了这个错误的声明，然后配置了一个正确的网络声明。下面我们再来看一下 Corp 的路由选择表：

```
     10.0.0.0/24 is subnetted, 5 subnets
C       10.1.1.0 is directly connected, Vlan1
C       10.1.2.0 is directly connected, Serial0/0/0
C       10.1.3.0 is directly connected, Serial0/0/1
C       10.1.4.0 is directly connected, Serial0/1/0
C       10.1.5.0 is directly connected, FastEthernet0/0
     172.16.0.0/24 is subnetted, 1 subnets
S       172.16.10.0 [150/0] via 10.1.5.2
O    192.168.10.0/24 [110/65] via 10.1.2.2, 00:09:50, Serial0/0/0
O    192.168.20.0/24 [110/65] via 10.1.2.2, 00:09:50, Serial0/0/0
O    192.168.30.0/24 [110/782] via 10.1.4.2, 00:00:02, Serial0/1/0
```

9

```
O    192.168.40.0/24 [110/782] via 10.1.4.2, 00:00:02, Serial0/1/0
Corp#
```

是的，好像是好些了……但是仍然可以发现那个神奇的 172.16.0.0 网络夹杂在 Corp 路由选择表的输出中。查看一下 R3 上的配置，看看是否存在有错误的配置：

```
router ospf 1
 log-adjacency-changes
 network 10.1.5.1 0.0.0.0 area 0
 network 172.16.10.0 0.0.0.255 area 0
```

这里有另一个错误的输入。看看使用 OSPF 多么简单？你发现我犯的错误了吗？输入 show ip interface brief 可以帮助你发现问题所在：

```
R3#sh ip int brief
Interface            IP-Address      OK? Method Status       Protocol
FastEthernet0/0      10.1.5.2        YES manual up           up
Dot11Radio0/0/0      172.16.10.1     YES manual up           up
```

应该不难看出，这里的快速以太网接口的地址应该是 10.1.5.2，而不是 OSPF 配置中的 10.1.5.1。记住，在网络声明中永远使用直接连接的接口或网络地址，而不要使用远程路由器的网络地址。下面就是对这个问题的修复，以及应该进行的声明：

```
R3(config)#router ospf 1
R3(config-router)#no network 10.1.5.1 0.0.0.0 area 0
R3(config-router)#network 10.1.5.2 0.0.0.0 area 0
```

现在再来最后看一下 Corp 上的路由选择表。现在一切都应该正常了：

```
     10.0.0.0/24 is subnetted, 5 subnets
C       10.1.1.0 is directly connected, Vlan1
C       10.1.2.0 is directly connected, Serial0/0/0
C       10.1.3.0 is directly connected, Serial0/0/1
C       10.1.4.0 is directly connected, Serial0/1/0
C       10.1.5.0 is directly connected, FastEthernet0/0
     172.16.0.0/24 is subnetted, 1 subnets
O       172.16.10.0 [110/2] via 10.1.5.2, 00:00:28, FastEthernet0/0
O    192.168.10.0/24 [110/65] via 10.1.2.2, 00:15:34, Serial0/0/0
O    192.168.20.0/24 [110/65] via 10.1.2.2, 00:15:34, Serial0/0/0
O    192.168.30.0/24 [110/782] via 10.1.4.2, 00:05:47, Serial0/1/0
O    192.168.40.0/24 [110/782] via 10.1.4.2, 00:05:47, Serial0/1/0
```

现在就得到了一个看上去非常漂亮的 OSPF 路由选择表。能够发现并修复如示例所示的 OSPF 网络配置错误是非常重要的。使用 OSPF 时很容易犯一些小错误，因此对一些小细节要特别加以关注。

下面就是必须掌握的所有有关 OSPF 的验证命令。

9.8.1 show ip ospf 命令

命令 show ip ospf 用于显示运行在该路由器上的一个或全部 OSPF 进程的 OSPF 信息。这些信息包含路由器 ID、区域信息、SPF 统计和 LSA 定时器信息。让我们检验一下 Corp 路由器的输出：

```
Corp#sh ip ospf
 Routing Process "ospf 132" with ID 10.1.5.1
 Supports only single TOS(TOS0) routes
 Supports opaque LSA
 SPF schedule delay 5 secs, Hold time between two SPFs 10 secs
 Minimum LSA interval 5 secs. Minimum LSA arrival 1 secs
 Number of external LSA 0. Checksum Sum 0x000000
 Number of opaque AS LSA 0. Checksum Sum 0x000000
 Number of DCbitless external and opaque AS LSA 0
 Number of DoNotAge external and opaque AS LSA 0
 Number of areas in this router is 1. 1 normal 0 stub 0 nssa
 External flood list length 0
    Area BACKBONE(0)
        Number of interfaces in this area is 5
        Area has no authentication
        SPF algorithm executed 5 times
        Area ranges are
        Number of LSA 5. Checksum Sum 0x0283f4
        Number of opaque link LSA 0. Checksum Sum 0x000000
        Number of DCbitless LSA 0
        Number of indication LSA 0
        Number of DoNotAge LSA 0
        Flood list length 0
```

注意，这个路由器 ID（RID）是 10.1.5.1，是这个路由器上所配置的最高 IP 地址。

9.8.2 show ip ospf database 命令

使用 show ip ospf database 命令将给出在互联网络中路由器的编号（AS），及相邻路由器的 ID（也就是前面提到过的拓扑数据库）。与 show ip eigrp topology 命令不同，这个命令只显示 OSPF 路由器，而不是 AS 中的全部链路，这点与 EIGRP 中的做法是不一样的。

这一输出是根据区域进行分割的。下面是一个输出的示例，其内容还是来自 Corp：

```
Corp#sh ip ospf database

            OSPF Router with ID (10.1.5.1) (Process ID 132)

                Router Link States (Area 0)

Link ID         ADV Router      Age         Seq#       Checksum Link count
192.168.20.1    192.168.20.1    1585        0x80000006 0x00ae08 6
192.168.40.1    192.168.40.1    1005        0x80000005 0x0069c7 4
```

```
10.1.5.1        10.1.5.1        688         0x80000009 0x008108 8
172.16.10.1     172.16.10.1     688         0x80000004 0x0021a6 2

                Net Link States (Area 0)
Link ID         ADV Router      Age         Seq#       Checksum
10.1.5.1        10.1.5.1        688         0x80000001 0x00c977
```

这里能看到4个路由器和每个路由器的RID（即每个路由器上最高的IP地址）。路由器的输出还给出了链路ID和该链路上位于ADV路由器（即通告路由器）下的路由器RID，注意，接口也是链路。

9.8.3 show ip ospf interface 命令

命令 show ip ospf interface 给出了所有与接口相关的OSPF信息。被显示的数据是关于所有启用OSPF的接口或指定接口的OSPF信息。（我将其中某些重要的内容加黑为粗体。）

```
Corp#sh ip ospf int f0/0
FastEthernet0/0 is up, line protocol is up
  Internet address is 10.1.5.1/24, Area 0
  Process ID 132, Router ID 10.1.5.1, Network Type BROADCAST, Cost: 1
  Transmit Delay is 1 sec, State DR, Priority 1
  Designated Router (ID) 10.1.5.1, Interface address 10.1.5.1
  Backup Designated Router (ID) 172.16.10.1, Interface address 10.1.5.2
Timer intervals configured, Hello 10, Dead 40, Wait 40, Retransmit 5
  Hello due in 00:00:04
Index 5/5, flood queue length 0
Next 0x0(0)/0x0(0)
Last flood scan length is 1, maximum is 1
Last flood scan time is 0 msec, maximum is 0 msec
Neighbor Count is 1, Adjacent neighbor count is 1
  Adjacent with neighbor 172.16.10.1  (Backup Designated Router)
Suppress hello for 0 neighbor(s)
```

由这个命令显示的信息包括以下内容：

- 接口IP地址；
- 区域分配；
- 进程ID；
- 路由器ID；
- 网络类型；
- 开销；
- 优先级；
- DR/BDR选举信息（如果可用）；
- Hello和Dead定时器间隔；
- 邻接邻居信息。

我在这里使用 show ip ospf interface f0/0 命令，是因为我知道在Corp和R3路由器之间的快速以太网的广播多路访问网络上会进行指定路由器的选举。稍后我们就进入对 DR 和 BDR 的选举内容的学习中，而其他所加黑的信息也非常重要！后面我们会特意重温一下 show ip ospf interface 命令输出中给出的定时器部分的内容。

下面作为一个示例，输入 show ip ospf interface 命令时会收到如下应答：

```
Corp#sh ip ospf int f0/0
%OSPF: OSPF not enabled on FastEthernet0/0
```

导致这一错误出现的原因是，路由器上启用了 OSPF 但没有在接口上进行相应的配置。你需要检查网络声明，因为你所尝试验证的这个接口没有出现在 OSPF 的进程中。

9.8.4 show ip ospf neighbor 命令

由于 show ip ospf neighbor 命令汇总了 OSPF 信息中关于邻居和邻接状态的信息，因此这一命令超级有用。如果网络中存在 DR 或 BDR，这些信息也将被显示出来。下面就是一个示例：

```
Corp#sh ip ospf neighbor
Neighbor ID      Pri   State      Dead Time   Address       Interface
172.16.10.1        1   FULL/DR     00:00:39    10.1.5.2    FastEthernet0/0
192.168.20.1       0   FULL/  -    00:00:38    10.1.2.2    Serial0/0/0
192.168.20.1       0   FULL/  -    00:00:38    10.1.3.2    Serial0/0/1
192.168.40.1       0   FULL/  -    00:00:36    10.1.4.2    Serial0/1/0
```

要知道这是一个超级重要的命令，因为它在对成品化网络的维护中特别实用。我们看一下路由器 R3 上的输出：

```
R3#sh ip ospf neighbor
Neighbor ID      Pri   State        Dead Time    Address      Interface
10.1.5.1           1   FULL/BDR     00:00:31     10.1.5.1     FastEthernet0/0
```

由于在 R3 和 Corp 路由器间有一个以太网链接（广播多路访问），因此这里会由一个选举过程来决定谁是指定路由器（DR）以及谁是备份指定路由器（BDR）。我们可以看出 R3 成为了指定路由器，之所以赢得选举是因为它在这个网络上具有最高的 IP 地址。这是在默认情况下的结果，我们当然可以对此进行修改。

而在这个输出中，在 Corp 到 R1、R2 和 R3 的连接上却没有给出 DR 或 BDR，导致这一情况的原因是在默认情况下，点到点链路上不会进行 DR 的选举，并且它们显示为 FULL/_。同时从路由器 Corp 的输出中不难看出，它和 3 个路由器是完全邻接的。

9.8.5 show ip protocols 命令

不论在路由器上运行 OSPF、EIGRP、IGRP、RIP、BGP、IS-IS，或者其他能配置在路由器上的路由选择协议，show ip protocols 命令都非常有用。它提供了一个关于所有当前运行协议的真实操作情况的精彩概述。

下面给出了 Corp 路由器上的输出：

```
Corp#sh ip protocols
Routing Protocol is "ospf 132"
```

```
  Outgoing update filter list for all interfaces is not set
  Incoming update filter list for all interfaces is not set
  Router ID 10.1.5.1
  Number of areas in this router is 1. 1 normal 0 stub 0 nssa
  Maximum path: 4
  Routing for Networks:
    10.1.1.1 0.0.0.0 area 0
    10.1.2.1 0.0.0.0 area 0
    10.1.3.1 0.0.0.0 area 0
    10.1.4.1 0.0.0.0 area 0
    10.1.5.1 0.0.0.0 area 0
  Routing Information Sources:
  Gateway         Distance      Last Update
  10.1.5.1             110      00:05:16
  172.16.10.1          110      00:05:16
  192.168.20.1         110      00:16:36
  192.168.40.1         110      00:06:55
Distance: (default is 110)
```

从这里的输出中，可以确定此OSPF的进程ID、OSPF的路由器ID、OSPF的区域类型、在OSPF上配置的网络和区域，以及邻居OSPF的路由器ID等许多内容。仔细阅读，认真思考！你是否注意到，与我们前面在RIP中执行同一个命令相比，这里的输出缺少了有关定时器的内容？这是因为链路状态路由选择协议不像距离矢量路由选择算法那样，需要使用定时器才能保持网络的稳定运行。

9.8.6　调试OSPF

对任何协议而言，**debug**都是一个很有力的分析工具，表9-4给出了一些可以帮助OSPF排错的**debug**命令。

表9-4　有助于OSPF排错的debug命令

命　令	描述/功能
debug ip ospf packet	显示在路由器上被接收的Hello数据包
debug ip ospf hello	显示在路由器上被发送和接收的Hello数据包。显示比debug ip ospf packet的输出更详细的内容
debug ip ospf adj	显示在广播和非广播多路访问网络上的DR和DBR选举过程

下面首先给出了在路由器Corp上运行**debug ip ospf packet**命令的输出：

```
Corp#debug ip ospf packet
OSPF packet debugging is on
*Mar 23 01:20:45.507: OSPF: rcv. v:2 t:1 l:48 rid:10.1.2.2
      aid:0.0.0.0 chk:8076 aut:0 auk: from Serial0/0/0
*Mar 23 01:20:45.531: OSPF: rcv. v:2 t:1 l:48 rid: 10.1.4.2
```

```
      aid:0.0.0.0 chk:8076 aut:0 auk: from Serial0/1/0
*Mar 23 01:20:45.531: OSPF: rcv. v:2 t:1 l:48 rid: 10.1.5.2
      aid:0.0.0.0 chk:8074 aut:0 auk: from FastEthernet0/0
```

从上面的输出中我们可以看到该路由器正在接收来自邻居（邻接）路由器的 Hello 数据包。OSPF 每 10 秒钟发送一次 Hello 数据包。

下一个使用的 DEBUG 命令是 **debug ip ospf adj**，它将给出发生在广播和非广播多路访问网络上的选举，在下面的小节中，它是一个重要的命令。要得到有效的输出，需要先关闭 R3 上的 F0/0 接口，然后再将它启用：

```
Corp#debug ip ospf adj
OSPF adjacency events debugging is on
05:32:12: %OSPF-5-ADJCHG: Process 132, Nbr 172.16.10.1 on
FastEthernet0/0 from FULL to DOWN, Neighbor Down: Interface down or detached

05:32:12: OSPF: Build router LSA for area 0, router ID 10.1.5.1, seq 0x80000016
05:32:12: OSPF: DR/BDR election on FastEthernet0/0
05:32:12: OSPF: Elect BDR 0.0.0.0
05:32:12: OSPF: Elect DR 0.0.0.0
05:32:12: OSPF: Elect BDR 0.0.0.0
05:32:12: OSPF: Elect DR 0.0.0.0
05:32:12:        DR: none    BDR: none
05:32:12: OSPF: Build router LSA for area 0, router ID 10.1.5.1, seq 0x80000017
05:32:12: OSPF: Build router LSA for area 0, router ID 10.1.5.1, seq 0x80000017

Corp#
%LINEPROTO-5-UPDOWN: Line protocol on Interface FastEthernet0/0,
changed state to up
05:33:57: OSPF: end of Wait on interface FastEthernet0/0
05:33:57: OSPF: DR/BDR election on FastEthernet0/0
05:33:57: OSPF: Elect BDR 172.16.10.1
05:33:57: OSPF: Elect DR 172.16.10.1
05:33:57:        DR: 172.16.10.1 (Id)   BDR: 172.16.10.1 (Id)
05:33:57: OSPF: Send DBD to 172.16.10.1 on FastEthernet0/0 seq 0x2d9e
opt 0x00 flag 0x7 len 32
05:33:57: OSPF: Build router LSA for area 0, router ID 10.1.5.1, seq 0x80000018
05:33:57: OSPF: DR/BDR election on FastEthernet0/0
05:33:57: OSPF: Elect BDR 10.1.5.1
05:33:57: OSPF: Elect DR 172.16.10.1
05:33:57: OSPF: Elect BDR 10.1.5.1
05:33:57: OSPF: Elect DR 172.16.10.1
05:33:57:        DR: 172.16.10.1 (Id)   BDR: 10.1.5.1 (Id)
05:33:57: OSPF: Build router LSA for area 0, router ID 10.1.5.1, seq 0x80000018
```

很好，下面就来讨论如何在OSPF网络上进行选举。

9.9 OSPF的DR和BDR选举

本章已经对OSPF进行了详细地讨论；然而到目前为止，对于指定路由器和备份指定路由器的内容，我们也只是简单地接触了一下，因而，为了能帮助你更好地理解DR选举过程，这里将对这一过程进行更为深入地探究，本章末尾还提供了相关内容的动手实验。

在正式开始前，需要再次确认你已经完全理解了术语邻居和邻接的含义，因为这两个概念对于认识DR和BDR的选举过程至关重要。当一个广播或非广播多路访问网络（像以太网或帧中继）被连接到一台路由器并且链路被激活时，就会发生选举过程。

9.9.1 邻居

多个共享网络分段的路由器将在这个网络分段上成为邻居。这些邻居是通过Hello协议选举出来的。使用IP组播将Hello数据包周期性地从每个接口发出。

两个路由器只有在以下方面达成共识时，它们才能成为邻居：

- **区域ID**　这里的这个原则是，在某一特定网络分段上的两个路由器的接口必须要属于同一个区域。当然，这些接口也必须归属于相同的子网。
- **认证**　OSPF允许为特定的区域设置密码。虽然路由器间的认证不是必需的，但在必要时可以设置它。不过，需要记住的是，如果使用了认证，当需要路由器成为邻居时，那么它们需要在该网络分段上具有相同的密码。
- **Hello和dead间隔**　OSPF在每个网络分段上交换Hello数据包。路由器为了能在网络分段上确认彼此之间的存在关系，并且在广播和非广播的多路访问网络分段上进行指定路由器（DR）的选举，需要使用这样一个存活系统。

Hello间隔用于设定两个Hello数据包之间的秒计数。而dead间隔是指路由器发出的Hello数据包没有被邻居看到，因而宣称此OSPF路由器宕机所经过的秒数。OSPF要求，两个邻居间设置的这些时间间隔必须是完全相同的。如果这些间隔中的任何一个不相同，则此网络分段上的路由器将不能成为邻居。可以使用`show ip ospf interface`命令来查看这些定时器。

9.9.2 邻接

在选举过程中，邻接是成为邻居之后的下一个步骤。邻接的路由器指那些经过简单的Hello数据交换后，进入数据库交换过程的路由器。为了减少在特定网络分段中交换信息的数量，OSPF在每个多路访问网络分段中需要选举出一个指定路由器（DR）和备份指定路由器（BDR）。

BDR是由选举产生的用于防止DR失效的备份路由器。这样设计是要为路由器建立一个用于信息交换的中心连接点。这样，更新数据的交换方式便从每个路由器都需要与网络分段中其他各个路由器进行交换，改变为每个路由器只需要发送它的信息给DR和BDR。随后，再由DR将这些信息中转给每个路由器。

9.9.3 DR 和 BDR 的选举

DR 和 BDR 的选举是通过 Hello 协议来完成的。在每个网络分段上 Hello 数据包是通过 IP 组播来交换的。然而，只有在广播和非广播的多路访问网络（如以太网和帧中继）的网络分段上才会进行 DR 和 BDR 的选举。点到点链路，例如串行 WAN 连接，不会进行 DR/BDR 的选举。

在广播和非广播的多路访问网络上，网络分段中带有最高 OSPF 优先级的路由器将会成为本网络分段中的 DR。这个优先级可以使用 `how ip ospf interface` 命令进行查看，它的默认取值为 1。如果所有的路由器都使用默认优先级设置，那么拥有最高路由器 ID（RID）的路由器将会胜出。

我们知道，RID 是由 OSPF 启动时所有接口地址中最高的 IP 地址确定的。使用环回（逻辑）接口可以修改 RID，下一节将介绍环回接口。

如果将某个路由器的接口优先级设置为 0,则在这个接口上该路由器不会参加 DR 和 BDR 的选举。这个优先级为 0 的接口其状态将随后变为 DROTHER。

现在我们来讨论一下 OSPF 路由器上的 RID。

9.10 OSPF 和环回接口

在使用 OSPF 路由选择协议时，为其配置环回接口是很重要的工作，思科建议，不论在路由器上是否配置使用 OSPF，最好都配置环回接口。

环回接口就是一些逻辑接口，即虚拟的软件接口；它们并不是真正的路由器接口。在 OSPF 配置中使用环回接口就是为了确保在 OSPF 进程中总存在一个激活的接口。

环回接口可以用于 OSPF 的配置和诊断。在路由器上配置环回接口的原因是，如果不配置环回接口，路由器上的最高激活 IP 地址将在路由器启动时成为该路由器的 RID。而 RID 用于路由的通告以及 DR 和 BDR 的选举。

注意 默认情况下，OSPF 会使用启动时激活接口中最高的 IP 地址作为其 ID。然而，逻辑接口可以取代这个数值。任何逻辑接口中的最高 IP 地址总会成为路由器的 RID。

下一小节将会给出如何配置环回接口，以及如何验证环回地址和 RID。

9.10.1 配置环回接口

对环回接口的配置通常是一件非常轻松的工作，因为它是 OSPF 配置中最简单的部分，我们现在也都需要稍稍休息一下，不是吗？那么坚持住，我们现在要步入最后阶段了！

首先，在 Corp 路由器上使用 `show ip ospf` 命令，来看一下它的 RID：

```
Corp#sh ip ospf
 Routing Process "ospf 132" with ID 10.1.5.1
 [output cut]
```

可以看到 Corp 的 RID 为 10.1.5.1，即该路由器的 FastEthernet0/0 接口。下面将使用一个完全不同的 IP 地址方案来配置它的环回接口：

9

```
Corp(config)#int loopback 0
*Mar 22 01:23:14.206: %LINEPROTO-5-UPDOWN: Line protocol on Interface
  Loopback0, changed state to up
Corp(config-if)#ip address 172.31.1.1 255.255.255.255
```

这里选用的IP方案其实并不重要，但要保证每个IP必须在一个独立的子网中。通过使用/32掩码，就可以选择使用任何一个想用的IP地址，只要任意两个路由器路上不要使用相同的地址即可。

下面来对其他路由器进行配置：

```
R1#config t
R1(config)#int loopback 0
*Mar 22 01:25:11.206: %LINEPROTO-5-UPDOWN: Line protocol on Interface
  Loopback0, changed state to up
R1(config-if)#ip address 172.31.1.2 255.255.255.255
```

这里是对R2上的环回接口进行的配置：

```
R2#config t
R2(config)#int loopback 0
*Mar 22 02:21:59.686: %LINEPROTO-5-UPDOWN: Line protocol on Interface
  Loopback0, changed state to up
R2(config-if)#ip address 172.31.1.3 255.255.255.255
```

这里是对R3上的环回接口进行的配置，这里使用了一个不同的IP地址，随后解释为什么要这样做：

```
R3#config t
R3(config)#int loopback 0
*Mar 22 02:01:49.686: %LINEPROTO-5-UPDOWN: Line protocol on Interface
   Loopback0, changed state to up
R3(config-if)#ip address 172.31.1.4 255.255.255.255
```

我可以很肯定地相信，你想知道255.255.255.255（/32）这一IP地址掩码的含义，并且也想知道为什么不使用255.255.255.0来代替它。很好，虽然两个掩码都能用在这里，但被称为是主机掩码的/32掩码，对于环回接口显得更为恰当，因为这样使用可以节省子网的空间。注意，如果我不使用/32掩码，那么我如何能使用172.16.10.1、172.16.10.2、172.16.10.3和172.16.10.4这些地址？那样我就需要为每个路由器设置一个独立的子网!

在继续下面的内容之前，我们需要知道，设置环回接口是否将路由器的RID进行了修改？下面通过查看Corp上的RID来检查一下这样配置的结果：

```
Corp#sh ip ospf
 Routing Process "ospf 132" with ID 10.1.5.1
```

这是怎么回事？你可能会认为，既然我们已经设置了逻辑接口，那么此逻辑接口下的IP地址就应该自动地成为该路由器的RID，对吗？在一定程度上对，只有完成下面两件事情中的一件时，事情才会真正有变化，这两件事是：重启路由器，或者在路由器上删除OSPF然后重新创建它的数据库。但任何一个都不是理想的选项。

我将选择使用重新引导Corp路由器，因为这是这两个选项中较容易实现的一个。

现在我们再来看一下RID：

```
Corp#sh ip ospf
 Routing Process "ospf 132" with ID 172.31.1.1
```

是的，它改过来了。现在路由器Corp有了一个新的RID！因此，我猜只有将所有的路由器都重启一遍，才能将它们的RID重新设置为我们指定的逻辑地址。

或许不用，这里还有另外一种方式。使用 router ospf process-id 命令来为路由器添加一个新的RID，从而替换原来的ID，对此你会有什么看法？不如让我们试试吧！下面就是一个在路由器R3上实现的示例：

```
R3#sh ip ospf
 Routing Process "ospf 1" with ID 10.1.12.1
R3#config t
R3(config)#router ospf 1
R3(config-router)#router-id 172.31.1.4
R3(config-router)#Reload or use "clear ip ospf process" command, for
this to take effect
R3(config-router)#do clear ip ospf process
Reset ALL OSPF processes? [no]: yes

20:16:35: %OSPF-5-ADJCHG: Process 1, Nbr 10.1.5.1 on FastEthernet0/0
from FULL to DOWN, Neighbor Down: Adjacency forced to reset

20:16:35: %OSPF-5-ADJCHG: Process 1, Nbr 10.1.5.1 on FastEthernet0/0
from FULL to DOWN, Neighbor Down: Interface down or detached
R3(config-router)#do sh ip ospf
 Routing Process "ospf 1" with ID 172.31.1.4
```

看到了吗，这样也可以！这里实现了对RID的修改，但却没有重启路由器！但是，等一下，我们在此之前也设置了一个环回接口（逻辑接口）。那这个环回接口是否能够战胜 router-id 命令？好，我们来看一下答案。逻辑（环回）接口不能覆盖 router-id 命令，即我们不能通过重新启动路由器来使逻辑接口地址成为RIC。

于是，可以得到这样的修改顺序：

(1) 默认情况下为最高激活接口；

(2) 最高逻辑接口可以覆盖物理接口；

(3) 命令 router-id 可覆盖接口和环回接口。

到这里唯一需要回答的问题是，是否需要在OSPF下通告环回接口。对于是否通告所使用的地址各有不同的优点和缺点。使用不通告的地址可以节省真正可用的IP地址空间，但是这样的地址不会出现在OSPF表中，因此不能ping到它。

所以基本上，这里所面对的问题是要在简化网络调试和节省地址空间之间作出选择。怎么办？一个实用的策略就是使用私有IP地址，就像示例中所做的那样。这样做，一切都很顺利！

9.10.2　OSPF 接口优先级

在 OSPF 中另一种替代使用环回接口来配置 DR 和 BDR 的方式就是“指定”选举。通过配置路由器接口的优先级可以做到这一点，只要在选举进行时配置的优先级比其他路由器的优先级高就行。换句话说，我们可以使用优先级代替逻辑地址来迫使某台路由器成为网络中的 DR 或 BDR。

图 9-6 给出了一个示例。注意在图 9-6 中，可以使用哪个选项来确保路由器 R2 能被选举为此局域网（广播多路访问）分段中的指定路由器（DR）？首先，需要确定每个路由器的 RID，然后推断在 172.16.1.0 局域网中哪个路由器会是默认的 DR。

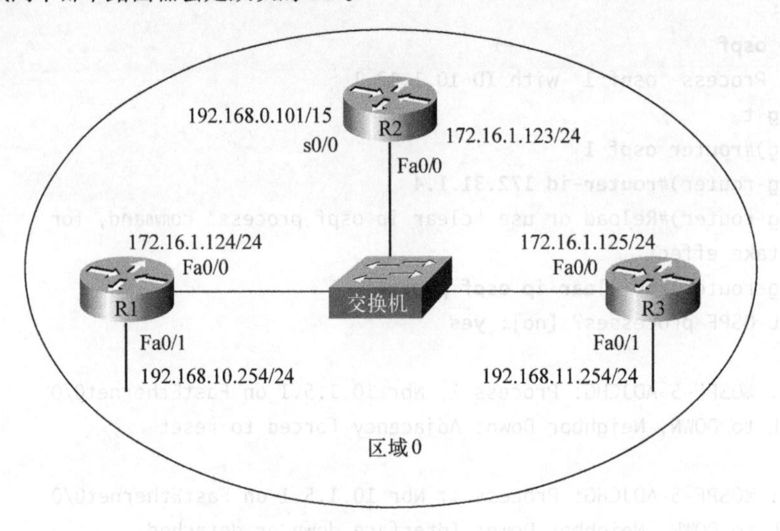

图 9-6　确保指定路由器

在这里，不难看出 R3 将会是默认的 DR，因为它拥有最高的 RID，其值为 192.168.11.254。要确保 R2 被选举为此局域网分段 172.16.1.0/24 中的 DR，这里给出了 3 个选项：

- 配置路由器 R2 上 Fa0/0 接口的优先级比此以太网中其他任一接口的优先级都高；
- 在 R2 上配置一个环回接口，并使它的 IP 地址比其他路由器上的任一 IP 地址都高；
- 将 R1 和 R3 的 Fa0/0 接口的优先级取值修改为 0。

如果在路由器 R1 和 R3 上将接口的优先级设置为零（0），那么将不允许它们参加这个选举过程。但是这可能不是最好的方式，这样，我们只能在前两个选项中进行选择。

由于你已经掌握了如何配置一个环回（逻辑）接口，这里就只给出了如何在路由器 R2 的 Fa0/0 接口上设置优先级的操作：

```
R2#config t
R2(config)#int f0/0
R2(config-if)#ip ospf priority ?
  <0-255>  Priority
R2(config-if)#ip ospf priority 2
```

这就是所要进行的配置！由于所有的路由器接口的默认优先级都为 1，因此通过将此接口的优先级设置为 2，就可以确保它自动成为此局域网分段中的 DR。将某个接口的优先级设置为 255，表示没有人能击败你的路由器！

对于已经选举结束的网络，即使修改了路由器接口的优先级，但在已存在的 DR 或 BDR 被关闭之前，此路由器也不会成为此局域网分段的 DR。也就是说，一旦某个选举发生过了，所有的一切也就被暂时确定了，直到被选出的 DR 和 BDR 被重启和/或关闭，否则选举不会再次进行。所以，即使拥有更好 RID 的路由器出现在网络中，也并不意味着 DR 或 BDR 会发生改变！

使用 `show ip ospf interface` 命令可以查看优先级：

```
R2(config-if)#do show ip ospf int f0/0
FastEthernet0/0 is up, line protocol is up
  Internet Address 10.1.13.1/24, Area 0
  Process ID 132, Router ID 172.16.30.1, Network Type BROADCAST,Cost:1
  Transmit Delay is 1 sec, State UP, Priority 2
```

注意 记住，可以使用 debug ip ospf adj 命令在一个广播或非广播的多路访问网络中查看选举发生的过程。

9.11 OSPF 故障诊断

为了进行故障诊断、维护并修复与 OSPF 相关的问题，本节中将要求你完成对 OSPF 的配置及配置输出的验证。

如果看到如下所示的配置，你必须知道，路由器不会接收这样的输入，因为这里使用的通配符不正确：

```
Router(config)#router ospf 1
Router(config-router)#network 10.0.0.0 255.0.0.0 area 0
```

正确的声明应该如下：

```
Router(config)#router ospf 1
Router(config-router)#network 10.0.0.0 0.255.255.255 area 0
```

接下来，我们来看一张图并判断一下哪一个路由器可能成为这个区域中的指定路由器。图 9-7 中给出了通过 2 个交换机和 1 个 WAN 链路连接起来的 6 个路由器所组成的网络。

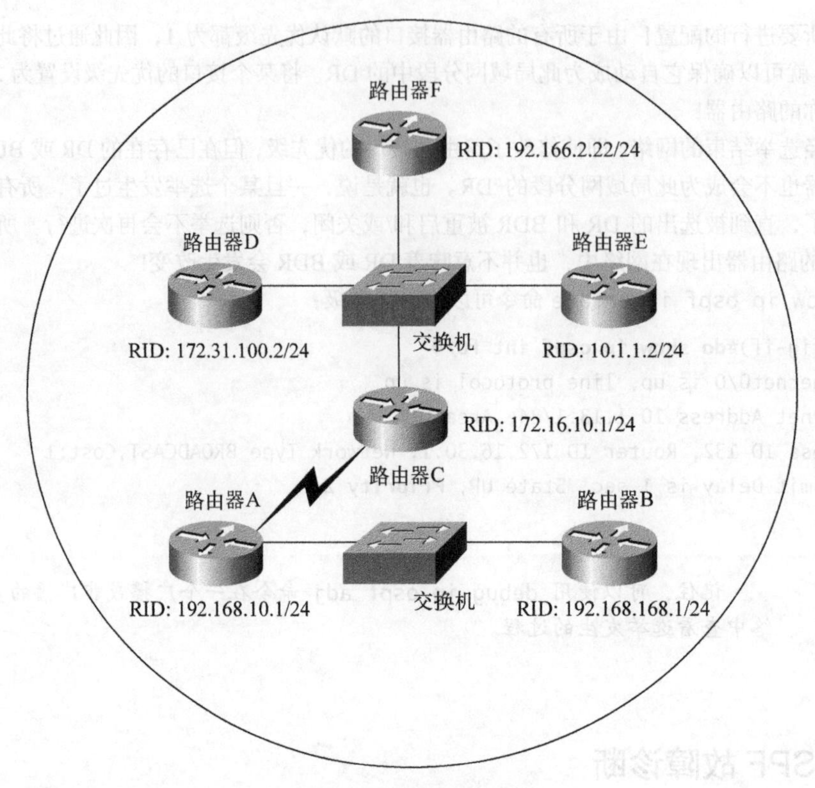

图9-7　指定路由器示例

在图9-7中，哪个路由器有可能被选举为指定路由器（DR）？这里所有路由器的OSPF优先级都为默认值。

注意每个路由器的RID值。RID值最高的路由器应该是路由器A和B，因为它们拥有最高的IP地址。路由器B将成为DR，而路由器A将成为BDR。好了，现在这里的实际情况是：由于默认情况下点到点链路上不会进行选举，因此顶部的LAN将会单独进行选举。但是，你是为了通过CCNA考试而学习这些内容的，因此，在这里最佳答案是路由器B。

下面我们使用另一个命令来验证OSPF的配置：`show ip ospf interface`命令。注意观察下面路由器A和B的输出，并判断一下为什么两个直接相连接的路由器不能建立邻接关系：

```
RouterA#sh ip ospf interface e0/0
Ethernet0/0 is up, line protocol is up
  Internet Address 172.16.1.2/16, Area 0
  Process ID 2, Router ID 172.126.1.1, Network Type BROADCAST, Cost: 10
  Transmit Delay is 1 sec, State DR, Priority 1
  Designated Router (ID) 172.16.1.2, interface address 172.16.1.1
  No backup designated router on this network
  Timer intervals configured, Hello 5, Dead 20, Wait 20, Retransmit 5
```

```
RouterB#sh ip ospf interface e0/0
Ethernet0/0 is up, line protocol is up
  Internet Address 172.16.1.1/16, Area 0
  Process ID 2, Router ID 172.126.1.2, Network Type BROADCAST, Cost: 10
  Transmit Delay is 1 sec, State DR, Priority 1
  Designated Router (ID) 172.16.1.1, interface address 172.16.1.2
  No backup designated router on this network
  Timer intervals configured, Hello 10, Dead 40, Wait 40, Retransmit 5
```

两个路由器的输出看上去都很正常，只是它们的 Hello 和 Dead 定时器有所不同。路由器 A 的 Hello 和 Dead 定时器分别是 5 和 20，而路由器 B 的 Hello 和 Dead 定时器则是 10 和 40，这一取值为 OSPF 的默认定时值。如果两个直接相连接的路由器的定时器设置不相同，那么它们将不能形成邻接关系。同时也应该注意到，**show ip ospf interface** 命令也将给出你区域中的指定路由器和备份指定路由器。

图 9-8 给出的网络中包含 4 个路由器和 2 个不同的路由选择协议。

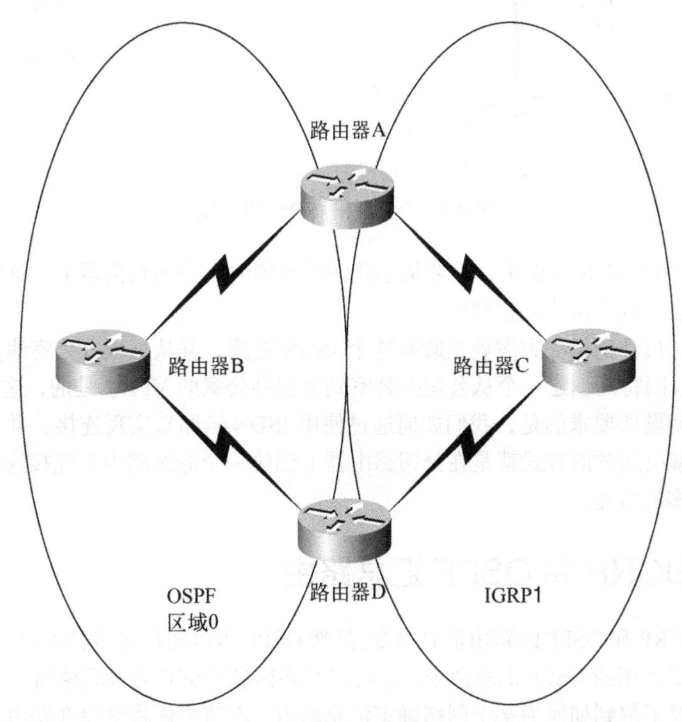

图 9-8 多重路由选择协议和 OSPF

如果所有的参数都被设置为默认值，并且再发布没有被配置，那么你认为路由器 A 将会使用哪条路径到达路由器 D？由于思科已经不再使用的老式 IGRP 的 AD 值为 100，而 OSPF 的 AD 值为 110，因此，路由器 A 将会通过路由器 C 来发送数据包到路由器 D。

仔细研究图9-9，图中的路由器上正在运行着OSPF，并且一条ISDN链路提供了到达远程办公室局域网的连接。

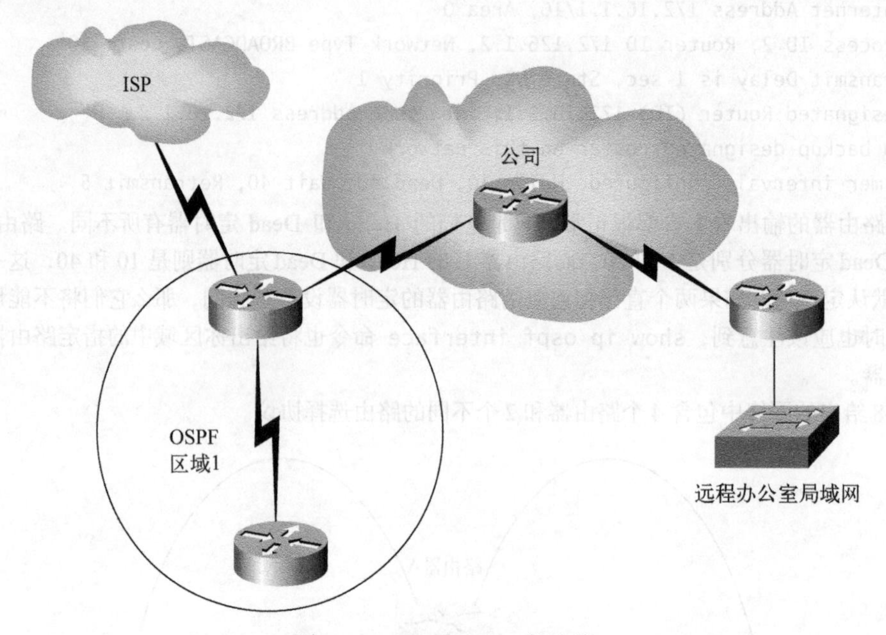

图9-9　OSPF和ISDN的连接

在图9-9中所示的ISDN链路上，需要最小化网络开销时，公司路由器上应该配置使用哪种类型的路由来建立与办公室远程网络的连接？

对于这个问题，最佳的解决方案就是废弃这个ISDN链路，并从远程办公室建立一个宽带链路到因特网上，然后通过因特网创建一个从公司办公室到远程办公室的VPN。是的，这样很好，为什么不呢？但是，在这里问题所要求的是，我们如何通过使用ISDN链路来实现连接，并要求实现最小化的开销。这样唯一能解决问题的方式就是在公司路由器上创建一个静态路由来连接这个远程网络；而其他方式都会需要更多的带宽。

9.12　配置EIGRP和OSPF汇总路由

本节将介绍EIGRP和OSPF的路由汇总命令。虽然OSPF可以通过许多种不同的方式来实现汇总，但是在这里只介绍最常用的OSPF汇总命令，它可以将多区域OSPF网络汇总到区域0中。

在第5章中已经了解到如何为某个网络确定汇总路由。本节中你将学会在路由器的配置中应用这些汇总路由命令。

图9-10给出了一个相邻的网络设计，当然，这些相邻的网络并不是偶然形成的，它们是有意设计的！图9-10中给出了6个网络，其中4个的块尺寸为4（WAN链路），2个块尺寸为8（LAN连接）。这样的网络设计正好可以放到一个尺寸为32的块中。它所使用的网络地址为192.168.10.64，其块大小为32，其掩码是255.255.255.224，如你所知，224可以提供32的块尺寸。

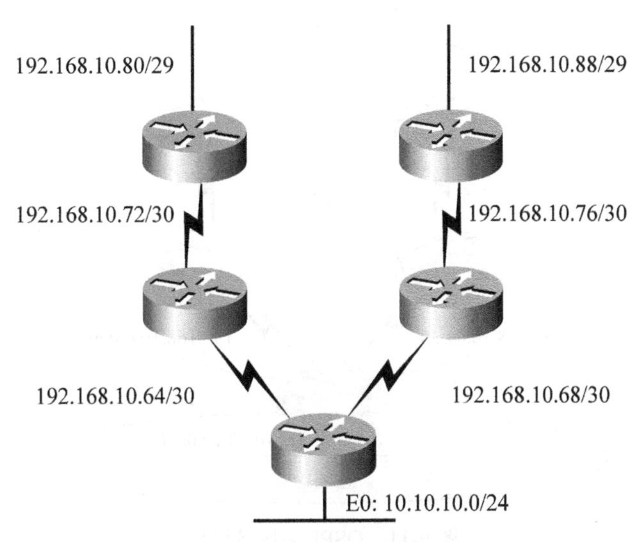

图 9-10 邻接网络的设计

在核心（连接到主干）路由器上，对于 EIGRP 我们将在 Ethernet0 上放置汇总路由，这样我们的汇总路由将通告到主干网络（10.10.10.0 网络）。这将阻止我们的 6 个网络分别收到通告，而是将它们作为一个路由通告给网络中的其他路由器。当然，在我们邻接网络之外的其他路由器不会了解到在这个通告块后面存在子网，否则将会导致路由通告的混淆，这点是必须要保证的。

下面是在核心路由器上进行 EIGPR 的完整配置：

```
Core#config t
Core(config)#router eigrp 10
Core(config-router)#network 192.168.10.0
Core(config-router)#network 10.0.0.0
Core(config-router)#no auto-summary
Core(config-router)#interface ethernet 0
Core(config-if)#ip summary-address eigrp 10 192.168.10.64 255.255.255.224
```

以上为自治系统 10 进行的 EIGRP 配置将直接在所连接的网络 192.168.10.0/24 和 10.0.0.0/24 中进行通告。由于 EIGRP 在有类边界上会自动汇总，因此有时必须要使用 `no auto-summary` 命令。我们将要通告到主干网络的汇总路由，放置在连接到主干的接口上，而不用配置在路由选择进程的控制之下。这个汇总路由告诉 EIGRP 将 192.168.10.64 网络中所有的块尺寸为 32 的网络找出，并将它们以一个路由从接口 E0 通告出去。这基本上就是说，任何一个通过 192.168.10.95 的目标地址为 192.168.10.64 的数据包，都将通过这个汇总路由转发。

要用 OSPF 汇总与 EIGRP 示例中相同的不连续网络，我们需要将 OSPF 配置为多个区域，如图 9-11 所示。

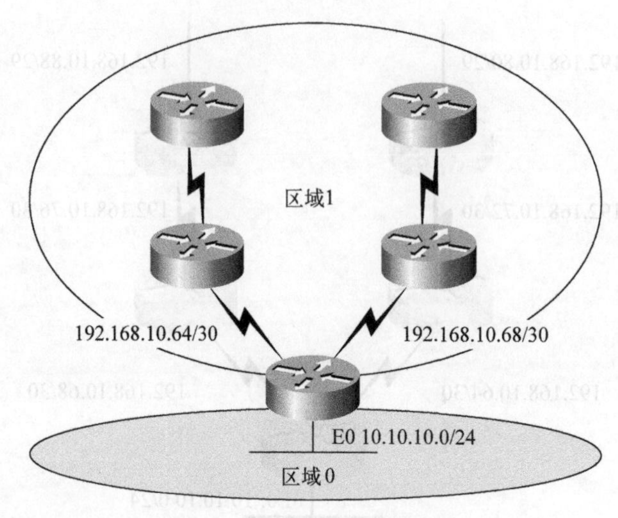

图 9-11 OSPF 多区域设计

要汇总区域 1 到主干区域 0 中，在 OSPF 进程 ID 下使用下列命令。下面是核心（主干）路由器的一个完整 OSPF 配置：

```
Core#config t
Core(config)#router ospf 1
Core(config-router)#network 192.168.10.64 0.0.0.3 area 1
Core(config-router)#network 192.168.10.68 0.0.0.3 area 1
Core(config-router)#network 10.10.10.0 0.0.0.255 area 0
Core(config-router)#area 1 range 192.168.10.64 255.255.255.224
```

由于在默认情况下 OSPF 并不去汇总任何边界，因此这里并不需要命令 no auto-summary。上面的 OSPF 配置将所有来自区域 1 中的网络汇总到主干区域中，表现为 192.168.10.64/27 一个表项。

9.13 小结

我知道，本章已经结束了，你可能会说，终于到尽头了。只是本章确实很重要！EIGRP 是本章的核心内容，它是一个链路状态路由选择和距离矢量协议的混合体。它允许非等价开销的负载均衡、可控制的路由选择更新和正式的邻居关系。

EIGRP 使用可靠的传输协议（RTP）在邻居间完成通信，并且利用弥散更新算法来计算到达远程网络的最佳路径。

EIGRP 也可以通过 VLSM、不连续网络和汇总特性支持大型网络的应用。通过在 NBMA 网络上配置 EIGRP 的操作，EIGRP 真正成为配置大型网络的首选协议。

本章详细介绍了 EIGRP 的配置，并在此基础上探究了可用于故障诊断的许多命令。

本章也介绍了大量 OSPF 的相关内容。由于 OSPF 的内容太过庞杂，除本章所讨论的 OSPF 内容之外，还有大量的内容，因此，想要在本章中包含 OSPF 的方方面面确实是件很困难的事，但是，我在本章的讨论中已经给出了涉及 OSPF 使用和配置的各个要点，相信你已经可以很好地运用了，只要你确信自己已经掌握了本章所介绍的内容，我们的目标就达到了！

本章介绍了许多涉及 OSPF 的重要内容，其中包括术语、操作、配置，以及验证和监视等相关内容。

这些重要内容中的每一个都会包含大量信息，在有关术语的章节，我们只了解到了 OSPF 的一些很表层的内容。为了保证获得好的学习效果，建议特别关注对 OSPF 的单一区域的配置、VLSM 的应用和邻近边界的汇总等方面的内容。最后，我们学习了查看 OSPF 操作的一系列实用的命令，这样你才能验证操作是否按照预设结果运行。将这些内容都消化掉，你就一切都搞定了！

9.14 考试要点

了解 EIGRP 的特点。 EIGRP 是一个无类、增强型距离矢量协议，支持 IP、IPX 和 AppleTalk，以及目前流行的 IPv6。EIGRP 使用了一个独特的、称为 DUAL 的算法来管理路由信息，并使用 RTP 来完成与其他 EIGRP 路由器的可靠传输。

了解如何配置 EIGRP。 能够完成基本的 EIGRP 配置。这个配置过程与 RIP 的有类地址配置过程基本相同。

了解如何验证 EIGRP 的操作。 了解所有的 EIGRP show 命令，并熟悉它们的输出，以及对输出中主要内容的解释。

比较 OSPF 和 RIPv1。 OSPF 是一个链路状态协议，它支持 VLSM 和无类路由选择；RIPv1 是一个距离矢量协议，它不支持 VLSM，只支持有类路由选择。

了解 OSPF 路由器如何成为邻居或邻接关系。 当 OSPF 路由器看到其他路由器的 Hello 数据包后，这些路由器就会成为邻居。

能够配置单一区域的 OSPF。 一个最小的单一区域配置将只涉及两个命令：`router ospf process-id` 和 `network x.x.x.x y.y.y.y area Z`。

能够验证 OSPF 的操作。 许多 show 命令可以提供关于 OSPF 的实用描述，完全掌握下面每个命令的输出，会对你大有帮助：`show ip ospf`、`show ip ospf database`、`show ip ospf interface`、`show ip ospf neighbor` 和 `show ip protocols`。

9.15 书面实验 9

(1) EIGRP 所支持的 4 个被路由协议是什么？
(2) EIGRP 什么时候会请求再发布？
(3)启用自治系统号为 300 的 EIGRP 需要使用什么命令？
(4) 使用什么命令告诉 EIGPR，它已经被连接到网络 172.10.0.0?
(5) 哪些类型的 EIGPR 接口既不能发送，也不能接收 Hello 数据包？
(6) 写出在路由器上可以启用 OSPF 进程 101 的命令。
(7) 写出可以显示路由器上所有已启用 OSPF 路由选择进程细节的命令。
(8) 写出可以显示特定接口上 OSPF 信息的命令。
(9) 写出可以显示所有 OSPF 邻居的命令。
(10) 写出可以显示当前路由器所了解的不同 OSPF 路由类型的命令。

(该书面实验的答案见本章复习题答案的后面。)

9

9.16　动手实验

在本节中，你需要使用下列网络，并在其上添加 EIGPR 和 OSPF 路由选择。

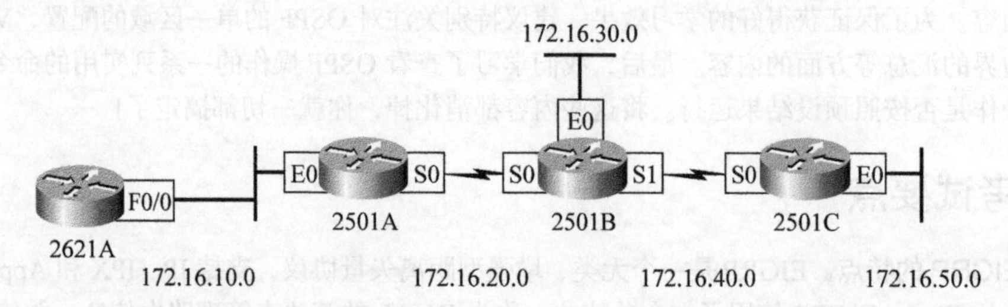

下面的第一个实验（实验 9.1）要求你在 4 个路由器上配置 EIGRP，并随后观察这个配置。在随后的 4 个实验中，要求你在相同的网络上启用 OSPF 路由选择。注意本章中的这些实验被设计得可应用于真实设备，一些很便宜的设备。在编写这些实验时，我使用了最便宜、最古老的路由器来构建环境，就是为了让你不需要使用昂贵的设备就可以进行本书中那些最具挑战的实验。

在开始实验 9.2～实验 9.4 之前，必须删除 EIGRP，因为这个路由选择协议拥有比 OSPF 更低的管理距离。

本章包含如下实验。

实验 9.1：配置并验证 EIGRP。

实验 9.2：启用 OSPF 进程。

实验 9.3：配置 OSPF 接口。

实验 9.4：验证 OSPF 操作。

实验 9.5：OSPF DR 和 DBR 的选举。

表 9-5 给出了每个路由器的 IP 地址（每个接口上都使用/24 掩码）。

表9-5　这里所使用的IP地址

路由器	接　口	IP 地 址
2621A	F0/0	172.16.10.1
2501A	E0	172.16.10.2
2501A	S0	172.16.20.1
2501B	E0	172.16.30.1
2501B	S0	172.16.20.2
2501B	S1	172.16.40.1
2501C	S0	172.16.40.2
2501C	E0	172.16.50.1

9.16.1　动手实验 9.1：配置和验证 EIGRP

(1) 在 2621A 上执行 EIGRP：

```
2621A#conf t
Enter configuration commands, one per line.
  End with CNTL/Z.
2621A(config)#router eigrp 100
2621A(config-router)#network 172.16.0.0
2621A(config-router)#^Z
2621A#
```

(2) 在2501A上执行EIGRP：

```
2501A#conf t
Enter configuration commands, one per line.
  End with CNTL/Z.
2501A(config)#router eigrp 100
2501A(config-router)#network 172.16.0.0
2501A(config-router)#exit
2501A#
```

(3) 在2501B上执行EIGRP：

```
2501B#conf t
Enter configuration commands, one per line.
  End with CNTL/Z.
2501B(config)#router eigrp 100
2501B(config-router)#network 172.16.0.0
2501B(config-router)#^Z
2501B#
```

(4) 在2501C上执行EIGRP：

```
2501C#conf t
Enter configuration commands, one per line.
  End with CNTL/Z.
2501C(config)#router eigrp 100
2501C(config-router)#network 172.16.0.0
2501C(config-router)#^Z
2501C#
```

(5) 显示2501B的拓扑表：

```
2501B#show ip eigrp topology
```

(6) 显示2501B路由器上的路由选择表：

```
2501B#show ip route
```

(7) 显示2501B路由器上的邻居表：

```
2501B#show ip eigrp neighbor
```

9.16.2　动手实验 9.2：启动 OSPF 进程

(1) 在 2621A 上启动 OSPF 进程 100：

```
2621A#conf t
Enter configuration commands, one per line.
  End with CNTL/Z.
2621A(config)#router ospf 100
2621A(config-router)#^Z
```

(2) 在 2501A 上启动 OSPF 进程 101：

```
2501A#conf t
Enter configuration commands, one per line.
  End with CNTL/Z.
2501A(config)#router ospf 101
2501A(config-router)#^Z
```

(3) 在 2501B 上启动 OSPF 进程 102：

```
2501B#conf t
Enter configuration commands, one per line.
  End with CNTL/Z.
2501B(config)#router ospf 102
2501B(config-router)#^Z
```

(4) 在 2501C 上启动 OSPF 进程 103：

```
2501C#conf t
Enter configuration commands, one per line.
  End with CNTL/Z.
Router(config)#router ospf 103
2501C(config-router)#^Z
```

9.16.3　动手实验 9.3：配置 OSPF 接口

(1) 配置 2621A 和 2501A 之间的网络，将它指派到区域 0：

```
2621A#conf t
Enter configuration commands, one per line.
  End with CNTL/Z.
2621A(config)#router ospf 100
2621A(config-router)#network 172.16.10.1 0.0.0.0 area 0
2621A(config-router)#^Z
2621A#
```

(2) 在 2501A 路由器上配置网络，将它们指派到区域 0：

```
2501A#conf t
Enter configuration commands, one per line.
```

```
  End with CNTL/Z.
2501A(config)#router ospf 101
2501A(config-router)#network 172.16.10.2 0.0.0.0 area 0
2501A(config-router)#network 172.16.20.1 0.0.0.0
  area 0
2501A(config-router)#^Z
2501A#
```

(3) 在 2501B 路由器上配置网络，将它们指派到区域 0：

```
2501B#conf t
Enter configuration commands, one per line.
  End with CNTL/Z.
2501B(config)#router ospf 102
2501B(config-router)#network 172.16.20.2 0.0.0.0 area 0
2501B(config-router)#network 172.16.30.1 0.0.0.0 area 0
2501B(config-router)#network 172.16.40.1 0.0.0.0 area 0
2501B(config-router)#^Z
2501B#
```

(4) 在 2501C 路由器上配置网络，将它指派到区域 0：

```
2501C#conf t
Enter configuration commands, one per line.
  End with CNTL/Z.
2501C(config)#router ospf 103
2501C(config-router)#network 172.16.40.2 0.0.0.0 area 0
2501C(config-router)#network 172.16.50.1 0.0.0.0 area 0
2501C(config-router)#^Z
2501C#
```

9.16.4 动手实验 9.4：验证 OSPF 操作

(1) 从 2621 路由器上执行 show ip ospf neighbors 并查看结果：

```
2621A#sho ip ospf neig
```

(2) 执行 show ip route 命令来验证所有其他路由器都知道所有的路由：

```
2621A#sho ip route
```

注意

如果路由器上启用了 EIGRP，那么你不会看到任何 OSPF 路由。

9.16.5 动手实验 9.5：OSPF DR 和 BDR 的选举

在这个实验中，你将在测试网络中观察到有控制的 DR 和 BDR 选举过程，并验证这个选举过程。

你将用下图建立自己的网络作为开始。在这个实验中，如果能使用更多的路由器其效果会更好，要完成这个实验至少需要3个通过局域网分段连接的路由器。

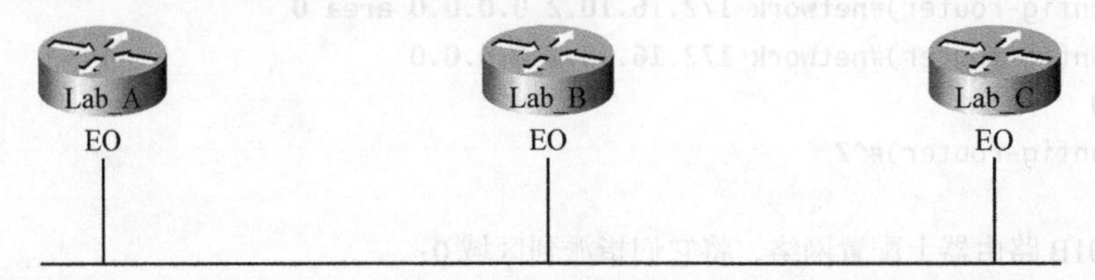

注意　在这个实验中，我将使用廉价的2500系列路由器，但你可以使用带有任意类型局域网接口的任意型号的路由器。或者如果你有Cisco Packet Tracer模拟软件，也可以使用它来完成实验。

(1) 首先按照图中所示的拓扑将网络连接起来。为该网络创建一个IP方案，就像一些简单的地址方案，如10.1.1.1/24、10.1.1.2/24和10.1.1.3/24等，就能很好地工作。

(2) 现在来配置OSPF，将所有的路由器都放置在区域0中。在这个实验中只需配置以太网的局域网接口，因为，正如你所知道的，在串行连接上不会进行选举。

(3) 接下来，在每个路由器上输入`show ip ospf interface e0`来验证区域ID、DR、BDR等信息，以及与局域网相连接的接口的Hello和dead定时器。

(4) 通过查看`show ip ospf interface e0`的输出，判断哪个路由器会是DR，哪个是BDR。

(5) 现在来验证路由器的网络类型。由于该连接建立在以太网式的局域网上，其网络类型应该是BROADCAST。如果查看的是串行连接，那么类型为点到点网络。

(6) 在这里，需要为路由器设置优先级。在默认情况下，所有路由器的优先级都是1。如果你将优先级改为0，则被配置的路由器不会参加此局域网上的选举过程。（记住串行的点到点链路上不会产生选举。）

(7) 现在你需要确定哪个路由器将成为新的DR。

(8) 接下来，启用调试进程，这样你可以看到所发生的DR和BDR选举过程。在所有路由器上输入`debug ip ospf adj`命令。

注意　通过远程登录其他路由器，尝试打开多个控制台连接。记住，要在Telnet会话中使用`terminal monitor`命令，否则不会看到任何调试输出。

(9) 这里，通过输入`ip ospf priority 3`将新DR的以太网0接口的优先级设置为3。

(10) 接下来，关闭DR路由器的以太网接口，然后再用`no shutdown`命令将它开启。显然，如果此时你已经远程登录到此路由器中，那么这一操作将会使你失去Telnet的会话。

(11) 现在选举将再次进行，并且你所选定的DR路由器将真正地成为BDR。为了保证这台路由器能够成为DR，你需要将DR和BDR都关闭掉。

(12) 最后，输入`show ip ospf interface e0`命令来验证每个路由器上的DR和BDR信息。你也可以使用`show ip ospf neighbor`来查看这一信息。

注意 路由器接口的优先级数值向上配置一直可以达到 255，而 255 则意味着它将一直是此区域的 DR。在这个测试网络中，你还可以用一个比较高的优先级来设置某台路由器，可以看到，即使使用了环回（逻辑）接口，优先级的设置要优于路由器上高 RID 的设置。

9.17 复习题

注意 下面的复习题旨在检验你对本章内容的理解程度。有关如何获取更多复习题的信息，请参阅本书的前言。

(1) 某路由器到达目的网络有三个可用的路由。第一个是度量值为 782 的 OSPF 路由。第二个是度量值为 4 的 RIPv2 路由。第三个为复合度量值为 20 514 560 的 EIGRP 路由。其中哪个路由会被路由器放置到它的路由选择表中？

A. RIPv2　　B. EIGRP　　C. OSPF　　D. 以上三个

(2) 哪两种 EIGRP 信息保存在 RAM 中，并使用 Hello 和更新数据包进行维护？

A. 邻居表　　B. STP 表　　C. 拓扑表　　D. DUAL 表

(3) 下面哪两项描述了用于在路由器上运行 OSPF 时的进程标识？

A. 它只具有本地意义

B. 它具有全局意义

C. 它必须标识唯一的 OSPF 数据库实例

D. 它是一个可选参数，只在路由器上有多个 OSPF 进程同时运行时才需要

E. 在同一个 OSPF 区域中的所有路由器，当它们打算彼此交换路由选择信息时，必须要有相同的进程 ID

(4) EIGRP 的继任者路由保存在何处？

A. 只保存在路由选择表中　　B. 只保存在邻居表中

C. 只保存在拓扑表中　　D. 保存在路由选择表和邻居表中

E. 保存在路由选择表和拓扑表中　　F. 保存在拓扑表和邻居表中

(5) 哪个命令可以显示路由器已知的 EIGRP 所有可行的继任者路由？

A. `show ip routes *`　　B. `show ip eigrp summary`

C. `show ip eigrp topology`　　D. `show ip eigrp adjacencies`

E. `show ip eigrp neighbors detail`

(6) 你接到一个网络管理员打来的电话，说他在路由器上输入了下列内容：

```
Router(config)#router ospf 1
Router(config-router)#network 10.0.0.0 255.0.0.0 area 0
```

仍然不能查看路由选择表中的任何路由。这个管理员犯了哪些配置错误？

A.通配符掩码不正确　　B. OSPF 区域是错误的

C. OSPF 进程 ID 不正确　　D. AS 配置是错误的

(7) 下面的哪 3 个协议支持 VLSM、汇总和不连续网络？

A. RIPv1　　B. IGRP　　C. EIGRP

D. OSPF　　E. RIPv2

(8) 下面哪 3 项关于 OSPF 区域的描述是正确的？

A. 必须在每个区域中都配置分离环回接口

B. 为某个区域指定的编号可以高达 65 535

C. 主干区域也被称为区域 0

D. 如果设计是分层次的，那么就不必使用多个区域

E. 所有的区域都必须连接到区域 0

F. 如何只有一个区域，它必须被称为区域 1

(9) 下面的哪两个网络类型需要指派一个指定路由器和一个备份指定路由器？

A. 广播　B. 点到点　C. NBMA　D. NBMA 点到点

E. NBMA 点到多点

(10) 某网络管理员需要使用支持无类路由选择的距离矢量协议来配置路由器。下列哪个协议可以满足这些需求？

A. IGRP　B. OSPF　C. RIPv1

D. EIGRP　E. IS-IS

(11) 你需要了解已经与路由器建立了邻接关系的设备的 IP 地址，并且需要检查邻接路由器的重传间隔和队列计数。以下哪个命令可以给出所需信息？

A. `show ip eigrp adjacency`　B. `show ip eigrp topology`

C. `show ip eigrp interfaces`　D. `show ip eigrp neighbors`

(12) 由于某种原因，你不能在两个路由器间的公用以太网链路上建立邻接关系。根据以下输出，指出导致这一问题的原因。

```
RouterA#
Ethernet0/0 is up, line protocol is up
  Internet Address 172.16.1.2/16, Area 0
  Process ID 2, Router ID 172.126.1.2, Network Type BROADCAST, Cost: 10
  Transmit Delay is 1 sec, State DR, Priority 1
  Designated Router (ID) 172.16.1.2, interface address 172.16.1.1
  No backup designated router on this network
  Timer intervals configured, Hello 5, Dead 20, Wait 20, Retransmit 5

RouterB#
Ethernet0/0 is up, line protocol is up
  Internet Address 172.16.1.1/16, Area 0
  Process ID 2, Router ID 172.126.1.1, Network Type BROADCAST, Cost: 10
  Transmit Delay is 1 sec, State DR, Priority 1
  Designated Router (ID) 172.16.1.1, interface address 172.16.1.2
  No backup designated router on this network
  Timer intervals configured, Hello 10, Dead 40, Wait 40, Retransmit 5
```

A. OSPF 区域配置不正确　B. RouterA 的优先级应该被设置得更高

C. RouterA 上的开销应该被设置得更高　D. Hello 和 Dead 定时器配置不正确

E. 此网络中需要加入一个备份指定路由器　F. OSPF 进程 ID 号必须要匹配

(13) 以下哪两项关于 EIGRP 继任者路由的描述是正确的？

A. EIGRP 使用继任者路由来将流量转发到目的方

B. 继任者路由保存在拓扑表中，只有当主路由失效时才会启用

C. 继任者路由在路由选择表中被标记为“激活的”

D. 继任者路由可以由可行的继任者路由备份

E. 继任者路由随发现过程的进行被保存在邻居表中

(14) 哪两种类型的 OSPF 网络会选举备份指定路由器？

A. 广播多路访问　　B. 非广播多路访问　　C. 点到点　　D. 广播多点

(15) 以下哪两个命令可以将网络 10.2.3.0/24 放入区域 0 中？

A. `router eigrp 10`
B. `router ospf 10`
C. `router rip`
D. `network 10.0.0.0`
E. `network 10.2.3.0 255.255.255.0 area 0`
F. `network 10.2.3.0 0.0.0.255 area0`
G. `network 10.2.3.0 0.0.0.255 area 0`

(16) OSPF 将在哪种类型的网络上建立路由器的邻接但又不进行 DR/BDR 的选举过程？

A. 点到点　　B. 主干区域 0

C. 广播多路访问　　D. 非广播多路访问

(17) 在层级设计中创建 OSPF 的 3 个理由？

A. 减少路由选择开销　　B. 加速会聚

C. 将网络不稳定性限制在单一区域中　　D. 简化 OSPF 配置

(18) OSPF 的管理距离是多少？

A. 90　　B. 100　　C. 110　　D. 120

(19) 你有一个如下图所示的互联网络。然而，这两个网络并没有共享路由选择表中的路由表项。要修复这个问题需要使用哪个命令？

A. `version 2`　　B. `no auto-summary`

C. `redistribute eigrp 10`　　D. `default-information originate`

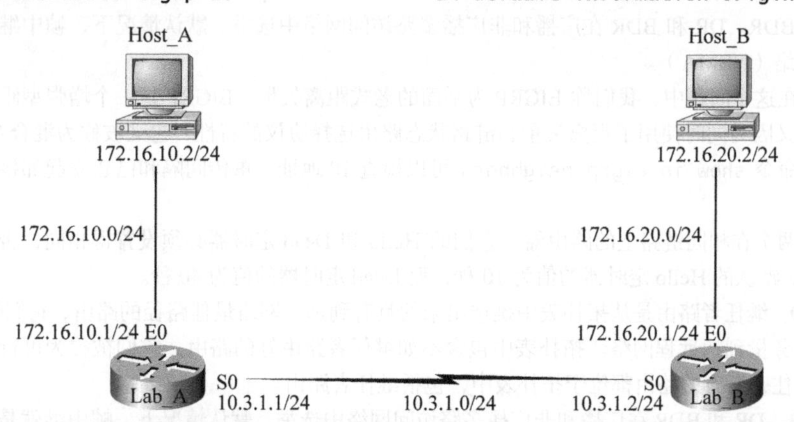

(20) 如果同一区域中的路由器配置了相同的优先级数值，那么在没有配置环回接口的情况下，路由器将使用什么数值来作为 OSPF 的路由器 ID？

A. 任一物理接口上的最低 IP 地址　　B. 任一物理接口上的最高 IP 地址

C. 任一逻辑接口上的最低IP地址　　　　　D. 任一逻辑接口上的最高IP地址

9.18　复习题答案

(1) B。只有EIGRP路由会出现在路由选择表中，因为它具有最低的管理距离（AD），应该优先使用。

(2) A、C。EIGRP在RAM中维护3个表：邻居表、拓扑表和路由选择表。邻居和拓扑表是通过Hello数据包和更新数据来建立并维护的。

(3) A、C。在路由器上的OSPF进程ID只是本地有效，你可以在每个路由器上使用相同的数值，或者每个路由器拥有不同的数值，这都不重要。可以使用的数值是从1到65 535。不要将它与区域号相混淆，区域号的取值范围是0到42亿。

(4) E。由于继任者路由具有到达远程网络的最佳路径，它是要被放在路由选择表中的。然而，拓扑表拥有到达每个网络的链路，因此，最好的答案是拓扑表和路由选择表。每个到达远程网络的次级路由都被认为是可行的继任者，这些路由只能在拓扑表中找到，并且在主路由出现问题时它们被用于备份路由。

(5) C。每个到达远程网络的次级路由都被认为是可行的继任者，这些路由只能在拓扑表中找到，并且在主路由出现问题时它们被用于备份路由。可以使用`show ip eigrp topology`命令来查看拓扑表。

(6) A。管理员在配置中键入了错误的通配符掩码。通配符应该是0.0.0.255，甚至可以是0.255.255.255。

(7) C、D、E。RIPv1和IGRP是真正的距离矢量路由选择协议，并且除了建立和维护路由选择表并使用大量带宽之外，它们并不能做太多事情！RIPv2、EIGRP和OSPF也建立并维护路由选择表，但它们还支持无类路由选择，即允许VLSM、汇总和不连续网络连接。

(8) C、D、E。环回接口是在路由器上创建的，环回（逻辑）接口上的最高IP地址变成路由器的RID，但它与区域无关，并且是可选的，所以选项A是错的。你可以创建从0到4 294 967 295范围内数值标识的区域，选项B也是错误的。主干区域被称为区域0，所以选项C是正确的。所有区域必须连接到区域0，所以选项E也是正确的。如果你只有一个区域，它必须被称为区域0，所以选项F不对。剩下的选项D一定是对的，虽然它没有多大意义，但它是最好的答案。

(9) A、C。在任何类型的点到点链路上不指定DR。由于hub/spoke拓扑，在NBMA点到多点的网络中也不指定DR/BDR。DR和BDR在广播和非广播多路访问网络中选举。默认情况下，帧中继就是一个非广播多路访问网络（NBMA）。

(10) D。在这个问题中，我们称EIGRP为平面的老式距离矢量。EIGRP是一个增强型距离矢量路由选择协议，有时又因为同时使用了距离矢量和链路状态路由选择协议的特性，它又被称为混合路由选择协议。

(11) D。命令`show ip eigrp neighbors`可以检查IP地址、重传间隔和已建立起邻接关系的邻居的队列计数。

(12) D。两个在相同链路上的路由器，它们的Hello和Dead定时器必须设置得相同，否则不能形成邻接关系。OSPF默认的Hello定时器的值为10秒，而Dead定时器的值为40秒。

(13) A、D。继任者路由是从拓扑表中挑选出来的具有到远程网络最佳路径的路由，它们的IP在路由表中用于转发业务量到达远程网络。拓扑表中包含不如继任者路由好的路由，它们被称为可行的继任者，或备份路由。记住，所有的路由都位于拓扑表中，包括继任者路由。

(14) A、B。DR和BDR在广播和非广播多路访问网络中选举。默认情况下，帧中继就是一个非广播多路访问网络（NBMA）。在任何类型的点到点链路上都不指定DR。由于hub/spoke拓扑，在NBMA点到多点的网络中也不指定DR/BDR。

(15) B、G。要启用OSPF，你就必须首先使用一个进程ID启动OSPF。这个数值不重要，只需在1到

65 535 中根据你的喜好选择一个即可。启用 OSPF 进程后，必须使用通配符和指定区域命令来配置你希望通过 OSPF 进行通告的网络。答案 F 是错误的，因为在参数区域后和所列出的区域号之前必须有一个空格。

(16) A。在任何类型的点到点链路上都不指定 DR。由于 hub/spoke 拓扑，在 NBMA 点到多点的网络中也不指定 DR/BDR。DR 和 BDR 在广播和非广播多路访问网络中选举。默认情况下，帧中继就是一个非广播多路访问网络（NBMA）。

(17) A、B、C。OSPF 是分级设计的，不像 RIP，为平面设计。这样就减少了路由的开销，提高了会聚的速度，并将网络的不稳定性限制在单一区域。

(18) C。在路由选择协议中，管理距离（AD）是一个很重要的参数。AD 值越低，表明路由越可靠。如果同时运行 IGRP 和 OSPF，默认情况下 IGRP 的路由拥有更低的 AD，其值为 100，而 OSPF 的 AD 值为 110，因此在路由表中将只会出现 IGRP 的路由。RIPv1 和 RIPv2 的 AD 值都是 120，而 EIGRP 的是最低，其值为 90。

(19) B。图中的网络被认为是一个不连续的网络，因为它是一个经子网划分的有类网络，并且被另外一个有类地址所分割。只有 RIPv2、OSPF 和 EIGRP 可以工作在不连续的网络中，但在默认情况下 RIPv2 和 EIGRP 都不能正常运行。你必须在路由选择协议的配置下使用 `no auto-summary` 命令。

(20) B。在 OSPF 进程启动时，任何激活接口的最高 IP 地址都将会成为此路由器上的路由器 ID（RID）。如果你有一个配置好的环回接口（逻辑接口），那么它可以覆盖接口的 IP 地址，并自动成为路由器的 RID。

9.19 书面实验 9 答案

(1) EIGRP 所支持的 4 个被路由协议分别是：IP、IPv6、IPX 和 AppleTalk

(2)在有不止一个 EIGRP 会议和进程运行时，再发布是必需的，它们用不同的 ASN 来识别。再发布可以共享 EIGRP 会话的拓扑信息

(3) `router eigrp 300`

(4) `network 172.10.0.0`

(5) 被动接口

(6) `router ospf 101`

(7) `show ip ospf`

(8) `show ip ospf interface`

(9) `show ip ospf neighbor`

(10) `show ip ospf database`

第10章

第2层交换和生成树协议（STP）

本章将涵盖如下CCNA考试要点：

✓ **配置、验证和排错带有VLAN设置的交换机以及交换机间通信**

- ❑ 选择合适的介质、电缆、端口和连接器，将交换机与其他网络设备和主机连接起来；
- ❑ 解释以太网的技术和介质访问控制方法；
- ❑ 解释网络分段和基本的网络流量管理概念；
- ❑ 解释交换的基本概念及思科交换机的操作；
- ❑ 执行并验证交换机的初始配置任务，包括远程访问管理；
- ❑ 使用基本工具（包括ping、traceroute、Telnet、SSH、arp和ipconfig）及SHOW和DEBUG命令，验证网络状态和交换机的操作；
- ❑ 识别、诊断并解决交换式网络中的常见问题，包括网络介质问题、配置问题、自动协商和交换机硬件失效问题。

在思科，当人们讨论CCENT或者CCNA中的交换时，他们所指的都是第2层交换，除非谈论其他的内容。所谓第2层交换就是在LAN上使用设备的硬件地址对网络进行分段的过程。对这些内容，我们曾经给出过基础性的介绍，因此，下面将集中讨论第2层交换，并着重说明它的工作机理。

大家知道交换技术用来将大的冲突域分隔为小的冲突域，而所谓的冲突域，就是指使用两个或多个设备对网络进行分段所形成的可共享同一带宽的区域。由集线器所构成的网络就是构成这种冲突域的典型例子。但是，由于交换机上的每个端口实际上是它自己的冲突域，所以，只要用交换机将集线器进行简单地替换，就可以马上得到一个性能有很大提升的以太局域网。

交换机从根本上改变了网络的设计及实现方式。如果能将一个纯粹的交换式设计正确地实施，那么我们就绝对会得到一个简洁、性价比高且易于灵活扩展的互联网络。本章将在介绍交换技术的同时回顾并比较网络的设计演变。

路由选择协议（如第8章介绍的RIP）可以防止在网络层形成网络环路。然而，对于因交换机之间存在冗余物理链路而在数据链路层上形成的环路，路由选择协议无能为力。这就是开发生成树协议的原因所在，它可以防止在第2层交换式网络中形成环路。交换式网络生成树协议的要点，以及它在交换式网络中的工作原理，都是本章所要涵盖的重要主题。

本章使用3台交换机来展开对交换式网络配置的介绍，稍后我们还将在第11章继续介绍其后续配置。

有关本章的最新修订，请访问www.lammle.com和/或www.sybex.com/go/ccna7e。

10.1　第 2 层交换出现之前

我们回忆一下过去，来看一下在交换机出现之间网络的结构是怎样的，并由此来理解为什么公司 LAN 需要借助交换机来实现分段。在 LAN 交换出现之前，典型的网络设计如图 10-1 所示。

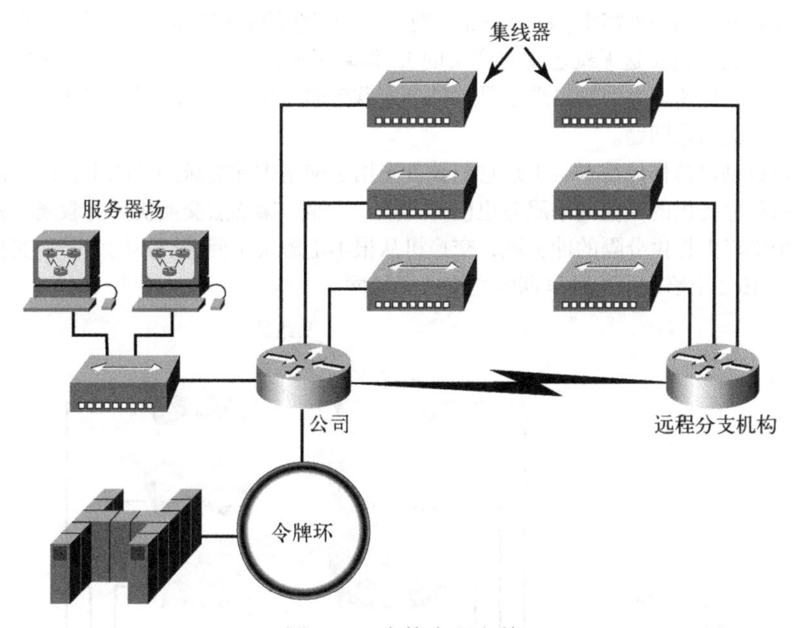

图 10-1　交换出现之前

图 10-1 中的设计被称为折叠式骨干结构，这是因为所有的主机都只有连接到公司的骨干网才能获得所需的网络服务——LAN 和大型机都如此。

再往前追溯一些，在能够使用路由器和集线器等设备进行物理分段（即如图 10-1 所示的情况）的网络出现之前，那时的网络是大型机网络。其中包含大型机（IBM、Honeywell、Sperry、DEC，等等）、控制器和连接到控制器上的哑终端。所有的远程站点都是通过网桥连接到大型机上的。

此后，随着 PC 机的闪亮登台，大型机开始连接到安装有服务器的以太网或令牌环的 LAN 上。这些服务器通常运行的是 OS/2 或 LNA Manager，因为那时还没有 NT。建筑物的每一层都用同轴电缆或双绞线连接到公司的骨干网络上，然后再连接到路由器。PC 机上需要运行一种可以连接到大型机服务的仿真软件程序，这样就可以同时使用来自大型机和 LAN 的服务。最后，随着 PC 机的性能不断增强，应用程序的开发者为它开发了比以往任何时候都更为有效的应用，这极大地降低了网络连接的成本，促进了商业应用的高速增长。

20 世纪 80 年代后期和 90 年代初期，当 Novell 开始更为流行时，OS/2 和 LAN Manager 服务器逐步被 NetWare 服务器取代。由于 Novell 3.*x* 服务器是基于客户端/服务器软件来进行通信的，这使以太网的应用变得更加普遍。

这就是图 10-1 中所示的网络产生和形成的过程。在这里只有一个问题，随着公司骨干网络的不断增长，网络服务变得更加缓慢。导致这一状况的主要原因是，在巨大的业务量爆发性增长的同时，LAN

服务也需要成倍地加快，网络因此变得完全饱和。所有的人都想扔掉 Mac 和连接大型机服务的哑终端，大家更喜爱灵活的新型 PC 机，因为 PC 机让他们更容易连接到公司的骨干网络和网络服务上。

而所有这一切都发生在因特网极为盛行之前，公司中的每个人都需要访问公司提供的服务。为什么？因为那时没有因特网，所有的网络服务都是内部的，为公司网络所专用。这就产生了对这个巨大而慢速的网络进行分段的强烈需求，特别是那些使用行动迟缓的老式路由器连接起来的网络。刚开始，思科开发了高速的路由器（这无疑也是有意义的），但真正的需求是对网络进行更多的分段，特别是在以太式局域网上。快速以太网的出现也是一件令人欣慰的事情，它产生了一定作用，但也没能从根本上解决网络分段的需求问题。

而网桥却可以满足这样的需求，于是它们被首先用于网络中冲突域的分隔上。网桥的端口数量非常有限，它们所能够提供的其他网络服务也同样有限，于是，第 2 层交换机现身救场。就如同网桥一样，通过在每个端口上提供分隔的冲突域，交换机从根本上解决了问题，不同的是，交换机可以提供几百个端口！图 10-2 中给出了这种早期的交换式局域网。

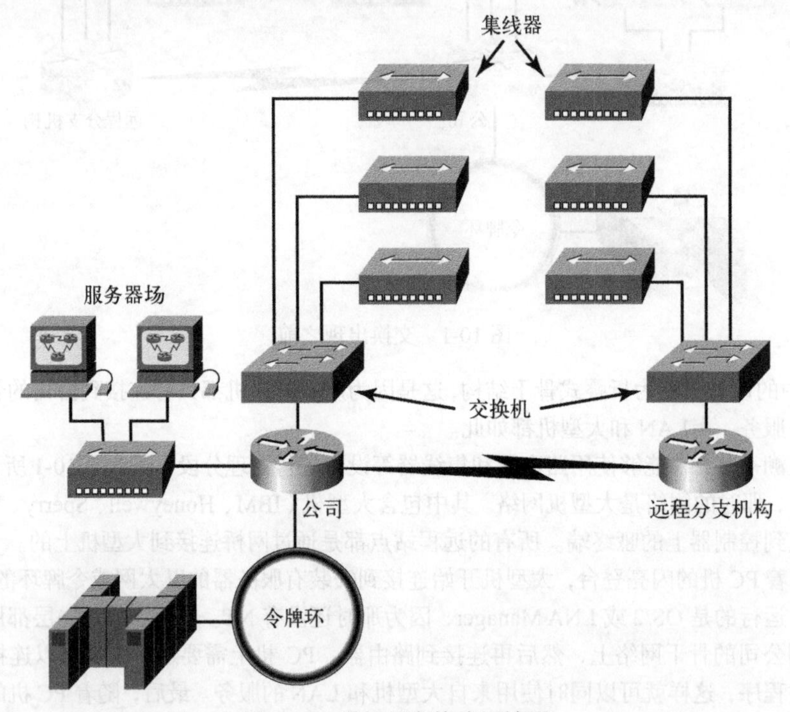

图 10-2　最初的交换式局域网

每台集线器都被连接到一个交换机端口上，这一变革极大地提升了网络的性能。这样，每个建筑物不再被强压入同一个冲突域中，每个集线器都拥有了独立的属于自身的冲突域。但是仍需面对的一个问题是，由于交换机端口在当时是一个新生事物，所以它的价格异常昂贵。正是由于这个原因，在建筑物的每一层简单地添加交换机的设想并未实现，至少目前还未实现。随着技术的变革，交换机的价格终于降了下来，因此，就目前而言，将每个用户都连接到交换机的端口上是一个非常好而且可行的思路。

因此，如果你正在准备设计一个网络并将它实现，那么，必须在网络中包含交换式服务。当前典型的简单网络设计应该如图 10-3 中所示——一个完整的交换式网络设计和实现。

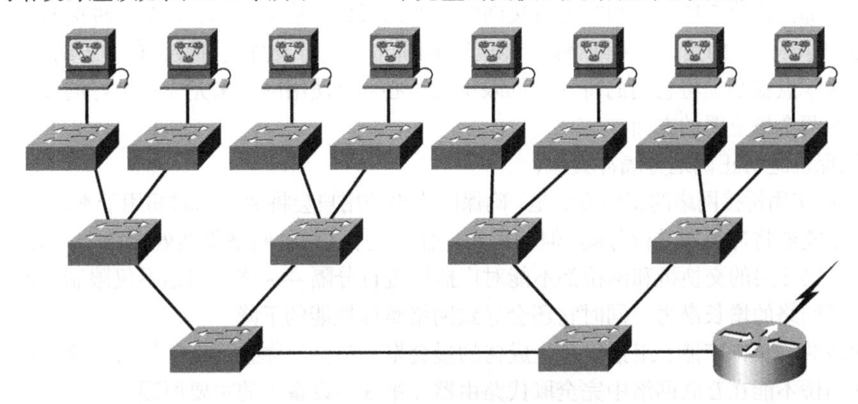

图 10-3 典型的交换式网络设计

你发现："这里还保留了一台路由器？"是的，你没看错，这里确实是有一台路由器。但这台路由器的功能已经发生了改变，它是用于完成逻辑分段的，它创建并管理逻辑和物理分段。逻辑上的分段被称为 VLAN，将在本章和第 11 章进行详细地讨论，而在第 11 章中 VLAN 将是主角。

10.2 交换式服务

与网桥使用软件来创建和管理过滤表不同，交换机使用专用的集成电路（ASIC）来创建并维护其过滤表。但是将第 2 层交换机理解为多端口网桥仍是可以的，这是因为将它们使用在网络中的基本目的是一样的——用于分隔冲突域。

第 2 层的交换机和网桥在工作时要比路由器快许多，因为它们不会花费时间去查看网络层头部的信息。它们只是在决定转发、泛洪或是丢弃数据帧之前查看帧的硬件地址。

与集线器不同，交换机能够创建私有的、专用的冲突域，并且能够在每个端口上提供独立的带宽。

第 2 层交换可以提供下列功能：

- 基于硬件的桥接（ASIC）；
- 线速（wire speed）；
- 低延迟；
- 低成本。

第 2 层交换之所以能够这样高效，是因为它没有对数据包进行任何修改。设备只是读取数据包的帧封装，与路由选择的过程相比，交换过程就显得相当快捷，而且不容易出错。

如果将第 2 层交换同时用于连接工作组和网络分段（即分隔冲突域），那么，与传统的使用路由分隔的网络相比，这一方案可以创建更多网络分段。

此外，第 2 层交换还可为每个用户增加可用的网络带宽，这也是因为连接到交换机的每个连接（接口）都拥有自己的冲突域。

下面的章节将对第 2 层交换技术展开更加深入的讨论。

10.2.1　第 2 层交换的局限性

由于通常都会将第 2 层交换归类为桥接网络，所以我们一般会认为，它会与桥接网络具有相同的难题和问题。需要记住的是，如果网络设计得当，网桥也能充分发挥其特性，有助于网络的正常运转，但是要做到这一点就必须将它们的特性和局限牢记于心。要使用网桥来完成一个好的设计，就需要认真考虑下面的两个最重要的方面：

- 必须保证绝对正确地分隔冲突域；
- 创建可实用桥接网络的正确方法是，确保网络中的用户会将 80%的时间用于本地网段内的传输。

桥接网络能够将冲突域进行分隔，但是需要记住的是，这样的网络仍然处在一个大的广播域之中。默认情况下，第 2 层的交换机和网桥都不能对广播域进行分隔——这一问题不仅限制了网络的规模，而且还限制了网络的增长潜力，同时它还会导致网络整体性能的下降。

随着网络的增长，广播、组播以及生成树的慢会聚，都会让你感到十分恼火。这些也正是第 2 层的交换机和网桥不能在互联网络中完全取代路由器（第 3 层设备）的主要原因。

10.2.2　桥接与局域网交换的比较

第 2 层交换机只是拥有更多端口的网桥，这千真万确，但是对于它们之间的一些重要不同点还是必须始终牢记的：

- 网桥是基于软件的，而交换机则是基于硬件的，交换机使用 ASIC 芯片来帮助它们完成过滤决策；
- 交换机可以被视为多端口网桥；
- 每个网桥只有一个生成树实例，而交换机则可以有多个（我们稍后就会讨论到生成树）；
- 大多数的交换机要比网桥的端口数量多很多；
- 网桥和交换机都将泛洪第 2 层广播；
- 通过检查每个接收到的数据帧的源地址，网桥和交换机完成了对 MAC 地址的学习；
- 网桥和交换机都基于第 2 层地址完成转发决策。

10.2.3　第 2 层上的 3 种交换功能

第 2 层上的交换有 3 种不同的功能（必须牢记！）：地址学习、转发/过滤决策和环路避免。

- **地址学习**　第 2 层的交换机和网桥能够记住在某个接口上所收到的每个帧的源硬件地址，而且它们还会将这个信息输入到被称为转发/过滤表的 MAC 数据库中。
- **转发/过滤决策**　当在某个接口上收到一个数据帧时，交换机就会在 MAC 数据库中查看其目的方的硬件地址，并找到其输出接口。此数据帧只会被转发到相应的目的端口。
- **环路避免**　如果为了保证冗余而在交换机之间创建了多重连接，网络就可能产生环路。在提供冗余的同时，生成树协议（STP）还可以防止网络环路的产生。

下面的几节将详细讨论地址学习、转发/过滤决策和环路避免。

1. 地址学习

当交换机首次通电时，其 MAC 转发/过滤表是空的，如图 10-4 中所示。

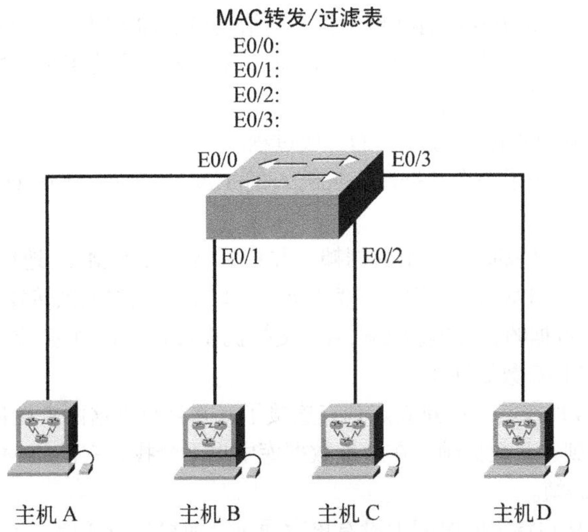

MAC转发/过滤表
E0/0:
E0/1:
E0/2:
E0/3:
E0/0
E0/3
E0/1
E0/2
主机A
主机B
主机C
主机D

图 10-4 交换机上的空转发/过滤表

当某个设备开始数据发送，而交换机的某个接口收到数据帧时，交换机会将数据帧携带的源地址放入 MAC 转发/过滤表中，同时让它记住此发送设备位于哪个接口上。然后，交换机不得不将这个帧通过每个可能的端口泛洪到网络中，因为交换机此时并不知道目的设备实际上位于何方。

如果某个设备回应了这个被泛洪的数据帧，并回送了一个应答帧，那么交换机就会从这个应答帧中取出源地址，并将此 MAC 地址放入它的数据库中，同时将此地址与接收帧的接口关联起来。由于交换机目前在其过滤表中同时有了两个相关的 MAC 地址，因此这两个设备目前就可以建立点到点连接了。这样交换机就不再需要像一开始那样对帧进行泛洪转发了，因为目前这些帧可以而且也只能在这两个设备之间进行转发。正是由于这样的操作，第 2 层交换机要比集线器在性能上优越许多。在使用集线器连接的网络中，所有的帧每次都会从所有的端口转发——而不管是否需要这样做！图 10-5 给出了构建 MAC 数据库的操作过程。

MAC转发/过滤表
E0/0: 0000.8c01.000A 步骤2
E0/1: 0000.8c01.000B 步骤4
E0/2:
E0/3:
E0/0
E0/3
步骤1
E0/1
E0/2
3
4
3
3
主机A
主机B
主机C
主机D

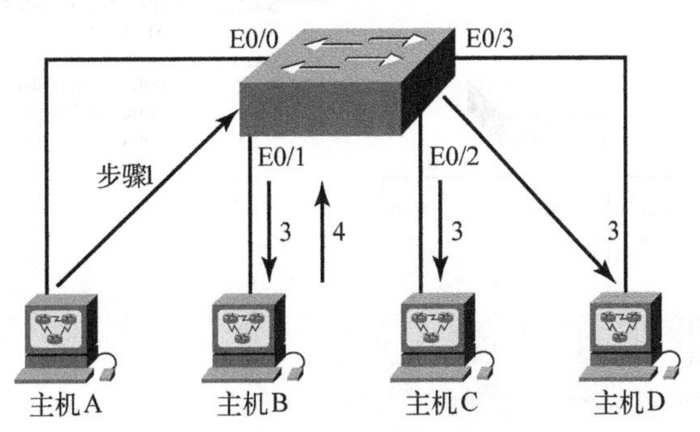

图 10-5 交换机学习主机位置的方式

从这个图可以看出交换机上连接有4台主机。当给交换机加电时，它的MAC地址转发/过滤表中没有任何内容，如图10-4所示。但当主机开始通信时，交换机就会将每个数据帧的源设备硬件地址以及与该地址相关联的端口一并放入地址表中。

下面将使用图10-5来说明转发/过滤表的形成过程。

(1) 主机A向主机B发送了一个数据帧。主机A的MAC地址是0000.8c01.000A；主机B的MAC地址是0000.8c01.000B。

(2) 交换机在E0/0接口上接收到这个数据帧，并将源地址放入MAC地址表中。

(3) 由于目的地址不在MAC数据库中，就从所有接口上将此数据帧转发出去——除源接口之外。

(4) 主机B接收到了数据帧，并响应主机A。交换机在接口E0/1上接收到了这个数据帧，并将源设备的硬件地址放入到MAC数据库中。

(5) 主机A和主机B现在就可以建立点到点连接了，并且只有这两个设备会接收到这些数据帧。主机C和主机D无法看到这些数据帧，在地址数据库中也不会找到它们的MAC地址，因为它们还没有通过交换机发送过数据帧。

如果主机A和主机B在特定的时间内没有再次通过交换机进行通信，交换机将从数据库中刷新它们的表项，从而尽可能保持最新内容。

2. 转发/过滤决策

当交换机的接口接收到一个数据帧时，交换机就将帧中携带的目的地址和转发/过滤MAC数据库中的地址进行比较。如果目的硬件地址是已知的，即已经被列入到数据库中，则该帧只被发送到正确的输出接口。交换机不会将此帧发送到除目的地接口之外的任何其他接口。这样就保留了其他网段上的可用带宽，这一方式被称为帧过滤。

但是，如果MAC数据库中没有列出目标方的硬件地址，那么此数据帧将会从除接收此帧接口之外的所有其他活动接口上泛洪出去。如果某个设备响应了被泛洪的数据帧，则交换机就会用此设备的位置（接口）信息来更新MAC数据库。

如果某台主机或服务器在此局域网中发送了一个广播数据，则在默认情况下，交换机会从除源端口之外的所有活动端口上将帧泛洪出去。记住，交换机用于创建更小的冲突域，但在默认情况下，它所连接的网络分段仍然是一个大的广播域。

在图10-6中，主机A发送一个数据帧给主机D。当交换机接收到来自主机A的数据帧时，它会如何处理？

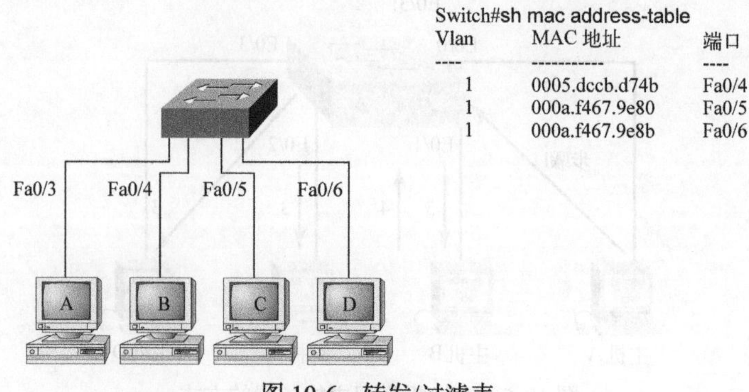

图10-6　转发/过滤表

由于主机 A 的 MAC 地址没有在转发/过滤表中，因此，交换机会将此源地址和端口添加到 MAC 地址表中，并将数据帧转发给主机 D。如果此时主机 D 的 MAC 地址不在转发/过滤表中，那么交换机就会将数据帧泛洪到除了 Fa0/3 的所有端口上。

现在，来看一下命令 show mac address-table 的输出：

```
Switch#sh mac address-table
Vlan    Mac Address       Type        Ports
----    -----------       --------    -----
   1    0005.dccb.d74b    DYNAMIC     Fa0/1
   1    000a.f467.9e80    DYNAMIC     Fa0/3
   1    000a.f467.9e8b    DYNAMIC     Fa0/4
   1    000a.f467.9e8c    DYNAMIC     Fa0/3
   1    0010.7b7f.c2b0    DYNAMIC     Fa0/3
   1    0030.80dc.460b    DYNAMIC     Fa0/3
   1    0030.9492.a5dd    DYNAMIC     Fa0/1
   1    00d0.58ad.05f4    DYNAMIC     Fa0/1
```

假定下面给出的 MAC 地址就是上面的交换机所接收到的帧 MAC 地址。

源 MAC：0005.dccb.d74b

目的 MAC：000a.f467.9e8c

交换机将会如何处理这个帧呢？正确的答案应该是：显然在 MAC 地址表中将会找到目的 MAC 地址，数据帧只会从 Fa0/3 端口转发出去。记住：如果在转发/过滤表中没有找到目的方的 MAC 地址，交换机就会将此帧在所有的端口上进行转发，但接收帧的原始端口除外，从而借助这种方式来搜寻目的设备。现在我们已经学习了交换机的 MAC 地址表，以及交换机如何将主机的 MAC 地址添加到转发/过滤表中，接下来我们再来了解一下，应该如何保护交换机，阻止非授权用户的使用。

- 端口安全

怎样才能防止不相关的人员将主机连接到你的交换机端口上呢？以及更严重的情况，怎样才能防止这些人将集线器、交换机或无线接入点设备连接到他们办公室中的以太网插座上？注意在默认情况下，MAC 地址只是动态地出现在 MAC 转发/过滤数据库中。因此可以通过使用端口安全来阻止上述连接行为。具体的操作方式如下：

```
Switch#config t
Switch(config)#int f0/1
Switch(config-if)#switchport mode access
Switch(config-if)#switchport port-security ?
  aging          Port-security aging commands
  mac-address    Secure mac address
  maximum        Max secure addresses
  violation      Security violation mode
  <cr>
```

由于所有思科最新系列交换机所配置的端口都处于可取模式（指当检测到其他交换机连接时，端口倾向于中继连接），因此我们首先必须将端口的模式从可取模式修改为接入端口，否则就无法进行端口的安全性配置。只有完成这一修改，我们才可以继续使用这里介绍的 port-security 命令。

从上面的输出可以清楚地看到，命令 switchport port-security 有 4 个可用选项。我个人喜欢使用 port-security 命令，因为它可以让我轻松地管理使用网络的用户。通过使用 switchport port-security mac-address *mac-address* 命令，可以将独立的 MAC 地址分配到交换机的每个端口上，但是，如果选择这一方式，首先需要保证的就是你必须要有充足的时间！

如果需要将交换机的端口设置为，每个端口只允许接入一台主机，并且当有人破坏这一规则时，端口就会关闭，那么，完成这样的配置可以使用下列命令：

```
Switch(config-if)#switchport port-security maximum 1
Switch(config-if)#switchport port-security violation shutdown
```

上面这些命令可能是网络管理中最流行的配置了，因为这样的配置可以有效防止随意用户接入他们办公室的交换机或接入点。将这个 maximum 设置为 1（这也应该是端口的默认安全配置），表明在那个端口上只能使用一个 MAC 地址；如果用户试图在那个网段上再添加另一台主机，交换机端口就会关闭。一旦这种情况发生，只能在交换机上手工使用 no shutdown 命令来恢复端口的启用。

sticky 命令是我最喜欢的命令之一。它不光功能很炫，名字也很炫！mac-address 命令后就是这个命令：

```
Switch(config-if)#switchport port-security mac-address sticky
Switch(config-if)#switchport port-security maximum 2
Switch(config-if)#switchport port-security violation shutdown
```

这个命令主要是为静态 MAC 地址提供安全保障，借助它就无需在网络配置中输入每个用户的 MAC 地址了。如我所说——它非常酷！

在上面的示例中，进入“stick”端口的前两个地址被认定为静态地址，并且不管在 aging 命令中设置了多长时间，它们一直会是静态地址。为什么这里要将它设置为 2 呢？这是因为其中一个地址将用于 PC 机，而另一个用于电话机。在下一章，也就是有关 VLAN 的内容中，我们会更详细地讨论这种类型的配置。

在本章后面的配置示例中，还会再次涉及端口安全的内容。

3. 环路避免

在交换机之间配置冗余链路是一个不错的思路，因为一旦某个链路出现了故障，冗余链路可以防止整个网络的崩溃。

这听起来很棒，尽管使用冗余链路对网络的可靠运行非常有帮助，可是使用冗余所引起的问题常常要比它们所能解决的问题还要多。这是因为网络传播的数据帧会在所有冗余链路上同时被泛洪开来，这会导致网络环路和其他严重的问题。下面给出的是冗余可能引发的一些严重问题。

- 如果没有采取任何环路避免措施，交换机会通过互联网络无止境地泛洪广播数据。有时将这一现象称为广播风暴。（在大多数的情况下，我们还是将它视为一个不可接受的资源浪费！）图 10-7 给出了这一广播通过互联网络进行无限传播的方式。注意观察，这里的数据帧是如何通过互联网络的物理网络介质不断被泛洪传播的。

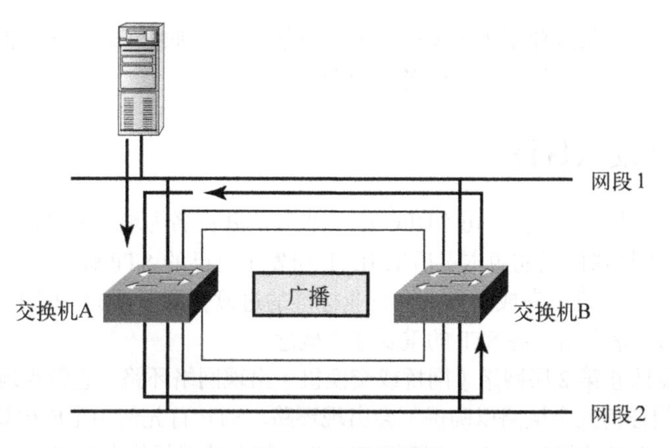

图 10-7 广播风暴

- 设备可能会收到同一个数据帧的多个复制，这是由于这个数据帧可能会通过不同的网段在同一时间到达。图 10-8 给出了一组数据帧如何通过多个网段同时到达的情况。图中的服务器向路由器 C 发送了一个单播数据帧。由于它是一个单播数据帧，交换机 A 和交换机 B 都将转发这个帧。这样问题就出现了，因为这里的路由器 C 会将这个单播帧接收两次，这样就会在网络上形成额外的开销。
- 你也许想到了这种情况：MAC 地址过滤表会完全被源设备所在的位置搞糊涂，因为交换机可以从不止一条链路上接收到这个数据帧。更糟糕的是，被搞糊涂的交换机可能会“抓狂”，它会不断用源硬件地址位置来更新 MAC 过滤表，以至于丧失对数据帧的转发能力。这就是所谓的 MAC 地址表不稳定。
- 可能发生的最糟糕的情况就是在整个互联网络中产生了多个环路。这将意味着，有些环路还可能会出现在其他环路中，如果还同时形成了广播风暴，网络就不能再转发任何数据帧了——对，就是这样！

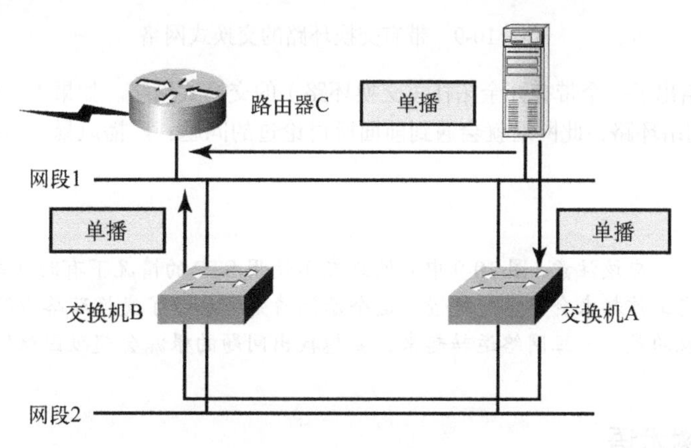

图 10-8 多个数据帧副本

所有这些问题都可以使用“灾难”（至少它们已经非常接近了）一词来形容，显然，我们应该避免这些极端恶劣的情况，如果避免不了至少也应该通过某种方式来修正。为此，我们引入了生成树协议。研发这一协议就是为了解决上面提到的各种问题。

10.3 生成树协议（STP）

Compaq 很久之前名为数字设备公司（DEC），后被收购并更名为现在的名称。早在此前的 30 年，DEC 就开发出了生成树协议的最初版本。后来 IEEE 研发了自己的 STP 版本，命名为 802.1D。思科已经开始在其新生产的交换机上完成到另一个行业标准的过渡，即所谓的 802.1w。本节将主要介绍 STP，但在此之前我们先来介绍一些 STP 的重要基本概念。

STP 的主要任务是防止第 2 层网络（网桥或交换机）出现网络环路。它警惕地监视着网络以找出所有可用链路，并关闭任何冗余链路以确保不会出现环路。STP 首先使用生成树算法（STA）创建一个拓扑数据库，然后找出并关闭冗余链路。运行 STP 后，数据帧就只能在 STP 选定的最优链路上进行转发。

在下面的小节中我们来看一下生成树协议最基本的内容。

STP 是一种 2 层协议，用于维护一个无环路的交换式网络。

在图 10-9 中所示的网络中，生成树协议是必需的。

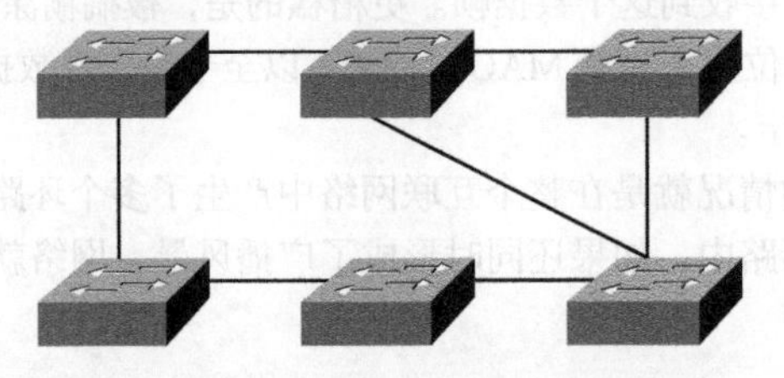

图 10-9　带有交换环路的交换式网络

在图 10-9 中给出了一个带有冗余拓扑（交换环路）的交换式网络。如果不在网络中采取一些 2 层协议机制来阻止网络环路，此网络就会遇到前面所讨论过的问题：广播风暴、多帧复制以及 MAC 表不稳定。

应该注意，图 10-9 中的网络在不使用 STP 的情况下有时也是可以运行的，当然它工作起来会非常地缓慢。这个示例清楚地展示了交换环路所能造成的危害。最糟糕的是，一旦网络运转起来，要想找出问题的根源会超级困难！

10.3.1 生成树术语

在详细描述 STP 在网络中的运行机制之前，我们首先来学习一些基本概念和术语，并且还要掌握这些内容与第 2 层交换式网络的关联。

- **根桥** 根桥是指拥有最佳桥 ID 的网桥。对于 STP 来说，关键就是要为网络中所有的交换机推选出一个根桥，并使根桥成为该网络中最重要的点。而网络中所有其他决策——比如哪个端口需要阻塞以及哪个端口需要配置为转发模式——都需要基于与根桥的关系进行选择。一旦网络中的根桥被选举出来，所有其他的网桥都需要确定一个通往根桥的单一路径。通往根桥的最佳路径上的端口就被称为根端口。
- **BPDU** 指网络中所有交换机都需要相互交换的、用于根交换机选举的信息，这些信息也会用于网络的后续配置。每台交换机都会对桥协议数据单元（BPDU）内的参数进行比较，并将从邻居收到的 BPDU 放入自己的 BPDU 中，然后再将其传送给其他邻居。
- **桥 ID** STP 使用桥 ID 跟踪网络中的所有交换机。桥 ID 由桥优先级（默认情况下所有思科交换机的优先级都为 32 768）和桥 MAC 地址共同决定。在网络中拥有最小桥 ID 的网桥将成为根桥。
- **非根桥** 指除了根桥外的所有网桥。非根桥会与所有的网桥交换 BPDU，并在所有交换机上更新 STP 拓扑数据库，以防止环路并对链路失效提供保障措施。
- **端口开销** 当两台交换机间存在多条链路时，端口开销用于确定最佳路径。一条链路的开销取决于链路的带宽。
- **根端口** 根端口是指与根桥直接相连的链路所在的端口，或者是通往根桥路径开销最低的端口。如果存在连接到根桥的多条链路，那么只有检查每条链路的带宽才能确定根端口，此时最低开销的端口是根端口。如果上行的多台交换机开销均相同，那么就使用带有较低通告的桥 ID 的那个桥。当多条链路连接到同一台设备时，就使用上行交换机上连接到最低端口号的端口。
- **指定端口** *指定端口*是专门指定的，通过其根端口到达根桥开销最低的端口。指定端口会被标记为转发端口。
- **非指定端口** *非指定端口*是指开销比指定端口高的端口。确定根端口和指定端口后剩下的端口就是非指定端口。非指定端口将被设置为阻塞状态，不能进行转发。
- **转发端口** 转发端口指能够进行数据帧转发的端口，它可以是根端口或指定端口。
- **阻塞端口** 阻塞端口是指不能转发帧的端口，设置阻塞端口是为了避免环路。然而，阻塞端口会始终监听 BPDU 帧并丢弃其他所有帧。

10.3.2 生成树的操作

正如前面所讲的，STP 的任务就是要找出网络中所有的链路，关闭任何冗余链路，从而阻止网络环路的出现。

为了做到这一点，STP 首先选举一个根桥，根桥可以通过所有的端口完成对数据的转发，并且它是该 STP 域中所有设备的参考点。一旦所有的交换机都同意将某台交换机选为根桥，每个网桥就必须找出属于它自己的一个并且也是唯一一个分派的根端口。任意两台交换机之间的链路必须要有一个而且只能有一个指定端口，该端口位于能够提供到根桥最大带宽的链路上。注意，一个网桥可以通过多个其他网桥到达根桥，也就是说这一路径可能不是最短路径，但一定是最快（具有最大带宽）路径，这一点很重要。

显然，根桥上的每个端口都是指定端口（为某个网段的转发端口），因为根桥离自己总是最近的。等到尘埃落定之后，那些既不是根端口也不是指定端口的端口，也就是那些非根端口和非指定端口，全部被设置为阻塞状态，这样就破坏了已构成的交换环路。

在决定航行路线时，如果只有一个人有决定权，事情会进行得异常顺利，因此，在任何给定的网络中，只允许有一个根桥。在下一节，我们会更加全面地讨论根桥的选举过程。

1. 选举根桥

桥 ID 将用于 STP 域中根桥的选举，并且当多个候选者的可用根端口和路径开销相等时，桥 ID 也可以确定此 STP 域中剩余设备的根端口。这个 ID 长 8 B，其中包括了设备的优先级和 MAC 地址。在所有运行 IEEE STP 版本的设备上，默认优先级为 32 768。

为了确定根桥，需要将每个桥的优先级和它的 MAC 地址结合起来。如果两个交换机或网桥碰巧拥有相同的优先级数值，那么，MAC 地址就成为决定哪个设备具有最低（最佳）ID 的依据。如果有两台交换机，分别为 A 和 B，它们都使用默认优先级 32 768，那么，MAC 地址就是进行比较的依据。如果交换机 A 的 MAC 地址为 0000.0c00.1111，而交换机 B 的 MAC 地址是 0000.0c00.2222，这样，交换机 A 将成为根桥。只要记住，在进行根桥选举时，取值越小越好。

默认情况下，在根桥选举之前，BPDU 通过网桥/交换机的所有活动端口每 2 秒向外发送一次，再强调一次，带有最小（最佳）桥 ID 的网桥将被选举为根桥。降低桥的优先级可以修改 ID 值，从而使其自动成为根桥。在大型交换式网络中，能够做到这一点是很重要的，这样就能保证最佳路径会被选中。在这里需要追求的是效率！

图 10-10 给出了一个典型的带有冗余交换路径的交换式网络。首先，我们需要找出根交换机；然后通过修改交换机的优先级，来让非根桥成为根桥。

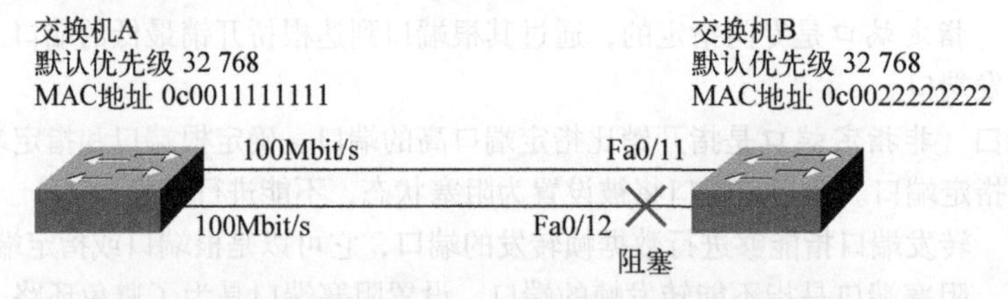

图 10-10　带有冗余交换路径的交换式网络

查看图 10-10，可以看出交换机 A 是根桥，因为它的桥 ID 最小。为了阻止交换环路的出现，交换机 B 必须关闭一个与交换机 A 相连接的端口。记住，尽管交换机 B 不能通过阻塞端口进行发送，但它仍然可以接收 BPDU 帧。

STP 为了确定关闭交换机 B 上的哪个端口，它首先要检查每条链路的带宽值，然后将带宽值最低的链路关闭。由于在交换机 A 和 B 之间的两条链路都是 100Mbit/s，因此，STP 通常会关闭端口号较高的那一条链路。在这个示例中，12 要比 11 高，因此，端口 12 将被设置为阻塞模式。

修改默认优先级是选择根桥的最佳方式。挑选距离网络中心最近的交换机作为根桥，这样的配置可以保证 STP 的快速会聚，这一点很重要。

让我们来小试一下，让交换机 B 成为网络中的根桥。下面是交换机 B 的输出，它显示了默认优先级。这里可以使用 `show spanning-tree` 命令：

```
Switch B(config)#do show spanning-tree
VLAN0001
  Spanning tree enabled protocol ieee
  Root ID     Priority    32769
              Address     0005.74ae.aa40
              Cost        19
              Port        1 (FastEthernet0/1)
              Hello Time   2 sec  Max Age 20 sec  Forward Delay 15 sec

  Bridge ID   Priority    32769  (priority 32768 sys-id-ext 1)
              Address     0012.7f52.0280
              Hello Time   2 sec  Max Age 20 sec  Forward Delay 15 sec
              Aging Time 300
[output cut]
```

在这里，我们立即注意到了两件事：交换机 B 运行的是 IEEE 802.1d 协议（输出中给出的是“ieee”），并且第一项输出（RootID）是此交换式网络中关于根桥的信息。注意，这个根桥不是交换机 B。交换机 B 到根桥的端口（所谓的根端口）是端口 1。这里的桥 ID 实际上是由交换机 B 和 VLAN 1 构成的生成树桥 ID 的信息，VLAN 1 被表示为 VLAN0001，注意每个 VLAN 都可以有不同的根桥。此处还列出了交换机 B 的 MAC 地址，可以看出，它与根桥的 MAC 地址是不同的。

交换机 B 的优先级是 32 768，这是所有交换机的默认优先级。注意，它在这里被显示为 32 769，即与 VLAN ID 相加的结果，由此可以推出，对于 VLAN 1，它将显示为 32 769。对于 VLAN 2 则为 32 770，以此类推。

正如前面所述，通过修改优先级，可以指定某台交换机成为 STP 网络中的根桥，现在指定交换机 B 成为根桥。可以使用下列命令在 Catalyst 交换机上修改某个桥的优先级：

```
Switch B(config)#spanning-tree vlan 1 priority ?
  <0-61440>  bridge priority in increments of 4096
Switch B(config)#spanning-tree vlan 1 priority 4096
```

可以将优先级设置为 0 到 61 440 之间的任何值。将优先级设置为零（0）意味着，该交换机始终为根桥（假设其他交换机的桥 ID 也被设置为 0 时，它与这些交换机相比总是拥有较低的 MAC），桥优先级的数值是以 4096 为间隔递增的。如果需要将某台交换机设置为网络中所有 VLAN 的根桥，那么必须修改每个 VLAN 的优先级，0 是可以使用的最低优先级。最好不要将所有交换机的优先级都设置为 0。

请看下面的输出，将 VLAN 1 中交换机 B 的优先级修改为 4096 后，我们就成功地指定了这台交换机成为根桥：

```
Switch B(config)#do show spanning-tree
VLAN0001
  Spanning tree enabled protocol ieee
  Root ID     Priority    4097
              Address     0012.7f52.0280
              This bridge is the root
```

```
            Hello Time   2 sec  Max Age 20 sec  Forward Delay 15 sec

  Bridge ID Priority    4097   (priority 4096 sys-id-ext 1)
            Address     0012.7f52.0280
            Hello Time   2 sec  Max Age 20 sec  Forward Delay 15 sec
            Aging Time 15
[output cut]
```

现在，根桥的 MAC 地址和交换机 B 的桥优先级一样了，这表明交换机 B 已经成了根桥。需要了解命令 `show spanning-tree`，这非常重要，在本章最后我们还会用到这个命令。

注意　不管你信不信，还有另一个可以用来设置根桥的命令，在本章后面，给出交换机配置的示例时，我会介绍这个命令。

2. 生成树的端口状态

对于运行 IEEE 802.1d STP 的网桥或交换机来说，其端口状态会在 5 种不同的状态间进行转换。

- **阻塞**　被阻塞的端口不能对数据帧进行转发；它只监听 BPDU 帧。设置阻塞状态是为了阻止使用有环路的路径。当交换机通电时，所有端口在默认情况下都处于阻塞状态。
- **侦听**　端口侦听 BPDU，以确保在开始传送数据帧之前，网络上没有环路出现。处于侦听状态的端口在没有形成 MAC 地址表时就准备转发数据帧。
- **学习**　交换机端口侦听 BPDU，并学习此交换式网络中的所有路径。处在学习状态的端口开始形成 MAC 地址表，但仍不能转发数据帧。转发延迟是指将端口从侦听状态转换到学习模式（或从学习到转发模式）所需花费的时间，默认设置为 15 秒，可以用命令 `show spanning-tree` 查看。
- **转发**　端口发送并接收所有桥接端口上的数据帧。如果在学习状态结束时，端口仍然是指定端口或根端口，那么它就会进入转发状态。
- **禁用（在技术上它不是一个可转换状态）**　处于禁用状态的端口（管理上）不能参与帧的转发或组成 STP。禁用状态下的端口实质上是不工作的。

注意　只有在学习和转发模式中，交换机才能形成 MAC 地址表。

在大多数情况下，交换机的端口都处于阻塞或转发状态。转发端口通常是到根桥开销最低（最佳）的端口。但如果网络拓扑发生了改变（可能是因为链路失效或者有人添加了一台新的交换机），就会发现交换机上的端口在侦听和学习状态之间转换。

我曾经提到，阻塞端口是一种预防网络环路的策略。一旦交换机为它的根端口和任一指定端口确定了到达根桥的最佳路径，那么，所有其他的冗余端口都将处于阻塞状态。被阻塞的端口仍可以接收 BPDU，只是它们不能再发送出任何帧。

如果由于网络拓扑的改变，交换机选定一个阻塞端口为指定端口或根端口，那么它将进入侦听模式，并检查所有收到的 BPDU，从而确保一旦端口进入转发模式它不会创建网络环路。

3. 会聚

当网桥或交换机上的所有端口都转换到了转发或阻塞模式时，就会形成会聚。在会聚完成之前，无法转发数据。是的，就是这样：在 STP 会聚过程中，所有的主机数据都会停止发送！因此，如果你想与网络用户保持良好的关系（或者是长期保持雇佣关系），就必须确保你的交换式网络设计完好，从而使 STP 能够快速会聚。

图 10-11 给出了在设计和实现交换式网络时，必须特别重视的问题，从而保证 STP 能够高效会聚。

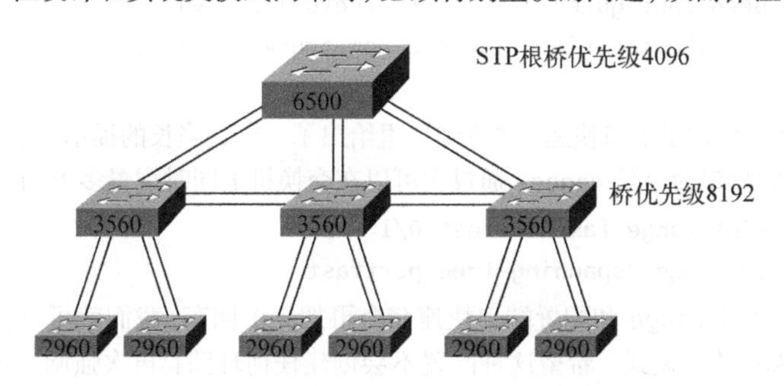

图 10-11　优化的层级交换机网络设计

由于会聚可以确保所有的设备都具有一个协调统一的数据库，因此会聚确实相当重要。但是我还需要再次强调，达到会聚实际上要用掉一些时间。从阻塞转换到转发模式通常会需要 50 秒的时间，建议不要修改这个默认的 STP 定时器时间（但如果需要或处理大型网络时，可以调整这些定时器的设置）。可以像图 10-11 所示的那样，通过创建层级交换机实用设计，设法让核心交换机成为 STP 的根桥，就可以让 STP 会聚得又快又好。

在交换机端口上，从阻塞到转发的典型的生成树拓扑会聚时间为 50 秒，这样在服务器或主机上就会引发超时的问题，比如，重新启动交换机。针对这样的问题，可以在个别端口上使用快速端口来禁用生成树协议。

4. 生成树的端口快速

如果交换机上连接服务器或其他设备，并且你可以完全确定这些链路不会因为禁用 STP 而产生交换环路，那么，可以在这些端口上使用所谓的*端口快速*（PortFast）。使用了端口快速就表明，当 STP 会聚时，这一端口无需花费 50 秒即可进入转发模式。

下面是可以完成这一配置的命令，相当简单：

```
Switch(config-if)#spanning-tree portfast ?
  disable  Disable portfast for this interface
  trunk    Enable portfast on the interface even in trunk mode
  <cr>
```

关于中继端口，我们至今还没有正式介绍过，从根本上讲，中继端口用于连接交换机，并在交换机间传递 VLAN 信息。如果要在某个中继端口上启用端口快速，就必须特别地小心。交换机间的端口通常都需要运行 STP，因此这不是典型的配置。下面，我们就来看一下，当在某个接口上启用了端口快速时，交换机会给我们一些什么提示：

```
Switch(config-if)#spanning-tree portfast
%Warning: portfast should only be enabled on ports connected to a
    single host. Connecting hubs, concentrators, switches, bridges,
    etc... to this interface  when portfast is enabled, can cause
    temporary bridging loops.
  Use with CAUTION
%Portfast has been configured on FastEthernet0/1 but will only
  have effect when the interface is in a non-trunking mode.
Switch(config-if)#
```

我们在端口F0/1上启用了端口快速，注意到这里给出了一个相当长的提示信息，它告诉你这样做要小心。另一个很实用的接口命令是range，通过它可以在交换机上同时配置多个端口。下面是一个例子：

```
Switch(config)#int range fastEthernet 0/1 - 12
Switch(config-if-range)#spanning-tree portfast
```

只需输入上面介绍的range和配置端口快速命令再加一个回车，我们就可以将此交换机上的所有12个端口都设置为端口快速模式。希望这种配置不会创建任何环路！再次强调，在使用端口快速时一定要特别地小心谨慎。同时还需要注意，命令 interface range 可以与任何命令联合使用。在上面的示例中，它是与portfast命令一起使用的。

5. 生成树的UplinkFast

UplinkFast是思科产品特有的特性，当链路失效时UplinkFast可用来缩短STP的会聚时间。注意，与 portfast 命令一样，在使用这个命令时，同样需要特别地小心谨慎！UplinkFast特性专门运行于交换式环境中，当交换机至少有一个可替换/备份的根端口（一个处于阻塞状态的端口）时才会需要使用它。这也就是为什么思科只推荐一种典型的应用，即当接入层的交换机端口被阻塞时，才启用UplinkFast。

UplinkFast允许交换机在主链路失效之前就找出到根桥的可替换路径。这表明如果主链路失效，可替换的备用链路将首先被启用，这样端口就不用再等待通常STP会聚所需要的50秒的时间。因此，如果你正在运行 802.1d STP，而且在接入层的交换机上配置了冗余链路，那么，你肯定需要打开UplinkFast。但是，在思科多层设计中，如果不知道通常用于分配层和核心层交换机的可替换/备份的根链路的拓扑设计结构，就不要轻易使用Uplinkfast。

6. 生成树的BackboneFast

与可以在本地交换机上确定并快速修复链路失效的UplinkFast不同，思科还有一个专用的STP扩展特性BackboneFast，在那些无法与交换机直接相连的链路失效的情况下，使用BackboneFast可以加速会聚。当运行BackboneFast的交换机从指定网桥接收到一个劣质BPDU，它就知道到根桥的路径中某一链路失效了。需要明确的是，劣质BPDU是一个给出根桥和指定桥等同类交换机列表的BPDU。

另外，BackboneFast与UplinkFast不同，Uplinkfast只能配置在接入层交换机上，或者是带冗余链路的交换机（并且其中至少有一条链路处于阻塞模式），而BackboneFast可以在所有的Catalyst交换机上启用，这样就能够检测出非直连链路上的失效。启用BackboneFast的好处是它能够加速生成树的再配置过程，在默认的50秒的STP会聚时间中，它能节省20秒钟。

7. 快速生成树协议（RSTP）802.1w

你是否希望在你的交换式网络（无论是何种品牌的交换机）中，不仅STP配置良好，而且在每台交换机上都内置并启用上面刚刚讨论过的所有特性？这样的结果，当然可以有！那么，欢迎进入快速生成树协议（RSTP）的世界。

思科创建了 PortFast、UplinkFast 和 BackboneFast 来“修补”IEEE 802.1d 标准中的漏洞和缺陷。但这些改进特性的不足之处在于，它们都是思科专用的，还需要进行额外的配置。但新的 802.1w 标准（RSTP）将所有这些“问题”都一并解决了，你需要做的就只是打开 RSTP。有一点很重要，即必须确保网络中所有的交换机都能正确地运行 802.1w 协议。

RSTP 确实能够与传统的 STP 协议实现互操作，你可能对此有些吃惊。但需要知道，当它与传统的网桥进行交互时，802.1w 将丧失其内在的快速会聚能力。

RSTP 并不是一个“全新”的协议，但比起 802.1d 标准它又进化了许多，当拓扑发生改变时它具有更快的会聚时间。在创建 802.1w 时必须保证向后的兼容性。

802.1w 重新定义了 5 种端口状态：

禁止 = 丢弃

阻塞 = 丢弃

侦听 = 丢弃

学习 = 学习

转发 = 转发

找出根桥、根端口和指定端口的方式并没有改变；但是，需要重新学习确定每个链路开销的方法。表 10-1 给出了基于带宽的 IEEE 开销，STP 和 RSTP 据此确定通往根桥的最佳路径。

表10-1　IEEE的开销

链路速度	开销（改进的IEEE规范）	开销（原IEEE规范）
10 Gbit/s	2	1
1 Gbit/s	4	1
100 Mbit/s	19	10
10 Mbit/s	100	100

下面来看一下如何使用改进的 IEEE 开销规范确定端口，图 10-12 演示了这样一个示例。

在图 10-12 中，哪个交换机会变成根桥，而哪些端口又会成为根端口和指定端口呢？

交换机 C 拥有最低的 MAC 地址，因此，交换机 C 将成为根桥，并且根桥上的所有端口都是转发端口，可见，这是最容易的部分。交换机 A 的根端口是哪个？如果交换机 A 和交换机 B 之间的路径都是吉比特的，那么它的开销只能是 4，但是它们之间是快速以太网链路，因此交换机 A 和 B 之间的链路开销是 19。看一下交换机 B 和 D 之间的链路开销，可以看出这一开销为 4，因为它是吉比特的链路；然而，由于交换机 D 和 C 之间是快速以太网链路，因而其开销为 19，与交换机 A 和 B 之间的链路是相同的。从交换机 A 到 C 中间通过交换机 B 和 D 的路径总开销为 19+4+19 = 42。如果从交换机 A 直接到交换机 C，开销更低（19），因此，在交换机 A 上 Fa0/1 就是我们的根端口。对于交换机 B，最佳路径经由交换机 D，它的开销为 4+19 = 23，于是，交换机 B 上的 Gi0/1 为根端口，而交换机 D 上的 Gi0/2 为根端口。在交换机 A 和 B 之间的链路上，我们只需要一个转发端口，由于交换机 A 拥有更低的桥 ID，因此交换机 A 的 Fa0/2 将成为转发端口。所有没有在这里列出的端口都将进入阻塞模式（非指定状态），用于阻止环路的出现。

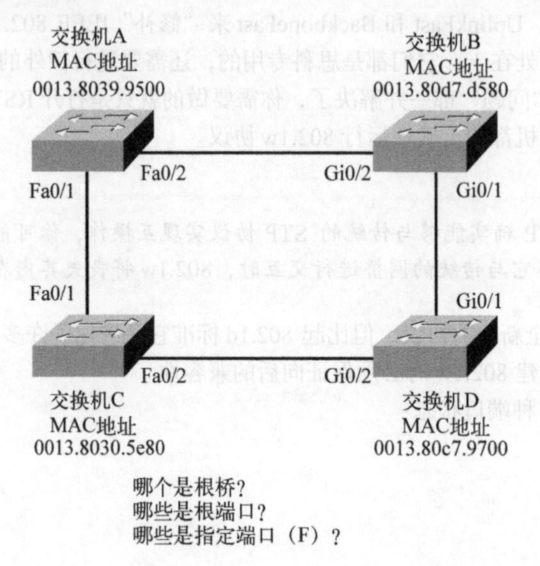

图 10-12　RSTP 示例 1

如果还是不太清楚，记住只需要找出根桥，然后判断出根端口，然后是指定端口。理解这些内容的最佳方式就是实践，因此，我们再来看一个示例，如图 10-13 所示。

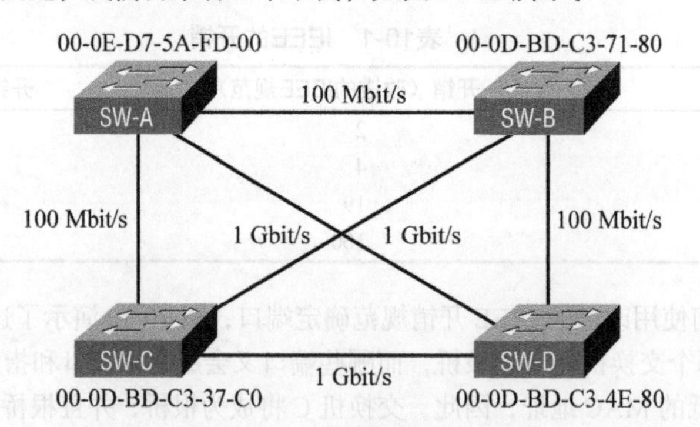

图 10-13　RSTP 示例 2

哪个网桥会成为根桥？由于所有的优先级都设定为默认情况，SW-C 将成为根桥，因为它拥有最低的 MAC 地址。我们很快就会发现，SW-D 有一个连接到 SW-C 的吉比特端口，因此它将成为 SW-D 的根端口，其开销为 4。SW-B 的最佳路径也是直接连接到 SW-C 的吉比特端口，其开销也为 4，但是 SW-A 呢？SW-A 的根端口不会是直接相连的 100 Mbit/s 端口，它的开销为 19，而连接到 SW-D 的吉比特端口和随后连接到 SW-C 的吉比特端口，它们的总开销只为 8。

在本章后面，我将演示如何配置 RSTP，操作过程实际上相当简单。

8. EtherChannel

除了配置冗余链路并允许 STP 将某条链路设置为阻塞（BLK）模式之外，我们还可以将多条链路捆绑在一起创建逻辑上的聚合，这样多条链路可以像单一链路那样工作。既然这种做法与 STP 一样，也可以提供同样的冗余性，那么为什么我们不将这些冗余的链路捆在一起使用呢？

同样，这里也有两个不同的版本可供选择，思科的 EtherChannel 和 IEEE 的端口通道协商协议的版本。思科的版本被称为端口聚合协议（PAgP），而 IEEE 的 802.3ad 的标准则被称为链路聚合控制协议（LACP）。这两个版本都很好用，但配置各不相同。在本章的结尾部分，我会找点儿乐子，演示一下对几条链路的捆绑配置。稍安勿躁，在下一小节，我们会全面讨论 STP 扩展涵盖的所有配置。

10.4 配置 Catalyst 交换机

思科 Catalyst 交换机有许多种型号，其中一些运行在 10 Mbit/s，而另一些则在其由双绞线和光纤组合的交换端口上，可以运行各种速率，最高可达 10 Gbit/s。新型号的交换机（特别是 2960 和 3560 系列）更加智能，因此具有更快的数据传输速率，包括音频和视频服务方面的支持。

下面就来深入了解一下这些交换机，这里将介绍如何使用命令行界面（CLI）来启动并配置思科 Catalyst 交换机。完成本章有关交换机基本配置命令的学习之后，下一章继续介绍如何配置 VLAN 以及交换机间链路（ISL）、802.1q 中继和思科虚拟中继协议（VTP）等内容。

下面是后续小节中我们需要完成的基本学习任务：

- 管理功能；
- 配置 IP 地址和子网掩码；
- 设置 IP 默认网关；
- 设置端口安全；
- 设置 PortFast；
- 启用 BPDU 护卫和 BPDU 过滤器；
- 启用 UplinkFast；
- 启用 BackboneFast；
- 启用 RSTP（802.1w）；
- 启用 EtherChannel；
- 配置一个 STP 根交换机。

可以在 www.ciscos.com/en/US/products/hw/switches/index.html 上，找到有关思科 Catalyst 交换机系列产品的所有相关资料。

10.4.1 Catalyst 交换机的配置

正如在第 8 章和第 9 章中对路由器所进行的配置一样，在本章和第 11 章中我们将使用图解和交换机组来完成配置。图 10-14 给出了我们后续使用的交换式网络。

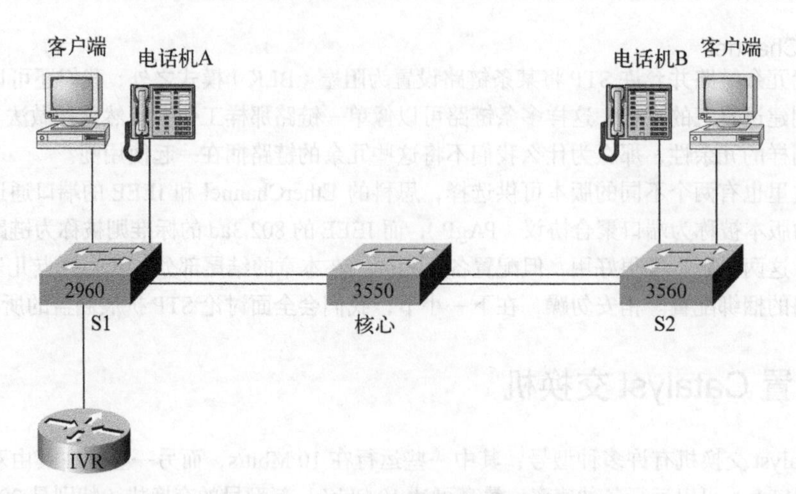

图 10-14　我们所使用的交换式网络

这里将使用一台新型的 3560、一台 2960 和一台 3550 交换机。记住，网络中所示的主机、电话机和路由器，进入第 11 章的学习时它们会变得更加重要。

在开始对 Catalyst 交换机进行实际配置之前，需要先学习一下交换机的启动过程，就像在第 7 章中对路由器进行配置前先讲解的内容一样。图 10-15 给出了一台典型的思科 Catalyst 交换机的详图，这里会逐一介绍它的各种接口和特性。

图 10-15　思科 Catalyst 交换机

首先需要注意的是，Catalyst 交换机的控制台端口通常位于交换机的后背板上。但是在图中给出的这种 3560 小型交换机上，这个控制台端口则是在前面板上，这样便于使用（8 个端口的 2960 看上去完全相同）。如果 POST 成功完成，则系统的 LED 指示灯就会变绿；如果 POST 失败，则系统的 LED 就会变成黄色。LED 亮起了黄色表示出现了问题，通常还都是致命的问题。因此，你应该有一台备用交换机，以防运营中的交换机出现故障！底部的按钮用来显示哪一个灯提供以太网供电（PoE），可以通过按下 Mode 按钮来查看这一状态。对于以上系列的交换机，PoE 是一个非常好的功能，允许我们通过以太网电缆为连接到交换机的无线接入点和电话机供电。

现在如果我们需要像图 10-14 所示的那样将交换机与其他交换机连接，首先需要注意的是，交换机间的连接需要使用交叉电缆。而 2960 和 3560 交换机能够自动地识别连接类型，因此，在这里可以使用直通电缆。但 2950 或 3550 交换机不具备自动识别电缆类型的能力。不同的交换机会有不同的需求和能力，因此，在将不同的交换机连接到一起时，要牢记这一点。

首次将交换机的端口连接在一起时，链路灯先是黄色，随后变绿，表示可以正常操作了。这是生成树会聚，正如你所知道的，在没有启用生成树的加速扩展时，这个会聚过程大约需要耗时 50 秒。当连接到交换机端口时，如果交换机端口 LED 的总在绿色和黄色之间交替变化，这就表明此端口处于故障中。如果发生了这种情况，可以检查一下主机的网卡或连接电缆。

1. S1

我们从连接到每台交换机并设置其管理功能来开始我们的配置操作。为每台交换机分配一个 IP 地址，注意这对于网络功能的实现来说，并不是真正必需的。这样做唯一的理由就是，借助这一配置我们可以对交换机进行远程管理/控制，例如，通过远程登录实施的控制。这里将使用一个简单的 IP 地址方案来进行配置，比如 192.168.10.16/28。你应该对这一掩码表示很熟悉了！查看一下下面的输出：

```
Switch>en
Switch#config t
Enter configuration commands, one per line.  End with CNTL/Z.
Switch(config)#hostname S1
S1(config)#enable secret todd
S1(config)#int f0/1
S1(config-if)#description 1st Connection to Core Switch
S1(config-if)#int f0/2
S1(config-if)#description 2nd Connection to Core Switch
S1(config-if)#int f0/3
S1(config-if)#description Connection to HostA
S1(config-if)#int f0/4
S1(config-if)#description Connection to PhoneA
S1(config-if)#int f0/8
S1(config-if)#description Connection to IVR
S1(config-if)#line console 0
S1(config-line)#password console
S1(config-line)#login
S1(config-line)#exit
S1(config)#line vty 0 ?
  <1-15>  Last Line number
  <cr>
S1(config)#line vty 0 15
S1(config-line)#password telnet
S1(config-line)#login
S1(config-line)#int vlan 1
S1(config-if)#ip address 192.168.10.17 255.255.255.240
S1(config-if)#no shut
S1(config-if)#exit
S1(config)#banner motd # This is the S1 switch #
S1(config)#exit
S1#copy run start
Destination filename [startup-config]? [enter]
```

```
Building configuration...
[OK]
S1#
```

这里首先需要注意到的是，在此交换机的物理接口上没有配置IP地址。默认情况下，交换机上的所有端口都是启用的，因此，并不需要太多的配置。IP地址是被配置在逻辑接口下的，这一逻辑接口被称为管理域或VLAN。通常情况下，都会使用VLAN 1来管理交换式网络，正如我们在这里所做的那样。其余的配置基本上与配置路由器时的情形一样。记住，在具体的交换机接口上不需要IP地址，同样也不需要路由选择协议，以及其他。注意，在这里只需要完成第2层的交换功能，不包括路由选择！此外还要注意的是，思科的交换机上没有配备辅助端口。

2. S2

以下是S2上的配置：

```
Switch#config t
Switch(config)#hostname S2
S2(config)#enable secret todd
S2(config)#int fa0/1
2(config-if)#description 1st Connection to Core
S2(config-if)#int fa0/2
S2(config-if)#description 2nd Connection to Core
S2(config-if)#int fa0/3
S2(config-if)#description Connection to HostB
S2(config-if)#int fa0/4
S2(config-if)#description Connection to PhoneB
S2(config-if)#line con 0
S2(config-line)#password console
S2(config-line)#login
S2(config-line)#exit
S2(config)#line vty 0 ?
  <1-15>  Last Line number
  <cr>
S2(config)#line vty 0 15
S2(config-line)#password telnet
S2(config-line)#login
S2(config-line)#int vlan 1
S2(config-if)#ip address 192.168.10.18 255.255.255.240
S2(config-if)#no shut
S2(config-if)#exit
S2(config)#banner motd # This is my S2 Switch #
S2(config)#exit
S2#copy run start
Destination filename [startup-config]?[enter]
```

```
Building configuration...
[OK]
S2#
```

现在我们应当可以实现从 S2 ping 通 S1。来试一下：

```
Type escape sequence to abort.
Sending 5, 100-byte ICMP Echos to 192.168.10.17, timeout is 2 seconds:
.!!!!
Success rate is 80 percent (4/5), round-trip min/avg/max = 1/1/1 ms
S2#
```

注意这里有两个问题：在还没有完成对核心交换机的配置之前，如何能通过它完成 ping 操作？还有，这里为什么只 ping 成功了 4 次而不是 5 次（第一个句点[.]表示有一次超时；而感叹号[!]则表示成功）？

这是两个很好的问题。答案是这样的：对于第一问题，无需配置交换机就可以工作。默认情况下，交换机的所有端口都是启用的。因此，只要打开交换机，连接的主机之间就可以进行通信了。对于第二个问题，第一个 ping 之所以不能完成，是因为 ARP 协议在将 IP 地址解析为相关的 MAC 地址时超时了。

3. Core

下面是对 Core 交换机进行的配置：

```
Switch>en
Switch#config t
Switch(config)#hostname Core
Core(config)#enable secret todd
Core(config)#int f0/5
Core(config-if)#description 1st Connection to S2
Core(config-if)#int fa0/6
Core(config-if)#description 2nd Connection to S2
Core(config-if)#int f0/7
Core(config-if)#desc 1st Connection to S1
Core(config-if)#int f0/8
Core(config-if)#desc 2nd Connection to S1
Core(config-if)#line con 0
Core(config-line)#password console
Core(config-line)#login
Core(config-line)#line vty 0 15
Core(config-line)#password telnet
Core(config-line)#login
Core(config-line)#int vlan 1
Core(config-if)#ip address 192.168.10.19 255.255.255.240
Core(config-if)#no shut
Core(config-if)#exit
```

10

```
Core(config)#banner motd # This is the Core Switch #
Core(config)#exit
Core#copy run start
Destination filename [startup-config]?[enter]
Building configuration...
[OK]
Core#
```

下面我们将从Core交换机来对S1和S2执行ping操作，看看情况会如何：

```
Core#ping 192.168.10.17
Type escape sequence to abort.
Sending 5, 100-byte ICMP Echos to 192.168.10.17, timeout is 2 seconds:
.!!!!
Success rate is 80 percent (4/5), round-trip min/avg/max = 1/1/1 ms
Core#ping 192.168.10.18
Type escape sequence to abort.
Sending 5, 100-byte ICMP Echos to 192.168.10.18, timeout is 2 seconds:
.!!!!
Success rate is 80 percent (4/5), round-trip min/avg/max = 1/1/1 ms
Core#sh ip arp
Protocol  Address          Age (min)  Hardware Addr   Type   Interface
Internet  192.168.10.18            0  001a.e2ce.ff40  ARPA   Vlan1
Internet  192.168.10.19            -  000d.29bd.4b80  ARPA   Vlan1
Internet  192.168.10.17            0  001b.2b55.7540  ARPA   Vlan1
Core#
```

在对交换机的配置进行验证之前，还需要掌握另一个命令，不过在当前这个网络中，还用不到这个命令，因为这里还没有涉及路由器。这个命令就是`ip default-gateway`命令。如果需要在局域网外部对交换机进行管理，则应该在交换机上设置默认网关，就像在主机上完成的默认网关设置一样。可以在全局配置模式下完成这一设置。下面就是一个配置示例，我们将本子网的最后一个IP地址分配给路由器（在下一章有关VLAN的内容中，我们还会用到这台路由器），并用这一地址来完成配置。

```
Core#config t
Enter configuration commands, one per line.  End with CNTL/Z.
Core(config)#ip default-gateway 192.168.10.30
Core(config)#exit
Core#
```

到此我们已经完成了对这3台交换机的基本配置，下面我们来看一些有趣的相关内容。

4. 端口安全

本章前面提到过，允许任何人接入并使用交换机，通常不是一件好事。我的意思是，既然你很关注无线网络中的应用安全，为什么你不希望在交换机上也有同样的安全呢？

答案显然是肯定的，你当然希望交换机更安全，使用端口安全可以限制能够动态连接到交换机端口的MAC地址数，也可以设置静态MAC地址，或者建立违规用户处罚机制——这也是我个人最爱用的方式。我个人更喜欢这样的配置管理，当用户违反了安全策略交换机就会关闭他们的端口，这时违规的用户就得请他们的老板给我发一个备忘录，解释他们为什么会违反安全策略，然后我才会为他们重新启用被关闭的端口。这样做确实可以帮助他们记住自己曾做过的事！

一个安全的交换机端口可以与 1 到 8192 之间的任意 MAC 地址进行关联，但是'50 系列交换机的这个关联数量只能到 132 个，但这个数量对我来说已经足够多了。可以选择让交换机动态地学习这些需要关联的地址，或者使用命令 `switchport port-security mac-address` *`mac-address`* 为每个端口设置静态地址。

下面我们来对交换机 S1 设置端口安全。在这个实验中，端口 fa0/3 和 fa0/4 只连接了一台设备。通过使用端口安全，我们可以确定，一旦这里的主机连接到端口 fa0/3 并且电话机连接到端口 fa0/4，那么其他设备就无法再连接进来了。下面就是完成这一配置的操作：

```
S1#config t
Enter configuration commands, one per line.  End with CNTL/Z.
S1(config)#int range fa0/3 - 4
S1(config-if-range)#switchport mode access
S1(config-if-range)#switchport port-security
S1(config-if-range)#switchport port-security maximum ?
  <1-8192>  Maximum addresses
S1(config-if-range)#switchport port-security maximum 1
S1(config-if-range)#switchport port-security mac-address sticky
S1(config-if-range)#switchport port-security violation ?
  protect   Security violation protect mode
  restrict  Security violation restrict mode
  shutdown  Security violation shutdown mode
S1(config-if-range)#switchport port-security violation shutdown
S1(config-if-range)#exit
```

第一个命令是将端口的模式设置为“access”端口，默认情况下它们被设置为“desirable”，即如果它们发现自身连接到另外的交换机，它们倾向于成为中继。当一个端口处于 desirable 模式时，在此端口上不能设置安全端口。在此端口上启用了端口安全之后，我在端口 fa0/3 和 fa0/4 设置了端口安全，允许关联的 MAC 地址最多为一个，而且只有第一个关联的 MAC 地址可以通过交换机发送帧。如果具有不同 MAC 地址的另一台设备也试图向交换机发送帧，那么，端口会由于 `violation` 命令被关闭。因为自己的懒惰，我不愿意手工为每台设备输入所有的 MAC 地址，因此，我选择使用 `sticky` 命令。

现在，使用 `show port-security interface` 命令来验证下面这个端口的端口安全：

```
S1#sh port-security interface f0/3
Port Security              : Enabled
Port Status                : Secure-down
Violation Mode             : shutdown
Aging Time                 : 2 mins
Aging Type                 : Inactivity
SecureStatic Address Aging : Disabled
```

```
Maximum MAC Addresses       : 1
Total MAC Addresses         : 0
Configured MAC Addresses    : 0
Sticky MAC Addresses        : 0
Last Source Address:Vlan    : 0000.0000.0000:0
Security Violation Count    : 0
```

也可以不用关闭端口的方式，还有两个模式可用。保护模式表明其他主机可以连接到交换机上，但它所有的帧都会被丢弃。限制模式也相当酷，它通过 SNMP 提醒你端口上出现了违规情况。你可以随后打电话给非法使用者，并警告他们，你能够看见他们，知道他们在做什么，他们会为此吃苦头的！

在此连接的交换机间存在冗余链路，因此最好在这些链路上配置运行 STP（到目前为止）。但在 S1 和 S2 交换机上，还有主机连接到端口 fa0/3 和 fa0/4（核心交换机没有）。因此，在这些端口上要关闭 STP。

注意　主机可以直接连接到电话的后面，因为电话机上通常有以太网插口。因此，这两台设备只需要一个交换机端口。在第 11 章有关电话的小节中，我们会深入地讨论这一点。

5. PortFast

如果在交换机上使用 portfast 命令，就可以防止出现会聚时间过长导致主机 DHCP 请求超时，从而使主机不能应答 DHCP 地址的问题。下面在交换机 S1 和 S2 的端口 fa0/3 及 fa0/4 上使用 PortFast：

```
S1#config t
S1(config)#int range f0/3 - 4
S1(config-if-range)#spanning-tree portfast ?
  disable  Disable portfast for this interface
  trunk    Enable portfast on the interface even in trunk mode
  <cr>
S1(config-if-range)#spanning-tree portfast
%Warning: portfast should only be enabled on ports connected to a
  single host. Connecting hubs, concentrators, switches, bridges,
  etc... to this interface when portfast is enabled, can cause
  temporary bridging loops.
 Use with CAUTION

%Portfast will be configured in 2 interfaces due to the range command
 but will only have effect when the interfaces are in a non-trunking mode.
S1(config-if-range)#
```

现在对 S1 的配置已经完成了，我不再给出后续的输出了，下面在 S2 的 fa0/3 和 fa0/4 端口上也启用 PortFast。再提醒一遍，使用 PortFast 时一定要小心谨慎，你也肯定不会希望由此创建网络环路！为什么要反复强调这一点？因为网络中一旦出现环路，表面上网络仍然可以工作（起码看起来会是这样），但数据传递特别慢，更糟糕的是，查找问题的根源会花费你很长时间，这会让你感相当的懊恼。

因此，操作时一定要小心。

有一些护卫（safeguard）命令可以与 PortFast 一同使用，可以防止启用 PortFast 的端口意外产生环路，这看起来非常不错。下面就是这样一些命令。

6. BPDUGuard

在此之前曾提到过这个命令：如果在交换机的端口上打开了 PortFast，那么，启用 BPDUGuard 是个不错的主意。如果启用 BPDUGuard 的交换机端口接收到了一个 BPDU，它会将端口置为错误禁用状态。这就可以防止网络管理员不小心将另一台交换机或集线器连接到配置了 PortFast 的交换机端口上。基本上，这一命令可以阻止这种情况的发生，防止网络崩溃，或者至少防止网络因环路而性能下降。注意，只能在接入层的交换机上配置这一命令，因为在接入层交换机上用户与交换机是直接相连的，而在核心交换机上则不能配置此命令。

7. BPDUFilter

另一个可与 PortFast 同时使用的命令是 BPDUFilter，这个命令也非常有用。由于默认情况下启用了 PortFast 的交换机端口仍可以接收 BPDU，这时使用 BPDUFilter 就可以完全阻止 BPDU 从这一端口上进出。如果 BPDUFilter 接收到了一个 BPDU，它会立即关闭端口的 PortFast，并迫使端口重新成为 STP 拓扑的一部分。与 BPDUGuard 不同，BPDUFilter 不会将端口置为错误禁用状态，而是将端口打开，但不运行 PortFast。对于配置为 Portfast 的端口，没有理由让它接收 BPDU。说老实话，我确实不理解在启用 PortFast 时，为什么不默认启用 BPDUGuard 或者 BPDUFilter。

下面我们为已经配置了 PortFast 的交换机 S1 和 S2 的接口设置 BPDUGuard 和 BPDUFilter，这一过程相当简单：

```
S1(config-if-range)#spanning-tree bpduguard ?
  disable  Disable BPDU guard for this interface
  enable   Enable BPDU guard for this interface
S1(config-if-range)#spanning-tree bpduguard enable
S1(config-if-range)#spanning-tree bpdufilter ?
  disable  Disable BPDU filtering for this interface
  enable   Enable BPDU filtering for this interface
S1(config-if-range)#spanning-tree bpdufilter enable

S2(config-if-range)#spanning-tree bpduguard enable
S2(config-if-range)#spanning-tree bpdufilter enable
```

注意，对于 bpduguard 和 bpdufilter 命令，典型的做法是只使用其中的一个，尽管 IOS 也允许在同一个接口同时使用两个命令，但这两个命令本质上会产生一定的对抗。bpdufilter 接收 BPDU 后会将端口转换到非 PortFast 状态，而 bpduguard 接收 BPDU 后会将端口置为出错禁用状态，因此，同时配置两个命令，就显得有点“杀伤力过大”了。在配置 STP 时，我们还可以配置一些其他的 STP 802.1d 的扩展特性。

8. UplinkFast

下面是如何在接入层的交换机（S1 和 S2）上完成对 UplinkFast 的配置：

```
S1#config t
S1(config)#spanning-tree uplinkfast
```

```
S2#config t
S2(config)#spanning-tree uplinkfast
S1(config)#do show spanning-tree uplinkfast
UplinkFast is enabled

Station update rate set to 150 packets/sec.

UplinkFast statistics
-----------------------
Number of transitions via uplinkFast (all VLANs)            : 1
Number of proxy multicast addresses transmitted (all VLANs) : 8

Name                 Interface List
-------------------- ------------------------------------
VLAN0001             Fa0/1(fwd), Fa0/2
S1(config)#
```

uplinkfast是一个全局命令，它会在所有端口上启用。

9. BackboneFast

下面是如何在交换机上配置BackboneFast：

```
S1(config)#spanning-tree backbonefast
S2(config)#spanning-tree backbonefast
Core(config)#spanning-tree backbonefast
S2(config)#do show spanning-tree backbonefast
BackboneFast is enabled
BackboneFast statistics
-----------------------
Number of transition via backboneFast (all VLANs)          : 0
Number of inferior BPDUs received (all VLANs)               : 2
Number of RLQ request PDUs received (all VLANs)             : 0
Number of RLQ response PDUs received (all VLANs)            : 1
Number of RLQ request PDUs sent (all VLANs)                 : 1
Number of RLQ response PDUs sent (all VLANs)                : 0
S2(config)#
```

注意，与配置UplinkFast不同，此处我们对网络中的所有交换机都进行了BackboneFast配置，而不只限于接入层交换机。记住，BackboneFast用来确定远程交换机上非直接连接到根路径的链路失效，这与UplinkFast不同，UplinkFast可以确定并快速修复本地交换机的链路失效。

10. RSTP（802.1w）

配置RSTP实际上与配置802.1d的其他扩展特性一样简单。考虑到它的性能要比802.1d好得多，你也许会认为对它的配置要更为复杂，但幸运的是，并不复杂。现在我们在Core交换机上打开802.1w，看一下会有什么情况出现：

```
Core#config t
Core(config)#spanning-tree mode ?
  mst         Multiple spanning tree mode
  pvst        Per-Vlan spanning tree mode
  rapid-pvst  Per-Vlan rapid spanning tree mode
Core(config)#spanning-tree mode rapid-pvst
Core(config)#
1d02h: %LINEPROTO-5-UPDOWN: Line protocol on Interface Vlan1,
 changed state to down
1d02h: %LINEPROTO-5-UPDOWN: Line protocol on Interface Vlan1,
 changed state to up
```

很棒，Core 交换机上目前正在运行 802.1w STP。我们来验证一下：

```
Core(config)#do show spanning-tree
VLAN0001
  Spanning tree enabled protocol rstp
  Root ID    Priority    32769
             Address     000d.29bd.4b80
             This bridge is the root
             Hello Time   2 sec  Max Age 20 sec  Forward Delay 15 sec
  Bridge ID  Priority    32769  (priority 32768 sys-id-ext 1)
             Address     000d.29bd.4b80
             Hello Time   2 sec  Max Age 20 sec  Forward Delay 15 sec
             Aging Time 300

Interface        Role Sts Cost      Prio.Nbr Type
---------------- ---- --- --------- -------- ------------
Fa0/5            Desg FWD 19        128.5    P2p Peer(STP)
Fa0/6            Desg FWD 19        128.6    P2p Peer(STP)
Fa0/7            Desg FWD 19        128.7    P2p Peer(STP)
Fa0/8            Desg FWD 19        128.8    P2p Peer(STP)
```

很有趣，看上去好像什么事情也没发生过。可以看出，在其他两台交换机上，所有端口都完成了会聚。一旦所有事情都正常了，一切都看上去没什么变化。802.1d 和 802.1w 似乎相处得很好，没有问题。

但是，如果仔细观察，就会发现在连接运行 802.1d 的交换机（即所有的那些交换机）端口上，802.1w 交换机已经从 802.1w BPDU 变为 802.1d BPDU。

交换机 S1 和 S2 认为，Core 交换机实际上也在运行 802.1d，因为 Core 交换机向它们回复的 BPDU 也只是 802.1d 的。尽管交换机 S1 和 S2 也会收到 802.1w BPDU，但它们并不理解这些 BPDU，只是简单地将这些数据丢弃。然而，Core 交换机也接收到了 802.1d BPDU，是从交换机 S1 和 S2 那里接收的，这样我们就知道了哪些端口在运行 802.1d。换句话说，只在一台交换机上打开 802.1w，根本无法对网络形成实质性的帮助！

另一个让人心烦的小问题是，一旦Core交换机了解到，需要向连接到S1和S2的端口发送802.1d BPDU，那么即使交换机S1和S2后来又配置了802.1w，Core交换机也不能自动地改变它的配置，这时，我们就需要重新启动Core交换机，以便让它停止发送802.1d BPDU。

11. EtherChannel

配置EtherChannel的最为简单的方式就是使用思科网络助手（CNA）。搜索思科的网站，就可以免费下载这个GUI软件。然而，我准备使用CLI来进行配置，因为你需要了解这些CLI命令，此外，我本身就是一个CLI迷，特别是对小型网络的配置。

记住，有两个版本的EtherChannel协商协议，思科版本和IEEE版本。我准备使用思科版本，并将S1交换机和Core交换机之间的链路捆绑在一起。

在S1和Core交换机上，使用`interface port-channel`全局命令、`channel-group`命令和`channel-protocol`接口命令。下面是使用这些命令的配置过程：

```
S1#config t
S1(config)#int port-channel 1
S1(config-if)#int range f0/1-2
S1(config-if-range)#switchport mode trunk
1d03h: %SPANTREE_FAST-7-PORT_FWD_UPLINK: VLAN0001 FastEthernet0/2
 moved to Forwarding (UplinkFast).
S1(config-if-range)#switchport nonegotiate
S1(config-if-range)#channel-group 1 mode desirable
S1(config-if-range)#do sh int fa0/1 etherchannel
Port state    = Up Sngl-port-Bndl Mstr Not-in-Bndl
Channel group = 1     Mode = Desirable-Sl     Gcchange = 0
Port-channel  = null  GC   = 0x00010001    Pseudo port-channel = Po1
Port index    = 0     Load = 0x00          Protocol =   PAgP
[output cut]

Core#config t
Core(config)#int port-channel 1
Core(config-if)#int range f0/7-8
Core(config-if-range)#switchport trunk encap dot1q
Core(config-if-range)#switchport mode trunk
1d03h: %SPANTREE_FAST-7-PORT_FWD_UPLINK: VLAN0001 FastEthernet0/2
 moved to Forwarding (UplinkFast).
Core(config-if-range)#switchport nonegotiate
Core(config-if-range)#channel-group 1 mode desirable
1d04h: %SPANTREE_FAST-7-PORT_FWD_UPLINK: VLAN0001 FastEthernet0/2
 moved to Forwarding (UplinkFast).
1d04h: %SPANTREE_FAST-7-PORT_FWD_UPLINK: VLAN0001 FastEthernet0/2
 moved to Forwarding (UplinkFast).
1d04h: %LINK-3-UPDOWN: Interface Port-channel1, changed state to up
```

```
1d04h: %LINEPROTO-5-UPDOWN: Line protocol on Interface
Port-channel1, changed state to up
Core(config-if-range)#do show int port-channel 1
Port-channel1 is up, line protocol is up (connected)
  Hardware is EtherChannel, address is 001b.2b55.7501 (bia 001b.2b55.7501)
  MTU 1500 bytes, BW 200000 Kbit, DLY 100 usec,
     reliability 255/255, txload 1/255, rxload 1/255
  Encapsulation ARPA, loopback not set
  Full-duplex, 100Mb/s, link type is auto, media type is unknown
[output cut]
```

我添加了 `switchport nonegotiate` 接口命令，以阻止交换机自动检测链路类型，以及自动建立中继；此外，我还静态地配置了中继链路。位于 S1 和 Core 交换机之间的两条链路目前被捆在了一起，这里所使用的是思科 EtherChannel 版本的 PAgP。

下面，我们还需要对交换机的配置进行验证，此外，开始下一章的 VLAN 学习之前，还需要讨论一下根桥的设置。

10.4.2 验证思科 Catalyst 交换机的配置

无论是路由器还是交换机，我喜欢做的第一件事就是用 `show running-config` 命令查看一下配置文件。为什么要这样呢？因为这样做可以让我真实地了解每台设备的大致情况。但是，查看配置文件是很耗时的工作，而且要显示所有的配置也会占用本书大量篇幅。再说，使用其他的命令，也可以获得非常有用的信息。

例如，要对交换机上设置的 IP 地址进行验证，就可以使用 `show interface` 命令。下面就是使用这一命令的输出：

```
S1#sh int vlan 1
Vlan1 is up, line protocol is up
  Hardware is EtherSVI, address is 001b.2b55.7540 (bia 001b.2b55.7540)
  Internet address is 192.168.10.17/28
  MTU 1500 bytes, BW 1000000 Kbit, DLY 10 usec,
     reliability 255/255, txload 1/255, rxload 1/255
  Encapsulation ARPA, loopback not set, reliability 255/255,
txload 1/255, rxload 1/255
  [output cut]
```

注意　记住，交换机运行并非必须要有 IP 地址。在交换机上配置 IP 地址、掩码和默认网关的唯一理由就是满足管理上的需要。

1. sh mac address-table

你一定还记得本章前面的内容曾使用过这个命令吧？这条命令可以用来显示转发过滤表，即所谓的内容可寻址内存（CAM）表。下面就是交换机 S1 执行这个命令得到的输出：

```
S1#sh mac address-table
          Mac Address Table
-------------------------------------------
Vlan    Mac Address       Type        Ports
----    -----------       --------    -----
 All    0100.0ccc.cccc    STATIC      CPU
 All    ffff.ffff.ffff    STATIC      CPU
[output cut]
   1    0002.1762.b235    DYNAMIC     Po1
   1    0009.b79f.c080    DYNAMIC     Po1
   1    000d.29bd.4b87    DYNAMIC     Po1
   1    000d.29bd.4b88    DYNAMIC     Po1
   1    0016.4662.52b4    DYNAMIC     Fa0/4
   1    0016.4677.5eab    DYNAMIC     Po1
   1    001a.2f52.49d8    DYNAMIC     Po1
   1    001a.2fe7.4170    DYNAMIC     Fa0/8
   1    001a.e2ce.ff40    DYNAMIC     Po1
   1    0050.0f02.642a    DYNAMIC     Fa0/3
Total Mac Addresses for this criterion: 31
S1#
```

交换机使用分配给 CPU 的基本 MAC 地址，2960 交换机使用的是 20。从上面的输出中可以看出，这里有 7 个 MAC 地址被动态地分配给了 EtherChannel 的端口 1。端口 Fa0/3、Fa0/8 和 Fa0/4 都只有一个 MAC 地址，所有的端口都指派给了 VLAN 1。

下面来看一下交换机 S2 中的 CAM，看可以从中发现些什么。请注意，交换机 S2 并没有像交换机 S1 那样配置 EtherChannel，因此，STP 会关闭一条通往 Core 交换机的冗余链路：

```
S2#sh mac address-table
          Mac Address Table
-------------------------------------------

Vlan    Mac Address       Type        Ports
----    -----------       --------    -----
 All    0008.205a.85c0    STATIC      CPU
 All    0100.0ccc.cccc    STATIC      CPU
 All    0100.0ccc.cccd    STATIC      CPU
 All    0100.0cdd.dddd    STATIC      CPU
[output cut]
   1    0002.1762.b235    DYNAMIC     Fa0/3
   1    000d.29bd.4b80    DYNAMIC     Fa0/1
   1    000d.29bd.4b85    DYNAMIC     Fa0/1
   1    0016.4662.52b4    DYNAMIC     Fa0/1
   1    0016.4677.5eab    DYNAMIC     Fa0/4
```

```
   1    001b.2b55.7540    DYNAMIC     Fa0/1
Total Mac Addresses for this criterion: 26
S2#
```

从以上输出可以看出，有 4 个 MAC 地址被分配给了 Fa0/1。当然，还可以看出，在端口 3 和端口 4 上针对每个主机都有一个连接与不同的主机相连。那么怎么没有端口 2？由于端口 2 连接的是一条冗余链路，STP 将 Fa0/2 设置为了阻塞模式。我们下面马上还会讨论到这一点。

- 指定静态的 MAC 地址

在 MAC 地址表中可以设置静态 MAC 地址，但就像设置静态 MAC 端口安全一样，这是一件十分费力耗时的工作。当然你也可以尝试一下，下面就是设置方法：

```
S1#config t
S1(config)#mac-address-table static aaaa.bbbb.cccc vlan 1 int fa0/5
S1(config)#do show mac address-table
          Mac Address Table
-------------------------------------------

Vlan    Mac Address       Type        Ports
----    -----------       --------    -----
 All    0100.0ccc.cccc    STATIC      CPU
[output cut]
   1    0002.1762.b235    DYNAMIC     Po1
   1    0009.b79f.c080    DYNAMIC     Po1
   1    000d.29bd.4b87    DYNAMIC     Po1
   1    000d.29bd.4b88    DYNAMIC     Po1
   1    0016.4662.52b4    DYNAMIC     Fa0/4
   1    0016.4677.5eab    DYNAMIC     Po1
   1    001a.2f52.49d8    DYNAMIC     Po1
   1    001a.2fe7.4170    DYNAMIC     Fa0/8
   1    001a.e2ce.ff40    DYNAMIC     Po1
   1    0050.0f02.642a    DYNAMIC     Fa0/3
   1    aaaa.bbbb.cccc    STATIC      Fa0/5
Total Mac Addresses for this criterion: 31
S1(config)#
```

可以看出，我们为接口 Fa0/5 永久地分配了一个静态 MAC 地址，输出左侧显示，它同时被指定给了 VLAN 1。

2. sh spanning-tree

到目前为止大家都已经知道，sh spanning-tree 是一个很重要的命令。借助这个命令，可以看出谁是根桥，以及每个 VLAN 所设置的优先级。

要知道，默认情况下思科交换机上运行的是所谓的每 VLAN 生成树（PVST），也就是说，每个 VLAN 都会运行各自的 STP 协议实例。如果我们使用 sh spanning-tree 命令，就会收到从 VLAN 1 开始的所有 VLAN 的信息。因此，如果我们有了多个 VLAN，并且又只想查看 VLAN 2 中的情况，这时，可以使用命令 show spanning-tree vlan 2。

以下是在交换机S1上执行命令 show spanning-tree 之后得到的输出。由于这里只使用了VLAN 1,因而不需要在命令中添加VLAN号:

```
S1#sh spanning-tree
VLAN0001
  Spanning tree enabled protocol ieee
  Root ID    Priority    32769
             Address     000d.29bd.4b80
             Cost        3012
             Port        56 (Port-channel1)
             Hello Time   2 sec  Max Age 20 sec  Forward Delay 15 sec

  Bridge ID  Priority    49153  (priority 49152 sys-id-ext 1)
             Address     001b.2b55.7500
             Hello Time   2 sec  Max Age 20 sec  Forward Delay 15 sec
             Aging Time 15
  Uplinkfast enabled

Interface        Role Sts Cost      Prio.Nbr Type
---------------- ---- --- --------- -------- ----------
Fa0/3            Desg FWD 3100      128.3    Edge Shr
Fa0/4            Desg FWD 3019      128.4    Edge P2p
Fa0/8            Desg FWD 3019      128.8    P2p
Po1              Root FWD 3012      128.56   P2p
```

由于这里只配置了VLAN 1,这个命令就没有其他输出了,如果这里设置了多个VLAN,可以得到关于每个VLAN配置的信息。默认优先级是32 768,但还有某些被称为系统ID扩展(sys-id-ext)的内容,其实就是VLAN标识符。桥ID的优先级随VLAN号递增。由于只有VLAN 1,增加1就是32 769。但要知道,默认情况下,BackboneFast会将默认优先级提高到49 152,以防止该桥被选举为根桥。

输出的最上面指出了根桥:

```
VLAN0001
     Root ID  Priority    32769
              Address     000d.29bd.4b80
              Cost        3012
              Port        56 (Port-channel1)
              Hello Time   2 sec  Max Age 20 sec  Forward Delay 15 sec
```

EtherChannel端口1是这里的根端口,这表明它是我们选择的通往根桥的路径,它的标识符为000d.29bd.4b80。可见,根桥只能是Core交换机或S2,我们马上就会发现到底谁是。

此命令输出的最后一项表明,这些端口上正在运行STP,而且各有一条通往其他设备的连接。因为这里运行了EtherChannel,所以没有被阻塞的端口。确定桥是否为非根桥,有一种办法就是,查看它们是否有 Altn BLK 端口（即被阻塞的候选端口）。根桥上不可能有被阻塞的端口，而 S1 上的所有端口都显示为转发（FWD）状态，则是因为我们配置了 EtherChannel。

● *确定根桥*

要确定这里的根桥，显然需要使用 sh spanning-tree 命令。我们来看一下其他两台交换机的情况，判断一下其中哪台交换机是默认根桥。这里要特别注意，桥 ID MAC 地址以及 S1 交换机的优先级。下面是 S2 的输出：

```
S2#sh spanning-tree

VLAN0001
  Spanning tree enabled protocol ieee
  Root ID    Priority    32769
             Address     000d.29bd.4b80
             Cost        3019
             Port        2 (FastEthernet0/1)
             Hello Time   2 sec  Max Age 20 sec  Forward Delay 15 sec

  Bridge ID  Priority    49153  (priority 49152 sys-id-ext 1)
             Address     001a.e2ce.ff00
             Hello Time   2 sec  Max Age 20 sec  Forward Delay 15 sec
             Aging Time 300
  Uplinkfast enabled

Interface        Role Sts Cost      Prio.Nbr Type
---------------- ---- --- --------- -------- ------------
Fa0/1            Root FWD 3019      128.2    P2p
Fa0/2            Altn BLK 3019      128.3    P2p
Fa0/3            Desg FWD 3100      128.4    Edge Shr
Fa0/4            Desg FWD 3019      128.5    Edge P2p
S2#
```

可以看出，端口 Fa0/2 是被阻塞的，因此这个交换机不可能是根桥。根桥上不会有被阻塞的端口。再强调一遍，一定要对输出头部的桥 ID MAC 地址和优先级给予特别的注意。下面就是来自 Core 交换机的输出：

```
Core#sh spanning-tree
VLAN0001
  Spanning tree enabled protocol rstp
  Root ID    Priority    32769
             Address     000d.29bd.4b80
             This bridge is the root
             Hello Time   2 sec  Max Age 20 sec  Forward Delay 15 sec

  Bridge ID  Priority    32769  (priority 32768 sys-id-ext 1)
```

10

```
          Address     000d.29bd.4b80
          Hello Time   2 sec  Max Age 20 sec  Forward Delay 15 sec
          Aging Time 300

Interface        Role Sts Cost      Prio.Nbr Type
---------------- ---- --- --------- -------- --------------
Fa0/5            Desg FWD 19        128.5    P2p Peer(STP)
Fa0/6            Desg FWD 19        128.6    P2p Peer(STP)
Po1              Desg FWD 12        128.66   P2p Peer(STP)
```

到这里有最终答案了，输出头部给出了“This bridge is the root”（这个桥就是根桥）。

但应该思考一下，为什么 Core 交换机的默认优先级为 32 768，而其他交换机则为 49 152？这是因为它运行的 STP 为 802.1w 版本，而默认情况下其 BackboneFast 是禁用的。

下面来对比一下每台交换机的桥 MAC 地址：

- S1 的地址：001b.2b55.7500；
- S2 的地址：001a.e2ce.ff00；
- Core 的地址：000d.29bd.4b80。

如果所有交换机都设置为默认优先级，那么通过比较这些 MAC 地址，你认为哪台交换机会是根交换机？ MAC 地址需要从左边开始，然后逐步向右读。显然 Core 具有最小的 MAC 地址，通过查看 `sh spanning-tree` 命令的输出，Core 确实是这里的根桥（即使所有交换机的优先级相同结果也一样）。通过比较交换机的 MAC 地址，快速推算出潜在的根桥，这是个不错的做法。

● 设置根桥

默认情况下，将 Core 交换机作为这里的根桥很方便，因为这也恰好是我通常会选择的做法。但是出于练习的需要，我们来将这一设置修改一下。下面就是修改配置：

```
S1#config t
S1(config)#spanning-tree vlan 1 priority ?
  <0-61440>  bridge priority in increments of 4096
S1(config)#spanning-tree vlan 1 priority 16384
S1(config)#do show spanning-tree
VLAN0001
Spanning tree enabled protocol ieee
  Root ID    Priority    16385
             Address     001b.2b55.7500
             This bridge is the root
             Hello Time   2 sec  Max Age 20 sec  Forward Delay 15 sec

  Bridge ID  Priority    16385  (priority 16384 sys-id-ext 1)
             Address     001b.2b55.7500
             Hello Time   2 sec  Max Age 20 sec  Forward Delay 15 sec
             Aging Time 300
```

```
Interface           Role Sts Cost      Prio.Nbr Type
---------------- ---- --- --------- -------- -----------
Fa0/3               Desg FWD 100       128.3    Edge Shr
Fa0/4               Desg FWD 19        128.4    Edge P2p
Fa0/8               Desg FWD 19        128.8    P2p
Po1                 Desg FWD 12        128.56   P2p
```

当你将S1的优先级降低为16 384时，S1就会立刻变成这里的根桥。可以将优先级设置为从0到61 440中的任一值。其中，0意味着这一交换机始终是根桥（除非其他交换机的优先级也被设置为0并且碰巧它还拥有更低的MAC地址），而61 440则意味着这台交换机永远不可能成为根桥。

还有一个命令是你应该知道的，如果你想跳过所有与根桥相关的验证和配置——但是，等等，如果你真想通过思科的考试，这些内容是千万不能跳过的！这个命令很简单，在某台交换机上运行该命令后，这台交换机将被设置为根桥：

```
S1(config)#spanning-tree vlan 1 root ?
  primary    Configure this switch as primary root for this spanning tree
  secondary  Configure switch as secondary root
S1(config)#spanning-tree vlan 1 root primary
```

我应该提醒过你了吧，必须要为每个VLAN进行这样的配置，而且还可以为根交换机设置主交换机和辅助交换机？是的，这些都是可以的，可见，这比起本章前面介绍的配置过程要容易得多！但最重要的是，是CCNA备考指南——你当然希望通过这个考试了！因此，尽管前面进行的配置过程完成起来很困难，但我们一定要掌握这些操作。

应该承认，这一章的确包含了很多内容，而你也确实学到了很多，也许，一路走来你乐在其中。到目前为止，你已经配置并验证了所有的交换机，并设置了端口安全，还了解了STP扩展功能，同时完成了根桥的设置。所有这些都表明，你可以对虚拟局域网展开学习了。在这里，对所有交换机的配置进行保存，我们就可以从此处展开对第11章的讨论了。

10.5 小结

本章，我介绍了交换机和网桥间的不同，并讨论了二者在第2层的工作方式，以及如何创建MAC地址转发/过滤表来对数据帧作出转发或泛洪决策。

本章还讨论了网桥（交换机）之间存在多条链路时会出现的问题，以及如何使用生成树协议（STP）来解决这些问题。

最后，我们学习了思科Catalyst交换机的详细配置，其中包括配置的验证、思科STP扩展的设置，以及通过设置桥的优先级来修改选定的根桥。

10.6 考试要点

记住3种交换功能。地址学习、转发/过滤决策和环路避免是一个交换机要具备的3种功能。

记住命令 sh mac address-table。命令 sh mac address-table 将显示局域网交换机上使用的转发/过滤表。

理解生成树协议在交换式局域网中的主要用途。STP 的主要用途是防止带有冗余交换路径的网络中产生交换环路。

记住 STP 的状态。阻塞状态用于防止使用有环路的路径。处于侦听状态的端口在没有形成 MAC 地址表时就准备转发数据帧了。处于学习状态的端口会形成 MAC 地址表，但不能转发数据帧。处于转发状态的端口在此桥接的端口上发送并接收所有数据帧。最后，处于禁用状态的端口实质上是不工作的。

记住命令 sh spanning-tree。必须熟悉命令 sh spanning-tree，并熟悉如何确定哪台交换机是根桥。

10.7　书面实验 10

请回答下述问题。

(1) 哪个命令可以显示转发/过滤表？

(2) 如果目的 MAC 地址不在转发/过滤表中，交换机将如何处理这个帧？

(3) 第 2 层交换有哪 3 种功能？

(4) 如果交换机端口收到一个帧而其源 MAC 地址并不在转发/过滤表中，交换机会如何处理？

(5) 如果交换机端口接收到一个 BPDU，那么哪个思科专属的 STP 扩展会将此端口设置为错误禁用状态？

(6) 802.1w 又被称为什么？

(7) 什么情况下 STP 被认为是会聚的？

(8) 交换机能够分隔______域。

(9) 在带有冗余交换路径的网络中，采用什么方式可以防止交换环路的出现？

(10) 哪一种思科 802.1d 扩展能够阻止 BPDU 从一个端口发送出去？

（该书面实验的答案见本章复习题答案的后面。）

10.8　复习题

注意　下面的复习题旨在检验你对本章内容的理解程度。有关如何获取更多复习题的信息，请参阅本书的前言。

(1) 下列哪个第 2 层协议用于维护无环路网络？

A. VTP　B. STP　C. RIP　D. CDP

(2) 下面哪个命令可以显示转发/过滤表？

A. show mac filter　B. show run

C. show mac address-table　D. show mac filter-table

(3) 以下哪两项是使用网桥（交换机）分段网络的结果？

A. 增加冲突域的数量　B. 减少冲突域的数量　C. 增加广播域的数量

D. 减少广播域的数量　E. 缩小冲突域　F. 加大冲突域

(4) 下面的哪项陈述表明生成树网络已经会聚？

A. 所有的交换机和网桥端口均处于转发状态

B. 所有的交换机和网桥端口均被分配为根或者指定端口

C. 所有的交换机和网桥端口均处于转发或阻塞状态

D. 所有的交换机和网桥端口均处于阻塞或环回状态

(5) 在交换式局域网中使用生成树协议的目的是什么?

A. 在交换环境中为网络监控提供一种机制

B. 在带有冗余路径的网络中阻止路由选择回路的出现

C. 在带有冗余交换路径的网络中阻止路由选择回路的出现

D. 通过多个交换机管理 VLAN 数据库

E. 创建冲突域

(6) 第 2 层交换可增加网络带宽的 3 个独立的功能是什么?

A. 地址学习　　B. 路由选择　　C. 转发与过滤　　D. 创建网络回路

E. 回路避免　　F. IP 寻址

(7) 交换机上的某个端口状态的 LED 在绿色和黄色间交替闪烁。这表明什么?

A. 端口处于出错状态　　B. 端口将要关闭

C. 端口处于 STP 阻塞模式　　D. 没有什么问题，这是正常的

(8) 以下哪种说法是正确的?

A. 交换机可以创建单一的冲突域和单一的广播域；路由器可以创建单一的冲突域

B. 交换机可以创建独立的冲突域，但在一个广播域中；路由器可以提供独立的广播域

C. 交换机可以创建单一的冲突域和独立的广播域；路由器也可以提供独立的广播域

D. 交换机可以创建独立的冲突域和独立的广播域；路由器可以提供独立的冲突域

(9) 要对某个 Catalyst 交换机进行配置，以便进行远程管理。下列哪个命令可以完成这项任务?

A.
```
Switch(config)#int fa0/1
Switch(config-if)#ip address 192.168.10.252 255.255.255.0
Switch(config-if)#no shut
```
B.
```
Switch(config)#int vlan 1
Switch(config-if)#ip address 192.168.10.252 255.255.255.0
Switch(config-if)#ip default-gateway 192.168.10.254 255.255.255.0
```
C.
```
Switch(config)#ip default-gateway 192.168.10.254
Switch(config)#int vlan 1
Switch(config-if)#ip address 192.168.10.252 255.255.255.0
Switch(config-if)#no shut
```
D.
```
Switch(config)#ip default-network 192.168.10.254
Switch(config)#int vlan 1
Switch(config-if)#ip address 192.168.10.252 255.255.255.0
Switch(config-if)#no shut
```

(10) 当交换机的某个接口接收到一个目的方硬件地址未知或过滤表中不存在的地址的数据帧时，它会如何处理?

A. 转发给交换机上的第一个可用链路　　B. 丢弃此数据帧

C. 将此数据帧泛洪到此网络以查找目标设备　　D. 向源站点回送一条请求名字解析的消息

(11) 如果某台交换机接收到一个帧，其源 MAC 地址不在 MAC 地址表而目的地址在 MAC 地址表中，此交换机会如何处理这个帧?

A. 丢弃它并向源主机回送一个出错消息

B. 将此帧泛洪到这个网络

C. 将此源地址和端口加入 MAC 地址表并将此帧转发出目的端口

D. 将目的地址加入 MAC 地址表中，然后再转发此帧

(12) 想在交换机上运行新的 802.1w 协议，下面的哪个命令可以启用这个协议？

A. `Switch(config)#spanning-tree mode rapid-pvst`
B. `Switch#spanning-tree mode rapid-pvst`
C. `Switch(config)#spanning-tree mode 802.1w`
D. `Switch#spanning-tree mode 802.1w`

(13) 在交换式局域网中，下面哪种情况会导致对传输中的单播数据帧进行多帧复制？

A. 在高流量传输阶　　　　　　　　　　B. 在断开链路重新建立之后

C. 当上层协议需要高可靠性时　　　　　D. 在不正确的冗余拓扑实现中

(14) 哪个命令可以产生下列输出：

```
Vlan    Mac Address       Type        Ports
----    -----------       --------    -----
   1    0005.dccb.d74b    DYNAMIC     Fa0/1
   1    000a.f467.9e80    DYNAMIC     Fa0/3
   1    000a.f467.9e8b    DYNAMIC     Fa0/4
   1    000a.f467.9e8c    DYNAMIC     Fa0/3
   1    0010.7b7f.c2b0    DYNAMIC     Fa0/3
   1    0030.80dc.460b    DYNAMIC     Fa0/3
```

A. `show vlan`　　　　　　　　　　　　　B. `show ip route`

C. `show mac address-table`　　　　　　 D. `show mac address-filter`

(15) 如果你想在一个连接到服务器的端口上禁用 STP，可以使用哪个命令？

A. `disable spanning-tree`　　　　　　　B. `spanning-tree off`

C. `spanning-tree security`　　　　　　 D. `spanning-tree portfast`

(16) 参照下图。为什么在此交换机的地址表中有两个地址分配给了 FastEthernet 0/1 端口？

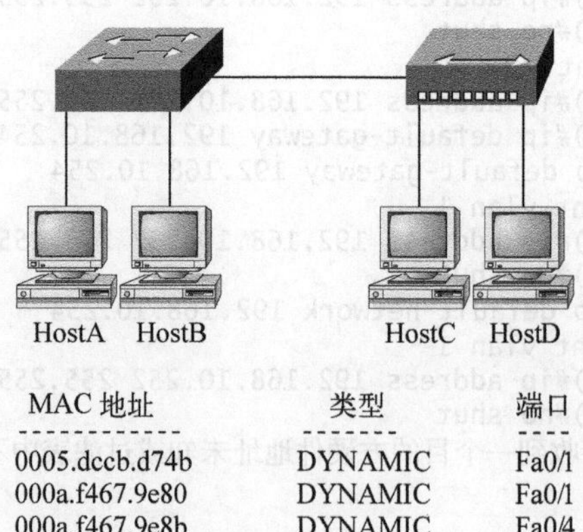

MAC 地址	类型	端口
0005.dccb.d74b	DYNAMIC	Fa0/1
000a.f467.9e80	DYNAMIC	Fa0/1
000a.f467.9e8b	DYNAMIC	Fa0/4
000a.f467.9e8c	DYNAMIC	Fa0/3

A. 来自 HostC 和 HostD 的数据由此交换机的 FastEthernet 0/1 端口接收

B. 与此交换机相连的两设备的数据都被转发给 HostD

C. HostC 和 HostD 已经将它们的 NIC 进行了互换

D. HostC 和 HostD 在不同的 VLAN 上

(17) 第 2 层交换提供了下面哪 4 项功能？

A. 基于硬件的桥接（ASIC） B. 线速 C. 低延迟

D. 低开销 E. 路由选择 F. WAN 服务

(18) 你输入了 show mac address-table 命令，并得到如下输出：

```
Switch#sh mac address-table
Vlan    Mac Address       Type        Ports
----    -----------       --------    -----
   1    0005.dccb.d74b    DYNAMIC     Fa0/1
   1    000a.f467.9e80    DYNAMIC     Fa0/3
   1    000a.f467.9e8b    DYNAMIC     Fa0/4
   1    000a.f467.9e8c    DYNAMIC     Fa0/3
   1    0010.7b7f.c2b0    DYNAMIC     Fa0/3
   1    0030.80dc.460b    DYNAMIC     Fa0/3
```

假设上面这个交换机接收到一个带有下列 MAC 地址的数据帧：

- 源 MAC：0005.dccb.d74b
- 目的地 MAC：000a.f467.9e8c

它会如何处理这个帧？

A. 丢弃这个帧 B. 只从 Fa0/3 端口转发出这个帧

C. 只从 Fa0/1 端口转发出这个帧 D. 从除 Fa0/1 端口的所有端口转发出这个帧

(19) 你需要建立在交换机的每个端口上只允许一台主机的动态连接策略。要在 Catalyst 交换机上实现这个策略，哪两个命令是必须要配置的？

A. Switch(config-if)#ip access-group 10
B. Switch(config-if)#switchport port-security maximum 1
C. Switch(config)#access-list 10 permit ip host 1
D. Switch(config-if)#switchport port-security violation shutdown
E. Switch(config)#mac-address-table secure

(20) 为了实现冗余，你将两台交换机使用两条交叉电缆连接到了一起，并且禁用了 STP。在这两台交换机之间将会发生下列哪种情况？

A. 交换机上的路由选择表不再更新 B. 交换机上的 MAC 转发/过滤表不再更新

C. 在此交换网络上将出现广播风暴 D. 交换机将在两条链路间进行自动负载均衡

10.9 复习题答案

(1) B。STP 用于防止带有冗余路径的交换式网络中出现交换环路。

(2) C。命令 show mac address-table 用来显示交换机上的转发/过滤表。

(3) A、E。网桥分隔冲突域，从而增加了网络中的冲突域数量，同时使冲突域更小。

(4) C。当网桥或交换机上的所有端口都转换为转发或阻塞状态时，就产生了会聚。在会聚完成之前，交换机不能转发任何数据。在重新转发数据之前，所有设备都必须更新。

(5) C。生成树协议（STP）用于阻止第 2 层上的网络环路。默认情况下，所有思科交换机上都会打开 STP。

(6) A、C、E。第 2 层特性包括地址学习、网络转发/过滤决策和环路避免。

(7) A。当连接到交换机端口时，链路灯首先是橙色或黄色，然后变成绿色，表示操作正常。如果链路灯在闪烁，就说明有问题。

(8) B。交换机分隔冲突域，而路由器分隔广播域。

(9) C。要实现远程管理交换机，就必须在管理VLAN下设置IP地址，默认情况下，就是VLAN 1。然后，在全局配置模式下，用命令 `ip default-gateway` 设置默认网关。选项C启用了这个管理接口，因此相比选项B来说，它更准确。

(10) C。交换机对所有不知道其目的地址的帧进行泛洪。如果某台设备应答了此帧，交换机就更新其MAC地址表，显示设备的位置。

(11) C。由于源MAC地址不在MAC地址表中，交换机将在MAC地址表中添加此源MAC地址及所连接的端口，然后将帧转发到输出端口。

(12) A。802.1w又称为快速生成树协议。思科交换机默认禁用802.1W，但它比STP好一些，因为它同样拥有思科扩展对802.1d的修正功能。

(13) D。如果交换机上没有运行STP，而且这些相互连接的交换机之间存在冗余链路，就会产生广播风暴和多帧复制。

(14) C。在交换机上，命令 `show mac address-table` 将显示转发/过滤表，即所谓的CAM表。

(15) D。如果有一台服务器或其他设备连接到交换机，而你完全确信在禁用STP之后，不会产生交换环路，就可以在这些端口上使用 `portfast`。使用 `portfast` 意味着当STP会聚时，端口不会再占用通常需要的50秒。

(16) A。交换机可以有多个MAC地址与一个端口相关联。在此图中，端口Fa0/1连接有一个集线器，因此这个端口上连接了两台主机。

(17) A、B、C、D。交换机是基于硬件的，这跟网桥不同。Cisco声称它的交换机具有线速并可提供低延迟，而我猜它们低的只是与20世纪90年代比较的价格。

(18) B。由于目的MAC地址在MAC地址表（转发/过滤表）中，它只把它发送出端口Fa0/3。

(19) B、D。命令 `switchport port-security` 是一条很重要的命令，用CNA实现它则非常简单。然而，在CLI中，可以设置允许进入端口的最大MAC地址数，然后，再设置超过最大数的惩罚措施。

(20) C。如果在交换机上禁用了STP，而且还存在到其他交换机的冗余链路，就会产生广播风暴和其他问题。

10.10　书面实验10答案

(1) `show mac address-table`
(2) 将帧泛洪到除了接收端口之外的所有端口上
(3) 地址学习、过滤/转发决策以及环路避免
(4) 它将在转发/过滤表中添加源MAC地址，并将它与收到此帧的端口关联起来
(5) BPDUGuard
(6) 快速生成树协议（RSTP）
(7) 当所有的端口都处于阻塞或转发模式时
(8) 冲突
(9) 生成树协议（STP）
(10) PortFast

第 11 章

虚拟局域网

本章涵盖如下 CCNA 考试要点。

✓ **描述网络的工作原理**

- 描述应用程序（IP 语音和 IP 视频）对网络的影响。

✓ **配置和验证 VLAN 交换机和交换机间通信，并排除其故障**

- 使用基本工具（包括 Ping、traceroute、Telnet、SSH、arp、ipconfig）以及 SHOW 命令和 DEBUG 命令查看网络状态和交换机的运行情况；
- 找出常见的交换型网络介质问题、配置问题、自动协商问题和交换机硬件故障，描述这些问题并找出解决方案；
- 描述增强型交换技术，包括 VTP、RSTP、VLAN、PVSTP 和 802.1q；
- 描述 VLAN 如何创建逻辑上分离的网络以及为何需要在它们之间进行路由选择；
- 配置和验证 VLAN 以及排除其故障；
- 在思科交换机上配置和验证中继以及排除其故障；
- 配置和验证 VTP 以及排除其故障；
- 配置和验证 RSTP 以及排除其故障；
- 对各种 show 命令和 debug 命令的输出进行解读，以验证思科交换型网络的运行状态；
- 实现基本的交换机安全，包括端口安全、控制对中继线的访问、管理除 vlan 1 外的其他 vlan 等。

默认情况下，交换机分割冲突域，而路由器分割广播域——前面一直在说这个东西，但为确保你不会忘记，这里最后一次重申。重申这一点后，我感觉好多了，我们继续吧！

以前的网络基于紧缩主干（collapsed backbone），而当今的网络设计采用的架构更加平面化，这都是拜交换机所赐。那又如何呢？在纯粹的交换型互联网络中，如何划分广播域呢？答案是创建虚拟局域网（VLAN）。VLAN 是一个网络用户和网络资源的逻辑编组，它们与管理者定义的交换机端口相连。通过创建 VLAN，可指定交换机端口为不同的子网服务，从而在第 2 层交换型网络中创建更小的广播域。VLAN 就像是一个独立的子网或广播域，这意味着只会在属于同一个 VLAN 的端口之间交换广播帧。

这是否意味着不再需要路由器了呢？答案可能是肯定的，也可能是否定的。这取决于你想要做什么（或需求是什么）。默认情况下，分属不同 VLAN 的主机不能彼此通信；如果要进行 VLAN 间通信，则仍需要路由器。

在本章中，你将详细了解 VLAN 是什么以及如何在交换型网络中使用 VLAN 成员资格。另外，本章还将全面介绍如何使用 VLAN 中继协议（VTP）来更新交换数据库中的 VLAN 信息，以及如何使用中继技术通过单条链路发送来自所有 VLAN 的信息。最后，我们会在交换型网络中添加一台路由器，以演示如何实现 VLAN 间通信。

当然，我们还将在交换型网络中配置 VLAN、VTP 和 VLAN 间路由选择。

有关本章的最新修订，请访问 www.lammle.com 或 www.sybex.com/go/ccna7e。

11.1　VLAN 基础

图 11-1 说明了第 2 层交换型网络的典型设计——平面型网络。在这种网络中，每台设备都能看到所有的广播分组，而不管它是否需要接收这些数据。

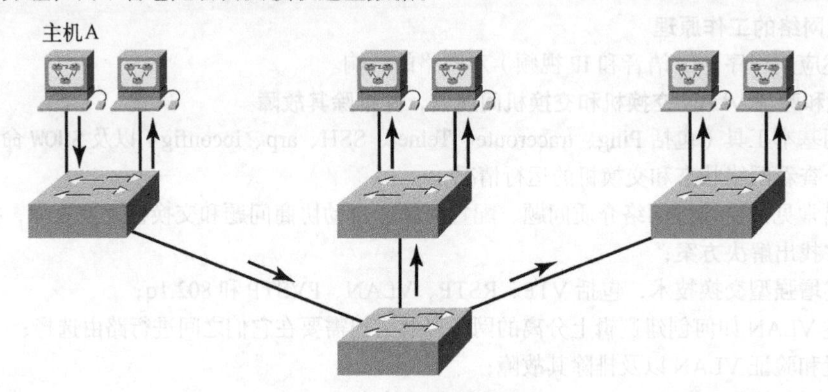

图 11-1　平面型网络结构

默认情况下，路由器只允许广播在始发网段中传输，而交换机将广播转发到所有网段。顺便说一句，这种网络之所以称为平面型网络，是因为它只有一个广播域，而不是因为其物理设计是平面的。在图 11-1 中，主机 A 发送广播后，所有交换机的所有端口都对其进行转发，接收广播的端口除外。

现在来看图 11-2，这是一个交换型网络，其中的路由器发送一个帧，其目的地为主机 D。正如你看到的，这里的重点在于，只将这个帧从主机 D 连接的端口转发出去了。除非你希望默认情况下只有一个冲突域（但可能性不大），通常说来，这相对于老式集线器网络是一项重大改进。

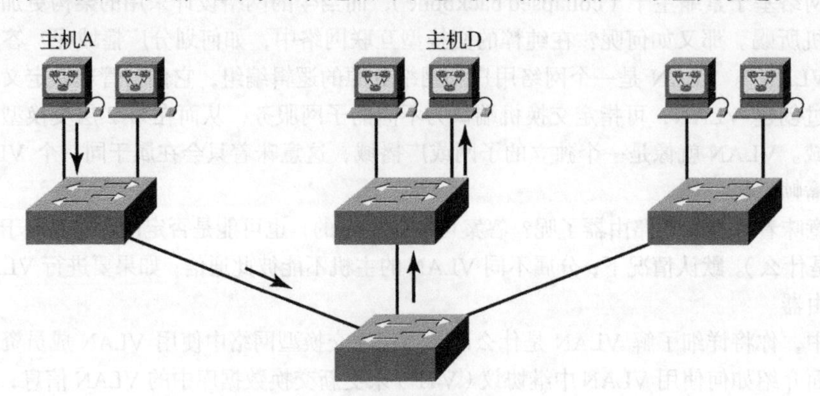

图 11-2　交换型网络的优点

我们知道，第2层交换型网络的最大好处是，与每个交换机端口相连的每台设备都是一个独立的冲突域。这消除了以太网的密度约束，让你能够组建规模更大的网络。然而，每项新改进都会带来新问题，例如，网络包含的用户和设备越多，每台交换机需要处理的广播和分组就越多。

还存在另一个问题：安全。这是一个棘手的问题，因为在典型的第2层交换型互联网络中，默认情况下每位用户都能看到所有的设备。我们无法阻止设备发送广播，也无法阻止用户试图对广播作出响应。这意味着可采取的唯一安全措施是，在服务器和其他设备上设置密码。

但请等一等，如果创建虚拟局域网（VLAN），还是有希望的。你马上就会看到，使用VLAN可解决第2层交换存在的众多问题。

下面简要地说明了VLAN简化网络管理的方式：

- 在网络中添加、移走和更换设备很容易，只需将端口加入合适的VLAN即可；
- 对于安全要求极高的用户，可将他们加入独立的VLAN，这样，其他VLAN中的用户将不能与他们通信；
- 作为用户逻辑编组，VLAN可独立于用户的地理位置；
- VLAN极大地改善了网络安全；
- VLAN增加了广播域的数量，同时缩小了广播域的规模。

接下来将全面介绍交换的特征，并详细描述为何交换机在现代网络中提供的网络服务优于集线器。

11.1.1 控制广播

每种协议都使用广播，但广播的频率取决于3个因素：

- 协议的类型；
- 互联网络中运行的应用程序；
- 这些服务的使用方式。

开发人员对一些老式应用程序进行了重写，以降低其占用的带宽，但新一代应用程序在带宽方面非常贪婪，它们占用能找到的所有带宽。这些带宽贪婪者就是多媒体应用程序，它们大量使用广播和组播。这些广播密集型应用程序带来了很多问题，而不完善的设备、网段划分不充分、设计糟糕的防火墙让这些问题更加严重。所有这些因素给网络设计增添了新的变数，也让管理员面临一系列新的挑战。必须对网络进行正确的分段，以便能够快速隔离问题，防止它们传播到整个互联网络。为此，最有效的方式是使用交换和路由选择。

鉴于交换机日益便宜，很多公司都对其使用集线器的平面型网络进行了改进，将其改成纯粹的交换型网络和VLAN环境。在同一个VLAN中，所有设备都属于同一个广播域，接收其他设备发送的所有广播。默认情况下，这些广播不会通过连接到其他VLAN的交换机端口转发出去。这很好，因为它提供了交换型网络的所有优点，避免了所有用户属于同一个广播域带来的所有问题。

11.1.2 安全性

陷阱无处不在，该回过头来谈谈安全问题了。在平面型互联网络中，为确保安全，通常使用路由器将集线器和交换机连接在一起。因此，确保安全的职责基本上落在路由器的头上。这种办法非常低效，其原因有几个。首先，只要连接到物理网络，任何人都可访问其所属LAN中的网络资源；其次，任何人都可监视网络中传输的数据流，只需将一个网络分析器插入集线器即可；第三，用户只需将其工作站连接到集线器，就可加入相应的工作组。这样的安全犹如将一桶没有加盖的蜂蜜放在熊窝里。

但这正是 VLAN 如此出色的原因所在。通过使用 VLAN 创建广播域，你可以完全控制所有端口和用户！这样，任何人只需将其工作站连接到交换机端口便可访问网络资源的历史便一去不复返了，因为你可以控制每个端口以及通过该端口可访问的资源。

不仅如此，还可根据用户需要访问的网络资源来创建 VLAN，并对交换机进行配置，使其在有人未经授权访问网络资源时告知网络管理工作站。如果需要在 VLAN 之间进行通信，可在路由器上实施限制，确保这种通信是安全的。还可以对硬件地址、协议和应用程序进行限制。这样，给蜂蜜桶加了盖，并用带刺的铁丝网保护起来了。

11.1.3　灵活性和可扩展性

如果你仔细阅读了之前的内容，就知道第 2 层交换机仅为过滤而查看帧——它们不会查看网络层协议。默认情况下，交换机将广播转发给所有端口；但通过创建并实现 VLAN，可在第 2 层创建更小的广播域。

这意味着从一个 VLAN 中的节点发送的广播不会转发到属于其他 VLAN 的端口。因此，通过将交换机端口或用户分配到横跨一台或多台交换机的 VLAN 分组，可只将所需的用户加入相应的广播域，而不管用户的物理位置如何。这也有助于防范因网络接口卡（NIC）出现故障导致的广播风暴，还可防止中间设备将广播风暴传播到整个互联网络。广播风暴仍会在有问题的 VLAN 中发生，但不会传播到其他 VLAN。

另一个优点是，如果 VLAN 太大，可将其划分成多个 VLAN，以防广播占用太多的带宽：VLAN 包含的用户越少，受广播影响的用户就越少。这当然很好，但在创建 VLAN 时，需要考虑网络服务并了解用户如何连接到这些服务。应尽可能将所有服务（人人必需的电子邮件和因特网接入服务除外）限定在用户所属的 VLAN 内。

为明白 VLAN 对交换机的依赖程度，先来看看传统的网络，这会有所帮助。图 11-3 所示的网络展示了如何使用集线器将物理 LAN 连接到路由器。

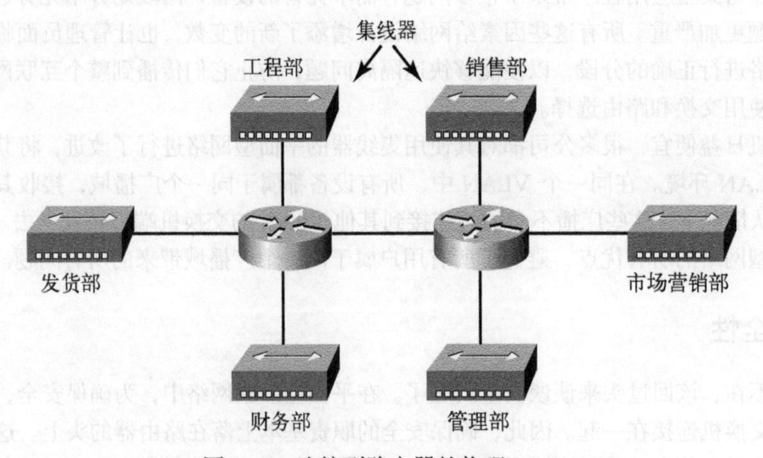

图 11-3　连接到路由器的物理 LAN

可以看到，每个网络都通过集线器连接到路由器（每个网段都有自己的逻辑网络号，虽然这一点不明显）。连接到特定物理网络的每个节点都必须使用相应网络号的地址，这样才能通过互联网络进行通信。注意到每个部门都有独立的LAN，如果需要在销售部添加新用户，则只需将其计算机连接到销售部的LAN，而它们将自动成为销售部冲突域和广播域的一员。在此前的很多年，这种设计的效果确实很好。

但存在一个重大缺陷：如果销售部的集线器端口已满，且需要将用户加入销售部LAN，该怎么办呢？或者如果销售部所在的办公室没有多余的办公空间，该如何呢？假设财务部有很多办公空间，则销售部新来的成员可在财务部办公，并将其计算机连接到财务部的集线器。

显然，这样做将导致这位新用户属于财务部LAN，这太糟糕了，原因很多。首先，这带来了严重的安全问题。由于新来的销售部成员位于财务部的广播域中，他将能够访问财务部人员能访问的所有服务器和网络服务。其次，为访问销售部的网络服务以便完成工作，这位新用户必须经由路由器登录销售部的服务器，这样的效率太低了。

现在来看看交换机能为我们做什么。图11-4演示了如何使用交换机来消除物理边界，从而解决上述问题。其中使用了6个VLAN（编号为2～7）为每个部门创建一个广播域。根据主机应属的广播域，将每个交换机端口分配到了合适的VLAN。

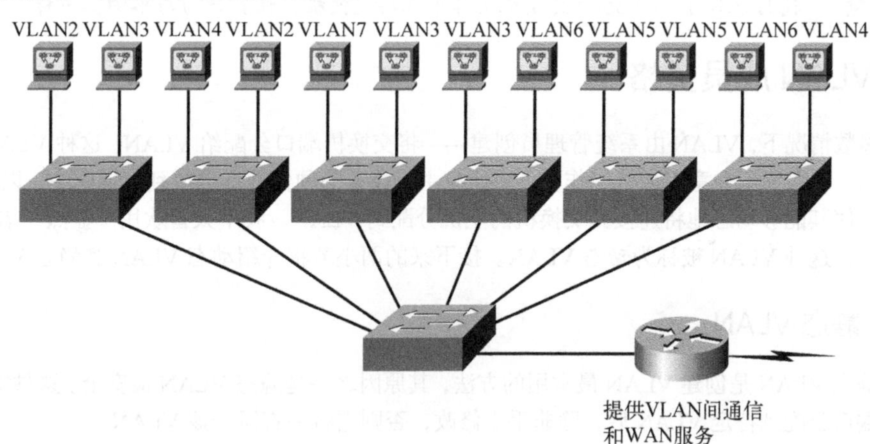

市场营销部	VLAN2	172.16.20.0/24
发货部	VLAN3	172.16.30.0/24
工程部	VLAN4	172.16.40.0/24
财务部	VLAN5	172.16.50.0/24
管理部	VLAN6	172.16.60.0/24
销售部	VLAN7	172.16.70.0/24

图11-4 交换机可消除物理边界

现在，如果需要在销售部VLAN（VLAN 7）新增一名用户，只需将该用户连接的交换机端口加入VLAN 7，而不管销售部的这位新成员在哪里办公，真是太好了！这说明了在网络中使用VLAN相对于老式紧缩主干设计的重要优点之一。现在，要将主机加入销售部VLAN，只需将其连接到一个属于VLAN 7的端口即可。

注意到这里从2开始对VLAN进行编号。编号无关紧要，但你可能想知道给VLAN编号为1结果会如何？VLAN 1 是一个管理 VLAN，虽然也可将其用于工作组，但思科建议只将其用于管理。不能删除 VLAN 1，也无法修改其名称，默认情况下，所有交换机端口都属于 VLAN 1。

由于每个 VLAN 都是一个广播域，因此它们也有自己的子网号（如图 11-4 所示）。如果使用的是 IPv6，则必须给每个 VLAN 分配独立的 IPv6 网络号。为便于理解，你只需将 VLAN 视为独立的子网或网络即可。

现在来澄清误解："有了交换机后，就不再需要路由器了。"请看图 11-4，注意到其中有 7 个 VLAN（即广播域），包括 VLAN 1，每个 VLAN 中的节点都能彼此通信，但不能与其他 VLAN 中的节点通信，因为这些节点认为自己位于类似于图 11-3 所示的紧缩主干中。

为让图 11-4 中的主机能够与其他 VLAN 中的主机通信，需要哪种方便的设备呢？你可能猜到了，那就是路由器！与图 11-3 所示的一样，这些节点需要通过路由器（或其他第 3 层设备）进行互联网络通信。就像连接不同的物理网络时一样，VLAN 之间的通信必须通过第 3 层设备，因此路由器不会很快绝迹！

注意 在本章的交换型网络中，将使用路由器和 3560 交换机提供 VLAN 间路由选择。我们原本可以将 3560 交换机用作第 3 层交换机，让其行为与路由器一样。

11.2 VLAN 成员资格

在大多数情况下，VLAN 由系统管理员创建——将交换机端口分配给 VLAN。这种 VLAN 被称为静态 VLAN。如果你不介意多做些工作，可将所有主机设备的硬件地址都放到数据库中，以便能够配置交换机，使其能够动态地将连接到交换机的主机分配到 VLAN。我不太喜欢用"显然"描述事物，不过，显然，这种 VLAN 被称为动态 VLAN。接下来的两小节将介绍动态 VLAN 和静态 VLAN。

11.2.1 静态 VLAN

创建静态 VLAN 是创建 VLAN 最常用的方法，其原因之一是静态 VLAN 最安全。这种安全源自：将交换机端口分配到特定 VLAN 后，除非手工修改，否则它将一直属于该 VLAN。

静态 VLAN 易于配置和管理，非常适合用于需要控制所有用户移动的网络环境。如果使用网络管理软件来配置端口，将很有帮助，但如果你不愿意，也并非必须这样做。

在图 11-4 中，根据主机应归属于哪个 VLAN，手工配置了每个交换机端口的 VLAN 成员资格（别忘了，设备的物理位置无关紧要）。主机属于哪个广播域完全由你决定，但别忘了，它必须有正确的 IP 地址信息。例如，必须给 VLAN 2 中的每台主机配置一个属于网络 172.16.20.0/24 的 IP 地址，这样它才能成为 VLAN 2 的成员。另外，将主机连接到交换机端口时，必须验证该端口的 VLAN 成员资格。如果端口的成员资格与主机要求的成员资格（由 IP 地址配置决定）不同，主机将无法访问所需的网络服务，如工作组服务器。

注意 对于静态接入端口，可手工分配其所属的 VLAN，也可通过 RADIUS 服务器进行分配（使用 IEEE 802.1x 时）。

11.2.2 动态 VLAN

另一方面，动态 VLAN 自动确定节点所属的 VLAN。通过使用智能管理软件，可根据硬件（MAC）地址、协议甚至创建动态 VLAN 的应用程序来确定节点所属的 VLAN。

例如，假设将 MAC 地址输入了一个中央 VLAN 管理应用程序，则将节点连接到一个动态 VLAN 端口时，VLAN 管理数据库将查找其硬件地址，并将交换机端口分配给正确的 VLAN。显然，这使管理和配置工作容易得多了，因为用户移动时，连接的交换机自动将他分配给正确的 VLAN，但需要注意的是，你在最初设置数据库时需要做很多额外的工作，但这是值得的！

幸好可使用 VLAN 管理策略服务器（VMPS）服务来建立 MAC 地址数据库，以便动态地将节点分配到 VLAN。VMPS 数据库将 MAC 地址映射到 VLAN。

动态接入端口只能属于一个 VLAN（VLAN ID 为 1～4094），这是由 VMPS 动态分配的。Catalyst 2960 交换机只能充当 VMPS 客户端。在同一台交换机中，可以同时有动态接入端口和中继端口，但动态接入端口只能连接到终端或集线器，而不能连接到其他交换机！

11.3 标识 VLAN

交换机端口是第 2 层接口，这种接口与物理端口相关联。交换机端口为接入端口时，只能属于一个 VLAN，而为中继端口时，可属于所有 VLAN。可手工将端口配置为接入端口或中继端口，也可在每个端口上运行动态中继协议（DTP），并让它来设置交换端口模式——DTP 通过与链路另一端的端口协商来设置端口模式。

交换机是非常忙碌的设备。为在网络中交换帧，交换机必须能够跟踪链路类型，并根据硬件地址对帧做相应的处理。别忘了，根据帧穿越的链路类型以不同的方式对其进行处理。

在交换环境中，存在两种类型的端口。

- **接入端口** 接入端口只属于一个 VLAN，且只为该 VLAN 传输数据流。这种端口以本机格式发送和接收数据流，而不进行 VLAN 标记。接入端口收到数据流后，都假定它属于该端口所属的 VLAN。如果接入端口收到标记过（如 IEEE 802.1Q 标记）的分组，你认为它将如何做呢？将这种分组丢弃。但为什么呢？因为接入端口不查看源地址，因此只有中继端口能够转发和接收标记过的数据流。

  与接入链路相连的设备没有 VLAN 成员资格的概念，它假定自己是某个广播域的一员，而没有全局意识，根本不了解物理网络拓扑。

  需要知道的另一点是，将帧转发给与接入链路相连的设备前，交换机将删除所有的 VLAN 信息。请记住，除非分组被路由，否则与接入链路相连的设备将无法与其所属 VLAN 外部的设备通信。要么将交换机端口设置为接入端口，要么将其设置为中继端口，两者只能取其一。因此，你必须作出选择，而如果将端口设置为接入端口，则它只能属于一个 VLAN。

  语音接入端口 我在前面一直说接入端口只能属于一个 VLAN，但这种说法不完全正确。当前，大多数交换机都允许将接入端口分配给另一个 VLAN，以便传输语音数据流，这种 VLAN 被称为语音 VLAN。语音 VLAN 过去被称为辅助 VLAN，它可以与数据 VLAN 重叠，允许同一个端口同时传输语音和数据。虽然从技术上说，这属于不同类型的链路，但它仍然只是一种接入端口，只是能够配置的同时为语音 VLAN 和数据 VLAN 传输数据流。这让你能够将电话和PC同时连接到同一个交换机端口，并让它们属于不同的VLAN。在本章后面的11.8节，将详细介绍语音VLAN。

- **中继端口**　信不信由你，术语中继端口的灵感来自电话系统中同时传输多个电话的中继线。同样的道理，中继端口也可以同时传输多个VLAN的数据流。

中继链路是一条100或1000 Mbit/s的点到点链路，位于交换机之间、交换机和路由器之间或交换机和服务器之间，它同时为多个（1～4094个，但除非使用扩展VLAN，否则最多为1005个）VLAN传输数据流。

使用中继可让一个端口同时属于众多不同的VLAN。这很好，因为通过设置端口，可让同一台服务器属于两个不同的广播域，这样用户无需通过第3层设备（路由器）就能登录或访问它。中继的另一个优点表现在连接交换机的情况。中继链路可传输来自不同VLAN的帧，但默认情况下，如果交换机之间的链路不是中继链路，它将只传输相应的接入VLAN的数据流。

另外需要知道的是，每个VLAN都通过中继链路发送信息，除非手工将其排除在外。请不用担心，稍后会介绍如何将VLAN排除在外。

请看图11-5，它演示了交换型网络使用的接入链路和中继链路。由于交换机之间的中继链路，每台主机都能够与其所属VLAN中的其他所有主机通信。然而，如果在交换机之间使用的是接入链路，则只有一个VLAN中的主机可跨越交换机进行通信。我们可以看到，主机通过接入链路连接到交换机，因此它们只能在所属VLAN内部通信。这意味着在没有路由器的情况下，任何主机都无法与其他VLAN中的主机通信，但可通过中继链路将数据发送给这样的主机，即它与其他交换机相连，但属于同一个VLAN。

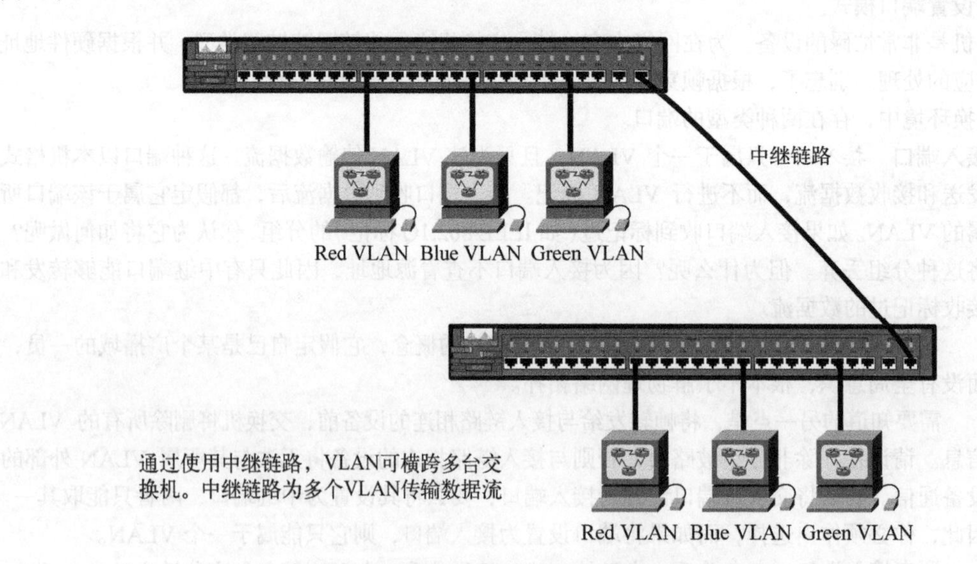

图11-5　交换型网络中的接入链路和中继链路

好了，终于到了讲述帧标记和帧标记过程中使用的VLAN标识的时候了。

11.3.1 对帧进行标记

我们知道，VLAN 可横跨多台相连的交换机，如图 11-4 所示，其中显示了一系列横跨多台交换机的 VLAN 中的主机。这种灵活而强大的功能可能是实现 VLAN 的主要优点。

但这也有些复杂，即使对交换机来说亦如此，它们必须对穿越交换构造（switch fabric）和 VLAN 的帧进行跟踪。这里所说的交换构造指的是一组共享相同 VLAN 信息的交换机，这正是帧标记闪亮登场的地方。这种帧标识方法在每个帧中添加用户定义的 VLAN ID，有些人将 VLAN ID 称为 VLAN 徽记（color）。

这种帧标识方法的工作原理如下：进入交换构造后，帧到达的每台交换机都首先从帧标记中获取 VLAN ID，然后查看过滤表中的信息，以确定如何对帧进行处理。如果帧到达的交换机还有另一条中继链路，将被从该中继链路端口转发出去。

当帧到达出口，即一条与帧中的 VLAN ID 匹配的接入链路（由转发/过滤表确定）后，交换机将把 VLAN ID 删除，让目标设备即使不明白 VLAN ID 也能够接收帧。

对于中继端口，需要指出的另一点是，它们可同时支持标记过和未标记的数据流（如果使用的是中继协议 802.1Q，稍后讨论这部分内容）。中继端口有一个默认端口 VLAN ID（PVID），这是用于传输未标记数据流的 VLAN 的 ID。这个 VLAN 也被称为本机 VLAN，默认总是 VLAN 1（但可修改为任何 VLAN 编号）。

同样，不管数据流是否被标记过，如果其包含的 VLAN ID 为 NULL（未指定），则认为它属于 PVID 对应的 VLAN（默认为 VLAN 1）。如果分组包含的 VLAN ID 与出站端口的本机 VLAN 相同，则在发送时不对其进行标记，因此只能传输到同一 VLAN 中的主机或设备。对于其他所有数据流，发送时都必须添加 VLAN ID，以便能够在该 VLAN 中传输。

11.3.2 VLAN 标识方法

交换机使用 VLAN 标识来跟踪穿越交换构造的所有帧，并确定帧所属的 VLAN。中继方法有多种。

1. 交换机间链路（ISL）

交换机间链路（ISL）是一种显式标记方法，它在以太网帧中添加 VLAN 信息。这些标记信息允许利用外部标记方法在中继链路上多路复用多个 VLAN 的数据流，从而让交换机确定通过中继链路收到的帧属于哪个 VLAN。

通过使用 ISL，可连接多台交换机，并在数据流通过中继链路在交换机之间传输时保留 VLAN 信息。ISL 运行在第 2 层，它使用新的报头和循环冗余校验（CRC）封装数据帧。

需要注意的是，这是一种思科专用协议，只能用于快速以太网和吉比特以太网链路。ISL 路由选择多才多艺，可用于交换机端口、路由器接口和服务器接口卡。

2. IEEE 802.1Q

IEEE 802.1Q 是 IEEE 制定的一种帧标记标准，它在帧中插入一个字段，用于标识 VLAN。在思科交换机和其他品牌的交换机之间中继时，必须使用 802.1Q。

其工作原理如下：首先指定中继端口，并指定它使用 802.1Q 封装。为让这些端口能够通信，必须指定它们所属的 VLAN。默认的本机 VLAN 为 VLAN 1，使用 802.1Q 时，不会对本机 VLAN 数据流进行标记。中继链路两端的端口根据本机 VLAN 组成一个小组，并使用相应的标识号（默认为 VLAN 1）

对帧进行标记。本机 VLAN 让中继链路能够传输不包含 VLAN 标识（帧标记）的信息。

2960 交换机只支持中继协议 IEEE 802.1Q，而 3560 交换机支持 ISL 和 IEEE 802.1Q。

注意 帧标记方法 ISL 和 802.1Q 的基本用途是，提供交换机间 VLAN 通信。另外，别忘了，将帧转发到接入链路前，将删除 ISL 或 802.1Q 帧标记——标记只用于中继链路内部。

11.4　VLAN 中继协议（VTP）

这种协议也是思科开发的。VLAN 中继协议（VTP）的基本目标是，管理交换型互联网络中配置的所有 VLAN，确保整个网络的一致性。VTP 让你能够添加、删除和重命名 VLAN，这种信息随后将传播到 VTP 域中所有的交换机。

下面是 VTP 必须提供的一些功能：

- 网络中所有交换机的 VLAN 配置都必须一致；
- 让 VLAN 能够跨越不同类型的网络，如以太网和 ATM LANE（或 FDDI）；
- 准确地跟踪和监视 VLAN；
- 随时将新增的 VLAN 报告给 VTP 域中其他所有的交换机；
- 以即插即用的方式新增 VLAN。

这很好，但要使用 VTP 来管理网络中的 VLAN，必须创建 VTP 服务器（实际上，甚至不需要这样做，因为默认情况下，所有交换机都处于 VTP 服务器模式，但必须确保有服务器）。要共享 VLAN 信息，服务器必须使用相同的域名；每台交换机不能同时属于多个域。这意味着仅当不同交换机属于同一个 VTP 域时，它们才能分享 VTP 信息。在网络中有多台交换机时，可使用 VTP 域；但如果所有交换机都属于同一个 VLAN，则根本不需要使用 VTP。请务必牢记，只能通过中继端口在交换机之间发送 VTP 信息。

交换机使用指定参数通告 VTP 管理域信息、配置修订号和所有已知的 VLAN。但交换机还可处于 VTP 透明模式。在这种模式下，可配置交换机，使其通过中继端口转发 VTP 信息，但不接受信息更新，也不更新其 VTP 数据库。

如果担心有人背着你将交换机加入 VTP 域中，可设置密码，但别忘了，每台交换机都必须使用相同的密码。可以想见，这种微不足道的小问题可能成为管理上的大麻烦！

交换机在 VTP 通告中查看新增的 VLAN，然后通过其中继端口发送更新，其中包含新增的 VLAN。发送的更新包含修订号，交换机看到更高的修订号后，就知道获得的信息是最新信息，因此它会使用这些最新信息更新 VLAN 数据库。

两台交换机要交换 VLAN 信息，必须满足如下三项要求：

- 两台交换机的 VTP 管理域名相同；
- 其中一台交换机被配置为 VTP 服务器；
- VTP 密码相同（如果使用了的话）。

这里不需要路由器。接下来，我们来更深入地介绍一下 VTP：VTP 模式和 VTP 修剪。

11.4.1 VTP 运行模式

图 11-6 显示了在同一 VTP 域中运行的 3 种 VTP 模式。

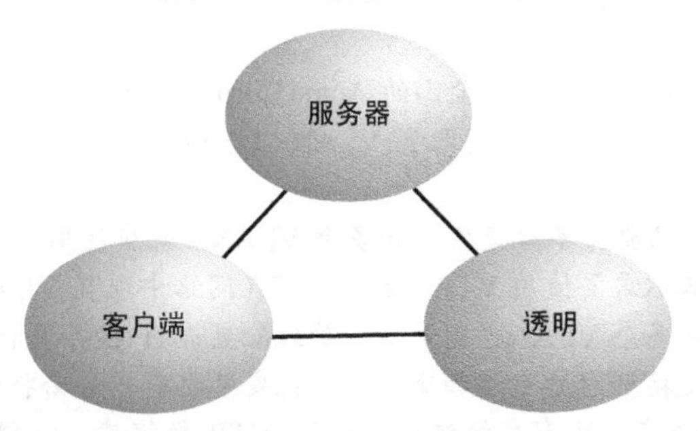

图 11-6 VTP 模式

- **服务器模式** 这是所有 Catalyst 交换机的默认模式。为将 VLAN 信息传遍整个 VTP 域，至少需要有一台服务器。另外，只有处于服务器模式的交换机才能在 VTP 域中创建、添加和删除 VLAN；修改 VLAN 信息时也必须在服务器模式下进行；在处于服务器模式下的交换机中对 VLAN 所作的任何修改都将被通告给整个 VTP 域。在 VTP 服务器模式下，VLAN 配置存储在交换机的 NVRAM 中。
- **客户端模式** 这种模式的交换机接收来自 VTP 服务器的信息，也接收并转发更新，从这种意义上说，它们类似于 VTP 服务器；差别在于它们不能创建、修改或删除 VLAN。另外，只能将客户端交换机的端口加入到其 VLAN 数据库中已有的 VLAN 中。还需要知道的是，客户端交换机不会将来自 VTP 服务器的 VLAN 信息存储到 NVRAM 中，这一点很重要，它意味着如果交换机重置或重启，VLAN 信息将丢失。要让交换机成为服务器，应首先让其成为客户端，以便接收所有正确的 VLAN 信息，再将其切换到服务器模式——这样做将容易得多！

基本上，处于 VTP 客户端模式的交换机将转发和处理 VTP 摘要通告。这种交换机将获悉 VTP 配置，但不会将其保存到运行配置中，也不会将其保存到 NVRAM 中。处于 VTP 客户端模式的交换机只获悉并转发 VTP 信息，仅此而已！

- **透明模式** 处于透明模式的交换机不加入 VTP 域，也不分享其 VLAN 数据库，而只通过中继链路转发 VTP 通告。它们可以创建、修改和删除 VLAN，因为它们保存自己的数据库，且不将其告诉给其他交换机。虽然处于透明模式的交换机将其 VLAN 数据库保存到 NVRAM 中，但这种数据库只在本地有意义。设计透明模式的唯一目的是，让远程交换机能够通过未加入当前 VTP 域的交换机从 VTP 服务器那里接收 VLAN 数据库。

VTP 只获悉常规 VLAN（ID 为 1～1005 的 VLAN）；ID 大于 1005 的 VLAN 被称为扩展 VLAN，它们不会存储在 VLAN 数据库中。要创建 ID 为 1006～4094 的 VLAN，交换机必须处于 VTP 透明模式，因此很少使用这样的 VLAN。另外，在每台路由器上，都将自动创建 VLAN 1 和 VLAN 1002～1005，且不能删除它们。

真实案例

什么情况下应考虑使用 VTP

下面是一个案例。Bob是位于旧金山的Acme Corporation的一位资深网络管理员，该公司有25台连接在一起的交换机，而Bob想配置VLAN以增加广播域。请问你认为他在什么情况下应考虑使用VTP?

如果你的回答是，只要有多台交换机和多个VLAN，就应使用VTP，那么你答对了。如果只有一台交换机，则根本不需要使用VTP。如果没有在网络中配置VLAN，也不用考虑使用VTP。但如果有多台交换机和多个VLAN，则最好正确地配置VTP服务器和客户端!

如果要在现有的交换型网络中添加交换机，在安装之前，务必将它配置为VTP客户端；否则，该交换机很可能向其他所有交换机发送新的VTP数据库，就像核爆炸一样将现有的所有VLAN消灭殆尽。没有人希望这样的事情发生!

11.4.2 VTP 修剪

可以配置VTP以减少广播、组播和单播分组，从而节省带宽，这被称为修剪。启用了VTP修剪的交换机仅将广播发送给确实需要它的中继链路。

这意味着，如果交换机A没有属于VLAN 5的端口，则在VLAN 5中传输的广播不会进入连接到交换机A的中继链路。默认情况下，所有交换机都禁用了VTP修剪，在我看来，这种默认设置很好。在VTP服务器上启用修剪后，将在整个VTP域中启用它。默认情况下，修剪将用于VLAN 2～1001，但对VLAN 1不会修剪，因为它是一个管理VLAN。VTP第1版和第2版都支持VTP修剪。

默认情况下，所有VLAN的数据流都可通过中继链路进行传输；为验证这一点，可使用命令`show interface trunk`：

```
S1#sh int trunk

Port      Mode       Encapsulation  Status       Native vlan
Fa0/1     auto       802.1q         trunking     1
Fa0/2     auto       802.1q         trunking     1

Port      Vlans allowed on trunk
Fa0/1     1-4094
Fa0/2     1-4094

Port      Vlans allowed and active in management domain
Fa0/1     1
Fa0/2     1
```

```
Port        Vlans in spanning tree forwarding state and not pruned
Fa0/1       1
Fa0/2       none
S1#
```

从上述输出可知，默认禁用了VTP修剪。下面来启用它。只需使用一个命令，就可在整个交换型网络中启用VTP修剪，如下所示：

```
S1#config t
S1(config)#int f0/1
S1(config-if)#switchport trunk ?
  allowed  Set allowed VLAN characteristics when interface is
  in trunking mode
  native   Set trunking native characteristics when interface
  is in trunking mode
  pruning  Set pruning VLAN characteristics when interface is
  in trunking mode
S1(config-if)#switchport trunk pruning ?
  vlan  Set VLANs enabled for pruning when interface is in
  trunking mode
S1(config-if)#switchport trunk pruning vlan 3-4
```

可修剪的VLAN为VLAN 2～1001。扩展VLAN（VLAN 1006～4094）不能修剪，因此它们要接收大量的数据流。

请务必阅读本节多遍。要通过CCNA考试，请务必详细阅读本章后面介绍VTP配置的一节，这至关重要。要成为CCNA，必须对VTP有非常深入的认识。

11.5 VLAN 间路由选择

同一个VLAN中的主机位于同一个广播域中，可自由地通信。VLAN在OSI模型的第2层划分网络和隔离数据流；正如前面解释为何仍需要路由器时说的，如果要让不同VLAN中的主机（或其他有IP地址的设备）能够彼此通信，就必须使用第3层设备来提供路由选择功能。

为此，可使用能为每个VLAN提供一个接口的路由器，也可使用支持ISL或802.1Q的路由器。在支持ISL或802.1Q的路由器中，最便宜的是2600系列路由器（你只能从二手设备经销商那里购买，因为它们已经停产了）。1600、1700和2500系列路由器不支持ISL或802.1Q。笔者建议至少使用2800系列路由器，它只支持802.1Q——思科正逐渐放弃ISL，因此你可能应该只使用802.1Q（2800系列路由器安装的部分IOS可能支持ISL和802.1Q，但笔者没有见过）。

如图11-7所示，如果只有两三个VLAN，则可使用带两三个快速以太网接口的路由器。对家庭用户来说，10 BaseT是可行的，但对于其他用户，建议使用快速以太网接口或吉比特以太网接口。

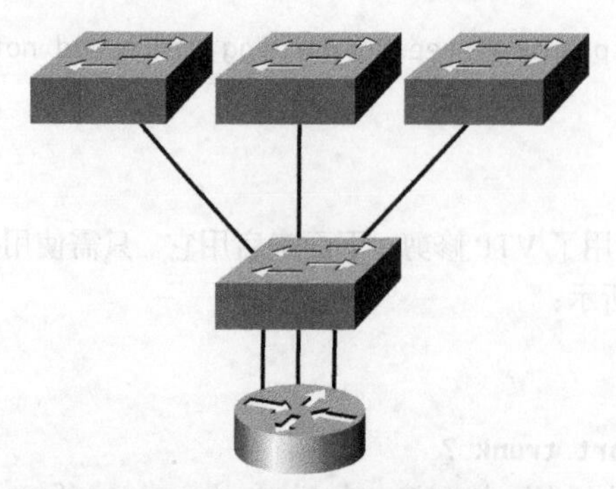

图 11-7　路由器及其连接的 VLAN

在图 11-7 中，每个路由器接口都连接了一条接入链路，这意味着每个路由器接口的 IP 地址都将成为相应 VLAN 中每台主机的默认网关地址。

如果 VLAN 数量比路由器接口多，可在一个快速以太网接口上配置中继，也可购买一台第 3 层交换机，如 Cisco 3560 交换机或诸如 6500 等高端交换机。

也可不给每个 VLAN 提供一个路由器接口，而只使用一个快速以太网接口，并在该接口上运行中继协议 ISL 或 802.1Q，如图 11-8 所示。这让所有 VLAN 都通过一个接口进行通信，思科称之为"单臂路由器"。

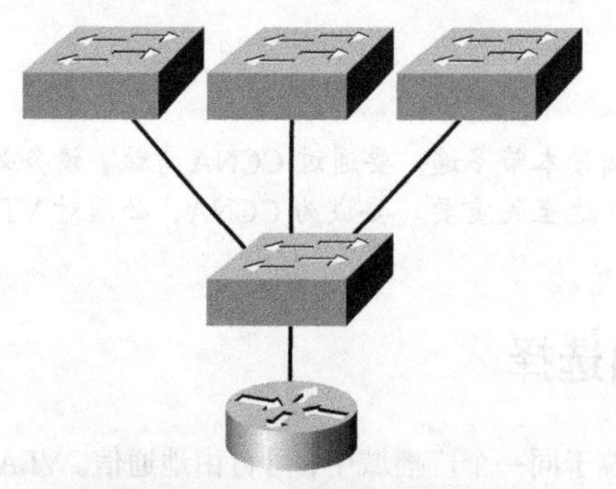

这台路由器通过一个接口将3个VLAN
连接起来了，以便进行VLAN间通信

图 11-8　单臂路由器

需要指出的是，这导致了潜在的瓶颈和单点故障，因此必须限制主机/VLAN 数量。那么多少合适呢？这取决于流量。要让设计真正合理，最好使用高端交换机并在背板（backplane）上进行路由选择，但如果只有一台路由器可用，这样做不需要额外的费用。

11.6　配置 VLAN

配置 VLAN 实际上非常容易，这可能让你感到惊讶。确定要在每个 VLAN 中包含哪些用户并不容易，需要耗费大量的时间。但确定要创建多少个 VLAN 以及每个 VLAN 都包含哪些用户后，就可开始创建第一个 VLAN 了。

要在思科 Catalyst 交换机上配置 VLAN，可使用全局配置命令 vlan。下面的示例演示了如何在交换机 S1 上配置 VLAN——为 3 个不同的部门创建了 3 个 VLAN（别忘了，默认情况下，VLAN 1 为本机 VLAN 和管理 VLAN）：

```
S1#config t
S1(config)#vlan ?
  WORD      ISL VLAN IDs 1-4094
  internal  internal VLAN
S1(config)#vlan 2
S1(config-vlan)#name Sales
S1(config-vlan)#vlan 3
S1(config-vlan)#name Marketing
S1(config-vlan)#vlan 4
S1(config-vlan)#name Accounting
S1(config-vlan)#^Z
S1#
```

从上述代码可知，可以创建编号为 2～4094 的 VLAN，但这不完全正确。前面说过，实际上可使用的最大 VLAN 编号为 1005，且不能使用、修改、重命名或删除 VLAN 1 以及 VLAN 1002～1005，因为它们被预留。编号大于 1005 的 VLAN 称为扩展 VLAN，除非交换机处于 VTP 透明模式，否则它们不会保存到数据库中；在生产环境中，使用这些 VLAN 编号的情况不常见。在下面的示例中，笔者试图在处于 VTP 服务器模式（默认 VTP 模式）的交换机 S1 上创建 VLAN 4000：

```
S1#config t
S1(config)#vlan 4000
S1(config-vlan)#^Z
% Failed to create VLANs 4000
Extended VLAN(s) not allowed in current VTP mode.
%Failed to commit extended VLAN(s) changes.
```

创建所需的 VLAN 后，可使用命令 show vlan 查看它们，但注意，交换机的所有端口默认都属于 VLAN 1。要调整端口所属的 VLAN，需要对每个接口进行配置，指定它所属的 VLAN。

注意　VLAN 创建后，除非给它分配交换机端口，否则不会被使用。默认情况下，所有端口都属于 VLAN 1。

创建 VLAN 后，可使用 show vlan（简写为 sh vlan）查看配置：

```
S1#sh vlan

VLAN Name                             Status    Ports
---- ------------------------------------------------------------
```

```
1    default                  active    Fa0/3, Fa0/4, Fa0/5, Fa0/6
                                        Fa0/7, Fa0/8, Gi0/1
2    Sales                    active
3    Marketing                active
4    Accounting               active
[output cut]
```

这看似多余，但很重要，还需牢记的是，不能修改、删除或重命名 VLAN 1，因为它是默认 VLAN，不能修改。它还是所有交换机的默认本机 VLAN，思科建议将其用作管理 VLAN。基本上，没有显式地分配到特定 VLAN 的端口都属于本机 VLAN（VLAN 1）。

从交换机 S1 的上述输出可知，端口 Fa0/3～Fa0/8 以及上行链路 Gi0/1 都属于 VLAN 1，但端口 1 和 2 到哪里去了呢？还记得吗，前一章创建了一个以太信道束，所有中继端口都不会出现在 VLAN 数据库中，要查看中继端口，必须使用命令 show interface trunk。

确定 VLAN 已创建后，便可将交换机端口分配给 VLAN 了。每个端口都只能属于一个 VLAN，但语音接口端口除外。通过使用前面介绍的中继技术，可让端口为所有 VLAN 传输数据流，这将稍后介绍。

11.6.1 将交换机端口分配给 VLAN

要指定端口所属的 VLAN，可指定其接口模式（这决定了它将传输哪种类型的数据流）以及所属 VLAN 的编号。要将交换机端口分配给特定 VLAN（接入端口），可使用接口命名 switchport；要同时配置多个端口，可使用第 8 章介绍过的命令 interface range。

前面说过，可将端口配置为静态或动态的，但本书只介绍静态端口。接下来，我将把接口 Fa0/3 分配给 VLAN 3，该接口将交换机 S1 连接到主机 A：

```
S1#config t
S1(config)#int fa0/3
S1(config-if)#switchport ?
  access          Set access mode characteristics of the interface
  backup          Set backup for the interface
  block           Disable forwarding of unknown uni/multi cast addresses
  host            Set port host
  mode            Set trunking mode of the interface
  nonegotiate     Device will not engage in negotiation protocol on this
                  interface
  port-security   Security related command
  priority        Set appliance 802.1p priority
  protected       Configure an interface to be a protected port
  trunk           Set trunking characteristics of the interface
  voice           Voice appliance attributes
```

在上述输出中，有一些新内容。其中显示了各种命令——有些介绍过，也有你没见过的，但不用担心，稍后将介绍 access、mode、nonegotiate、trunk 和 voice。下面首先将交换机 S1 的一个端口设置为接入端口，在配置了 VLAN 的生产环境中，这可能是使用最广泛的端口类型：

```
S1(config-if)#switchport mode ?
  access   Set trunking mode to ACCESS unconditionally
  dynamic  Set trunking mode to dynamically negotiate access or
  trunk mode
  trunk    Set trunking mode to TRUNK unconditionally

S1(config-if)#switchport mode access
S1(config-if)#switchport access vlan 3
```

这里首先使用了命令 switchport mode access，它告诉交换机这是一个非中继第 2 层端口。接下来，使用命令 switchport access 将端口分配给一个 VLAN。别忘了，要同时配置多个端口，可使用命令 interface range。

这就指定了端口所属的VLAN,但如果此时将设备连接到VLAN端口,它们将只能与同一个VLAN内的设备通信。下面将启用 VLAN 间通信，但在此之前，我们先来更详细地介绍一下中继。

11.6.2 配置中继端口

2960 交换机只支持 IEEE 802.1Q 封装方法。要将快速以太网接口配置为中继端口，可使用接口命令 switchport mode trunk。在 3560 交换机上，配置方法稍有不同，这将在下一节介绍。

下面的示例将接口 fa0/8 配置成了中继端口：

```
S1#config t
S1(config)#int fa0/8
S1(config-if)#switchport mode trunk
```

配置交换机接口时，可使用的选项如下所示。

- **switchport mode access** 这在前一节讨论过，它将接口（接入端口）设置为永久非中继模式，并通过协商将链路设置为非中继链路。无论链路另一端的接口是否是中继接口，该接口都将成为非中继接口，即专用的第 2 层接入端口。
- **switchport mode dynamic auto** 这种模式让接口能够将链路转换为中继链路。如果邻接接口为 trunk 或 desirable 模式，该接口将成为中继接口。当前，默认模式为 dynamic auto。
- **switchport mode dynamic desirable** 这让接口尽力将链路转换为中继链路。如果邻接接口的模式为 trunk、desirable 或 auto，该接口将成为中继接口。这是以前一些交换机采用的默认模式，但现在不是这样了。在所有新的思科交换机中，所有以太网接口都默认采用这种模式。
- **switchport mode trunk** 将接口设置为永久中继模式，并通过协商将邻接链路转换为中继链路。即使邻接接口不是中继接口，该接口也将成为中继接口。
- **switchport nonegotiate** 禁止接口生成 DTP 帧。仅当接口处于 access 或 trunk 模式时，才能使用该命令。在这种情况下，要建立中继链路，必须手工将邻接接口配置为中继接口。

11

注意　动态中继协议（DTP）用于在两台设备之间协商链路的模式以及封装类型（802.1Q 还是 ISL）。在不希望中继端口进行协商时，笔者使用命令 nonegotiate。

要在接口上禁用中继，可使用命令 switchport mode access，它将端口恢复为专用的第 2 层接入端口。

1. 在思科 Catalyst 3560 交换机上配置中继

下面来看另一种交换机——思科 Catalyst 3560。配置与 2960 交换机几乎相同，但 3560 交换机提供了第 3 层服务，而 2960 交换机没有。另外，3560 交换机支持中继封装方法 ISL 和 IEEE 802.1Q，而 2960 交换机只支持 802.1Q。下面简要地介绍如何在 3560 交换机上配置封装方法，以及与 2960 的差异。

3560 交换机支持命令 encapsulation，而 2960 交换机不支持：

```
Core(config-if)#switchport trunk encapsulation ?
  dot1q      Interface uses only 802.1q trunking encapsulation
 when trunking
  isl        Interface uses only ISL trunking encapsulation
 when trunking
  negotiate  Device will negotiate trunking encapsulation with peer on
             interface
Core(config-if)#switchport trunk encapsulation dot1q
Core(config-if)#switchport mode trunk
```

你可以看到，在 3560 交换机上，需要将端口的封装方法指定为 IEEE 802.1Q（dot1q）或 ISL。设置封装方法后，还必须将接口模式设置为中继。坦率地说，现在很少使用封装方法 ISL 了。思科正逐渐放弃 ISL，其新路由器甚至不支持 ISL。

2. 指定中继端口支持的 VLAN

前面说过，默认情况下，中继端口发送和接收来自所有 VLAN 的信息，并将未标记的帧发送到管理 VLAN。这也适用于扩展 VLAN。

然而，可将某些 VLAN 排除在外，禁止其数据流通过中继链路进行传输，如下所示：

```
S1#config t
S1(config)#int f0/1
S1(config-if)#switchport trunk allowed vlan ?
  WORD    VLAN IDs of the allowed VLANs when this port is in
  trunking mode
  add     add VLANs to the current list
  all     all VLANs
  except  all VLANs except the following
  none    no VLANs
  remove  remove VLANs from the current list
S1(config-if)#switchport trunk allowed vlan remove ?
  WORD  VLAN IDs of disallowed VLANS when this port is in trunking mode
S1(config-if)#switchport trunk allowed vlan remove 4
```

上述代码影响在 S1 的端口 f0/1 上配置的中继链路，导致它丢弃来自 VLAN 4 的数据流。可以尝试将 VLAN 1 排除在外，但中继链路仍将接收和发送管理数据流，如 CDP、PAgP、LACP、DTP 和 VTP。

要将特定范围内的 VLAN 排除在外，可使用连字符：

```
S1(config-if)#switchport trunk allowed vlan remove 4-8
```

将 VLAN 排除在外后，要恢复到默认设置，可使用下述命令：

```
S1(config-if)#switchport trunk allowed vlan all
```

也可使用如下命令：

```
S1(config-if)#no switchport trunk allowed vlan
```

下面介绍如何配置中继端口的本机 VLAN，然后启用 VLAN 间路由选择。

3. 修改中继端口的本机 VLAN

实际上，不需要修改中继端口的本机 VLAN，但可以这样做，有些人处于安全考虑而这样做。要修改本机 VLAN，可使用如下命令：

```
S1#config t
S1(config)#int f0/1
S1(config-if)#switchport trunk ?
  allowed  Set allowed VLAN characteristics when interface is
  in trunking mode
  native   Set trunking native characteristics when interface
  is in trunking mode
  pruning  Set pruning VLAN characteristics when interface is
  in trunking mode
S1(config-if)#switchport trunk native ?
  vlan  Set native VLAN when interface is in trunking mode
S1(config-if)#switchport trunk native vlan ?
  <1-4094>  VLAN ID of the native VLAN when this port is in
  trunking mode
S1(config-if)#switchport trunk native vlan 40
S1(config-if)#^Z
```

将中继端口的本地 VLAN 改为 VLAN 40 后，使用命令 show running-cofig 查看该中继接口的配置：

```
!
interface FastEthernet0/1
 switchport trunk native vlan 40
 switchport trunk allowed vlan 1-3,9-4094
 switchport trunk pruning vlan 3,4
!
```

别忘了邻接端口需要相互配合！你不会认为事情会如此简单吧？确实不会如此简单。如果中继链路两端的交换机端口的本机 VLAN 不同，将出现如下错误：

```
19:23:29: %CDP-4-NATIVE_VLAN_MISMATCH: Native VLAN mismatch
discovered on FastEthernet0/1 (40), with Core FastEthernet0/7 (1).
19:24:29: %CDP-4-NATIVE_VLAN_MISMATCH: Native VLAN mismatch
discovered on FastEthernet0/1 (40), with Core FastEthernet0/7 (1).
```

这是清晰而有帮助的错误。为消除这种错误，要么修改中继链路另一端的本机 VLAN，要么将当前端口的本机 VLAN 恢复到默认设置。这里采取第二种方式：

```
S1(config-if)#no switchport trunk native vlan
```

这样，当前中继端口将把 VLAN 1 用作本机 VLAN。请记住，中继链路两端的本机 VLAN 必须相同，否则将导致严重问题。下面在交换型网络中添加一台路由器，并配置 VLAN 间通信。

11.6.3　配置 VLAN 间路由选择

默认情况下，只有属于同一个 VLAN 的主机才能相互通信。要改变这种状况，允许进行 VLAN 间通信，需要路由器或第 3 层交换机。这里介绍使用路由器的方式。

为在快速以太网接口上支持 ISL 或 802.1Q，将这种接口分成了多个逻辑接口——每个 VLAN 一个。这些逻辑接口被称为*子接口*。

要在快速以太网接口或吉比特以太网接口上启用中继，可使用命令 encapsulation：

```
ISR#config t
ISR(config)#int f0/0.1
ISR(config-subif)#encapsulation ?
  dot1Q  IEEE 802.1Q Virtual LAN
ISR(config-subif)#encapsulation dot1Q ?
  <1-4094>  IEEE 802.1Q VLAN ID
```

注意到笔者的 2811 路由器（名为 ISR）只支持 802.1Q。要使用 ISL 封装，需要购买较老的路由器，但为何要如此麻烦呢？

子接口号只有逻辑意义，因此使用什么样的编号无关紧要。由于子接口号只用于管理目的，笔者在大多数情况下都使用要路由的 VLAN 的编号，这将方便记忆。

每个 VLAN 都是一个独立的子网，明白这一点很重要。最好将 VLAN 配置为独立的子网，虽然并非必须这样。

现在，需要确保你为配置 VLAN 间路由选择和确定主机 IP 地址作好了充分准备。与往常一样，最好能够在问题出现时修复它们。为确保你成功，来看几个示例。

首先，请看图 11-9 并阅读其中的路由器和交换机配置。学习到本书的这部分内容，你应该能够指出 VLAN 中所有主机的 IP 地址、掩码和默认网关了。

接下来需要确定使用哪些子网。从图中显示的路由器配置可知，VLAN 1 使用子网 192.168.1.64/26，而 VLAN 10 使用子网 192.168.1.128/27。从交换机配置可知，端口 2 和 3 属于 VLAN 1，而端口 4 属于 VLAN 10。这意味着主机 A 和 B 属于 VLAN 1，而主机 C 属于 VLAN 10。

主机应使用的 IP 地址如下。

- **主机 A**：IP 地址为 192.168.1.66（255.255.255.192）；默认网关 192.168.1.65
- **主机 B**：IP 地址为 192.168.1.67（255.255.255.192）；默认网关为 192.168.1.65

- **主机 C**：IP 地址为 192.168.1.130（255.255.255.224）；默认网关为 192.168.1.129

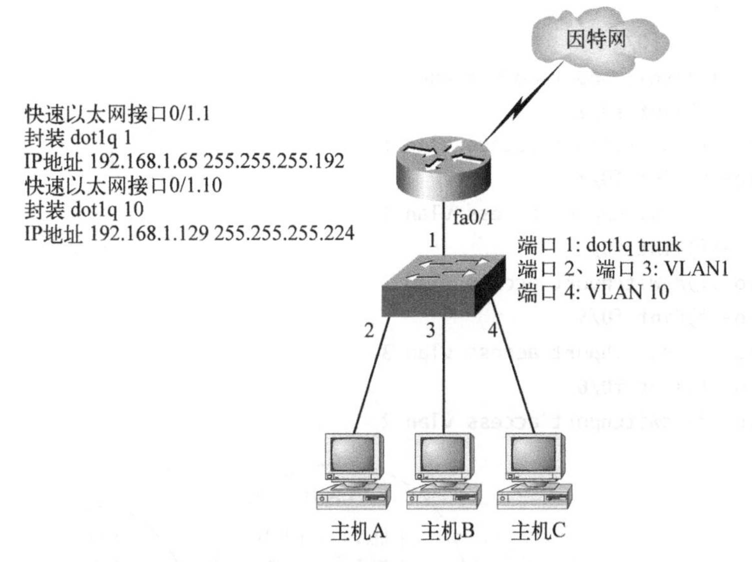

图 11-9 VLAN 间路由选择配置示例 1

主机可使用正确范围内的任何地址，笔者选择的是默认网关地址后面的第一个可用 IP 地址。这不太难，不是吗？

现在继续以图 11-9 为例，介绍配置交换机端口 1，使其建立一条到路由器的链路，并使用封装方法 IEEE 802.1Q 支持 VLAN 间通信所需的命令。别忘了，根据使用的交换机类型，所需的命令可能有细微的差别。

就 2960 交换机而言，使用如下命令：

```
2960#config t
2960(config)#interface fa0/1
2960(config-if)#switchport mode trunk
```

我们知道，2960 交换机只支持封装方法 802.1Q，因此不需要指定，也无法指定。对于 3560 交换机，配置基本相同，但由于它支持 ISL 和 802.1Q，因而必须指定要使用的中继协议。

别忘了，创建中继链路时，默认情况下所有 VLAN 都可通过它传输数据。

来看图 11-10，看看从中能学到什么。在该图中，有 3 个 VLAN，而每个 VLAN 都有两台主机。在图 11-10 中，路由器连接的是交换机端口 fa0/1，而 VLAN 2 连接的是端口 fa0/6。

思科要求根据该示意图知道如下几点：

- 路由器通过子接口连接到交换机；
- 与路由器相连的交换机端口为中继端口；
- 与主机和集线器相连的交换机端口为接入端口，而不是中继端口。

该交换机的配置应类似于下面这样：

```
2960#config t
2960(config)#int f0/1
2960(config-if)#switchport mode trunk
2960(config-if)#int f0/2
2960(config-if)#switchport access vlan 1
2960(config-if)#int f0/3
2960(config-if)#switchport access vlan 1
2960(config-if)#int f0/4
2960(config-if)#switchport access vlan 3
2960(config-if)#int f0/5
2960(config-if)#switchport access vlan 3
2960(config-if)#int f0/6
2960(config-if)#switchport access vlan 2
```

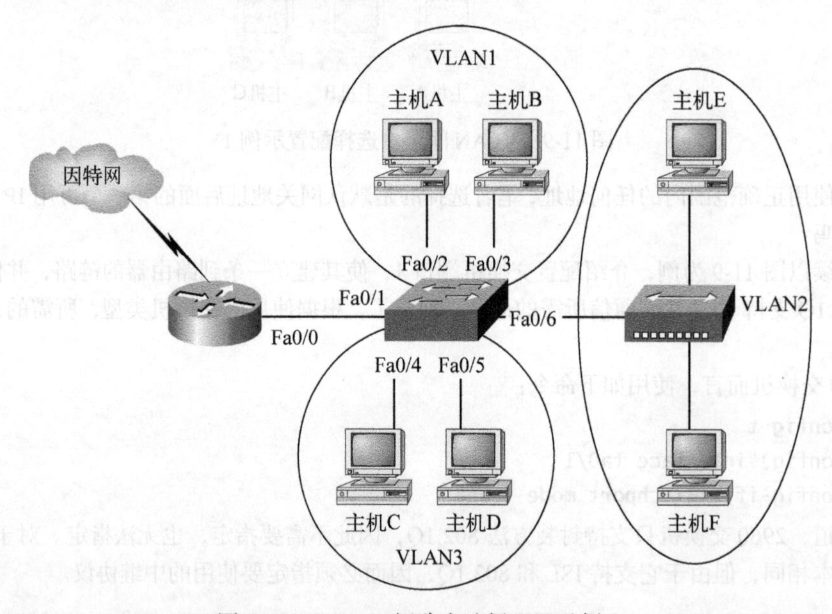

图 11-10　VLAN 间路由选择配置示例 2

配置路由器前，需要设计逻辑网络。

- VLAN 1：192.168.10.16/28
- VLAN 2：192.168.10.32/28
- VLAN 3：192.168.10.48/28

路由器的配置应类似于下面这样：

```
ISR#config t
ISR(config)#int Fa0/0
```

```
ISR(config-if)#no ip address
ISR(config-if)#no shutdown
ISR(config-if)#int f0/0.1
ISR(config-subif)#encapsulation dotlq 1
ISR(config-subif)#ip address 192.168.10.17 255.255.255.240
ISR(config-subif)#int f0/0.2
ISR(config-subif)#encapsulation dotlq 2
ISR(config-subif)#ip address 192.168.10.33 255.255.255.240
ISR(config-subif)#int f0/0.3
ISR(config-subif)#encapsulation dotlq 3
ISR(config-subif)#ip address 192.168.10.49 255.255.255.240
```

对于每个 VLAN 中的主机，都需要给它们分配相应子网中的地址，而默认网关为相应路由器子接口的 IP 地址。

再来看图 11-11，看看你能否在不参考答案的情况下确定交换机和路由器的配置——可不要作弊！在该图中，一台路由器连接到了有两个 VLAN 的 2960 交换机，对于每个 VLAN，都给其中的一台主机分配了 IP 地址。根据这些 IP 地址，如何配置路由器和交换机呢？

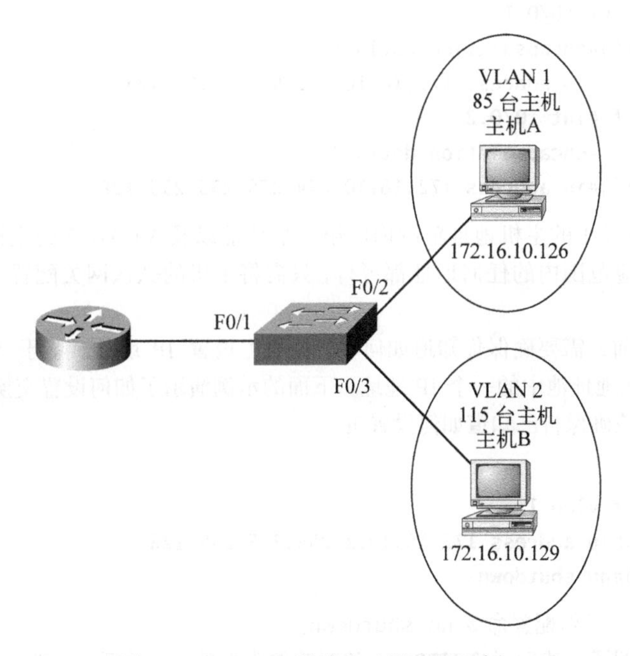

图 11-11 VLAN 间路由选择配置示例 3

由于没有指出主机使用的子网掩码，因而必须根据每个 VLAN 包含的主机数确定块大小。VLAN 1 有 85 台主机，而 VLAN 2 有 115 台主机，它们要求的块大小都是 128，即子网掩码为/25（255.255.255.128）。

你应该知道，它们应分别使用子网 0 和 128。其中子网 0（VLAN 1）的主机地址范围为 1～126，而子网 128（VLAN 2）的主机地址范围为 129～254。主机 A 的 IP 地址为 126，这使它看起来像是与主机 B 属于同一个子网。但实际情况并非如此，你现在很聪明了，不会再受此蒙蔽了。

下面是交换机的配置：

```
2960#config t
2960(config)#int f0/1
2960(config-if)#switchport mode trunk
2960(config-if)#int f0/2
2960(config-if)#switchport access vlan 1
2960(config-if)#int f0/3
2960(config-if)#switchport access vlan 2
```

下面是路由器的配置：

```
ISR#config t
ISR(config)#int f0/0
ISR(config-if)#no ip address
ISR(config-if)#no shutdown
ISR(config-if)#int f0/0.1
ISR(config-subif)#encapsulation dot1q 1
ISR(config-subif)#ip address 172.16.10.1 255.255.255.128
ISR(config-subif)#int f0/0.2
ISR(config-subif)#encapsulation dot1q 2
ISR(config-subif)#ip address 172.16.10.254 255.255.255.128
```

这里使用了 VLAN 1 的主机地址范围内的第一个地址以及 VLAN 2 的主机地址范围内的最后一个地址，但使用相应范围内的任何地址都可行，只需将主机的默认网关配置为相应的路由器地址即可。

介绍下一个示例前，需要确保你知道如何在交换机上设置 IP 地址。鉴于 VLAN 1 通常是管理 VLAN，我们将使用该地址池中的一个 IP 地址。下面的示例演示了如何设置交换机的 IP 地址（我不想喋喋不休，但你应该确保自己知道如何设置）：

```
2960#config t
2960(config)#int vlan 1
2960(config-if)#ip address 172.16.10.2 255.255.255.128
2960(config-if)#no shutdown
```

在 VLAN 接口上，必须配置命令 no shutdown。

下面再介绍一个例子，然后讨论 VTP——绝对需要掌握的另一个重要主题。在图 11-12 中，有两个 VLAN。通过路由器的配置可知，主机 A 的 IP 地址、子网掩码和默认网关是什么呢？请将相应范围内的最后一个地址用于主机 A。

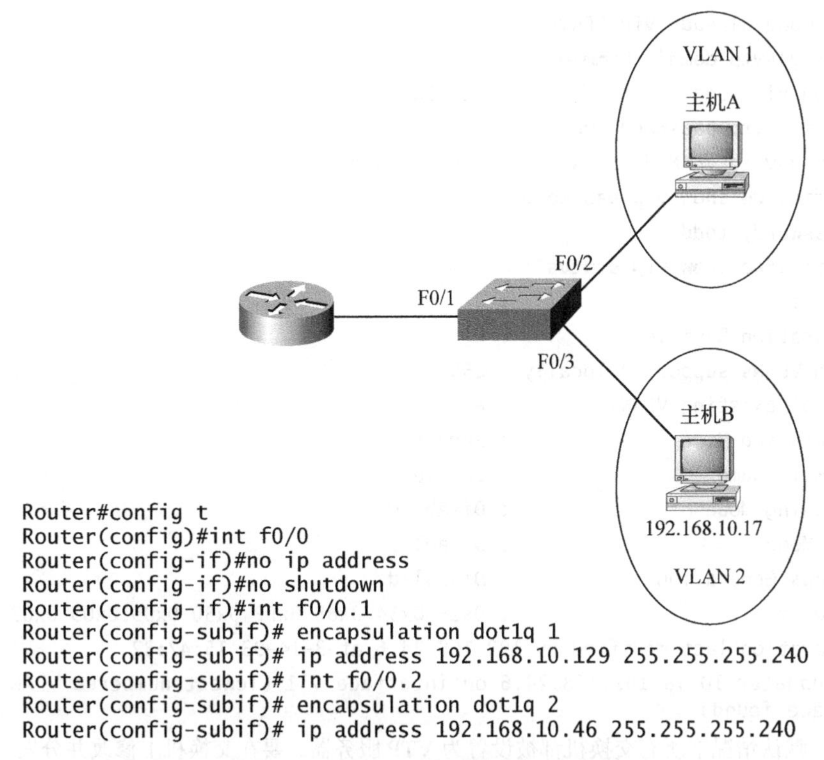

VLAN 1
主机A
F0/2
F0/1
F0/3
主机B
192.168.10.17
VLAN 2
Router#config t
Router(config)#int f0/0
Router(config-if)#no ip address
Router(config-if)#no shutdown
Router(config-if)#int f0/0.1
Router(config-subif)# encapsulation dot1q 1
Router(config-subif)# ip address 192.168.10.129 255.255.255.240
Router(config-subif)# int f0/0.2
Router(config-subif)# encapsulation dot1q 2
Router(config-subif)# ip address 192.168.10.46 255.255.255.240

图 11-12 VLAN 间路由选择配置示例 4

如果仔细查看路由器（在这里，其主机名为 Router）的配置，答案非常简单。两个子网的子网掩码都是/28，即 255.255.255.240，因此块大小为 16。属于 VLAN 1 的路由器子接口的地址包含在子网 128 内，下一个子网为 144，因此 VLAN 1 的广播地址为 143，所以合法的主机地址范围为 129～142。因此主机 A 的配置如下所示。

- IP 地址：192.168.10.142
- 子网掩码：255.255.255.240
- 默认网关：192.168.10.129

11.7 配置 VTP

默认情况下，所有思科交换机都被配置为 VTP 服务器。要配置 VTP，首先必须配置要使用的域名。当然，在每台交换机上配置 VTP 信息后，都需要核实。

创建 VTP 域时，可设置多个方面，包括域名、密码、运行模式和修剪。要设置这些信息，可使用全局配置模式命令 vtp。在下面的示例（它针对的是图 10-14 所示的网络），我将 S1 交换机设置为 VTP 服务器、VTP 域名设置为 Lammle、VTP 密码设置为 todd：

```
S1#config t
S1#(config)#vtp mode server
```

```
Device mode already VTP SERVER.
S1(config)#vtp domain Lammle
Changing VTP domain name from null to Lammle
S1(config)#vtp password todd
Setting device VLAN database password to todd
S1(config)#do show vtp password
VTP Password: todd
S1(config)#do show vtp status
VTP Version                     : 2
Configuration Revision          : 0
Maximum VLANs supported locally : 255
Number of existing VLANs        : 8
VTP Operating Mode              : Server
VTP Domain Name                 : Lammle
VTP Pruning Mode                : Disabled
VTP V2 Mode                     : Disabled
VTP Traps Generation            : Disabled
MD5 digest                      : 0x15 0x54 0x88 0xF2 0x50 0xD9 0x03 0x07
Configuration last modified by 192.168.24.6 at 3-14-93 15:47:32
Local updater ID is 192.168.24.6 on interface Vl1 (lowest numbered VLAN
interface found)
```

别忘了，默认情况下所有交换机都被设置为 VTP 服务器，要在交换机上修改并分发 VLAN 信息，必须让它处于 VTP 服务器模式。配置 VTP 信息后，可使用命令 `show vtp` 进行核实，如上面的输出所示，其中显示了 VTP 域名、VTP 密码和 VTP 模式。

介绍 VTP 配置示例前，请花点时间考虑这样一点：命令 `show vtp status` 的输出表明，本地支持的最大 VLAN 数量为 255。鉴于可在交换机上创建 1000 多个 VLAN，如果 VLAN 超过 255 个，且要使用 VTP，这看起来绝对是个问题。事实上，这确实是个问题：如果试图在交换机上配置第 256 个 VLAN，系统将显示错误消息，指出没有足够的硬件资源，然后关闭该 VLAN——命令 `show vlan` 的输出显示该 VLAN 处于挂起状态。这不太好！

命令 `show vtp status` 会指出交换机能支持多少个 VLAN，请牢记这一点。

下面来看交换机 Core 和 S2，将它们加入 VTP 域 Lammle。VTP 域名是区分大小写的，牢记这一点非常重要。VTP 非常挑剔，细小的错误就会导致它不工作。

```
Core#config t
Core(config)#vtp mode client
Setting device to VTP CLIENT mode.
Core(config)#vtp domain Lammle
Changing VTP domain name from null to Lammle
```

```
Core(config)#vtp password todd
Setting device VLAN database password to todd
Core(config)#do show vtp status
VTP Version                     : 2
Configuration Revision          : 0
Maximum VLANs supported locally : 1005
Number of existing VLANs        : 5
VTP Operating Mode              : Server
VTP Domain Name                 : Lammle
VTP Pruning Mode                : Disabled
VTP V2 Mode                     : Disabled
VTP Traps Generation            : Disabled
MD5 digest                      : 0x2A 0x6B 0x22 0x17 0x04 0x4F 0xB8 0xC2
Configuration last modified by 192.168.10.19 at 3-1-93 03:13:16
Local updater ID is 192.168.24.7 on interface Vl1 (first interface found)
S2#config t
S2(config)#vtp mode client
Setting device to VTP CLIENT mode.
S2(config)#vtp domain Lammle
Changing VTP domain name from null to Lammle
S2(config)#vtp password todd
Setting device VLAN database password to todd
S2(config)#do show vtp status
VTP Version                     : 2
Configuration Revision          : 0
Maximum VLANs supported locally : 1005
Number of existing VLANs        : 5
VTP Operating Mode              : Client
VTP Domain Name                 : Lammle
VTP Pruning Mode                : Disabled
VTP V2 Mode                     : Disabled
VTP Traps Generation            : Disabled
MD5 digest                      : 0x02 0x11 0x18 0x4B 0x36 0xC5 0xF4 0x1F
Configuration last modified by 0.0.0.0 at 0-0-00 00:00:00
```

所有交换机都位于同一个 VTP 域且使用相同的密码后，前面在交换机 S1 上创建的 VLAN 将被通告给处于 VTP 客户端模式的交换机 Core 和 S2。下面在交换机 Core 和 S2 上使用命令 show vlan brief 来验证这一点：

```
Core#sh vlan brief
VLAN Name                             Status    Ports
---- -------------------------------- --------- -------------------------------
```

11

```
1    default              active    Fa0/1,Fa0/2,Fa0/3,Fa0/4
                                    Fa0/9,Fa0/10,Fa0/11,Fa0/12
                                    Fa0/13,Fa0/14,Fa0/15,
                                    Fa0/16,Fa0/17, Fa0/18, Fa0/19,
                                    Fa0/20,Fa0/21, Fa0/22, Fa0/23,
                                    Fa0/24, Gi0/1, Gi0/2
2    Sales                active
3    Marketing            active
4    Accounting           active
[output cut]

S2#sh vlan bri
VLAN Name                 Status    Ports
---- -------------------- --------- --------------------
1    default              active    Fa0/3, Fa0/4, Fa0/5, Fa0/6
                                    Fa0/7, Fa0/8, Gi0/1
2    Sales                active
3    Marketing            active
4    Accounting           active
[output cut]
```

本章前面在交换机 S1（2960）上创建的 VLAN 数据库通过 VTP 通告传递给了交换机 Core 和 S2。为确保 VLAN 名称在整个交换型网络中一致，VTP 是一种很好的工具。现在可以将交换机 Core、S1 和 S2 的端口分配给 VLAN 了，然后同一个 VLAN 中的主机就能通过交换机之间的中继链路相互通信了。

注意

必须知道如何指定 VTP 域名、将交换机设置为 VTP 服务器模式以及创建 VLAN！

11.7.1　排除 VTP 故障

使用交叉电缆将交换机连接起来，两端的指示灯都变绿后，就大功告成了。这是理想状况，真有这么容易吗？在没有使用 VLAN 的情况下，确实有这么容易。但如果在交换型网络中使用了 VLAN（绝对应该这样做），且有多个 VLAN，则需要使用 VTP。

然而，如果 VTP 配置不正确，它将不能工作，因此你必须能够排除 VTP 故障。下面来看两个配置，并解决其中的问题。请看下述来自两台交换机的输出：

```
SwitchA#sh vtp status
VTP Version                     : 2
Configuration Revision          : 0
Maximum VLANs supported locally : 64
```

```
Number of existing VLANs        : 7
VTP Operating Mode              : Server
VTP Domain Name                 : RouterSim
VTP Pruning Mode                : Disabled
VTP V2 Mode                     : Disabled
VTP Traps Generation            : Disabled

SwitchB#sh vtp status
VTP Version                     : 2
Configuration Revision          : 1
Maximum VLANs supported locally : 64
Number of existing VLANs        : 7
VTP Operating Mode              : Server
VTP Domain Name                 : GlobalNet
VTP Pruning Mode                : Disabled
VTP V2 Mode                     : Disabled
VTP Traps Generation            : Disabled
```

这两台交换机有何问题呢？为何它们没有共享 VLAN 信息？这两台交换机都处于 VTP 服务器模式，但这不是问题，都处于 VTP 服务器模式的交换机也能通过 VTP 分享 VLAN 信息。问题在于它们位于两个不同的 VTP 域：交换机 A 位于 VTP 域 RouterSim 中，而交换机 B 位于 VTP 域 GlobalNet 中。它们不可能共享 VTP 信息，因为给它们配置的 VTP 域名不同。

知道如何找出交换机常见的 VTP 域配置错误后，来看另一个交换机配置：

```
SwitchC#sh vtp status
VTP Version                     : 2
Configuration Revision          : 1
Maximum VLANs supported locally : 64
Number of existing VLANs        : 7
VTP Operating Mode              : Client
VTP Domain Name                 : Todd
VTP Pruning Mode                : Disabled
VTP V2 Mode                     : Disabled
VTP Traps Generation            : Disabled
```

如果在交换机 C 上新建一个 VLAN，会遇到什么麻烦呢？出现令人讨厌的错误！为何不能在交换机 C 上创建 VLAN 呢？在这个示例中，VTP 域名不是考虑重点，重点是 VTP 模式。该交换机的 VTP 模式为客户端，而在这种模式下，不能创建、删除或修改 VLAN。VTP 客户端只将 VLAN 数据库放在内存中，而不将其保存到 NVRAM 中。因此，要在这台交换机上创建 VLAN，必须先将其设置为 VTP 服务器模式。

下面是在上述 VTP 配置下创建 VLAN 时出现的情况：

```
SwitchC(config)#vlan 50
VTP VLAN configuration not allowed when device is in CLIENT mode.
```

为修复这种问题，需要这样做：

```
SwitchC(config)#vtp mode server
Setting device to VTP SERVER mode
SwitchC(config)#vlan 50
SwitchC(config-vlan)#
```

且慢，事情还没有完。来看看另外两台路由器的输出，为何交换机 B 没有从交换机 A 那里获取 VLAN 信息呢？

```
SwitchA#sh vtp status
VTP Version                     : 2
Configuration Revision          : 4
Maximum VLANs supported locally : 64
Number of existing VLANs        : 7
VTP Operating Mode              : Server
VTP Domain Name                 : GlobalNet
VTP Pruning Mode                : Disabled
VTP V2 Mode                     : Disabled
VTP Traps Generation            : Disabled

SwitchB#sh vtp status
VTP Version                     : 2
Configuration Revision          : 14
Maximum VLANs supported locally : 64
Number of existing VLANs        : 7
VTP Operating Mode              : Server
VTP Domain Name                 : GlobalNet
VTP Pruning Mode                : Disabled
VTP V2 Mode                     : Disabled
VTP Traps Generation            : Disabled
```

你可能会说，因为它们都处于 VTP 服务器模式，但这不是问题。即使所有交换机都处于 VTP 服务器模式，它们仍能共享 VLAN 信息。事实上，思科建议让所有交换机都处于 VTP 服务器模式，而你只需确保通告 VTP VLAN 信息的交换机有最大的修订号即可。如果所有交换机都处于 VTP 服务器模式，它们都将保存 VLAN 数据库。交换机 B 之所以没有收到交换机 A 的 VLAN 信息，是因为它的修订号更大。必须能够认识到这种问题，这非常重要。

要解决这种问题，有两种方式。一是在交换机 B 上修改 VTP 域名，再将域名改回到 GlobalNet，这会把修订号重置为 0。二是在交换机 A 上创建或删除 VLAN，直到其修订号大于交换机 B 的修订号。第二种方式谈不上更好，而只是另一种修复问题的方式。

11.7.2　VLAN 数据库来自何方

最后必须要弄清楚的一点是，交换机从哪里获取 VLAN 数据库。如果在交换机上执行命令 show vlan 时显示了一个 VLAN 数据库，请问 VLAN 数据库是从闪存中的文件 vlan.dat 读取的吗？如果该交换机处于服务器模式，且其修订号在网络的所有服务器中最大，则答案是肯定的。然而，可使用命令 show vtp status 准确地获悉 VLAN 数据库来自何方：

```
Core#do show vtp status
VTP Version                     : 2
Configuration Revision          : 0
Maximum VLANs supported locally : 1005
Number of existing VLANs        : 5
VTP Operating Mode              : Client
VTP Domain Name                 : Lammle
VTP Pruning Mode                : Disabled
VTP V2 Mode                     : Disabled
VTP Traps Generation            : Disabled
MD5 digest                      : 0x02 0x11 0x18 0x4B 0x36 0xC5 0xF4 0x1F
Local updater ID is 192.168.24.7 on interface Vl1 (first interface found)
```

最后一行输出指出了 VLAN 数据库来自何方。如果当前交换机的管理 IP 地址为 192.168.24.7，则说明数据库来自 vlan.dat；如果不是，可执行命令 show cpd neighbors detail，以获悉 192.168.24.7 指的是哪台交换机。

11.8 电话：配置语音 VLAN

如果你在紧张时做瑜伽、冥想、一根接一根地抽烟或吃大量爽心美食，请现在就休息一会儿并这样做，因为坦率地说，本节的内容是本章（甚至本书）中比较难的。但我发誓将尽最大努力让其尽可能容易理解。

语音 VLAN 功能让接入端口能够传输来自 IP 电话的语音数据流。思科 IP 电话与交换机相连时，它将在发送的语音数据流中指定第 3 层 IP 优先级和第 2 层服务类别（CoS）值；对语音来说，这两个值都为 5，而对其他数据流来说，默认为 0。

如果数据传输不均匀，IP 电话的声音质量将降低，因此交换机支持基于 IEEE 802.1p CoS 的服务质量（QoS）。802.1p 提供了一种在数据链路层实现 QoS 的机制，在 802.1Q 中继报头中，包含了 802.1p 字段的信息。查看 802.1Q 标记中的字段，会看到一个名为“优先级”的字段，其中包含 802.1p 信息。QoS 利用分类和调度以组织有序和可预测的方式发送来自交换机的网络流量。

思科 IP 电话是一种可配置的设备，可对其进行配置，使其在发送的数据流中包含 IEEE 802.1p 优先级。还可配置交换机，使其信任或覆盖 IP 电话指定的优先级——这正是我们要做的。思科 IP 电话基本上是一台三端口交换机：一个连接到思科交换机，一个连接到 PC，还有一个端口位于内部，连接的是电话本身。

对于与思科 IP 电话相连的接入端口，可对其进行配置，使其将一个 VLAN 用于语音数据流，并将另一个 VLAN 用于与电话相连的设备（如 PC）的数据流。可对交换机的接入端口进行配置，使其发送思科发现协议（CDP）分组，命令相连的思科 IP 电话以下述方式之一将语音数据流发送给交换机：

- 通过语音 VLAN 发送，并添加一个第 2 层 CoS 优先级值；
- 通过接入 VLAN 发送，并添加一个第 2 层 CoS 优先级值；
- 通过接入 VLAN 发送，但不添加第 2 层 CoS 优先级值。

11

交换机还能够处理来自与思科 IP 电话的接入端口连接的设备且经过标记的数据流（帧类型为 IEEE 802.1Q 或 IEEE 802.1p 的数据流）。你可对交换机的第 2 层接入端口进行配置，使其发送 CDP 分组，命令思科 IP 电话将其连接到 PC 的接入端口设置为下述模式之一。

- 信任模式：对于通过连接到 PC 的接入端口收到数据流，思科 IP 电话不对其作任何修改，让其直接通过。
- 不信任模式：对于通过连接到 PC 的接入端口收到的 IEEE 802.1Q 或 IEEE 802.1p 帧，IP 电话都给它们加上配置的第 2 层 CoS 值（默认为 0）。不信任模式是默认设置。

11.8.1 配置语音 VLAN

默认情况下，语音 VLAN 功能被禁用；要启用它，可使用接口配置命令 `switchport voice vlan`。启用语音 VLAN 功能后，发送未标记的数据流时，都将使用端口的默认 CoS 优先级，而 IEEE 802.1Q 或 IEEE 802.1p 数据流的 CoS 值不被信任。

下面是语音 VLAN 配置指南。

- 只能在交换机的接入端口上配置语音 VLAN；中继端口不支持语音 VLAN，不过，你自己可以配置。
- 为让 IP 电话能够正确地通信，必须在交换机上配置并激活语音 VLAN。要查看是否有语音 VLAN，可使用特权 EXEC 命令 `show vlan`——如果有，将显示在该命令的输出中。
- 启用语音 VLAN 之前，建议在交换机上使用全局配置命令 `mls qos` 启用 QoS，并使用接口配置命令 `mls qos trust cos` 将端口的信任状态设置为 trust。
- 必须在思科 IP 电话连接的交换机端口上启用 CDP，以便发送配置。CDP 默认被启用，因此除非被禁用，否则不会有问题。
- 配置语音 VLAN 后，将自动启用 PortFast，但禁用语音 VLAN 后，PortFast 并不会自动禁用。
- 要将端口恢复到默认设置，可使用接口配置命令 `no switchport voice vlan`。

11.8.2 配置 IP 电话发送语音数据流的方式

可配置与思科 IP 电话相连的交换机端口，使其向 IP 电话发送 CDP 分组，以配置电话发送语音数据流的方式。电话可以 IEEE 802.1Q 帧的方式发送语音数据流，并在其中包含第 2 层 CoS 值；可使用 IEEE 802.1p 优先级标记赋予语音更高的优先级，也可通过接入 VLAN 而不是本机 VLAN 传输所有语音。IP 电话还可通过接入 VLAN 发送未标记的语音数据流，或使用自己的配置来发送语音数据流。在上述所有情况下，语音数据流都包含第 3 层 IP 优先级值；对语音来说，这通常被设置为 5。

现在该提供一些示例，让你对此有清晰的认识了。下面的示例演示了如何配置 4 个方面：

(1) 如何配置与 IP 电话相连的端口，使其使用 CoS 值对到来的数据流进行分类；

(2) 如何配置该端口，使其使用 IEEE 802.1p 优先级标记语音数据流；

(3) 如何配置该端口，使其使用语音 VLAN（10）来传输所有语音数据流；

(4) 最后，如何配置 VLAN 3，以传输 PC 数据。

```
Switch#configure t
Switch(config)#mls qos
```

```
Switch(config)#interface f0/1
Switch(config-if)#switchport priority extend ?
  cos    Override 802.1p priority of devices on appliance
  trust  Trust 802.1p priorities of devices on appliance
Switch(config-if)#switchport priority extend trust
Switch(config-if)#mls qos trust cos
Switch(config-if)#switchport voice vlan dot1p
Switch(config-if)#switchport mode access
Switch(config-if)#switchport access vlan 3
Switch(config-if)#switchport voice vlan 10
```

命令 `mls qos trust cos` 让接口使用分组中的 CoS 值对到来的数据流进行分类。对于未标记的分组，使用端口的默认 CoS 值。但配置端口的信任状态前，必须使用全局配置命令 `mls qos` 在交换机上启用 QoS。

注意到我将同一个端口分配给了两个 VLAN，仅当其中一个为数据 VLAN，而另一个为语音 VLAN 时才能这样做。

本节的内容可能是本书最难的，坦率地说，这里演示的配置是最简单的。

11.9 小结

本章介绍了虚拟 LAN，描述了思科交换机如何使用它们。讨论了 VLAN 如何分割交换型互联网络中的广播域——这非常重要且是必须的，因为默认情况下，第 2 层交换机只分割冲突域，所有交换机组成一个大型广播域。笔者还介绍了接入链路，并讨论了如何让 VLAN 跨越快速以太网和速度更快的链路。

如果组建的网络包含多台交换机和多个 VLAN，必须对中继技术有深入认识，这非常重要。本章详细介绍了 VLAN 中继协议（VTP），这种协议实际上与中继毫无关系。我们知道，它通过中继链路发送 VLAN 信息，但中继配置本身并非 VTP 的组成部分。

本章还提供了重要的配置和故障排除示例，这些示例涉及 VTP、中继和 VLAN 配置。

最后，介绍了令你感到痛苦的语音 VLAN。你可能想将这些内容抛之脑后，但要获得成功，必须掌握它们，即便是重新来过你也要确保自己能够完全掌握这些知识。

11.10 考试要点

理解术语帧标记。帧标记指的是 VLAN 标识，交换机使用它来跟踪所有穿越交换构造的帧，并使用它来确定帧所属的 VLAN。

理解 VLAN 标识方法 ISL。交换机间链路（ISL）是一种在以太网帧中显式地标记 VLAN 信息的方式。这种标记信息让你能够利用外部封装方法，将 VLAN 多路复用到中继链路，并让交换机能够确定帧所属的 VLAN。ISL 是思科专用的帧标记方法，只能用于思科交换机和路由器。

理解 VLAN 标识方法 802.1Q。这是 IEEE 制定的标准帧标记方法。在思科交换机和其他品牌的交换机之间中继时，必须使用 802.1Q。

牢记如何将 2960 交换机的端口设置为中继端口。在 2960 交换机中，要将端口设置为中继端口，可使用命令 `switchport mode trunk`。

将主机连接到交换机端口时，别忘了查看端口所属的 VLAN。将主机连接到交换机端口时，务必核实该端口所属的 VLAN。如果端口所属的 VLAN 与主机要求的不一致，主机将无法访问所需的网络服务，如工作组服务器。

理解 VTP 的用途和配置。VTP 用于将 VLAN 数据库传遍整个交换型网络。要彼此交换这种信息，交换机必须位于同一个 VTP 域。

牢记如何创建思科"单臂路由器"以提供 VLAN 间通信。可使用思科路由器的一个快速以太网接口或吉比特以太网接口来提供 VLAN 间路由选择。连接到路由器的交换机端口必须是中继端口；此外，必须在该路由器端口上为每个 VLAN 创建一个虚拟接口（子接口），每个 VLAN 中的主机都将相应子接口的地址作为默认网关地址。

11.11　书面实验 11

请回答下述问题。

(1) 处于哪种 VTP 模式时，交换机只能接受 VLAN 信息，而不能修改它？

(2) 要获悉 VLAN 数据库来自何方，可使用哪个命令？

(3) VLAN 分割________域。

(4) 默认情况下，交换机只分割______域。

(5) 交换机默认处于哪种 VTP 模式？

(6) 中继提供了什么功能？

(7) 什么是帧标记？

(8) 判断对错：将帧转发到接入链路前，将剥除 ISL 封装。

(9) 哪种端口只能属于一个 VLAN？

(10) 哪种类型的思科标记信息让你能够利用外部封装方法将多个 VLAN 的数据流复用到同一条中继链路？

（该书面实验的答案见本章复习题答案的后面。）

11.12　复习题

注意　下面的复习题旨在检验你对本章内容的理解程度。有关如何获取更多复习题的信息，请参阅本书的前言。

(1) 下面哪种有关 VLAN 的说法是正确的？

A. 在每个思科交换型网络中，必须至少定义两个 VLAN

B. 所有 VLAN 都是在速度最快的交换机上配置的，且默认情况下，这些信息将传播到其他所有交换机

C. 单个 VTP 域包含的交换机不应超过 10 台

D. VTP 用于将 VLAN 信息发送到当前 VTP 域中的交换机

(2) 下述示意图中有关路由器端口和交换机端口配置的说法中，哪 3 项是正确的。

A. 该路由器的 WAN 端口被配置为中继端口

B. 在连接到交换机的路由器端口上，配置了多个子接口

C. 连接到交换机的路由器端口的速度被配置为 10 Mbit/s

D. 连接到集线器的交换机端口被配置为全双工模式

E. 连接到路由器的交换机端口被配置为中继端口

F. 连接到主机的交换机端口被配置为接入端口

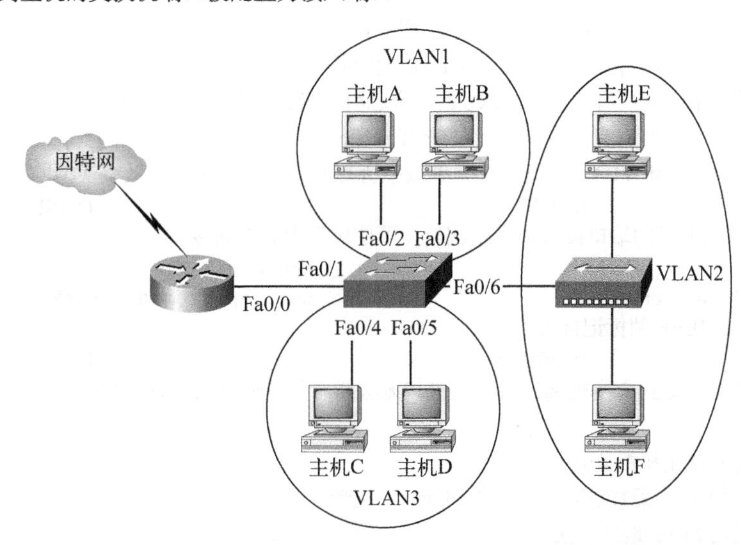

(3) 在一台交换机上配置了 3 个 VLAN：VLAN 2、VLAN 3 和 VLAN 4；并添加了一台路由器，用于提供 VLAN 间通信。如果交换机和路由器之间只有一条连接，则与交换机相连的路由器接口最起码必须是什么类型的？

A. 10 Mbit/s 以太网接口　　B. 56 Kbit/s 串行接口

C. 100 Mbit/s 以太网接口　　D. 1 Gbit/s 以太网接口

(4) 要提高主机的可用带宽和限制广播域的规模，以改善网络性能，可采取下面哪种方式？

A. 使用受控的集线器　　B. 使用网桥　　C. 使用交换机　　D. 使用交换机并配置 VLAN

(5) 下面哪两种协议可用于在交换机上配置中继？

A. VLAN 中继协议　　B. VLAN　　C. 802.1Q　　D. ISL

(6) 在基于 IOS 的交换机上配置中继链路后，哪些 VLAN 可通过该链路传输数据流？

A. 默认情况下，所有 VLAN 的数据流都可通过中继链路进行传输

B. 任何 VLAN 都不能；必须手工指定可通过它传输数据流的每个 VLAN

C. 只有配置的 VLAN 可以

D. 默认只有扩展 VLAN 可以

(7) 下面哪种交换技术可缩小广播域的规模？

A. ISL　　B. 802.1Q　　C. VLAN　　D. STP

(8) 哪种 VTP 模式让你能够在交换机上修改 VLAN 信息？

A. 客户端模式　　B. STP 模式　　C. 服务器模式　　D. 802.1q 模式

(9) 要配置交换机端口，使其使用 IEEE 标准方法将 VLAN 成员资格信息插入到以太网帧中，可使用下面哪个命令？

A. `Switch(config)#switchport trunk encapsulation isl`

B. `Switch(config)#switchport trunk encapsulation ietf`

C. Switch(config)#switchport trunk encapsulation dot1q
D. Switch(config-if)#switchport trunk encapsulation isl
E. Switch(config-if)#switchport trunk encapsulation ietf
F. Switch(config-if)#switchport trunk encapsulation dot1q

(10) 下面哪种有关 VTP 的说法是正确的？

A. 默认情况下，所有交换机都处于 VTP 服务器模式
B. 默认情况下，所有交换机都处于 VTP 透明模式
C. 默认情况下，在所有域名为 Cisco 的所有思科交换机上都启用了 VTP
D. 默认情况下，所有交换机都处于 VTP 客户端模式

(11) 下面哪种协议将新 VLAN 的配置发布到域中所有的交换机，从而降低交换型网络的管理负担？

A. STP　　B. VTP　　C. DHCP　　D. ISL

(12) 要将 2960 交换机的端口设置为中继端口，可使用下面哪个命令？

A. trunk on　　B. trunk all
C. switchport trunk on　　D. switchport mode trunk

(13) 下面哪项是 IEEE 帧标记标准？

A. ISL　　B. 802.3Z　　C. 802.1Q　　D. 802.3U

(14) 将一台主机连接到交换机端口后，主机却无法登录与该交换机相连的服务器，请问最可能的问题是什么？

A. 没有针对该主机配置路由器
B. 交换机的 VTP 配置没有随该主机的加入而更新
C. 该主机的 MAC 地址非法
D. 没有将主机连接到的交换机端口分配给正确的 VLAN

(15) 要对下述示意图中路由器的快速以太网接口进行配置，以建立一条使用 IEEE 802.1Q 帧标记的链路，可使用哪 3 个命令？

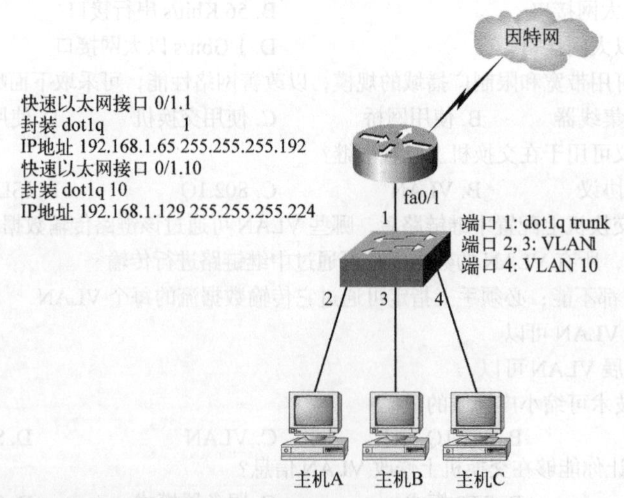

A. Switch(config)#interface fastethernet 0/1
B. Switch(config-if)#switchport mode access
C. Switch(config-if)#switchport mode trunk
D. Switch(config-if)#switchport access vlan 1
E. Switch(config-if)#switchport trunk encapsulation isl

F. Switch(config-if)#switchport trunk encapsulation dot1q

(16) 有两台交换机不能共享 VLAN 信息，从下述输出可知，其原因是什么？

```
SwitchA#sh vtp status
VTP Version                     : 2
Configuration Revision          : 0
Maximum VLANs supported locally : 64
Number of existing VLANs        : 7
VTP Operating Mode              : Server
VTP Domain Name                 : RouterSim
VTP Pruning Mode                : Disabled

SwitchB#sh vtp status
VTP Version                     : 2
Configuration Revision          : 1
Maximum VLANs supported locally : 64
Number of existing VLANs        : 7
```

A. 需要将其中一台交换机配置成使用 VTP 第 1 版

B. 两台交换机都处于 VTP 服务器模式，必须将其中一台设置为客户端模式

C. VTP 域名配置得不正确

D. 禁用了 VTP 修剪

(17) 下面哪两项使得能够进行 VLAN 间通信？

A. ISL　　B. VTP　　C. 802.1Q　　D. 802.3Z

(18) 要配置 VLAN 中继协议，以便在两台交换机之间交换 VLAN 信息，必须满足下面哪两个条件？

A. 中继链路两端都必须将封装方法设置为 IEEE 802.1e

B. 两台交换机的 VTP 管理域名必须相同

C. 必须将两台交换机的所有端口都设置为接入端口

D. 必须将其中一台交换机配置为 VTP 服务器

E. 必须使用反转电缆将两台交换机连接起来

F. 必须使用一台路由器在 VLAN 之间转发 VTP 数据流

(19) 下面哪 3 项是 VLAN 带来的好处？

A. 增大了冲突域的规模

B. 使得可根据职能对用户进行逻辑分组

C. 让网络更安全

D. 增大了广播域的规模，同时减少了冲突域数量

E. 简化了交换机的管理

F. 增加了广播域数量，同时缩小了广播域的规模

(20) 设置为中继端口的交换机端口，可采用下面哪 3 种模式？

A. blocking　　B. dynamic auto　　C. dynamic desirable

D. nonegotiate　　E. access　　F. learning

11.13 复习题答案

(1) D。默认情况下，交换机不会传播 VLAN 信息；必须配置 VTP 域。VLAN 中继协议（VTP）用于通过中继链路传播 VLAN 信息。

(2) B、E 和 F。在连接到交换机并用于提供 VLAN 间通信的路由器上，需要配置子接口。连接到路由器的

交换机端口必须使用中继协议 ISL 或 802.1Q。主机都连接到接入端口，而所有交换机端口默认都是接入端口。

(3) C。虽然可以使用 100 Mbit/s 或 1 Gbit/s 的以太网接口，但 100 Mbit/s 以太网接口是最低要求，是最佳答案。要支持 VLAN 间通信，必须将交换机和路由器之间的链路设置为中继链路。

(4) D。通过在交换型网络中创建并实现 VLAN，可在第 2 层分割广播域。要让属于不同 VLAN 的主机能够彼此通信，必须使用路由器或第 3 层交换机。

(5) C 和 D。思科开发了专用中继协议 ISL；IEEE 中继协议为 802.1Q。

(6) A。默认情况下，所有 VLAN 都可通过中继链路传输其数据流，要禁止某些 VLAN 的数据流穿越中继链路，必须手工将其排除在外。

(7) C。虚拟 LAN 在第 2 层分割广播域。

(8) C。仅当交换机处于服务器模式时，才能修改 VLAN 信息。

(9) F。在 2950 交换机上，只需使用接口配置命令 `switchport mode trunk`，因为这种交换机只支持 IEEE 802.1Q。然而，3560 交换机支持 ISL 和 802.1Q，因此必须使用命令 `encapsulation`。要将中继协议指定为 802.1Q，可使用参数 `dot1q`。

(10) A。默认情况下，所有思科交换机都处于 VTP 服务器模式。在思科交换机上，默认没有配置其他任何 VTP 信息。必须将交换机的 VTP 域名设置得相同，否则它们将不能共享 VTP 数据库。

(11) B。VLAN 中继协议（VTP）用于将 VLAN 数据库传递给交换型网络中的所有交换机。3 种 VTP 模式分别为服务器模式、客户端模式和透明模式。

(12) D。要将交换机端口设置为中继模式，以便沿链路传递所有 VLAN 信息，可使用命令 `switchport mode trunk`。

(13) C。802.1Q 是为在交换机之间建立中继链路而开发的。

(14) D。这个问题不太明确，但最佳答案是没有将端口分配给正确的 VLAN。

(15) A、C 和 F。要将交换机端口设置为中继端口，必须先进入接口（这里为 FastEthernet 0/1）配置模式，然后配置中继功能：在 2950/2960 交换机上，使用命令 `switchport mode trunk`（这些交换机只支持 IEEE 802.1Q）；在 3560 交换机上，使用命令 `switchport trunk encapsulation dot1q`。

(16) C。虽然可将其中一台交换机设置为客户端模式，但这不会影响交换机通过 VTP 分享 VLAN 信息。然而，如果域名设置得不同，交换机就不能通过 VTP 分享 VLAN 信息了。

(17) A 和 C。ISL 是思科专用的帧标记方法；IEEE 802.1Q 是标准的帧标记方法。

(18) B 和 D。要让交换机分享 VLAN 信息，它们的 VTP 域名必须相同。另外，至少要有一台交换机处于 VTP 服务器模式，其他交换机可处于 VTP 客户端模式。

(19) B、C 和 F。VLAN 分割第 2 层交换型网络的广播域，这意味着广播域更小。VLAN 让你能够按职能而不是物理位置将用户分组，且在配置正确的情况下，可在一定程度上提高安全性。

(20) B、C 和 D。交换机中继端口的合法模式为 dynamic auto、dynamic desirable、trunk 和 nonegotiate。

11.14 书面实验 11 答案

(1) 客户端模式　(2) `show vtp status`　(3) 广播　(4) 冲突

(5) 服务器模式　(6) 中继让你能够将端口同时分配给多个 VLAN

(7) 帧标识（帧标记）给每个帧分配一个唯一的用户定义 ID。这种 ID 有时被称为 VLAN ID 或 VLAN 徽记

(8) 对　(9) 接入端口　(10) 交换机间链路（ISL）

第12章 安全

本章涵盖如下CCNA考试要点。

✓ **找出网络面临的安全威胁，描述缓解这些威胁的通用方法**

- ❑ 描述当今日益增多的网络安全威胁，阐述为何需要实施综合性安全策略以缓解这些威胁；
- ❑ 阐述缓解网络设备、主机和应用程序面临的常见安全威胁的通用方法；
- ❑ 描述常见安全设备和应用程序的功能；
- ❑ 描述推荐的安全实践，包括确保网络设备安全的基本措施。

✓ **配置和验证思科设备的基本运行方式和路由选择功能，并排除其故障**

- ❑ 实现基本的路由器安全。

✓ **在中型企业分支机构网络中实现和验证NAT和ACL，并排除其故障**

- ❑ 描述ACL的用途和类型；
- ❑ 根据网络过滤需求配置并应用ACL（包括使用CLI/SDM）；
- ❑ 配置并应用ACL以限制对路由器的Telnet和SSH接入（包括使用CLI/SDM）；
- ❑ 验证和监控网络环境中的ACL；
- ❑ 排除ACL故障。

如果你是系统管理员，则确保重要的敏感数据及网络资源免受威胁将是你的首要任务。思科提供了一些有效的安全解决方案，可帮助你完成这项任务。

访问控制列表（ACL）是思科安全解决方案的基本组成部分，笔者将介绍简单和高级访问控制列表的要点，让你能够确保网络安全，还将演示如何缓解网络面临的大部分安全威胁。

访问控制列表是一种“多才多艺”的网络工具，因此在路由器配置中正确使用和配置访问列表至关重要。访问控制列表让网络管理员能够很好地控制数据流在整个企业网络中的传输，从而极大地改善网络的运行效率。通过使用访问控制列表，管理员可收集分组传输方面的基本统计数据，确定要实现的安全策略；还可保护敏感设备，防范未经授权的访问。

在本章中，笔者将讨论TCP/IP访问控制列表，并介绍一些可用于测试和监视访问控制列表效果的工具。

虚拟专网（VPN）是确保企业网络安全的一个重要工具，我会把这一部分放在第16章介绍。

有关本章的最新修订，请访问www.lammle.com或www.sybex.com/go/ccna7e。

12.1 外围路由器、防火墙和内部路由器

在大中型企业网络中，通常采用外围路由器、内部路由器和防火墙的配置来实现各种安全策略。内部路由器对前往企业网络中受保护部分的数据流进行过滤，以进一步提高安全，这是通过使用访问控制列表实现的。图 12-1 说明了这些设备所处的位置。

在本章和第13章，我将频繁地使用术语*可信网络*（trusted network）和*不可信网络*（untrusted network），因此必须知道它们位于典型的安全网络的什么地方，这很重要。非军事区（DMZ）可能是全局因特网地址，也可能是私有地址，这取决于如何配置防火墙，非军事区通常包含 HTTP、DNS、电子邮件和其他与因特网相关的企业服务器。

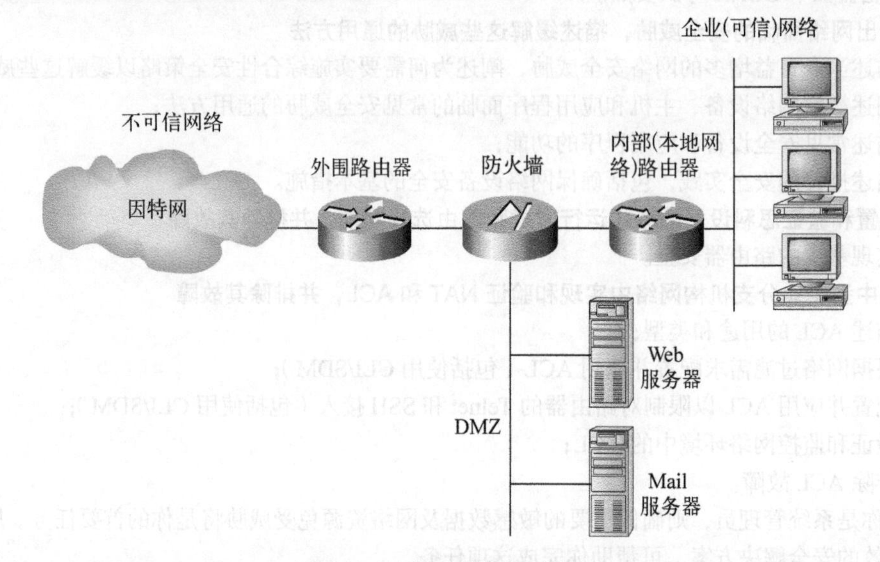

图 12-1　典型的安全网络

我们知道，在可信网络内部，可不使用路由器，而结合使用虚拟局域网（VLAN）和交换机。多层交换机内置了安全功能，可替代内部路由器在 VLAN 架构中提供较高的性能。

下面介绍一些使用访问控制列表保护互联网络的方式。

12.2 访问控制列表简介

从本质上说，*访问控制列表*是一系列对分组进行分类的条件，它在需要控制网络数据流时很有用。在这些情况下，可将访问控制列表用作决策工具。

访问控制列表最常见也是最容易理解的用途之一是，将有害的分组过滤掉以实现安全策略。例如，可使用访问控制列表来作出非常具体的数据流控制决策，只允许某些主机访问因特网上的 Web 资源。通过正确地组合使用多个访问控制列表，网络管理员几乎能够实施任何能想到的安全策略。

创建访问控制列表相当于编写一系列 `if-then` 语句——如果满足给定的条件，就采取给定的措施；如果不满足，则不采取任何措施，而继续评估下一条语句。访问控制列表语句相当于分组过滤器，

根据它对分组进行比较、分类，并采取相应的措施。创建访问控制列表后，就可将其应用于任何接口的入站或出站数据流。访问控制列表被应用于接口后，路由器将对沿指定方向穿越该接口的每个分组进行分析，并采取相应的措施。

将分组同访问控制列表进行比较时，需要遵守一些重要规则。

- 总是按顺序将分组与访问控制列表的每一行进行比较，即总是首先与访问控制列表的第一行进行比较，然后是第二行和第三行，以此类推。
- 不断比较，直到满足条件为止。在访问控制列表中，找到分组满足的条件后，对分组采取相应的措施，且不再进行比较。
- 每个访问控制列表末尾都有一条隐式的 deny 语句，这意味着如果不满足访问控制列表中任何行的条件，分组将被丢弃。

使用访问控制列表过滤 IP 分组时，上述每条规则都将带来深远的影响；要创建出有效的访问控制列表，必须经过一段时间的练习。

访问控制列表分两大类：

- **标准访问控制列表** 它们只将分组的源 IP 地址用作测试条件，所有的决策都是根据源 IP 地址作出的。这意味着标准访问控制列表要么允许要么拒绝整个协议族，它们不区分 IP 数据流类型（如 Web、Telnet、UDP 等）。
- **扩展访问控制列表** 它们能够检查 IP 分组第 3 层和第 4 层报头中的众多其他字段。它们能够检查源 IP 地址、目标 IP 地址、网络层报头的协议（Protocol）字段、传输层报头中的端口号。这让扩展访问列表能够做出更细致的数据流控制决策。
- **命名访问控制列表** 且慢！前面不是说只有两类吗？怎么这里列出了三类呢？从技术上说，确实只有两类，因为*命名访问控制列表*要么是标准的，要么是扩展的，并非一种新类型。这里之所以专门列出它，是因为这种访问控制列表的创建和引用方式不同于标准和扩展访问控制列表，但功能是相同的。

注意 本章后面将更详细地介绍这些访问控制列表类型。

创建访问控制列表后，除非将其应用于接口，否则它不能发挥任何作用。此时访问控制列表确实包含在路由器配置中，但除非告诉路由器使用它来做什么，否则它处于非活动状态。要将访问控制列表用作分组过滤器，需要将其应用于要进行数据流过滤的路由器接口。还必须指定要使用访问控制列表来过滤哪个方向的数据流，这种要求有充分的理由：对于从企业网络前往因特网的数据流和从因特网进入企业网络的数据流，你可能想采取不同的控制措施。通过指定数据流的方向，可以（也经常需要）在同一个接口上将不同的访问控制列表用于入站和出站数据流。

- **入站访问控制列表** 将访问控制列表应用于入站分组时，将根据访问控制列表对这些分组进行处理，然后再将其路由到出站接口。遭到拒绝的分组不会被路由，因为在调用路由选择进程前，它们已被丢弃。
- **出站访问控制列表** 将访问控制列表应用于出站分组时，分组将首先被路由到出站接口，然后再将分组排队前根据访问控制列表对其进行处理。

在路由器上创建和实现访问控制列表时，应遵守一些通用的指导原则：

- 在接口的特定方向上，每种协议只能有一个访问控制列表。这意味着应用IP访问控制列表时，每个接口上只能有一个入站访问控制列表和一个出站访问控制列表。

注意　考虑到每个访问控制列表末尾的隐式 deny 语句带来的影响，不允许在接口的特定方向对特定协议应用多个访问控制列表是有道理的。鉴于不满足第一个访问控制列表中任何条件的分组都将被拒绝，因此不会有任何分组需要与第二个访问控制列表进行比较。

- 在访问控制列表中，将具体的测试条件放在前面。
- 新增的语句将放在访问控制列表的末尾。强烈建议使用文本编辑器来编辑访问控制列表。
- 不能仅删除访问控制列表中的一行，如果试图这样做，将删除整个访问控制列表。要编辑访问控制列表，最好先将其复制到文本编辑器中。使用命名访问控制列表是唯一的例外。

注意　对于命名访问控制列表，可编辑、添加或删除特定行，稍后将演示这一点。

- 除非访问控制列表以 permit any 命令结尾，否则不满足任何条件的分组都将被丢弃。访问控制列表至少应包含一条 permit 语句，否则它将拒绝所有的数据流。
- 创建访问控制列表后应将其应用于接口。如果访问控制列表没有包含任何测试条件，即使将其应用于接口，它也不会过滤数据流。
- 访问控制列表用于过滤穿越路由器的数据流；它们不会对始发于当前路由器的数据流进行过滤。
- 应将 IP 标准访问控制列表放在离目的地尽可能近的地方，这就是我们不想在网络中使用标准访问控制列表的原因。不能将标准访问控制列表放在离源主机或源网络很近的地方，因为它只能根据源地址进行过滤，这将影响所有的目的地。
- 将 IP 扩展访问控制列表放在离信源尽可能近的地方。扩展访问控制列表可根据非常具体的地址和协议进行过滤，我们不希望数据流穿越整个网络后，最终却被拒绝。将这种访问控制列表放在离信源尽可能近的地方，可在一开始就将数据流过滤掉，以免它占用宝贵的带宽。

介绍如何配置标准和扩展访问控制列表前，先来讨论如何使用 ACL 缓解前面讨论的安全威胁。

使用 ACL 缓解安全威胁

使用 ACL 可缓解众多的安全威胁，如下所示：

- IP 地址欺骗（入站）；
- IP 地址欺骗（出站）；
- 拒绝服务（DoS）TCP SYN 攻击（阻断外部攻击）；
- DoS TCP SYN 攻击（使用 TCP 拦截）；
- DoS smurf 攻击；
- 拒绝/过滤 ICMP 消息（入站）；

- 拒绝/过滤 ICMP 消息（出站）；
- 拒绝/过滤 traceroute。

注意

这不是一本专门介绍安全的书，如果有些术语你不明白，请自行研究。

如果外部 IP 分组的源地址为内部主机或网络，通常明知的选择是不让它们进入私有网络。

配置 ACL，对从因特网前往私有网络的数据流进行过滤，以缓解安全威胁时，应遵守如下规则：

- 拒绝源地址属于内部网络的分组；
- 拒绝源地址为本地主机地址（127.0.0.0/8）的分组；
- 拒绝源地址为保留私有地址（RFC 1918）的分组；
- 拒绝源地址位于 IP 组播地址范围（224.0.0.0/4）内的分组。

对于使用这些源地址的分组，都不应让它们进入你的互联网络。下面来配置标准和高级访问控制列表。

12.3 标准访问控制列表

标准 IP 访问控制列表通过查看分组的源 IP 地址来过滤网络数据流。创建标准 IP 访问控制列表时，使用访问控制列表编号 1~99 或 1300~1999（扩展范围）。通常使用编号来区分访问控制列表的类型。根据创建访问控制列表时使用的编号，路由器知道输入时应使用什么样的语法。编号 1~99 或 1300~1999，告诉路由器要创建一个标准 IP 访问控制列表，而路由器要求只将源 IP 地址用作测试条件。

下面列出了过滤网络数据流时，可使用的众多访问控制列表编号范围（可为哪些协议指定访问控制列表取决于你使用的 IOS 版本）：

```
Corp(config)#access-list ?
  <1-99>            IP standard access list
  <100-199>         IP extended access list
  <1100-1199>       Extended 48-bit MAC address access list
  <1300-1999>       IP standard access list (expanded range)
  <200-299>         Protocol type-code access list
  <2000-2699>       IP extended access list (expanded range)
  <700-799>         48-bit MAC address access list
  compiled          Enable IP access-list compilation
  dynamic-extended  Extend the dynamic ACL absolute timer
  rate-limit        Simple rate-limit specific access list
```

下面来看创建标准访问控制列表的语法：

```
Corp(config)#access-list 10 ?
  deny    Specify packets to reject
  permit  Specify packets to forward
  remark  Access list entry comment
```

12

前面说过，使用访问控制列表编号1～99或1300～1999，就相当于告诉路由器你要创建一个标准IP访问控制列表。

指定访问控制列表编号后，需要决定是要创建 permit 语句还是 deny 语句。在这个例子中，我们创建一条 deny 语句：

```
Corp(config)#access-list 10 deny ?
  Hostname or A.B.C.D  Address to match
  any                  Any source host
  host                 A single host address
```

接下来的一步需要做更详细的解释。有3个选项可供选择。可使用参数 any 允许或拒绝任何源主机（网络），可使用一个IP地址来指定单台主机或特定范围内的主机，还可使用命令 host 指定特定的主机。命令 any 的含义显而易见，它指的是与语句匹配的任何源地址，因此每个分组都与该语句匹配。命令 host 比较简单，下面是一个使用它的示例：

```
Corp(config)#access-list 10 deny host ?
  Hostname or A.B.C.D  Host address
Corp(config)#access-list 10 deny host 172.16.30.2
```

这条语句拒绝任何来自172.16.30.2的分组。默认参数为 host，换句话说，如果输入 access-list 10 deny 172.16.30.2，路由器将认为输入的是 access-list 10 deny host 172.16.30.2，且在运行配置中也这样显示。

但还有另外一种方法可指定特定主机或特定范围内的主机——使用通配符掩码。事实上，要指定任何范围内的主机，必须在访问控制列表中使用通配符掩码。

什么是通配符掩码呢？接下来的几节将通过一个标准访问控制列表示例全面介绍它，并探讨如何控制对虚拟终端的访问。好消息是，这里将使用的通配符掩码与第9章介绍OSPF的那节使用的通配符掩码相同。

12.3.1　通配符掩码

在访问控制列表中，可使用通配符来指定特定主机、特定网络或网络的一部分。要理解通配符，就必须理解块大小，它用于指定地址范围。块大小包括64、32、16、8和4等。

在需要指定地址范围时，可使用能满足需求的最小块大小。例如，如果需要指定34个网络，则需要使用块大小64；如果需要指定18台主机，则需要使用块大小32；如果只需指定2个网络，则使用块大小4就可以了。

通过结合使用通配符和主机（网络）地址来告诉路由器要过滤的地址范围。要指定一台主机，可使用类似于下面的组合：

```
172.16.30.5 0.0.0.0
```

其中的4个0分别表示1B。0表示地址中的相应字节必须与指定的地址相同。要指定某个字节可以为任意值，可使用255。例如，下面的示例演示了如何使用通配符掩码指定一个/24子网：

```
172.16.30.0 0.0.0.255
```

这告诉路由器，前3B必须完全相同，而第4个字节可以为任意值。

这很容易。但如果要指定小范围的子网，该怎么办呢？此时块大小便可派上用场了。指定的范围必须与某个块大小相同，换句话说，不能指定 20 个网络，而只能指定与块大小相同的范围，即要么是 16，要么是 32，但不能是 20。

假定要禁止网络中的一部分（即 172.16.8.0～172.16.15.0）访问你的网络。该范围对应的块大小为 8，因此，在访问控制列表中，应指定网络号 172.16.8.0 和通配符掩码 0.0.7.255。这是什么意思呢？路由器根据 7.255 确定块大小。上述网络号和通配符掩码组合告诉路由器，从 172.16.8.0 开始，向上数 8 个（块大小）网络，直到网络 172.16.15.0。

这比看起来简单。我原本可以使用二进制来解释，但不需要这样做。实际上，只需记住，通配符掩码总是比块大小小 1。就这个示例而言，通配符掩码为 7，因为块大小为 8。如果使用的块大小为 16，则通配符掩码将为 15。很容易，不是吗？

下面将通过一些示例帮助你掌握这一点。下面的示例告诉路由器，前 3 B 必须完全相同，而第 4 个字节可以是任意值：

```
Corp(config)#access-list 10 deny 172.16.10.0 0.0.0.255
```

下面的示例告诉路由器，前 2 B 必须完全相同，而后 2 B 可以是任意值：

```
Corp(config)#access-list 10 deny 172.16.0.0 0.0.255.255
```

请尝试配置下面一行：

```
Corp(config)#access-list 10 deny 172.16.16.0 0.0.3.255
```

该配置告诉路由器，从网络 172.16.16.0 开始，并使用块大小 4。因此范围为 172.16.16.0～172.16.19.255（CCNA 考题与此类似）。

接着练习。下面的配置是什么意思呢？

```
Corp(config)#access-list 10 deny 172.16.16.0 0.0.7.255
```

这条语句指出，从网络 172.16.16.0 开始，向上数 8 个（块大小）网络，到 172.16.23.255 结束。

为掌握这项知识，还需做更多练习。下面的语句指定的是什么范围呢？

```
Corp(config)#access-list 10 deny 172.16.32.0 0.0.15.255
```

这条语句指出，从网络 172.16.32.0 开始，向上数 16 个（块大小）网络，到 172.16.47.255 结束。

下面再做几个练习，然后配置一些 ACL。

```
Corp(config)#access-list 10 deny 172.16.64.0 0.0.63.255
```

这条语句指出，从网络 172.16.64.0 开始，向上数 64 个（块大小）网络，到 172.16.127.255 结束。

来看最后一个示例：

```
Corp(config)#access-list 10 deny 192.168.160.0 0.0.31.255
```

这条语句指出，从网络 192.168.160.0 开始，向上数 32 个（块大小）网络，到 192.168.191.255 结束。

确定块大小和通配符掩码时，还需牢记如下两点：

- 起始位置必须为 0 或块大小的整数倍。例如，块大小为 8 时，起始位置不能是 12。范围必须是 0～7、8～15、16～23 等。而块大小为 32 时，范围必须是 0～31、32～63、64～95 等。
- 命令 any 与 0.0.0.0 255.255.255.255 等价。

通配符掩码对创建IP访问控制列表来说很重要，必须掌握。在标准IP访问控制列表和扩展IP访问控制列表中，其用法完全相同。

12.3.2 标准访问控制列表示例

本节介绍如何使用标准访问控制列表禁止特定用户访问财务部LAN。

在图12-2中，路由器有3条LAN连接和1条到因特网的WAN连接。不应让销售部LAN的用户访问财务部LAN，但应允许他们访问因特网和市场营销部的文件。市场营销部的用户需要能够访问财务部LAN，以使用其应用程序服务。

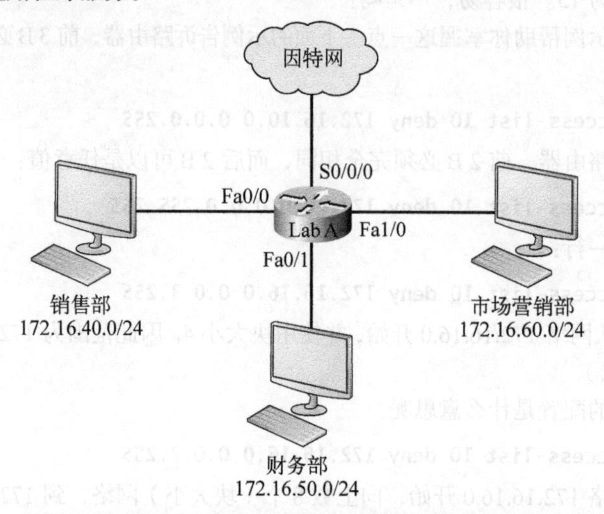

图12-2　在有3条LAN连接和1条WAN连接的路由器上配置IP访问控制列表

在图中的路由器上，配置如下标准IP访问控制列表：

```
Lab_A#config t
Lab_A(config)#access-list 10 deny 172.16.40.0 0.0.0.255
Lab_A(config)#access-list 10 permit any
```

命令any与0.0.0.0 255.255.255.255等价，如下所示：

```
Lab_A(config)#access-list 10 permit 0.0.0.0 255.255.255.255
```

该通配符掩码指出，不用考虑任何一个字节，因此所有地址都满足这个测试条件。这与使用关键字any等价。

当前，该访问控制列表禁止任何来自销售部LAN的分组进入财务部LAN，但允许其他所有分组进入。别忘了，除非将访问控制列表应用于接口的特定方向，否则它不会发挥任何作用。

应将该访问控制列表放在什么地方呢？如果将其作为入站访问控制列表应用于接口fa0/0，还不如关闭这个快速以太网接口呢！因为这将导致销售部LAN中的所有设备都无法访问与该路由器相连的任何网络。最佳的选择是，将其作为出站访问控制列表应用于接口fa0/1：

```
Lab_A(config)#int fa0/1
Lab_A(config-if)#ip access-group 10 out
```

这就完全禁止了来自 172.16.40.0 的数据流从接口 fa0/1 传输出去。它不会影响销售部 LAN 的主机访问市场营销部 LAN 和因特网，因为前往这些目的地的数据流不会经过接口 fa0/1。任何试图从接口 fa0/1 出去的分组都将首先经过该访问控制列表。如果在接口 fa0/0 上应用了入站访问控制列表，则任何试图进入该接口的分组都将首先经过这个访问控制列表，然后才被路由到出站接口。

下面来看另一个标准访问控制列表示例。在图 12-3 所示的互联网络中，有 2 台路由器、3 个 LAN 和 1 条串行 WAN 连接。

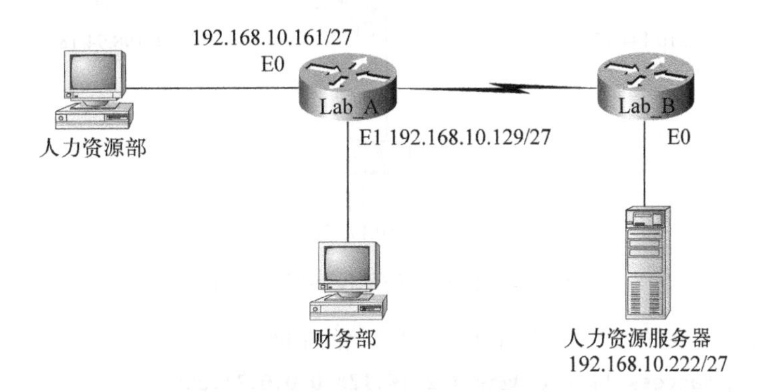

图 12-3 IP 标准访问控制列表示例 2

你想通过使用一个标准 ACL，禁止财务部的用户访问与路由器 Lab_B 相连的人力资源服务器，但允许其他用户访问该 LAN。应该创建什么样的标准访问控制列表？将它放在哪里呢？

准确的答案是，应该创建一个扩展访问控制列表，并将其放在离信源最近的地方，但这里要求你使用标准访问控制列表。根据经验规则，标准访问控制列表应放在离目的地最近的地方，这里是路由器 Lab_B 的接口 E0。下面是应在路由器 Lab_B 上配置的访问控制列表：

```
Lab_B#config t
Lab_B(config)#access-list 10 deny 192.168.10.128 0.0.0.31
Lab_B(config)#access-list 10 permit any
Lab_B(config)#interface Ethernet 0
Lab_B(config-if)#ip access-group 10 out
```

为回答这个问题，必须理解子网划分、通配符掩码以及如何配置和实现 ACL。我想你还需多做这方面的练习。

因此，介绍如何限制以 Telnet 方式访问路由器前，再来看一个标准访问控制列表示例，这个示例要求你更深入地思考。在图 12-4 中，一台路由器有 4 条 LAN 连接，还有 1 条到因特网的 WAN 连接。

编写一个访问控制列表，禁止图中所示的 4 个 LAN 访问因特网。对于图中的每个 LAN，都列出了其中一台主机的 IP 地址，据此确定在访问控制列表中指定每个 LAN 时应使用的子网地址和通配符掩码。

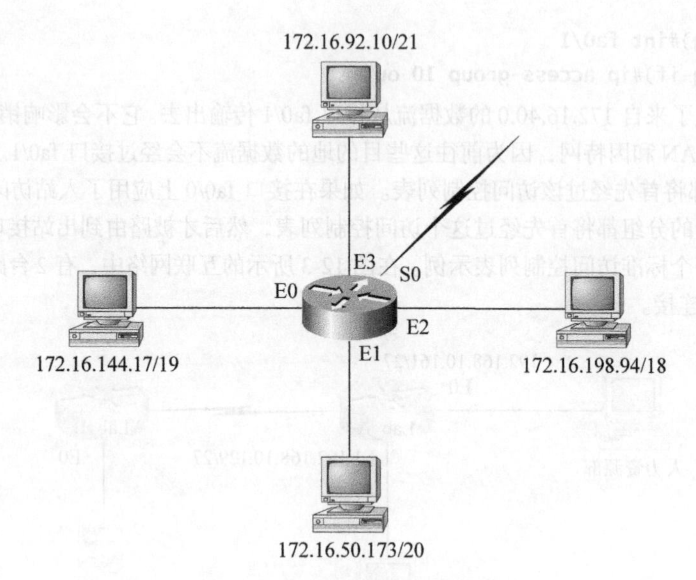

图 12-4　IP 标准访问控制列表示例 3

答案应类似于下面这样（一次指定了 E0～E3 连接的子网）：

```
Router(config)#access-list 1 deny 172.16.128.0 0.0.31.255
Router(config)#access-list 1 deny 172.16.48.0 0.0.15.255
Router(config)#access-list 1 deny 172.16.192.0 0.0.63.255
Router(config)#access-list 1 deny 172.16.88.0 0.0.7.255
Router(config)#access-list 1 permit any
Router(config)#interface serial 0
Router(config-if)#ip access-group 1 out
```

当然，也可以只使用下面一行：

```
Router(config)#access-list 1 deny 172.16.0.0 0.0.255.255
```

但这样做有什么意思呢？

创建这个访问控制列表的目的是什么？如果在路由器上应用这个访问控制列表，就等于完全禁止访问因特网了，那还要因特网连接做什么？这里提供这个示例旨在让你练习在访问控制列表中使用块大小，这对你备考 CCNA 至关重要。

12.3.3　控制 VTY（Telnet/SSH）访问

对于大型路由器，要禁止用户以 Telnet 或 SSH 方式访问它可能很难，因为每个活动接口都允许 VTY 访问。可创建一个扩展 IP 访问控制列表，禁止访问路由器的每个地址。但如果真的这样做，必须将其应用于每个接口的入站方向，对于有数十甚至数百个接口的大型路由器来说，这种解决方案的可扩展性太低了。另外，如果每台路由器都对每个分组进行检查，以防它访问 VTY 线路，导致的网络延迟将很大。

一种好得多的解决方案是，使用标准 IP 访问控制列表来控制对 VTY 线路的访问。

这种解决方案为何可行呢？因为将访问控制列表应用于 VTY 线路时，不需要指定协议——访问 VTY 就意味着以 Telnet 或 SSH 方式访问终端。也不需要指定目标地址，因为你不关心用户将哪个接口的地址用作 Telnet 会话的目标。你只需控制用户来自何方——他们的源 IP 地址。

要实现这项功能，请执行如下步骤：

(1) 创建一个标准 IP 访问控制列表，它只允许你希望的主机远程登录到路由器。

(2) 使用命令 access-class in 将该访问控制列表应用于 VTY 线路。

下面的示例只允许主机 172.16.10.3 远程登录到路由器：

```
Lab_A(config)#access-list 50 permit host 172.16.10.3
Lab_A(config)#line vty 0 4
Lab_A(config-line)#access-class 50 in
```

由于访问控制列表末尾有一条隐式的 deny any 语句，因此除 172.16.10.3 外的其他任何主机都不能远程登录到该路由器，而不管它将路由器的哪个 IP 地址用作目标。你可能想将源地址指定为管理员所属的子网，而不是单台主机；但下面的示例演示了如何在不增加路由器延迟的情况下确保 VTY 线路的安全。

真实案例

应保护路由器的 VTY 线路吗

使用命令 show users 对网络进行监视时，发现有人远程登录到了你的核心路由器。此时，你使用命令 disconnect 断开了他到该路由器的连接，但发现几分钟后他又连接到了该路由器。因此，你想在该路由器的接口上放置一个访问控制列表，但又不想给每个接口增加过多的延迟，因为该路由器处理的分组已经很多了。你想将一个访问控制列表应用于 VTY 线路本身，但以前没有这样做过，不知道这种解决方案能否取得与将访问控制列表应用于每个接口相同的效果。就这个网络而言，将访问控制列表应用于 VTY 线路是个好主意吗？

绝对是个好主意，可使用本章前面介绍的命令 access-class。为什么呢？因为这可避免使用访问控制列表对进出接口的每个分组进行检查，而这样做会增加路由分组的开销。

在 VTY 线路上配置命令 access-class in 时，只会检查并比较进入路由器的 Telnet 分组。这提供了一种完美而又易于配置的安全解决方案。

思科建议使用 Secure Shell（SSH）而不是 Telnet 来访问路由器的 VTY 线路。有关 SSH 以及如何在路由器和交换机上配置它的详细信息，请参阅第 6 章。

12.4 扩展访问控制列表

在本章前面介绍的一个标准 IP 访问控制列表示例中，你必须禁止销售部 LAN 的所有主机访问财务部 LAN。如果需要允许销售部用户访问财务部 LAN 中的一台服务器，但不允许他们访问其他网络服务（出于安全考虑），该如何办呢？使用标准 IP 访问控制列表时，无法在允许用户访问一种网络服务的同时，禁止他们访问其他服务。换句话说，使用标准访问控制列表时，无法同时根据源地址和目标地址来作出决策，因为它只根据源地址作出决策。

但扩展访问控制列表可帮助你解决这个问题，因为在扩展访问控制列表中，可指定源地址、目标地址、协议以及标识上层协议或应用程序的端口号。使用扩展访问控制列表可在允许用户访问某个 LAN 的同时，禁止他们访问其中的特定主机——甚至主机提供的特定服务。

下面介绍如何创建扩展 IP 访问控制列表：

```
Corp(config)#access-list ?
  <1-99>            IP standard access list
  <100-199>         IP extended access list
  <1100-1199>       Extended 48-bit MAC address access list
  <1300-1999>       IP standard access list (expanded range)
  <200-299>         Protocol type-code access list
  <2000-2699>       IP extended access list (expanded range)
  <700-799>         48-bit MAC address access list
  compiled          Enable IP access-list compilation
  dynamic-extended  Extend the dynamic ACL absolute timer
  rate-limit        Simple rate-limit specific access list
```

这个命令列出了可用的访问控制列表编号。对于扩展访问控制列表，使用编号 100～199；但注意，编号 2000～2699 也可用于扩展访问控制列表。

现在，需要决定要创建的语句类型。这里创建一条 deny 语句：

```
Corp(config)#access-list 110 ?
  deny     Specify packets to reject
  dynamic  Specify a DYNAMIC list of PERMITs or DENYs
  permit   Specify packets to forward
  remark   Access list entry comment
```

选择语句的类型后，需要指定协议：

```
Corp(config)#access-list 110 deny ?
  <0-255>  An IP protocol number
  ahp      Authentication Header Protocol
  eigrp    Cisco's EIGRP routing protocol
  esp      Encapsulation Security Payload
  gre      Cisco's GRE tunneling
  icmp     Internet Control Message Protocol
  igmp     Internet Gateway Message Protocol
  ip       Any Internet Protocol
  ipinip   IP in IP tunneling
  nos      KA9Q NOS compatible IP over IP tunneling
  ospf     OSPF routing protocol
```

```
pcp       Payload Compression Protocol
pim       Protocol Independent Multicast
tcp       Transmission Control Protocol
udp       User Datagram Protocol
```

如果根据应用层协议进行过滤，必须在 permit 或 deny 后面指定合适的第 4 层（传输层）协议。例如，要过滤 Telnet 或 FTP，可选择 TCP，因为 Telnet 和 FTP 都使用传输层协议 TCP。如果选择 IP，你将不能进一步指定应用层协议，而只能根据源地址和目标地址进行过滤。

这里，选择 TCP 对使用 TCP 的应用层协议进行过滤。稍后，还需要指定具体的 TCP 端口。接下来，系统将提示你指定源主机或网络的 IP 地址（可选择 any，即任意源地址）：

```
Corp(config)#access-list 110 deny tcp ?
  A.B.C.D  Source address
  any      Any source host
  host     A single source host
```

指定源地址后，便可指定目标地址了：

```
Corp(config)#access-list 110 deny tcp any ?
  A.B.C.D  Destination address
  any      Any destination host
  eq       Match only packets on a given port number
  gt       Match only packets with a greater port number
  host     A single destination host
  lt       Match only packets with a lower port number
  neq      Match only packets not on a given port number
  range    Match only packets in the range of port numbers
```

下面的示例拒绝所有目标 IP 地址为 172.16.30.2 的分组，而不管其源 IP 地址是什么：

```
Corp(config)#access-list 110 deny tcp any host 172.16.30.2 ?
  ack          Match on the ACK bit
  dscp         Match packets with given dscp value
  eq           Match only packets on a given port number
  established  Match established connections
  fin          Match on the FIN bit
  fragments    Check non-initial fragments
  gt           Match only packets with a greater port number
  log          Log matches against this entry
  log-input    Log matches against this entry, including input interface
  lt           Match only packets with a lower port number
  neq          Match only packets not on a given port number
```

```
precedence     Match packets with given precedence value
psh            Match on the PSH bit
range          Match only packets in the range of port numbers
rst            Match on the RST bit
syn            Match on the SYN bit
time-range     Specify a time-range
tos            Match packets with given TOS value
urg            Match on the URG bit
<cr>
```

指定目标地址后，便可指定要拒绝的服务了。为此，可使用命令 equal to，这里将其简写为 eq。下面的帮助屏幕列出了可用的选项，可使用端口号，也可使用应用程序名：

```
Corp(config)#access-list 110 deny tcp any host 172.16.30.2 eq ?
  <0-65535>      Port number
  bgp            Border Gateway Protocol (179)
  chargen        Character generator (19)
  cmd            Remote commands (rcmd, 514)
  daytime        Daytime (13)
  discard        Discard (9)
  domain         Domain Name Service (53)
  drip           Dynamic Routing Information Protocol (3949)
  echo           Echo (7)
  exec           Exec (rsh, 512)
  finger         Finger (79)
  ftp            File Transfer Protocol (21)
  ftp-data       FTP data connections (20)
  gopher         Gopher (70)
  hostname       NIC hostname server (101)
  ident          Ident Protocol (113)
  irc            Internet Relay Chat (194)
  klogin         Kerberos login (543)
  kshell         Kerberos shell (544)
  login          Login (rlogin, 513)
  lpd            Printer service (515)
  nntp           Network News Transport Protocol (119)
  pim-auto-rp    PIM Auto-RP (496)
  pop2           Post Office Protocol v2 (109)
  pop3           Post Office Protocol v3 (110)
  smtp           Simple Mail Transport Protocol (25)
  sunrpc         Sun Remote Procedure Call (111)
  syslog         Syslog (514)
  tacacs         TAC Access Control System (49)
```

```
talk          Talk (517)
telnet        Telnet (23)
time          Time (37)
uucp          Unix-to-Unix Copy Program (540)
whois         Nicname (43)
www           World Wide Web (HTTP, 80)
```

下面禁止主机172.16.30.2访问Telnet服务（端口23）。如果用户使用FTP，没有问题——这是允许的。命令log在每次到达当前语句时都显示一条消息，这对监视非法访问企图很有帮助，但只适用于非生产型网络，因为在生产型网络中，这会让控制台消息过载。

最终的语句如下：

```
Corp(config)#access-list 110 deny tcp any host 172.16.30.2 eq 23 log
```

别忘了，每个访问控制列表末尾有一条隐式的deny any语句。如果将该访问控制列表应用于接口，还不如关闭该接口，因为每个访问控制列表末尾都有一条隐式的deny any语句。因此，必须在该访问控制列表中添加如下语句：

```
Corp(config)#access-list 110 permit ip any any
```

别忘了，0.0.0.0 255.255.255.255与命令any等效，因此上述语句与下面的语句等效：

```
Corp(config)#access-list 110 permit ip 0.0.0.0 255.255.255.255
0.0.0.0 255.255.255.255
```

然而，如果输入该语句并查看运行配置，会发现0.0.0.0 255.255.255.255被替换为any。笔者总是使用any，因为这样可减少输入量。

创建访问控制列表后，需要将其应用于一个接口（使用的命令与IP标准访问控制列表相同）：

```
Corp(config-if)#ip access-group 110 in
```

或者：

```
Corp(config-if)#ip access-group 110 out
```

接下来将通过一些示例演示如何使用扩展访问控制列表。

12.4.1　扩展访问控制列表示例1

这里以前面介绍IP标准访问控制列表时使用的图12-2为例，并要禁止访问财务部LAN的主机172.16.50.5的Telnet和FTP服务，但允许销售部和市场营销部的主机访问该主机的其他服务以及财务部的其他所有主机。

为此，应创建如下访问控制列表：

```
Lab_A#config t
Lab_A(config)#access-list 110 deny tcp any host 172.16.50.5 eq 21
Lab_A(config)#access-list 110 deny tcp any host 172.16.50.5 eq 23
Lab_A(config)#access-list 110 permit ip any any
```

access-list 110告诉路由器，你要创建一个扩展IP访问控制列表。tcp是网络层报头的协议字段，如果不指定它，就不能使用TCP端口号21和23进行过滤（这两个端口号分别表示FTP和Telnet，

12

它们都使用TCP来获得面向连接的服务)。命令any为源地址，表示任何源IP地址，而host表示接下来指定的是目标IP地址。这个ACL的意思是，除前往主机172.16.50.5的FTP和Telnet IP数据流外，其他数据流都允许通过。

注意 创建该扩展访问控制列表时，也可输入172.16.50.5 0.0.0.0，代替host 172.16.50.5，这不会有其他差别，除了在运行配置中，路由器会把172.16.50.5 0.0.0.0改为host 172.16.50.5。

创建访问控制列表后，需要将其应用于接口fa0/1的出站方向，因为我们要禁止所有FTP和Telnet数据流进入主机172.16.50.5。然而，如果该访问控制列表是要禁止销售部LAN访问主机172.16.50.5，则必须将其放在离信源较近的地方，即接口fa0/0；在这种情况下，需要将其应用于入站数据流。创建并应用ACL之前，必须仔细考虑当前的情形。

下面将该访问列表应用于接口fa0/1，以禁止前往主机172.16.50.5的FTP和Telnet数据流出站：

```
Lab_A(config)#int fa0/1
Lab_A(config-if)#ip access-group 110 out
```

12.4.2　扩展访问控制列表示例2

这里将以图12-4为例，其中有4条LAN连接和1条串行连接。我们需要禁止Telnet数据流进入与接口E1和E2相连的网络。

路由器的配置应类似于下面这样，不过还有其他答案：

```
Router(config)#access-list 110 deny tcp any 172.16.48.0 0.0.15.255
eq 23
Router(config)#access-list 110 deny tcp any 172.16.192.0 0.0.63.255
eq 23
Router(config)#access-list 110 permit ip any any
Router(config)#interface Ethernet 1
Router(config-if)#ip access-group 110 out
Router(config-if)#interface Ethernet 2
Router(config-if)#ip access-group 110 out
```

对于上述配置，需要理解如下重要内容。首先，需要确保使用的编号在要创建的访问控制列表类型要求的范围内——这里创建的是扩展访问控制列表，因此编号必须为100~199；其次，需要确保指定的协议与上层进程或应用程序匹配——这里为TCP端口23（Telnet）。

协议必须是TCP，因为Telnet使用TCP。如果要过滤的是TFTP数据流，则应将协议指定为UDP，因为TFTP使用UDP。最后，确保目标端口号与要过滤的应用程序匹配——这里使用的是端口23，它对应于Telnet，因此是正确的；但需要指出的是，也可以在语句末尾输入telnet，代替23。最后，必须在访问控制列表末尾包含语句permit ip any any，这让除Telnet分组外的其他所有分组都能前往接口E1和E2连接的LAN。

12.4.3 扩展访问控制列表示例 3

下面再介绍一个扩展 ACL 示例，然后介绍命名 ACL。图 12-5 显示了这个示例将使用的网络。

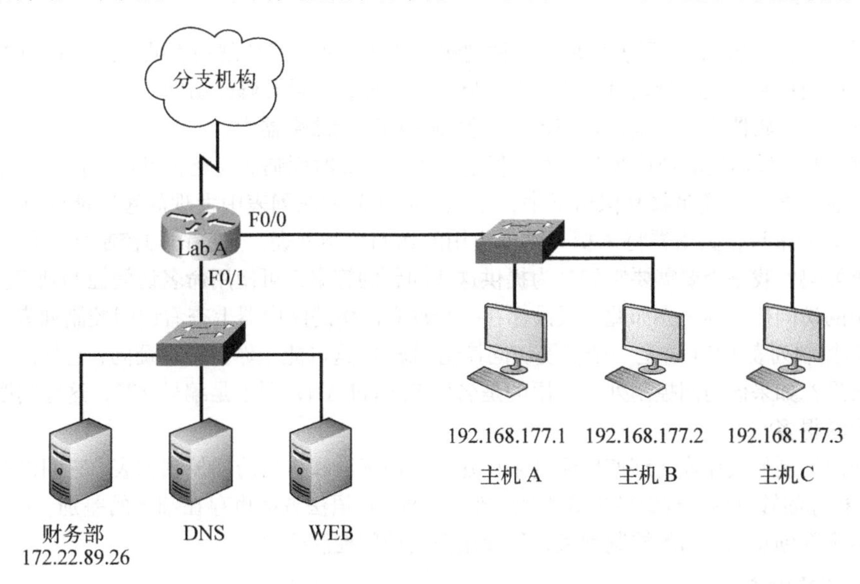

图 12-5 扩展 ACL 示例 3

在这个示例中，我们只想让主机 B 以 HTTP 方式访问财务部服务器，但允许其他数据流通过。为此，需要创建一个包含 3 条语句的扩展访问控制列表，并将其应用于接口 f0/1。

下面利用所学的知识创建访问控制列表：

```
Lab_A#config t
Lab_A(config)#access-list 110 permit tcp host 192.168.177.2 host 172.22.89.26 eq 80
Lab_A(config)#access-list 110 deny tcp any host 172.22.89.26 eq 80
Lab_A(config)#access-list 110 permit ip any any
```

这个访问控制列表非常简单。首先，需要允许主机 B 以 HTTP 方式访问财务部服务器。然而，由于需要允许其他所有数据流都通过，因此必须指出哪些主机不能以 HTTP 方式访问财务部服务器，所以第二条语句禁止其他所有主机以 HTTP 方式访问财务部服务器。最后，允许主机 B 以 HTTP 方式访问财务部服务器，并禁止其他所有主机以 HTTP 方式访问财务部服务器后，需要使用第三条语句允许其他所有数据流都通过。

这很不错，只是要求你做些思考。但且慢，事情还没完，还需将该访问控制列表应用于接口。由于扩展访问控制列表通常应用于离信源最近的接口，因此应将该访问控制列表应用于接口 F0/0 的入站方向，是这样吗？在这个例子中，不能遵守这种经验规则。它要求只允许主机 B 以 HTTP 方式访问财务部服务器；如果将该 ACL 应用于接口 F0/0 的入站方向，则分支机构将能够以 HTTP 方式访问财务部服务器。在这个例子中，需要将 ACL 放在离目的地最近的地方：

```
Lab_A(config)#interface fastethernet 0/1
Lab_A(config-if)#ip access-group 110 out
```

下面介绍如何创建命名 ACL。

12.4.4 命名 ACL

前面说过，命名访问控制列表只是另一种创建标准和扩展访问控制列表的方式。在大中型企业中，时间一久，访问控制列表的管理可能变得非常麻烦。例如，如果要修改访问控制列表，常见的做法是将其复制到文本编辑器中，对其进行编辑，再复制并粘贴到路由器中。

这很好，但如果你是那种什么东西都想留着的人呢？此时面临的问题将是该如何处理原来的访问控制列表？将其删除，还是将其保留下来，以便在新访问控制列表中发现问题时能够继续使用原来的？随着时间的推移，路由器将累积大量未应用的访问控制列表。这些访问控制列表是做什么用的呢？它们重要吗？我是否要需要它们？为提供这些问题的答案，可使用命名访问控制列表。

运行中的访问控制列表亦如此。假设你在一个现有网络的路由器上查看访问控制列表，发现了长 33 行的访问控制列表 177（这是一个扩展访问控制列表），这可能让你有很多疑问：它是做什么用的？为何会在这里？如果该访问控制列表使用的是名称 FinaceLAN，而不是编号 177，这些问题回答起来是不是要容易得多？

命名访问控制列表让你能够使用命名来创建和应用标准和扩展访问控制列表，它们没有什么独特之处，只是让你能够以易于理解的方式引用它们。另外，在语法方面也存在细微的差别。下面为图 12.2 所示的网络重新创建标准访问控制列表，但使用命名访问控制列表：

```
Lab_A#config t
Enter configuration commands, one per line.  End with CNTL/Z.
Lab_A(config)#ip access-list ?
  extended  Extended Acc
  logging   Control access list logging
  standard  Standard Access List
```

注意到我输入的是 ip access-list，而不是 access-list，这让我能够创建命名访问控制列表。接下来，需要指出要创建的是标准访问控制列表：

```
Lab_A(config)#ip access-list standard ?
  <1-99>  Standard IP access-list number
  WORD    Access-list name

Lab_A(config)#ip access-list standard BlockSales
Lab_A(config-std-nacl)#
```

指出要创建一个标准访问控制列表后，再指定名称 BlockSales。请注意，我原本可以使用编号，但这里没有这样做，而使用了一个描述性名称。另外，注意输入名称并按回车键后，路由器提示符变了。进入命名访问控制列表配置模式后，便可配置命名访问控制列表了：

```
Lab_A(config-std-nacl)#?
Standard Access List configuration commands:
  default  Set a command to its defaults
  deny     Specify packets to reject
```

```
  exit      Exit from access-list configuration mode
  no        Negate a command or set its defaults
  permit    Specify packets to forward

Lab_A(config-std-nacl)#deny 172.16.40.0 0.0.0.255
Lab_A(config-std-nacl)#permit any
Lab_A(config-std-nacl)#exit
Lab_A(config)#^Z
Lab_A#
```

配置访问控制列表后，我退出了配置模式。接下来，查看运行配置，核实该访问控制列表确实包含在路由器中：

```
Lab_A#show running-config

!
ip access-list standard BlockSales
 deny   172.16.40.0 0.0.0.255
 permit any
!
```

确实创建了访问控制列表 BlockSales，它包含在路由器的运行配置中。接下来，需要将它应用于正确的接口：

```
Lab_A#config t
Lab_A(config)#int fa0/1
Lab_A(config-if)#ip access-group BlockSales out
Lab_A(config-if)#^Z
Lab_A#
```

至此，使用命名访问控制列表重新完成了以前所做的工作。

12.4.5 注释

关键字 remark 很重要，它让你能够在 IP 标准和扩展 ACL 中添加注释。注释很有用，可帮助你理解 ACL。如果没有注释，大量的数字可能让你陷入困境，想不起它们是什么意思。

注释可放在 permit 或 deny 语句的前面，也可放在它们的后面，但强烈建议保持其位置一致，以免无法确定注释是针对哪条 permit 或 deny 语句的。

要在标准和扩展 ACL 中添加注释，只需使用全局配置命令 access-list *access-list number* remark **remark**；要删除注释，可使用该命令的 no 版本。

下面的示例演示了如何使用命令 remark：

```
R2#config t
R2(config)#access-list 110 remark Permit Bob from Sales Only To Finance
R2(config)#access-list 110 permit ip host 172.16.40.1 172.16.50.0 0.0.0.255
R2(config)#access-list 110 deny ip 172.16.40.0 0.0.0.255 172.16.50.0 0.0.0.255
```

12

```
R2(config)#ip access-list extended No_Telnet
R2(config-ext-nacl)#remark Deny all of Sales from Telnetting
to Marketing
R2(config-ext-nacl)#deny tcp 172.16.40.0 0.0.0.255 172.16.60.0 0.0.0.255 eq 23
R2(config-ext-nacl)#permit ip any any
R2(config-ext-nacl)#do show run
[output cut]
!
ip access-list extended No_Telnet
 remark Stop all of Sales from Telnetting to Marketing
 deny   tcp 172.16.40.0 0.0.0.255 172.16.60.0 0.0.0.255 eq telnet
 permit ip any any
!
access-list 110 remark Permit Bob from Sales Only To Finance
access-list 110 permit ip host 172.16.40.1 172.16.50.0 0.0.0.255
access-list 110 deny   ip 172.16.40.0 0.0.0.255 172.16.50.0 0.0.0.255
access-list 110 permit ip any any
!
```

可以分别在一个扩展访问控制列表和一个命名访问控制列表中添加注释。然而，在命令 show access-list 的输出中，看不到这些注释，而只能在运行配置中看到。

12.5　禁用和配置网络服务

默认情况下，思科 IOS 运行了一些不必要的服务，如果不禁用它们，它们很可能成为拒绝服务（DoS）攻击的目标。

DoS攻击是最常见的攻击，因为这种攻击最容易发动。要检测并防范这些有害的简单攻击，可使用软件和硬件工具，如入侵检测系统（IDS）和入侵防范系统（IPS）。然而，如果不能实现IDS/IPS，可在路由器上执行一些基本命令，让路由器更安全，但没有任何措施可确保当今的网络绝对安全。

下面来看看应在路由器上禁用的基本服务。

12.5.1　阻断 SNMP 分组

思科IOS默认允许从任何地方远程接入，因此除非你很信任别人或很无知，否则绝对应该关注默认配置，对远程接入进行限制。否则，路由器很容易成为非法登录者的攻击目标。这是访问控制列表的用武之地，它们确实能够保护你的路由器。

通过在外围路由器的接口 serial0/0 上配置如下命令，可禁止任何 SNMP 分组进入该路由器和 DMZ（要让这个访问控制列表真正发挥作用，还需添加一条 permit 语句，但这只是一个示例而已）：

```
Lab_B(config)#access-list 110 deny udp any any eq snmp
Lab_B(config)#interface s0/0
Lab_B(config-if)#access-group 110 in
```

12.5.2 禁用 echo

你可能不知道，路由器运行的一些小型服务（它们是服务器或后台程序）对诊断很有帮助。默认情况下，思科路由器启用了一系列诊断端口，以提供一些 UDP 和 TCP 服务，这包括 echo、chargen 和 discard。

主机连接到这些端口后，将占用少量 CPU 以响应相关的请求。只需使用一台攻击设备发送大量请求（这些请求使用伪造的随机源 IP 地址），就可让路由器不堪重负，使其响应缓慢甚至崩溃。为防范 chargen 攻击，可配置如下命令：

```
Lab_B(config)#no service tcp-small-servers
Lab_B(config)#no service udp-small-servers
```

finger 是一个实用程序，允许因特网上的 Unix 主机用户能够彼此获取对方的信息，应禁用这项服务：

```
Lab_B(config)#no service finger
```

`finger` 命令可用来获取有关网络中所有用户和路由器的信息，这就是应该禁用它的原因。`finger` 是一个远程执行的命令，其效果与在路由器上执行命令 `show users` 相同。

TCP 小型服务包括以下几种。

- echo：回显输入的内容。要查看相关的选项，请执行命令 `telnet` *x.x.x.x* `echo ?`。
- chargen：生成 ASCII 数据流。要查看相关的选项，请执行命令 `telnet` *x.x.x.x* `chargen ?`。
- discard：丢弃输入的内容。要查看相关的选项，请执行命令 `telnet` *x.x.x.x* `discard ?`。
- daytime：返回系统日期和时间——如果它们是正确的。如果运行了 NTP 或在 EXEC 模式下手工设置了日期和时间，它们就是正确的。要查看相关的选项，请执行命令 `telnet` *x.x.x.x* `daytime ?`。

UDP 小型服务包括以下几种。

- echo：回显发送的数据报的有效负载。
- discard：悄悄地丢弃发送的数据报。
- chargen：丢弃发送的数据报，并以一个字符串响应，该字符串包含 72 个 ASCII 字符，并以 CR + LF 结尾。

12.5.3 禁用 BootP 和自动配置

同样，默认情况下，思科路由器也提供异步线路 BootP 服务以及远程自动配置服务。要在思科路由器上禁用这些功能，可使用如下命令：

```
Lab_B(config)#no ip boot server
Lab_B(config)#no service config
```

12.5.4 禁用 HTTP 进程

对配置和监视路由器来说，命令 `ip http server` 可能很有用，但 HTTP 的明文特征显然是一种安全风险。要在路由器上禁用 HTTP 进程，可使用如下命令：

12

```
Lab_B(config)#no ip http server
```

要在路由器上启用HTTP服务器，以支持AAA，可使用全局配置命令ip http server。

12.5.5 禁用IP源路由选择

IP报头包含一个源路由（source-route）选项，让源IP主机可指定分组穿越IP网络时采用的路由。在启用了源路由选择的情况下，分组将被转发到其源路由选项指定的路由器地址。要禁用根据报头中的源路由选项来处理分组，可使用如下命令：

```
Lab_B(config)#no ip source-route
```

12.5.6 禁用代理ARP

代理ARP是这样一种技术，即由一台主机（通常是路由器）来响应发送给其他设备的ARP请求。通过"伪造"身份，路由器承担了将这些分组转发给"实际"目的地的职责。代理ARP可让主机到达远程子网，而无需配置路由选择或默认网关。要禁用代理ARP，可使用下面的命令：

```
Lab_B(config)#interface fa0/0
Lab_B(config-if)#no ip proxy-arp
```

请在路由器的所有LAN接口上都配置该命令。

12.5.7 禁用重定向消息

路由器使用ICMP重定向消息来告诉主机，有一条前往特定目的地的路由更好。为禁用重定向消息，以防坏人根据这种信息推断出网络拓扑，可使用如下命令：

```
Lab_B(config)#interface s0/0
Lab_B(config-if)#no ip redirects
```

请在路由器的所有接口上配置该命令。然而，需要知道的是，这样做后，合法的用户数据流可能采用次优路由。因此，禁用这项功能时要谨慎。

12.5.8 禁止生成ICMP不可达消息

要防止外围路由器告诉外部主机哪些子网不存在，进而泄露拓扑信息，可使用命令no ip unreachables。应在连接到外部网络的路由器接口上配置该命令：

```
Lab_B(config)#interface s0/0
Lab_B(config-if)#no ip unreachables
```

这里重申一次，在连接到外部的所有路由器接口上都配置这个命令。

12.5.9 禁用组播路由缓存

组播路由缓存列出了组播路由选择缓存条目，这些分组可被人读取，带来了安全威胁。要禁用组播路由缓存，可使用如下命令：

```
Lab_B(config)#interface s0/0
Lab_B(config-if)#no ip mroute-cache
```

应在所有路由器接口上配置该命令，但这可能降低合法组播数据流的传输速度，这样做时应谨慎。

12.5.10　禁用维护操作协议

维护操作协议（Maintenance Operation Protocol，MOP）是DECnet协议族中的一种协议，运行在数据链路层和网络层，供上传和下载系统软件、远程测试和故障诊断等服务使用。谁还会使用DECnet呢？估计没人用了。要禁用这种服务，可使用如下命令：

```
Lab_B(config)#interface s0/0
Lab_B(config-if)#no mop enabled
```

请在所有路由器接口上配置该命令。

12.5.11　关闭X.25 PAD服务

分组拆装器（Packet Assembler/Disassembler，PAD）将终端和计算机等异步设备连接到公共/私有X.25网络。鉴于当前的每台计算机都使用IP，X.25已经淘汰了，因此没有理由运行该服务。要禁用PAD服务，可使用如下命令：

```
Lab_B(config)#no service pad
```

12.5.12　启用Nagle TCP拥塞算法

Nagle TCP拥塞算法避免小型分组导致的拥塞很有用，但如果使用的MTU设置比默认值（1500 B）大，这种算法可能导致负载超过平均水平。要启用该服务，可使用如下命令：

```
Lab_B(config)#service nagle
```

需要知道的是，Nagle拥塞服务可能导致到Xserver的XWindow连接断开，因此如果使用的是XWindow，请不要启用该服务。

12.5.13　将所有事件都写入日志

用作Syslog服务器时，思科ACS服务器可将事件写入日志，供你查看。要启用这项功能，可使用命令`logging trap debugging`（或`logging trap level`）和`logging ip_address`：

```
Lab_B(config)#logging trap debugging
Lab_B(config)#logging 192.168.254.251
Lab_B(config)#exit
Lab_B#sh logging
Syslog logging: enabled (0 messages dropped, 0 flushes, 0 overruns)
    Console logging: level debugging, 15 messages logged
    Monitor logging: level debugging, 0 messages logged
    Buffer logging: disabled
    Trap logging: level debugging, 19 message lines logged
        Logging to 192.168.254.251, 1 message lines logged
```

12

命令 show logging 提供有关路由器日志配置的统计信息。

12.5.14 禁用思科发现协议

顾名思义，思科发现协议（CDP）发现直接相连的思科网络设备，这是一种思科专用协议。然而，由于它是一种数据链路层协议，因此无法发现路由器另一边的思科设备。另外，默认情况下，思科交换机不转发 CDP 分组，因此无法发现交换机端口连接的思科设备。

组建网络时，CDP 确实很有用。但熟悉该网络并编写文档后，就不再需要 CDP 了。鉴于 CDP 可用于发现网络中的思科路由器和交换机，应将其禁用。可在全局配置模式下设置，这将在交换机或路由器上完全关闭 CDP：

```
Lab_B(config)#no cdp run
```

也可使用如下命令在每个接口上禁用 CDP：

```
Lab_B(config-if)#no cdp enable
```

12.5.15 禁止转发 UDP 协议分组

像下面这样在接口上配置命令 ip helper-address 后，路由器将把 UDP 广播转发到指定的服务器：

```
Lab_B(config)#interface f0/0
Lab_B(config-if)#ip helper-address 192.168.254.251
```

在需要将 DHCP 客户端请求转发给 DHCP 服务器时，通常使用命令 ip helper-address。但问题是，这不仅会转发前往端口 67 的分组（BOOTP 服务器请求），默认还会转发前往其他 7 个端口的分组。要禁止转发前往这些端口的分组，可使用如下命令：

```
Lab_B(config)#no ip forward-protocol udp 69
Lab_B(config)#no ip forward-protocol udp 53
Lab_B(config)#no ip forward-protocol udp 37
Lab_B(config)#no ip forward-protocol udp 137
Lab_B(config)#no ip forward-protocol udp 138
Lab_B(config)#no ip forward-protocol udp 68
Lab_B(config)#no ip forward-protocol udp 49
```

这样，将只会把 BOOTP 服务器请求（对应的端口为 67）转发给 DHCP 服务器。如果要转发前往特定端口的分组（如 TACACS+分组），可使用如下命令：

```
Lab_B(config)#ip forward-protocol udp 49
```

12.5.16 思科 auto secure

要创建并应用 ACL，需要做的工作量很大，而关闭前面讨论的所有服务亦如此。可你确实应该使用 ACL 来确保路由器的安全，尤其是连接到因特网的接口；然而，你可能不确定最佳的方法是什么，或者不想因整夜创建 ACL 和禁用默认服务而耽误与朋友玩乐。

无论是哪种情况，思科提供的解决方案都是一个很好的起点，而这种解决方案也很容易实现。这种解决方案就是使用命令 auto secure，只需在特权模式下运行它，如下所示：

```
R1#auto secure
                --- AutoSecure Configuration ---

*** AutoSecure configuration enhances the security of
the router, but it will not make it absolutely resistant
to all security attacks ***

AutoSecure will modify the configuration of your device.
All configuration changes will be shown. For a detailed
explanation of how the configuration changes enhance
security and any possible side effects, please refer to Cisco.com
for Autosecure documentation.
At any prompt you may enter '?' for help.
Use ctrl-c to abort this session at any prompt.

Gathering information about the router for AutoSecure
Is this router connected to internet? [no]: yes
Enter the number of interfaces facing the internet [1]: [enter]
Interface              IP-Address      OK? Method Status                Protocol
FastEthernet0/0        10.10.10.1      YES NVRAM  up                    up
Serial0/0              1.1.1.1         YES NVRAM  down                  down
FastEthernet0/1        unassigned      YES NVRAM  administratively down down
Serial0/1              unassigned      YES NVRAM  administratively down down
Enter the interface name that is facing the internet: serial0/0

Securing Management plane services...
Disabling service finger
Disabling service pad
Disabling udp & tcp small servers
Enabling service password encryption
Enabling service tcp-keepalives-in
Enabling service tcp-keepalives-out
Disabling the cdp protocol

Disabling the bootp server
Disabling the http server
Disabling the finger service
Disabling source routing
Disabling gratuitous arp
```

```
Here is a sample Security Banner to be shown
at every access to device. Modify it to suit your
enterprise requirements.

Authorized Access only
  This system is the property of So-&-So-Enterprise.
  UNAUTHORIZED ACCESS TO THIS DEVICE IS PROHIBITED.
  You must have explicit permission to access this
  device. All activities performed on this device
  are logged. Any violations of access policy will result
  in disciplinary action.

Enter the security banner {Put the banner between
k and k, where k is any character}:
#
If you are not part of the www.globalnettc.com domain, disconnect now!
#
Enable secret is either not configured or
 is the same as enable password
Enter the new enable secret: [password not shown]
% Password too short - must be at least 6 characters. Password configuration
failed
Enter the new enable secret: [password not shown]
Confirm the enable secret : [password not shown]
Enter the new enable password: [password not shown]
Confirm the enable password: [password not shown]
Configuration of local user database
Enter the username: Todd
Enter the password: [password not shown]
Confirm the password: [password not shown]
Configuring AAA local authentication
Configuring Console, Aux and VTY lines for
local authentication, exec-timeout, and transport
Securing device against Login Attacks
Configure the following parameters
Blocking Period when Login Attack detected: ?
% A decimal number between 1 and 32767.
Blocking Period when Login Attack detected: 100
Maximum Login failures with the device: 5
Maximum time period for crossing the failed login attempts: 10
Configure SSH server? [yes]: [enter to take default of yes]
```

```
Enter the domain-name: lammle.com
Configuring interface specific AutoSecure services
Disabling the following ip services on all interfaces:

 no ip redirects
 no ip proxy-arp
 no ip unreachables
 no ip directed-broadcast
 no ip mask-reply
Disabling mop on Ethernet interfaces

Securing Forwarding plane services...

Enabling CEF (This might impact the memory requirements for your platform)
Enabling unicast rpf on all interfaces connected
to internet

Configure CBAC Firewall feature? [yes/no]:
Configure CBAC Firewall feature? [yes/no]: no
Tcp intercept feature is used prevent tcp syn attack
on the servers in the network. Create autosec_tcp_intercept_list
to form the list of servers to which the tcp traffic is to
be observed

Enable tcp intercept feature? [yes/no]: yes
```

就这么简单！前面提到的服务都被禁用了，还禁用了其他一些服务！将命令 **auto secure** 创建的配置保存后，就可在运行配置中查看新配置了。它很长！

你可能很想马上出去欢度美好时光，但还需核实安全配置，并配置访问控制列表。

既然说到访问控制列表，下面就介绍如何监视和验证ACL，这是一个很重要的主题。

12.6　监视访问控制列表

验证路由器的访问控制列表配置很重要，表12-1列出了用于验证这种配置的命令。

表12-1　验证访问控制列表配置的命令

命　令	作　用
show access-list	显示路由器中配置的所有访问控制列表及其参数，但不会指出访问控制列表应用于哪个接口
show access-list 110	只显示访问控制列表110的参数，但不会指出该访问控制列表应用于哪个接口
show ip access-list	只显示路由器上配置的IP访问控制列表
show ip interface	显示应用了访问控制列表的接口
show running-config	显示访问控制列表以及应用了访问控制列表的接口

前面使用过命令 show running-config 来核实命名访问控制列表是否包含在路由器中，因此这里只介绍其他命令。

命令 show access-list 会列出路由器中的所有访问控制列表，而不管它们是否应用于接口：

```
Lab_A#show access-list
Standard IP access list 10
    deny   172.16.40.0, wildcard bits 0.0.0.255
    permit any
Standard IP access list BlockSales
    deny   172.16.40.0, wildcard bits 0.0.0.255
    permit any
Extended IP access list 110
    deny tcp any host 172.16.30.5 eq ftp
    deny tcp any host 172.16.30.5 eq telnet
    permit ip any any
Lab_A#
```

首先，注意输出中包含访问控制列表 10 和一个命名访问控制列表。其次，注意到虽然在创建访问控制列表 110 的指定的是 TCP 端口号，但为提高可读性，该 show 命令显示的是协议名而不是 TCP 端口号。

下面是命令 show ip interface 的输出：

```
Lab_A#show ip interface fa0/1
FastEthernet0/1 is up, line protocol is up
  Internet address is 172.16.30.1/24
  Broadcast address is 255.255.255.255
  Address determined by non-volatile memory
  MTU is 1500 bytes
  Helper address is not set
  Directed broadcast forwarding is disabled
  Outgoing access list is BlockSales
  Inbound access list is not set
  Proxy ARP is enabled
  Security level is default
  Split horizon is enabled
  ICMP redirects are always sent
  ICMP unreachables are always sent
  ICMP mask replies are never sent
  IP fast switching is disabled
  IP fast switching on the same interface is disabled
  IP Null turbo vector
  IP multicast fast switching is disabled
  IP multicast distributed fast switching is disabled
```

```
    Router Discovery is disabled
    IP output packet accounting is disabled
    IP access violation accounting is disabled
    TCP/IP header compression is disabled
    RTP/IP header compression is disabled
    Probe proxy name replies are disabled
    Policy routing is disabled
    Network address translation is disabled
    Web Cache Redirect is disabled
    BGP Policy Mapping is disabled
Lab_A#
```

请注意其中以粗体显示的一行，它表明对该接口应用了出站访问控制列表 BlockSales，但没有应用入站访问控制列表。前面说过，要查看所有的访问控制列表，可使用命令 `show running-config`。

12.7 小结

本章介绍了如何配置标准访问控制列表，以便对 IP 数据流进行适当的过滤。我们学习了标准访问控制列表是什么，以及如何将其应用于思科路由器接口，以改善网络安全。我们还学习了如何配置扩展访问控制列表，以进一步过滤 IP 数据流。笔者讨论了标准访问控制列表和扩展访问控制列表之间的差别，以及如何将它们应用于思科路由器接口。

接下来，介绍了如何配置命名访问控制列表并将其应用于路由器接口。命名访问控制列表的优点在于易于识别，相对于使用模糊编号的访问控制列表，管理起来要容易得多。

本章还包含很有趣的一节：禁用默认服务。我发现执行这项管理任务很有趣，而使用命令 `auto secure` 可在路由器上完成基本而必需的安全配置。

最后，本章介绍了如何监视和验证路由器的访问控制列表配置。

12.8 考试要点

牢记标准 IP 访问控制列表和扩展 IP 访问控制列表的编号范围。配置标准 IP 访问控制列表时，可使用的编号范围为 1～99 和 1300～1999；而扩展 IP 访问控制列表的编号范围为 100～199 和 2000～2699。

理解隐式 deny 语句。在每个访问控制列表末尾，都有一条隐式的 `deny` 语句。这意味着如果分组不满足访问控制列表中的任何条件，它将被丢弃。另外，如果访问控制列表中只包含 `deny` 语句，它将不允许任何分组通过。

理解配置标准 IP 访问控制列表的命令。要配置标准 IP 访问控制列表，可在全局配置模式下使用访问控制列表编号 1～99 或 1300～1999，然后选择 `permit` 或 `deny`，再使用本章介绍的 3 种方式指定要用来过滤的源 IP 地址。

理解配置扩展 IP 访问控制列表的命令。要配置扩展 IP 访问控制列表，可在全局配置模式下使用访问控制列表编号 100～199 或 2000～2699，然后依次选择 `permit` 或 `deny`、网络层协议、源 IP 地址、目标 IP 地址和传输层端口号（如果将协议指定为 TCP 或 UDP）。

牢记用于查看应用于路由器接口的访问控制列表的命令。要查看接口上是否应用了访问控制列表

12

以及过滤的方向，可使用命令 show ip interface。这个命令不会显示访问控制列表的内容，而只指出在接口上应用了哪些访问控制列表。

牢记用于验证访问控制列表配置的命令。要查看在路由器上配置的访问控制列表，可使用命令 show access-list。这个命令不会指出访问控制列表被应用于哪个接口。

12.9　书面实验 12

请回答下述问题。

(1) 要配置一个标准 IP 访问控制列表，禁止网络 172.16.0.0/16 中的所有主机访问以太网，使用什么命令？

(2) 要将问题(1)中创建的访问控制列表应用于一个以太网接口的出站方向，使用什么命令？

(3) 要创建一个访问控制列表，禁止主机 192.168.15.5 访问一个以太网，使用什么命令？

(4) 要核实你创建的访问控制列表是否正确，使用什么命令？

(5) 哪两种工具可检测和防范 DoS 攻击？

(6) 要创建一个扩展访问控制列表，禁止主机 172.16.10.1 远程登录到主机 172.16.30.5，使用什么命令？

(7) 要将访问控制列表应用于 VTY 线路，使用哪个命令？

(8) 按问题(1)的要求编写一个命名访问控制列表。

(9) 编写命令，将你在问题(8)中创建的命名访问控制列表应用于一个以太网接口的出站方向。

(10) 要查看访问列表被应用于哪个接口以及什么方向，可使用哪个命令？

（该书面实验的答案见本章复习题答案的后面。）

12.10　动手实验

在本节中，你需要完成两个实验。要完成这些实验，至少需要 3 台路由器。使用程序 Cisco Packet Tracer 可轻松完成这些实验。如果你要参加 CCNA 考试，至少应该完成以下实验。

动手实验 12.1：标准 IP 访问控制列表。

动手实验 12.2：扩展 IP 访问控制列表。

在所有这些动手实验中，都需要配置下述示意图中的路由器。

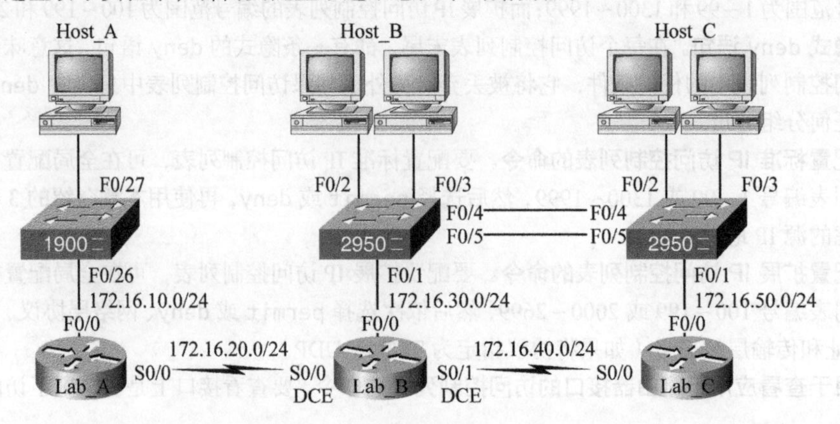

12.10.1 动手实验 12.1：标准 IP 访问控制列表

在这个实验中，只允许来自网络 172.16.30.0 中 Host_B 的分组进入网络 172.16.30.0。

(1) 在 Lab_A 中，执行命令 config t 进入全局配置模式。

(2)在全局配置模式下，输入 access-list ?列出各种访问控制列表编号范围。

(3) 选择一个 IP 标准访问控制列表可用的编号，即它在范围 1～99 或 1300～1999 内。

(4) 输入 permit 172.16.30.2（Host_B 的地址）：

```
Lab_A(config)#access-list 10 permit 172.16.30.2 ?
  A.B.C.D  Wildcard bits
  <cr>
```

要指定只允许来自主机 172.16.30.2 的数据流通过，可使用通配符掩码 0.0.0.0：

```
Lab_A(config)#access-list 10 permit 172.16.30.2
  0.0.0.0
```

(5) 创建访问控制列表后，要让它发挥作用，必须将它应用于一个接口：

```
Lab_A(config)#int f0/0
Lab_A(config-if)#ip access-group 10 out
```

(6) 使用下面的命令验证该访问控制列表：

```
Lab_A#sh access-list
Standard IP access list 10
    permit 172.16.30.2
Lab_A#sh run
[output cut]
interface FastEthernet0/0
 ip address 172.16.10.1 255.255.255.0
 ip access-group 10 out
```

(7) 从 Host_B（172.16.30.2）ping Host_A（172.16.10.2），对该访问控制列表进行测试。

(8) 从 Lab_B 和 Lab_C ping Host_A（172.16.10.2）；如果访问控制列表配置正确，这些 ping 操作将失败。

12.10.2 动手实验 12.2：扩展 IP 访问控制列表

在这个实验中，配置一个扩展 IP 访问控制列表，以禁止主机 172.16.10.2 创建到 Lab_B（172.16.20.2）的 Telnet 会话，但该主机应该能够 ping 路由器 Lab_B。IP 扩展访问控制列表应放在离信源尽可能近的地方，因此将在路由器 Lab_A 上配置该访问控制列表。

(1) 删除 Lab_A 的所有访问控制列表，再添加一个扩展访问控制列表。

(2) 选择一个扩展 IP 访问控制列表可用的编号，即它在范围 100～199 或 2000～2699 内。

(3) 选择 deny 语句（第(7)步将添加一条 permit 语句，让其他所有数据流都通过）：

```
Lab_A(config)#access-list 110 deny ?
  <0-255>  An IP protocol number
  ahp      Authentication Header Protocol
```

```
  eigrp    Cisco's EIGRP routing protocol
  esp      Encapsulation Security Payload
  gre      Cisco's GRE tunneling
  icmp     Internet Control Message Protocol
  igmp     Internet Gateway Message Protocol
  igrp     Cisco's IGRP routing protocol
  ip       Any Internet Protocol
  ipinip   IP in IP tunneling
  nos      KA9Q NOS compatible IP over IP tunneling
  ospf     OSPF routing protocol
  pcp      Payload Compression Protocol
  tcp      Transmission Control Protocol
  udp      User Datagram Protocol
```

(4) 鉴于你要禁止 Telnet 数据流通过，因此必须将传输层协议指定为 TCP：

```
Lab_A(config)#access-list 110 deny tcp ?
  A.B.C.D  Source address
  any      Any source host
  host     A single source host
```

(5) 指定要用于过滤的源 IP 地址，再指定目标 IP 地址。请使用关键字 host，而不使用通配符掩码：

```
Lab_A(config)#access-list 110 deny tcp host
  172.16.10.2 host 172.16.20.2 ?
  ack          Match on the ACK bit
  eq           Match only packets on a given port
               number
  established  Match established connections
  fin          Match on the FIN bit
  fragments    Check fragments
  gt           Match only packets with a greater
               port number
  log          Log matches against this entry
  log-input    Log matches against this entry,
               including input interface
  lt           Match only packets with a lower port
               number
  neq          Match only packets not on a given
               port number
  precedence   Match packets with given precedence
               value
  psh          Match on the PSH bit
  range        Match only packets in the range of
```

```
                 port numbers
rst              Match on the RST bit
syn              Match on the SYN bit
tos              Match packets with given TOS value
urg              Match on the URG bit
<cr>
```

(6) 现在，输入 eq telnet，以禁止主机 172.16.10.2 远程登录到 172.16.20.2。在语句末尾，也可添加命令 log，这样每当到达这条语句时，都将在控制台显示一条消息。

```
Lab_A(config)#access-list 110 deny tcp host
  172.16.10.2 host 172.16.20.2 eq telnet log
```

(7) 添加下面一行，以创建一条 permit 语句，这很重要（别忘了，0.0.0.0 255.255.255.255 与命令 any 等价）。

```
Lab_A(config)#access-list 110 permit ip any 0.0.0.0
  255.255.255.255
```

必须创建一条 permit 语句；如果只创建一条 deny 语句，任何数据流都不能通过。每个 ACL 末尾都有一条隐式的 deny any 语句，有关该语句的详细信息，请参阅正文。

(8) 将这个访问控制列表应用于路由器 Lab_A 的接口 f0/0，让 Telnet 数据流到达第一个路由器接口就被丢弃。

```
Lab_A(config)#int f0/0
Lab_A(config-if)#ip access-group 110 in
Lab_A(config-if)#^Z
```

(9) 尝试从主机 172.16.10.2 远程登录到 Lab_A——使用目标 IP 地址 172.16.20.2。然而，ping 该路由器时应该成功：

```
From host 172.16.10.2: C:\>telnet 172.16.20.2
```

在路由器 Lab_A 的控制台中，应显示如下消息：

```
01:11:48: %SEC-6-IPACCESSLOGP: list 110 denied tcp
  172.16.10.2(1030) -> 172.16.20.2(23), 1 packet
01:13:04: %SEC-6-IPACCESSLOGP: list 110 denied tcp
  172.16.10.2(1030) -> 172.16.20.2(23), 3 packets
```

12

12.11 复习题

注意　下面的复习题旨在检验你对本章内容的理解程度。有关如何获取更多复习题的信息，请参阅本书的前言。

(1) 下面哪项是标准 IP 访问控制列表？

A. access-list 110 permit host 1.1.1.1
B. access-list 1 deny 172.16.10.1 0.0.0.0
C. access-list 1 permit 172.16.10.1 255.255.0.0
D. access-list standard 1.1.1.1

(2) 要禁止来自网络 192.168.160.0～192.168.191.0 的数据流通过，使用下面哪个访问控制列表？

A. access-list 10 deny 192.168.160.0 255.255.224.0
B. access-list 10 deny 192.168.160.0 0.0.191.255
C. access-list 10 deny 192.168.160.0 0.0.31.255
D. access-list 10 deny 192.168.0.0 0.0.31.255

(3) 你创建了一个名为 Blocksales 的命名访问控制列表，要将其应用于路由器接口 s0 的入站方向，可使用下面哪个命令？

A. (config)#ip access-group 110 in
B. (config-if)#ip access-group 110 in
C. (config-if)#ip access-group Blocksales in
D. (config-if)#Blocksales ip access-list in

(4) 要在 IP 访问控制列表中只指定主机 172.16.30.55，可使用下面哪两种方式？

A. 172.16.30.55 0.0.0.255
B. 172.16.30.55 0.0.0.0
C. any 172.16.30.55
D. host 172.16.30.55
E. 0.0.0.0 172.16.30.55
F. ip any 172.16.30.55

(5) 下面哪个访问控制列表只允许 HTTP 数据流进入网络 196.15.7.0?

A. access-list 100 permit tcp any 196.15.7.0 0.0.0.255 eq www
B. access-list 10 deny tcp any 196.15.7.0 eq www
C. access-list 100 permit 196.15.7.0 0.0.0.255 eq www
D. access-list 110 permit ip any 196.15.7.0 0.0.0.255
E. access-list 110 permit www 196.15.7.0 0.0.0.255

(6) 下面哪个路由器命令能够让你确定在特定接口上是否应用了 IP 访问控制列表？

A. show ip port
B. show access-lists
C. show ip interface
D. show access-lists interface

(7) 下面哪个路由器命令让你能够查看所有访问控制列表的全部内容？

A. Router#show interface
B. Router>show ip interface
C. Router#show access-lists
D. Router>show all access-lists

(8) 如果只禁止所有到网络 192.168.10.0 的 Telnet 连接，可使用下面哪个命令？

A. access-list 100 deny tcp 192.168.10.0 255.255.255.0 eq telnet
B. access-list 100 deny tcp 192.168.10.0 0.255.255.255 eq telnet
C. access-list 100 deny tcp any 192.168.10.0 0.0.0.255 eq 23
D. access-list 100 deny 192.168.10.0 0.0.0.255 any eq 23

(9) 如果要禁止从网络 200.200.10.0 以 FTP 方式访问网络 200.199.11.0，但允许其他所有数据流通过，可使用下面哪一项命令？

A. access-list 110 deny 200.200.10.0 to network 200.199.11.0 eq ftp
   access-list 111 permit ip any 0.0.0.0 255.255.255.255
B. access-list 1 deny ftp 200.200.10.0 200.199.11.0 any any
C. access-list 100 deny tcp 200.200.10.0 0.0.0.255 200.199.11.0 0.0.0.255 eq ftp
D. access-list 198 deny tcp 200.200.10.0 0.0.0.255 200.199.11.0 0.0.0.255 eq ftp
   access-list 198 permit ip any 0.0.0.0 255.255.255.255

(10) 要创建一个标准访问控制列表，以禁止来自主机 172.16.50.172/20 所属子网的数据流通过，应该首先创建下面哪条语句？

A. access-list 10 deny 172.16.48.0 255.255.240.0
B. access-list 10 deny 172.16.0.0 0.0.255.255
C. access-list 10 deny 172.16.64.0 0.0.31.255
D. access-list 10 deny 172.16.48.0 0.0.15.255

(11) 要将访问控制列表应用于路由器接口，可使用下面哪个命令？

A. ip access-list 101 out
B. access-list ip 101 in

C. ip access-group 101 in　　　　D. access-group ip 101 in

(12) 要创建一个标准访问控制列表，以禁止来自主机172.16.198.94/19所属子网的数据流通过，应该首先创建下面哪条语句？

A. access-list 10 deny 172.16.192.0 0.0.31.255
B. access-list 10 deny 172.16.0.0 0.0.255.255
C. access-list 10 deny 172.16.172.0 0.0.31.255
D. access-list 10 deny 172.16.188.0 0.0.15.255

(13) 要创建一个标准访问控制列表，以禁止来自主机172.16.144.17/21所属子网的数据流通过，应该首先创建下面哪条语句？

A. access-list 10 deny 172.16.48.0 255.255.240.0
B. access-list 10 deny 172.16.144.0 0.0.7.255
C. access-list 10 deny 172.16.64.0 0.0.31.255
D. access-list 10 deny 172.16.136.0 0.0.15.255

(14) 要将访问控制列表110应用于接口ethernet0的入站方向，可使用下面哪个命令？

A. Router(config)#ip access-group 110 in
B. Router(config)#ip access-list 110 in
C. Router(config-if)#ip access-group 110 in
D. Router(config-if)#ip access-list 110 in

(15) 下面哪个命令只允许前往主机1.1.1.1的SMTP邮件通过？

A. access-list 10 permit smtp host 1.1.1.1
B. access-list 110 permit ip smtp host 1.1.1.1
C. access-list 10 permit tcp any host 1.1.1.1 eq smtp
D. access-list 110 permit tcp any host 1.1.1.1 eq smtp

(16) 你配置了如下访问控制列表：

```
access-list 110 deny tcp 10.1.1.128 0.0.0.63 any eq smtp
access-list 110 deny tcp any any eq 23
int ethernet 0
ip access-group 110 out
```

请问这将导致什么样的结果？

A. Email和Telnet数据流可从接口E0出去
B. Email和Telnet数据流可从接口E0进来
C. 除Email和Telnet外的其他数据流都可从接口E0出去
D. 任何IP数据流都不能从接口E0出去

(17) 下面哪一项命令禁止以Telnet方式访问路由器？

A. Lab_A(config)#**access-list 10 permit 172.16.1.1**
   Lab_A(config)#**line con 0**
   Lab_A(config-line)#**ip access-group 10 in**
B. Lab_A(config)#**access-list 10 permit 172.16.1.1**
   Lab_A(config)#**line vty 0 4**
   Lab_A(config-line)#**access-class 10 out**
C. Lab_A(config)#**access-list 10 permit 172.16.1.1**
   Lab_A(config)#**line vty 0 4**
   Lab_A(config-line)#**access-class 10 in**
D. Lab_A(config)#**access-list 10 permit 172.16.1.1**
   Lab_A(config)#**line vty 0 4**
   Lab_A(config-line)#**ip access-group 10 in**

(18) 下面有关如何将访问控制列表应用于接口的说法中，哪种是正确的？

A. 可根据需要将任意数量的访问控制列表应用于任何接口，直到内存耗尽

B. 在任何接口上都只能应用一个访问控制列表

C. 在每个接口的每个方向上，只能针对每种第 3 层协议应用一个访问控制列表

D. 在任何接口上都可应用两个访问控制列表

(19) 当前网络面临的最常见的攻击是什么？

A. 撬锁攻击（lock picking）　　B. Naggle

C. DoS　　D. `auto secure`

(20) 为实时防范 DoS 攻击，并将攻击网络的企图记录到日志，应如何做？

A. 添加路由器　　B. 使用 `auto secure` 命令

C. 实现 IDS/IPS　　D. 配置 Naggle

12.12　复习题答案

(1) B。标准 IP 访问控制列表使用编号 1～99 或 1300～1999，且只根据源 IP 地址进行过滤。答案 C 之所以不对，是因为掩码必须是通配符格式。

(2) C。范围 192.168.160.0～192.168.191.0 对应的块大小为 32。网络地址为 192.168.160.0，子网掩码为 255.255.24.0；而在访问控制列表中，必须使用对应的通配符掩码 0.0.31.255。其中的 31 表示块大小 32，通配符掩码总是比块大小小 1。

(3) C。将命名访问控制列表应用于路由器接口时，只需将编号替换为名称即可，因此正确的答案是 `ip access-group Blocksales in`。

(4) B 和 D。通配符掩码 0.0.0.0 告诉路由器，全部 4 B 都必须相同。可使用命令 `host` 代替这种通配符掩码。

(5) A。对于这样的问题，首先需要检查的是访问控制列表编号。根据这一点可知，答案 B 不正确，因为它使用的是标准 IP 访问控制列表的编号。接下来需要检查的是协议。如果要根据上层协议进行过滤，则必须指定 UDP 或 TCP；据此可排除答案 D。另外，答案 C 和 D 的语法也不对。

(6) C。在所有的答案中，只有命令 `show ip interface` 能够告诉你对哪些接口应用了访问控制列表。命令 `sh access-lists` 不会指出对哪些接口应用了访问控制列表。

(7) C。命令 `sh access-lists` 让你能够查看所有访问控制列表的全部内容，但不会指出访问控制列表被应用于哪个接口。

(8) C。扩展访问控制列表的编号范围为 100～199 和 2000～2699，因此访问控制列表编号 100 是合法的。Telnet 使用 TCP，因此协议 TCP 也是对的。现在，只需查看源地址和目标地址。只有答案 C 的参数排列顺序是正确的。答案 B 也许可行，但这里要求只禁止到网络 192.168.10.0 的 Telnet 连接，而答案 B 中的通配符掩码指定的范围太大了。

(9) D。扩展 IP 访问控制列表的编号范围为 100～199 和 2000～2699，并根据源 IP 地址、目标 IP 地址、协议号和端口号进行过滤。答案 D 是正确的，因为它的第二条语句指定了 `permit ip any any`（实际上是 `0.0.0.0 255.255.255.255`，但这与 `any` 等效）。答案 C 没有这条语句，因此将禁止所有访问。

(10) D。首先，您必须知道/20 对应的子网掩码为 255.255.240.0，其第三个字节对应的块大小为 16。通过计算 16 的整数倍，可确定子网号的第三个字节为 48，而通配符掩码的第三个字节为 15，因为通配符掩码总是比块大小小 1。

(11) C。就应用访问控制列表而言，合适的命令为 ip access-group 101 in。

(12) A。首先，你必须知道/19 对应的子网掩码为 255.255.224.0，其第三个字节对应的块大小为 32。通过计算 32 的整数倍，可确定子网号的第三个字节为 192，而通配符掩码的第三个字节为 31，因为通配符掩码总是比块大小小 1。

(13) B。首先，你必须知道/21 对应的子网掩码为 255.255.248.0，其第三个字节对应的块大小为 8。通过计算 8 的整数倍，可确定子网号的第三个字节为 144，而通配符掩码的第三个字节为 7，因为通配符掩码总是比块大小小 1。

(14) C。要将访问控制列表应用于接口，可在接口配置模式下执行命令 ip access-group。

(15) D。对于与访问控制列表相关的问题，要找出正确答案，总是应首先检查访问控制列表编号，再检查协议。要根据上层协议进行过滤，必须使用扩展访问控制列表，其编号范围为 100～199 和 2000～2699。另外，要根据上层协议的端口进行过滤，必须在 ACL 将协议指定为 TCP 或 UDP。如果将协议指定为 IP，便不能根据上层协议的端口号进行过滤。SMTP 使用 TCP。

(16) D。将访问控制列表应用于接口时，如果该访问控制列表一条 permit 语句也没有，则相当于关闭了该接口，因为每个访问控制列表末尾都有一条隐式的 deny any 语句。

(17) C。要禁止以 Telnet 方式访问路由器，可对路由器的 VTY 线路应用一个标准 IP 访问控制列表或一个扩展 IP 访问控制列表。命令 access-class 用于将访问控制列表应用于 VTY 线路。

(18) C。思科路由器有如何在路由器接口上应用访问控制列表的规则。在每个接口的每个方向上，只能针对每种第 3 层协议应用一个访问控制列表。

(19) C。当前网络面临的最常见的攻击是拒绝访问（DoS）攻击，因为这种攻击最容易发动。

(20) C。通过实现入侵检测系统（IDS）和入侵防范系统（IPS），可实时地检测并阻止攻击。

12.13 书面实验 12 答案

(1)
```
access-list 10 deny 172.16.0.0 0.0.255.255
access-list 10 permit any
```
(2)
```
ip access-group 10 out
```
(3)
```
access-list 10 deny host 192.168.15.5
access-list 10 permit any
```
(4)
```
show access-lists
```
(5) IDS 和 IPS

(6)
```
access-list 110 deny tcp host
172.16.10.1 host 172.16.30.5 eq 23
access-list 110 permit ip any any
```
(7)
```
line vty 0 4
access-class 110 in
```
(8)
```
ip access-list standard No172Net
deny 172.16.0.0 0.0.255.255
permit any
```
(9)
```
ip access-group No172Net out
```
(10)
```
show ip interfaces
```

12

第13章 网络地址转换（NAT）

本章涵盖如下 CCNA 考试要点。

✓ **在中型企业分支机构网络中实现和验证 NAT 和 ACL 以及排除其故障**

- ❑ 阐述 NAT 的基本工作原理；
- ❑ 根据网络需求配置 NAT（包括使用 CLI/SDM）；
- ❑ 排除 NAT 故障。

在本章中，笔者将简要地介绍 NAT（Network Address Translation，网络地址转换）、动态 NAT 和端口地址转换（PAT），其中 PAT 也叫 NAT 重载。当然，我将演示所有的 NAT 命令，还将在本章末尾提供一些引人注目的动手实验，供你练习。

在阅读本章前，阅读第 12 章将有所帮助，因为配置 NAT 时需要用到访问控制列表。

有关本章的最新修订，请访问 www.lammle.com 或 www.sybex.com/go/ccna7e。

13.1 在什么情况下使用 NAT

与无类域间路由选择（CIDR）一样，最初开发 NAT 也旨在推迟可用 IP 地址空间耗尽的时间，这是通过使用少量公有 IP 地址表示众多私有 IP 地址实现的。

但随后人们发现，在网络迁移和合并、服务器负载均衡以及创建虚拟服务器方面，NAT 也是很有用的工具。因此，本章将简要描述 NAT 的功能和常见术语。

NAT 确实可减少联网环境所需的公有 IP 地址数；在两家使用相同内部编址方案的公司合并时，NAT 也提供了便利的解决方案；在公司更换因特网服务提供商（ISP），而网络管理员又不想修改内部编址方案时，NAT 也能提供很好的解决方案。

下面是 NAT 可提供帮助的各种情形：

- ❑ 需要连接到因特网，但主机没有全局唯一的 IP 地址；
- ❑ 更换的 ISP 要求对网络进行重新编址；
- ❑ 需要合并两个使用相同编址方案的内联网。

NAT 通常用于边界路由器。例如，在图 13-1 中，NAT 用于连接到因特网的路由器 Corporate（公司）。

你可能这样想，NAT 确实很酷，它是最佳的网络工具，必须使用它。但且慢，NAT 也有缺陷。我的意思是说，NAT 有时候确实可以解救你，但它也有缺点。表 13-1 说明了 NAT 的优缺点。

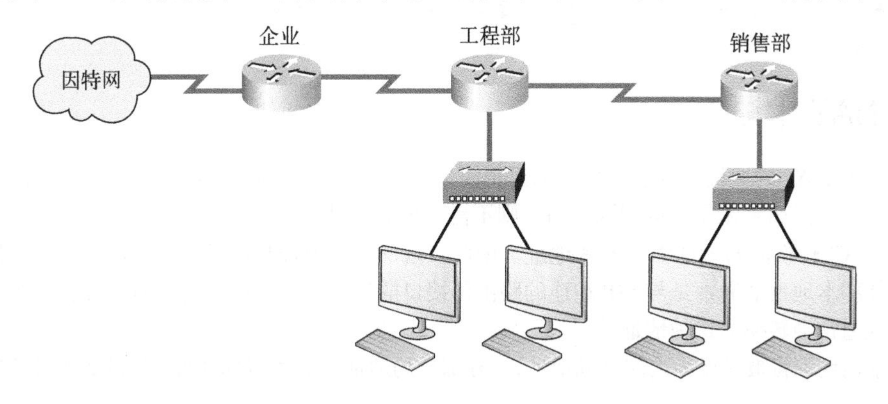

图 13-1　在什么地方配置 NAT

表13-1　实现NAT的优缺点

优　点	缺　点
节省合法的注册地址	地址转换将增加交换延迟
在地址重叠时提供解决方案	导致无法进行端到端IP跟踪
提高连接到因特网的灵活性	导致有些应用程序无法正常运行
在网络发生变化时避免重新编址	

注意　NAT 最明显的优点是，能够节省合法的注册地址。这也是 IPv4 地址至今还未耗尽的原因。

13.2　网络地址转换类型

本节介绍 NAT 的 3 种类型。

- **静态 NAT**　这种 NAT 能够在本地地址和全局地址之间进行一对一的映射。请记住，使用静态 NAT 时，必须为网络中的每台主机提供一个公有因特网 IP 地址。
- **动态 NAT**　它能够将未注册的 IP 地址映射到注册 IP 地址池中的一个地址。不像使用静态 NAT 那样，你无需静态地配置路由器，使其将每个内部地址映射到一个外部地址，但必须有足够的公有因特网 IP 地址，让连接到因特网的主机都能够同时发送和接收分组。
- **NAT 重载**　这是最常用的 NAT 类型。NAT 重载也是动态 NAT，它利用源端口将多个非注册 IP 地址映射到一个注册 IP 地址（多对一）。那么，它的独特之处何在呢？它也被称为端口地址转换（PAT）。通过使用 PAT（NAT 重载），只需使用一个全局 IP 地址，就可将数千名用户连接到因特网，这是不是很酷？因特网 IP 地址之所以还未耗尽，真正的原因就在于使用了 NAT 重载。

在本章末尾，将通过动手实验演示如何配置这3种类型的NAT。

13.3 NAT术语

对于用于NAT的地址，我们使用的术语很简单。NAT转换后的地址称为全局地址，这通常是因特网公有地址；但如果无需连接到因特网，则不需要公有地址。

进行NAT转换前的地址称为本地地址。因此，内部本地地址是试图连接到因特网的主机的私有地址；而外部本地地址通常是与ISP相连的路由器接口的地址。后者通常是公有地址，主机发送的分组的源地址通常会转换为这种地址。

内部本地地址将被转换为内部全局地址，而外部全局地址将成为目标地址。表13-2列出了各种NAT术语。

表13-2　NAT术语

术　语	含　义
内部本地地址	转换前的内部源地址
外部本地地址	转换后的目标地址
内部全局地址	转换后的源地址
外部全局地址	转换前的外部目标地址

13.4 NAT的工作原理

下面介绍NAT的工作原理。首先，使用图13-2介绍基本的NAT转换。

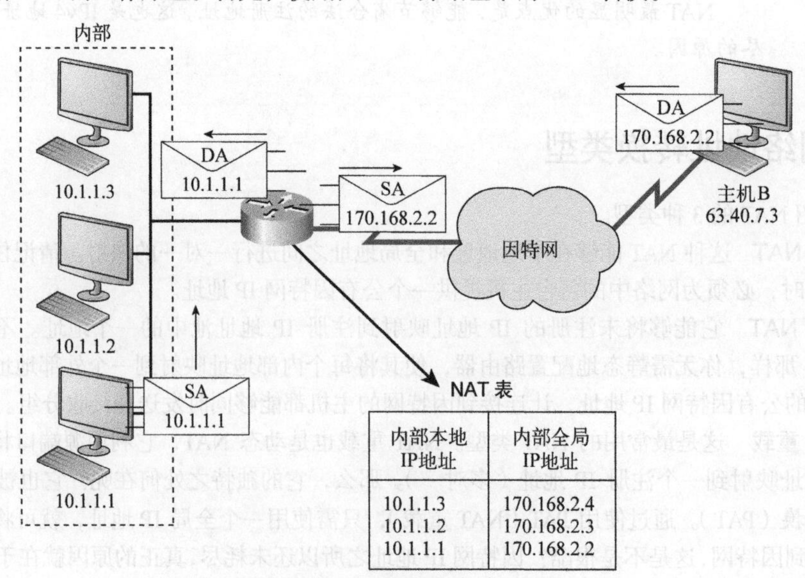

图13-2　基本的NAT转换

在图 13-2 所示的示例中，为向因特网发送分组，主机 10.1.1.1 将其发送给配置了 NAT 的边界路由器。该路由器发现分组的源 IP 地址为内部本地 IP 地址，且是前往外部网络的，因此对源地址进行转换，并将这种转换记录到 NAT 表中。

然后，该分组被转发到外部接口，它包含转换后的源地址。收到外部主机返回的分组后，NAT 路由器根据 NAT 表将分组包含的内部全局 IP 地址转换为内部本地 IP 地址。

下面来看一个更复杂的示例，它使用了 NAT 重载（也叫端口地址转换，PAT）。这里将使用图 13-3 来说明 PAT 的工作原理。

使用重载时，转换后的所有内部主机都使用同一个 IP 地址，术语重载因此而得名。这里再重申一次，可用的因特网 IP 地址之所以没有耗尽，都是拜 NAT 重载（PAT）所赐。

请看图 13-3 所示的 NAT 表，除内部本地 IP 地址和外部全局 IP 地址外，它还包含端口号。这些端口号让路由器能够确定应该将返回的数据流转发给哪台主机。

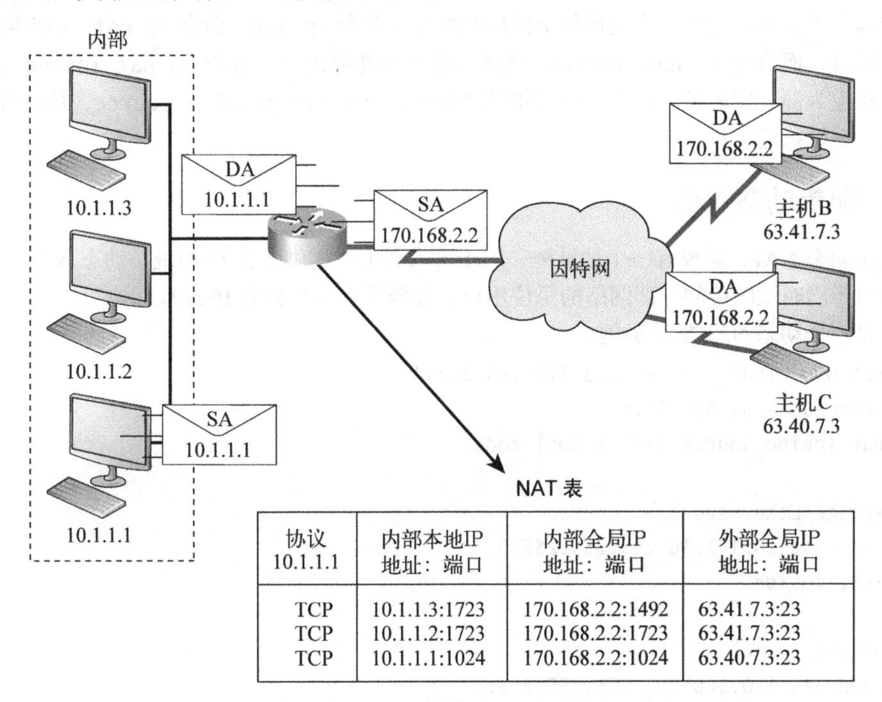

协议 10.1.1.1	内部本地IP 地址：端口	内部全局IP 地址：端口	外部全局IP 地址：端口
TCP	10.1.1.3:1723	170.168.2.2:1492	63.41.7.3:23
TCP	10.1.1.2:1723	170.168.2.2:1723	63.41.7.3:23
TCP	10.1.1.1:1024	170.168.2.2:1024	63.40.7.3:23

图 13-3　NAT 重载（PAT）示例

在这个示例中，使用传输层端口号来标识本地主机。如果必须使用注册 IP 地址来标识本地主机，则称为静态 NAT，而可用 IP 地址早就耗尽了。PAT 能够使用传输层端口号来标识主机，因此，从理论上说，最多可让大约 65 000 台主机共用一个公有 IP 地址。

13.4.1　配置静态 NAT

下面是一种简单的静态 NAT 配置：

```
ip nat inside source static 10.1.1.1 170.46.2.2
!
interface Ethernet0
 ip address 10.1.1.10 255.255.255.0
 ip nat inside
!
interface Serial0
 ip address 170.46.2.1 255.255.255.0
 ip nat outside
!
```

在上面的路由器输出中，命令 `ip nat inside source` 指定要对哪些 IP 地址进行转换。这里使用该命令配置了一个静态转换：将内部本地 IP 地址 10.1.1.1 静态地转换为内部全局 IP 地址 170.46.2.2。

如果你往下查看该配置，将发现每个接口都配置了命令 `ip nat`。命令 `ip nat inside` 将接口指定为内部接口，而命令 `ip nat outside` 将接口指定为外部接口。命令 `ip nat inside source` 将内部接口指定为源，即转换的起点，也可将该命令改为 `ip nat outside source`，从而将外部接口指定为源，即转换的起点。

13.4.2 配置动态 NAT

要使用动态 NAT，需要有一个地址池，用于给内部用户提供公有 IP 地址。动态 NAT 不使用端口号，因此对于同时试图访问外部网络的每位用户，都需要有一个公有 IP 地址。

下面是一个动态 NAT 配置示例：

```
ip nat pool todd 170.168.2.3 170.168.2.254
    netmask 255.255.255.0
ip nat inside source list 1 pool todd
!
interface Ethernet0
 ip address 10.1.1.10 255.255.255.0
 ip nat inside
!
interface Serial0
 ip address 170.168.2.1 255.255.255.0
 ip nat outside
!
access-list 1 permit 10.1.1.0 0.0.0.255
!
```

命令 `ip nat inside source list 1 pool todd` 让路由器这样做：将与 `access-list 1` 匹配的 IP 地址转换为 IP NAT 地址池 `todd` 中的一个可用地址。在这里，不同于出于安全考虑而过滤数据流，访问控制列表并非用来禁止或允许数据流通过，而用于指定感兴趣的数据流。如果数据流与访问控制列表匹配（即为感兴趣的数据流），则将其交给 NAT 进程进行转换。这是访问控制列表的一种常见用途，访问控制列表并非总是用于在接口处阻断数据流。

命令ip nat pool todd 170.168.2.3 192.168.2.254 netmask 255.255.255.0创建一个地址池，用于将全局地址分配给主机。

13.4.3 配置PAT（NAT重载）

这个示例将演示如何配置内部全局地址重载，这是当今使用的典型NAT。除非需要进行静态映射（如映射到服务器），否则很少使用静态NAT和动态NAT。

下面是一个PAT配置示例：

```
ip nat pool globalnet 170.168.2.1 170.168.2.1 netmask 255.255.255.0
ip nat inside source list 1 pool globalnet overload

!
interface Ethernet0/0
 ip address 10.1.1.10 255.255.255.0
 ip nat inside
!
interface Serial0/0
 ip address 170.168.2.1 255.255.255.0
 ip nat outside
!
access-list 1 permit 10.1.1.0 0.0.0.255
```

相比于前面的动态NAT配置，该配置唯一不同的地方是，地址池只包含一个IP地址，且命令ip nat inside source末尾包含关键字overload。

在这个示例中，注意到地址池只包含一个IP地址，它是外部接口的IP地址。这适合只从ISP获取一个IP地址的家庭或小型办公室配置NAT重载。然而，如果有其他地址，如170.168.2.2，也可使用它，这适合大型网络，在这种环境中，可能有很多内部用户需要同时访问因特网，必须重载多个公有IP地址。

13.4.4 NAT的简单验证

配置完成要使用的NAT类型后——通常是NAT重载（PAT），需要对配置进行验证。

要查看基本的IP地址转换信息，可使用如下命令：

```
Router#show ip nat translations
```

查看IP NAT转换条目时，可能看到很多包含同一个目标地址的转换条目，这通常是由于有很多到同一台服务器的连接。

另外，还可使用命令debug ip nat来验证NAT配置。在该命令的每个调试输出行中，都包含发送地址、转换条目和目标地址：

```
Router#debug ip nat
```

如何将NAT表中的转换条目清除呢？可使用命令clear ip nat translation。要清除NAT表中的所有转换条目，可在该命令末尾加上星号（*）。

13.5 NAT 的测试和故障排除

思科 NAT 功能强大，无需为此做太多工作，因为其配置非常简单。但你知道，任何东西都不是完美的，如果出现故障，可根据下述清单找出常见的原因：

- 检查动态地址池，看它包含的地址范围是否正确；
- 检查不同动态地址池包含的地址是否重复；
- 检查用于静态映射的地址和动态地址池中的地址是否重复；
- 确保访问控制列表正确地指定了要转换的地址；
- 确保包含了应包含的地址，且没有包含不应包含的地址；
- 确保正确地指定了内部接口和外部接口。

需要牢记于心的是，新的 NAT 配置有一种常见的问题，这种问题与 NAT 毫无关系，而与路由选择相关。因此，使用 NAT 修改分组的源地址或目标地址后，务必确保路由器知道如何处理转换后的地址。

通常，应首先使用命令 show ip nat translations，如下所示：

```
Router#show ip nat trans
Pro    Inside global  Inside local    Outside local Outside global
---    192.2.2.1      10.1.1.1        ---    ---
---    192.2.2.2      10.1.1.2        ---    ---
```

根据上述输出，你能判断路由器配置的要么是静态 NAT 要么是动态 NAT 吗？能够判断，因为内部本地地址和内部全局地址之间为一对一的映射关系。下面来看另一个例子：

```
Router#sh ip nat trans
Pro Inside global        Inside local        Outside local      Outside global
tcp 170.168.2.1:11003  10.1.1.1:11003  172.40.2.2:23  172.40.2.2:23
tcp 170.168.2.1:1067   10.1.1.1:1067   172.40.2.3:23  172.40.2.3:23
```

从上述输出可知，使用的是 NAT 重载（PAT）。上述输出表明，协议为 TCP，且两个转换条目中包含的内部全局地址相同。

有人说，NAT 表可存储的转换条目数没有限制，但实际上，内存、CPU 以及可用地址和端口范围限制了可包含的转换条目数。每个转换条目都需要占用大约 160 B 的内存。有时候，出于性能考虑或受策略的限制，必须限制包含的转换条目数，不过这种情况也不多见。这时，可使用命令 ip nat translation max-entries。

另一个方便的故障排除命令是 show ip nat statistics。该命令显示 NAT 配置摘要，并计算活动的转换条目数。另外，它还显示命中现有转换条目的次数以及未找到现有条目的次数，在后一种情况下，将试图创建新的转换条目。该命令还显示过期的转换条目。如果要查看动态地址池——它包含的地址总数（其中有多少分配出去了，还有多少可用）以及执行的转换次数，可在该命令中使用关键字 pool。

下面是这个 NAT 调试命令的输出：

```
Router#debug ip nat
NAT: s=10.1.1.1->192.168.2.1, d=172.16.2.2 [0]
NAT: s=172.16.2.2, d=192.168.2.1->10.1.1.1 [0]
```

```
NAT: s=10.1.1.1->192.168.2.1, d=172.16.2.2 [1]
NAT: s=10.1.1.1->192.168.2.1, d=172.16.2.2 [2]
NAT: s=10.1.1.1->192.168.2.1, d=172.16.2.2 [3]
NAT*: s=172.16.2.2, d=192.168.2.1->10.1.1.1 [1]
```

注意到在最后一行输出中，开头有一个星号（*）。这表示分组在转换后被快速交换到目的地。你可能会问：什么是快速交换呢？下面简要地解释一下。快速交换有很多名称，也被称为基于缓存的交换，而另一个更准确的名称是"路由一次，交换多次"。在思科路由器上，使用快速交换进程来缓存第3层路由选择信息，供第2层进程使用，这旨在避免每次转发分组时都对路由选择表进行分析，让路由器能够快速转发分组。以进程方式交换分组（在路由选择表中查找）时，将相关的信息存储在缓存中，供以后使用，以提高路由选择速度。

回到验证NAT的主题。前面说过，可手工清除NAT表中的转换条目。如果需要删除无用的转换条目，以免它们等待过期，这将很方便。另外，如果要清空整个NAT表，以便重新配置地址池，这也很有用。

还需知道的是，只要NAT表中有包含地址池中地址的转换条目，思科IOS就不会允许修改或删除相应的地址池。命令`clear ip nat translations`清除转换条目——你可使用全局地址、本地地址和TCP（UDP）端口指定要清除特定的转换条目，也可使用星号（*）清除所有的转换条目。然而，该命令只清除动态转换条目，而不会清除静态转换条目。

另外，外部设备返回分组时，使用的目标地址称为内部全局（IG）地址。这意味着必须将最初创建的转换条目保存在NAT表中，确保对特定连接返回的所有分组进行一致的转换。通过将转换条目保存在NAT表中，还可减少同一台内部主机定期向同一台外部主机发送分组时，每次执行的重复转换操作。

进一步解释下我想表达的意思。转换条目首次被加入NAT表时，将启动一个定时器，该定时器的时间称为转换条目超时时间。每当有穿越路由器的分组用到该转换条目时，都将重置其定时器。如果定时器到期，相应的转换条目将从NAT表中删除，而动态分配给它的地址将归还给地址池。思科路由器的转换条目超时时间默认为86 400秒（24小时），但可使用命令`ip nat translation timeout`修改。

下面来看一个NAT示例，看看你能否确定所需的配置。首先，请看图13-4，并回答如下两个问题：在哪里实现NAT？配置哪种类型的NAT？

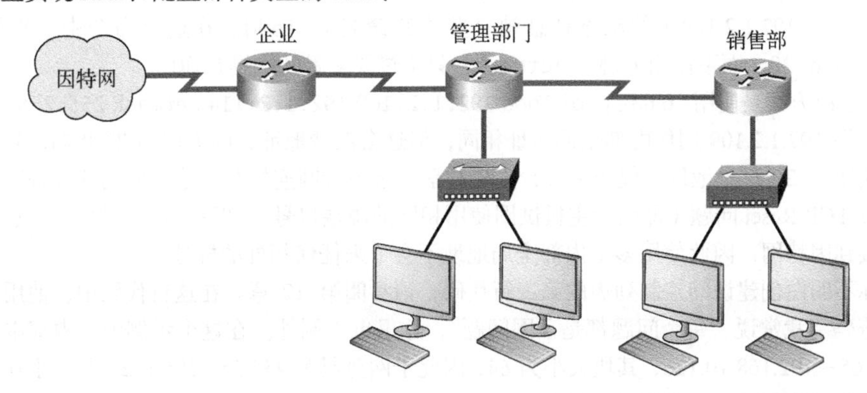

图13-4 NAT示例

13

在图13-4中，应在路由器Corporate上配置NAT，并使用NAT重载（PAT）。下面的配置使用的是哪种类型的NAT呢？

```
ip nat pool todd-nat 170.168.10.10 170.168.10.20 netmask 255.255.255.0
ip nat inside source list 1 pool todd-nat
```

它使用的是动态NAT。这是因为命令 ip nat inside source 中包含关键字 pool，而指定的地址池包含多个地址，且该命令末尾没有关键字 overload（这表明没有使用PAT）。

接下来，请看图13-5，你能确定应该使用哪种配置吗？

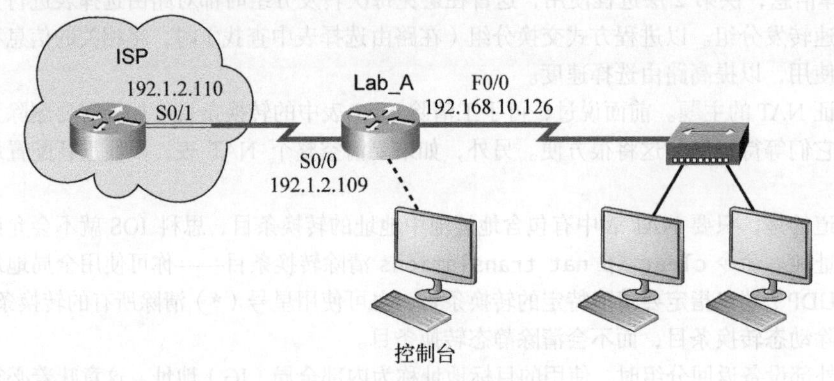

图13-5　另一个NAT示例

在图13-5所示的示例中，需要在边界路由器上配置NAT，并将内部本地地址转换为6个公有IP地址（192.1.2.109～192.1.2.114）之一。然而，内部网络有62台主机，它们使用私有地址192.168.10.65～192.168.10.126。在边界路由器上，应如何配置NAT呢？

有两种可行的解决方案，但笔者优先选择下面的解决方案：

```
ip nat pool Todd 192.1.2.109 192.1.2.109 netmask 255.255.255.248
access-list 1 permit 192.168.10.64 0.0.0.63
ip nat inside source list 1 pool Todd overload
```

命令 ip nat pool Todd 192.1.2.109 192.1.2.109 netmask 255.255.255.248 创建一个只包含一个地址（192.1.2.109）的动态地址池，并将其命名为 Todd。在这个命令中，也可以使用 prefix-length 29，而不使用关键字 netmask，只不过要多敲几次键盘而已。

第二个解决方案是使用 ip nat pool Todd 192.1.2.109 192.1.2.114 netmask 255.255.255.248，其效果与只将192.1.2.109用作内部全局地址相同，但这会浪费地址，因为仅当TCP端口号发生冲突时，才会使用第2～6个地址。仅当数万台主机共享一条因特网连接时，才应使用这种解决方案，这有助于解决TCP-Reset问题（即两台主机试图使用相同的源端口号）。但在这个示例中，只有62台主机同时连接到因特网，因此使用多个内部全局地址不会带来任何额外的好处。

如果你不明白创建访问控制列表的第二行代码，请参阅第12章。在这行代码中，使用了网络号和通配符掩码。我常说“每个问题都是子网问题”，这里也不例外。在这个示例中，内部本地地址为192.168.10.65～192.168.10.126，其块大小为64，因此子网掩码为255.255.255.192。我几乎在每章都要强调一下，你必须能够快速进行子网划分！

命令 `ip nat inside source list 1 pool Todd overload` 指定使用该动态地址池进行端口地址转换（PAT），关键字 `overload` 表明了这一点。

请务必在合适的接口上配置命令 `ip nat inside` 和 `ip nat outside`。

请务必完成本章末尾的动手实验。

下面再介绍一个示例，然后你就可以去完成书面实验、动手实验和复习题了。

在图 13-6 所示的网络中，配置的 IP 地址如图所示，且只配置了一台主机。然而，你需要在 LAN 中再添加 25 台主机，而这 26 台主机必须能够同时连接到因特网。

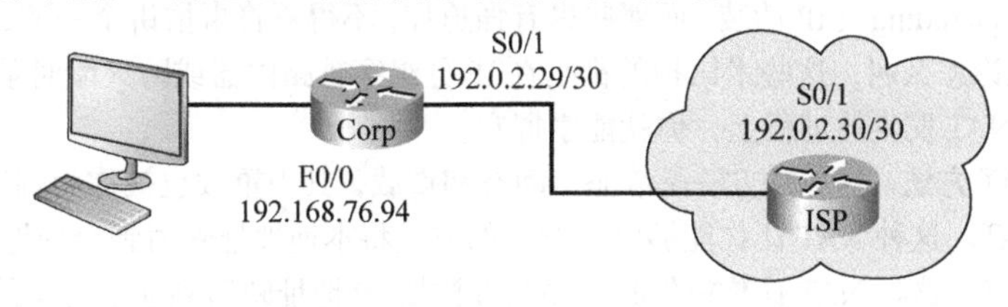

图 13-6　最后一个 NAT 示例

在该网络中，请使用下面的内部地址在路由器 Corp 上配置 NAT，让所有主机都能够连接到因特网：

- 内部全局地址：198.18.41.129～198.18.41.134。
- 内部本地地址：192.168.76.65～192.168.76.94。

这个示例需要你深入思考，因为只知道内部全局地址和内部本地地址，但根据这些信息以及路由器接口的 IP 地址，完全可以确定配置。

首先需要知道块大小，以确定配置 NAT 地址池时应使用的子网掩码以及配置访问控制列表时应使用的通配符掩码。

内部全局地址对应的块大小为 8，而内部本地地址对应的块大小为 32，这很容易看出。这些信息很重要，你必须能够轻松地确定它们。

确定块大小后，便可以配置 NAT 了：

```
ip nat pool Corp 198.18.41.129 198.18.41.134 netmask 255.255.255.248
ip nat inside source list 1 pool Corp overload
access-list 1 permit 192.168.76.64 0.0.0.31
```

由于地址池只包含 8 个地址，为确保全部 26 台主机都能够同时连接到因特网，必须使用关键字 `overload`。

还有另一种配置 NAT 的简单方式，笔者在自己的家庭办公室使用的就是这种方式。它只需一行，如下所示：

```
ip nat inside source list 1 int s0/0/0 overload
```

只需一行命令即可。这行命令的意思是，将我的外部本地地址用作内部全局地址，并重载它。当然，还必须创建 ACL 1，并指定内部接口和外部接口。在没有地址池可用时，这是一种配置 NAT 的快捷可行的方式。

13.6 小结

这一章很有趣，你学习了很多网络地址转换（NAT）的知识，还学习了如何配置静态NAT、动态NAT和端口地址转换（PAT，也叫NAT重载）。

本章还介绍了如何在网络中使用和配置每种类型的NAT。

另外，还介绍了一些验证和故障排除命令。

13.7 考试要点

理解术语NAT。NAT有多个别名，你可能不知道，因为本章前面没有说过。在网络行业，称之为网络伪装（masquerading）、IP伪装，而那些患有强迫症，不得不将事情讲个一清二楚的人才称为"网络地址转换"。无论怎么叫，这些术语指的都是在IP分组穿越路由器或防火墙时重写其源/目标地址。将重点放在理解NAT发生的过程上，你就能掌握它。

牢记3种NAT方法。这3种方法是静态、动态和重载，其中重载也被称为端口地址转换（PAT）。

理解静态NAT。这种NAT让你能够以一对一的方式将本地地址映射到全局地址。

理解动态NAT。这种NAT让你能够将一系列非注册IP地址映射到地址池中的注册IP地址。

理解重载。重载实际上是一种特殊的动态NAT，它通过使用不同的端口，将多个非注册IP地址映射到一个注册IP地址（多对一）。这种NAT也被称为*端口地址转换*（PAT）。

13.8 书面实验13

请回答下述问题。

(1) 哪种类型的NAT只需使用一个地址就可对数千台主机的地址进行转换？

(2) 要实时显示路由器所做的NAT转换，可使用哪个命令？

(3) 要显示转换表，可使用哪个命令？

(4) 要清除NAT表中的所有转换条目，可使用哪个命令？

(5) 内部本地地址是转换前还是转换后的地址？

(6) 内部全局地址是转换前还是转换后的地址？

(7) 要显示NAT配置摘要、活动转换条目数以及现有转换条目的命中次数并进行故障排除，可使用哪个命令？

(8) 要让NAT对地址进行转换，必须在路由器接口上配置哪些命令？

(9) 下面的命令配置的是哪种类型的NAT？

```
ip nat pool todd-nat 170.168.10.10 170.168.10.20 netmask 255.255.255.0
```

(10) 可使用关键字________代替 `netmask`。

13.9 动手实验

以下实验将用到一些基本路由器——几乎任何思科路由器都可以。

本章的动手实验如下。

动手实验 13.1：为使用 NAT 作准备。

动手实验 13.2：配置动态 NAT。

动手实验 13.3：配置 PAT。

这些动手实验将使用如下图所示的网络。强烈建议你连接路由器完成这些实验。在 Lab_A 上配置 NAT，将网络 192.168.10.0 中的私有 IP 地址转换为网络 171.168.10.0 中的公有地址。

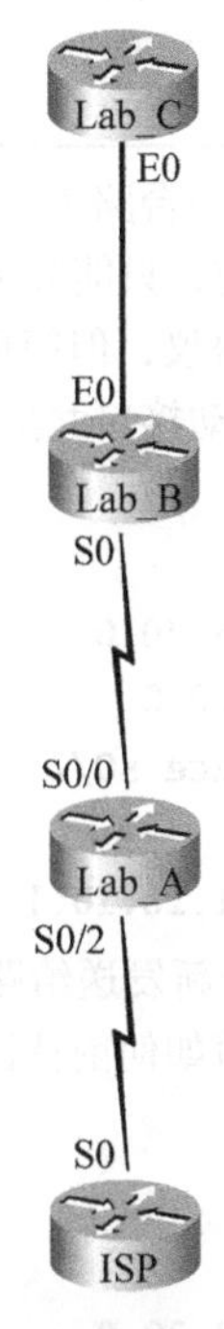

表 13-3 列出了将使用的命令以及每个命令的用途。

表13-3 NAT/PAT动手实验用到的命令

命 令	用 途
`ip nat inside source list acl pool name`	将与ACL匹配的IP地址转换为地址池中的地址
`ip nat inside source static inside_addr outside_addr`	将内部本地地址静态地映射到外部全局地址
`ip nat pool name`	创建地址池
`ip nat inside`	将接口设置为内部接口
`ip nat outside`	将接口设置为外部接口
`show ip nat translations`	显示当前的NAT转换条目

13.9.1 动手实验 13.1：为使用 NAT 作准备

在这个实验中，你将给路由器配置 IP 地址和 RIP 路由选择。

(1) 按表 13-4 给路由器配置 IP 地址。

表13-4　给路由器配置的IP地址

路 由 器	接　口	IP地址
ISP	S0	171.16.10.1/24
Lab_A	S0/2	171.16.10.2/24
Lab_A	S0/0	192.168.20.1/24
Lab_B	S0	192.168.20.2/24
Lab_B	E0	192.168.30.1/24
Lab_C	E0	192.168.30.2/24

给路由器配置 IP 地址后，就应该能够从一台路由器 ping 另一台路由器了；但执行下一步后路由器才会运行路由选择协议，因此在配置 RIP 前，只能验证相邻路由器之间的连接性，而无法验证穿越整个网络的连接性。你可使用任何路由选择协议，但简单起见，笔者使用 RIP。

(2) 在 Lab_A 上，配置 RIP、设置一个被动接口并配置默认网络：

```
Lab_A#config t
Lab_A(config)#router rip
Lab_A(config-router)#network 192.168.20.0
Lab_A(config-router)#network 171.16.0.0
Lab_A(config-router)#passive-interface s0/2
Lab_A(config-router)#exit
Lab_A(config)#ip default-network 171.16.10.1
```

命令 passive-interface 禁止将 RIP 更新发送给路由器 ISP，而命令 ip default-network 将一个默认网络通告给其他路由器，让它们知道如何前往因特网。

(3) 在 Lab_B 上，配置 RIP：

```
Lab_B#config t
Lab_B(config)#router rip
Lab_B(config-router)#network 192.168.30.0
Lab_B(config-router)#network 192.168.20.0
```

(4) 在 Lab_C 上，配置 RIP：

```
Lab_C#config t
Lab_C(config)#router rip
Lab_C(config-router)#network 192.168.30.0
```

(5) 在路由器 ISP 上，配置一条前往公司网络的默认路由：

```
ISP#config t
ISP(config)#ip route 0.0.0.0 0.0.0.0 s0
```

(6) 配置路由器 ISP，让你能够远程登录到该路由器，且不要求输入密码：

```
ISP#config t
ISP(config)#line vty 0 4
ISP(config-line)#no login
```

(7) 核实能够从路由器 ISP ping 路由器 Lab_C，且能够从路由器 Lab_C ping 路由器 ISP。如果不能，请排除网络故障。

13.9.2 动手实验 13.2：配置动态 NAT

该实验要求你在路由器 Lab_A 上配置 NAT。

(1) 在路由器 Lab_A 上，创建一个名为 GlobalNet 的地址池。该地址池应包含地址 171.16.10.50～171.16.10.55。

```
Lab_A(config)#ip nat pool GlobalNet 171.16.10.50 171.16.10.55
net 255.255.255.0
```

(2) 创建访问控制列表 1，它指定对来自网络 192.168.20.0 和 192.168.30.0 的数据流进行转换。

```
Lab_A(config)#access-list 1 permit 192.168.20.0 0.0.0.255
Lab_A(config)#access-list 1 permit 192.168.30.0 0.0.0.255
```

(3) 使用前面创建的访问控制列表和地址池配置 NAT。

```
Lab_A(config)#ip nat inside source list 1 pool GlobalNet
```

(4) 将接口 s0/0 配置为内部接口。

```
Lab_A(config)#int s0/0
Lab_A(config-if)#ip nat inside
```

(5) 将接口 s0/2 配置为外部接口。

```
Lab_A(config-if)#int s0/2
Lab_A(config-if)#ip nat outside
```

(6) 将控制台连接到路由器 Lab_C，并登录到该路由器，然后从该路由器远程登录到路由器 ISP。

```
Lab_C#telnet 171.16.10.1
```

(7) 将控制台连接到路由器 Lab_B，并登录到该路由器，然后从该路由器远程登录到路由器 ISP。

```
Lab_B#telnet 171.16.10.1
```

(8) 在路由器 ISP 上执行命令 show users，以显示谁在访问 VTY 线路。

```
ISP#show users
```

(a) 该命令输出中的源 IP 地址是什么？

(b) 公有源 IP 地址是什么？

命令 show users 的输出类似于下面这样：

```
ISP>sh users
    Line       User       Host(s)              Idle       Location
   0 con 0                idle                 00:03:32
   2 vty 0                idle                 00:01:33 171.16.10.50
*  3 vty 1                idle                 00:00:09 171.16.10.51
  Interface    User      Mode                    Idle Peer Address
ISP>
```

(9) 在不关闭 ISP 会话的情况下连接到 Lab_A（按 Ctrl + Shift + 6，再按 X）。

(10) 登录到路由器 Lab_A，并使用命令 show ip nat translations 显示当前的转换条目。输出应类似于下面这样：

13

```
Lab_A#sh ip nat translations
Pro Inside global      Inside local       Outside local      Outside global
--- 171.16.10.50       192.168.30.2       ---                ---
--- 171.16.10.51       192.168.20.2       ---                ---
Lab_A#
```

注意　映射是一对一的，这意味着有多少台主机连接到因特网，就需要多少个公有 IP 地址，但这样的条件并非总是能够满足。

(11) 如果在路由器 Lab_A 上执行命令 debug ip nat，再 ping 其他路由器，将看到 NAT 过程，如下所示：

```
00:32:47: NAT*: s=192.168.30.2->171.16.10.50, d=171.16.10.1 [5]
00:32:47: NAT*: s=171.16.10.1, d=171.16.10.50->192.168.30.2
```

13.9.3　动手实验 13.3：配置 PAT

这个实验要求你在路由器 Lab_A 上配置端口地址转换（PAT）。之所以使用 PAT，是因为我们不想进行一对一的转换，而想只使用一个公有 IP 地址就让网络中的所有用户都能连接到因特网。

(1) 在路由器 Lab_A 上，删除转换表的内容，再删除动态 NAT 地址池。

```
Lab_A#clear ip nat translations *
Lab_A#config t
Lab_A(config)#no ip nat pool GlobalNet 171.16.10.50
171.16.10.55 netmask 255.255.255.0
Lab_A(config)#no ip nat inside source list 1 pool GlobalNet
```

(2) 在路由器 Lab_A 上，创建一个名为 Lammle 的 NAT 地址池，它只包含一个地址——71.16.10.100。为此，输入如下命令：

```
Lab_A#config t
Lab_A(config)#ip nat pool Lammle 171.16.10.100 171.16.10.100
net 255.255.255.0
```

(3) 创建访问控制列表 2，它指定要对来自网络 192.168.20.0 和 192.168.30.0 的数据流进行转换。

```
Lab_A(config)#access-list 2 permit 192.168.20.0 0.0.0.255
Lab_A(config)#access-list 2 permit 192.168.30.0 0.0.0.255
```

(4) 使用前面创建的访问控制列表和地址池配置 NAT，并使用关键字 overload 指定使用 PAT。

```
Lab_A(config)#ip nat inside source list 2 pool Lammle overload
```

(5) 登录到路由器 Lab_C，再远程登录到路由器 ISP；另外，登录到路由器 Lab_B，再远程登录到路由器 ISP。

(6) 在路由器 ISP 上，执行命令 show users，其输出应类似于下面这样：

```
ISP>sh users
    Line       User       Host(s)              Idle       Location
```

```
*  0 con 0              idle                   00:00:00
   2 vty 0              idle                   00:00:39 171.16.10.100
   4 vty 2              idle                   00:00:37 171.16.10.100

  Interface  User      Mode                 Idle Peer Address

ISP>
```

(7) 在路由器 Lab_A 上，执行命令 `show ip nat translations`。

```
Lab_A#sh ip nat translations
Pro Inside global   Inside local  Outside local Outside global
tcp 171.16.10.100:11001 192.168.20.2:11001 171.16.10.1:23    171.16.10.1:23
tcp 171.16.10.100:11002 192.168.30.2:11002 171.16.10.1:23    171.16.10.1:23
```

(8) 在路由器 Lab_A 上执行命令 `debug ip nat`，然后从路由器 Lab_C ping 路由器 ISP，你会看到类似于下面的输出：

```
01:12:36: NAT: s=192.168.30.2->171.16.10.100, d=171.16.10.1 [35]
01:12:36: NAT*: s=171.16.10.1, d=171.16.10.100->192.168.30.2 [35]
01:12:36: NAT*: s=192.168.30.2->171.16.10.100, d=171.16.10.1 [36]
01:12:36: NAT*: s=171.16.10.1, d=171.16.10.100->192.168.30.2 [36]
01:12:36: NAT*: s=192.168.30.2->171.16.10.100, d=171.16.10.1 [37]
01:12:36: NAT*: s=171.16.10.1, d=171.16.10.100->192.168.30.2 [37]
01:12:36: NAT*: s=192.168.30.2->171.16.10.100, d=171.16.10.1 [38]
01:12:36: NAT*: s=171.16.10.1, d=171.16.10.100->192.168.30.2 [38]
01:12:37: NAT*: s=192.168.30.2->171.16.10.100, d=171.16.10.1 [39]
01:12:37: NAT*: s=171.16.10.1, d=171.16.10.100->192.168.30.2 [39]
```

13.10 复习题

注意　下面的复习题旨在检验你对本章内容的理解程度。有关如何获取更多复习题的信息，请参阅本书的前言。

(1) 下面哪 3 项是使用 NAT 的缺点？

A. 导致交换延迟　　B. 节省合法的注册地址
C. 导致无法进行端到端 IP 跟踪　　D. 提高了连接到因特网的灵活性
E. 启用 NAT 后，有些应用程序将无法正常运行　　F. 可减少地址重叠的情况发生

(2) 下面哪 3 项是使用 NAT 的优点？

A. 导致交换延迟　　B. 节省合法的注册地址
C. 导致无法进行端到端 IP 跟踪　　D. 提高了连接到因特网的灵活性
E. 启用 NAT 后，有些应用程序将无法正常运行　　F. 为地址重叠提供了解决方案

(3) 下面哪个命令能够实时查看路由器执行的转换？

A. show ip nat translations　　B. show ip nat statistics
C. debug ip nat　　D. clear ip nat translations *

(4) 下面哪个命令显示路由器中的所有活动转换条目？

A. show ip nat translations　　B. show ip nat statistics
C. debug ip nat　　D. clear ip nat translations *

(5) 下面哪个命令清除路由器中所有的活动转换条目？

A. show ip nat translations　　B. show ip nat statistics
C. debug ip nat　　D. clear ip nat translations *

(6) 下面哪个命令显示 NAT 配置摘要？

A. show ip nat translations　　B. show ip nat statistics
C. debug ip nat　　D. clear ip nat translations *

(7) 下面哪个命令创建一个名为 Todd 且包含 30 个全局地址的动态地址池？

A. ip nat pool Todd 171.16.10.65 171.16.10.94 net 255.255.255.240
B. ip nat pool Todd 171.16.10.65 171.16.10.94 net 255.255.255.224
C. ip nat pool todd 171.16.10.65 171.16.10.94 net 255.255.255.224
D. ip nat pool Todd 171.16.10.1 171.16.10.254 net 255.255.255.0

(8) 下面哪 3 项是 NAT 方法？

A. 静态　　B. IP NAT 地址池　　C. 动态
D. NAT 双重转换　　E. 重载

(9) 创建地址池时，可使用下面哪个关键字代替 netmask？

A. /（斜杠标记）　　B. prefix-length　　C. no mask　　D. block-size

(10) 如果路由器未进行地址转换，首先采取下面哪种做法是种不错的选择？

A. 重启路由器　　B. 致电思科
C. 检查接口的配置是否正确　　D. 运行命令 debug all

(11) 下面哪 3 项是运行 NAT 的合理原因？

A.需要连接到因特网，但主机没有全局唯一的 IP 地址
B. 因更换 ISP 而需要给网络重新编址
C.不想让任何主机连接到因特网
D. 需要合并两个使用重复地址的内联网

(12) 下面哪项是转换后的内部主机地址？

A. 内部本地地址　　B. 外部本地地址　　C. 内部全局地址　　D. 外部全局地址

(13) 下面哪项是转换前的内部主机地址？

A. 内部本地地址　　B. 外部本地地址　　C. 内部全局地址　　D. 外部全局地址

(14) 从下述输出可知，可使用哪个命令配置这种动态转换？

```
Router#show ip nat trans
Pro Inside global  Inside local   Outside local Outside global
--- 1.1.128.1      10.1.1.1       ---           ---
--- 1.1.130.178    10.1.1.2       ---           ---
--- 1.1.129.174    10.1.1.10      ---           ---
--- 1.1.130.101    10.1.1.89      ---           ---
--- 1.1.134.169    10.1.1.100     ---           ---
--- 1.1.135.174    10.1.1.200     ---           ---
```

A. `ip nat inside source pool todd 1.1.128.1 1.1.135.254 prefix-length 19`
B. `ip nat pool todd 1.1.128.1 1.1.135.254 prefix-length 19`
C. `ip nat pool todd 1.1.128.1 1.1.135.254 prefix-length 18`
D. `ip nat pool todd 1.1.128.1 1.1.135.254 prefix-length 21`

(15) 如果内部本地地址未转换为内部全局地址，可使用下面哪个命令确定内部本地地址是否可使用NAT地址池？

```
ip nat pool Corp 198.18.41.129 198.18.41.134 netmask 255.255.255.248
ip nat inside source list 100 int pool Corp overload
```

A. `debug ip nat`
B. `show access-list`
C. `show ip nat translation`
D. `show ip nat statistics`

(16) 在私有网络接口上，应配置下面哪个命令？

A. `ip nat inside`
B. `ip nat outside`
C. `ip outside global`
D. `ip inside local`

(17) 在连接到因特网的接口上，应配置下面哪个命令？

A. `ip nat inside`
B. `ip nat outside`
C. `ip outside global`
D. `ip inside local`

(18) 端口地址转换也叫什么？

A. 快速NAT　B. 静态NAT　C. NAT重载　D. 重载静态

(19) 在下面的输出中，星号（*）表示什么意思？

```
NAT*: s=172.16.2.2, d=192.168.2.1->10.1.1.1 [1]
```

A. 分组的目的地为路由器的本地接口
B. 分组被转换并快速交换到目的地
C. 试图对分组进行转换，但以失败告终
D. 分组被转换，但远程主机没有响应

(20) 要启用PAT，需要在配置中添加下述哪个命令？

```
ip nat pool Corp 198.18.41.129 198.18.41.134 netmask 255.255.255.248
access-list 1 permit 192.168.76.64 0.0.0.31
```

A. `ip nat pool inside overload`
B. `ip nat inside source list 1 pool Corp overload`
C. `ip nat pool outside overload`
D. `ip nat pool Corp 198.41.129 net 255.255.255.0 overload`

13.11 复习题答案

(1) A、C和E。NAT并非十全十美，在有些网络中会导致一些问题，但适用于大部分网络。NAT可能导致延迟，给故障排除带来问题，还可能导致有些应用程序无法正常运行。

(2) B、D和F。NAT虽然并非十全十美，但也有一些优点。它可节省全局地址，在无需使用公有IP地址的情况下，就可向因特网中添加数百万台主机。它提高了公司网络的灵活性。另外，NAT还让你能够在同一个网络中多次使用同一个子网，而不会导致地址重叠的问题。

(3) C。命令`debug ip nat`实时显示路由器执行的转换。

(4) A。命令`show ip nat translations`显示转换表，其中包含所有活动的NAT条目。

(5) D。命令`clear ip nat translations *`清除转换表中所有活动的NAT条目。

(6) B。命令`show ip nat statistics`显示NAT配置摘要、活动转换条目数、命中现有转换条目的次数、没有匹配转换条目（这将导致试图创建新转换条目）的次数以及到期的转换条目数。

(7) B。命令`ip nat pool` *`name`*创建地址池，主机可使用其中的地址连接到因特网。答案B之所以正

13

确，是因为范围 171.16.10.65～171.16.10.94 包含 30 台主机，而子网掩码必须与之匹配，即子网掩码应为 255.255.255.224。答案 C 不正确，因为地址池名称中使用了小写字母 t，而地址池名称是区分大小写的。

(8) A、C 和 E。在思科路由器上，可配置 3 种类型的 NAT：静态 NAT、动态 NAT 和 NAT 重载（PAT）。

(9) B。可使用 `prefix-length length` 代替 `netmask`。

(10) C。要让 NAT 提供转换服务，必须在合适的路由器接口上配置 `ip nat inside` 和 `ip nat outside`。

(11) A、B 和 D。NAT 最常见的用途是，在主机没有全局 IP 地址的情况下连接到因特网。但答案 B 和 D 也是正确的。

(12) C。对私有网络中主机的 IP 地址进行转换后，得到的是内部全局地址。

(13) A。在转换前，私有网络中主机的 IP 地址被称为内部本地地址。

(14) D。要回答这个问题，只需确定内部全局地址池。内部全局地址的范围为 1.1.128.1～1.1.135.174，其第三个字节对应的地址块为 8，这对应于子网掩码/21。要找出正确答案，只需确定块大小和相关的字节。

(15) B。创建地址池后，必须使用命令 `ip nat inside source` 指定哪些内部本地地址可使用该地址池。为回答这个问题，需要检查访问控制列表 100 是否配置正确，因此最佳答案是 `show access-list`。

(16) A。要让 NAT 提供转换服务，必须配置接口。在内部网络接口上，应配置命令 `ip nat inside`；而在外部网络接口上，应配置命令 `ip nat outside`。

(17) B。要让 NAT 提供转换服务，必须配置接口。在内部网络接口上，应配置命令 `ip nat inside`；而在外部网络接口上，应配置命令 `ip nat outside`。

(18) C。端口地址转换也叫 NAT 重载，因为要启用端口地址转换，需要使用关键字 `overload`。

(19) B。在思科路由器上，使用快速交换来创建路由缓存，以免转发每个分组时都对路由选择表进行分析，从而让分组快速通过路由器。对分组进行进程交换（查看路由选择表）时，路由信息将被存储到缓存中，供以后需要时使用，以提高路由选择速度。

(20) B。创建供内部主机用于连接到因特网的地址池后，必须配置让内部主机能够使用该地址池的命令。这个问题的正确答案是 `ip nat inside source list` *`number pool-name`* `overload`。

13.12　书面实验 13 答案

(1) 端口地址转换（PAT），也叫 NAT 重载

(2) `debug ip nat`

(3) `show ip nat translations`

(4) `clear ip nat translations *`

(5) 转换前

(6) 转换后

(7) `show ip nat statistics`

(8) 命令 `ip nat inside` 和 `ip nat outside`

(9) 动态 NAT

(10) `prefix-length`

第14章 思科无线技术

本章涵盖如下CCNA考试要点。

✓ **阐述并选择组建WLAN所需完成的管理任务**

- 描述与无线介质相关的标准，包括IEEE WI-FI联盟标准和ITU/FCC标准；
- 识别小型无线网络中的组件并描述它们的用途，包括SSID、BSS和ESS；
- 识别无线网络的基本配置参数，以确保设备连接到正确的接入点；
- 比较无线安全功能和WPA的功能，包括不限制接入（open）、WEP、WPA-1和WPA-2；
- 识别无线网络常见的问题，包括接口和配置错误。

在咖啡厅喝咖啡或在机场等待登机时，你不再需要为打发无聊时光而阅读纸质杂志了。当前，很容易连接到无线局域网，阅读邮件和博客、玩游戏甚至将工作完成！很多人入住酒店时，都会默认酒店提供无线上网设施。显然，无论你身处IT领域还是想进入该领域，都应了解无线网络组件及其相关的安装因素。

头脑中有了这种意识后，我们就有了一个非常不错的起点，现在让我们来开始本章内容的学习。要理解当今最常用的无线LAN（WLAN），可想想使用集线器的10BaseT以太网，只是无线设备连接的是接入点（AP，Access Point）。这意味着WLAN采用的是半双工通信：带宽由所有用户共享，且每个频道不支持多台设备同时通信。

这并不算糟糕，只是不够好。鉴于当前大多数人都依赖于无线网络，这种网络必须风驰电掣地发展，才能满足快速增长的需求。好消息是情况确实如此，且同时确保了通信的安全。

本章将首先介绍各种类型的无线网络，然后讨论组建简单无线网络所需的基本设备并介绍基本的无线拓扑并概述无线VoIP（WVoIP），最后介绍无线安全。

有关本章内容的最新修订，请访问 www.lammle.com 或 www.sybex.com/go/ccna7e。

14.1 无线技术简介

无线网络形式多样，覆盖范围各不相同，提供的带宽也不同。当前，典型的无线网络是对以太网LAN的扩展，无线主机使用MAC地址、IP地址等，就像有线LAN中的主机一样。图14-1显示了当今简单的典型无线LAN。

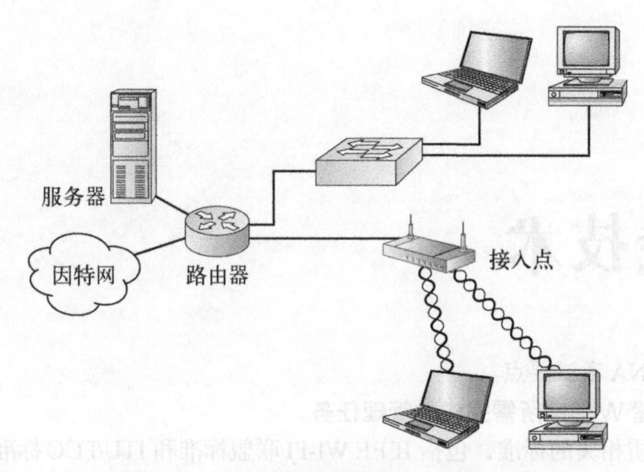

图 14-1　无线 LAN 是现有 LAN 的扩展

然而，无线网络不仅仅是普通 LAN，因为它们是无线的。前面说过，无线网络的覆盖范围各不相同，从小范围的个域网（personal area network）到覆盖范围极大的广域网（WAN）。图 14-2 说明了当今的各种无线网络及其覆盖范围。

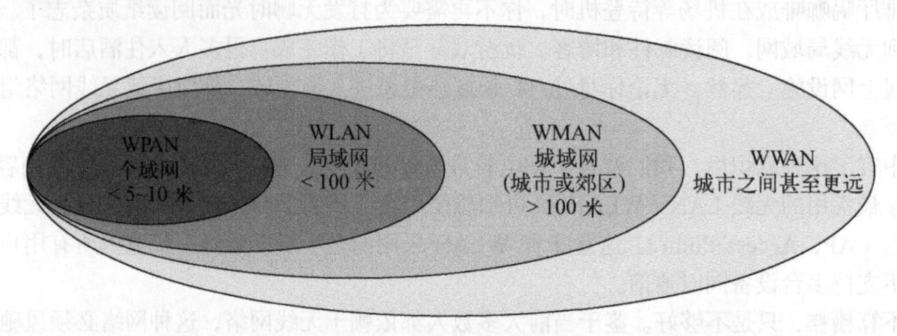

图 14-2　当今的无线网络

对无线网络有大致了解后，下面介绍当今 WLAN 中典型的无线设备。

14.2　基本的无线设备

你现在可能还感觉不到这一点，事实上，简单的无线网络（WLAN）比有线局域网更简单，因为它们需要的组件更少。要让基本的无线网络正常运行，只需两台主要设备：无线接入点和无线网卡（NIC）。这也使安装无线网络容易得多，因为只需理解这两种组件就能安装。显然，无线网络越来越先进，也越来越复杂，但现在暂时不要为此担心。

14.2.1　无线接入点

在大多数有线网络中，都有诸如交换机等中央组件，它将主机连接起来，让它们能够彼此通信。无线网络亦如此，它们也包含将所有无线设备连接起来的组件，只是这种组件被称为无线接入点

（AP）。无线接入点至少有一根天线，但为更好地接收信号，通常有两根天线；它还有一个以太网端口，用于连接到有线网络。

接入点具有如下特点。

- 它类似于有线网络中的交换机和集线器，充当无线工作站的中央连接点。鉴于无线网络的半双工特征，AP 更像集线器，虽然在当今的有线网络中，已难觅集线器的身影。
- AP 至少有一根天线，但通常有两根甚至更多。
- AP 是到有线网络的桥梁，让无线工作站能够访问有线网络和因特网。
- 小型办公室/家庭办公室（SOHO）AP 有两类：独立 AP 和无线路由器，它们可能（通常也确实）提供 NAT 和 DHCP 等功能。

可将 AP 比作集线器（虽然这种类比不完全正确），因为它不像交换机那样，让每条连接都是一个独立的冲突域，但 AP 确实比集线器聪明。AP 是一种转发设备，将网络数据流转发到有线主干或无线区域，到有线网络的连接称为分发系统（Distribution System，DS），AP 还保存无线帧中的 MAC 地址信息。

14.2.2　无线网络接口卡（WNIC）

要连接到无线网络，主机必须有*无线网络接口卡*。无线 NIC 所做的工作与传统以太网 NIC 基本相同，但没有用于插入电缆的插口/端口，而装备了无线天线。

当前，市面上的笔记本电脑几乎都内置了无线网卡。

14.2.3　无线天线

无线天线与收发器协同工作。当前，市面上的天线分为两大类：*全向天线*（点到多点）和*定向天线*（点到点）。

在增益相同的情况下，定向天线的覆盖范围通常比全向天线大。为什么呢？因为定向天线将全部功率都用于一个方向。全向天线必须在所有方向上平均分配功率，就像是一个巨型环状线圈。

定向天线的一个缺点是，必须更准确地对准通信点。这也是大多数 AP 都使用全向天线的原因所在，因为客户端和其他 AP 可能位于任何方向，但办公室/家庭/企业的需求各不相同，安装无线网络前，必须仔细考虑天线的位置。

为理解全向天线，可想想车载天线。车载天线虽然与联网无关，但有助于说明这样的事实：无论收听的是哪个广播电台，汽车的朝向都不会影响对信号的接收。准确地说是大多数情况下都如此。如果身处郊区，就无法收到信号，因为这超出了它的覆盖范围——用于联网的全向天线亦如此。

在办公室安装 AP 时，务必让天线远离带金属的设备，以免信号被阻断或反射。

14.3　无线管制

大多数无线网络都使用 ISM（Industrial、Scientific and Medical）频段。但能够使用某个频段（频率范围）并不意味着你想怎么使用就怎么使用。要让无线设备能够彼此通信，它们必须明白各种调制方法，如何对帧进行编码，帧中应包含的报头类型以及使用的物理传输机制等。另外，还必须准确地定义它们，否则这些设备将无法彼此通信。以上内容都是由 IEEE 规定的。

IEEE 通信委员会定义了多个网络通信领域，而这些领域被进一步划分成工作组。这就是当今的大多数网络协议都以 802 打头的原因——80 表示 1980 年，2 表示二月份。所有厂商在生产无线设备时都遵守 IEEE 802.11 系列协议规范，因此，每台无线设备的第 1 层和第 2 层的功能都是由 IEEE 802.11 系列协议定义的。

14.3.1　IEEE 802.11 传输

根据 802.11 规范传输信号时，其工作原理与以太网集线器很像：进行双向通信、使用相同的频率收发数据，但不能同时传输和接收（本章开头说过，这被称为半双工）。

当然，还可提高传输功率，以增大传输距离，但这样做可能导致信号失真，必须谨慎！可使用更高的频率，以提高传输速度，但不幸的是，这将付出巨大的代价——降低传输距离。如果选择使用较低的频率，传输距离将更远，但传输速度更低。仅这一点就足以让你认识到，熟悉各种可实现的 WLAN 有多重要。要拿出最佳的 LAN 解决方案，即最能满足独特情形需求的解决方案，将是一种极大的挑战。

另外，制定 802.11 规范旨在避开大多数国家的许可要求，让你能够随心所欲地安装和运行无线网络，而无需支付任何许可或运行费用。这还意味着任何制造商都可生产无线网络产品，并在电脑商店或任何地方销售；而所有的计算机都能够以无线方式进行通信，而无需太多配置。

长期以来，有多家机构帮助管制无线设备和频率的使用以及制定标准。表 14-1 列出了当前负责制定、维护和实施无线标准的机构。

表14-1　无线机构和标准

机　构	职　责	网　站
电气和电子工程师协会（IEEE）	制定和维护标准	www.ieee.org
联邦通信委员会（FCC）	管制美国的无线设备使用	www.fcc.gov
欧洲电信标准协会（ETSI）	制定欧洲的常用标准	www.etsi.org
Wi-Fi联盟	改善和测试WLAN的互操作性	www.wi-fi.com

WLAN 使用无线频率，因此有关 AM/FM 广播的法律也适用于 WLAN。在美国，无线 LAN 设备的使用由联邦通信委员会（FCC）管制。根据 FCC 批准的可供公众使用的频率，IEEE 制定了相关的标准。

14.3.2　无需许可的频段

当前，FCC 批准了 3 个无需许可的（unlicensed）频段供公众使用——900 MHz、2.4 GHz 和 5 GHz，但据说不久后将批准其他一些频段。频段 900 MHz 和 2.4 GHz 被称为 ISM 频段，而 5 GHz 频段被称为无需许可的国家信息基础设施（Unlicensed National Information Infrastructure，UNII）频段。图 14-3 指出了无需许可的频段在 RF 频谱中所处的位置。

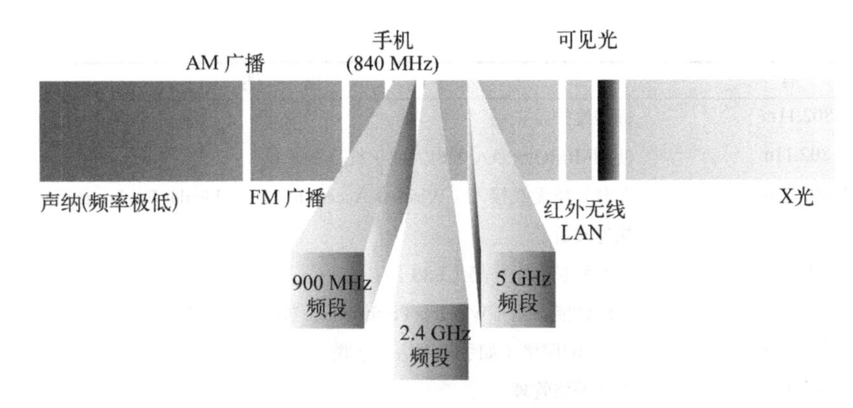

图 14-3 无需许可的频段

这很好，但如果想使用除这 3 个公共频段外的其他无线频段，该怎么办呢？需要获得 FCC 的授权，这种授权是以牌照的方式提供的。FCC 批准前述 3 个频段供公众使用后，制造商便开始生产各种产品，这些产品如潮水般涌入市场。但在当今的无线网络中，使用最广泛的是 802.11b/g 产品。

14.3.3 802.11 标准

无线标准系列以 802.11 打头，但还有其他一些崭露头角的标准，如 802.16 和 802.20。使用手机或看电视时，你会意识到蜂窝网络在无线领域扮演着重要角色。但这里将重点放在 802.11 系列标准上。

IEEE 802.11 是第一个 WLAN 标准，其传输速度为 1 Mbit/s 和 2 Mbit/s，使用 2.4 GHz 频段。它于 1997 年获得批准，但直到 1999 年 802.11b 获得批准后，才出现了大量遵守该标准的产品。在表 14-2 列出的所有标准中，除 802.11F 和 802.11T 外，其他所有标准都是对 802.11 标准的修订，并形成了独立的文档。该表是不错的参考资料，最好是将其牢记在心。

表14-2 802.11系列标准

标　准	描　述
IEEE 802.11a	54 Mbit/s、5 GHz标准
IEEE 802.11b	对802.11的改进，以支持5.5 Mbit/s和11 Mbit/s
IEEE 802.11c	桥接操作规程，包含在标准IEEE 802.1D中
IEEE 802.11d	国际漫游扩展
IEEE 802.11e	服务质量
IEEE 802.11F	接入点间协议（Inter-Access Point Protocol）
IEEE 802.11g	54 Mbit/s、2.4 GHz标准（向后与802.11b兼容）
IEEE 802.11h	动态频率选择（Dynamic Frequency Selection，DFS）和传输功率控制（Transmit Power Control，TPC），频段为5 GHz
IEEE 802.11i	改善安全性
IEEE 802.11j	日本和美国公共安全扩展
IEEE 802.11k	无线资源度量方面的改进

（续）

标　准	描　述
IEEE 802.11m	标准维护及杂项
IEEE 802.11n	使用MIMO（多入多出天线）提高吞吐量
IEEE 802.11p	车载环境无线接入（Wireless Access for the Vehicular Environment，WAVE）
IEEE 802.11r	快速漫游
IEEE 802.11s	全互联扩展服务集（ESS）
IEEE 802.11T	无线性能预测（Wireless Performance Prediction，WPP）
IEEE 802.11u	与非802网络（如手机网络）互联
IEEE 802.11v	无线网络管理
IEEE 802.11w	受保护的管理帧
IEEE 802.11y	在美国，使用频段3650～3700 MHz

下面讨论最常见的 802.11 WLAN 的重要细节。

14.3.4　802.11b（2.4 GHz）

在家庭和公司部署 WLAN 时，应首选 802.11b 标准。它曾是使用最广泛的无线标准，使用无需许可的无线频段 2.4 GHz，最大数据传输速度为 11 Mbit/s。

802.11b 标准被厂商和顾客广泛采用，他们发现，其 11 Mbit/s 的传输速度能很好地支持大部分应用程序。但 802.11b 的"大师兄"（802.11g）面世后，再没人购买 802.11b 网卡和接入点了，因为在同样的价钱可买到 10/100 以太网网卡的情况下，为何要购买 10 Mbit/s 以太网网卡呢？

有趣的是，思科的所有 802.11 WLAN 产品在移动时都能调整速度。这让你能够在逐渐远离接入点时，可将速度从 11 Mbit/s 依次调整为 5.5 Mbit/s、2 Mbit/s 和 1 Mbit/s（在设备与 AP 的距离达到可通信的最远距离时）。另外，在调整速度时不会中断连接，也无需用户干预。速度调整是针对每次传输的，这很重要，因为这意味着接入点可支持多个速度不同的客户端，其中每个客户端的速度随位置而异。

802.11b 的问题在于处理数据链路层的方式。为解决 RF 频谱存在的问题，创建了以太网冲突检测机制的另一种形式，名为载波侦听多路访问/冲突避免（CSMA/CA），如图 14-4 所示。

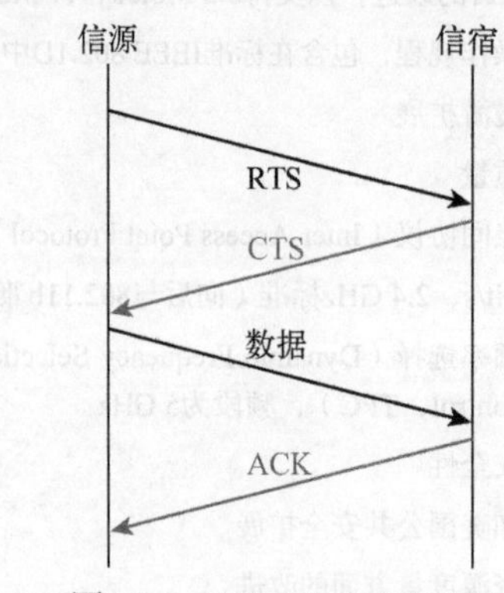

图 14-4　802.11b CSMA/CA

鉴于 CSMA/CA 要求的主机与接入点的通信方式，它也被称为*请求发送/清除发送*（RTS/CTS）。发送的每个分组都必须收到一个 RTS/CTS 和一个确认，这完全无法满足当今的联网需求。

无线电话和微波炉可能干扰 2.4 GHz 频段的无线通信。

在美国，2.4 GHz 频段中可使用的频道有 11 个，但只有 3 个没有相互重叠，它们是频道 1、6 和 11。

图 14-5 显示了 FCC 批准的 2.4 GHz 频段中的 14 个频道（每个频道宽 22 MHz）。

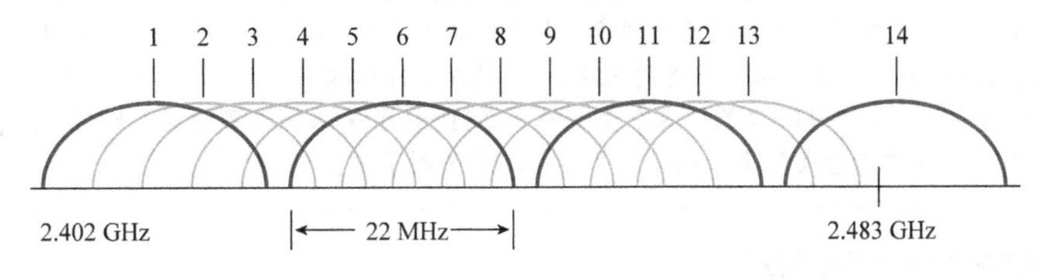

图 14-5 ISM 频段 2.4 GHz 包含的频道

鉴于只有 3 个不相互重叠的频道，为避免干扰，在信号覆盖区域最多只能安装 3 个接入点。配置 AP 时，首先需要采取的一个重要步骤是设置其频道。

14.3.5 802.11g（2.4 GHz）

标准 802.11g 于 2003 年获得批准，它向后与 802.11b 兼容。802.11g 支持的最大传输速度与 802.11a 相同，也是 54 Mbit/s，但使用 2.4 GHz 频段，这与 802.11b 相同。

鉴于 802.11b 和 802.11g 都使用无需许可的频段 2.4 GHz，因此对已经拥有 802.11b 无线基础设施的组织来说，迁移到 802.11g 是个不错的选择。但需要牢记的是，802.11b 产品并不能通过“软件升级”迁移到 802.11g，这是因为为了提供更高的传输速度，802.11g 产品使用了不同的芯片。

然而，犹如以太网和快速以太网，在同一个网络中也可混合使用 802.11g 产品和 802.11b 产品。但与以太网不同的是，如果有 4 位用户使用的是 802.11g，而有 1 位用户使用的是 802.11b，则连接到同一个接入点的所有用户都将被迫使用 CSMA/CA 方法，这太糟糕了，吞吐量将因此而降低。为优化性能，推荐在所有接入点上都禁用 802.11b 模式。

下面进一步解释这一点。802.11b 使用的调制方法为直接序列扩频（Direct Sequence Spread Spectrum，DSSS），这种调制方法没有 802.11g 和 802.11a 使用的调制方法——正交频分多路复用（Orthogonal Frequency Division Multiplexing，OFDM）那么健壮。在传输距离相同的情况下，使用 OFDM 的 802.11g 客户端的性能要比 802.11b 客户端好得多，但别忘了，当 802.11g 客户端以 802.11b 的传输速度（11 Mbit/s、5.5 Mbit/s、2 Mbit/s 和 1 Mbit/s）运行时，它们实际上使用 802.11b 使用的调制方法。

真实案例

不允许使用 802.11b

现在，你应该明白了，不应在无线网络中使用 IEEE 802.1b 客户端和 AP；鉴于大多数笔记本电脑和无线设备都运行 802.11 a/b/g，应该可以在 AP 上禁用 802.11b 功能。

几年前，笔者给客户安装无线网络时，在所有接入点上禁用了所有的 802.11b 功能。第二天，销售部的一名女雇员找到我，说她的无线笔记本电脑无法上网了。她的笔记本电脑较旧，装备的是外置 PCMIA 无线网卡，我马上就确定了问题所在。我将网卡取出，告诉她这个网卡太旧，出毛病了，必须买新的（这个网卡实际上没毛病，但对我安装的无线网络来说有毛病）。第二天，她再次找到我，手里拿着一个新的无线网卡。由于当时买不到 802.11b 网卡（除非从 eBay 购买二手货），因而我并不担心这个网卡只支持 802.11b。然而，仔细端详后，我发现它确实是一个全新的 802.11b 网卡，这让我目瞪口呆！这个全新的 802.11b 网卡是从哪里买的呢？她说，CompUSA 要关张歇业了，因此清仓大甩卖，她只花了 4 美元就买到了它！

14.3.6　802.11a（5 GHz）

IEEE 于 1999 年就批准了 802.11a 标准，但第一款 802.11a 产品直到 2001 年年末才面市。这些炙手可热的新产品确实物有所值！802.11a 标准支持的最大传输速度为 54 Mbit/s，并提供多达 28 个互不重叠的频道——在美国，可使用其中的 23 个。

802.11a 的另一个优点是，它使用 5 GHz 频段，不受使用 2.4 GHz 频段的设备（如微波炉、无线电话和蓝牙设备）的干扰。你可能猜到了，由于使用的频段不同，802.11a 不向后与 802.11b 兼容，因此不能指望升级网络的部分设备就能让它们和谐相处。但不用担心，有大量双频段设备，适用于这两种网络。802.11a 的另一个优点是，可与 802.11b 用户共存于相同的物理环境，而无需采取措施来避免干扰。

与 802.11b 设备一样，所有 802.11a 产品也都能够在移动时调整速度。差别在于，802.11a 产品可在移动时从 54 Mbit/s 依次调整为 48 Mbit/s、24 Mbit/s、18 Mbit/s、12 Mbit/s、9 Mbit/s 和 6 Mbit/s（在设备与 AP 的距离达到可通信的最远距离时）。

14.3.7　802.11n（2.4 GHz/5 GHz）

802.11n 建立在以前的 802.11 标准的基础之上，添加了多入多出（MIMO）功能。它使用多根收发天线，提高了数据吞吐量和传输距离。802.11n 最多支持 8 根天线，但当今的大多数 AP 都只使用 4～6 根。这种配置使其传输速度比 802.11 a/b/g 高得多。

为改善性能，802.11n 做了如下 3 项重大改进：

- 在物理层，改变了信号的发送方式，让反射和干扰成了优点，而不是性能降低的罪魁祸首；
- 将两个宽度为 20 MHz 的信道合二为一，以提高吞吐量；
- 在 MAC 层，采用了不同的分组传输管理方式。

需要知道的是，802.11n 并非完全与 802.11b、802.11g 和 802.11a 兼容，但被设计成向后与它们兼容。这是通过修改帧的发送方式，使其能够被 802.11 a/b/g 理解来实现的。

人们认为 802.11n 更可靠和可预测，其主要原因如下所示。

- **40 MHz 频道**　802.11g 和 802.11a 使用 20 MHz 频道，并在频道两端利用未用的音调（tone）来保护主载波。这意味着有 11 Mbit/s 的带宽未用，这基本上被浪费掉了。802.11n 合并两个载波，让传输速度翻倍，从 54 Mbit/s 提高到 108 Mbit/s；再加上原本被浪费的 11 Mbit/s，总传输速度达 119 Mbit/s!
- **MAC 效率**　802.11 协议要求对每个帧进行确认，而 802.11n 可在传输很多分组后才确认一次，从而节省了大量开销。这被称为*块确认*（block acknowledgment）。
- **多入多出（MIMO）**　多根天线通过多条路径发送多个帧，并在接收端由另一组天线进行重组，从而提高了吞吐量。这被称为*空间多路复用*（spatial multiplexing）。

介绍标准 802.11 a/b/g/n 后，该详细介绍无线帧的实际发送过程、帧结构（shape）和速度以及用于发现并连接到无线网络的管理帧了。

注意　有关无线组网的更详细信息，请参阅笔者撰写的 *CCNA Wireless Study Guide*（Sybex，2010）。

14.3.8　802.11 系列标准之比较

图 14-6 列出了当前还在使用的每个 IEEE 802.11 标准的批准年份，还有它们使用的频段、不重叠频道数、物理层传输方法以及传输速度。

	802.11	802.11b	802.11a	802.11g		802.11n
获批年份	1997	1999	1999	2003		2010
频段	2.4 GHz	2.4 GHz	5 GHz	2.4 GHz		2.4 GHz、5 GHz
频道数	3	3	最多23个	3		随使用的频段而异
传输方法	IR、FHSS、DSSS	DSSS	OFDM	DSSS	OFDM	DSSS、CCK、OFDM
传输速度（Mbit/s）	1、2	1、2、5.5、11	6、9、12、18、24、36、48、54	1、2、5.5、11	6、9、12、18、24、36、48、54	超过100

图 14-6　各个标准使用的频段和传输速度

对 a/b/g/n 网络有一定认识后，该介绍典型的无线拓扑了。

14.4　无线拓扑

介绍了当今简单无线网络使用的典型设备的基本知识后，下面探讨你遇到的或设计与实现的各种无线网络类型。

这包括：

- IBSS；

- ❑ BSS；
- ❑ ESS。

下面详细介绍这些网络。

14.4.1 独立基本服务集（ad hoc）

要安装无线 802.11 设备，最简单的方式是使用 ad hoc 网络。在这种模式下，无线 NIC（或其他设备）可直接通信，而不需要 AP。一个典型的例子是两台带无线 NIC 的笔记本电脑，如果两个网卡都设置为以 ad hoc 模式运行，它们就能相互连接并传输文件，只要其他网络设置（如 IP 协议）被配置成支持这样做。

要创建独立基本服务集（IBSS），只需两台或两台以上带无线功能的设备。让它们相隔 20～40 米后，它们就能"看到"对方并连接起来——前提是它们的一些基本配置参数相同。其中一台计算机可将其因特网连接与其他计算机共享。图 14-7 是一个 ad hoc 无线网络，注意到其中没有接入点！

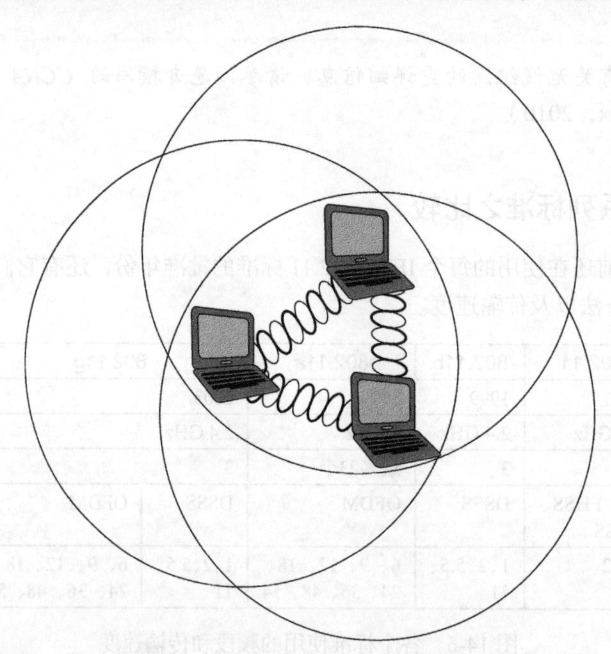

图 14-7 采用 ad hoc 模式的无线网络

ad hoc 网络也被称为对等网络，其可扩展性不佳，鉴于当今公司网络的冲突和组织问题，不建议采用这种模式。考虑到 AP 价格低廉，除非是在家里，否则不再需要这种网络了，但即使是在家里，也可能不再需要了。

另外，ad hoc 网络很不安全，连接到无线网络前，务必关闭主机的 AdHoc 设置。

14.4.2 基本服务集（BSS）

基本服务集（BSS）是由 AP 提供的无线信号决定的区域（蜂窝），也被称为基本服务区（BSA），因此术语 BSS 和 BSA 的含义相同，但 BSS 最常用于定义蜂窝。图 14-8 显示了一个为主机提供 BSS 的 AP 以及该 AP 覆盖的基本服务区（蜂窝）。

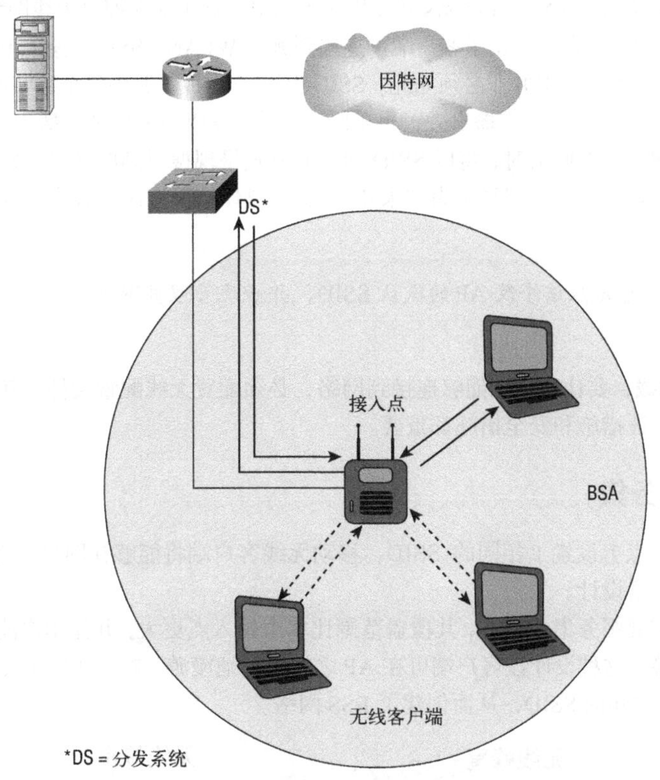

图 14-8　基本服务集/基本服务区

AP 负责管理无线帧，让主机能够彼此通信。不同于 ad hoc 网络，这种网络的可扩展性更高，可包含的主机数更多，因为所有网络连接都由 AP 管理。

14.4.3　基础设施基本服务集

在基础设施（infrastructure）模式下，无线 NIC 只能与接入点通信，而不像在 ad hoc 模式下那样可直接彼此通信。无线主机要彼此通信以及与网络的有线部分通信，都必须经由接入点。需要牢记的一个重点是，在这种模式下，在网络的其他部分看来，无线客户端就像是独立的有线主机。

图 14-8 是一个采用基础设施模式的典型无线网络，请特别注意接入点，它也连接到了有线网络。这种从接入点到有线网络的连接被称为 DS（Distrubtion System，分发系统），AP 通过它彼此交换有关其 BSA 中主机的信息。AP 不通过无线网络彼此通信，而只通过 DS 彼此通信。

配置客户端，使其以无线基础设施模式运行时，需要明白 SSID。服务集标识符（SSID）是一个独一无二的 32 字符标识符，表示特定的无线网络，并定义 BSS。随便说一句，很多人都交换使用术语 SSID 和 BSS，不要把两者搞混。特定无线网络中的所有设备可能配置相同的 SSID，而接入点有时可能配置多个 SSID。下面更详细地介绍 SSID。

14.4.4 服务集 ID

SSID 定义了 AP 覆盖的 BSA，Linksys 就使用这个术语。你可能在搜寻无线网络时在主机屏幕上见到过 SSID，它是由 AP 发送的，指出了客户端可连接到哪个 WLAN。SSID 最多可包含 32 个字符，通常是人类可阅读的 ASCII 字符，但并非必须如此。SSID 由 32 B 组成，其中每个字节都可以为任何值。

SSID 是在 AP 上配置的，可广播出去，也可隐藏起来。如果 SSID 被广播出去，则当无线工作站使用其客户端软件搜寻无线网络时，将以 SSID 列表的方式呈现搜寻到的网络。如果 SSID 被隐藏，则它要么不会出现在列表中，要么就显示为"未知网络"，具体情况取决于客户端操作系统。

总是应该修改 AP 的默认 SSID，并修改管理员密码。

如果 SSID 被隐藏，要让客户端能够连接到网络，必须配置无线配置文件，其中包括 SSID。这比其他任何常规身份验证措施和安全措施都重要。

14.4.5 扩展服务集

如果在所有接入点上设置了相同的 SSID，移动无线客户端将能够在网络中漫游。这是当今公司环境最常用的无线网络设计。

这样做将创建扩展服务集（ESS），其覆盖范围比单个接入点更大，并让用户能够在 AP 之间漫游，且不会中断网络连接。这种设计让客户端可在 AP 之间无缝地漫游。在图 14-9 中，给位于同一间办公室的两个 AP 配置了相同的 SSID，从而创建了 ESS 网络。

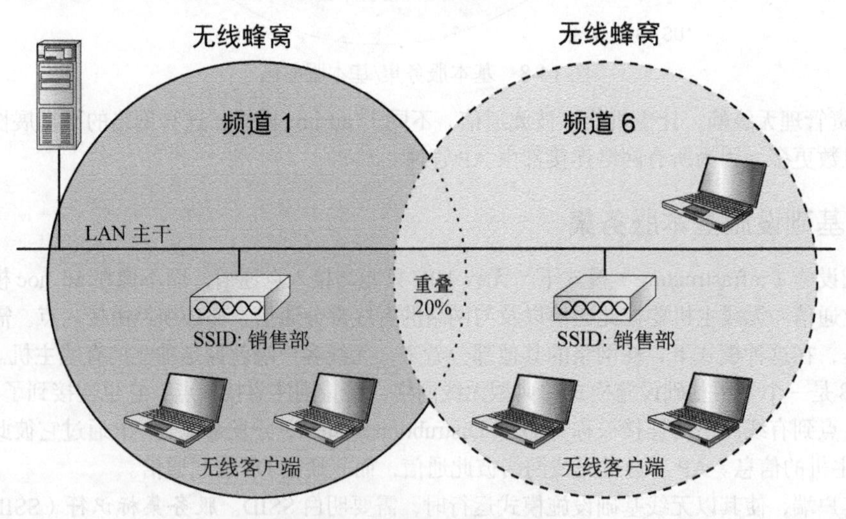

图 14-9　扩展服务集（ESS）

为让用户能够在无线网络中漫游——从一个 AP 漫游到另一个 AP，且不会中断网络连接，相邻 AP 的蜂窝必须至少重叠 10%～20%。为此，必须让每个 AP 使用不同的频道（频率）。

14.4.6 在 WLAN 中支持 IP 语音（VoIP）

VoIP 在当今世界中不可或缺，其应用范围在不断扩大，因此了解 VoIP 对有线和无线网络的影响至关重要。

有关其配置和详情不在 CCENT 和 CCNA 考试范围内，因此这里只讨论需要牢记的需求。

必须明白 VoIP 电话对网络的要求：

- VoIP 数据流有特殊要求，如带宽、优先级和延迟；
- 为避免冲突，应为 IP 电话数据流和数据分别配置 VLAN，语音 VLAN 在第 11 章讨论过；
- 思科 IP 电话通常采用 PoE，因此必须在网络中使用合适的交换机；
- 设计 WLAN 时，必须考虑 VoIP 设备及其带宽需求；
- 要支持 VoIP，必须在 WLAN VLAN 中实现 QoS。

LAN 和 WLAN 包含很多设备，但不要忘记 VoIP 设备。设计 WLAN 时，网络管理员必须考虑 VoIP 的独特要求，如带宽、优先级、延迟、为 VoIP 配置独立的 VLAN 并实现 QoS 以及供电方面的要求。

14.5 无线安全

默认情况下，接入点和客户端没有配置无线安全。制定 802.11 的委员会根本没有想到，无线主机的数量有一天会超过有线主机，而我们正在向这一天迈进。另外，遗憾的是，与 IPv4 一样，工程师和科学家没有制定适用于公司环境的足够健壮的安全标准。因此，为创建安全的无线网络，只能求助于专用的解决方案。我并非要指责标准委员会，只是我们遇到的安全问题也是由美国的安全标准出口问题导致的。这个世界很复杂，安全解决方案亦如此。

讨论安全问题的一个不错的起点是，讨论 802.11 标准的基本安全功能，以及为何这些标准如此脆弱，如此不完备，无法帮助我们创建安全的无线网络，以应对当前的挑战。

1. 不限制接入

所有 Wi-Fi 认证的无线 LAN 产品都支持“不限制接入”模式，在这种模式下，所有安全功能都关闭了。虽然对于热点公共场所（如咖啡馆、大学校园和机场）来说，“不限制接入”（无安全措施）是合适和受欢迎的，但根本不适合企业组织，甚至不适合私有家庭网络。

在企业环境中安装无线设备时，必须启用安全功能。然而，让人震惊的是有些公司实际上没有启用任何 WLAN 安全功能。显然，这些公司的网络面临巨大的安全风险。

这些产品之所以支持“不限制接入”模式，旨在让任何人（甚至没有任何 IT 知识的人）只需购买接入点并插入有线电视或 DSL 调制解调器，就能无线上网。这是一种市场营销策略，旨在简化设备安装。但这并不意味着应保留默认设置，除非网络对公众开放，否则绝对不应这样做。

2. SSID、WEP 和 MAC 地址验证

最初设计 802.11 的人确实提供了基本安全，这包括使用服务集标识符（SSID）、开放或共享密钥验证、静态有线等效保密（Wired Equivalency Privacy，WEP）以及可选的介质访问控制（MAC）地址验证。听起来安全措施好像很多，但都不能提供真正严格的安全解决方案，而都只适用于普通的家庭网络。下面将依次介绍它们。

SSID 是创建无线 LAN 的 WLAN 系统中所有设备都必须知道的网络名称，如果不知道 SSID，

客户端就不能访问网络。问题是，默认情况下，接入点将通过信标（beacon）每秒广播其 SSID 很多次。即使关闭 SSID 广播，坏人也可通过监控网络并等待客户端对接入点的响应来获悉 SSID。为什么呢？因为根据 802.11 规范，这种信息必须以明文的方式发送（信不信由你），这有何安全可言呢？

IEEE 802.11 指定了两种身份验证方式：开放验证和共享密钥验证。开放验证只要求提供正确的 SSID，却是当前最常用的验证方法。使用共享密钥验证时，接入点给客户端设备发送一个挑战文本分组，而客户端必须使用正确的有线等效保密（WEP）密钥对其进行加密，并将结果返回给接入点。如果没有正确的密钥，客户端就无法通过身份验证，进而被禁止关联到接入点。但共享密钥验证也不安全，因为入侵者只需检测到明文挑战分组和使用 WEP 密钥加密后的挑战分组，就可破解 WEP 密钥。在当今的 WLAN 中，不再使用共享密钥，因为明文挑战无法抵御已知明文加密攻击。

采用开放验证时，即使客户端通过身份验证并关联到了接入点，如果没有正确的 WEP 密钥，也无法向接入点发送数据或接收来自接入点的数据。WEP 密钥长 40 位或 128 位，通常是由网络管理员在接入点以及与接入点通信的所有客户端上静态配置的。使用静态 WEP 密钥时，网络管理员必须在 WLAN 的每台设备中输入相同的密钥，这将耗费大量的时间。显然，在当今的大型公司无线网络中，这几乎是不可能完成的任务，必须有相应的解决方案。

最后，可在每个接入点静态地输入客户端的 MAC 地址，禁止 MAC 地址不包含在该过滤表中的客户端访问网络。这听起来不错，但所有 MAC 层信息都必须以明文方式发送，只要有免费的无线嗅探器，就可读取客户端发送给接入点的分组，并伪造 MAC 地址。

如果进行了正确的管理，WEP 在对安全没有要求的地区实际上是管用的。但如果不采用专用的解决方案，当今的公司网络中不会配置静态 WEP 密钥。

3. 加密方法

当今大部分无线网络使用的两种基本的加密方法——TKIP 和 AES。下面首先介绍 TKIP。

- 临时密钥完整性协议（TKIP）

搭起栅栏后，坏人迟早会找到翻过、绕过或穿越它的方法。一如既往，坏人确实找到了破解 WEP 的方法，这让 Wi-Fi 网络易受攻击——其数据链路层不再安全。必须有人来救援，这次是 IEEE 802.11i 任务小组和 Wi-Fi 联盟，它们一起承担了这项职责。它们提出的解决方案名为临时密钥完整性协议（TKIP），这种解决方案基于 RC4 加密算法。TKIP 因其给验证过程提供的保护获得了 WLAN 界的重视，但验证结束后，它也被用来对随后传输的数据流进行加密。Wi-Fi 联盟于 2002 年年底发布了它，并称之为 Wi-Fi 安全访问（Wi-Fi Protected Access，WPA）。TKIP 还可节省大量资金，因为不需要升级老旧的硬件设备就能使用它。2004 年夏天，IEEE 批准了最终的 TKIP 版本，它添加了更多的安全措施，如 802.1X 和 AES-CCMP（AES-Counter Mode CBC-MAC Protocol，AES 计数器模式及密码区块链信息、认证码协议）。IEEE 802.11i-2004 发布后，Wi-Fi 联盟作出了积极响应，全面支持这个完整的规范，并出于市场营销目的称之为 WPA2。

之所以不需要新硬件就能运行 TKIP，一个重要的原因是它只是对原有的 WEP RC4 加密算法进行了改进。WEP RC4 使用的密钥太短，TKIP 对其进行了改进，采用 128 位加密，更难破解。TKIP 天然兼容的另一个原因是，其用于支持和定义 WEP 的加密机制和 RC4 算法与以前相同。

- AES

WPA2 和标准 802.11i 都要求使用 128 位高级加密标准（AES）对数据进行加密。AES 被公认为当今最好的加密算法，并获得了美国国家标准和技术协会（NIST）的批准。它也被称为 AES-CCMP（AES-Counter Mode with CBC-MAC authentication，使用 CBC-MAC 身份验证的 AES 计数器模式）。

AES 唯一的缺点是，鉴于其计算需求，需要有加密处理器才能运行它。但相比于 RC4，其效率要高得多，且安全性要好得多。

4. Wi-Fi 安全访问（WPA）

那么，如何轻松而有效地同时实现身份验证和加密呢？在 WPA 面世前，这很难。首先，来说一下个人模式和企业模式之间的差别。术语个人模式和企业模式并非来自某个标准，而更像市场营销术语。个人模式和企业模式之间的差别在于使用的身份验证方法：个人模式使用预共享密钥进行身份验证，而企业模式使用身份验证方法 802.1x 和 EAP。很多人将这两个术语分别对应于小企业和大企业，但这只与实现需求相关。

Wi-Fi 安全访问（WPA）是 Wi-Fi 联盟于 2003 年制定的一种标准测试规范，该组织以前名为无线以太网兼容性联盟（WECA）。WPA 是一种 WLAN 身份验证和加密标准，旨在解决 2003 年及之前发现的安全问题，这包括广为人知的 AirSnort 和中间人攻击。

WPA 是迈向 IEEE 802.11i 标准的重要一步，它使用的众多组件都与 IEEE 802.11i 标准相同，只有加密例外——802.11i 使用 AES 加密。WPA 的机制可由面向 WEP 的硬件实现，这意味着用户只需升级固件/软件，就可在其系统上实现 WPA。WPA 使用了更强大的加密算法（但仍使用 RC4，还是不够强大）和每帧序列计数器，从而解决了 WEP 固有的缺陷。

● WPA 和 WPA2 预共享密钥模式

WPA 和 WPA2 预共享密钥（PSK）模式并非独立的基本安全方法，而只是对相应规范的补充，但比前面提到的任何基本无线安全方法都要好。请注意，我说的是任何“基本”安全方法。

PSK 在客户端设备和接入点通过密码或验证码（也叫通行码）来验证用户。仅当客户端的密码与接入点的密码匹配时，客户端才能访问网络。PSK 还提供了密钥生成材料（keying material），供 TKIP（WPA）或 CCMP（AES）用来为传输的每个分组生成加密密钥。虽然比静态 WEP 安全，但 PSK 还是有很多与静态 WEP 相同的地方。例如，PSK 存储在客户端工作站，如果客户端工作站丢失或被盗，将危及 PSK 的安全，虽然找到这个密钥并不那么容易。强烈建议使用强 PSK 密码——混合使用字母、数字和其他字符。

● WPA 和 WPA2 企业模式

WPA 和 WPA2 支持一种企业身份验证方法——可扩展的身份验证协议（EAP）。需要指出的是，EAP 并非单个方法，而是一种框架，对原有的 802.1x 框架作了改进。该框架描述了一组要采取的措施，而不同 EAP 的差别在于其在该框架内的运行方式，这包括使用密码还是证书以及提供的安全等级。

大多数 EAP 都包含 3 个组件：

- 身份验证者；
- 申请者；
- 身份验证服务器。

鉴于身份验证服务器通常为 RADIUS 服务器，下面简要地介绍一下 RADIUS。远程验证拨号用户服务（RADIUS）是一种联网协议，提供了一些很好的安全功能：

- 授权；
- 集中访问控制；

- 对连接并访问网络服务的用户和计算机进行记账监督。对于通过 RADIUS 身份验证的用户或工作站，可指定其拥有的权限；
- 控制设备或用户可在网络中做什么；
- 将所有访问企图和操作都记录下来。

身份验证、授权和记账被称为 AAA，也称为三联 A。

在当今的网络中，可使用如下 EAP。

- **Local EAP（本地 EAP）** EAP 通常将 RADIUS 服务器用作身份验证服务器，但可对 AP 进行配置，使其同时充当身份验证者和身份验证服务器，这被称为本地 EAP。用于对用户进行身份验证的数据库可存储在 AP 处，也可存储在诸如活动目录等 LDAP 服务器处。
- **LEAP（轻量级 EAP）** LEAP 是思科于 2000 年开发的一种方法，经思科许可，该方法被众多非思科设备采用，它只使用用户名和密码。
- **PEAP** EAP-TLS 要求服务器和工作站都有证书，EAP-FAST 不要求任何一方有证书，而 PEAP（受保护的 EAP）只要求服务器有证书。这种方法是由微软、思科和 RSA 信息安全公司联合开发的，这是这几家公司为数不多的合作之一。
- **EAP-TLS** EAP-TLS（EAP 传输层安全）是最安全的方法，但也是最难配置和维护的。要使用 EAP-TLS，必须在身份验证服务器和客户端都安装证书。
- **EAP-FAST** EAP-FAST 指的是通过安全隧道进行灵活身份验证的 EAP（EAP-Flexible Authentication via Secure Tunneling），它提供的安全等级与 EAP-TLS 相同，但无需管理证书。

注意　Wi-Fi 联盟认可了 IEEE 802.11*i* 标准，并将其称为 WPA2。

5. 802.11*i*

虽然制定 WPA2 规范时考虑了即将面世的 802.11*i* 标准，但 802.11*i* 标准新增了一些功能：

- 指定了可使用的 EAP 方法；
- 使用加密方法 AES/CCMP 而不是 RC4；
- 改善了密钥管理。主密钥可以被缓存，让工作站重新连接到网络的速度更快。

前面介绍了 WPA、WPA2 和 802.11*i*，但它们之间有何不同呢？表 14-3 对它们作了比较。

表14-3　WPA、WPA2和802.11*i*小结

WPA	WPA2	802.11*i*
SOHO	企业	企业
802.1*x*身份验证/PSK	802.1*x*身份验证/PSK	802.1*x*身份验证
128位 RC4 w/TKIP加密	128位AES加密	128位AES加密
不支持ad hoc模式	不支持ad hoc模式	支持ad hoc模式

最后，对这些实现使用的身份验证和加密方法作一总结，如表 14-4 所示。

表14-4　无线安全实现

实　现	身份验证方法	加密方法
WEP	开放或共享密钥	RC4
WPA	PSK	TKIP
WPA2	PSK或802.1*x*	TKIP或AES
802.11*i*	PSK或802.1*x*	AES

14.6　小结

与摇滚乐一样，无线技术已风行世界，对那些依赖于无线技术的人来说，没有无线网络的世界难以想象——在手机面世前，我们的生活是什么样的呢？

本章首先探讨了无线网络的工作原理。

打下基础后，笔者介绍了无线 RF 和 IEEE 标准的基本知识，包括 802.11 系列标准（从开始说起，如何发展到当前以及不久以后的标准，一一道来）以及制定它们的委员会。

最后，讨论了无线安全。鉴于这些标准本身没有提供多少安全功能，我们探讨了标准 WPA 和 WPA2，它们使用 PSK 和 802.1*x* 身份验证以及 TKIP 和 AES 等加密方法。

14.7　考试要点

理解 IEEE 802.11a 规范。802.11a 使用 5 GHz 频段，如果使用 802.11h 扩展，可获得 23 个互不重叠的频道。802.11a 的最大传输速度为 54 Mbit/s，但仅当距离接入点不超过 50 英尺时才能达到。

理解 IEEE 802.11b 规范。IEEE 802.11b 使用 2.4 GHz 频段，提供 3 个互不重叠的频道。其传输距离很长，但最大传输速度只有 11 Mbit/s。

理解 IEEE 802.11g 规范。IEEE 802.11g 是 802.11b 的“大师兄”，也使用 2.4 GHz 频段，但传输速度更高，在离接入点不超过 100 英尺时，可达 54Mbit/s。

理解 IEEE 802.11n 的组件。802.11n 使用宽度为 40 MHz 的频道，从而提供了更高的带宽；它使用块确认以提高 MAC 传输效率；它还使用 MIMO，提高了吞吐量、传输距离和传输速度。

理解 WVoIP 需求。无线 VoIP 有其特殊需求，这意味着需要为数据和语音数据流创建不同的 VLAN、使用支持 PoE 的交换机、确定带宽需求以及配置 QoS。

14.8　书面实验 14

请回答下述问题。

(1) IEEE 802.11b 支持的最大传输速度是多少？

(2) IEEE 802.11g 支持的最大传输速度是多少？

(3) 判断对错：TKIP 加密是基于 RC4 算法的。

(4) IEEE 802.11b 使用哪个频段？

(5) IEEE 802.11g 使用哪个频段？

(6) IEEE 802.11a 使用哪个频段？

(7) 802.11n 的哪项功能提高了 MAC 的传输效率？
(8) WPA2 使用哪种加密方法？
(9) Wi-Fi 联盟认可了哪种 IEEE 标准，并称之为 WPA2？
(10) 采用企业 EAP 解决方案时，无线网络中必须有哪种设备？
（该书面实验的答案见本章复习题答案的后面。）

14.9　复习题

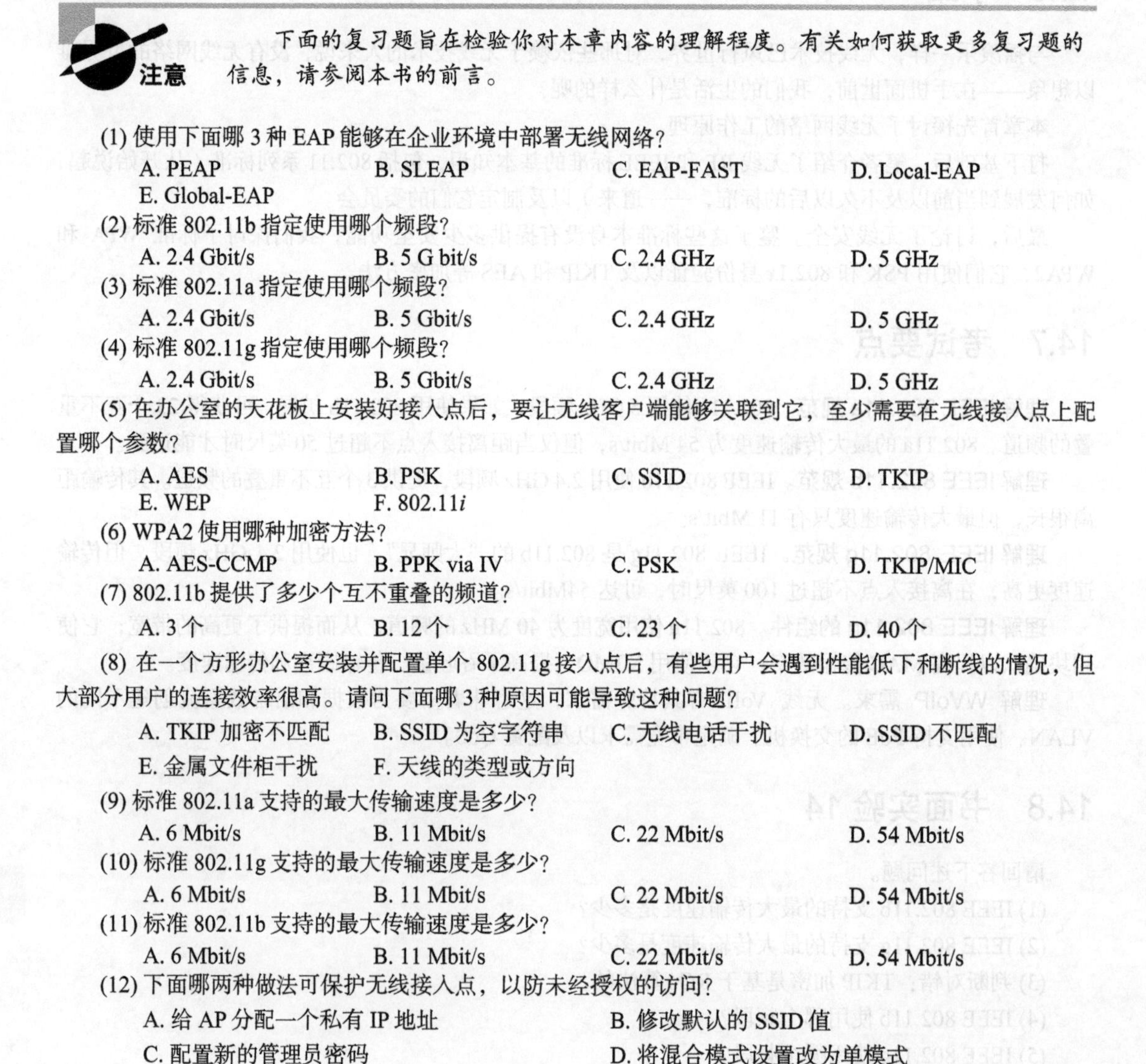

注意　下面的复习题旨在检验你对本章内容的理解程度。有关如何获取更多复习题的信息，请参阅本书的前言。

(1) 使用下面哪 3 种 EAP 能够在企业环境中部署无线网络？
A. PEAP　B. SLEAP　C. EAP-FAST　D. Local-EAP
E. Global-EAP

(2) 标准 802.11b 指定使用哪个频段？
A. 2.4 Gbit/s　B. 5 G bit/s　C. 2.4 GHz　D. 5 GHz

(3) 标准 802.11a 指定使用哪个频段？
A. 2.4 Gbit/s　B. 5 Gbit/s　C. 2.4 GHz　D. 5 GHz

(4) 标准 802.11g 指定使用哪个频段？
A. 2.4 Gbit/s　B. 5 Gbit/s　C. 2.4 GHz　D. 5 GHz

(5) 在办公室的天花板上安装好接入点后，要让无线客户端能够关联到它，至少需要在无线接入点上配置哪个参数？
A. AES　B. PSK　C. SSID　D. TKIP
E. WEP　F. 802.11*i*

(6) WPA2 使用哪种加密方法？
A. AES-CCMP　B. PPK via IV　C. PSK　D. TKIP/MIC

(7) 802.11b 提供了多少个互不重叠的频道？
A. 3 个　B. 12 个　C. 23 个　D. 40 个

(8) 在一个方形办公室安装并配置单个 802.11g 接入点后，有些用户会遇到性能低下和断线的情况，但大部分用户的连接效率很高。请问下面哪 3 种原因可能导致这种问题？
A. TKIP 加密不匹配　B. SSID 为空字符串　C. 无线电话干扰　D. SSID 不匹配
E. 金属文件柜干扰　F. 天线的类型或方向

(9) 标准 802.11a 支持的最大传输速度是多少？
A. 6 Mbit/s　B. 11 Mbit/s　C. 22 Mbit/s　D. 54 Mbit/s

(10) 标准 802.11g 支持的最大传输速度是多少？
A. 6 Mbit/s　B. 11 Mbit/s　C. 22 Mbit/s　D. 54 Mbit/s

(11) 标准 802.11b 支持的最大传输速度是多少？
A. 6 Mbit/s　B. 11 Mbit/s　C. 22 Mbit/s　D. 54 Mbit/s

(12) 下面哪两种做法可保护无线接入点，以防未经授权的访问？
A. 给 AP 分配一个私有 IP 地址　B. 修改默认的 SSID 值
C. 配置新的管理员密码　D. 将混合模式设置改为单模式
E. 配置数据流过滤器

(13) 装有 b/g 无线网卡的无线客户端无法连接到 802.11b/g BSS，且接入点没有列出任何活动的 WLAN 客户端，其原因可能是什么？

A. 在客户端配置的频道不正确　　B. 客户端的 IP 地址所属的子网不正确

C. 客户端的预共享密钥不正确　　D. 客户端配置的 SSID 不正确

(14) WPA 添加了哪两项功能，以解决 WEP 固有的缺陷？

A. 更强大的加密算法　B. 使用临时密钥　C. 共享密钥身份验证

D. 初始化向量更短　E. 帧序列号

(15) 下面哪两种无线加密方法是基于加密算法 RC4 的？

A. WEP　B. CCKM　C. AES　D. TKIP　E. CCMP

(16) 两位雇员在其无线笔记本电脑之间直接通信时，他们采用的是哪种无线拓扑？

A. BSS　B. SSID　C. IBSS　D. ESS

(17) 下面哪两项正确地描述了 WPA 定义的无线安全标准？

A. 它指定使用动态加密密钥，密钥在整个用户连接期间不断改变

B. 它要求所有设备都使用相同的加密密钥

C. 它可以使用 PSK 身份验证

D. 必须使用静态密钥

(18) 哪种 WLAN 设计让用户在接入点之间漫游时不会中断连接？

A. 使用同一家公司生产的网卡和接入点

B. 让无线蜂窝彼此重叠至少 10%

C. 让所有接入点使用相同的频道

D. 通过使用 MAC 地址过滤，让客户端能够向周围的 AP 证明身份

(19) 扩展服务集意味着什么？

A. 有多个接入点，它们的 SSID 相同，且通过分发系统相连

B. 有多个接入点，它们的 SSID 不同，且通过分发系统相连

C. 有多个接入点，但它们位于不同的大楼内

D. 有多个接入点，但其中一个充当转发器

(20) 在无线接入点上，需要配置哪三个基本参数？

A. 身份验证方法　B. RF 频道　C. RTS/CTS

D. SSID　E. 抗微波炉干扰

14.10 复习题答案

(1) A、C 和 D。EAP 有很多类型，实现的难易程度各不相同。用于企业环境的 EAP 方法包括 PEAP、EAP-FAST 和 Local-EAP。

(2) C。标准 IEEE 802.11b 和 IEEE 802.11g 都使用 RF 频段 2.4 GHz。

(3) D。标准 IEEE 802.11a 使用频段 5 GHz。

(4) C。标准 IEEE 802.11b 和 IEEE 802.11g 都使用 RF 频段 2.4 GHz。

(5) C。在简单的 WLAN 中，至少需要给 AP 配置 SSID，但也应设置频道和身份验证方法。

(6) A。WPA2 使用加密方法 AES-CCMP，而 WPA 使用 TKIP。

(7) A。标准 IEEE 802.11b 提供了 3 个互不重叠的频道。

(8) C、E 和 F。无线电话干扰、天线的类型或方向以及金属文件柜对 RF 信号的反射都会导致连接性问题。

(9) D。标准 IEEE 802.11a 的最大传输速度为 54 Mbit/s。

(10) D。标准 IEEE 802.11g 的最大传输速度为 54 Mbit/s。

(11) B。标准 IEEE 802.11b 的最大传输速度为 11 Mbit/s。

(12) B 和 C。安装 AP 时，务必修改默认的 SSID 和管理员密码。

(13) D。这个问题不太明确，但唯一可能的答案是 D。如果没有广播 SSID（这里必须这样假设），客户端必须配置正确的 SSID 才能关联到 AP。

(14) B 和 E。WPA 使用临时密钥完整性协议（TKIP），这包括密钥轮换（不断改变的动态密钥）和帧排序。

(15) A 和 D。WEP 和 TKIP（WPA）都使用 RC4 算法。建议你使用 WPA2，它使用加密算法 AES。

(16) C。两台主机以无线方式直接相连与通过交叉电缆直接相连没有什么不同，都属于 ad-hoc 网络，但在无线领域，称这种情形为独立基本服务集（IBSS）。

(17) A 和 C。WPA 虽然与 WEP 一样也使用 RC4 加密，但对 WEP 协议作了改进：使用不断变化的动态密钥，并提供了身份验证方法预共享密钥。

(18) B。要创建扩展服务集（ESS），需要让 AP 的 BSA 彼此重叠至少 15%，从而实现无缝覆盖，让用户在 AP 之间漫游时不会中断连接。

(19) A。扩展服务集意味着有多个接入点，它们的 SSID 相同，且连接到同一个 VLAN 或分发系统，让用户能够漫游。

(20) A、B 和 D。安装并配置接入点时，需要配置的三个基本参数是 SSID、RF 频道和身份验证方法。

14.11　书面实验 14 答案

(1) 11 Mbit/s
(2) 54 Mbit/s
(3) 对
(4) 2.4 GHz
(5) 2.4 GHz
(6) 5 GHz
(7) 块确认
(8) AES-CCMP
(9) 802.11*i* 标准
(10) RADIUS 服务器

第15章

IPv6

本章涵盖如下CCNA考试要点。

✓ **实现IP编址方案和IP服务，以满足中型企业分支机构网络的需求**

- 描述同时运行IPv6和IPv4的技术需求，包括协议、双栈、隧道技术等；
- 描述IPv6地址。

但愿你已经为详细学习因特网协议第6版（IPv6）作好了准备，从本章开始我们来学习这部分内容。

你应该已经牢固掌握了IPv4，但如果需要复习这方面的内容，请参阅介绍TCP/IP和子网划分的章节。如果不清楚IPv4存在的地址耗尽问题，请复习第13章。

IPv6被称为“下一代因特网协议”，最初开发它旨在解决IPv4面临的地址耗尽危机。你可能知道IPv6的一些皮毛，但为提供灵活性、效率、容量和优化的功能，开发人员一直在不断改进它，以满足人们日益增长的需求。相比于IPv6，IPv4的容量太小了，这就是IPv4终将退出历史舞台的原因所在。

IPv6报头和地址结构经过了全面修改；在IPv6中，反思IPv4后补充的众多功能已成为标准的一部分。IPv6整装待发，为满足庞大的因特网需求作好了充分准备。

我保证本章简单易懂；事实上，你可能发现阅读本章是种享受——我在编写时就有这样的感觉！IPv6复杂而不失优雅，拥有众多新功能，它像一辆崭新的兰博基尼与一部引人入胜的未来主义小说的新奇组合。但愿你阅读本章的感受与我编写时一样。

有关本章的最新修订，请访问www.lammle.com或www.sybex.com/go/ccna7e。

15.1 为何需要IPv6

为何需要IPv6呢？简单地说，是因为我们需要通信，而当前的系统无法真正满足这种需求——就像快马邮递无法与航空邮递比肩。只要看看为节省带宽和IP地址投入了多少时间和精力，就能明白这一点。为避免地址耗尽，甚至发明了变长子网掩码（VLSM）。

连接到网络的用户和设备每天都在增加，这不是坏事，而是好事，它让我们找到了随时与更多人交流的新途径。事实上，这是人类的基本需求。但前景并不乐观，正如我在本章开头指出的，我们当前进行通信依赖的是IPv4，而IPv4地址即将耗尽。从理论上说，IPv4提供的地址只有43亿左右，但并非每一个地址都可供我们使用。使用无类域间路由选择（CIDR）和网络地址转换（NAT），确实可以推迟IPv4地址耗尽的时间，但这些地址也会在几年内耗尽。在中国，还存在大量个人和公司未连接到因特网上。有很多报告提供了各种数字，但只要想想全球当前有大约 68 亿人口，而据估计大约只有 10%多一点儿的人连接到了因特网，你就会相信我并非危言耸听。

上述统计数字揭示了一个残酷的事实，鉴于 IPv4 的容量，人均一台电脑都不可能，更不用说配备在电脑上的其他 IP 设备了。我就有几台计算机，别人很可能也是这样。这还没有包括电话、笔记本电脑、游戏控制台、传真机、路由器、交换机以及我们日常使用的众多其他设备！我应该说得很明白了，我们必须采取措施，以免地址被耗尽，最终人们无法彼此通信，而这种措施就是实现 IPv6。

15.2 IPv6 的优点和用途

那么，IPv6 有何神奇之处呢？它真能让我们脱离即将到来的困境吗？真的值得从 IPv4 升级到 IPv6 吗？这些问题都很好——你可能还想到了其他一些问题。当然，有那么一群人，他们患有久经考验和众所周知的“拒绝改变综合征”，但绝不要听他们的。倘若很多年前人们接受了这些人的观点，那么现在还在用快马递信，人们需要等待数周甚至数月才能收到。相反，你只需知道答案绝对是肯定的。IPv6 不仅提供了大量地址（3.4×10^{38}，这绝对足够了），还内置了众多其他的功能，值得花资金、时间和精力迁移到 IPv6,这将在本章后面的 15.6 节讨论。笔者将在 15.6 节介绍各种从 IPv4 迁移到 IPv6 的方法，而你会发现，迁移带来的好处远远超过害处。

当今的网络和因特网有众多创建 IPv4 时没有预见到的需求；为满足这些需求，我们使用了一些附加功能，但实现起来比较困难，倘若它们是标准的组成部分，实现起来将容易得多。IPv6 对这些功能作了改进，并将其纳入标准。一个这方面的新标准是 IPSec，它提供了端到端安全性，我们会在第 16 章介绍。

另一个优点是移动性。顾名思义，它允许设备在网络之间漫游，而不会中断连接。

但最令人震撼的是效率更高了。首先，IPv6 分组报头包含的字段减少了一半，且所有字段都与 64 位边界对齐，这极大地提高了处理速度——相比于 IPv4，查找速度要快得多！原来包含在 IPv4 报头中的很多信息都删除了，但可在基本报头字段后面添加可选的扩展报头，将这些信息或其一部分加入报头。

当然，还有前面说过的海量地址（3.4×10^{38}），但这些地址来自何方呢？难道是魔术师变出来的？我的意思是说这么多的地址必须有出处！这是因为 IPv6 提供的地址空间非常大，即地址很长——比 IPv4 长 4 倍。IPv6 地址长 128 位，但不用担心，在 15.3 节，我会剖析这种地址的各个部分，让你知道它是什么样的。新增的长度让地址空间可包含更多的层次，从而提供了更灵活的编址架构。这还提高了路由选择的效率和可扩展性，因为可以更有效地聚合地址。IPv6 还允许主机和网络有多个地址，这对亟须改善可用性的企业来说显得尤其重要。另外，IPv6 还更广泛地使用了组播通信（一台设备向很多主机或一组选定的主机发送数据），这也将提高网络的效率，因为通信目标方更具体了。

IPv4 大量地使用广播，这会导致很多问题，其中最糟糕的是可怕的广播风暴——不受控制地四处转发广播可能耗尽所有带宽，导致整个网络瘫痪。广播令人讨厌的另一点是，它会导致网络中的每台设备都中断。广播发送后，每台设备都必须停下手中的工作，对广播作出响应，而不管广播是否是发送给它的。

令人欣喜的是，IPv6 没有广播的概念，它使用组播。IPv6 还支持另外两种通信：单播和任意播，其中单播与 IPv4 中相同，而任意播是新增的。任意播可将同一个地址分配给多台设备，而向该地址发送数据流时，它会被路由到共享该地址的最近主机。这仅仅是开始，在15.3.2节，我们会更详细地介绍各种类型的通信。

15.3 IPv6地址及其表示

理解IPv4地址的结构和用法至关重要，对IPv6地址来说亦如此。你知道，IPv6地址长128位，这比IPv4地址长得多，因此除了要以新方式使用IPv6地址外，IPv6地址管理起来也更复杂。但不用担心，这里将解释IPv6地址的组成部分、如何书写及其众多常见的用法。IPv6地址刚开始看起来可能有些神秘，但很快你就会掌握它！

请看图15-1，其中显示了一个IPv6地址及其组成部分。

```
2001:0db8:3c4d:0012:0000:0000:1234:56ab
_______________|____|__________________
全局前缀        子网                接口ID
```

图15-1 IPv6地址示例

正如你看到的，IPv6地址确实长得多，但除此之外，还有什么不同呢？首先，注意到它包含8组（而不是4组）数字，且用冒号而不是句点分隔。且慢，地址中还有字母！与MAC地址一样，IPv6地址是用十六进制表示的，因此可以这样说：IPv6地址包含8个用冒号分隔的编组，每组16位，并用十六进制表示。这已经很拗口了，而你可能还未尝试大声朗读！

你肯定想组建测试IPv6的网络，因此这里指出另外一点：使用Web浏览器连接到IPv6设备的HTTP连接时，必须将IPv6地址用方括号括起。为什么呢？因为冒号已被浏览器用来指定端口号。如果不用方括号将地址括起，浏览器将无法识别地址。

下面是一个这样的例子：

```
http://[2001:0db8:3c4d:0012:0000:0000:1234:56ab]/default.html
```

显然，在可能的情况下，你更愿意使用名称来指定目的地（如www.lammle.com），但必须接受这样的事实：有时候，不得不咬紧牙关，输入地址，虽然这样做无疑很痛苦。显然，实现IPv6时，DNS也极其重要。

在IPv6地址中，每个字段包含4个十六进制字母（16位），字段之间用冒号分隔。

15.3.1 简化表示

好消息是，书写这些大型地址时，有很多简写方式。其中之一是可省略地址的某些部分，但必须遵守一些规则。首先，可省略各个字段中的前导零。这样做后，前面的示例地址将变成下面这样：

```
2001:db8:3c4d:12:0:0:1234:56ab
```

这显然要好得多——至少无需书写所有多余的零了！但对于只包含零的字段，该如何办呢？也可将它们省略——至少是其中的一部分。还是以前面的地址为例，可省略两个只包含零的相邻字段，并用两个冒号替代它们，如下所示：

```
2001:db8:3c4d:12::1234:56ab
```

很好——使用两个冒号替代了相连的全零字段。这样做时必须遵守如下规则：只能替换相连的全零字段一次。因此，如果地址中有 4 个全零的字段，但它们彼此不相邻，则不能全部替换它们；请记住，这里的规则是只能替换相连的全零字段一次。请看下面的地址：

```
2001:0000:0000:0012:0000:0000:1234:56ab
```

不能将其简化成下面这样：

```
2001::12::1234:56ab
```

相反，最多只能将其简化成这样：

```
2001::12:0:0:1234:56ab
```

为什么呢？因为如果替换两次，设备见到该地址后，将无法判断每对冒号代表多少个字段。路由器见到这个错误的地址后，将发出这样的疑问：我是将每对冒号都替换为两个全零字段呢，还是将第一对冒号替换为 3 个全零字段，并将第二对冒号替换为 1 个全零字段？路由器无法回答这个问题，因为它没有所需的信息。

15.3.2　地址类型

我们熟悉 IPv4 单播地址、广播地址和组播地址，它们指定了要与哪台设备（至少是多少台设备）通信。但前面说过，IPv6 改变了这种三重唱局面，新增了任意播；另外，由于广播效率低下，IPv6 不再支持它。

下面介绍这些 IPv6 地址类型和通信方法的功能。

- **单播地址**　目标地址为单播地址的分组被传输到单个接口。为均衡负载，位于多台设备中的多个接口可使用相同的地址，但这种地址被称为任意播地址。单播地址分多种，但这里不详细介绍。
- **全局单播地址**　这是典型的可路由的公有地址，与 IPv4 中的单播地址相同。全局地址以 2000::/3 打头。
- **链路本地地址**　类似于 IPv4 私有地址，也是不可路由的，它们以 FE80::/10 打头。可将它们视为一种便利的工具，让你能够为召开会议而组建临时 LAN，或创建小型 LAN，这些 LAN 不与因特网相连，但需要在本地共享文件和服务。
- **唯一的本地地址**　这些地址也是不可在因特网路由的，但也基本上是全局唯一的，因此不太可能重复使用它们。唯一的本地地址设计用于替代场点本地地址，因此它们的功能几乎与 IPv4 私有地址相同：支持在整个场点内通信，可路由到多个本地网络。场点本地地址已于 2004 年 9 月废除。
- **组播地址**　与 IPv4 中一样，目标地址为组播地址的分组被传输到该组播地址表示的所有接口。这种地址有时也被称为一对多地址。IPv6 组播地址很容易识别，它们总是以 FF 打头。15.4 节将详细阐述组播的工作原理。
- **任意播地址**　与组播地址一样，任意播地址也标识多个设备的多个接口，但有一个很大的差别：任意播分组只被传输到一个接口——根据路由选择距离确定的最近接口。这种地址的特殊之处在于，可将单个任意播地址分配给多个接口。这种地址被称为“一对最近”地址。

你可能会问，在IPv6中，是否有保留的特殊地址，因为IPv4有这样的地址。答案是很多，下面就介绍它们！

15.3.3 特殊地址

下面列出一些绝对应该牢记的地址范围，因为我们总是会用到它们。它们都是特殊地址或保留用于特定目的的地址，但不同于IPv4，IPv6提供的地址非常多，因此保留一些不会有任何害处。

- 0:0:0:0:0:0:0:0（::） 相当于IPv4地址0.0.0.0，通常在使用有状态DHCP配置时，用作主机的源地址。
- 0:0:0:0:0:0:0:1（::1） 相当于IPv4地址127.0.0.1。
- 0:0:0:0:0:0:192.168.100.1 在同时支持IP4和IPv6的网络中，从IPv4地址转换而来的IPv6地址通常这样书写。
- 2000::/3 全局单播地址范围。
- FC00::/7 唯一的本地单播地址范围。
- FE80::/10 链路本地单播地址范围。
- FF00::/8 组播地址范围。
- 3FFF:FFFF::/32 保留举例和编写文档时使用。
- 2001:0DB8::/32 保留举例和编写文档时使用。
- 2002::/16 保留供6to4隧道技术使用。6to4隧道技术是一种从IPv4迁移到IPv6的方法，让IPv6分组能够通过IPv4网络进行传输，而无需配置显式的隧道。

在15.6节，我们将更详细地介绍这一点，但在此之前，先来介绍IPv6在互联网络中的运行方式。我们知道IPv4的工作原理，下面来看看IPv6有何不同。

15.4 IPv6在互联网络中的运行方式

现在该探讨IPv6的细节了。首先，介绍如何给主机分配地址以及主机如何找到网络中的其他主机和资源。

我们还会演示设备的自动编址功能（无状态自动配置）以及另一种类型的自动配置（有状态自动配置）。请记住，有状态自动配置使用DHCP服务器，与IPv4中极其类似。另外，本节还介绍IPv6网络中因特网控制消息协议（ICMP）和组播的工作原理。

15.4.1 自动配置

自动配置是一种很有用的解决方案，让网络中的设备能够给自身分配链路本地单播地址和全局单播地址。它是这样完成的：首先从路由器那里获悉前缀信息，再将设备自己的接口地址用作接口ID。但接口ID是如何获得的呢？大家都知道，以太网中的每台设备都有一个MAC地址，该地址会被用作接口ID。然而，IPv6地址中的接口ID长64位，而MAC地址只有48位，多出来的16位是如何来的呢？在MAC地址中间插入额外的位，即FFFE。

例如，假设设备的MAC地址为0060:d673:1987，插入FFFE后，结果为0260:d6FF:FE73:1987。

为何开头的 00 变成了 02 呢？问得好。插入时将采用改进的 eui-64（扩展唯一标识符）格式，它使用第 7 位来标识地址是本地唯一的还是全局唯一的。如果这一位为 1，则表示地址是全局唯一的，如果为 0，则表示地址是本地唯一的。在这个例子中，最终的地址是全局唯一的还是本地唯一的呢？正确的答案是全局唯一的。自动配置可节省编址时间，因为主机只需与路由器交流就可完成这项工作。

为完成自动配置，主机执行两个步骤。

(1) 首先，为配置接口，主机需要前缀信息（类似于 IPv4 地址的网络部分），因此它会发送一条路由器请求（Router Solicitation，RS）消息。该消息以组播方式发送给所有路由器。这实际上是一种 ICMP 消息，并用编号进行标识。RS 消息的 ICMP 类型为 133。

(2) 路由器使用一条路由器通告（RA）进行应答，其中包含请求的前缀信息。RA 消息也是组播分组，被发送到表示所有节点的组播地址，其 ICMP 类型为 134。RA 消息是定期发送的，但主机发送 RS 消息后，可立即得到响应，因此无需等待下一条定期发送的 RA 消息，就能获得所需的信息。

图 15-2 说明了这两个步骤。

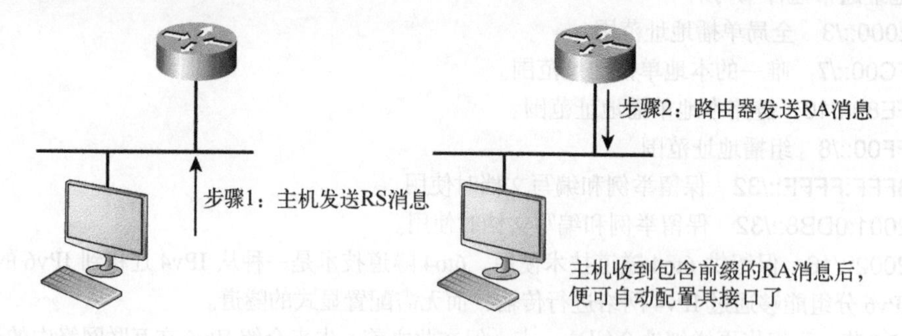

图 15-2　IPv6 自动配置过程中的两个步骤

顺便说一句，这种类型的自动配置称为无状态自动配置，因为无需进一步与其他设备联系以获悉额外的信息。稍后讨论 DHCPv6 时，将介绍有状态自动配置。

下面来看看如何给思科路由器配置 IPv6。

15.4.2　给思科路由器配置 IPv6

要在路由器上启用 IPv6，必须使用全局配置命令 `ipv6 unicast-routing`：

```
Corp(config)#ipv6 unicast-routing
```

默认情况下，转发 IPv6 数据流的功能被禁用，因此需要使用上述命令启用它。另外，你可能猜到了，默认不会在任何接口上启用 IPv6，因此必须进入每个接口并启用这项功能。

为此，可使用多种方式，但最简单的方式是，使用命令 `ipv6 address <ipv6prefix>/<prefix-length> [eui-64]` 给接口配置一个地址。

下面是一个例子：

```
Corp(config-if)#ipv6 address 2001:db8:3c4d:1:0260:d6FF.FE73:1987/64
```

可指定一个完整的 128 位 IPv6 全局地址（就像前面的例子那样），也可使用 eui-64 选项。eui-64 格式允许设备对其 MAC 地址进行转换，以生成接口 ID，如下所示：

```
Corp(config-if)#ipv6 address 2001:db8:3c4d:1::/64 eui-64
```

为在路由器接口上启用 IPv6，也可不输入 IPv6 地址，而让其自动使用链路本地地址。

注意

如果只有链路本地地址，则只能在本地子网中通信。

要配置路由器接口，使其只使用链路本地地址，可使用接口配置命令 ipv6 enable：

```
Corp(config-if)#ipv6 enable
```

下面配置 DHCPv6 服务器，以探讨有状态自动配置。

15.4.3 DHCPv6

DHCPv6 的工作原理与 DHCPv4 极其相似，但有一个明显的差别，那就是支持 IPv6 新增的编址方案。DHCP 提供了一些自动配置没有的选项，这可能令你感到惊讶。在自动配置中，根本没有涉及 DNS 服务器、域名以及 DHCP 提供的众多其他选项。这是在大多数 IPv6 网络中使用 DHCP 的重要原因。

在 IPv4 网络中，客户端启动时将发送一条 DHCP 发现消息，以查找可给它提供所需信息的服务器。但在 IPv6 中，首先发生的是 RS 和 RA 过程。如果网络中有 DHCPv6 服务器，返回给客户端的 RA 将指出 DHCP 是否可用。如果没有找到路由器，客户端将发送一条 DHCP 请求消息，这是一条组播消息，其目标地址为 ff02::1:2，表示所有 DHCP 代理，包括服务器和中继。

思科 IOS 提供了一定的 DHCPv6 支持，但仅限于无状态 DHCP 服务器，这意味着它没有提供地址池管理功能，且可配置的选项仅限于 DNS、域名、默认网关和 SIP 服务器。

这意味着必要时需要提供其他服务器，以提供所有必要的信息并管理地址分配。

15.4.4 ICMPv6

IPv4 使用 ICMP 做很多事情，诸如目的地不可达等错误消息以及 ping 和 traceroute 等诊断功能。ICMPv6 也提供了这些功能，但不同的是，它不是独立的第 3 层协议。ICMPv6 是 IPv6 不可分割的部分，其信息包含在基本 IPv6 报头后面的扩展报头中。ICMPv6 新增了一项功能：默认情况下，可通过 ICMPv6 过程“路径 MTU 发现”来避免 IPv6 对分组进行分段。

路径 MTU 发现过程的工作原理如下：源节点发送一个分组，其长度为本地链路的 MTU。在该分组前往目的地的过程中，如果链路的 MTU 小于该分组的长度，中间路由器就会向源节点发送消息“分组太大”。这条消息向源节点指出了当前链路支持的最大分组长度，并要求源节点发送可穿越该链路的小分组。这个过程不断持续下去，直到到达目的地，此时源节点便知道了该传输路径的 MTU。接下来，传输其他数据分组时，源节点将确保分组不会被分段。

ICMPv6 接管了发现本地链路上其他设备的地址的任务；在 IPv4 中，这项任务由地址解析协议负责，但 ICMPv6 将这种协议重命名为邻居发现。这个过程是使用被称为请求节点地址（solicited node address）的组播地址完成的，每台主机连接到网络时都会加入这个组播组。为生成请求节点地址，在 FF02:0:0:0:0:1:FF/104 末尾加上目标主机的 IPv6 地址的最后 24 位。查询请求节点地址时，相应的主机将返回其第 2 层地址。网络设备也以类似的方式发现和跟踪相邻设备。前面介绍 RA 和 RS 消息时说过，它们使用组播来请求和发送地址信息，这也是 ICMPv6 的邻居发现功能。

在 IPv4 中，主机使用 IGMP 协议来告诉本地路由器，它要加入特定的组播组并接收发送给该组播组的数据流。这种 IGMP 功能已被 ICMPv6 取代，并被重命名为组播侦听者发现（multicast listener discovery）。

15.5　IPv6 路由选择协议

本书前面讨论的所有路由选择协议都进行了升级，以用于 IPv6 网络。另外，在 IPv6 网络中，本书前面讨论的很多功能和配置的用法都保持不变。IPv6 不再使用广播，因此完全依赖于广播的协议都将被淘汰，大家应该很乐意与这些消耗大量宽带并影响性能的协议说拜拜！

在 IPv6 中继续使用的路由选择协议进行了改进，并具备了新的名称。下面来讨论其中的几个。

首先要讨论的是 RIPng（下一代）。有一定 IT 从业经验的人都知道，RIP 非常适合用于小型网络，这正是它没有惨遭淘汰，继续用于 IPv6 网络的原因。另外，还有 EIGRPv6，因为它有独立于协议的模块，只需添加支持 IPv6 的模块就可以了。保留下来的路由选择协议还有 OSPFv3——这可不是印刷错误，确实是 v3。用于 IPv4 的 OSFP 为 v2，因此升级到 IPv6 后，便变成了 OSPFv3。

15.5.1　RIPng

坦率地说，RIPng 的主要功能与 RIPv2 相同。它仍是一种距离矢量协议，最大跳数为 15，并使用水平分割、反向抑制（poison reverse）等环路避免机制，但使用 UDP 端口 521 而不是 UDP 520。

它仍使用组播来发送更新，但在 IPv6 中，使用的目标地址为 FF02::9。这实际上很好，因为在 RIPv2 中，使用的组播地址为 224.0.0.9，而 IPv6 使用的组播地址也以 9 结尾。事实上，大多数路由选择协议都保留了 IPv4 版本的类似特征。

但也有一些不同的地方，否则就不是新版本了。大家知道，在 RIPv2 中，路由器在路由选择表中存储了前往每个网络的下一跳地址，但在 RIPng 中，路由器存储的下一跳地址为链路本地地址，而不是全局地址。

RIPng（以及所有 IPv6 路由选择协议）最大的变化之一可能是，在接口配置模式下启用网络通告，而不是在路由器配置模式下使用 network 命令。因此，使用 RIPng 时，可直接在接口上启用该路由选择协议，这将创建一个 RIPng 进程（而无需在路由器配置模式下启动 RIPng 进程），如下所示：

```
Router1(config-if)#ipv6 rip 1 enable
```

其中的 1 是一个标记（也可使用名称而不是编号），标识了 RIPng 进程。前面说过，这会启动一个 RIPng 进程，而无需进入路由器配置模式来启动它。

但如果要进入路由器配置模式，以配置重分发等功能，也可以这样做，如下所示：

```
Router1(config)#ipv6 router rip 1
Router1(config-rtr)#
```

请记住，RIPng 的工作原理与 RIPv4 极其相似，最大的差别在于，为通告接口连接的网络，只需在接口上启用 RIPng，而无需使用 network 命令。

15.5.2 EIGRPv6

与 RIPng 一样，EIGRPv6 的工作原理也与其 IPv4 版本极其相似——EIGRP 提供的大部分功能仍可用。

EIGRPv6 也是一种高级距离矢量协议，有一些链路状态协议的特征。它也使用 Hello 分组来发现邻居，使用可靠传输协议（RTP）来提供可靠的通信，并使用弥散更新算法（DUAL）实现无环路快速会聚。

Hello 和更新分组是以组播的方式发送的，与 RIPng 一样，EIGRPv6 使用的组播地址的最后部分与原来相同：在 IPv4 中，使用的组播地址为 224.0.0.10，而在 IPv6 中，使用的组播地址为 FF02::A（A 是 10 的十六进制表示）。

然而，这两个版本肯定有不同之处。最明显的不同是，不再使用 `network` 命令，而在接口配置模式下启用对网络的通告，这与 RIPng 相同；但仍必须在路由器配置模式下使用命令 `no shutdown` 启用 EIGRPv6，就像启用接口一样。

要启用 EIGRPv6，可像下面这样做：

```
Router1(config)#ipv6 router eigrp 10
```

其中的 10 也是自治系统（AS）号。执行该命令后，提示符将变成（`config-rtr`），然后必须执行命令 `no shutdown`：

```
Router1(config-rtr)#no shutdown
```

在该模式下，还可配置其他选项，如重分发。

下面进入接口配置模式，并启用 IPv6：

```
Router1(config-if)#ipv6 eigrp 10
```

在该接口命令中，10 是在路由器配置模式下指定的 AS 号。

要介绍的最后一种 IPv6 路由选择协议是 OSPFv3。

15.5.3 OSPFv3

OSPFv3 也与 OSPFv2 有很多相似之处。

OSPFv3 的根基基本没变，它仍是一种链路状态路由选择协议，将整个互联网络或自治系统划分成区域，以形成层次结构。多区域 OSPF 不在 CCNA 考试范围内——至少目前如此，真是谢天谢地！然而，在 OSPFv3 中，第 9 章讨论的一些选项有所变化。

在 OSPFv2 中，默认情况下，路由器 ID（RID）为最大的 IP 地址（也可以手工指定它），但在 OSPFv3 中，需要手工指定 RID 和区域 ID，它们仍是 32 位的值，但不再默认使用 IP 地址，因为 IPv6 地址长 128 位。通过要求手工指定这些值，并将 OSPF 分组报头中的 IP 地址删除，使 OSPFv3 几乎可用于任何网络层协议！

在 OSPFv3 中，邻接关系和下一跳属性是使用链路本地地址指定的，它还使用组播来发送更新和确认：用组播地址 FF02::5 表示 OSPF 路由器，并用组播地址 FF02::6 表示 OSPF 指定路由器。在 OSPFv2 中，与这些组播地址对应的分别是 224.0.0.5 和 224.0.0.6。

不同于其他不那么灵活的 IPv4 路由选择协议，OSPFv2 能够将特定网络和接口加入 OSPF 进程，但这也是在路由器配置模式下进行的。与前面说到的其他 IPv6 路由选择协议一样，在 OSPFv3 中，也可在接口配置模式下将接口及其连接的网络加入 OSPF 进程。

OSPFv3 的配置类似于下面这样：

```
Router1(config)#ipv6 router osfp 10
Router1(config-rtr)#router-id 1.1.1.1
```

要配置汇总和重分发等，必须进入路由器配置模式；但配置 OSPFv3 时，可不在这种模式下进行，而可在接口模式下进行配置。

配置完接口后，将自动创建 OSPF 进程。接口配置类似于下面这样：

```
Router1(config-if)#ipv6 ospf 10 area 0.0.0.0
```

因此，只需进入每个接口，并指定进程 ID 和区域即可。

介绍 IPv6 路由选择协议后，该探讨如何从 IPv4 迁移到 IPv6 了。

15.6 迁移到 IPv6

前面深入地讨论了 IPv6 的工作原理以及如何在网络中配置它，但这样做需要付出多大的代价呢？需要做多少功呢？问得好！答案因人而异，因为这在很大程度上取决于当前的基础设施如何。如果路由器和交换机很旧，必须对它们都进行升级以支持 IPv6，则需要做大量的修改！这还没有考虑服务器和计算机操作系统（OS），还有让应用程序兼容所需付出的汗水甚至泪水。因此，需要付出的代价非常大！幸好 除非要推倒重来，否则很多 OS 和网络设备都支持 IPv6，只是以前一直没有使用这些功能而已。

还有一个问题没有回答，那就是需要付出多少劳动和时间。坦率地说，相当多。无论如何，需要花些时间检查系统，确保一切运行正常。如果网络很大，有大量设备，就会需要相当长的时间！但不要恐慌，有人制定了迁移策略，让你能够逐步完成迁移。本节将介绍 3 种主要的迁移策略。第一种称为双栈，它允许设备同时运行 IPv4 和 IPv6 协议栈，从而能够同时支持现有的通信和新的 IPv6 通信。第二种策略是 6to4 隧道技术，如果要让两个 IPv6 网络通过 IPv4 网络进行通信，可选择这种策略。这里介绍第三种策略只是为了好玩，这可能会让你感到惊讶。

15.6.1 双栈

双栈是最常用的迁移策略，因为最容易实现。它让设备能够使用 IPv4 或 IPv6 进行通信。双栈能够让你逐一对网络中的设备和应用程序进行升级，随着网络中越来越多的主机和设备得以升级，越来越多的通信都会以 IPv6 的方式进行，当所有设备都运行 IPv6 时，便可将旧的 IPv4 协议栈完全删除了，因为不再需要它们了。

另外，在思科路由器上配置双栈非常容易：只需启用 IPv6 转发并给接口分配 IPv6 地址即可，如下所示：

```
Corp(config)#ipv6 unicast-routing
Corp(config)#interface fastethernet 0/0
Corp(config-if)#ipv6 address 2001:db8:3c4d:1::/64 eui-64
Corp(config-if)#ip address 192.168.255.1 255.255.255.0
```

然而，坦率地说，你还应了解各种隧道技术，因为在网络中只使用 IPv6 的时代还需一段时间才会到来。

15.6.2 6to4 隧道技术

6to4 隧道技术很有用，允许通过 IPv4 网络传输 IPv6 分组。很可能遇到这样的情况：网络中有多个 IPv6 子网，或网络的某些部分只支持 IPv6，而这些网络需要彼此通信。如果在 WAN 或你无法控制的其他网络出现这种情况，该怎么办呢？解决办法是创建一条隧道，让 IPv6 数据流能够通过 IPv4 网络进行传输。

隧道的概念并不难理解，而创建隧道也没有你想象的那么难。简单地说，隧道技术就是拦截要穿越 IPv4 网络的 IPv6 分组，并给它添加一个 IPv4 报头。这有点像钓到鱼后再把它放掉，只是在将鱼放入水中前，为它们贴上标签。

要明白这一点，请看图 15-3。

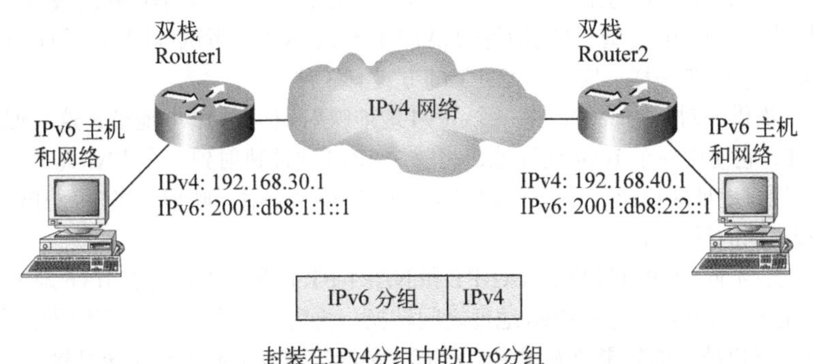

图 15-3 创建 6to4 隧道

要创建隧道，需要两台前面介绍过的双栈路由器，并添加一些配置，在这些路由器之间建立一条隧道。隧道的创建非常简单，只需告诉每台路由器，隧道的起点和终点在什么地方。要在图 15-3 所示的路由器之间建立隧道，只需做如下配置：

```
Router1(config)#int tunnel 0
Router1(config-if)#ipv6 address 2001:db8:1:1::1/64
Router1(config-if)#tunnel source 192.168.30.1
Router1(config-if)#tunnel destination 192.168.40.1
Router1(config-if)#tunnel mode ipv6ip

Router2(config)#int tunnel 0
Router2(config-if)#ipv6 address 2001:db8:2:2::1/64
Router2(config-if)#tunnel source 192.168.40.1
Router2(config-if)#tunnel destination 192.168.30.1
Router2(config-if)#tunnel mode ipv6ip
```

这样，两个 IPv6 网络就可通过 IPv4 网络进行通信了。需要指出的是，这只是一种权宜之计，我们的终极目标是组建纯粹的端到端 IPv6 网络。

需要注意的一个要点是，如果穿越的 IPv4 网络包含 NAT 转换点，前面创建的隧道将遭到破坏！多年来，NAT 获得了重大改进，能够处理特定的协议和动态连接；如果没有这些改进，NAT 可能破坏大部分连接。鉴于大多数 NAT 实现都没有考虑这种迁移策略，因此 NAT 会带来麻烦。

但有一种解决这种问题的方案，被称为 Teredo，借助它能够将通过隧道传输的数据流都放在 UDP 分组中。NAT 不理会 UDP 分组，因此这些分组不会像其他协议分组那样遭到破坏。使用 Teredo 后，分组将伪装成 UDP 分组，从而逃过 NAT 破坏。

15.6.3　NAT-PT

我们可能听说过，IPv6 不支持 NAT，这种说法只在一定程度上正确。IPv6 本身确实没有 NAT 实现，但那只是技术实现细节，有一种迁移策略名为 NAT 协议转换（NAT–PT）。需要知道的是，只有在万不得已的情况下才使用这种方法，因为它并非很好的解决方案。使用这种解决方案时，IPv4 主机只能与 IPv4 主机通信，而 IPv6 主机也只能与 IPv6 主机通信。NAT-PT 不重新封装分组，而将分组从一种 IP 类型转换为另一种 IP 类型。虽然配置 NAT-PT 不在 CCNA 考试范围内，但这里还是要简要地介绍它。与 IPv4 中的 NAT 一样，实现 NAT-PT 的方式有 3 种。

静态 NAT-PT 提供一对一的映射，将一个 IPv4 地址映射到一个 IPv6 地址，这类似于静态 NAT。还有动态 NAT-PT，它使用一个 IPv4 地址池，将一个 IPv4 地址映射到一个 IPv6 地址（听起来似曾相识）。最后，还有端口地址转换协议转换（NAPT-PT），它提供多对一映射，将多个 IPv6 地址映射到同一个 IPv4 地址和不同的端口号。

正如你看到的，不同于 IPv4 NAT，NAT-PT 和 NAPT-PT 并非用于在公有 IPv6 地址和私有 IPv6 地址之间转换，而用于在 IPv4 地址和 IPv6 地址之间转换。再重申一次，仅在万不得已时才能使用它。在大多数情况下，隧道技术的效果要好得多，没有这种配置带来的麻烦和系统开销。

15.7　小结

这是有趣的一章，但愿你阅读本章后，像我一样感到既有趣又有所收获。学习 IPv6 的最佳方式是，在路由器上尝试配置它。

本章介绍了 IPv6 基本知识以及如何在思科互联网络中使用它。阅读本章后，你知道需要学习的东西很多，而这里只介绍了一些皮毛，但这足以通过 CCNA 考试。

本章首先介绍了为何需要 IPv6 以及 IPv6 的优点。接下来讨论了 IPv6 地址及其简写，并介绍了各种类型的 IPv6 地址以及保留的特殊 IPv6 地址。

IPv6 的部署几乎可自动完成，即主机使用自动配置，因此本章讨论了 IPv6 如何使用自动配置及其在配置思科路由器方面的作用。与 IPv4 一样，在 IPv6 网络中，也可使用 DHCP 服务器向主机提供选项——不是 IPv6 地址，而是诸如 DNS 服务器地址等选项。

在 IPv6 中，ICMP 非常重要。本章详细介绍了 ICMPv6 的工作原理，然后探讨了如何在 IPv6 网络中配置 RIP、EIGRP 和 OSPF。

迁移到 IPv6 也很重要，笔者介绍了这样做的优点和缺点，还介绍了 3 种迁移策略：双栈、6to4 隧道以及 NAT-PT。其中 NAT-PT 仅在万不得已时才能使用。

15.8　考试要点

明白为何需要 IPv6。如果没有 IPv6，IP 地址将耗尽。

理解本地链路地址。本地链路地址类似于私有 IPv4 地址，但即使在组织内部也不可路由。

理解本地唯一地址。与本地链路地址一样，这种地址也类似于私有 IPv4 地址，不可路由到因特网。然而，本地链路地址和本地唯一地址的差别在于，后者可在组织内部路由。

理解 IPv6 地址。不同于 IPv4，IPv6 地址空间大得多。IPv6 地址长 128 位，用十六进制表示，而 IPv4 地址长 32 位，用十进制表示。

15.9 书面实验 15

请回答下述问题。

(1) 哪种分组只被传输到一个接口？

(2) 哪种地址类似于公有 IPv4 地址？

(3) 哪种地址不可路由？

(4) 哪种地址不可路由到因特网，却是全局唯一的？

(5) 哪种地址用于将分组传输到多个接口？

(6) 哪种地址标识多个接口，但目标地址为这种地址的分组只被传输到第一个找到的接口？

(7) 哪种路由选择协议使用组播地址 FF02::5?

(8) IPv4 提供了环回地址 127.0.0.1，IPv6 环回地址是什么？

(9) 链路本地地址总是以什么打头？

(10) 唯一的本地单播地址以什么打头？

（该书面实验的答案见本章复习题答案的后面。）

15.10 复习题

注意 下面的复习题旨在检验你对本章内容的理解程度。有关如何获取更多复习题的信息，请参阅本书的前言。

(1) 下面哪种有关全局单播地址的说法是正确的？

A. 目标地址为单播地址的分组被传输到单个接口

B. 这是典型的公有可路由地址，就像 IPv4 中的公有可路由地址

C. 这些地址类似于 IPv4 私有地址，也不能路由到因特网

D. 这些地址不用于路由选择，但是全局唯一的，因此不可能重复使用

(2) 下面哪种有关单播地址的说法是正确的？

A. 目标地址为单播地址的分组被传输到单个接口

B. 这是典型的公有可路由地址，就像 IPv4 中的公有可路由地址

C. 这些地址类似于 IPv4 私有地址，也不能路由到因特网

D. 这些地址不用于路由选择，但是全局唯一的，因此不可能被重复使用

(3) 下面哪种有关链路本地地址的说法是正确的？

A. 目标地址为广播地址的分组被传输到单个接口

B. 这是典型的公有可路由地址，就像 IPv4 中的公有可路由地址

C. 这些地址类似于 IPv4 私有地址，也不能路由到因特网
D. 这些地址不用于路由选择，但是全局唯一的，因此不可能被重复使用

(4) 下面哪种有关唯一本地地址的说法是正确的？
A. 目标地址为唯一本地地址的分组被传输到单个接口
B. 这是典型的公有可路由地址，就像 IPv4 中的公有可路由地址
C. 这些地址类似于 IPv4 私有地址，也不能路由到因特网
D. 这些地址不用于因特网路由选择，但是全局唯一的，因此不可能被重复使用

(5) 下面哪种有关组播地址的说法是正确的？
A. 目标地址为组播地址的分组被传输到单个接口
B. 目标地址为组播地址的分组被传输到该地址标识的所有接口，这种地址也被称为一对多地址
C. 组播地址标识多个接口，但将这种地址用作目标地址的分组只被传输到其中一个接口，这种地址也被称为“一对多个之一”地址
D. 这些地址不用于路由选择，但是全局唯一的，因此不可能被重复使用

(6) 下面哪种有关任意播地址的说法是正确的？
A. 目标地址为任意播地址的分组被传输到单个接口
B. 目标地址为任意播地址的分组被传输到该地址标识的所有接口，这种地址也被称为一对多地址
C. 任意播地址标识多个接口，但将这种地址用作目标地址的分组只被传输到其中一个接口，这种地址也被称为“一对多个之一”地址
D. 这些地址不用于路由选择，但是全局唯一的，因此不可能被重复使用

(7) 要 ping IPv6 本地主机的环回地址，可输入下面哪个命令？
A. `ping 127.0.0.1`　B. `ping 0.0.0.0`　C. `ping ::1`　D. `trace 0.0.::1`

(8) OSPFv3 使用哪两个组播地址？
A. FF02::A　B. FF02::9　C. FF02::5　D. FF02::6

(9) RIPng 使用哪个组播地址？
A. FF02::A　B. FF02::9　C. FF02::5　D. FF02::6

(10) EIGPRv6 使用哪个组播地址？
A. FF02::A　B. FF02::9　C. FF02::5　D. FF02::6

(11) 要启用 RIPng，可使用哪个命令？
A. `Router1(config-if)# ipv6 ospf 10 area 0.0.0.0`
B. `Router1(config-if)#ipv6 router rip 1`
C. `Router1(config)# ipv6 router eigrp 10`
D. `Router1(config-rtr)#no shutdown`
E. `Router1(config-if)#ipv6 eigrp 10`

(12) 要启用 EIGRPv6，可使用哪 3 个命令？
A. `Router1(config-if)# ipv6 ospf 10 area 0.0.0.0`
B. `Router1(config-if)#ipv6 router rip 1`
C. `Router1(config)# ipv6 router eigrp 10`
D. `Router1(config-rtr)#no shutdown`
E. `Router1(config-if)#ipv6 eigrp 10`

(13) 要启用 OSPFv3，可使用哪个命令？
A. `Router1(config-if)# ipv6 ospf 10 area 0.0.0.0`
B. `Router1(config-if)#ipv6 router rip 1`
C. `Router1(config)# ipv6 router eigrp 10`
D. `Router1(config-rtr)#no shutdown`

E. Router1(config-if)#ospf ipv6 10 area 0

(14) 下面哪两种有关 IPv6 地址的说法是正确的?

A. 前导零不能省略

B. 可使用两个冒号（::）代替相连的全零字段

C. 使用两个冒号（::）分隔各个字段

D. 可给同一个接口分配多个不同类型的 IPv6 地址

(15) 下面哪两种有关 IPv4 和 IPv6 地址的说法是正确的?

A. IPv6 地址长 32 位，用十六进制表示

B. IPv6 地址长 128 位，用十进制表示

C. IPv4 地址长 32 位，用十进制表示

D. IPv6 地址长 128 位，用十六进制表示

(16) 下面哪种有关 IPv6 的说法是正确的?

A. 地址是层次结构的，且随机分配

B. 淘汰了广播，取而代之的是组播

C. 提供了 27 亿个地址

D. 每个接口只能配置一个 IPv6 地址

(17) 在 IPv6 地址中，每个字段长多少位?

A. 24
B. 4
C. 3
D. 16
E. 32
F. 128

(18) 下面哪两项正确地描述了 IPv6 单播地址的特征?

A. 全局地址以 2000::/3 打头

B. 链路本地地址以 FF00::/10 打头

C. 链路本地地址以 FE00::/12 打头

D. 只有一个环回地址，那就是::1

(19) 下面哪两种有关 IPv6 地址的说法是正确的?

A. 前 64 位是动态创建的接口 ID

B. 可给同一个接口分配多个不同类型的 IPv6 地址

C. 每个 IPv6 接口至少有一个环回地址

D. IPv6 地址字段中的前导零不能省略

(20) 下面哪 3 项是迁移到 IPv6 的机制?

A. 6to4 隧道
B. GRE 隧道
C. ISATAP 隧道
D. Teredo 隧道

15.11 复习题答案

(1) B。不同于单播地址，全局单播地址是可路由的。

(2) A。将单播地址用作目标地址的分组被传输到一个接口。为均衡负载，可将同一个地址分配给多个接口。

(3) 链路本地地址允许你为召开会议而组建临时 LAN，或创建小型 LAN，这些 LAN 不与因特网相连，但需要在本地共享文件和服务。

(4) 与链路本地地址一样，这些地址也是不可路由的，但也是全局唯一的，因此不太可能重复使用。唯一的本地地址设计用于替代场点本地地址。

(5) 与 IPv4 中一样，将组播地址用作目标地址的分组将被传输到该地址标识的所有接口。这种地址也被称为一对多地址。IPv6 组播地址很容易识别，因为它们总是以 FF 打头。

(6) 与组播地址类似，任意播地址也标识多个接口，但有一个很大的差别：任意播分组只被传输到一个接口——根据路由选择距离确定的最近接口。这种地址也被称为一对多个之一地址。

(7) IPv4 环回地址为 127.0.0.1，而 IPv6 环回地址为::1。

(8) C 和 D。邻接关系和下一跳属性是使用链路本地地址指定的，OSPFv3 也使用组播来发送更新和确

认：用组播地址 FF02::5 表示 OSPF 路由器，用组播地址 FF02::6 表示 OSPF 指定路由器。在 OSPFv2 中，与这些组播地址对应的分别是 224.0.0.5 和 224.0.0.6。

(9) B。RIPng 使用 IPv6 组播地址 FF02::9。如果还记得 IPv4 RIP 使用的组播地址，你会发现最后一个数字相同。

(10) A。EIGRPv6 使用的组播地址的最后一个数字没变。在 IPv4 中，使用的组播地址为 224.0.0.10，而在 IPv6 中，为 FF02::A（A 是 10 的十六进制表示）。

(11) B。启用 RIPng 很容易，只需在要启用 RIPng 的接口上配置命令 `ipv6 rip` *number* 即可。

(12) C、D 和 E。不同于 RIPng 和 OSPFv3，需要在全局配置模式、路由器配置模式和接口配置模式下配置 EIGRP，并在路由器配置模式下使用命令 `no shutdown` 启用该协议。

(13) A。像 RIPng 一样，要启用 OSPFv3，只需在接口级启用它即可，命令为 `ipv6 ospf` *process-id* `area` *area-id*。

(14) B 和 D。为简化 IPv6 地址，可用两个冒号替换相连的全零字段；为进一步缩短地址，可省略前导零。与 IPv4 一样，可给同一个接口配置多个地址；IPv6 地址类型更多，但该规则也适用。可给同一个接口配置链路本地地址、全局单播地址、组播地址和任意播地址。

(15) C 和 D。IPv4 地址长 32 位，用十进制表示，而 IPv6 地址长 128 位，用十六进制表示。

(16) B。IPv6 没有广播，而使用单播、组播、任意播、全局单播和链路本地单播。

(17) D。在 IPv6 地址中，每个字段长 16 位（4 个十六进制字符）。

(18) A 和 D。全局地址以 2000::/3 打头；链路本地地址以 FE80::/10 打头；环回地址为::1；而未指定的地址为两个冒号（::）。每个接口都将自动配置一个环回地址。

(19) B 和 C。如果查看主机的 IP 配置，你会发现有多个 IPv6 地址，其中包括一个环回地址。最后 64 位是动态创建的接口 ID。在 IPv6 地址中，每个 16 位字段的前导零可省略。

(20) A、C 和 D。6to4、ISATAP（双栈）和 Teredo 都是用于迁移到 IPv6 的隧道机制。

15.12　书面实验 15 答案

(1) 单播　(2) 全局单播地址　(3) 链路本地地址
(4) 唯一的本地地址（以前叫场点本地地址）　(5) 组播地址
(6) 任意播地址　(7) OSPFv3　(8) ::1
(9) FE80::/10　(10) FC00::/7

第16章 广域网

本章涵盖如下 CCNA 考试要点。

✓ **实现和验证 WAN 链路**

- ❑ 描述各种连接到 WAN 的方法；
- ❑ 配置和验证基本的 WAN 串行连接；
- ❑ 在思科路由器上配置和验证帧中继；
- ❑ 排除 WAN 故障；
- ❑ 描述 VPN 技术，包括重要性、优点、作用、影响和组件；
- ❑ 在思科路由器之间配置和验证 PPP 连接。

✓ **描述网络的工作原理**

- ❑ 描述 LAN 和 WAN 在工作原理和功能方面的差别。

思科 IOS 支持大量的广域网（WAN）协议，让你能够将本地的 LAN 连接到远程场点的 LAN。不用我说你也知道，当今不同场点进行信息交换有多重要！但即便如此，如果自己铺设电缆，将公司的所有远程场点连接起来，也是很不合算的。一种好得多的解决方案是租用服务提供商铺设好的基础设施，这将节省大量时间。

因此，本章将讨论用于 WAN 的各种连接、技术和设备，还将介绍如何实现和配置高级数据链路控制（HDLC）、点到点协议（PPP）和帧中继。笔者将介绍以太网点到点协议（Point-to-Point Protocol over Ethernet，PPPoE）、有线电视、DSL、多协议标签交换（MPLS）、城域以太网（MetorEthernet）、最后一公里和长距离以太网等 WAN 技术，还将介绍 WAN 安全、隧道技术以及虚拟专网等方面的基本知识。

需要指出的是，本章不会全面介绍思科提供的每种 WAN 支持，因为本书的重点是确保大家掌握通过 CCNA 考试所需的知识。因此，本章的重点是有线电视、DSL、HDLC、PPP、PPPoE、城域以太网、MPLS 和帧中继；在本章末尾，我们还将详细介绍 VPN。

重要的事先做，下面首先探索 WAN 基本知识。

注意

有关本章的最新修订，请访问 www.lammle.com 或 www.sybex.com/go/ccna7e。

16.1 广域网简介

广域网（WAN）和局域网（LAN）的本质区别何在呢？显而易见的是距离，但当今的无线 LAN

覆盖的范围也很大。那么带宽呢？同样，只要资金充足，在很多地方都可部署高带宽电缆，因此带宽也不是。那么到底是什么呢？

WAN 不同于 LAN 的主要地方之一是，LAN 基础设施通常归个人所有，而 WAN 基础设施通常是从服务提供商那里租来的。坦率地说，新技术使这种差别也变得模糊起来，但在思科考试中，这种说法是完全可行的。

本书前面介绍了通常归个人所有的数据链路（以太网），这里将介绍通常不归个人所有的数据链路，最常见的是从服务提供商那里租来的数据链路。

要理解 WAN 技术，关键在于熟悉各种 WAN 术语以及服务提供商用来将 LAN 连接起来的常见连接类型。

16.1.1 定义 WAN 术语

从服务提供商那里订购 WAN 服务前，最好明白服务提供商常用的如下术语，图 16-1 显示了这些术语：

- **用户室内设备（Customer Premises Equipment，CPE）** 这种设备通常归用户所有（但并非总是如此），位于用户室内。
- **分界点（Demarcation point）** 分界点明确地指出了服务提供商职责的终点和用户职责的起点。它通常是电信室内的一台设备，归电信公司所有并由其安装。从该设备到 CPE 的电缆连接通常由用户负责管理，一般是到 CSU/DSU 或 ISDN 接口的连接。
- **本地环路** 本地环路将分界点连接到最近的交换局（中心局）。
- **中心局（CO）** 将客户的网络连接到提供商的交换网络。需要知道的是，中心局有时也被称为出现点（Point of Presence，POP）。
- **长途通信网（toll network）** 这是 WAN 提供商网络中的中继线，包含大量归 ISP 所有的交换机和设备。

一定要熟悉这些术语，知道它们表示什么及其在图 16-1 中的位置，这对理解 WAN 技术至关重要。

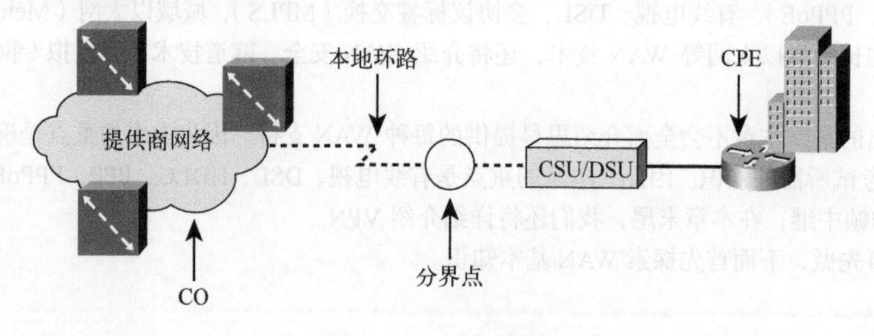

图 16-1 WAN 术语

16.1.2 WAN 连接的带宽

有一些基本的带宽术语，用于描述 WAN 连接。

- **DS0（Digital Signal 0）** 这是基本的数字信令速率（64 Kbit/s），相当于一个信道。DS0 在

欧洲和日本分别用 E0 和 J0 表示。在 T-载波传输中，多个多路复用的数字载波系统都使用这个通用术语。这是容量最小的数字电路，1 DS0 相当于一条语音/数据线路。

- T1 也叫 DS1，它将 24 条 DS0 电路捆绑在一起，总带宽为 1.544 Mbit/s。
- E1 相当于欧洲的 T1，包含 30 条捆绑在一起的 DS0 电路，总带宽为 2.048 Mbit/s。
- T3 也叫 DS3，将 28 条 DS1（或 672 条 DS0）电路捆绑在一起，总带宽为 44.736 Mbit/s。
- OC-3 光载波 3，使用光纤，由 3 条捆绑在一起的 DS3 组成，包含 2016 条 DS0，总带宽为 155.52 Mbit/s。
- OC-12 光载波 12，由 4 条捆绑在一起的 OC-3 组成，包含 8064 条 DS0，总带宽为 622.08 Mbit/s。
- OC-48 光载波 48，由 4 条捆绑在一起的 OC-12 组成，包含 32 256 条 DS0，总带宽为 2488.32 Mbit/s。

16.1.3 WAN 连接类型

大家可能知道，WAN 可使用很多类型的连接，这里将简要介绍可在市面上找到的各种 WAN 连接。图 16-2 列举了可用于通过 DCE 网络将 LAN（DTE）连接起来的各种 WAN 连接。

对这些 WAN 连接类型解释如下。

- **专用线** 通常被称为点到点连接或专用连接。专用线是预先建立好的 WAN 通信路径，它始于 CPE，穿越 DCE 交换机，终止于远程场点的 CPE。CPE 让 DTE 网络能够随时通信，无需在传输数据前经历麻烦的建立过程。如果资金充足，这是不错的选择，因为它使用同步串行线路，速度可高达 45 Mbit/s。在专用线上，经常使用 HDLC 和 PPP 封装，后面将详细介绍这些封装。
- **电路交换** 听到术语电路交换时，可想想电话。它最大的优点是费用低——大多数 POTS 和 ISDN 拨号连接的费用都是统一的。在传输数据前，必须建立端到端连接。电路交换使用拨号调制解调器或 ISDN，适用于低带宽数据传输。你可能会说，调制解调器只能在博物馆找到了！有了无线技术后，谁还会使用调制解调器呢？确实还有人使用 ISDN，调制解调器也有其用武之地（有人确实会时不时地使用调制解调器），而且电路交换可用于一些较新的 WAN 技术。
- **分组交换** 这种 WAN 技术允许你与其他公司共享带宽，从而节省费用。可将分组交换视为这样的网络，即它类似于专用线，但费用与电路交换相当。然而，费用低有时候可能不是什么好事——它存在显而易见的缺点。如果经常传输数据，就不要考虑这种方案了，而应选择专用线。仅当偶尔（而不是经常）传输数据时，分组交换才适用。帧中继和 X.25 都使用分组交换技术，速度从 56 Kbit/s 到 T3（45 Mbit/s）不等。

注意

多协议标签交换（MPLS）结合使用了电路交换和分组交换，但不在本书的讨论范围之内。虽然如此，等你通过 CCNA 考试后，应该花点时间去研究一下 MPLS，这绝对值得，稍后我会简要地介绍 MPLS。

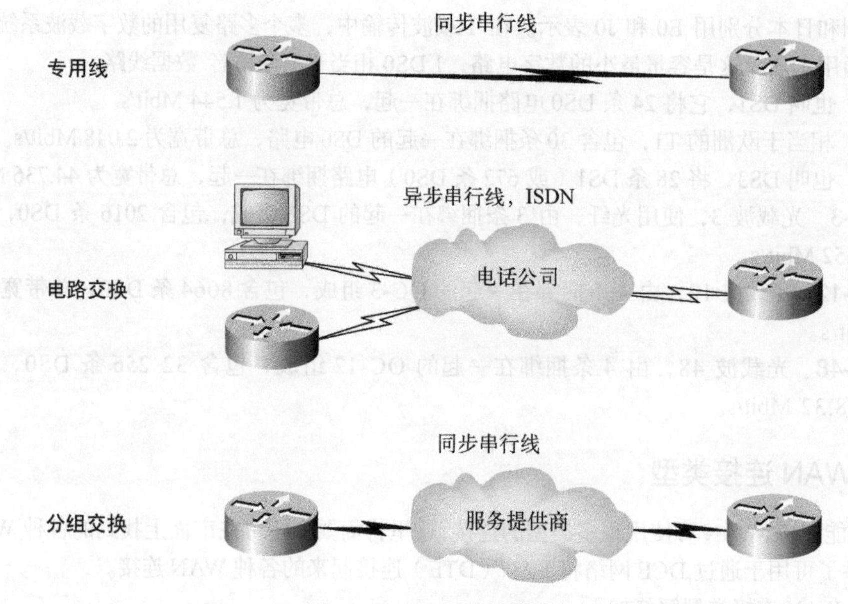

图16-2　WAN连接类型

16.1.4　对WAN的支持

基本上，思科只在串行接口上支持HDLC、PPP和帧中继，要证明这一点，可在串行接口上执行命令`encapsulation ?`（其输出可能随IOS版本而异）：

```
Corp#config t
Corp(config)#int s0/0/0
Corp(config-if)#encapsulation ?
  atm-dxi       ATM-DXI encapsulation
  frame-relay   Frame Relay networks
  hdlc          Serial HDLC synchronous
  lapb          LAPB (X.25 Level 2)
  ppp           Point-to-Point protocol
  smds          Switched Megabit Data Service (SMDS)
  x25           X.25
```

如果路由器有其他类型的接口，则可使用其他的封装方法；另外，请记住，在串行接口上不能配置以太网封装。

下面介绍当前最广为人知的WAN协议：帧中继、ISDN、LAPB、LAPD、HDLC、PPP、PPPoE、有线电视、DSL、MPLS和ATM。需要指出的是，在串行接口上通常只配置HDLC、PPP和帧中继，但谁说只能使用串行接口连接到广域网呢？串行连接用得越来越少了，因为相对于到ISP的快速以太网连接，其可扩展性不佳，且成本效率不高。

注意 在本章余下的篇幅中，将深入阐述有线电视、DSL 和基本 WAN 协议的功能原理，以及如何在思科路由器上配置它们。但鉴于 ISDN、LAPB、LAPD、MPLS、ATM 和 DWDM 等的重要性（虽然它们不在 CCNA 考试范围之内），将简要地介绍它们。如果 CCNA 考试大纲修改后，涵盖了这些技术，请不要担心，我将迅速在 www.lammle.com 提供这方面的最新信息。

- **帧中继** 20 世纪 90 年代初面世的一种分组交换技术。帧中继是一种高性能的数据链路层和物理层规范，在很大程度上可以说它是 X.25 的继任，但删除了 X.25 中大部分用于补偿物理错误的技术。帧中继的优点之一是，成本效率比点到点链路高，且速度为 64Kbit/s～45Mbit/s（T3）。帧中继的另一个优点是，提供了动态带宽分配和拥塞控制功能。
- **ISDN** 综合业务数字网（ISDN）是一系列通过电话线传输语音和数据的数字服务，为需要高速连接（模拟 POTS 拨号链路无法满足这种需求）的偏远用户提供了合算的解决方案，还适合用作其他链路（如帧中继或 T1 连接）的备用链路。
- **LAPB** 平衡式链路接入过程（LAPB）是一种面向连接的数据链路层协议，用于 X.25，但也可用于简单的数据链路传输。LAPB 的缺点之一是，由于其严格的超时时间以及使用的窗口技术，开销通常很大。
- **LAPD** D 信道链路接入过程（LAPD）用于 ISDN，充当 D（信令）信道的数据链路层（第 2 层）协议。LAPD 是平衡式链路接入过程（LAPB）演变而来的，设计它主要是为了满足 ISDN 基带接入的信令需求。
- **HDLC** 高级数据链路控制（HDLC）是从同步数据链路控制（SDLC）演变而来的，是由 IBM 开发的一种数据链路连接协议。HDLC 运行在数据链路层，相比于 LAPB，其开销非常小。开发 HDLC 并非要通过同一条链路传输多种网络层协议分组——HDLC 报头没有包含任何有关 HDLC 封装传输的协议类型的信息。因此，每家使用 HDLC 的厂商都以自己的方式标识网络层协议，这意味着每家厂商的 HDLC 都是专用的，只能用于其生产的设备。
- **PPP** 点到点协议（PPP）是一种著名的行业标准协议。鉴于所有 HDLC 的多协议版本都是专用的，可使用 PPP 在不同厂商的设备之间建立点到点链路。PPP 的数据链路报头中包含一个网络控制协议字段，用于标识传输的网络层协议；它还支持身份验证以及通过同步和异步链路建立多链路连接。
- **PPPoE** 以太网点到点协议（PPPoE）将 PPP 帧封装到以太网帧中，通常与 xDSL 服务结合使用。它提供了大量类似于 PPP 的功能，如身份验证、加密和压缩，但也存在一个缺点，那就是最大传输单元（MTU）比标准以太网低，如果防火墙配置不佳，这可能带来麻烦。

  PPPoE 目前在美国仍很流行，其主要特征是，可直接连接以太网接口，同时支持 DSL。当很多主机与同一个以太网接口相连时，可利用它通过桥接调制解调器建立到多个目的地的开放 PPP 会话。
- **有线电视** 在现代的混合光纤同轴（HFC）网络中，每个有线电视网段通常有 500～2000 位活动的数据用户，他们共享上行和下行带宽。HFC 是一个电信术语，指的是混合使用光纤和同轴电缆组建的宽带网络。通过有线电视（CATV）电缆连接到因特网时，用户的下载速度最高可达 27 Mbit/s，而上传速度最高可达 2.5 Mbit/s。通常情况下，用户的接入速度为 256 Mbit/s～6

Mbit/s，但在美国，接入速度随地区差别很大。

- DSL　数字用户线（DSL）是传统电话公司使用的一种技术，通过铜质双绞电话线提供高级服务（高速数据，有时还有视频）。其数据传输容量通常低于HFC网络，而数据传输速度还受电话线的长度和质量的影响。数字用户线不是完全的端到端解决方案，而与拨号、有线电视和无线一样，是一种物理层传输技术。DSL连接用于本地电话网络的最后一公里，即本地环路。这种连接是在一对DSL调制解调器之间建立的，这两个DSL调制解调器分别位于铜质电话线的两端，而铜质电话线位于用户室内设备（CPE）和数字用户线接入多路复用器（DSLAM）之间。DSLAM是一种位于提供商中心局（CO）的设备，负责聚集来自多个DSL用户的连接。
- MPLS　多协议标签交换（MPLS）是一种通过分组交换网络传输数据的机制，具有电路交换网络的一些特征。MPLS是一种交换机制，它给分组加上标签（数字），并使用这些标签来转发分组。标签是在MPLS网络边缘加上的，而在MPLS网络内部，转发完全是根据标签进行的。标签通常对应于一条到第3层目标地址的路径（相当于基于目标IP地址的路由选择）。除TCP/IP外，MPLS还可转发其他协议分组，因此，在网络内部，无论第3层协议是什么，标签交换过程都相同。在大型网络中，MPLS的结果是只有边缘路由器需要执行路由选择查找，而所有核心路由器都根据标签对分组进行转发，这提高了在服务提供商网络中转发分组的速度。当前，大多数公司都在将帧中继网络替换为MPLS。
- ATM　异步传输模式（ATM）是为传输对时间敏感的数据流开发的，可同时传输语音、视频和数据。ATM使用长度固定（53 B）的信元而不是分组，它还使用同步时钟（外部时钟）以提高数据传输速度。通常，现今的帧中继都是运行在ATM之上的。
- DWDM　密集波分多路复用（DWDM）是一种光纤技术，使用光纤主干来提高带宽。DWDM在同一根光纤链路上以不同的波长同时传输多个信号，从而创建了一种信号沿光纤传播的多链路。从理论上说，1.5 Mbit/s链路的容量可达10 Mbit/s。DWDM的优点之一是，协议和比特率是独立的，可用于IP over ATM、SONET甚至以太网。

16.2 有线电视和DSL

介绍思科路由器支持的主要串行封装（HDLC、PPP和帧中继）之前，先来讨论一下广域网连接解决方案有线电视调制解调器和DSL（包括ADSL和PPPoE），这将有助于你明白DSL和有线电视调制解调器之间的差别。

DSL和有线电视调制解调器都是因特网接入服务，它们有很多相同之处，但也有一些你必须明白的本质差别：

- **速度**　大多数人会说，接入因特网时，有线电视电缆的速度比DSL高，但现实情况并非总是如此。
- **安全性**　DSL和有线电视电缆基于不同的网络安全模型，直到最近，有线电视电缆都是这场竞争的失败者。但现在，谁胜谁负已难以定夺，因为它们都提供了足够的安全，可满足大多数用户的需求。这里的“足够”是指它们仍会存在一些安全问题，不管ISP如何“狡辩”！
- **普及程度**　在美国，有线电视电缆无疑处于领先位置，但DSL正迎头赶上。
- **客户满意度**　在美国，DSL的客户满意度更高。但是，人们也不可能对其ISP完全满意。

图 16-3 表明，可将调制解调器直接连接到 PC，也可将其连接到路由器。通常，路由器在与调制解调器相连的接口上同时运行 DHCP 和 PPPoE。世界各地的众多个人和企业用户都可使用 DSL 和有线电视电缆，但在有些地方，只可使用一种，甚至两种都不能用。

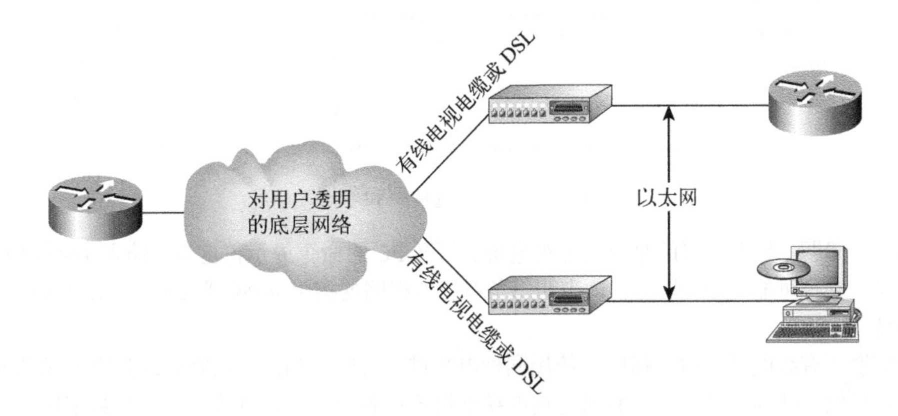

图 16-3　使用有线电视电缆或 DSL 的宽带接入

令人惊讶的是，DSL 和有线电视调制解调器之间的有些差别与技术毫无关系，而与 ISP 有关。在其他条件相同的情况下，不同提供商在费用、可靠性以及安装和维护支持方面差别很大。

16.2.1　有线电视

对小型办公室/家庭办公室（SOHO）来说，有线电视是一种非常合算的连接。即使是对大型组织来说，有线电视（和 DSL）也是备用链路的不错选择。

下面介绍几个有线电视网术语。

- **前端（headend）**　这是接收、处理和格式化所有有线电视信号的地方，然后前端通过分配网传输这些信号。
- **分配网（Distribution Network）**　这是相对较小的服务区域，通常包含 100～2000 名用户。这些网络通常使用混合光纤同轴（HFC）架构，其中光纤主要用于分配网的主干部分。前端和光节点之间的连接为光纤，光节点将光信号转换为射频（RF）信号，再通过同轴电缆分发到整个服务区域。
- **电缆数据业务接口规范（DOCSIS）**　所有有线电视调制解调器和类似的设备都必须遵守这个标准。

图 16-4 说明了各种网络所处的位置以及如何在网络示意图中使用前面介绍的术语。

问题是，ISP 通常使用光纤网络，该网络从有线电视运营商的主前端（有时甚至是地区性前端）延伸到社区中心，再延伸到光纤节点，而每个光纤节点为 25～2000（甚至更多）的家庭提供服务。请不要误解，任何链路都有问题，这里并非要给有线电视挑刺！

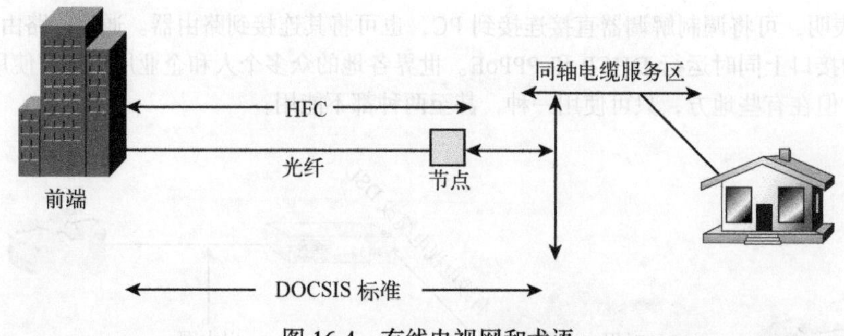

图 16-4　有线电视网和术语

还有一个问题：如果连接的是有线电视电缆，打开 PC 的命令提示符窗口，输入 ipconfig，并查看子网掩码。它很可能是/20 或/21，这表明每条有线电视网连接由 4094 或 2046 位用户共享，这种情况不是很妙。

当我们说"有线电视"时，指的是使用同轴电缆进行传输。当前，CATV 或共用天线电视被用作一种向用户提供广播的有效方式。有线电视电缆支持语音和数据，还可传输模拟和数字视频，而无需支付太高的费用。

普通有线电视连接的最高下载速度为 20 Mbit/s，甚至更高，但别忘了，你将与其他所有用户共享带宽。好像这还不够，还有其他影响速度的因素，如超负荷的 Web 服务器和网络拥塞。但收发电子邮件的邻居并不会影响你的上网速度。那么谁（或者说做什么）会影响呢？如果你经常玩网络游戏，将发现高峰时段的速度要慢得多（这对游戏中的人物来说可是生死攸关的事）。如果社区中有人上传大量数据（如整个系列的盗版《星球大战》），那无疑会占据整条连接的带宽，导致其他人的浏览器速度慢得像蜗牛。

相比于 DSL，有线电视调制解调器接入的速度可能更高，也可能更低，安装起来可能更容易，也可能更难，这取决于你居住的地方以及众多其他因素。但它可用性更好，且费用稍低，因此比起 DSL，它更胜一筹。但不用担心，如果你居住的社区没有有线电视接入服务，可使用 DSL，什么都比拨号强！

16.2.2　数字用户线（DSL）

以普及程度衡量，排名第二的是 DSL（数字用户线），这种技术使用普通铜质电话线提供高速数据传输。要使用 DSL，需要有电话线、DSL 调制解调器（通常由购买的服务提供）、以太网网卡（或有以太网连接的路由器）以及当地的服务提供商。

缩略语 DSL 最初指的是数字用户线环路，但现在变成了数字用户线。根据上行速度和下行速度是否相同，DSL 分为两类：

- **对称 DSL**　上行速度和下行速度相同，即对称；
- **非对称 DSL**　网络两端的传输速度不同——下行速度总是更高。

图 16-5 是一个安装了 xDSL 的普通家庭用户，其中 xDSL 是一种通过铜质电话线传输数据的技术。

术语 xDSL 是众多 DSL 形式的统称，这包括非对称 DSL（ADSL）、高速 DSL（HDSL）、速率自适应 DSL（RADSL）、对称 DSL（SDSL）、ISDN DSL（IDSL）和超高速 DSL（VDSL）。

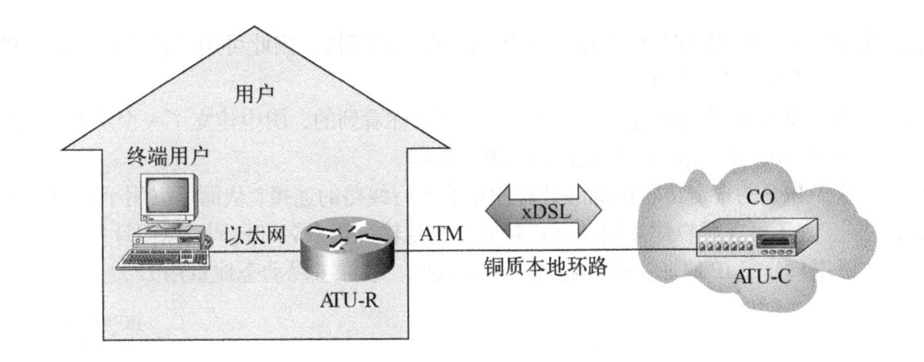

所有类型的DSC都是第1层技术
ATU-R = ADSL 传输单元 – 远程
ATU-C = ADSL 传输单元 – 中心局

图 16-5 家庭用户到中心局的 xDSL 连接

不使用语音频段的 DSL（如 ADSL 和 VDSL）可同时传输数据和语音信号；其他 DSL（如 SDSL 和 IDSL）占用整个频段，只能传输数据。顺便说一句，DSL 连接提供的数据服务让你能够始终在线。

DSL 服务的速度随用户离中心局（CO）的距离而异——越近越好。事实上，如果离中心局足够近，速度可高达 6.1 Mbit/s。

1. ADSL

ADSL 可同时传输语音和数据，但其下行带宽比上行带宽高，因为居民用户通常需要更多的下行带宽，以方便下载视频、电影和音乐以及玩网络游戏、网上冲浪和收发邮件（有些邮件的附件很大）。ADSL 的下行速度为 256 Kbit/s～8 Mbit/s，但上行速度最多只有 1.5 Mbit/s 左右。

普通老式电话服务（POTS）提供了一个模拟语音信道，可在其双绞电话线上运行 ADSL，而不会影响语音。实际上，根据使用的 ADSL 类型，这些电话线可能同时提供 3 个（而不是两个）信道。这就是可同时使用电话和 ADSL 连接，而它们不会相互影响的原因所在。

DSL 第 1 层连接始于 CPE，终止于 DSLAM，它通常将 ATM 用作数据链路层协议。而 DSLAM 是一台 ATM 交换机，装有 DSL 接口卡（ATU-C）。数据经 ADSL 连接到达 DSLAM 后，将经由一个 ATM 网络被交换到聚合路由器——这是一台第 3 层设备，用户的 IP 连接终止于此。

现在，你已经知道封装有多重要了，因此也可能猜到了，要通过 ATM 和 DSL 连接传输 IP 分组，必须对其进行封装。根据用户的接口类型和服务提供商的交换机，共有 3 种封装方法：

- **PPPoE** 稍后我们会更详细地讨论它。
- **RFC 1483 路由选择** RFC 1483 描述了两种通过 ATM 网络传输无连接数据流的方法，被路由协议和桥接协议。
- **PPPoA** ATM 点到点协议（Point-to-Point Protocol over ATM）用于以 AAL5（ATM 适配层 5）的方式封装 PPP 帧。它通常用于有线电视调制解调器、DSL 和 ADSL 服务，并提供常见的 PPP 功能，如身份验证、加密和压缩。PPPoA 的开销实际上比 PPPoE 低。

- PPPoE

PPPoE 用于 ADSL 服务，它将 PPP 帧封装到以太网帧中，并使用常见的 PPP 功能，如身份验证、加密和压缩。但正如前面说过的，如果防火墙配置不当，PPPoE 可能带来麻烦。这是一种隧道协议，可封装运行在PPP之上的IP和其他协议，具有PPP链路的特性，因此可用于连接其他以太网设备，并发起建立点到点连接，以传输IP分组。

图16-6说明了PPPoE典型用途：用于ADSL。正如你看到的，图中建立了一个从PC到路由器的PPP会话，而PC的IP地址是由路由器通过IPCP分配的。

PPPoE让基于PPP的自定义软件能够处理使用非串行线路的连接，从而可以用于面向分组的网络环境，如以太网。它还可在用户建立因特网连接时要求他输入用户名和密码，以便计费。另外，PPPoE连接建立后才给用户分配IP地址，并在连接断开后收回，这样可以动态地重用IP地址。

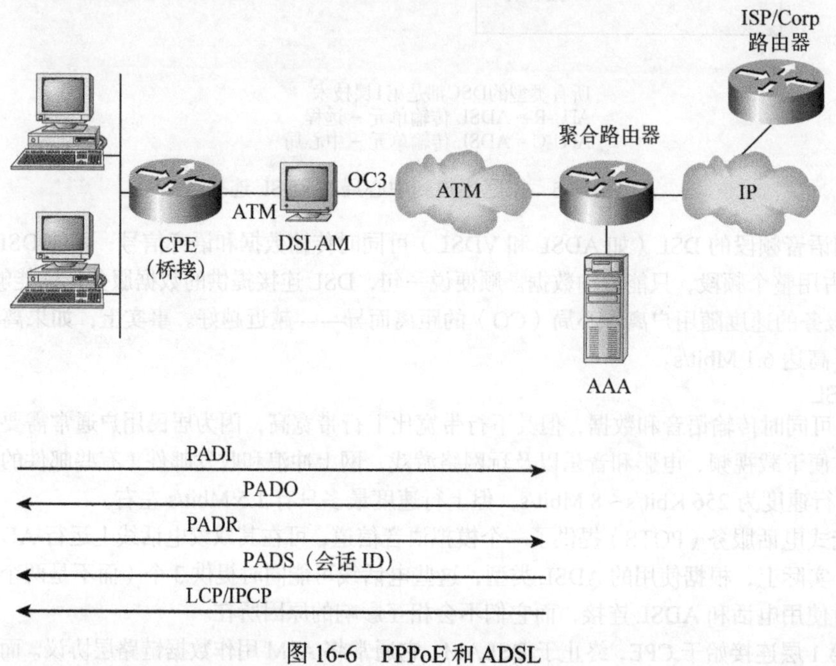

图16-6　PPPoE和ADSL

PPPoE包括发现阶段和PPP会话阶段（参见RFC 2516），其工作原理如下：主机发起建立PPPoE会话时，必须执行发现过程，以确定哪台服务器最符合客户端的要求。接下来，必须发现对等设备的以太网MAC地址，并创建一个PPPoE会话ID。因此，虽然PPP定义的是对等关系，但发现过程采用的是客户端－服务器关系。

介绍串行连接前，还有最后一项内容需要介绍——思科LRE。

2. 思科长距离以太网（LRE）

思科长距离以太网解决方案利用了VDSL（超高速数据用户线）技术，旨在大幅度提高以太网服务的容量。LRE的成果令人难忘：使用现有的双绞电话线，速度为5～15Mbit/s（全双工），传输距离高达5000英尺。

基本上，思科LRE技术可通过POTS、数字电话和ISDN线路提供宽带接入服务，它还可以与ADSL完全兼容的模式运行。这种灵活性很重要，让服务提供商能够在已安装宽带服务（但需要改进）的大楼内提供LRE。

16.3 串行广域网布线

可以想见，要连接到 WAN 并确保一切运行正常，还需知道其他一些东西。首先，必须明白思科提供的 WAN 物理层实现类型，并熟悉涉及的各种 WAN 串行连接。

幸运的是思科串行连接几乎支持任何类型的 WAN 服务。典型的 WAN 连接是使用 HDLC、PPP 和帧中继的专用线，速度高达 45 Mbit/s（T3）。

HDLC、PPP 和帧中继可使用相同的物理层规范，我将介绍各种类型的连接，然后全面介绍 CCNA 考试涉及的 WAN 协议。

16.3.1 串行传输

WAN 串行连接使用**串行传输**，即通过单个信道每次传输一个比特。

较旧的思科路由器使用专用的 60 针串行接头，只能从思科或思科设备提供商那里买到。思科还有一种新的串行接头——**智能串行接头**（smart-serial），其大小只有 60 针串行接头的十分之一。使用这种电缆接头前，务必核实路由器的接口类型与之匹配。

在电缆的另一端使用的接头类型取决于服务提供商及其对终端设备的要求。下面是几种常见的接头：

- EIA/TIA-232；
- EIA/TIA-449；
- V.35（用于连接到 CSU/DSU）；
- EIA-530。

请务必清楚下面几点：串行链路用频率（赫兹）描述；在该频率范围内可传输的数据量称为带宽；带宽指的是串行信道每秒可传输的数据量（单位为比特）。

16.3.2 数据终端设备和数据通信设备

默认情况下，路由器接口通常是**数据终端设备**（DTE），可连接到**数据通信设备**（DCE），如**信道服务单元/数据服务单元**（CSU/DSU）。而 CSU/DSU 连接到分界点——服务提供商职责终止处。在大多数情况下，分界点是一个位于电信室的插座，装有 RJ-45（8 针模块）母接头。

实际上，你可能听说过分界点。如果有向服务提供商报告问题的“光辉”经历，他们通常会告诉你，经过测试，到分界点的线路一切正常，因此问题肯定出在 CPE（用户室内设备）。换句话说，这是你的问题，不是他们的问题。

图 16-7 显示了网络中一条典型的 DTE-DCE-DTE 连接以及使用的设备。

WAN 旨在通过 DCE 网络将两个 DTE 网络连接起来。DCE 网络由如下部分组成：两端的 CSU/DSU 以及它们之间的提供商电缆和交换机，其中的 DCE 设备（CSU/DSU）向连接到 DTE 的接口（路由器的串行连接）提供时钟。

前面说过，DCE 网络（具体地说是 CSU/DSU）向路由器提供时钟。如果组建的是非生产网络，使用 WAN 交叉电缆，且没有 CSU/DSU，在这种情况下，必须在电缆的 DCE 端使用命令 `clock rate`，以提供时钟，这在第 6 章介绍过。

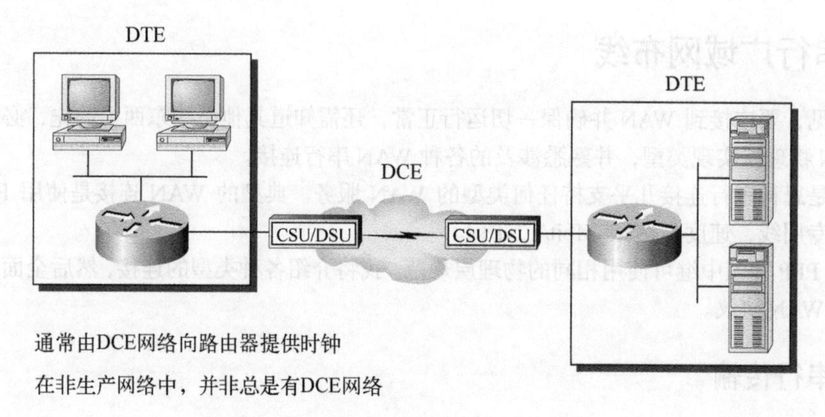

图 16-7　DTE-DCE-DTE WAN 连接

诸如 EIA/TIA-232、V.35、X.21 和 HSSI（高速串行接口）等术语描述的是 DTE（路由器）和 DCE 设备（CSU/DSU）之间的物理层。

16.4　高级数据链路控制（HDLC）协议

高级数据链路控制（HDLC）协议是深受欢迎的 ISO 标准，是一种面向比特的数据链路层协议。它指定了一种通过串行数据链路传输数据的封装方法，该封装具备帧的特征，并使用校验和。HDLC 是一种用于专用线和 ISDN 拨号连接的点到点协议，没有提供身份验证功能。

在面向字节的协议中，控制信息是根据字节生成的；而面向比特的协议使用比特来表示控制信息。一些常见的面向比特的协议包括 SDLC 和 HDLC，而 TCP 和 IP 是面向字节的协议。

思科路由器对同步串行链路默认使用 HDLC 封装。而思科的 HDLC 实现是专用的，不能与其他厂商的 HDLC 实现通信。请不要因此指责思科——每家厂商的 HDLC 实现都是专用的。图 16-8 说明了思科 HDLC 帧的格式。

思科 HDLC

标志	地址	控制	专用信息	数据	FCS	标志

❑ 每家厂商的 HDLC 都有一个专用的数据字段，用于支持多协议环境

HDLC

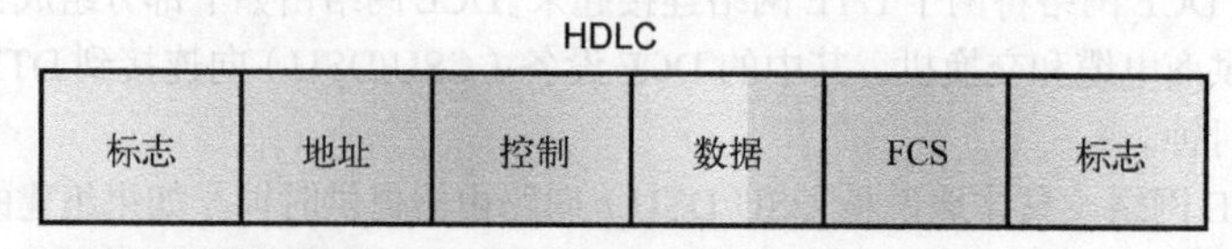

❑ 只支持单协议环境

图 16-8　思科 HDLC 帧的格式

如图 16-8 所示，每家厂商的 HDLC 封装方法都是专用的，因为每家厂商都会采用不同的方式以便 HDLC 协议能够封装多种网络层协议。如果厂商没有提供方式来确保 HDLC 与各种不同的第 3 层协议交流，它将只能运行于使用一种第 3 层协议的环境。这种专用报头放在 HDLC 封装的数据字段中。

假设你只有一台思科路由器，且需要将其连接到一台非思科路由器，该怎么办呢？不能使用默认的 HDLC 串行封装，因为不可行。相反，需要使用诸如 PPP 等封装，以 ISO 标准方式标识上层协议。有关 PPP 标准及其起源的更详细信息，请参阅 RFC 1661。下面更详细地讨论 PPP 以及如何使用 PPP 封装将路由器连接起来。

16.5 点到点协议（PPP）

下面花点时间探讨点到点协议（PPP）。还记得吗，它是一种数据链路层协议，可用于异步串行（拨号）介质和同步串行（ISDN）介质。它使用链路控制协议（LCP）来建立和维护数据链路连接。借助网络控制协议（NCP），可在同一条点到点连接上使用多种网络层协议（被路由的协议）。

思科串行链路默认使用串行封装 HDLC，且效果很好。为何要使用 PPP 呢？在什么情况下使用 PPP 呢？PPP 用于通过数据链路层点到点链路传输第 3 层分组，且不是专用的。因此，除非网络中的所有路由器都是思科路由器，否则就需在串行接口上使用 PPP——还记得吗，HDLC 封装是思科专用的。另外，PPP 可封装多种第 3 层协议分组，并提供身份验证、动态编址、回拨等功能，是替代 HDLC 的最佳封装解决方案。

图 16-9 说明了 PPP 协议栈与 OSI 参考模型之间的关系。

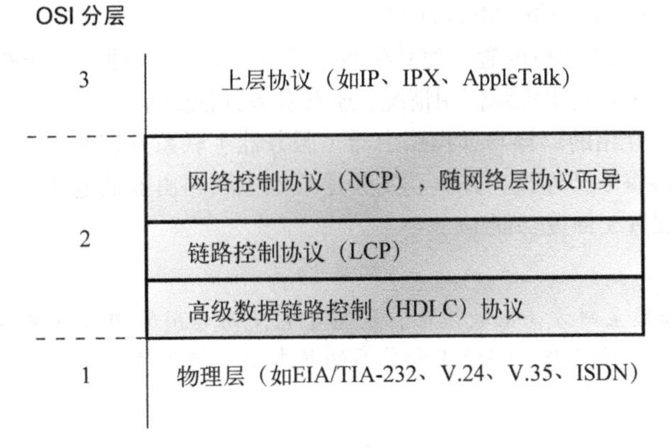

图 16-9 点到点协议栈

PPP 包含 4 个主要组成部分：

- EIA/TIA-232-C、V.24、V.35 和 ISDN　串行通信的物理层国际标准。
- HDLC　一种封装数据报以便通过串行链路进行传输的方法。
- LCP　一种建立、配置、维护和拆除点到点连接的方法。
- NCP　一种通过 PPP 链路传输不同网络层协议分组的方法。为支持多种网络层协议，开发了针对不同网络层协议的 NCP，包括 IPCP（因特网协议控制协议）和 IPXCP（网间分组交换控制协议）。

请牢记，PPP协议栈只涉及物理层和数据链路层。NCP用于标识和封装网络层协议，允许通过同一条PPP链路传输多种网络层协议分组。

提示　前面说过，使用串行连接将思科路由器和非思科路由器连接起来时，必须使用PPP或其他封装方法（如帧中继），因为默认封装方法HDLC不可行。

下面介绍LCP配置选项和PPP会话的建立过程。

16.5.1　链路控制协议（LCP）配置选项

链路控制协议（LCP）提供了以下众多PPP封装选项。

- **身份验证**　该选项让发起建立链路的一方发送可证明用户身份的信息。有两种身份验证方法——PAP和CHAP。
- **压缩**　传输前对数据（有效负载）进行压缩，以提高PPP连接的吞吐量。在接收端，PPP对数据帧进行解压缩。
- **错误检测**　PPP使用质量（Quality）和神奇数字（Magic Number），以确保数据链路可靠且没有环路。
- **多链路**　从IOS 11.1版开始，思科路由器连接的PPP链路就支持多链路。这个选项让多条不同的物理路径在第3层看起来是一条逻辑路径。例如，在第3层路由选择协议看来，两条运行多链路PPP的T1像是一条3Mbit/s的路径。
- **PPP回拨**　可对PPP进行配置，使其在通过身份验证后进行回拨。PPP回拨是件好事，因为这让你能够根据接入费用跟踪使用情况，还有众多其他的原因。启用回拨后，主叫路由器（客户端）会像前面介绍的那样与远程路由器（服务器）联系并证明自己的身份；通过身份验证后，远程路由器将断开连接，并重新发起建立到主叫路由器的连接（需要指出的是，这要求两台路由器都配置了回拨功能）。

注意　如果主叫方为微软设备，别忘了它使用专用的回拨协议——微软回拨控制协议（CBCP），但IOS 11.3(2)T和更高的版本都支持该协议。

16.5.2　PPP会话的建立

发起PPP连接后，链路将经过如图16-10所示的3个会话建立阶段。

- **链路建立阶段**　每台PPP设备都发送LCP分组，以配置和测试链路。这些分组包含一个名为配置选项（Configuration Option）的字段，让设备能够协商数据长度、压缩方法和身份验证方法。如果没有配置选项，则使用默认配置。
- **身份验证阶段**　必要时，可使用CHAP或PAP来验证身份。身份验证是在读取网络层协议信息前进行的，在此期间还可能确定链路质量。
- **网络层协议阶段**　PPP使用网络控制协议（NCP），以封装多种网络层协议分组并通过同一条

PPP 数据链路发送它们。每种网络层协议（如 IP、IPX、AppleTalk，它们是被路由的协议）都建立一个到 NCP 的服务。

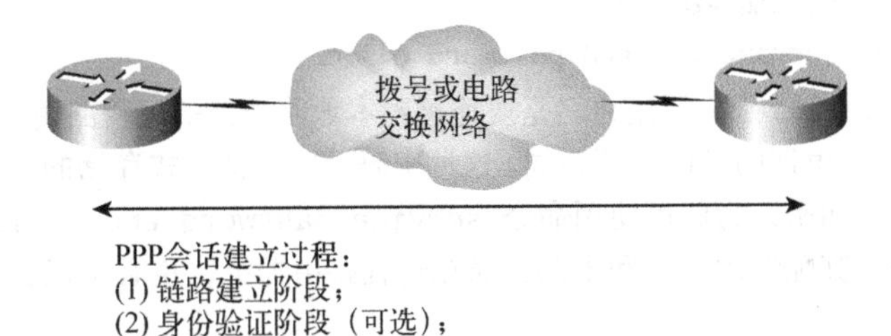
拨号或电路
交换网络
PPP会话建立过程：
(1) 链路建立阶段；
(2) 身份验证阶段（可选）；
(3) 网络层协议阶段。

图 16-10 PPP 会话建立过程

16.5.3 PPP 身份验证方法

以下两种身份验证方法可用于 PPP 链路。

- **密码身份验证协议（PAP）** 在这两种方法中，PAP 的安全性要差些。PAP 以明文方式发送密码，且只在建立链路时进行身份验证。建立 PPP 链路时，远程节点向始发路由器发送用户名和密码，直到身份验证得到确认。这不是特别安全！
- **挑战握手验证协议（CHAP）** CHAP 在建立链路时进行身份验证，并定期检查链路，确保路由器始终与同一台主机通信。

PPP 结束初始链路建立阶段后，本地路由器向远程设备发送挑战请求。远程设备使用单向散列函数（MD5）进行计算，并将结果发回本地路由器。本地路由器检查该散列值，看其与自己计算得到的值是否相同。如果不同，则立即断开链路。

16.5.4 在思科路由器上配置 PPP

在接口上配置 PPP 封装很容易。要从 CLI 配置 PPP 封装，可执行下述简单的路由器命令：

```
Router#config t
Enter configuration commands, one per line. End with CNTL/Z.
Router(config)#int s0
Router(config-if)#encapsulation ppp
Router(config-if)#^Z
Router#
```

当然，必须在通过串行线路相连的两个接口上都启用 PPP 封装。另外，还有多个配置选项，这可通过执行命令 ppp ?获悉。

16.5.5 配置 PPP 身份验证

配置串行接口，使其支持 PPP 封装后，可配置路由器使用的 PPP 身份验证。为此，首先需要配置路由器的主机名；然后指定远程路由器连接到本地路由器时使用的用户名和密码。

下面是一个例子：

```
Router#config t
Enter configuration commands, one per line. End with CNTL/Z.
Router(config)#hostname RouterA
RouterA(config)#username RouterB password cisco
```

使用命令 username 时，别忘了用户名是要连接到本地路由器的远程路由器的主机名，它是区分大小写的。另外，两台路由器的密码必须相同。这种密码是以明文方式存储的，可使用命令 show run 查看；也可对密码进行加密，为此可使用命令 service password-encryption。对于要连接的每个远程系统，都必须为其配置用户名和密码；而在远程路由器上，也必须以类似的方式配置用户名和密码。

设置主机名、用户名和密码后，便可指定身份验证方法了，可以是 CHAP 或 PAP：

```
RouterA#config t
Enter configuration commands, one per line. End with CNTL/Z.
RouterA(config)#int s0
RouterA(config-if)#ppp authentication chap pap
RouterA(config-if)#^Z
RouterA#
```

如果同时指定了两种方法，则在链路协商期间，只使用第一种方法——第二种方法为备用方法，仅在第一种方法失效时才会使用。

16.5.6　验证 PPP 封装

配置 PPP 封装后，下面介绍如何验证它是否运行正常。首先来看一个示例网络，如图 16-11 所示，其中的两台路由器通过点到点串行连接相连。

主机名 Pod1R1
用户名 Pod1R2　密码 cisco
接口 serial 0
IP地址 10.0.1.1 255.255.255.0
封装 ppp
PPP身份验证:CHAP

主机名 Pod1R2
用户名 Pod1R1　密码 cisco
接口 serial 0
IP地址 10.0.1.2 255.255.255.0
封装 ppp
PPP身份验证:CHAP

图 16-11　PPP 身份验证示例

要验证 PPP 配置，可首先使用命令 show interface：

```
Pod1R1#sh int s0/0
Serial0/0 is up, line protocol is up
  Hardware is PowerQUICC Serial
  Internet address is 10.0.1.1/24
  MTU 1500 bytes, BW 1544 Kbit, DLY 20000 usec,
     reliability 239/255, txload 1/255, rxload 1/255
```

```
  Encapsulation PPP
  loopback not set
  Keepalive set (10 sec)
  LCP Open
  Open: IPCP, CDPCP
[output cut]
```

在上述输出中，第1行很重要，从中可知接口serial 0/0处于up/up状态。注意到第6行指出封装为PPP，而第8行指出LCP处于打开（open）状态，这表明会话已建立且一切正常！第9行指出，NCP在侦听协议IP和CDP。

但在存在异常的情况下，输出将如何呢？为查看非正常状态下的输出，我使用了如图16-12所示的配置。

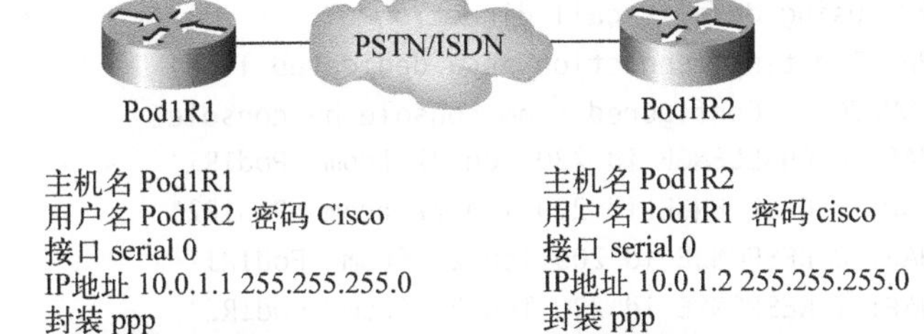

图16-12 未通过PPP身份验证

上述配置有何问题呢？请注意其中的用户名和密码。发现问题所在了吗？在路由器Pod1R1的配置中，使用命令`username`给Pod1R2指定用户名和密码时，使用了大写的C。这有问题，因为用户名和密码是区分大小写的，还记得吗？下面来看看命令`show interface`的输出：

```
Pod1R1#sh int s0/0
Serial0/0 is up, line protocol is down
  Hardware is PowerQUICC Serial
  Internet address is 10.0.1.1/24
  MTU 1500 bytes, BW 1544 Kbit, DLY 20000 usec,
     reliability 243/255, txload 1/255, rxload 1/255
  Encapsulation PPP, loopback not set
  Keepalive set (10 sec)
  LCP Closed
  Closed: IPCP, CDPCP
```

首先，注意到第1行输出为`Serial0/0 is up, line protocol is down`，这是因为没有收到来自远程路由器的存活消息。其次，注意到LCP处于关闭状态，因为没有通过身份验证。

1. 调试PPP身份验证

要实时显示网络中两台路由器之间的CHAP身份验证过程，可使用命令`debug ppp authentication`。

如果两台路由器的PPP封装和身份验证都配置正确，且用户名和密码也没有问题，命令 debug ppp authentication 的输出将类似于下面这样，这被称为三次握手：

```
d16h: Se0/0 PPP: Using default call direction
1d16h: Se0/0 PPP: Treating connection as a dedicated line
1d16h: Se0/0 CHAP: O CHALLENGE id 219 len 27 from "Pod1R1"
1d16h: Se0/0 CHAP: I CHALLENGE id 208 len 27 from "Pod1R2"
1d16h: Se0/0 CHAP: O RESPONSE id 208 len 27 from "Pod1R1"
1d16h: Se0/0 CHAP: I RESPONSE id 219 len 27 from "Pod1R2"
1d16h: Se0/0 CHAP: O SUCCESS id 219 len 4
1d16h: Se0/0 CHAP: I SUCCESS id 208 len 4
```

但如果密码不正确（就像图 16-12 所示的 PPP 身份验证失败的示例那样），输出将类似于下面这样：

```
1d16h: Se0/0 PPP: Using default call direction
1d16h: Se0/0 PPP: Treating connection as a dedicated line
1d16h: %SYS-5-CONFIG_I: Configured from console by console
1d16h: Se0/0 CHAP: O CHALLENGE id 220 len 27 from "Pod1R1"
1d16h: Se0/0 CHAP: I CHALLENGE id 209 len 27 from "Pod1R2"
1d16h: Se0/0 CHAP: O RESPONSE id 209 len 27 from "Pod1R1"
1d16h: Se0/0 CHAP: I RESPONSE id 220 len 27 from "Pod1R2"
1d16h: Se0/0 CHAP: O FAILURE id 220 len 25 msg is "MD/DES compare failed"
```

使用身份验证方法 CHAP 时，PPP 进行 3 次握手；如果用户名和密码配置得不正确，将无法通过身份验证，导致链路处于 down 状态。

2. WAN 封装不一致

如果在点到点链路两端配置的封装不同，则该链路根本不会进入 up 状态。在图 16-13 中，链路的一端配置的是 PPP，而另一端为 HDLC。

主机名 Pod1R1	主机名 Pod1R2
用户名 Pod1R2　密码 Cisco	用户名 Pod1R1　密码 cisco
接口 serial 0	接口 serial 0
IP地址 10.0.1.1 255.255.255.0	IP地址 10.0.1.2 255.255.255.0
封装 ppp	封装 HDLC

图 16-13　WAN 封装不一致

路由器 Pod1R1 的输出如下：

```
Pod1R1#sh int s0/0
Serial0/0 is up, line protocol is down
  Hardware is PowerQUICC Serial
  Internet address is 10.0.1.1/24
```

```
  MTU 1500 bytes, BW 1544 Kbit, DLY 20000 usec,
     reliability 254/255, txload 1/255, rxload 1/255
  Encapsulation PPP, loopback not set
  Keepalive set (10 sec)
  LCP REQsent
Closed: IPCP, CDPCP
```

串行接口处于 up/down 状态；LCP 发送请求，但没有收到任何响应，因为路由器 Pod1R2 使用的封装是 HDLC。要修复这种问题，必须在路由器 Pod1R2 的串行接口配置 PPP 封装。另外，虽然配置了命令 `username`，但不对。然而，这无关紧要，因为在串行接口的配置中，没有命令 `ppp authentication chap`。就这个例子而言，命令 `username` 不会带来任何影响。

请牢记，不能在链路一端使用 PPP，而在另一端使用 HDLC——它们合不来！

3. IP 地址不匹配

一个难以发现的问题是，封装方法一致，但给串行接口配置的 IP 地址不对。在这种情况下，看起来一切正常，因为接口处于 up 状态。请看图 16-14，看看你是否能够明白我的意思——两台路由器连接到的子网不同，Pod1R1 的地址为 10.0.1.1/24，而 Pod1R2 的地址为 10.2.1.2/24。

主机名 Pod1R1	主机名 Pod1R2
用户名 Pod1R2 密码 cisco	用户名 Pod1R1 密码 cisco
接口 serial 0	接口 serial 0
IP地址 10.0.1.1 255.255.255.0	IP地址 10.2.1.2 255.255.255.0
封装 ppp	封装 ppp
PPP身份验证:CHAP	PPP身份验证:CHAP

图 16-14 IP 地址不匹配

这种配置不管用。但我们可以看一下输出：

```
Pod1R1#sh int s0/0
Serial0/0 is up, line protocol is up
  Hardware is PowerQUICC Serial
  Internet address is 10.0.1.1/24
  MTU 1500 bytes, BW 1544 Kbit, DLY 20000 usec,
     reliability 255/255, txload 1/255, rxload 1/255
  Encapsulation PPP, loopback not set
  Keepalive set (10 sec)
  LCP Open
  Open: IPCP, CDPCP
```

给路由器接口配置的 IP 地址不正确，但链路看起来正常。这是因为 PPP 与 HDLC 和帧中继一样，也是一种第 2 层 WAN 封装，根本不关心 IP 地址。因此，链路处于 up 状态，但无法通过它传输 IP 分组，因为 IP 地址配置错误。

要发现并修复这种问题，可在每台路由器上执行命令 show running-config 或 show interfaces，也可执行第 7 章介绍的命令 show cdp neighbors detail：

```
Pod1R1#sh cdp neighbors detail
-------------------------
Device ID: Pod1R2
Entry address(es):
  IP address: 10.2.1.2
```

鉴于第 1 层（物理层）和第 2 层（数据链路层）都处于 up 状态，要解决问题，必须查看并验证直接相连的邻居的 IP 地址。

16.6 帧中继

在过去 10 年，帧中继仍是部署得最多的 WAN 服务之一，其中一个重要原因是成本。成本是一个至关重要的因素，设计网络时很少会忽视这一点。

默认情况下，帧中继是一种非广播多路访问（NBMA）网络，这意味着它不会通过网络发送任何广播，如 RIP 更新。请不要担心，稍后我们会更详细地介绍这一点。

帧中继是从 X.25 演变而来的，它几乎继承了 X.25 中与当今可靠和相对“干净”的通信网络相关的所有功能，但删除了不再需要的纠错功能。与前面讨论 HDLC 和 PPP 协议时介绍的简单专用线网络相比，它要复杂得多。专用线网络易于理解，但帧中继却没有那么容易。帧中继复杂多变得多，这就是在网络示意图中经常用“云”表示它的原因所在。稍后还会介绍这个，现在先从概念上简要地介绍帧中继，并指出它与简单的专用线技术有何不同。

在介绍这种技术的过程中，你会接触大量新术语，以帮助你牢固地掌握帧中继基本知识。随后，笔者将介绍一些简单的帧中继实现。

16.6.1 帧中继技术简介

要成为 CCNA，必须掌握帧中继技术的基本知识，并能够在简单的网络中配置它。首先需要指出的是，帧中继是一种分组交换技术。根据已学到的知识，这意味着：

- 不能使用命令 encapsulation hdlc 或 encapsulation ppp 来配置它；
- 帧中继的工作原理不同于点到点线路（虽然可使其看起来像点到点线路）；
- 帧中继通常比专用线更便宜，但需要为此付出一些代价。

那么，为何还会考虑使用帧中继呢？图 16-15 说明了帧中继出现前的网络。

而图 16-16 是使用帧中继的网络，在帧中继交换机和公司路由器之间只有一条连接，这可节省大量费用！

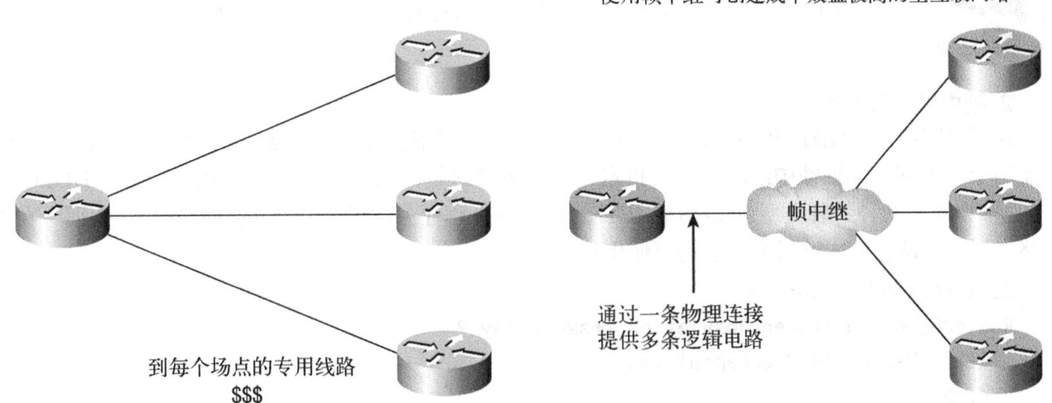

图 16-15 帧中继出现前的网络

图 16-16 使用帧中继的网络

例如，如果要从公司总部连接 7 个新增的远程场点，但路由器只有一个空闲的串行端口，则可使用帧中继来救场！当然，应该指出的是，这也会导致单点故障，不太好。但帧中继是用来节省费用的，而不是用来提高网络弹性的。

接下来，将介绍一些有关帧中继技术的知识；要通过 CCNA 考试，必须掌握这些知识。

1. 承诺信息速率（CIR）

帧中继将一个分组交换网络同时提供给众多客户使用。这很好，可将购买交换机的费用分摊到很多客户头上，但别忘了帧中继基于这样的假设，即并非所有客户都需要不断传输数据，也不会同时传输数据。

帧中继为每位用户供应专用宽带的一部分，还在电信网络有空闲资源时允许用户超过分配给他的保证带宽。因此，一般说来，帧中继提供商允许客户购买的带宽低于其实际使用的带宽。帧中继有两种带宽方面的规格：

- **接入速率** 帧中继接口的最大传输速度；
- **CIR** 保证提供的最大带宽，实际上，这是服务提供商允许用户传输的平均数据量。

在两个值相等时，帧中继连接几乎与专用线相同。但可将它们设置为不同的值，下面是一个例子：假设你购买的接入速率和 CIR 分别是 T1（1.544 Mbit/s）和 256 Kbit/s。这将保证数据流传输速度不低于 256 Kbit/s。超过的部分称为“突发量”，它是超过保证速率 256 Kbit/s 的部分，最高可达 T1（如果合同是这样规定的）。承诺信息速率和突发量之和被称为最大突发速率（MBR），这个值超过接入速度后，就几乎不能再传输更多的数据流了。多出的数据流很可能被丢弃，不过是否丢弃取决于服务提供商订购的速度。

在理想情况下，超额数据流也将成功传输，但别忘了“保证速率为 256 Kbit/s”中的“保证”一词。它意味着对于超出保证速率 256 Kbit/s 的任何突发数据，将以“尽力而为”的方式传输。也可能不会传输——如果当时电信网络没有空闲的资源。在这种情况下，将丢弃突发数据并通知 DTE。时机至关重要：传输速度可高达保证速率 256 Kbit/s 的 6 倍（T1），但仅当电信公司的设备有足够的容量时，才能实现。还记得本书前面探讨的“超额预订”（oversubscription）吗？这就是它在发挥作用！

CIR是帧中继交换机同意的数据传输速度，单位为比特每秒。

2. 帧中继封装类型

在思科路由器上配置帧中继时，需要在串行接口上指定相应的封装类型。前面说过，HDLC和PPP不能用于帧中继。配置帧中继时，需要指定一种帧中继封装，如下面的输出所示。不同于HDLC和PPP，帧中继有两种封装类型：Cisco和IETF（因特网工程任务小组）。下面的路由器输出表明，在思科路由器上，两种帧中继封装方法均可使用：

```
RouterA(config)#int s0
RouterA(config-if)#encapsulation frame-relay ?
  ietf  Use RFC1490 encapsulation
  <cr>
```

除非手工指定ietf，否则默认封装为Cisco，这也是连接思科设备时使用的封装类型。如果需要使用帧中继连接思科设备和非思科设备，应选择使用封装类型IETF。无论使用哪种封装类型，都必须确保两端的帧中继封装类型一致。

3. 虚电路

帧中继使用虚电路，而不像专用线那样使用实际电路。这些虚电路将与提供商"云"相连的数以千计的设备连接在一起。在任何两台DTE设备之间，帧中继都会提供一条虚电路，让它们之间看起来像是有一条实际电路，但实际上，它们的帧被发送到一个共享的大型基础设施。在云内部发生的情况非常复杂，但这种复杂性不会呈现在你面前，因为使用虚电路。

虚电路分两种：永久虚电路和交换虚电路，但当前永久虚电路（PVC）要常见得多。这里的"永久"意味着电信公司在其设备中创建映射，只要支付费用，它们就一直存在。

交换虚电路（SVC）类似于电话，在有数据需要传输时建立这种虚电路，数据传输完毕后即可拆除。

4. 数据链路连接标识符（DLCI）

帧中继PVC是使用数据链路连接标识符（DLCI）来标识的。通常，由帧中继服务提供商分配DLCI值，而在帧中继接口上使用这些值来区分不同的虚电路。同一个多点帧中继接口可能端接很多虚电路，因此可能有很多DLCI与之相关联。

假设公司有1个总部（HQ）和3个分支机构。如果使用T1将每个分支结构连接到总部，则需要占用总部路由器的3个串行接口——每条T1线一个。现在假设使用帧中继PVC，则每个分支机构都可使用T1连接到服务提供商，而总部也如此。在这种情况下，总部的T1线路将有3条PVC，每个分支结构1条。虽然只占用了总部的1个接口和1个CSU/DSU，但3条PVC就像3条独立的链路一样。还记得前面探讨过节省费用吗？省出来的2个T1接口和2个CSU/DSU值多少钱呢？很多！那么，为何不使用帧中继，节省一些费用呢？

继续讨论DLCI前，先来介绍一下反向ARP（IARP）及其在帧中继网络中的用途。IARP类似于ARP，它将DLCI映射到IP地址，而ARP将MAC地址映射到IP地址。虽然你不能配置IARP，但可以禁用它。IARP运行在帧中继路由器上，将DLCI映射到IP地址，让帧中继知道如何前往PVC的另一端。要查看IP到DLCI的映射，可使用命令show frame-relay map。

然而，如果网络中有不支持IARP的非思科路由器，则必须使用命令`frame-relay map`静态地指定IP到DLCI的映射，稍后我们会演示这一点。

注意 反向ARP（IARP）用于将DLCI映射到IP地址。

接着讨论DLCI。DLCI只在本地有意义；要让DLCI有全局意义，整个网络都必须使用本地管理接口（LMI）扩展。这就是通常只有私有网络使用全局DLCI的原因所在。

然而，DLCI并非必须要有全局意义才能在通过网络传输帧的过程中发挥作用。下面来解释这一点：RouterA要将帧发送给RouterB时，RouterA查看IARP映射或手工配置的映射，以获悉要前往的IP地址对应的DLCI。获悉DLCI后，它将FR报头的DLCI字段设置为该值，并将帧发送出去。提供商的入口交换机收到这个帧后，查看DLCI-物理接口关联表，以获悉一个新的“只有本地意义”（从当前交换机到下一跳交换机）的DLCI，以便将其用于报头；它还获悉了出站物理端口。这个过程不断重复，直到到达RouterB。因此，基本上可以说，RouterA使用的DLCI标识了前往RouterB的整条虚电路——虽然每对设备之间的DLCI可能完全不同。这里的要点是，RouterA并不知道这类差别，因此DLCI只有本地意义。需要指出的是，DLCI实际上被电信公司用于“寻找”PVC的另一端。

为帮助你理解DLCI为何只有本地意义，请看图16-17。在该图中，DLCI 100只对RouterA有意义，它标识从RouterA出发，经其入口帧中继交换机前往RouterB的电路。DLCI 200也标识该电路，但方向相反：从RouterB出发，经其入口帧中继交换机前往RouterA。

图16-17 DLCI对路由器只具有本地意义

用于标识PVC的DLCI号通常是由提供商分配的，其最小值为16。

要在接口上配置DLCI号，可像下面这样做：

```
RouterA(config-if)#frame-relay interface-dlci ?
  <16-1007> Define a DLCI as part of the current
          subinterface
RouterA(config-if)#frame-relay interface-dlci 16
```

注意 DLCI标识本地路由器和帧中继交换机之间的逻辑电路。

5. 本地管理接口（LMI）

本地管理接口（LMI）是一种信令标准，用于本地路由器和它连接的第一台帧中继交换机之间，允许提供商网络和DTE（本地路由器）交流有关虚电路的运行情况和状态方面的信息，包括如下方面。

16

- **存活消息** 验证是否正在传输数据。
- **组播** 这是一个可选的LMI规范扩展，借助它，能够通过帧中继网络有效地分发路由选择信息和ARP请求。组播使用保留的DLCI——1019～1022。
- **全局编址** 让DLCI有全局意义，让帧中继云就像LAN一样。到目前为止，从未在生产网络中使用过它。
- **虚电路状态** 提供DLCI状态。在没有定期发送LMI数据流时，状态查询和消息将用作存活消息。

但别忘了，LMI不在客户路由器之间交换信息，而在客户路由器和最近的帧中继交换机之间交换信息。因此，完全可能出现这样的情况：PVC一端的路由器在接收LMI信息，而另一端的路由器没有。当然，在一端处于down状态的情况下，PVC不能正常工作，这里指出上述情形旨在阐明LMI通信的本地特征。

LMI消息格式有3种：Cisco、ANSI和Q.933A。使用哪种格式取决于电信公司交换设备的类型和配置，因此必须给路由器配置正确的格式，这是由电信公司指定的。

注意 从IOS 11.2版起，LMI类型是自动检测的。这让接口能够确定交换机支持的LMI类型。如果不打算使用自动检测功能，则需与帧中继提供商联系，询问应使用的LMI类型。

在思科设备上，默认类型为Cisco，但需要将其改为服务提供商指定的类型（ANSI或Q.933A）。下面的路由器输出显示了这3种LMI类型：

```
RouterA(config-if)#frame-relay lmi-type ?
  cisco
  ansi
  q933a
```

从上述输出可知，思科设备支持全部3种标准LMI信令格式，对这些格式描述如下。

- **Cisco** 四人组（Gang of Four）定义的LMI信令格式，这是默认设置。本地管理接口（LMI）是由Cisco Systems、StrataCom、Northern Telecom和Digital Equipment Corporation于1990年开发的，因此被称为四人组LMI或Cisco LMI。
- **ANSI** 这是在ANSI标准T1.617的附件D中定义的。
- **ITU-T（Q.933A）** 这是在相关ITU-T标准的附件A中定义的，要指定这种格式，可使用命令关键字q933a。

路由器通过使用帧中继封装的接口，从服务提供商的帧中继交换机那里收到LMI信息后，将虚电路的状态更新为下述3种状态之一：

- **活动状态** 一切正常，路由器可彼此交换信息；
- **非活动状态** 路由器接口处于up状态，并建立了到交换局的连接，但远程路由器处于down状态；
- **拆除状态**（deleted state） 没有收到交换机的LMI信息，这可能是由映射问题或线路故障导致的。

6. 帧中继拥塞控制

从本章前面对CIR的讨论可知，CIR设置得越低，数据被丢弃的风险越大。如果需要传输的数据不多，很容易避开这种风险——只需确保速度不超过CIR即可。这就提出了一个问题，是否有办法获悉电信公司的基础设施何时空闲、何时拥挤？如果有办法获悉这一点，该如何利用这种信息？这正是接下来要讨论的内容：帧中继交换机如何将拥塞问题告知DTE，从而解决上述这些重要的问题。

下面是3个拥塞位及其含义。

- **可丢弃（Discard Eligibility，DE）** 大家知道，发生突发（传输分组超过PVC的CIR）时，如果提供商的网络正处于拥塞状态，超出CIR的分组都可丢弃。因此，对于超额分组，将在帧中继报头中使用可丢弃（DE）位进行标识。如果提供商的网络发生拥塞，帧中继交换机将丢弃设置DE位的分组。因此，如果CIR被配置为零，则设置总是DE位。
- **前向显式拥塞通知（FECN）** 意识到帧中继网络发生拥塞后，交换机将帧中继报头的前向显式拥塞通知（FECN）位设置为1，以告诉目的地的DTE，帧经由的路径发生了拥塞。
- **后向显式拥塞通知（BECN）** 交换机检测到帧中继网络发生拥塞后，将在前往源路由器的帧中继设置前向显式拥塞通知（FECN）位，以告诉该路由器前方发生了拥塞。但收到这种拥塞信息后，思科路由器不会采取任何措施，除非命令它采取措施。

注意 要获悉这方面的更详细信息，请在思科网站使用Frame Relay Traffic Shaping进行搜索。

- 利用帧中继拥塞控制信息排除故障

现在，假设所有用户都抱怨到公司总部的帧中继连接的速度超级慢。你极其怀疑该链路的负载过重，因此使用命令`show frame-relay pvc`显示帧中继拥塞控制信息，其输出如下：

```
RouterA#sh frame-relay pvc

PVC Statistics for interface Serial0/0 (Frame Relay DTE)

              Active     Inactive      Deleted       Static
  Local          1           0             0             0
  Switched       0           0             0             0
  Unused         0           0             0             0

DLCI = 100, DLCI USAGE = LOCAL, PVC STATUS = ACTIVE, INTERFACE = Serial0/0
  input pkts 1300          output pkts 1270         in bytes 21212000
  out bytes 21802000       dropped pkts 4           in pkts dropped 147
  out pkts dropped 0       out bytes dropped 0        in FECN pkts 147
   in BECN pkts 192        out FECN pkts 147
  out BECN pkts 259        in DE pkts 0               out DE pkts 214
  out bcast pkts 0         out bcast bytes 0
  pvc create time 00:00:06, last time pvc status changed 00:00:06
Pod1R1#
```

16

在上述输出中，你最关心的是 in BECN pkts 192，它告诉本地路由器，前往公司总部的数据流遇到了拥塞。BECN表示返回的帧在路途上遇到了拥塞。

16.6.2 帧中继的实现和监视

前面说过，帧中继命令和配置选项很多，但这里只介绍要通过CCNA考试必须知道的命令和选项。首先介绍一种最简单的配置情形——两台路由器通过一条 PVC 相连。接下来，我将介绍一种比较复杂的配置情形——使用子接口，并演示一些可用于验证配置的监视命令。

1. 单接口

首先来看一个简单示例——只使用一条 PVC 将两台路由器连接起来。在这种情况下，配置类似于下面这样：

```
RouterA#config t
Enter configuration commands, one per line.  End with CNTL/Z.
RouterA(config)#int s0/0
RouterA(config-if)#encapsulation frame-relay
RouterA(config-if)#ip address 172.16.20.1 255.255.255.0
RouterA(config-if)#frame-relay lmi-type ansi
RouterA(config-if)#frame-relay interface-dlci 101
RouterA(config-if)#^Z
RouterA#
```

第一步是将封装指定为帧中继。由于没有指定封装类型（Cisco或IETF），因此将使用默认封装类型 Cisco。如果另一台路由器不是思科路由器，则必须将封装类型指定为 IETF。接下来，给接口分配了一个IP地址，并根据电信提供商的要求将LMI类型指定为ANSI（默认为Cisco）。最后，添加了DLCI 101（同样，这也是由ISP提供的），它表示我们要使用的PVC。这里假定该物理接口上只有一条PVC。

就这么简单！如果两端都配置正确，虚电路就建立起来了。

提示 有关这种配置的完整示例，包括如何将路由器配置为帧中继交换机，请参阅动手实验16.3。

2. 子接口

大家可能知道，可在同一个串行接口配置多条虚电路，并将每条虚电路都视为独立的，我以前提到过这一点。为此，可创建子接口。可将子接口视为IOS软件定义的逻辑接口。多个子接口将共享一个硬件接口，但它们就像是独立的物理接口一样，这被称为多路复用。

要让帧中继网络中的路由器免受水平分割问题的困扰（即不允许某些路由选择更新通过），只需为每条PVC配置一个子接口，并给子接口配置一个唯一的DLCI和IP地址。

要定义子接口，可使用类似于 s0.*subinterface number* 的命令。首先，必须在物理串行接口上指定封装方法，然后便可定义子接口了——通常是每条PVC一个，如下例所示：

```
RouterA(config)#int s0
RouterA(config-if)#encapsulation frame-relay
```

```
RouterA(config-if)#int s0.?
  <0-4294967295>  Serial interface number
RouterA(config-if)#int s0.16 ?
  multipoint      Treat as a multipoint link
  point-to-point  Treat as a point-to-point link
RouterA(config-if)#int s0.16 point-to-point
RouterA(config-subif)#
```

如果要配置子接口，千万不要给物理接口配置 IP 地址。

在任何物理接口上，都可定义大量的子接口，但别忘了，可使用的 DLCI 只有大约 1000 个。在上述示例中，我将子接口编号设置为 16，因为这是服务提供商分配给相应 PVC 的 DLCI。子接口分以下两种。

- **点到点子接口** 使用单条虚电路将两台路由器连接起来时使用这种子接口。每个点到点子接口都位于不同的子网中。

使用点到点子接口时，每条 PVC 都属于不同的子网，这避免了 NBMA 的水平分割问题。

- **多点子接口** 当虚电路组成星形，且连接到帧中继网络云的所有路由器串行接口都位于一个子网内时，在中央路由器上使用这种模式，而分支路由器使用物理接口（总是点到点的）或点到点子接口模式。

下面介绍使用多个子接口的生产路由器的一种配置，如下面的输出所示。注意到子接口号与 DLCI 号相同，这并非必须的，但对管理接口大有帮助：

```
interface Serial0
 no ip address (notice there is no IP address on the physical interface!)
 no ip directed-broadcast
 encapsulation frame-relay
!
interface Serial0.102 point-to-point
 ip address 10.1.12.1 255.255.255.0
 no ip directed-broadcast
frame-relay interface-dlci 102
!
interface Serial0.103 point-to-point
 ip address 10.1.13.1 255.255.255.0
 no ip directed-broadcast
frame-relay interface-dlci 103
!
```

```
interface Serial0.104 point-to-point
 ip address 10.1.14.1 255.255.255.0
 no ip directed-broadcast
frame-relay interface-dlci 104
!
interface Serial0.105 point-to-point
 ip address 10.1.15.1 255.255.255.0
 no ip directed-broadcast
frame-relay interface-dlci 105
!
```

注意到这里没有指定 LMI 类型。这意味着该路由器要么使用默认类型 Cisco，要么自动检测 LMI 类型（如果它运行的是思科 IOS 11.2 或更高的版本）。还需指出的是，每个子接口都对应一个 DLCI，且位于不同的子网中。别忘了，点到点子接口还解决了水平分割问题。

3. 监视帧中继

配置帧中继封装后，常使用几个命令来检查接口和 PVC 的状态。要获悉这些命令，可执行命令 show frame ?，如下所示：

```
RouterA>sho frame ?
end-to-end        Frame-relay end-to-end VC information
fragment          show frame relay fragmentation information
ip                show frame relay IP statistics
lapf              show frame relay lapf status/statistics
lmi               show frame relay lmi statistics
map               Frame-Relay map table
pvc               show frame relay pvc statistics
qos-autosense     show frame relay qos-autosense information
route             show frame relay route
svc               show frame relay SVC stuff
traffic           Frame-Relay protocol statistics
vofr              Show frame-relay VoFR statistics
```

对于命令 show frame-relay，最常用的参数包括 lmi、pvc 和 map。

下面介绍最常用的命令及其提供的信息。

● 命令 show frame-relay lmi

命令 show frame-relay lmi 显示本地路由器和帧中继交换机之间交换的 LMI 数据流统计信息，如下所示：

```
Router#sh frame lmi


LMI Statistics for interface Serial0 (Frame Relay DTE)
LMI TYPE = CISCO
  Invalid Unnumbered info 0       Invalid Prot Disc 0
  Invalid dummy Call Ref 0        Invalid Msg Type 0
```

```
  Invalid Status Message 0        Invalid Lock Shift 0
  Invalid Information ID 0        Invalid Report IE Len 0
  Invalid Report Request 0        Invalid Keep IE Len 0
  Num Status Enq. Sent 61          Num Status msgs Rcvd 60
  Num Update Status Rcvd 0        Num Status Timeouts 0
Router#
```

在路由器上执行命令 show frame-relay lmi 时，输出中将显示 LMI 错误以及 LMI 类型。根据该命令的上述输出可知，帧中继网络运行是否正常，答案是否定的，因为路由器发送了 60 个查询，而没有从帧中继交换机那里收到一个响应。见到上述输出后，应致电提供商，因为帧中继交换机的配置有问题。

- 命令 show frame pvc

命令 show frame pvc 列出所有配置的 PVC 和 DLCI 号，它指出了每条 PVC 的状态和数据流统计信息，还指出了路由器在每条 PVC 上收发的 BECN、FECN 和 DE 分组的数量。

下面是一个例子：

```
RouterA#sho frame pvc
PVC Statistics for interface Serial0 (Frame Relay DTE)

DLCI = 16,DLCI USAGE = LOCAL,PVC STATUS =ACTIVE,
INTERFACE = Serial0.1
 input pkts 50977876    output pkts 41822892
  in bytes 3137403144
 out bytes 3408047602   dropped pkts 5
  in FECN pkts 0
 in BECN pkts 0       out FECN pkts 0     out BECN pkts 0
 in DE pkts 9393      out DE pkts 0
 pvc create time 7w3d, last time pvc status changed 7w3d

DLCI = 18,DLCI USAGE =LOCAL,PVC STATUS =ACTIVE,
INTERFACE = Serial0.3
 input pkts 30572401   output pkts 31139837
  in bytes 1797291100
 out bytes 3227181474   dropped pkts 5
  in FECN pkts 0
 in BECN pkts 0       out FECN pkts 0     out BECN pkts 0
 in DE pkts 28        out DE pkts 0
 pvc create time 7w3d, last time pvc status changed 7w3d
```

如果只想查看 PVC 16 的信息，可执行命令 show frame-relay pvc 16。下面详细讨论如下输出行的含义：

```
DLCI = 16,DLCI USAGE = LOCAL,PVC STATUS =ACTIVE,
INTERFACE = Serial0.1
```

在命令 show frame-relay pvc 的输出中，PVC 状态（PVC STATUS）字段指出了路由器和帧中继交换机之间的 PVC 的状态。交换机（DCE）使用 LMI 协议将这种状态报告给路由器（DTE）。报告的状态为下面 3 种之一。

- ACTIVE　交换机能够识别 DLCI，在 DTE（路由器）之间成功地建立了电路。
- INACTIVE　成功地建立了本地路由器到交换机（DTE 到 DCE）的连接，但未成功地建立到远程路由器（DTE）的连接。这可能是由于路由器的配置不正确，也可能是由于交换机的配置不正确。
- DELETED　交换机（DCE）无法识别路由器（DTE）配置的 DLCI，或路由器的配置不正确。

提示

CCNA 考试大纲涵盖了这 3 种 LMI 状态，请务必明白导致这些状态的原因。

- 命令 show interface

要检查 LMI，可使用命令 show interface，它显示封装以及有关第 2 层和第 3 层的信息，还显示线路、协议、DLCI 和 LMI 信息，如下所示：

```
RouterA#sho int s0
Serial0 is up, line protocol is up
 Hardware is HD64570
 MTU 1500 bytes, BW 1544 Kbit, DLY 20000 usec, rely
  255/255, load 2/255
 Encapsulation FRAME-RELAY, loopback not set, keepalive
  set (10 sec)
 LMI enq sent 451751,LMI stat recvd 451750,LMI upd recvd
  164,DTE LMI up
 LMI enq recvd 0, LMI stat sent 0, LMI upd sent 0
 LMI DLCI 1023 LMI type is CISCO frame relay DTE
 Broadcast queue 0/64, broadcasts sent/dropped 0/0,
  interface broadcasts 839294
```

LMI DLCI 指出了当前使用的 LMI 类型。如果其取值为 1023，则表明使用的是思科路由器的默认 LMI 类型；如果为 0，则表明 LMI 类型为 ANSI（Q.933A 也使用 0）；如果为其他值，请致电提供商，因为他们遇到了大麻烦！

- 命令 show frame map

命令 show frame map 显示网络层地址到 DLCI 的映射，如下所示：

```
RouterB#show frame map
Serial0 (up): ip 172.16.20.1 dlci 16(0x10,0x400),
              dynamic, broadcast,, status defined, active
Serial1 (up): ip 172.16.40.2 dlci 17(0x11,0x410),
              dynamic, broadcast,, status defined, active
```

请注意，网络层地址是使用动态协议反向 ARP（IARP）解析的。在 DLCI 号后面，有两个用括号括起的数字。在第 1 行，第一个数字为 0x10，它是接口 Serial0 的 DLCI 16 的十六进制表示；在第二行，为 0x11，它是接口 Serial1 的 DLCI 17 的十六进制表示。第二个数字（0x400 和 0x410）分别是帧中继帧中的 DLCI 号，它们不同于第一个数字，这是因为在帧中比特的排列顺序不同。

您必须知道使用命令 show frame-relay 来获悉用于连接到远程场点的 DLCI 号。

- 命令 debug frame lmi

默认情况下，命令 debug frame lmi 实现实时输出，这与其他 debug 命令一样。根据该命令显示的信息，可判断路由器和交换机是否在交换正确的 LMI 信息，从而验证帧中继连接和排除其故障。下面是一个例子：

```
Router#debug frame-relay lmi
Serial3/1(in): Status, myseq 214
RT IE 1, length 1, type 0
KA IE 3, length 2, yourseq 214, myseq 214
PVC IE 0x7 , length 0x6 , dlci 130, status 0x2 , bw 0
Serial3/1(out): StEnq, myseq 215, yourseen 214, DTE up
datagramstart = 0x1959DF4, datagramsize = 13
FR encap = 0xFCF10309
00 75 01 01 01 03 02 D7 D6

Serial3/1(in): Status, myseq 215
RT IE 1, length 1, type 1
KA IE 3, length 2, yourseq 215, myseq 215
Serial3/1(out): StEnq, myseq 216, yourseen 215, DTE up
datagramstart = 0x1959DF4, datagramsize = 13
FR encap = 0xFCF10309
00 75 01 01 01 03 02 D8 D7
```

4. 排除帧中继网络故障

只要知道应检查哪些方面（这正是我们要介绍的），帧中继网络故障排除就与其他网络的故障排除一样容易。下面介绍常见的帧中继配置问题以及如何解决这些问题。

首先是串行封装问题。本章前面说过，帧中继封装有两种：Cisco 和 IETF。默认为 Cisco，这意味着帧中继网络的另一端也是思科路由器；如果不是，则需将封装配置为 IETF，如下所示：

```
RouterA(config)#int s0
RouterA(config-if)#encapsulation frame-relay ?
  ietf  Use RFC1490 encapsulation
  <cr>
RouterA(config-if)#encapsulation frame-relay ietf
```

确定使用了正确的封装后，需要检查帧中继映射。例如，请看图 16-18。

16

```
RouterA#show running-config
interface s0/0
ip address 172.16.100.2 255.255.0.0
encapsulation frame-relay
frame-relay map ip 172.16.100.1 200 broadcast
```

图 16-18 帧中继映射

为何 RouterA 不能通过帧中继网络与 RouterB 通信呢？为找出原因，请仔细检查命令 `frame-relay map`。发现问题所在了吗？不能使用远程端的 DLCI 来与帧中继交换机通信，而必须使用本地的 DLCI！在该映射中，应使用 DLCI 100 而不是 DLCI 200。

知道如何确保帧中继封装正确，并知道 DLCI 只有本地意义后，下面介绍帧中继常见的路由选择协议问题。对于图 16-19 所示的配置，你能找出其中的问题吗？

```
RouterA# show running-config
interface s0/0
ip address 172.16.100.2 255.255.0.0
encapsulation frame-relay
frame-relay map ip 172.16.100.1 100
router rip
        network 172.16.0.0
```

```
RouterB#show running-config
interface s0/0
ip address 172.16.100.1 255.255.0.0
encapsulation frame-relay
frame-relay map ip 172.16.100.2 200
router rip
        network 172.16.0.0
```

图 16-19 帧中继的路由选择问题

配置看起来很好，问题何在呢？别忘了，帧中继默认为非广播多路访问（NBMA）网络，这意味着它不会通过 PVC 发送任何广播。由于配置映射的命令末尾没有关键字 `broadcast`，因此不会通过 PVC 发送广播（如 RIP 更新）。

16.7 虚拟专网

你以前肯定听说过术语 VPN，且不止一次。你可能还知道 VPN 指的是什么，但如果不知道，这里就告诉你：虚拟专网（VPN）让你能够利用因特网组建专用网络，通过隧道安全地传输非 TCP/IP 协议分组。

VPN 让远程用户和远程网络能够使用公共介质（如因特网）连接到公司网络，而无需使用昂贵的永久性连接。

根据 VPN 在企业中扮演的角色，将其分为 3 类。

- **远程接入 VPN** 远程接入 VPN 让远程用户（如远程办公人员）能够随时随地地安全访问公司网络。

- **场点到场点 VPN** 场点到场点 VPN 也被称为内联网 VPN，让远程场点能够通过公共介质（如因特网）安全地连接到公司主干，而无需使用昂贵的 WAN 连接，如帧中继。
- **外联网 VPN** 外联网 VPN 让供应商、合作伙伴和客户能够连接到公司网络，以进行企业间（B2B）通信。

鉴于 VPN 安全且价格低廉，你可能很想知道如何组建 VPN。组建 VPN 的方法有多种。第一种是使用 IPSec，它在 IP 网络的端点之间提供身份验证和加密服务；第二种是使用隧道协议，在端点之间建立隧道。需要指出的是，隧道将一种协议或数据封装在另一种协议中，这很容易理解！

介绍 IPSec 前，先来介绍 4 种最常用的隧道协议。

- **第 2 层转发** 第 2 层转发（Layer 2 Forwarding，L2F）是一种思科专用的隧道协议，它是思科为支持虚拟专用拨号网络（VPDN）而开发的第一种隧道协议。VPDN 允许设备通过拨号连接安全地访问公司网络。L2F 已被 L2TP 取代，而 L2TP 向后与 L2F 兼容。
- **点到点隧道协议（PPTP）** 点到点隧道协议（PPTP）是微软开发的，让远程网络能够安全地将数据传输到公司网络。
- **第 2 层隧道协议（L2TP）** 第 2 层隧道协议（L2TP）是思科和微软联合开发的，用于取代 L2F 和 PPTP。L2TP 容 L2F 和 PPTP 的功能于一身。
- **通用路由选择封装（Generic Routing Encapsulation，GRE）** 通用路由选择封装（GRE）也是一种思科专用的隧道协议。它建立虚拟点到点链路，允许在 IP 隧道中封装各种协议分组。

清楚 VPN 是什么以及各种类型的 VPN 后，该深入探讨 IPSec 了。

16.7.1 思科 IOS IPSec 简介

简单地说，IPSec 是一个行业标准框架，包含用于通过 IP 网络安全地传输数据的协议和算法，它运行在 OSI 模型的第 3 层（网络层）。

上面说的是“IP 网络”，你注意到了吗？这很重要，因为 IPSec 不能用于加密非 IP 数据流。这意味着如果需要对非 IP 数据流进行加密，必须创建一个 GRE 隧道，并使用 IPSec 对该隧道进行加密！

16.7.2 IPSec 变换

IPSec 变换指定了一种安全协议及对应的安全算法；如果没有变换，IPSec 就不会有当今的“荣耀”。你必须熟悉这些技术，下面花点时间定义安全协议，并简要地介绍 IPSec 依赖的加密算法和散列算法。

1. 安全协议

IPSec 使用的两种主要的安全协议是验证头（Authentication Header，AH）和封装安全有效负载（Encapsulating Security Payload，ESP）。

- 验证头（AH）

AH 协议使用单向散列值对分组的数据和 IP 报头进行验证，其工作原理如下：发送方生成一个单向散列值，而接收方也生成相同的单向散列值。如果分组被篡改，就无法通过身份验证，从而被丢弃。基本上，IPSec 依赖于 AH 来确保真实性。AH 检查整个分组，但没有提供任何加密服务。

这不同于 ESP，ESP 只对分组的数据进行完整性检查。

16

● 封装安全有效负载（ESP）

ESP 提供数据保密性、数据来源身份验证、无连接完整性和反重播服务，还通过防止数据传输流程分析提供了有限的数据传输流程保密性。ESP 包含 4 个组成部分。

- **保密性**　保密性是通过使用 DES 或 3DES 等对称加密算法提供的。保密性的设置可独立于其他服务，但 VPN 两端的保密性设置必须相同。
- **数据来源验证和无连接完整性**　数据来源验证和无连接完整性是与保密性协同工作的服务。
- **反重播服务**　仅当启用了数据来源验证时，才能使用反重播服务。反重播服务依赖于接收方，即仅当接收方检查序列号时，这种服务才能发挥作用。重播攻击指的是黑客制作通过了验证的分组副本，然后将其传输给目的地。当这个经过验证的 IP 分组的副本到达目的地后，可中断服务以及导致其他糟糕的后果。*序列号字段就是为阻止这种攻击而设计的。*
- **数据传输流程**　为提供数据传输流程保密性，必须选择隧道模式。在大量数据流聚集的安全网关实现这种功能的效果最佳，这样可对试图攻击网络的人隐藏数据传输流程。

2. 加密

VPN 使用公共网络基础设施组建私有网络，然而，为提供保密性和安全，需要将 IPSec 用于 VPN。IPSec 使用各种类型的协议进行加密。当今使用的加密算法类型如下。

- **对称加密**　这种加密使用相同的密钥进行加密和解密。每台计算机通过网络传输信息前，都对其进行加密；且加密和解密时使用的密钥相同。对称加密算法包括数据加密标准（DES）、三重 DES（3DES）和高级加密标准（AES）。
- **非对称加密**　这种加密算法使用不同的密钥进行加密和解密，这两种密钥分别称为私钥和公钥。

私钥用于对根据消息生成的散列值进行加密，以生成数字签名，而公钥用于解密以验证数字签名。公钥还用于对一个对称密钥进行加密，以便将其安全地分发给接收主机；而接收主机使用其私钥对该对称密钥进行解密。不能使用相同的密钥进行加密和解密，这是使用公钥和私钥的公钥加密的另一种形式。一个非对称加密的例子是 RSA（Rivest、Shamir 和 Adleman）。

从前面的介绍（只涉及 VPN 的皮毛）可知，要在两个场点之间建立 VPN，需要花些时间研究（有时候很难），还需大量地实践（有时需要有很大的耐心）。思科提供了 GUI 接口以完成这个过程，这对于给 VPN 配置 IPSec 很有帮助，但超出了本书的范围。

对管理力量有限的公司来说，思科的 Easy VPN 让 VPN 配置起来容易得多。为帮助管理和部署 VPN，思科提供了 3 个组件：

- **Cisco Easy VPN Server**　安装了 Firewall IOS 或 PIX/ASA Firewall 的思科路由器，在场点到场点 VPN 或远程接入 VPN 中充当 VPN 集中器；
- **Cisco Easy VPN Remote**　安装了 Firewall IOS 或 PIX/ASA Firewall 的思科路由器，充当 VPN 客户端，为远程网络中的主机提供服务；
- **Cisco Easy VPN Client**　安装在 PC 上，用于访问 Cisco VPN Server。

注意　有关 VPN 和 IPSec 的更详细信息（这些信息不在 CCNA 考试范围内），请访问 www.lammle.com。

16.8 小结

在本章中，你学习了如下 WAN 服务之间的差别：有线电视、DSL、HDLC、PPP、PPPoE 和帧中继；你还了解到，这些服务之一正常运行后，你便可使用 VPN。

需要指出的是，你必须理解高级数据链路控制（HDLC）以及如何使用命令 `show interface` 核实 HDLC 是否运行正常！本章介绍了一些重要的 HDLC 知识，还介绍了如何使用点到点协议（PPP）。在需要使用 HDLC 提供不了的功能或需要使用不同品牌的路由器时，要使用 PPP，这是因为每种版本的 HDLC 都是专用的，不能用于不同厂商的路由器之间。

在介绍 PPP 的那节中，讨论了各种 LCP 选项以及两种身份验证方法：PAP 和 CHAP。

本章详细讨论了帧中继及其使用的两种封装方法，阐述了 LMI 选项、帧中继映射以及子接口配置，介绍了帧中继术语及其功能，还深入探讨了帧中继的配置和验证。

最后，本章讨论了虚拟专网、IPSec 和加密，还简要地介绍了思科的 Easy VPN。

16.9 考试要点

牢记思科路由器的默认串行封装设置。默认情况下，思科路由器在其所有串行链路上都使用专用的 HDLC（高级数据链路控制）封装。

理解帧中继封装类型。思科在其路由器上使用两种帧中继封装方法：Cisco 和 IETF。如果将封装方法设置为 Cisco，相当于告诉当前路由器，PVC 的另一端是一台思科路由器；如果将封装方法设置为 IETF，则相当于告诉当前路由器，PVC 的另一端是一台非思科路由器。

牢记帧中继 CIR。CIR 指的是帧中继交换机同意的数据传输平均速率，单位为比特每秒。

牢记用于验证帧中继的命令。命令 `show frame-relay lmi` 提供有关本地路由器和帧中继交换机之间交换的 LMI 数据流的统计信息。命令 `show frame pvc` 列出配置的所有 PVC 和 DLCI 号。

牢记 PPP 数据链路层协议。有 3 种数据链路层协议：网络控制协议（NCP）、链路控制协议（LCP）和高级数据链路控制（HDLC）。其中 NCP 定义了网络层协议，LCP 是一种建立、配置、维护和拆除点到点连接的方法，而 HDLC 是一种封装分组的 MAC 层协议。

牢记各种串行 WAN 连接。最常用的串行 WAN 连接包括 HDLC、PPP 和帧中继。

明白术语虚拟专网。需要明白为何要在两个场点之间使用 VPN 以及如何创建它，还需明白 IPSec 在 VPN 中的作用。

16.10 书面实验 16

请回答下述问题。

(1) 要查看思科路由器接口 Serial0 的封装方法，可使用哪个命令？

(2) 要将接口 s0 的封装方法配置为 PPP，可使用哪些命令？

(3) 要在思科路由器上配置用户名 todd 和密码 cisco，以用于 PPP 身份验证，可使用哪些命令？

(4) 要在思科路由器的串行接口上启用 CHAP 身份验证，可使用哪些命令（假定封装类型为 PPP）？

(5) 要给串行接口 s0 和 s1 分别配置 DLCI 16 和 17，可使用哪些命令？

(6) 要配置一个连接到远程办事处的点到点子接口，并使用 DLCI 16 和 IP 地址 172.16.6.0/24，可使用哪些命令？

(7) 如果要运行 xDSL 并进行身份验证，使用哪种协议？

(8) PPP 指定了哪 3 种协议？

(9) 要确保 VPN 隧道的安全，应使用哪个协议族？

(10) VPN 分为哪 3 类？

（该书面实验的答案见本章复习题答案的后面。）

16.11 动手实验

本节要求你完成 3 个 WAN 实验：配置相应示意图中的思科路由器。这些实验可使用实际的思科路由器来完成，也可使用思科程序 Packet Tracer 来完成。

动手实验 16.1：配置 PPP 封装和身份验证。

动手实验 16.2：配置和监视 HDLC。

动手实验 16.3：配置帧中继和子接口。

16.11.1 动手实验 16.1：配置 PPP 封装和身份验证

默认情况下，思科路由器在串行链路上使用点到点封装方法 HDLC（高级数据链路控制）。如果要连接到非思科设备，可使用封装方法 PPP 进行通信。

在这个实验中，配置下述示意图中的路由器。

(1) 在路由器 RouterA 和 RouterB 上，执行命令 `sh int s0`，以查看封装方法。

(2) 给每台路由器指定主机名：

```
RouterA#config t
RouterA(config)#hostname RouterA

RouterB#config t
RouterB(config)#hostname RouterB
```

(3) 为将这两台路由器的封装方法从默认设置 HDLC 改为 PPP，在接口配置模式下使用命令 `encapsulation`。链路两端使用的封装方法必须相同。

```
RouterA#Config t
RouterA(config)#int s0
RouterA(config-if)#encap ppp
```

(4) 在路由器 RouterB 上，将接口 s0 的封装方法设置为 PPP。

```
RouterB#config t
RouterB(config)#int s0
RouterB(config-if)#encap ppp
```

(5) 在这两台路由器上使用命令 sh int s0 来验证配置。

(6) 注意到显示了 IPCP、IPXCP 和 CDPCP（假设接口处于正常状态），它们用于在 MAC 子层通过 HDLC 传输网络层信息。

(7) 在每台路由器上，指定用户名和密码。请注意，用户名为远程路由器的主机名，而密码必须相同。

```
RouterA#config t
RouterA(config)#username RouterB password todd

RouterB#config t
RouterB(config)#username RouterA password todd
```

(8) 在每个接口上启用身份验证方法 CHAP 或 PAP。

```
RouterA(config)#int s0
RouterA(config-if)#ppp authentication chap

RouterB(config)#int s0
RouterB(config-if)#ppp authentication chap
```

(9) 在每台路由器上，使用如下命令验证 PPP 配置。

```
RouterB(config-if)#shut
RouterB(config-if)#debug ppp authentication
RouterB(config-if)#no shut
```

16.11.2 动手实验 16.2：配置和监视 HDLC

实际上，根本不需要配置 HDLC（因为这是思科串行接口的默认配置），但完成动手实验 16.1 后，两台路由器使用的封装方法都是 PPP，这就是笔者将动手实验 16.1 放在前面的原因所在。在这个实验中，你可以练习一下在一台路由器上配置 HDLC 封装。

这个实验使用的网络与动手实验 16.1 相同。

(1) 使用命令 encapsulation hdlc 配置每个串行接口的封装方法。

```
RouterA#config t
RouterA(config)#int s0
RouterA(config-if)#encapsulation hdlc

RouterB#config t
RouterB(config)#int s0
RouterB(config-if)#encapsulation hdlc
```

(2) 在每台路由器上，使用命令 show interface s0 验证 HDLC 封装。

16.11.3 动手实验 16.3：配置帧中继和子接口

在这个实验中，在如下图所示的网络中配置帧中继。

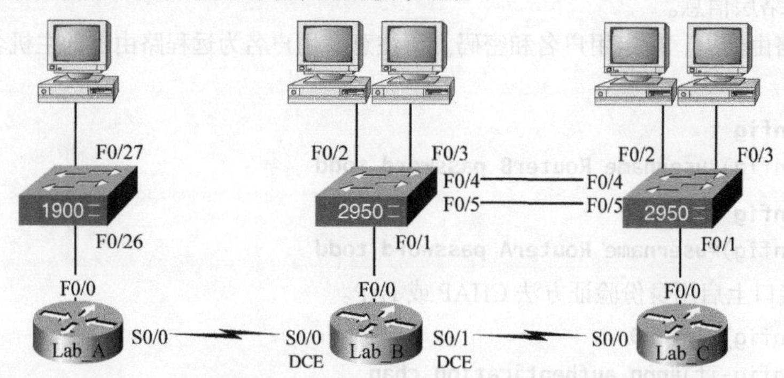

配置路由器 Lab_B，使其充当帧中继交换机；然后，配置路由器 Lab_A 和 Lab_C，使其通过帧中继交换机建立一条 PVC。

(1) 在路由器 Lab_B 上，设置主机名、配置命令 `frame-relay switching`，并指定每个串行接口的封装方法。

```
Router#config t
Router(config)#hostname Lab_B
Lab_B(config)#frame-relay switching [makes the router an
FR switch]
Lab_B(config)#int s0
Lab_B(config-if)#encapsulation frame-relay
Lab_B(config-if)#int s1
Lab_B(config-if)#encapsulation frame-relay
```

(2) 在每个接口上配置帧中继映射。无需给这些接口分配 IP 地址，因为它们只是将帧中继交换到另一个接口。

```
Lab_B(config-if)#int s0
Lab_B(config-if)#frame intf-type dce
[The above command makes this an FR DCE interface, which
is different than a router's interface being DCE]
Lab_B(config-if)#frame-relay route 102 interface
  Serial0/1 201
Lab_B(config-if)#clock rate 64000
[The above command is used if you have this as DCE, which
is different than an FR DCE]
Lab_B(config-if)#int s1
Lab_B(config-if)#frame intf-type dce
Lab_B(config-if)#frame-relay route 201 interface
  Serial0/0 102
Lab_B(config-if)#clock rate 64000 [if you have this as DCE]
```

这没有看上去那么难。命令 route 指出，收到来自 PVC 102 的帧后，使用 PVC 201 将其从接口 s0/1 发送出去。在接口 s0/1 上配置的映射与此相反：对于经接口 s0/1 进入的任何帧，都使用 PVC 102 将其从接口 s0/0 发送出去。

(3) 给路由器 Lab_A 配置一个点到点子接口。

```
Router#config t
Router(config)#hostname Lab_A
Lab_A(config)#int s0
Lab_A(config-if)#encapsulation frame-relay
Lab_A(config-if)#int s0.102 point-to-point
Lab_A(config-if)#ip address 172.16.10.1
  255.255.255.0
Lab_A(config-if)#frame-relay interface-dlci 102
```

(4) 给路由器 Lab_C 配置一个点到点子接口。

```
Router#config t
Router(config)#hostname Lab_C
Lab_C(config)#int s0
Lab_C(config-if)#encapsulation frame-relay
Lab_C(config-if)#int s0.201 point-to-point
Lab_C(config-if)#ip address 172.16.10.2
  255.255.255.0
Lab_C(config-if)#frame-relay interface-dlci 201
```

(5) 使用下述命令验证配置。

```
Lab_A>sho frame ?
 ip       show frame relay IP statistics
 lmi      show frame relay lmi statistics
 map      Frame-Relay map table
 pvc      show frame relay pvc statistics
 route    show frame relay route
 traffic  Frame-Relay protocol statistics
```

(6) 另外，使用 ping 和 telnet 来验证连接性。

16.12 复习题

注意　下面的复习题旨在检验你对本章内容的理解程度。有关如何获取更多复习题的信息，请参阅本书的前言。

(1) 下面哪个命令实时地显示网络中两台路由器之间的 CHAP 身份验证过程？

A. show chap authentication　　B. show interface serial 0
C. debug ppp authentication　　D. debug chap authentication

(2) 在帧中继网络中，如果没有启用反向 ARP，必须配置下面哪个命令？

A. frame-relay arp　　B. frame-relay map
C. frame-relay interface-dci　　D. frame-relay lmi-type

(3) 假设你有位客户，有一个总部和6个分支机构。该客户预计，不久后还将增加6个分支机构。他想实现WAN，让分支机构能够以低廉的方式连接到总部，但总部路由器没有多余的端口。在这种情况下，你推荐下列哪种方式？

A. PPP　　B. HDLC　　C. 帧中继　　D. ISDN

(4) 执行命令 Router#show frame-relay ?时，将显示下面哪3个选项？

A. dlci　　B. neighbors　　C. lmi　　D. pvc　　E. map

(5) 对于帧中继网络中的路由器，为避免水平分割导致路由选择更新被丢弃，应如何配置它？

A. 为每条PVC配置一个子接口，给每个子接口分配唯一的DLCI并让它属于不同的子网
B. 将多条帧中继电路合并成一条点到点线路，以支持组播和广播
C. 配置很多子接口，并让它们属于同一个子网
D. 配置一个子接口，以建立多条到不同远程路由器接口的PVC连接

(6) 在串行接口上，可配置哪3种封装？

A. 以太网　　B. 令牌环　　C. HDLC　　D. 帧中继　　E. PPP

(7) 给点到点子接口配置帧中继时，绝对不要配置下面哪项？

A. 在物理接口上配置帧中继封装　　B. 在每个子接口上配置本地DLCI
C. 给物理接口配置IP地址　　D. 将子接口类型配置为点到点的

(8) 使用串行DTE接口将路由器连接到帧中继WAN链路时，时钟频率是如何确定的？

A. 由CSU/DSU提供　　B. 由远程路由器提供
C. 使用命令 clock rate 配置　　D. 由物理层比特流速度确定

(9) 默认情况下，帧中继WAN属于下面哪种网络类型？

A. 点到点　　B. 广播多路访问　　C. 非广播多路访问　　D. 非广播多点

(10) 下面哪种协议将PPP帧封装在以太网帧中，并使用常见的PPP功能，如身份验证、加密和压缩？

A. PPP　　B. PPPoA　　C. PPPoE　　D. 令牌环

(11) 要对路由器进行配置，使其通过帧中继连接到一台非思科路由器，必须在WAN接口上配置下面哪个命令？

A. Router(config-if)#encapsulation frame-relay q933a
B. Router(config-if)#encapsulation frame-relay ansi
C. Router(config-if)#encapsulation frame-relay ietf
D. Router(config-if)#encapsulation frame-relay cisco

(12) Acme Corporation 正在实现拨号服务，让远程办公员工能够连接到公司网络。该公司使用了多种被路由的协议，要求对连接到网络的用户进行身份验证，还要求支持回拨（因为有些呼叫为长途）。请问下面哪种协议最适合用于提供这种远程接入服务？

A. 8 02.1　　B. 帧中继　　C. HDLC　　D. PPP　　E. PAP

(13) 在异步串行连接上，可配置下面哪两种WAN封装方法？

A. PPP　　B. ATM　　C. HDLC　　D. SDLC　　E. 帧中继

(14) 下面哪种WAN连接将ATM用作数据链路层协议，并用DSLAM端接？

A. DSL　　B. PPPoE　　C. 帧中继　　D. 专用T1线路
E. 无线　　F. POTS

(15) 查看以下代码，指出为何路由器 Corp 和 Remote 之间的串行链路处于 down 状态？

```
Corp#sh int s0/0
Serial0/0 is up, line protocol is down
  Hardware is PowerQUICC Serial
  Internet address is 10.0.1.1/24
  MTU 1500 bytes, BW 1544 Kbit, DLY 20000 usec,
     reliability 254/255, txload 1/255, rxload 1/255
  Encapsulation PPP, loopback not set

Remote#sh int s0/0
Serial0/0 is up, line protocol is down
  Hardware is PowerQUICC Serial
  Internet address is 10.0.1.2/24
  MTU 1500 bytes, BW 1544 Kbit, DLY 20000 usec,
     reliability 254/255, txload 1/255, rxload 1/255
  Encapsulation HDLC, loopback not set
```

A. 串行电缆出现了故障　　B. 两端的 IP 地址不属于同一个子网　　C. 子网掩码不正确

D. 存活设置不正确　　E. 第 2 层帧类型不兼容

(16) 术语 HFC 用于下面哪种技术?

A. DSL　　B. PPPoE　　C. 帧中继　　D. 有线电视

E. 无线　　F. POTS

(17) 将远程场点连接到总部后，其中的用户却无法访问总部的应用程序，但从总部路由器可 ping 远程场点路由器。查看下述命令输出后，你认为这种问题很可能是下面哪种原因导致的?

```
Central#show running-config
!
interface Serial0
 ip address 10.0.8.1 255.255.248.0
 encapsulation frame-relay
 frame-relay map ip 10.0.15.2 200
!
Router rip
Network 10.0.0.0

Remote#show running-config
!
interface Serial0
 ip address 10.0.15.2 255.255.248.0
 encapsulation frame-relay
 frame-relay map ip 10.0.8.1 100
!
Router rip
Network 10.0.0.0
```

16

A. 未建立帧中继 PVC

B. 在总部/远程场点路由器上配置的 IP 地址不正确

C. 未转发 RIP 路由选择信息

D. 没有正确地配置帧中继反向 ARP

(18) 下面哪项是行业标准协议和算法簇，运行在 OSI 模型的第 3 层（网络层），允许通过 IP 网络安全地传输数据？

A. HDLC　　B. 有线电视　　C. VPN　　D. IPSec　　E. xDSL

(19) 下面哪项允许利用因特网组建专用网络，通过隧道安全地传输非 TCP/IP 协议分组？

A. HDLC　　B. 有线电视　　C. VPN　　D. IPSec　　E. xDSL

(20) 在下面的示意图中，帧中继 DLCI 给 RouterA 提供了什么功能？

A. 指定了在 RouterA 和帧中继交换机之间使用的信令标准

B. 标识 RouterA 和帧中继交换机之间的虚电路

C. 指出了在 RouterA 和 RouterB 之间使用的封装

D. 指定了在 RouterB 和帧中继交换机之间使用的信令标准

16.13 复习题答案

(1) C。命令 `debug ppp authentication` 显示 PPP 在点到点连接上执行的身份验证过程。

(2) B。如果帧中继网络中有不支持 IARP 的路由器，必须在该路由器上创建帧中继映射，以提供 DLCI 到 IP 地址的映射。

(3) C。关键在于路由器“没有多余的端口”。只有帧中继可使用一个接口连接到多个地方，且价格低廉。

(4) C、D 和 E。命令 `show frame-relay ?`显示的选项很多，但在这个问题中列出的只有 `lmi`、`pvc` 和 `map`。

(5) A。如果在同一个串行端口配置了连接到多个远程场点的 PVC，第 8 章讨论的水平分割规则会禁止将路由更新从收到的接口发送出去。使用帧中继时，通过为每条 PVC 创建一个子接口，可避免水平分割问题。

(6) C、D 和 E。以太网和令牌环属于 LAN 技术，不能在串行接口上配置它们。PPP、HDLC 和帧中继属于第 2 层 WAN 技术，通常在串行接口上配置它们。

(7) C。使用点到点子接口配置帧中继时，不能给物理接口分配 IP 地址，备考 CCNA 时牢记这一点至关重要。

(8) A。在串行接口上，时钟频率总是由 CSU/DSU（DCE 设备）提供。然而，如果在测试环境中没有 CSU/DSU，则需要在与电缆的 DCE 端相连的路由器串行接口上，使用命令 `clock rate` 指定时钟频率。

(9) C。默认情况下，帧中继为非广播多路访问（NBMA）网络，这意味着默认不会通过这种链路转发广播，如 RIP 更新。

(10) C。PPPoE 将 PPP 帧封装到以太网帧中，并使用常见的 PPP 功能，如身份验证、加密和压缩。PPPoA 用于 ATM。

(11) C。如果帧中继网络的一端为思科路由器，而另一端为非思科路由器，则需使用帧中继封装类型 IETF。帧中继封装类型默认为 Cisco，这意味着帧中继 PVC 两端都必须是思科路由器。

(12) D。只能选择 PPP，因为 HDLC 和帧中继都无法满足这些业务需求。PPP 提供了动态编址、身份验证（PAP 或 CHAP）和回拨服务。

(13) A 和 B。请不要因答案 B 也对而感到难受，CCNA 考试不会对 ATM 涉及太深。PPP 是最常用的拨号（异步）服务，但也可使用 ATM，虽然通常不会使用它，因为 PPP 的效果很好。

(14) A。DSL 第 1 层连接始于 CPE，终止于 DSLAM，它通常将 ATM 用作数据链路层协议。DSLAM 是一台 ATM 交换机，装有 DSL 接口卡（ATU-C）。

(15) E。这个问题很简单，因为路由器 Remote 使用默认的串行封装 HDLC，而路由器 Corp 使用串行封装 PPP。应该在路由器 Remote 上将封装设置为 PPP，也可在路由器 Corp 上将封装恢复到默认设置 HDLC。

(16) D。混合光纤同轴（HFC）是一个电信术语，指的是混合使用光纤和同轴电缆组建的宽带网络。

(17) C。虽然 IP 地址看起来不正确，但它们确实位于同一个子网中，因此答案 B 不对。这个问题指出，可 ping 另一端，这说明 PVC 肯定处于 up 状态，因此答案 A 不对。不能配置 IARP，因此只有答案 C 可能正确。默认情况下，帧中继网络为非广播多路访问网络，除非在命令 `frame-relay map` 末尾加上关键字 `broadcast`，否则不会通过 PVC 发送 RIP 更新等广播。

(18) D。IPSec 是一种行业标准协议和算法簇，运行在 OSI 模型的第 3 层（网络层），允许通过 IP 网络安全地传输数据。

(19) C。VPN 让你能够利用因特网组建专用网络，通过隧道安全地传输非 TCP/IP 协议分组。可通过任何类型的链路建立 VPN。

(20) B。DLCI 只有本地意义，它定义了从路由器到帧中继交换机的电路，这一点笔者在本章中说过多次，你应该牢记。它们不涉及远程路由器和 DLCI。RouterA 将使用 DLCI 100 前往 RouterB 连接的网络，而 RouterB 将使用 DLCI 200 前往 RouterA 连接的网络。

16.14　书面实验 16 答案

(1)
```
sh int s0
```
(2)
```
config t
 int s0
encap ppp
```
(3)
```
config t
username todd password cisco
```
(4)
```
config t
int serial0
ppp authentication chap
```
(5)
```
config t
int s0
frame interface-dlci 16
int s1
frame interface-dlci 17
```
(6)
```
config t
int s0
no ip address
encap frame
int s0.16 point-to-point
ip address 172.16.60.1 255.255.255.0
frame interface-dlci 16
```
(7) PPPoE 或 PPPoA　　(8) HDLC、LCP 和 NCP　　(9) IPSec

(10) 远程接入 VPN、场点到场点 VPN 和外联网 VPN

附　录

配套光盘

本附录包含如下内容。

- ✓ 配套光盘的内容
- ✓ 系统需求
- ✓ 使用配套光盘
- ✓ 排除故障

A.1　配套光盘的内容

本节简要地介绍配套光盘中的软件和其他内容。如果你不知道如何安装这些内容，请参阅本附录后面的“使用配套光盘”一节的安装说明。

A.1.1　Sybex 考试引擎

配套光盘中包含 Sybex 考试引擎，其中有两套考题。

A.1.2　电子抽认卡

顾名思义，这些方便的电子抽认卡一面是问题，另一面是答案。

A.1.3　PDF 版术语表

配套光盘包含 PDF 格式的术语表，可使用 Adobe Reader 查看该术语表。

A.1.4　Adobe Reader

配套光盘还包含 Adobe Reader，以便你能查看以 PDF 文件提供的配套内容。要了解 Adobe Reader 的更详细信息或查询更新的版本，请访问 Adobe 网站，其网址为 www.adobe.com/products/reader/。

A.2　系统需求

你的计算机必须满足下面列出的最低系统需求。如果你的计算机不能满足这些需求的大部分，使用配套光盘中的软件和文件时可能遇到麻烦。有关这方面的详细以及最新信息，请参阅配套光盘根目录下的文件 ReadMe.txt。

- 使用操作系统 Microsoft Windows 98、Windows 2000、Windows NT（安装了 SP4 或更高的版本）、Windows Me、Windows XP、Windows Vista 或 Windows 7。
- 可连接到因特网。
- 带光驱。

A.3　使用配套光盘

要将配套光盘中的内容安装到硬盘，请执行如下步骤：

(1) 将光盘插入光驱，将显示许可协议。

如果禁用了自动运行功能，则不会出现界面。在这种情况下，可选择菜单“开始”→“运行”（对于 Windows Vista 或 Windows 7 用户，需要选择菜单“开始”→“所有程序”→“附件”→“运行”）。在出现的对话框中，输入 D:\Strat.exe（请将其中的 D 替换为光驱的盘符；如果不知道该盘符，请查看“我的电脑”），然后单击“确定”。

(2) 阅读许可协议，然后单击“接受”（Accept）按钮——如果你想使用该配套光盘的话。

此时，将出现配套光盘的界面，只需单击一两次鼠标就能使用配套光盘中的内容。

A.4　排除故障

Wiley 出版社尽力提供可在大多数计算机上运行的程序，尽可能降低其系统需求，但每位读者使用的计算机都不同，有些程序可能由于某些原因不能正常运行。

导致这种问题的两个最常见的原因是：没有足够的内存（RAM）来支持要运行的程序；受正在运行的其他程序的影响，当前应用程序无法安装或运行。如果出现诸如“内存不够”或“不能继续安装”等错误，请尝试执行下面的操作，然后再次尝试使用程序。

关闭计算机上运行的反病毒软件。安装程序有时像病毒在活动，可能让计算机错误地认为自己受到了病毒感染。

关闭正在运行的所有程序。运行的程序越多，可供其他程序使用的内存就越少。安装程序通常会更新文件和程序，如果有其他程序在运行，安装可能无法正确地完成。

前往当地的计算机商店购买内存条。必须承认，这是一种极端措施，且代价较高。然而，增加内存对提高计算机速度很有帮助，让你能够同时运行更多的程序。

客户支持

使用配套光盘时遇到任何麻烦，可致电 Wiley 产品技术支持小组（Product Technical Support），其电话为（800）762-2974。

索　　引

目　标	章　号
选择合适的介质、电缆、端口和接头，将路由器连接到其他网络设备和主机	2
配置和验证 RIPv2 以及排除其故障	8
访问路由器并使用它设置基本参数（包括使用 CLI 和 SDM）	6、8、9
连接和配置设备接口以及查看其运行情况	6、8、9
使用 ping、Traceroute、Telnet、SSH 或其他实用工具验证设备配置和网络连通性	6、8、9
根据具体的路由选择需求，配置和验证静态路由或默认路由	8、9
管理 IOS 配置文件，包括保存、编辑、升级和恢复	7
管理思科 IOS	7
比较各种路由选择方法和路由选择协议	8、9
配置和验证 OSPF 以及排除其故障	9
配置和验证 EIGRP 以及排除其故障	9
使用 ping、Traceroute、Telnet 或 SSH 验证网络连通性	6、7、8、9
排除路由选择故障	6、8、9
使用 SHOW 和 DEBUG 命令查看路由器硬件和软件的运行情况	6、8、9
实现基本的路由器安全	6、12
诠释并选择管理 WLAN 需要完成的任务	
阐述无线介质方面的标准，包括 IEEE Wi-Fi 联盟标准和 ITU/FCC 标准	14
识别小型无线网络组件（包括 SSID、BSS 和 ESS）并描述其用途	14
确定基本的无线网络配置参数，确保设备连接到正确的接入点	14
比较各种无线安全技术（包括不保护、WEP 和 WPA-1/2）的特点和功能	14
找出无线网络中常见的问题，包括接口配置不当	14
确定网络面临的安全威胁，描述缓解这些威胁的一般性方法	
阐述当今日益增多的网络威胁，并诠释为何需要实现全面的安全策略以缓解这些威胁	12
诠释缓解网络设备、主机和应用程序面临的常见安全威胁的一般性方法	12

目 标	章 号
描述常见安全设备和应用程序的功能	12
描述推荐的安全实践，包括确保网络设备安全的初步措施	12
在中型企业分支机构网络中实现和验证 NAT 和 ACL 以及排除其故障	
阐述 ACL 的用途和类型	12
根据网络的过滤需求配置并应用 ACL，包括使用 CLI 和 SDM	12
配置并应用 ACL，对以 Telnet 和 SSH 方式访问路由器进行限制，包括使用 CLI 和 SDM	12
在网络中验证和监视 ACL	12
排除 ACL 故障	12
诠释 NAT 的基本工作原理	13
根据网络需求配置 NAT，包括使用 CLI 和 SDM	13
排除 NAT 故障	13
实现和验证 WAN 链路	
描述各种连接 WAN 的方法	16
配置和验证基本的 WAN 串行连接	16
在思科路由器上配置和验证帧中继	16
排除 WAN 实现故障	16
描述 VPN 技术，包括其重要性、带来的好处、扮演的角色、带来的影响和组成部分	16
在思科路由器之间配置和验证 PPP 连接	16

注意 思科有权根据自己的判断，在不予通知的情况下修改考试目标。要获悉最新的考试目标清单，请访问思科网站（www.cisco.com）。